普通高等教育“十三五”规划教材

# 流体力学与流体机械

## （第 3 版）

主编　孟凡英　薛　华

煤炭工业出版社

·北　京·

## 内 容 提 要

全书共分三篇，第一篇为流体力学，讲述了流体静力学和一维流体动力学基础、流动阻力和能量损失研究、孔口管嘴出流及管路计算等内容，并简单介绍了相似原理与量纲分析法。第二篇为泵与风机，阐述了叶片式泵与风机的基本工作理论及结构、泵与风机在管路中的工作性能、工况调节方法、选型计算方法、运行及维护等内容。第三篇为空气压缩机，介绍了空气压缩机的工作理论、结构特点、运行和维护、设备的选型设计等内容。

本书为机械工程、安全工程、采矿工程等专业的课程教材，也可供成人教育、技工学校和干部培训班使用。

# 第 3 版前言

本教材是在2011年版《流体力学与流体机械》（修订本）的基础上，结合当前煤矿、金属非金属矿山生产中流体机械的应用特点，本着既要有通用性、又要有针对性的原则，重点突出矿山生产行业特点，针对矿山生产所使用的矿井通风设备、矿井排水设备和空气压缩设备进行有针对性、实用性的理论和结构分析。

流体力学部分力求通用、精练，浅显易懂，体现必要的基础理论，注重理论联系实际和工程应用。流体机械部分在结构编写上，为了突出矿山生产中流体机械使用特点，教材中将流体机械部分划分为流体机械原理和流体机械应用两个独立部分，流体机械原理部分主要讲述流体机械的基本工作理论和基本结构，属于通用部分，可作为其他专业或行业参考书；流体机械应用部分主要讲述在矿山生产环境下使用的设备选型、安装和运行，以及使用和维护的方法。

本次修订中，删除了目前实际工程应用中已被淘汰的设备和技术，增加了一些有技术创新的新设备；更新了部分例题，对一些插图进行了修改；应读者的要求，提供了与教材配套的电子课件。

本教材由辽宁工程技术大学孟凡英、薛华担任主编。第一章至第七章、第十章和第十一章由孟凡英编写，第八章、第九章、第十二章至第十五章由薛华编写。郭仁宁担任主审，并提出了许多宝贵的修改意见，特予感谢。

本教材在编写过程中，得到了学校的大力支持和帮助，在此表示衷心地感谢。

由于编者水平有限，教材中有不妥之处，恳请批评指正。

编　者

2018 年 10 月

# 第 2 版前言

本书是在 2006 年版《流体力学与流体机械》教材的基础上，结合以往的教学经验，按照基础够用、专业实用、理论与实践紧密结合、同时适当反映本学科当前发展的新成果的宗旨重新修订的。修订遵循以下原则：

1. 体现培养目标和专业特点，突出概念和基础，注重研究方法，适当反映专业需要，由简单到复杂，一般与特殊相结合，分层次编写。

2. 注意保持教材的先进性和反映流体机械新技术的发展，并注意编写了有关保持和提高设备效率的途径和节能措施。

3. 突出应用，并注意保持基本理论的系统性和完整性。书中附有必要的图表数据和例题，各章后附有思考题与习题。通过例题示范解题方法及公式的应用，引导学生学以致用，从而培养学生分析问题和解决问题的能力。

总之，希望本教材有利于读者的自学，有利于读者分析问题与解决问题能力的提高，有利于教师的选用。

本教材共分十五章，由辽宁工程技术大学编写，第一章至第七章、第十章和第十一章由孟凡英编写，第八章由郭仁宁编写，第九章由纪俊红编写，第十二章至第十五章由薛华编写。最后由孟凡英统稿并担任主编。

由于作者水平有限，书中可能存在不当和错误之处，欢迎读者批评指正。

编 者

2011 年 3 月

# 第 1 版前言

本书是在1991年孙尚勇主编的《流体力学与流体机械》教材的基础上，结合以往的教学经验，按照基础性强、专业面宽、理论与实践较好结合，同时适当反映当前本学科发展的新成果的宗旨重新编写的。修编中力求反映如下几点。

1. 体现培养目标和专业特点，突出概念和基础，注重研究方法，适当反映专业需要，由简单到复杂，一般与特殊相结合，分层次编写。对打“*”号的章节部分内容可按专业需要、学时多少进行取舍。

2. 注意保持教材的先进性和反映流体机械新技术的发展，并注意编写了有关保持和提高设备效率的途径和节能措施。

3. 突出应用，注意保持基本理论方面的系统性。书中附有必要的图表数据和例题，各章后附有本章小结以及思考题与习题。通过例题启发应用和示范解题方法，引导学以致用，促进理论深化，从而培养学生分析问题和解决问题的能力。

总之，希望本教材有利于读者的自学，有利于读者分析问题与解决问题能力的提高，有利于教师的选用。

本教材共分十八章，由辽宁工程技术大学编写，第一章至第十章和第十三章、第十四章由孟凡英编写，第十一章由郭仁宁编写，第十二章由纪俊红编写，第十五章至第十八章由薛华编写。最后由孟凡英统稿并担任主编。

由于水平有限，书中如有不当和错误之处，欢迎批评指正。

编　者

2006年8月

# 目　次

## 第一篇　流　体　力　学

## 第三篇　空气压缩机

本教材课程总码

# 第一篇　流　体　力　学

# 第一章　绪　　论

流体力学是以流体（液体和气体的统称）为研究对象，研究其平衡和运动基本规律的科学。它主要研究流体平衡的条件及压强分布规律、流体运动的基本规律和流体流过某通道或绕流某物体时的速度分布、压强分布、能量损失等。

## 第一节　流体的主要物理性质

流体的运动要素及变化规律是由流体的物理性质所决定。因此，研究流体的平衡和运动规律时，必须对流体的物理性质加以理解。

从物理学的观点看，自然界中的物质都是由无数分子构成的，按照分子聚集状态的不同，从宏观上可将它们分为三相（三态），即固相（固态）、液相（液态）和气相（气态）；并分别称其对应的物质为固体、液体和气体。固体分子的密集程度最高，液体次之，气体最低。通常说能够流动的物质为流体；按照力学的术语进行定义，则在任何微小切力的作用下都能够发生连续变形的物质称为流体。

流体在给定的切力作用下，将产生连续的变形，当切力停止作用时，流体只是停止变形，而不能恢复到原来的位置，这就是流体的流动性。在静止状态下，流体仅能够承受法向应力，只有在运动状态下才能够同时承受法向应力和切向应力；流体的形状取决于容器的形状。

液体和气体都有易于流动的共同特征。在相同的外部条件下，液体分子和气体分子的大小并无明显差异，但气体所占的体积约为同质量液体的 $10^3$ 倍，即气体的分子分布比液体稀疏得多。气体的分子距很大，易压缩；液体的分子距较小，不易压缩。气体分子间的引力非常微小，气体分子可以自由运动，故气体极易流动；而液体分子间的引力较大，分子间相互制约，它可以做无一定方向和周期的不规则振动，也可在其他分子间移动，但不能像气体分子那样自由运动，故液体的流动性不如气体。

流体的流动性是流体便于用管道、渠道进行输送，适宜作供热、供冷等工作介质的主要原因。流体抗压能力较强的特性和流动性相结合，使水压力能够推动水力发电机发电，蒸汽压力推动汽轮发电机发电，液压、气压能够传动各种机械。

### 一、惯性

惯性是物体维持原有运动状态的性质。表征某一流体的惯性大小可用该流体的密度。对于均质流体，单位体积的质量称为密度，以 $\rho$ 表示，即

$$\rho=\frac{m}{V} \tag{1-1}$$

式中　$\rho$——流体的密度，$kg/m^3$；

$m$——流体的质量，kg；

$V$——该质量流体的体积，$m^3$。

各点密度不完全相同的流体，称为非均质流体。非均质流体中某点的密度为

$$\rho=\lim_{\Delta V\to 0}\frac{\Delta m}{\Delta V}=\frac{dm}{dV} \tag{1-2}$$

式中　$\rho$——某点流体的密度，$kg/m^3$；

$\Delta m$——微小体积 $\Delta V$ 内的流体质量，kg；

$\Delta V$——包含该点在内的流体体积，$m^3$。

## 二、重力特性

流体受地球引力作用的特性，称重力特性，常用重度来表征。对于均质流体，作用于单位体积流体的重力称重度，以 $\gamma$ 表示，即

$$\gamma=\frac{G}{V} \tag{1-3}$$

式中　$\gamma$——流体的重度，$N/m^3$；

$G$——体积为 $V$ 的流体所受的重力，N；

$V$——重力为 $G$ 的流体体积，$m^3$。

与一点的密度相同，对于非均质流体，任一点的重度为

$$\gamma=\lim_{\Delta V\to 0}\frac{\Delta G}{\Delta V} \tag{1-4}$$

式中　$\gamma$——某点流体的重度，$N/m^3$；

$\Delta G$——微小体积 $\Delta V$ 的流体重力，N；

$\Delta V$——包含该点在内的流体体积，$m^3$。

重量是质量和重力加速度的乘积，即

$$G=mg$$

两端同除以体积 $V$，则得重度和密度的常用关系为

$$\gamma=\rho g \tag{1-5}$$

式中　$g$——重力加速度，$g=9.81\ m/s^2$。

表 1-1 列出了在标准大气压强下几种常用流体的密度和重度。

表 1-1　几种常用流体的密度和重度

| 流体名称 | 温度 $t$/℃ | 密度 $\rho$/(kg·m$^{-3}$) | 重度 $\gamma$/(N·m$^{-3}$) |
|---|---|---|---|
| 清　水 | 4 | 1000 | 9810 |
| 海　水 | 15 | 1020~1030 | 10000~10100 |
| 汽　油 | 15 | 700~750 | 6860~7360 |
| 煤　油 | 15 | 790~820 | 7750~8044 |
| 柴　油 | 15 | 875 | 8584 |
| 润滑油 | 15 | 890~920 | 8731~9025 |

表1-1（续）

| 流体名称 | 温度 $t$/℃ | 密度 $\rho$/(kg·m$^{-3}$) | 重度 $\gamma$/(N·m$^{-3}$) |
| --- | --- | --- | --- |
| 液压油 | 15 | 860~900 | 8437~8829 |
| 酒　精 | 15 | 790~800 | 7750~7848 |
| 水　银 | 0 | 13590 | 133318 |
| 空　气 | 0 | 1.293 | 12.68 |
| 空　气 | 20 | 1.2 | 11.77 |

## 三、黏滞性

流体内部质点间或流层间因相对运动而产生内摩擦力（内力）以反抗相对运动的性质，称为黏滞性。此内摩擦力称为黏滞力。

为了说明流体的黏滞性，现以流体在管中流动为例，如图 1-1 所示。当流体在管中缓慢流动时，紧贴管壁的流体质点黏附在管壁上，流速为零。位于管轴上的流体质点，离管壁的距离最远，受管壁的影响最小，因而流速最大。介于管壁和管轴之间的流体质点，将以不同的速度向右移动，它们的速度将从管壁至管轴线，由零增加至最大的轴心速度。图 1-1a 就是黏性流体在管中缓慢流动时，流速 $u$ 随垂直于流速方向 $y$ 而变化的函数关系图，即 $u=f(y)$ 的函数关系曲线，称为流速分布图。由于各流层的速度不相同，因而各质点间便产生了相对运动，从而产生内摩擦力以抗拒相对运动。

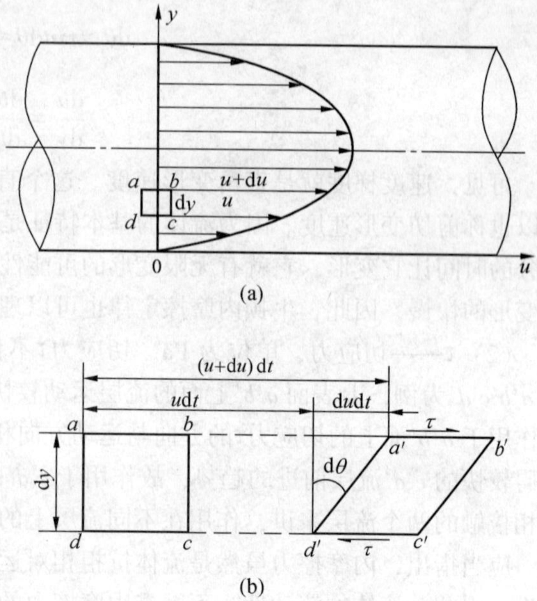

图 1-1　流体质点的直角变形速度

1. 牛顿内摩擦定律

经过无数的试验得出了有规律的结论，即在流体作剪切流动时，内摩擦力（或黏滞力）$F$ 的大小与两流层间的速度差（即相对速度）d$u$ 成正比，与流层间距离 d$y$ 成反比，与流层的接触面积 $A$ 的大小成正比，与流体的种类和温度有关。

内摩擦力写成数学表达形式为

$$F \propto A\frac{\mathrm{d}u}{\mathrm{d}y}$$

或

$$F = \mu A\frac{\mathrm{d}u}{\mathrm{d}y} \tag{1-6}$$

式（1-6）称为牛顿内摩擦定律。若以$\tau$代表单位面积上的内摩擦力，则

$$\tau=\frac{F}{A}=\mu\frac{du}{dy} \tag{1-7}$$

为了更好理解黏滞性对流体流动的影响，下面分析式（1-7）中各项的物理意义。

（1）$\frac{du}{dy}$——速度梯度，它表示速度沿垂直于速度方向 $y$ 的变化率，单位为 $s^{-1}$。

如图 1-1a 所示，在垂直于速度方向的 $y$ 轴上，任取一边长为 $dy$ 的流体微小矩形分离体 $abcd$，将其放大（图 1-1b）。由于微小分离体下表面的速度 $u$ 小于上表面的速度（$u+du$）。经过 $dt$ 时间后，下表面所移动的距离 $udt$，小于上表面所移动的距离 $(u+du)dt$。因而微小分离体 $abcd$ 变形为 $a'b'c'd'$，即两流层间的垂直连线 $ad$ 及 $bc$，在 $dt$ 时间中变化了角度 $d\theta$。由于 $dt$ 很小，因此 $d\theta$ 也很小，则

$$d\theta\approx\tan d\theta=\frac{du dt}{dy}$$

故

$$\frac{du}{dy}=\frac{d\theta}{dt}$$

可见，速度梯度就是直角变形速度。这个直角变形速度是在切应力的作用下发生的，所以也称剪切变形速度。因为流体的基本特征是具有流动性，在切应力的作用下，只要有充分的时间让它变形，它就有无限变形的可能性。因而只能用直角变形速度来描述它的剪切变形的快慢。因此，牛顿内摩擦定律也可以理解为切应力与剪切变形速度成正比。

（2）$\tau$——切应力，单位为 Pa。切应力 $\tau$ 不仅有大小，还有方向。以变形后微小分离体 $a'b'c'd'$ 为例，上表面 $a'b'$ 上面的流层运动较快，有带动较慢的 $a'b'$ 流层前进的趋势，因此作用于 $a'b'$ 面上的切应力 $\tau$ 的方向与运动方向相同。下表面 $c'd'$ 下面的流层运动较慢，有阻碍较快的 $c'd'$ 流层前进的趋势，故作用于 $c'd'$ 面上的切应力 $\tau$ 的方向与运动方向相反。对于相接触的两个流层来讲，作用在不同流层上的切应力，必然是大小相等、方向相反的。

应当指出，内摩擦力虽然是流体抗拒相对运动的性质，但它不能从根本上制止流动的发生。因此，流体的流动性，不因有内摩擦力的存在而消失。当然，在流体质点间没有相对运动（在静止或相对静止状态）时，内摩擦力不表现出来。

（3）$\mu$——绝对黏度或黏滞系数，单位为 Pa·s。不同流体有不同的 $\mu$ 值，同一流体的 $\mu$ 值愈大，黏滞性愈强。当 $\frac{du}{dy}=1$ 时，$\tau=\mu$。所以，$\mu$ 的物理意义可以理解为单位速度梯度作用下的切应力，所以它反映了黏滞性的动力性质，因此 $\mu$ 也称动力黏度。

2. 黏性的物理量及影响因素

动力黏度 $\mu$ 是表征流体动力特性的黏度。在流体力学中，还常用到动力黏度 $\mu$ 与流体密度 $\rho$ 的比值，它是表征流体运动特征的黏度，称为运动黏度，用 $\nu$ 表示，即

$$\nu=\frac{\mu}{\rho} \tag{1-8}$$

因流体运动黏度值很小，工程上经常使用的单位有 $cm^2/s$（称斯托克斯，简写 St）或它的 1/100（称厘斯，简写 cSt）。如果考虑密度就是单位体积质量，则运动黏度 $\nu$ 的物理意义可以理解为单位速度梯度作用下的切应力对单位体积质量作用产生的阻力加速度。由于在 $\nu$ 的量纲中没有力的量纲，只具有运动学量纲，故称 $\nu$ 为运动黏度。流体流动性是运

动学的概念，所以衡量流体流动性时应用运动黏度 $\nu$ 而不用动力黏度 $\mu$。

不同温度下，水和空气的黏度见表 1-2 和表 1-3。

表 1-2　水在不同温度下的物理性质

| 温度/℃ | 重度 $\gamma$/ ($kN \cdot m^{-3}$) | 密度 $\rho$/ ($kg \cdot m^{-3}$) | 动力黏度 $\mu$/ ($\times 10^{-3} Pa \cdot s$) | 运动黏度 $\nu$/ ($\times 10^{-6} m^2 \cdot s^{-1}$) | 表面张力 $\chi$/ ($N \cdot m^{-1}$) | 汽化压强 $p_\nu$/ Pa（绝对） | 弹性系数 $E$/ ($\times 10^{-6}$kPa) |
|---|---|---|---|---|---|---|---|
| 0 | 9.805 | 999.8 | 1.781 | 1.785 | 0.0756 | 0.61 | 2.02 |
| 5 | 9.807 | 1000.0 | 1.518 | 1.519 | 0.0749 | 0.87 | 2.06 |
| 10 | 9.804 | 999.7 | 1.307 | 1.306 | 0.0742 | 1.23 | 2.10 |
| 15 | 9.798 | 999.1 | 1.139 | 1.139 | 0.0735 | 1.70 | 2.15 |
| 20 | 9.789 | 998.2 | 1.002 | 1.003 | 0.0728 | 2.34 | 2.18 |
| 25 | 9.777 | 997.1 | 0.890 | 0.893 | 0.0720 | 3.17 | 2.22 |
| 30 | 9.764 | 995.7 | 0.798 | 0.800 | 0.0712 | 4.24 | 2.25 |
| 40 | 9.730 | 992.2 | 0.653 | 0.658 | 0.0696 | 7.38 | 2.28 |
| 50 | 9.689 | 988.0 | 0.547 | 0.553 | 0.0679 | 12.33 | 2.29 |
| 60 | 9.642 | 983.2 | 0.466 | 0.474 | 0.0662 | 19.92 | 2.28 |
| 70 | 9.584 | 977.8 | 0.404 | 0.413 | 0.0644 | 31.16 | 2.25 |
| 80 | 9.530 | 971.8 | 0.354 | 0.364 | 0.0626 | 47.34 | 2.20 |
| 90 | 9.466 | 965.3 | 0.315 | 0.326 | 0.0608 | 70.10 | 2.14 |
| 100 | 9.399 | 958.4 | 0.282 | 0.294 | 0.0589 | 101.33 | 2.07 |

表 1-3　标准大气压下空气在不同温度下的物理性质

| 温度/℃ | 密度 $\rho$/($kg \cdot m^{-3}$) | 重度 $\gamma$/($N \cdot m^{-3}$) | 动力黏度 $\mu$/($\times 10^{-5} Pa \cdot s$) | 运动黏度 $\nu$/($\times 10^{-5} m^2 \cdot s^{-1}$) |
|---|---|---|---|---|
| -40 | 1.515 | 14.86 | 1.49 | 0.98 |
| -20 | 1.395 | 13.68 | 1.61 | 1.15 |
| 0 | 1.293 | 12.68 | 1.71 | 1.32 |
| 10 | 1.248 | 12.24 | 1.76 | 1.41 |
| 20 | 1.205 | 11.82 | 1.81 | 1.50 |
| 30 | 1.165 | 11.43 | 1.86 | 1.60 |
| 40 | 1.128 | 11.06 | 1.90 | 1.68 |
| 60 | 1.006 | 10.40 | 2.00 | 1.87 |
| 80 | 1.000 | 9.81 | 2.09 | 2.09 |
| 100 | 0.948 | 9.28 | 2.18 | 2.31 |
| 200 | 0.747 | 7.33 | 2.58 | 3.45 |

从表 1-2 及表 1-3 中还可看出：水和空气的黏滞系数随温度变化的规律是不同的，水的黏滞性随温度升高而减小，空气的黏滞性随温度升高而增大。这是因为通常情况下，形成流体黏性的因素有两个方面，一是流体分子间的引力在流体微团相对运动时形成的黏性；二是流体分子的热运动在不同流速流层间的动量交换所形成的黏性。对于气体，分子间距离很大，分子间的引力非常微小，而分子的热运动强烈，所以形成气体黏性的主要因素是分子的热运动。对于液体，分子距较小，分子间的引力较大，而分子的热运动较弱，所以形成液体黏性的主要因素是分子间的引力。所以，当温度升高时，分子的热运动加强，分子距增大，分子间的引力减小，气体的黏性增大，液体的黏性减小；反之亦然。

通常情况下，压强对流体的黏性影响不大，可认为流体的动力黏度只随温度变化而变化。但是在高压作用下，气体和液体的动力黏度都将随压强的升高而增大。

流体的黏度不能直接测量，往往是通过测量其他物理量，借助有关公式的计算得到的。由于测量原理、测量方法的不同，测量的物理量也不相同。采用的测量方法有管流法、落球法和旋转法等。

工业上常用仪器来测定流体相对黏度，再换算出运动黏度。例如，采用测定原理比较简单的恩氏黏度计来测定液体的黏度。其测定方法是将 200 $cm^3$ 的被测液体装入恩氏黏度计的圆筒中，加热至一定温度（通常为 50 ℃）并保持恒温；让液体靠自重从圆筒底部直径为 2.8 mm 的中心小孔流出，记录全部流出所需的时间 $t$；再测取 20 ℃相同体积的蒸馏水从该孔全部流出的时间 $t_0$。被测液体的恩氏黏度为

$$°E=\frac{t}{t_0} \tag{1-9}$$

恩氏黏度与运动黏度的换算关系为

$$\nu=\left(0.0732°E-\frac{0.0631}{°E}\right)\times10^{-4} \tag{1-10}$$

应当指出，牛顿内摩擦定律只适用于一般流体，它对某些特殊流体是不适用的。为此，将满足牛顿内摩擦定律的流体称为牛顿流体，如水和空气等。而将特殊流体称为非牛顿流体，如血浆、泥浆、污水、油漆和高分子溶液等。本书只研究牛顿流体。

【例 1-1】在图 1-2a 中，油缸内壁的直径 $D=12$ cm，活塞的直径 $d=11.96$ cm，活塞的长度 $l=14$ cm，活塞往复运动的速度为 1 m/s，润滑油液的 $\mu=0.1$ Pa · s，试求作用在活塞上的黏滞力为多少？

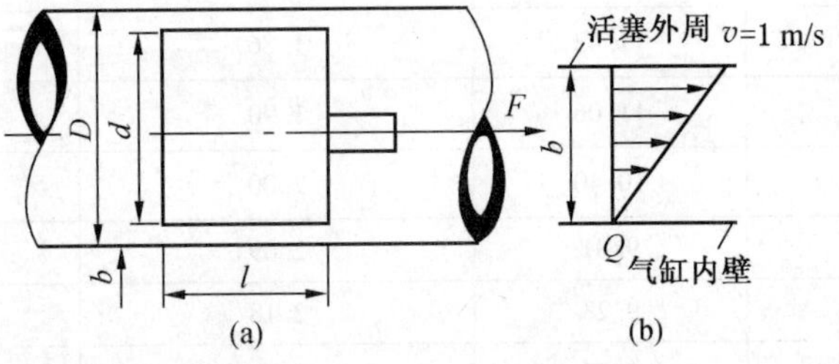


图 1-2　活塞运动的黏性阻力

**解** 因黏性作用，黏附在油缸内壁的润滑油层速度为零，黏附在活塞外沿的润滑油层与活塞速度相同，即 $v=1$ m/s。因此，润滑油层的速度由零增至 1 m/s，油层间因相对运动产生切应力，故用 $\tau=\mu\dfrac{du}{dy}$ 计算。该切应力乘以活塞面积，就是作用于活塞上的黏滞力 $F$。

可将间隙 $b$ 放大，绘出该间隙中的速度分布图（图 1-2b）。由于活塞与油缸的间隙 $b$ 很小，速度分布图近似认为是直线分布。故

$$\frac{du}{dy}=\frac{v}{b}=\frac{100}{\frac{1}{2}\times(12-11.96)}=5\times10^3(\mathrm{s}^{-1})$$

将以上数值代入式（1-7），得

$$\tau=\mu\frac{du}{dy}=0.1\times5\times10^3=5\times10^2(\mathrm{N/m^2})$$

接触面积

$$A=\pi dl=\pi\times0.1196\times0.14=0.053(\mathrm{m^2})$$

$$F=A\tau=0.053\times5\times10^2=26.5(\mathrm{N})$$

## 四、压缩性和膨胀性

流体在压强一定情况下温度升高、体积膨胀、密度减小的性质，称为流体的膨胀性。流体在温度一定情况下压强增大、体积缩小、密度增大的性质，称为流体的压缩性。

### 1. 流体的压缩性

流体的压缩性大小，一般用体积压缩系数 $\beta_p$ 来表示。它是在一定温度下，单位压强增量引起的体积变化率。

设体积为 $V$ 的流体，密度为 $\rho$，当压强增加 $dp$ 时，密度增加 $d\rho$，体积减小 $dV$，体积变化率为 $dV/V$，则 $dV/V$ 与 $dp$ 的比值称为流体的体积压缩系数 $\beta_p$，即

$$\beta_p=-\frac{1}{V}\frac{dV}{dp} \tag{1-11}$$

$\beta_p$ 值愈大，则流体的压缩性也愈大。流体被压缩时，其质量并不改变，即

$$dm=d(\rho V)=\rho dV+Vd\rho=0$$

所以

$$d\rho/\rho=-dV/V$$

故体积压缩系数又可以表示为

$$\beta_p=\frac{1}{\rho}\frac{d\rho}{dp} \tag{1-12}$$

工程上还常用流体的弹性模量来表征流体的压缩性，它是体积压缩系数 $\beta_p$ 的倒数，以 $K$ 表示。即

$$K=\frac{1}{\beta_p}=-V\frac{dp}{dV}=\rho\frac{dp}{d\rho} \tag{1-13}$$

表 1-4 列出了水在温度为 0 ℃时，不同压强下的体积压缩系数。

### 2. 流体的膨胀性

流体的膨胀性大小，一般用体积膨胀系数 $\beta_T$ 来表示。它是在一定压强下，单位温升

引起的体积变化率。

表1-4 水的压缩系数（0 ℃时）

| 压强/at | 5 | 10 | 20 | 40 | 80 |
|---|---|---|---|---|---|
| $\beta_p/(\times10^{-9}\ \mathrm{Pa})$ | 0.538 | 0.536 | 0.531 | 0.528 | 0.515 |

设体积为 $V$ 的流体，密度为 $\rho$，当温度增加 $\mathrm{d}T$ 时，密度减小 $\mathrm{d}\rho$，体积增加 $\mathrm{d}V$，体积变化率为 $\mathrm{d}V/V$，则 $\mathrm{d}V/V$ 与 $\mathrm{d}T$ 的比值，称为流体的体积膨胀系数 $\beta_T$，即

$$\beta_T=\frac{1}{V}\frac{\mathrm{d}V}{\mathrm{d}T} \tag{1-14}$$

$\beta_T$ 值愈大，则流体的膨胀性也愈大。体积膨胀系数也可表示为

$$\beta_T=-\frac{1}{\rho}\frac{\mathrm{d}\rho}{\mathrm{d}T} \tag{1-15}$$

3. 气体与液体的区别

液体的压缩性和膨胀性很小，一般工程问题中可以忽略不计。由表1-2可以看出：压强每升高一个大气压，水的密度约增加二万分之一。在温度较低时（10~20 ℃），温度每增加1 ℃，水的密度减小约为万分之一点五；在温度较高时（90~100 ℃），水的密度减小也只有万分之七，说明水的压缩性和膨胀性是很小的，一般情况下可忽略不计。只有在某些特殊情况下，如研究水下爆炸、管道中的水击、柴油机高压管中油的流动和热水采暖等问题时，才需要考虑水的压缩性及膨胀性。

气体与液体不同，具有显著的压缩性和膨胀性。一般情况下需要同时考虑温度和压强对气体密度的影响。对于温度不过低，压强不过高的大多数问题，可将气体视作完全气体，气体密度、压强和温度之间的关系服从理想气体状态方程式。即

$$\frac{p}{\rho}=RT \tag{1-16}$$

式中 $p$——气体的绝对压强，Pa；

$T$——气体的热力学温度，K；

$\rho$——气体的密度，kg/m³；

$R$——气体常数，单位为 J/(kg·K)。对于空气，$R=287$；对于其他气体，在标准状态下，$R=8314/m$，$m$ 为气体的分子量。

在温度不变的等温情况下（$T$=常数，$RT$=常数），状态方程简化为

$$\frac{p}{\rho}=\frac{p_1}{\rho_1} \tag{1-17}$$

式中 $p_1$、$\rho_1$——原始状态下的压强及密度；

$p$、$\rho$——某一状态下的压强及密度。

式（1-17）表示在等温情况下压强与密度成正比。也就是说，压强增加，体积缩小，密度增大。根据这个关系，如果把一定量的气体压缩到它的密度增大一倍，则压强也要增加一倍。相反，如果密度减小一倍，则压强也要减小一半。这一关系与实际气体的压强和密度的变化关系几乎是一致的。但是如果把气体压缩，压强增加到极大时，气体的密度则应该变得很大。根据公式，似乎可以计算出在某个压强下，气体可以达到水、汞等的密

度。但实际上这是不可能的，因为气体有一个极限密度，对应的压强称极限压强。若压强超过这个极限压强时，不管这压强有多大，气体再不能压缩得比这个极限密度更大了。所以只有当密度远小于极限密度时，式（1-17）与实际气体的情况才是一致的。

在压强不变的定压情况下（$p$=常数，$p/R$=常数），状态方程简化为

$$\rho_0 T_0 = \rho T \tag{1-18}$$

式中　$\rho_0$——温度 $T_0 = 273$ K 时的密度；

$\rho$、$T$——某一状态下的密度及温度。

式（1-18）表示在定压情况下，温度与密度成反比。即温度增加，体积增大，密度减小；反之，温度降低，体积缩小，密度增大。这一规律对各种不同温度下的一切气体都是适用的。特别是在中等压强范围内，对于空气及其他不易液化的气体相当准确。只有在温度降低到气体液化的程度，才有比较明显的误差。

在压强和温度同时变化的情况下，气体多变过程方程为 $pv^n = C$（常数），$n$ 为多变指数，则微分后得

$$npv^{n-1}\mathrm{d}v + v^n \mathrm{d}p = 0 \quad 或 \quad np = -\frac{v}{\mathrm{d}v}\mathrm{d}p = -\frac{V}{\mathrm{d}V}\mathrm{d}p$$

气体多变过程的弹性模量为

$$K = np \tag{1-19}$$

上式说明，气体的弹性模量等于多变指数与气体绝对压强的乘积。例如气体在 1 个标准大气压下作等熵压缩时，$K = 1.4\times101325 = 1.419\times10^5$（Pa）。

标准大气压（为海平面上 0 ℃时的大气压强）下，不同温度时的空气密度和重度见表 1-3。

【例 1-2】已知压强为 1 at(98.1 kPa)，0 ℃时的烟气重度为 13.13 N/m³，求 200 ℃时的烟气重度及密度。

**解**　因压强不变，故为定压情况。用 $\rho_0 T_0 = \rho T$ 计算密度，然后求重度。

气体热力学温度与摄氏温度的关系为

$$T = 273 + t$$

因为

$$\rho_0 = \frac{\gamma_0}{g} = \frac{13.13}{9.81} = 1.34(\mathrm{kg/m^3})$$

所以

$$\rho = \frac{\rho_0 T_0}{T} = \frac{1.34\times273}{273+200} = 0.77(\mathrm{kg/m^3})$$

$$\gamma = \rho g = 0.77\times9.81 = 7.55(\mathrm{N/m^3})$$

可见，温度变化很大时，气体的密度和重度均有很大的变化。

虽然气体压缩性和膨胀性很大，但是具体问题也要具体分析。在分析任何一个具体流动中，主要的问题是压缩性是否起显著的作用。对于气体速度较低（远小于音速）的情况，在流动过程中压强和温度的变化较小，密度仍然可以看作常数。反之，对于气体速度较高（接近或超过音速）的情况，在流动过程中其密度的变化很大，密度已经不能视为常数。

### 五、液体表面张力特性

当液体与气体或液体与气体、固体有分界面时，即液体出现自由表面时，液体的表面

存在表面张力，并能引起毛细现象。

1. 表面张力

液体分子间吸引力的作用范围很小，大约在以 3～4 倍平均分子间距为半径的球形范围内，该范围称为影响球。当某分子与自由表面的距离小于影响球半径时，自由表面一侧的气体分子引力远小于另一侧液体分子的引力，不平衡的两侧引力就产生一个拉向液体内部的力，即表面张力。表面张力不仅在液体与气体接触的周界面上发生，而且还会在液体与固体（汞和玻璃等），或一种液体与另一种液体（汞和水等）相接触的周界上发生。

因为气体分子的扩散作用，没有自由表面，这样气体不会产生表面张力。所以表面张力是液体的特有性质。即便是液体，在平面上各点的表面张力处于平衡状态，不会产生附加压力，对研究流体问题无影响，只有在曲面上表面张力才产生附加压力以维持平衡。因此，在工程问题中，液体周界面出现曲面时，就需要考虑表面张力的附加压力作用。例如，液体中的气泡，气体中的液滴，液体的自由射流，液体表面和固体壁面相接触等。所有这些情况，都会出现曲面，引起表面张力产生附加压力的影响。不过在一般情况下，这种影响是比较微弱的。

曲面周界线上单位长度的表面张力的大小，用表面张力系数 $\sigma$ 表示，单位为N/m。表面张力的大小与液体的种类有关，也随温度的变化而变化。温度升高，表面张力减小。另外，表面张力还与自由表面上气体种类有关。

2. 毛细管现象

由于表面张力的作用，如果把两端开口的玻璃细管竖立在液体中，液体就会在细管中上升或下降 $h$ 高度，如图 1-3 所示。在毛细管、微小缝隙中液体上升或下降的现象，称为毛细管现象。上升或下降的高度取决于液体和固体的性质。

由于重力与表面张力产生的附加压力的铅直分力相平衡，所以

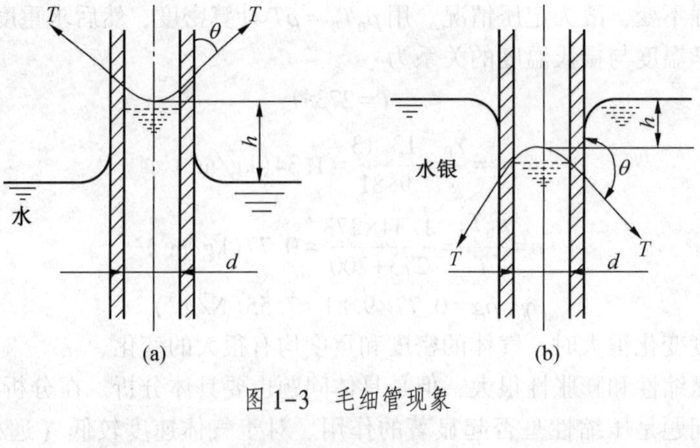


图 1-3　毛细管现象

$$\pi r^2 h\rho g = 2\pi r\sigma\cos\theta$$

故

$$h = \frac{2\sigma}{r\rho g}\cos\theta \tag{1-20}$$

式中　$r$——玻璃管内半径，m；

$\theta$——接触角，表示曲面和管壁交接处，曲面的切线与管壁的夹角。

如果把玻璃细管竖立在水中，如图 1-3a 所示。当水温为 20 ℃时，水与玻璃的接触角 $\theta=3°\sim9°$，水的表面张力系数 $\sigma=0.0728$ N/m，则水在管中的上升高度为

$$h=\frac{15}{r} \tag{1-21}$$

如果把玻璃细管竖立在水银中，如图 1-3b 所示。当水银温度为 20 ℃时，水银与玻璃的接触角 $\theta=139°\sim140°$，水银的表面张力系数 $\sigma=0.51$ N/m，则水银在管中的下降高度为

$$h=\frac{5.07}{r} \tag{1-22}$$

式（1-21）及式（1-22）中，$h$、$r$ 均以 mm 计。可见，当管径很小时，$h$ 就可以很大。所以，用来测定压强的玻璃细管直径不能太小，否则就会产生很大的误差。

在多数工程实际中，表面张力的影响是可以忽略的。但在某些类似于液柱式测压计的小尺寸仪器和模型试验、液体薄膜沿固体壁面的流动、水滴和气泡的形成、液体射流的破碎、汽液两相流的传热与传质的研究中，表面张力将是不可忽略的重要因素。

## 第二节　作用在流体上的力

在研究流体运动规律时，首先必须分析作用于流体上的力，力是使流体运动状态发生变化的外因。作用在流体上的力，按其作用方式不同，可分为质量力和表面力。

### 一、质量力

作用于流体的每一个质点（或微团）上，与流体的质量成正比的力，称为质量力。质量力又分为重力和惯性力。

质量力的大小通常用单位质量的质量力来度量，以 $\vec{f}$ 表示，简称单位质量力，单位为 N/kg 或 $m/s^2$。

设在流体中取质量为 $m$ 的质点（或微团），作用于该质点的质量力为 $\vec{F}$，$\vec{F}$ 与 $m$ 的比值 $\vec{F}/m$ 称为单位质量的质量力，简称为单位质量力。

单位质量力常用在直角坐标系三个坐标方向的投影来表示，即

$$\vec{f}=f_x\vec{i}+f_y\vec{j}+f_z\vec{k} \tag{1-23}$$

式中　$f_x$、$f_y$、$f_z$——单位质量力在 $x$、$y$、$z$ 轴上的投影。

当流体所受的质量力只有重力时，重力 $\vec{G}$ 等于质量与重力加速度的乘积，即 $\vec{G}=mg$。可见，重力是与重力加速度相联系的。而 $\vec{G}/m=-g\vec{k}$，说明作用于流体的单位质量力的大小等于重力加速度。单位质量力在三个坐标轴的分力为

$$\begin{cases}f_x=0\\f_y=0\\f_z=-g\end{cases} \tag{1-24}$$

当流体在作相对运动时，所受的质量力还要考虑牵连惯性力，牵连惯性力也是与坐标运动对质点带来的牵连加速度相联系的。例如盛装流体的容器作直线加速运动或旋转运动

时，尽管容器内的流体质点之间都没有相对运动，但由于容器运动（将坐标固结在运动容器上），流体也受牵连而随之运动。则作用于质点的直线惯性力或离心惯性力也总是与直线加速度或离心加速度相联系的。这些牵连加速度，一般说来，不仅与坐标运动有关，而且是运动坐标空间位置的函数。

### 二、表面力

作用于所研究的流体（或称分离体）表面上，与表面积成正比的力，称为表面力。尽管流体内部任一对相互接触的表面上，这部分和那部分流体之间的表面力是大小相等、方向相反，是相互抵消的，但在流体力学分析问题时，常常从流体内部取出一个分离体，研究其受力状态，使流体的内力变成作用在分离体表面上的外力。

表面力分为切向分力（黏性力）和法向分力（压力）两种表达形式。通常表面力大小用单位面积上的表面力来表示，即切应力和压应力。

设在流体分离体的表面上，任取一微小面积 $\Delta A$，一般可将作用在该面上的力 $\Delta\vec{F}$ 分解为表面法线方向的分力 $\Delta F_n$ 和表面切线方向的分力 $\Delta F_\tau$。因为流体内部不能承受拉力，所以表面法线方向的力只有沿内法线方向的压力。因此表面应力可分解为

$$\bar{p}=\frac{\Delta F_n}{\Delta A} \tag{1-25}$$

$$\bar{\tau}=\frac{\Delta F_\tau}{\Delta A} \tag{1-26}$$

式中 $\bar{p}$——面积 $\Delta A$ 上的平均压应力，简称平均压强，Pa；

$\bar{\tau}$——面积 $\Delta A$ 上的平均切应力，Pa。

如果面积 $\Delta A$ 无限缩小为一点，则

$$p=\lim_{\Delta A\to 0}\frac{\Delta F_n}{\Delta A} \tag{1-27}$$

$$\tau=\lim_{\Delta A\to 0}\frac{\Delta F}{\Delta A} \tag{1-28}$$

式中 $p$——点的压强，Pa；

$\tau$——点的切应力，Pa。

## 第三节　流体的力学模型

客观上存在的实际流体，物质结构和物理性质是非常复杂的。如果要全面考虑它的所有因素，将很难提出它的力学关系式。为此，在分析考虑流体力学问题时，根据抓主要矛盾的观点，建立力学模型，对流体加以科学的抽象，简化流体的物质结构和物理性质，以便于列出流体运动规律的数学方程式。

### 一、连续介质

不论是液体或气体，总是由无数的分子所组成，分子之间有一定的间隙，也就是说，流体实质上是不连续的。但是，流体力学是研究宏观的机械运动（无数分子总体的力学效

果)，而不是研究微观的分子运动，作为研究单元的质点，也是由无数的分子所组成，并具有一定的体积和质量，且分子之间的间隙相对流体的单元质点很小，可忽略不计。因此，可以认为流体是由充满其所占据空间，无任何空隙的单元质点所组成的连续体，即连续介质。这种“连续介质”的模型，是对流体物质结构的简化，在分析问题时有两大方便。第一，它可不考虑复杂的微观分子运动，只考虑在外力作用下的宏观机械运动；第二，能运用数学分析的连续函数工具研究流体的运动。因此，本课程分析时均采用“连续介质”这个模型。

### 二、理想流体

不考虑黏性作用的流体，称为理想流体（或无黏性流体）。实际流体都具有黏性，提出理想流体，是对流体物理性质的简化。因为在某些问题中，黏性不起作用或不起主要作用。如果在某些问题中，黏性影响较大，不能忽略时，可用“两步走”的办法，先把流体当作理想流体分析得出主要结论，然后采用试验的方法考虑黏性的影响加以补充或修正。

### 三、不可压缩流体

不考虑压缩性和膨胀性的流体，称为不可压缩流体。这也是对流体物理性质的简化。液体的压缩性和膨胀性均很小，密度可视为常数，通常都可看成不可压缩流体。气体只有在某些情况下，例如速度接近或超过音速时，在流动过程中其密度变化很大时，才必须用可压缩流体模型；在实际工程中，所遇到的大多数气体流动，速度远小于音速，其密度变化不大（当速度等于 68 m/s 时，密度变化为 1%；当速度等于 150 m/s 时，密度的变化也只有 10%），可当作不可压缩流体看待，即使某些对整个系统来说，密度变化很大，但对系统内各管段来讲，在密度变化并不显著的工程问题中，对每一管段仍可按不可压缩气体计算，只不过这时不同管段的密度不同而已。

## 复习思考题

1. 流体中液体与气体在物理性质上有何区别？
2. 流体的密度与重度有何区别？它们与所处的海拔高度是否有关？
3. 什么是流体的压缩性和膨胀性？它对流体的密度和重度有何影响？
4. 什么是流体的黏性？它对流体流动有什么作用？用什么来表示黏性的大小？
5. 动力黏度与运动黏度有何区别？哪一个更能反映流体的流动性？
6. 如何理解流体连续介质模型？
7. 已知在标准状态下氧气的容重为 14.0185 $N/m^3$，求氧气的密度。
8. 水的重度 $\gamma=9.71\ kN/m^3$，$\mu=0.599\times10^{-3}\ Pa\cdot s$，求它的运动黏滞系数 $\nu$。
9. 体积为 4 $m^3$ 的水，当温度不变时，压强由 0.1 MPa 增加到 0.5 MPa 时，体积减小 1 L，求水的体积压缩系数及弹性模量。
10. 某采暖系统中，装有 40 L 的水，在压强不变的情况下，将水从温度为 10 ℃ 加热到 90 ℃，如果水的膨胀系数 $\alpha=0.0005$，问水的体积膨胀量为多少？系统如何保证安全运行？

11. 如图 1-4 所示，高压油泵经管径为 $d$ 的油管向油压机构输油，驱动活塞向右运动用以冲压工件。回程时将油放出，活塞上压强降至大气压。活塞靠重锤 $G=8850$ N 的力拉回。若活塞直径 $D=250$ mm，间隙 $b=0.075$ mm，间隙长 $L=400$ mm，传动用油的动力黏度 $\mu=0.245$ Pa·s，不计 $A$、$B$ 两处的阻力，求活塞回程时最后的稳定速度 $v$。

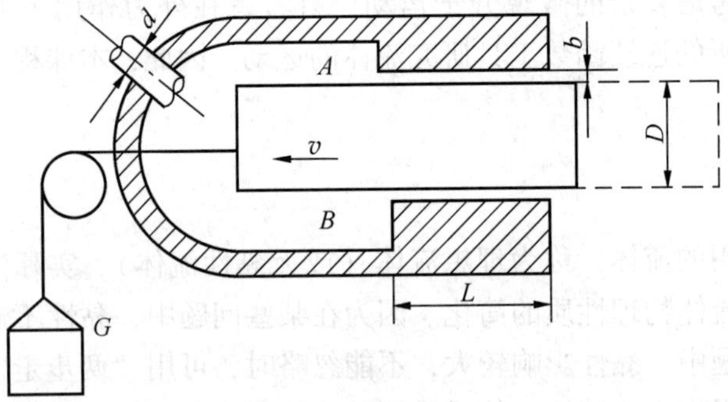


图 1-4　习题 11 图

12. 图 1-5 所示为一水平方向运动的木板，其速度为 1 m/s。平板浮在油面上，$\delta=10$ mm，油的 $\mu=0.09807$ Pa·s。求作用于平板单位面积上的阻力。

13. 一块底为 40 cm×45 cm，高为 1 cm 的木块，质量为 5 kg，如图 1-6 所示，沿着涂有润滑油的斜面等速向下运动，已知 $v=1$ m/s，$\delta=1$ mm，求润滑油的动力黏滞系数。

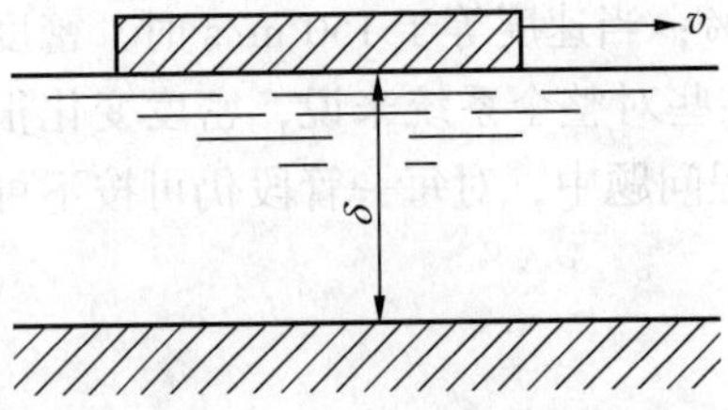


图 1-5　习题 12 图

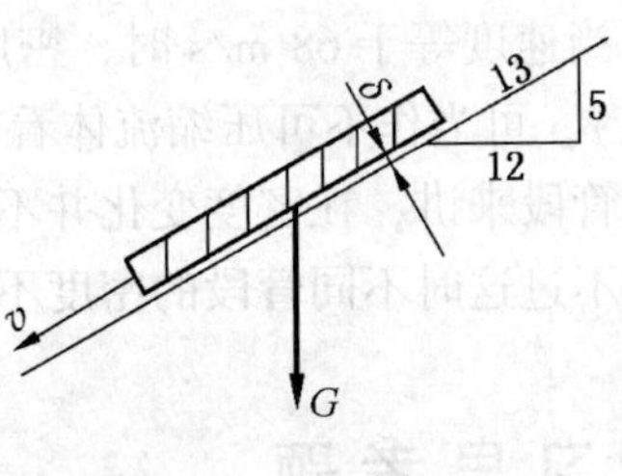


图 1-6　习题 13 图

# 第二章 流 体 静 力 学

流体静力学是研究流体处于静止或相对静止时的平衡规律、流体平衡的条件、流体与固体间的相互作用及其工程应用。

在研究流体平衡时，通常取地球为惯性坐标系。当流体相对于地球没有运动时，称流体为静止或平衡状态；当流体相对于非惯性坐标系无运动时，称流体为相对静止或相对平衡状态。

流体处于静止或相对静止状态时，各质点之间均不产生相对运动，流体的黏性不起作用，因而流体静力学可用理想流体的力学模型来研究，但得出的结论也适用于黏性流体。

## 第一节 流体静压强及其特性

### 一、流体静压强

当流体处于静止或相对静止状态时，作用在流体上的表面应力没有切应力，只有法向应力。从静止或相对静止状态的均质流体中，任取一分离体，四周流体对该分离体的作用力如图 2-1 所示。设用一平面 *ABCD* 将此分离体截为Ⅰ、Ⅱ两部分。假定将Ⅰ部分移去，并以等效的力代替它对Ⅱ部分的作用，使Ⅱ部分不失去原有的平衡。从平面 *ABCD* 上任取一面积 $\Delta A$，设 $\Delta P$ 为移去部分作用在面积 $\Delta A$ 上的总作用力，并作用在 $\Delta A$ 的中心上。$\Delta P$ 和 $\Delta A$ 的比值称为 $\Delta A$ 上的平均压强，以 $\bar{p}$ 表示，即

$$\bar{p}=\frac{\Delta P}{\Delta A} \tag{2-1}$$

当面积 $\Delta A$ 无限缩小到一点 $a$ 时，比值趋近于某一个极限值，此极限值称为点 $a$ 的流体静压强，以 $p$ 表示，即

$$p=\lim_{\Delta A\to 0}\frac{\Delta P}{\Delta A}=\frac{\mathrm{d}P}{\mathrm{d}A} \tag{2-2}$$

可以看出，流体静压力和流体静压强都是压力的一种度量，它们的区别仅在于前者是作用在某一面积上的总压力，而后者是作用在某一面积上的平均压强或某一点的压强。

### 二、流体静压强的特性

第一个特性：流体静压强的作用方向沿作用面的内法线方向。

假定在图 2-1 中Ⅰ部分对Ⅱ部分某点的静压强 $p$（图 2-2）不是垂直于作用面，则静压强 $p$ 必然可分解为两个分量，一个为切向分量 $p_\tau$，与作用面相切；另一个为法向分量 $p_n$，与作用面相垂直。切向分量显然就是切应力。在讨论流体黏性时，从牛顿内摩擦定律中可以看出，静止流体内部是不会出现切应力的，若 $p_\tau\neq 0$，则流体的平衡会遭到破坏。

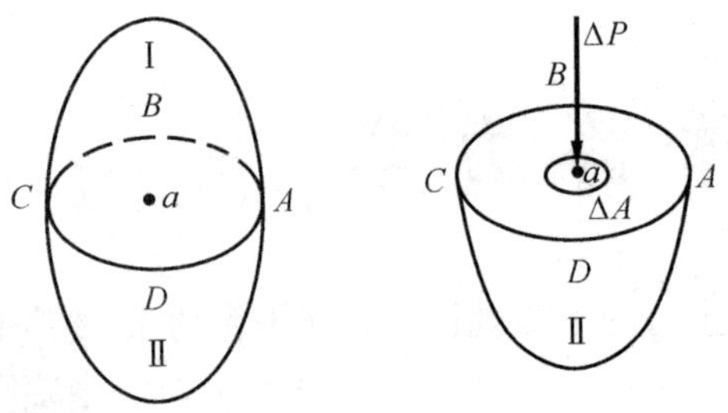

图 2-1　静止流体中的分离体

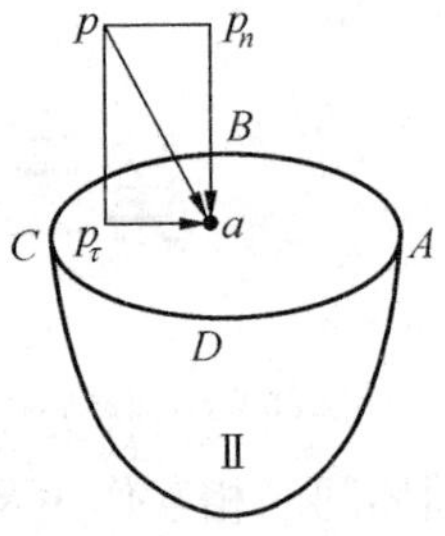

图 2-2　流体静压强的方向

因而在静止的流体中切向分量是不存在的，即 $p_\tau=0$。因此，流体静压强 $p$ 只可能垂直于作用面。又因为流体处于静止时不能承受拉应力，拉应力的存在也会破坏流体的平衡，所以流体静压强的方向必然是沿着作用面的内法线方向。

由于流体内部的表面力只存在着压力，因此流体静力学的根本问题是研究流体静压强的问题。

第二个特性：在静止流体中任意一点流体静压强的大小与作用面在空间的方位无关，是点的空间坐标函数。

这个特性说明各点的位置不同，压强可能不同，但位置一定，则不论取哪个方向，压强的大小完全相等。因此，流体静压强只是空间位置的函数，研究流体静压强的根本问题就是研究流体静压强的分布规律问题。

## 第二节　重力场中流体的平衡

工程上最常见的静止情况是相对于地球静止。在这种情况下，流体所受质量力只有重力。下面根据静止流体质量力只有重力的这个特点，研究静止流体压强分布规律。

### 一、液体静压强的基本方程式

在静止液体中，任意取出一倾斜放置的微小圆柱体，微小圆柱体长为 $\Delta l$，端面积为 $\Delta A$，并垂直于柱轴线，如图 2-3 所示。现在来研究倾斜微小圆柱体在质量力和表面力共同作用下的轴向平衡问题。

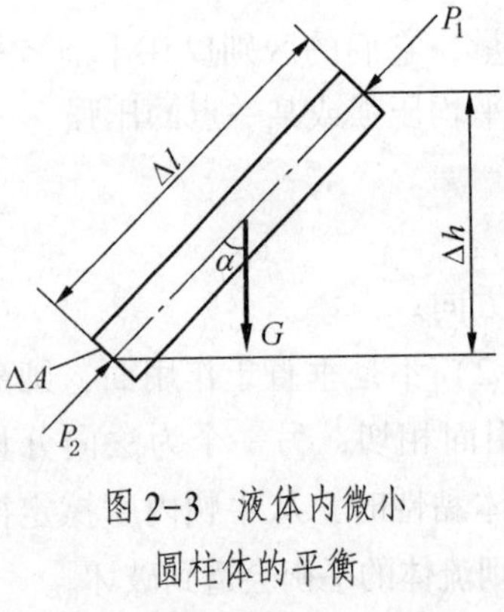

图 2-3　液体内微小圆柱体的平衡

周围的静止液体对圆柱体作用的表面力有侧面压力及两端面的压力。根据流体静压强沿作用面内法线分布的特性，侧面压力与轴向正交，沿轴向没有分力；圆柱的两端面沿轴向从相反的方向作用的压力 $P_1$ 和 $P_2$。静止液体受的质量力只有重力，而重力是铅直向下作用的，它与轴线的夹角为 $\alpha$，因此重力可以分解为平行于轴向的 $G\cdot\cos\alpha$ 和垂直于轴向的 $G\cdot\sin\alpha$ 两个分力。因此，倾斜微小圆柱体轴向力的平衡，就是两端压力 $P_1$、$P_2$ 及重力的轴向分力 $G\cdot\cos\alpha$ 的平衡，即

$$P_2-P_1-G\cos\alpha=0$$

由于微小圆柱体断面积 $\Delta A$ 极小，断面上各点压强的变化可以忽略不计，即可以认为断面上各点压强是相等的。设圆柱上端面的压强为 $p_1$，下端面的压强为 $p_2$，则两端面的压力为 $P_1=p_1\Delta A$ 及 $P_2=p_2\Delta A$，而圆柱体受的重力为液体的重度 $\rho g$ 乘以 $\Delta l\Delta A$，即 $G=\rho g\cdot\Delta l\Delta A$，将各项代入上式得

$$p_2\Delta A-p_1\Delta A-\rho g\cdot\Delta l\Delta A\cos\alpha=0$$

消去 $\Delta A$，并将 $\Delta l\cos\alpha=\Delta h$ 代入整理得

$$p_2-p_1=\rho g\Delta h$$

或

$$\Delta p=\rho g\Delta h \tag{2-3}$$

从式（2-3）的推证看出，倾斜微小圆柱体的端面是任意选取的。因此，可以得出普遍关系式，即静止液体中任意两点的压强差等于两点间的深度差乘以重度。

将上式压差关系改写成压强关系式，则为

$$p_2=p_1+\rho g\Delta h \tag{2-4}$$

式（2-4）表示压强随深度不断增加，而深度增加的方向就是静止液体的质量力——重力作用的方向。所以，压强增加的方向就是质量力的作用方向。

在装有密度为 $\rho$ 的液体的静止容器中（图 2-4），设液面压强为 $p_0$，则液面下深度为 $h$ 的某一点的压强可根据式（2-4）求得，即

$$p=p_0+\rho gh \tag{2-5}$$

式中 $p$——液体内某点的压强，Pa；

$h$——某点在液面下的深度，m。

式（2-5）是液体静力学的基本方程式，它表示静止液体中，压强随深度按直线规律变化。静止液体中任一点的压强是由液面压强和该点在液面下的深度与重度的乘积两个部分所组成。从这两个部分可以看出，压强的大小与容器的形状无关。因此，不论盛液容器的形状怎么复杂，只要知道液面压强 $p_0$ 和该点在液面下的深度 $h$，就可用此式求出该点的压强。

【例 2-1】水池中盛水，如图 2-5 所示。已知液面压强 $p_0=98.1$ kPa，求 $A$、$B$、$C$ 和 $D$ 点所受水的静压强。

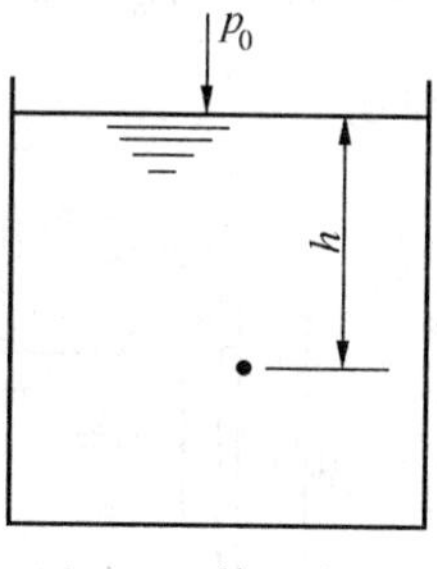


图 2-4 静止容器

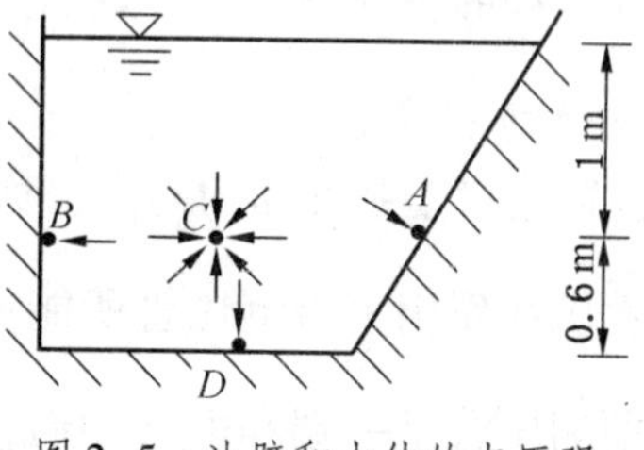


图 2-5 池壁和水体的点压强

**解** $A$、$B$、$C$ 三点在同一水平面上，水深 $h$ 均为 1 m，所以压强相等。即

$$p_A=p_B=p_C=p$$

故

$$p=p_0+\rho gh=98.1\times10^3+9.81\times10^3\times1=1.0791\times10^5(\text{Pa})$$

$D$ 点的水深是 1.6 m，故

$$p_D=98.1\times10^3+9.81\times10^3\times1.6=1.138\times10^5(\text{Pa})$$

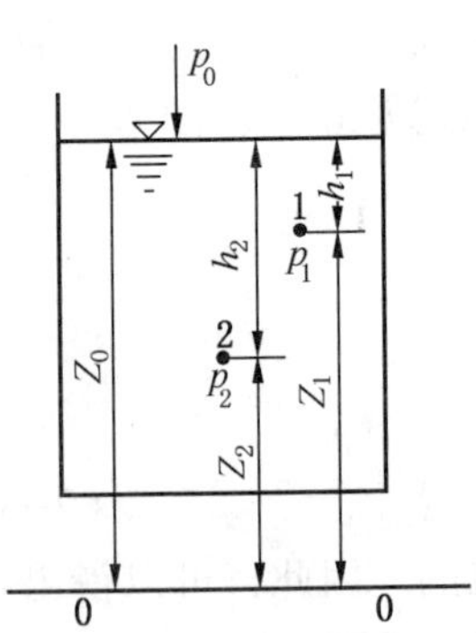


图 2-6 液体静力学方程推证

压强的作用方向，应根据作用面的方位而定。如 $A$、$B$、$D$ 三点在固体壁面上，若考虑液体对固体壁面的作用，则方向如图中所示。总之，静压强的作用方向总是垂直于作用面的切平面且指向受压物体（流体或固体）表面的内法线方向。

## 二、流体静力学基本方程式的意义

1. 静力学基本方程式的另一种形式

液体静力学基本方程式可以表示为另一种形式，如图 2-6 所示。设水箱水面的压强为 $p_0$，水中 1、2 点到任选基准面 0-0 的高度为 $Z_1$ 及 $Z_2$，压强为 $p_1$ 及 $p_2$，将式中的深度改为高度差后，得

$$p_1=p_0+\rho g(Z_0-Z_1)$$

$$p_2=p_0+\rho g(Z_0-Z_2)$$

上式除以 $\rho g$，整理后得

$$Z_1+\frac{p_1}{\rho g}=Z_0+\frac{p_0}{\rho g}$$

$$Z_2+\frac{p_2}{\rho g}=Z_0+\frac{p_0}{\rho g}$$

两式联立得

$$Z_1+\frac{p_1}{\rho g}=Z_2+\frac{p_2}{\rho g}=Z_0+\frac{p_0}{\rho g}$$

因为 1、2 点是任选的，故可将上述关系式推广到整个液体，得出具有普遍意义的规律。即

$$Z+\frac{p}{\rho g}=C \tag{2-6}$$

式（2-6）为液体静力学基本方程式的另一种形式，也是水静压强分布规律的一种形式。它表示在同一种静止液体中，各点的 $\left(Z+\frac{p}{\rho g}\right)$ 总是一个常数。

2. 静力学基本方程式的意义

$Z$ 为该点位置相对于基准面的高度，称位置水头。

$\frac{p}{\rho g}$ 为该点在压强作用下沿测压管所能上升的高度，称压强水头。所谓测压管是一端和大气相通，另一端和液体中某一点相接的管子，如图 2-7 所示。

$Z+\frac{p}{\rho g}$ 为测压管水头，它表示测压管水面相对于基准面的高度。

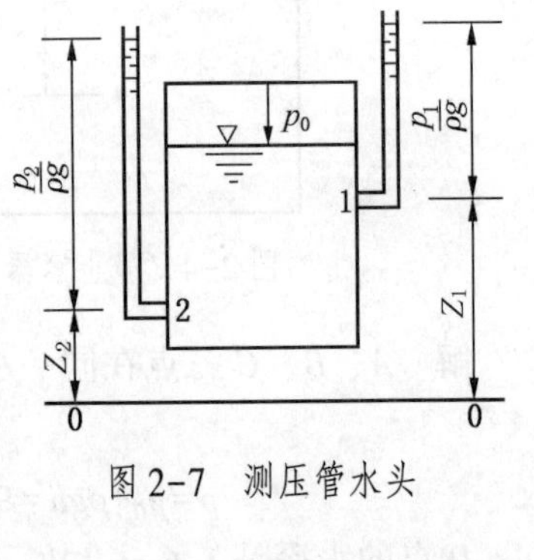


图 2-7 测压管水头

$Z+\dfrac{p}{\rho g}=C$ 表示同一容器的静止液体中，所有各点的测压管水头均相等。即使各点的位置水头 $Z$ 和压强水头 $\dfrac{p}{\rho g}$ 互不相同，但各点的测压管水头必然相等。因此，在同一容器的静止液体中，所有各点的测压管水面必然在同一水平面上。测压管水头中的压强 $p$ 用相对压强表示，相对压强的概念将在后面讲述。

## 三、等压面

在静止流体中，压强相等的点所组成的面称为等压面。等压面的重要特性有：①在平衡液体中，等压面与质量力的合力互相垂直；②等压面不能相交；③静止、同种、连续的液体，水平面是等压面。

容器中静止的液体与气体分界面（自由表面）上各点受到的气体压强相同，质量力也只有重力，其方向垂直向下，所以自由表面是等压面，也是水平面。事实上，水平面这个概念就是从静止的水面、湖面、池面等具体形式抽象出来的。

由式（2-5）可知，若 $p_0$ 为常数，$\rho$ 亦为常数，则在均质的仅受重力作用的静止液体中，其静压强的大小决定于深度 $h$。深度相同的各点，压强也相同，这些深度相同的点所组成的平面是一个水平面，可见水平面是压强处处相等的面。因此得出结论水平面是等压面。

两种容重不同互不混合的液体，在同一容器中处于静止状态，一般是重的在下，轻的在上，两种液体之间形成分界面。这种分界面既是水平面又是等压面。

应当指出，上述规律是在同种液体处于静止、连续的条件下推导出来的。因此，液体静压强分布规律只适用于静止、同种、连续液体。如不能同时满足这三个条件，就不能应用上述规律。例如，不能同时满足这三个条件的水平面就不一定是等压面。如图 2-8a 中 $a$ 和 $b$ 两点，虽属静止、同种，但不连续，中间被气体隔开了，所以同在一个水平面上的 $a$、$b$ 两点压强不相等。又如同图中 $b$、$c$ 两点，虽属静止、连续，但不同种，所以同在一个水平面上的 $b$、$c$ 两点压强也不相等。又如图 2-8b 中的 $d$、$e$ 两点，虽属同种、连续，但不静止，管中是流动的液体，所以同在一个水平面上的 $d$、$e$ 两点压强也不相等。

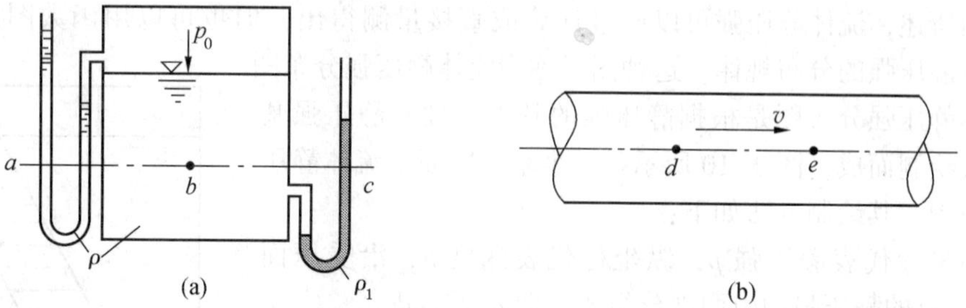


图 2-8　等压面的条件分析

还应指出，如果同一容器或同一连通器盛有多种不同容重的液体，要从某一种液体中某一点的已知压强，求另一种液体中另一点的未知压强时，必须先求出两种液体间的分界面的压强，进而求出未知的压强。如果这两种液体不是直接相连的，那么就应该求出相互连通的各段液体的分界面的压强。总之，多种液体在同一容器或连通管的条件下求压强或

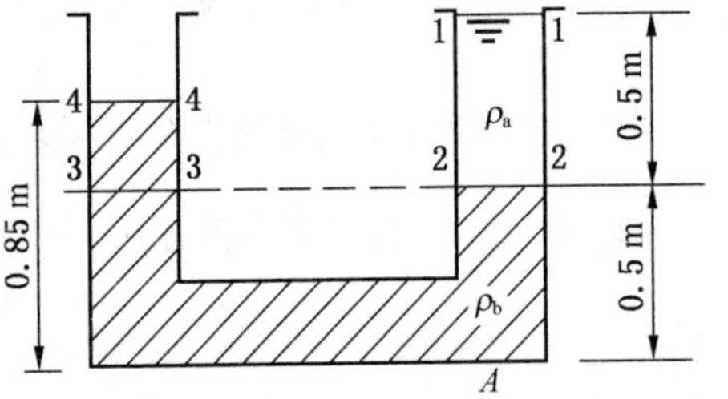


图 2-9　两种液体的连通器

压差，必须注意把分界面作为压强关联的联系面。

【例 2-2】密度为 $\rho_a$ 和 $\rho_b$ 的两种液体，装在图 2-9 所示的容器中，各液面深度如图所示。若 $\rho_b=1000\ kg/m^3$，大气压强 $p_a=98.1\ kPa$，求 $\rho_a$ 及 $p_A$。

**解**　(1) 求 $\rho_a$。由于自由面的压强均等于大气压强，根据静止、连续、同种液体水平面为等压面的规律，有

$$p_2=p_a+0.5\rho_a g$$

$$p_3=p_a+(0.85-0.5)\rho_b g$$

由于 $p_2=p_3$，故得

$$0.5\rho_a=(0.85-0.5)\rho_b=0.35\rho_b$$

所以

$$\rho_a=0.7\rho_b=0.7\times1000=700(kg/m^3)$$

(2) 求 $A$ 点的压强 $p_A$。先求出分界面上的压强，然后应用分界面是多种液体压强关系的联系面，再求出分界面以下 $A$ 点的压强 $p_A$。分界面 2-2 是等压面，面上各点压强相等。即

$$p_2=p_a+0.5\rho_a g=98.1\times10^3+0.5\times700\times9.81=101533.5(Pa)$$

再根据分界面上的压强 $p_2$，求 $A$ 点的压强 $p_A$ 为

$$p_A=p_2+0.5\rho_b g=101533.5+0.5\times1000\times9.81=106438.5(Pa)$$

液面压强 $p_0$ 增减 $\Delta p_0$，则内部压强 $p$ 亦相应的增减 $\Delta p$。即静止液体任意边界上压强的变化，将等值地传递到其他各点（只要静止不被破坏），这就是水静压强等值传递的帕斯卡定律。该定律在水压机、液压传动、气动阀门和水力闸门等水力机械中得到广泛应用。

## 四、液体静压强分布图

如前所述，流体静压强可以通过计算或直接量测得出，但也可以用函数图形形象地表示流体静压强的分布规律，这种图形称为流体静压强分布图。

流体静压强分布图是根据静压强的基本特性及静压强基本方程式绘制而成。图 2-10 所示是一个垂直壁面上流体静压强的分布图，其绘制方法如下：

取横坐标代表静压强 $p$，纵坐标代表深度 $h$，沿受压面 $AB$ 上每一点的静压强均由两部分组成，即 $p_0$ 与 $\rho gh$。

1. $\rho gh$ 部分的绘制

设 $\rho gh=p$，由于 $\rho$ 为常量，所以 $p$ 与 $h$ 的关系实质上是线性函数关系。由图 2-10 可以看出，$h_A=0$，$p=\rho gh_A=0$；$h_B=h$，则 $p_B=p_0+\rho gh_B=\rho gh$。在图中按比例画出线段 $BC$，使其长度相当于 $p_B$，连接 $A$、$C$ 两点成一直线，构成 $\triangle ABC$ 就是 $p=\rho gh$ 部分的静压强分布图，它形象地说明了受压面上 $\rho gh$ 的

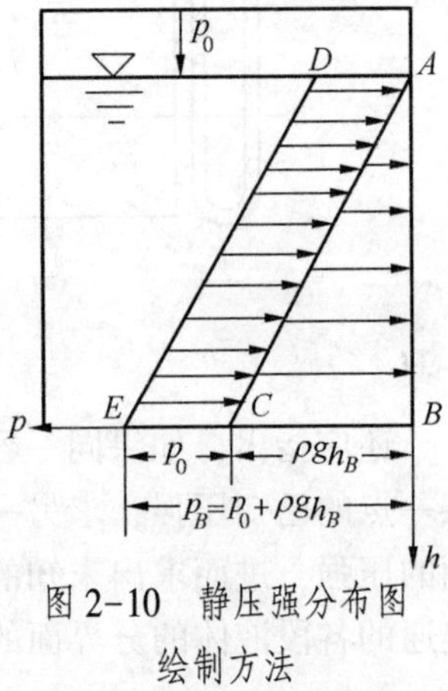


图 2-10　静压强分布图绘制方法

变化。

2. $p_0$ 部分的绘制

根据静压强等值传递规律，$p_0$ 部分等值地传递到受压面任意点上去，在 $A$、$C$ 两点分别按比例画出 $AD$、$CE$ 线段，使其长度相当于 $p_0$，连接 $DE$，构成一个平行四边形 $ACED$，这就是 $p_0$ 部分的静压强分布图。

综合上述两部分图形，形成梯形 $ABED$，这就是流体静压强基本方程式 $p=p_0+\rho gh$ 的函数图形，即静压强分布图。

当 $p_0=p_a$，如图 2-11 所示，图中梯形 $ABED$ 表示受压面 $AB$ 上的绝对静压强分布图；$\triangle ABC$ 表示受压面 $AB$ 上的相对静压强分布图。在一般情况下，受压面两侧均受大气压强 $p_a$ 作用，可以互相抵消，因此工程上常用相对静压强分布图。

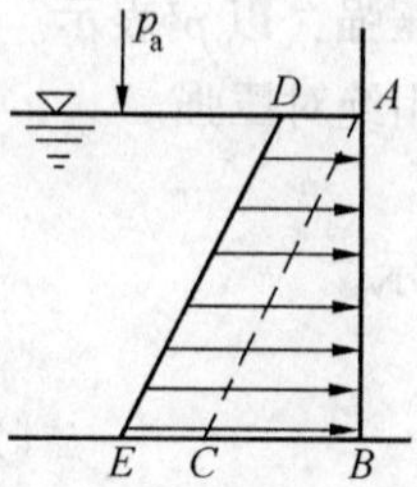

图 2-11　静压强分布图

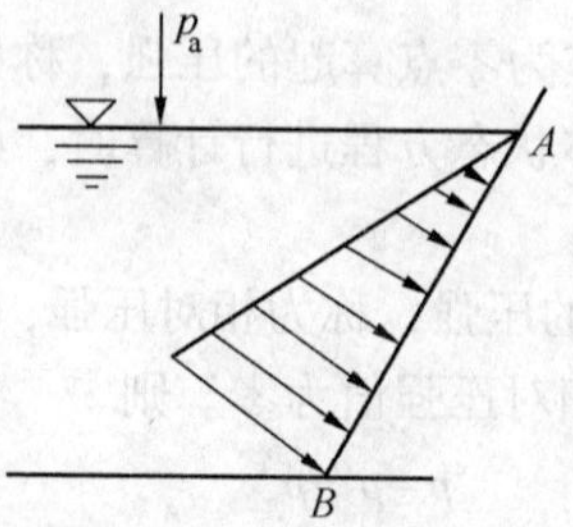

图 2-12　斜面上静压强分布图

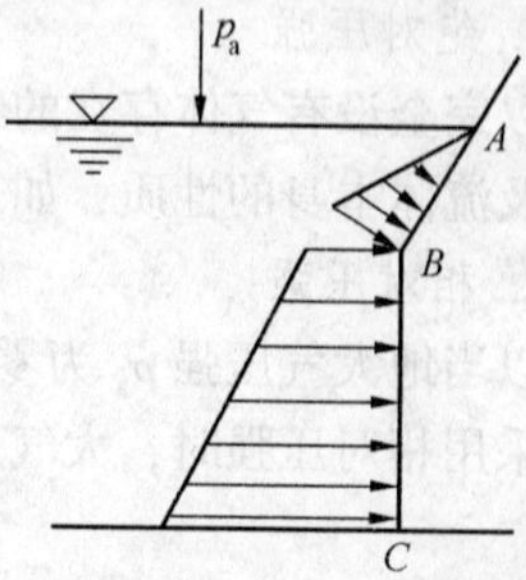

图 2-13　折面上静压强分布图

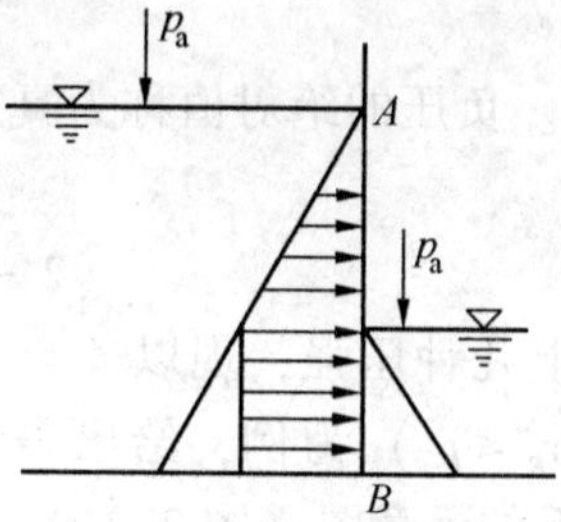

图 2-14　两侧受压静压强分布图

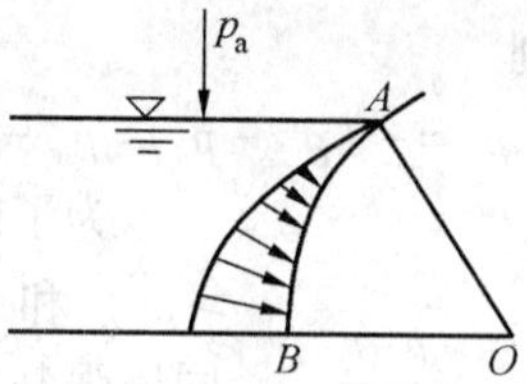

图 2-15　曲面上静压强分布图

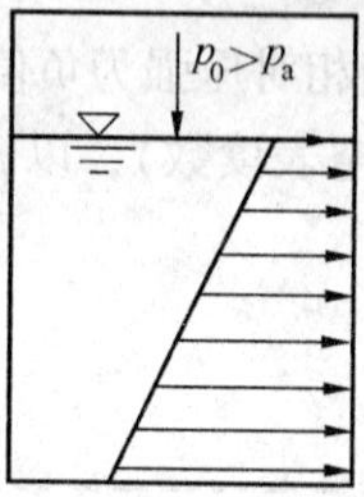

图 2-16　$p_0>p_a$ 时静压强分布图

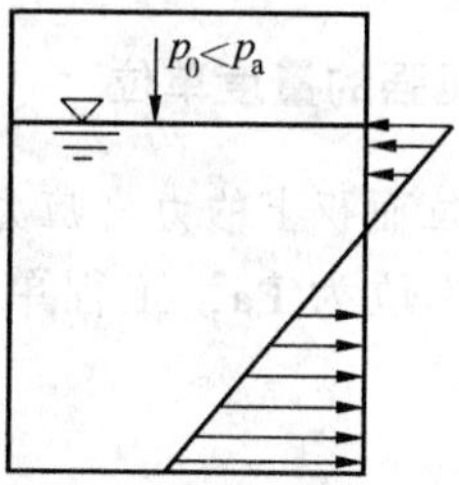

图 2-17　$p_0<p_a$ 时静压强分布图

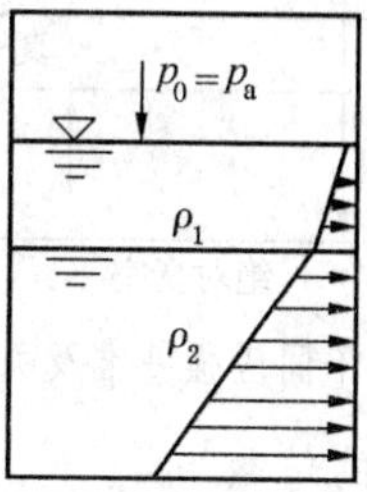

图 2-18　$\rho_2>\rho_1$ 时静压强分布图

图 2-12 和图 2-13 分别为作用在斜面上、折面上的液体相对静压强分布图。图 2-

14 为平面壁两侧均有水压作用的液体相对静压强分布图。图 2-15 为作用在曲面上的液体相对静压强分布图。图 2-16 为表面压强大于大气压强（$p_0 > p_a$）时，作用在平面壁上的液体相对压强分布图。图 2-17 为表面压强小于大气压强（$p_0 < p_a$）时，作用在平面壁上的液体相对压强分布图。图 2-18 为平面壁上同时受两种不同液体作用的相对压强分布图。

## 第三节　压强的计算基准和量度单位

### 一、压强的两种计算基准

压强有两种计算基准，即绝对压强和相对压强。

1. 绝对压强

以完全没有气体存在的绝对真空为零点算起的压强，称为绝对压强，以 $p'$表示。当问题涉及流体本身的性质，如采用气体状态方程进行计算时，必须采用绝对压强。

2. 相对压强

以当地大气压强 $p_a$ 为零点算起的压强，称为相对压强，以 $p$ 表示。

采用相对压强时，大气压强的相对压强值为零。则

$$p = p' - p_a \tag{2-7}$$

或

$$p = p_0' + \rho g h - p_a$$

某一点的绝对压强只能是正值，不可能出现负值。但是，相对压强可能为正值也可能为负值。当相对压强为正值时，称该压强为表压强或表压（即压力表读数）。

3. 真空度

当相对压强为负值时，称该压强为负压或称该点具有真空。负压的绝对值称为真空度（即真空表读数），以 $p_v$ 表示。则

$$p_v = -(p' - p_a) = p_a - p' \tag{2-8}$$

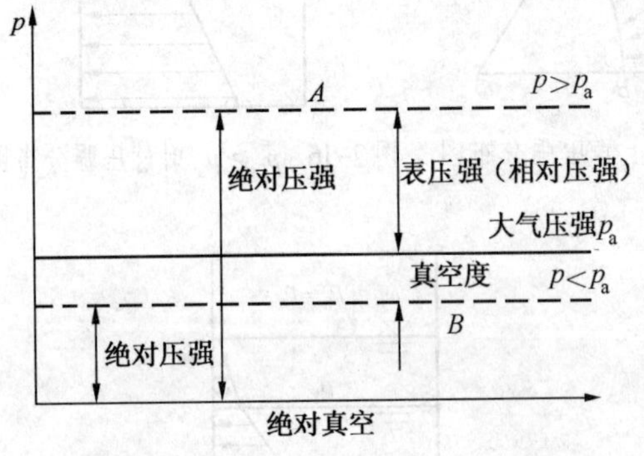

图 2-19　不同压强基准及关系示意图

为了区别以上几种压强，现以 $A$ 点（$p_A' > p_a$）和 $B$ 点（$p_B' < p_a$）为例，给出表示不同压强基准及关系的示意图（图 2-19）。

实际计算中，在不会引起混淆的情况下，相对压强和绝对压强都可用 $p$ 表示。

### 二、压强的量度单位

1. 单位面积上的力（应力单位）

国际单位为 Pa，工程单位为 $kgf/m^2$ 或 $kgf/cm^2$。

2. 大气压的倍数

国际上规定：标准大气压指温度为 0 ℃时，海平面上的压强，即 760 mmHg 或 101. 325 kPa，用符号 atm 表示，即 1atm = 101. 325 kPa。

工程单位中规定：工程大气压指海拔高度 200 m 处正常大气压强，即 1 $kgf/cm^2$，用符

号 at 表示，即 1 at=1 kgf/cm$^2$。

如某点绝对压强为 303. 976 kPa，则该点绝对压强为 3 atm，相对压强为 2 atm。

3. 液柱高度

常用液柱高度有水柱或汞柱，其单位为 $mH_2O$、$mmH_2O$ 或 mmHg。

因为压强与液柱高度的关系为

$$p=\rho gh \quad 或 \quad h=\frac{p}{\rho g}$$

如果液柱密度 $\rho$ 已知，$h$ 和 $p$ 的关系就可以通过上式表现出来。因此，液柱高度也可以表示压强，如一个标准大气压相应的水柱高度为

$$h=\frac{101325}{1000\times9.81}=10.33(mH_2O)$$

相应的汞柱高度为

$$h=\frac{101325}{13590\times9.81}=0.76(mHg)=760(mmHg)$$

又如一个工程大气压的水柱高度为

$$h=\frac{98100}{1000\times9.81}=10(mH_2O)$$

相应的汞柱高度为

$$h=\frac{98100}{13590\times9.81}=0.7355(mHg)=735.5(mmHg)$$

压强的上述 3 种单位是工程上经常使用的，要求灵活运用。

在通风工程中常遇到较小的压强测定问题，对于较小的压强可用 $mmH_2O$ 单位来计量。

对于国际单位，根据 101325 N/m$^2$=10. 33 $mH_2O$ 的关系换算为

$$1\ mmH_2O=9.81\ Pa$$

对于工程单位，根据 10000 kgf/m$^2$=10 $mH_2O$ 的关系换算为

$$1\ mmH_2O=1\ kgf/m^2$$

【例 2-3】封闭水箱如图 2-20 所示。自由表面的绝对压强 $p_0$=132. 4 kPa，水箱内水深 $h$=2. 8 m，当地大气压 $p_a$=98. 1 kPa。求

（1）水箱内水深绝对压强和相对压强最大值。

（2）如果 $p_0$=78. 1 kPa，求自由表面上的相对压强、真空度和负压。

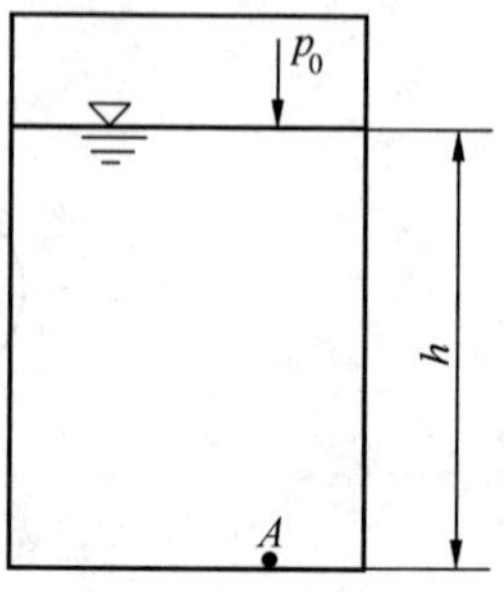

图 2-20　封闭水箱

**解**　从压强与水深的直线变化规律可知，水最深的地方压强最大，所以水箱底面压强最大。

（1）求压强最大值 $p_A$。绝对压强最大值为

$$p_A'=p_0+\rho gh=132400+1000\times9.81\times2.8=159868(Pa)$$

以液柱高度表示为

$$h_A'=\frac{p_A'}{\rho g}=\frac{159868}{1000\times9.81}=16.3(mH_2O)$$

以标准大气压表示为

$$p_A'=\frac{159868}{101325}=1.58(\text{atm})$$

相对压强最大值为

$$\begin{aligned}p_A&=p_A'-p_a=159868-98100\\&=61768(\text{Pa})=0.61(\text{atm})=6.3(\text{mH}_2\text{O})\end{aligned}$$

（2）当液面压强 $p_0=78.1$ kPa 时，自由表面上的相对压强和真空度分别为

$$p=p_0-p_a=78100-98100=-20000(\text{Pa})=-0.197(\text{atm})=-2.04(\text{mH}_2\text{O})$$

$$p_v=p_a-p_0=98.1-78.1=20000(\text{Pa})=0.197(\text{atm})=2.04(\text{mH}_2\text{O})$$

## 第四节　液柱式测压计

压强的大小既然可以用液柱的高度表示，根据其原理也可以制作量测流体压强或压差的仪器——液柱式测压计。

在工程上通常都需要测量流体的压强，如锅炉、压缩机、水泵、风机、管路系统等均装有压力计及真空计，常用的有弹簧金属式、电测式和液柱式 3 种。由于液柱式测压计具有直观、方便和经济等优点，因而在工程上得到广泛的应用。

### 一、测压管

测压管是一根玻璃直管，其一端连接在被测管路或容器侧壁，另一端开口直接与大气相通（图 2-21a）。由于相对压强的作用，水在管中上升或下降，与大气相接触的液面相对压强为零。因此，只要根据测压管中液面上升的高度，即可量度出被测管路或容器内流体静压强的大小。

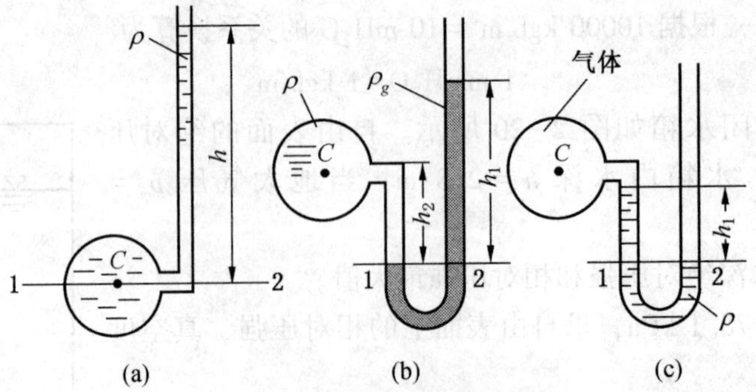


图 2-21　测压管

图 2-21a 中，测压管液面高于 $C$ 点，则 $C$ 点的绝对压强为

$$p_C'=p_a+\rho gh \tag{2-9}$$

$C$ 点的相对压强为正值，即

$$p_C=\rho gh \tag{2-10}$$

如果被测压强较大，测量液柱过高，观测不便，可采用U形管，并在U形管中装入另一种密度较大的测量液体（图2-21b），根据测量液体的液面高差，即可量测出被测点的压强。如图2-21b所示，以1-2为等压面，则

$$p_C+\rho gh_2=0+\rho_g gh_1$$

故$C$点的相对压强为

$$p_C=\rho_g gh_1-\rho gh_2 \tag{2-11}$$

如果被测的是气体压强，可以采用U形管装水，如图2-21c所示。因为气体密度远小于水，一般容器中的高度又不十分大，因此可以忽略气体柱高度所产生的压强，认为静止气体充满的空间各点压强相等。

仍以1-2为等压面，则

$$p_C+\rho gh_1=0$$

$$p_C=-\rho gh_1 \quad 或 \quad p_{Cv}=\rho gh_1 \tag{2-12}$$

可见，右端测压管水面低于左端时，液柱高度就是容器中气体的负压或是气体的真空度。

还应指出，在观测精度要求高或所用管较小时，需要考虑毛细管作用对液柱高度读数产生的影响。

## 二、压差计

压差计是测定两点间压强差的仪器，常用U形管制成。根据压差的大小，U形管中可采用空气或各种不同容重的液体作为测量流体。将U形管的两端分别与被测的两点相连，根据U形管中液体的高差及等压面规律进行压差计算。

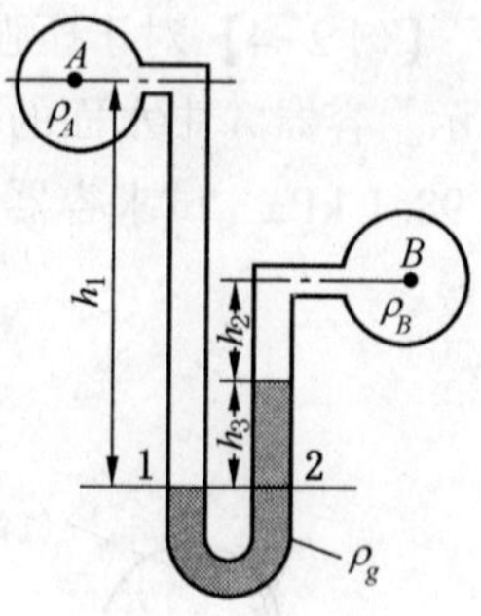

图2-22　压差计

图2-22为测定$A$、$B$两处液体压强差的压差计，根据1、2点在同一等压面上，得

$$p_A+\rho_A gh_1=p_B+\rho_B gh_2+\rho_g gh_3$$

故

$$p_A-p_B=\rho_B gh_2+\rho_g gh_3-\rho_A gh_1 \tag{2-13}$$

如果$A$、$B$两处为同种液体，即$\rho_A=\rho_B=\rho$，则

$$p_A-p_B=\rho g(h_2-h_1)+\rho_g gh_3 \tag{2-14}$$

如果$A$、$B$两处为同种气体，则

$$p_A-p_B=\rho_g gh_3 \tag{2-15}$$

在这种情况下，压强差就等于水银柱差所产生的压强。

## 三、倾斜式微压计

在测定微小压强（或压差）时，为了提高测量的精度，可以采用微压计。微压计一般用于测定气体压强，它的测压管是倾斜放置的，其倾角为$\alpha$，如图2-23所示。

当微压计的两端通大气时，容器中液面与测压管中液面为0-0。当微压计的容器接口与被测气体相连后，容器中的液面下降$\Delta h$至0′-0′的位置，而右侧测压管中液面上升了$h$（倾斜长度为$l$），$h=l\sin\alpha$，则

$$p=\rho' g(h+\Delta h)$$

式中　$\rho'$——测量液体的密度，$kg/m^3$。

若微压计容器的断面积为 $A_1$，右侧测压管的断面积为 $A_2$，由于容器中液体的下降量等于测压管中液体上升量，则

$$A_1 \Delta h = A_2 l$$

$$\Delta h = l A_2 / A_1$$

而

$$h = l \sin\alpha$$

所以

$$p = \rho' g l (\sin\alpha + A_2/A_1) \tag{2-16}$$

一般 $A_2/A_1$ 很小，在 1/200 左右，故可以忽略，则被测气体的表压强为

$$p = \rho' g l \sin\alpha \tag{2-17}$$

当测定时 $\alpha$ 为定值，只需测得倾斜长度 $l$，就可得出压强（或压强差）。由于 $l = h/\sin\alpha$，当 $\alpha = 30°$时，$l = 2h$。说明 $l$ 比 $h$ 放大一倍，测量的精度随之提高。工程上常用容重比水更小的液体如酒精（纯度 95% 的酒精，$\rho = 810\ \text{kg/m}^3$），以提高测定精度。

【例 2-4】对于压强较高的密封容器，可以采用复式水银测压计或压差计，如图 2-24 所示。容器 $A$ 中水面的相对压强 $p_A$ 为 0.25 at，$h_1 = 0.2$ m，$h_2 = 0.25$ m，$h = 0.5$ m。若 $p_a$ 为 98.1 kPa，试求容器 $B$ 中空气的压强 $p_B$。

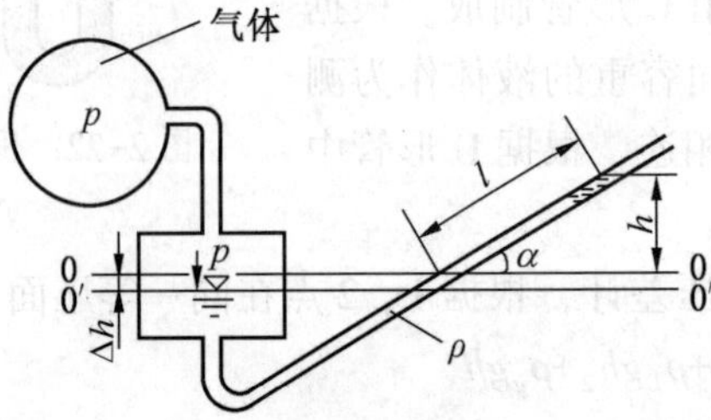


图 2-23　微压计

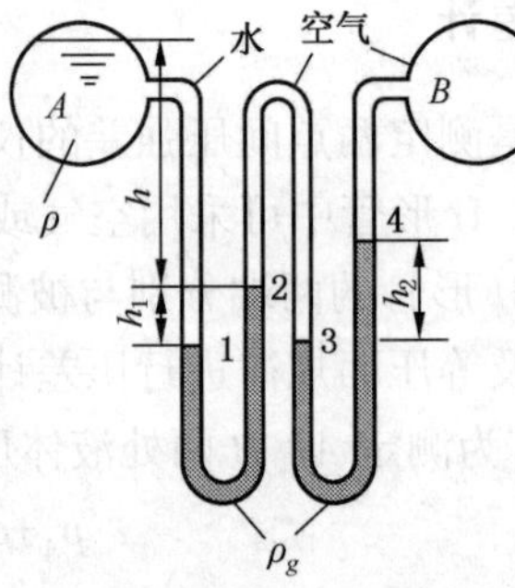


图 2-24　复式压差计

**解**　根据等压面的规律，1-1、2-2、3-3 都分别为等压面。则

$$p_1 = p_A + \rho g (h + h_1) = p_2 + \rho_g g h_1$$

$$p_2 = p_A + \rho g (h + h_1) - \rho_g g h_1$$

因为空气柱产生的压强可忽略，所以

$$p_3 = p_2 = p_A + \rho g (h + h_1) - \rho_g g h_1$$

$$p_4 = p_3 - \rho_g g h_2 = p_B$$

$$\begin{aligned} p_B &= p_A + \rho g (h + h_1) - \rho_g g (h_1 + h_2) \\ &= 98100 \times 0.25 + 1000 \times 9.81 \times (0.5 + 0.2) - 13590 \times 9.81 \times (0.2 + 0.25) \\ &= -28601 (\text{Pa}) \end{aligned}$$

容器 $B$ 内具有的真空度为

$$p_{Bv} = -p_B = 28601 (\text{Pa})$$

## 第五节 静止液体作用在固体壁面上的总压力

在工程实践中，不仅需要掌握静止流体压强分布规律及任一点处压强的计算问题，有时也需要计算出作用在结构物表面上的流体静压力问题。如气罐、锅炉、水池等盛装流体的结构物，在进行结构设计的时候，需要计算作用于结构物表面上的流体静压力。结构物表面可以是平面，也可以是曲面。本节分别讨论作用在平面和曲面上的液体静压力问题。

### 一、静止液体作用在固体平面上的总压力

设一与水平面成夹角 $\alpha$ 的任意形状的倾斜平面，如图 2-25 所示，其左侧受液体压力，液体的自由表面大气压强为 $p_a$。取一平面坐标系，并将平面绕 $oy$ 轴转 90°投影到 $xoy$ 投影面上，此时其受压面投影反映受压面的实形。

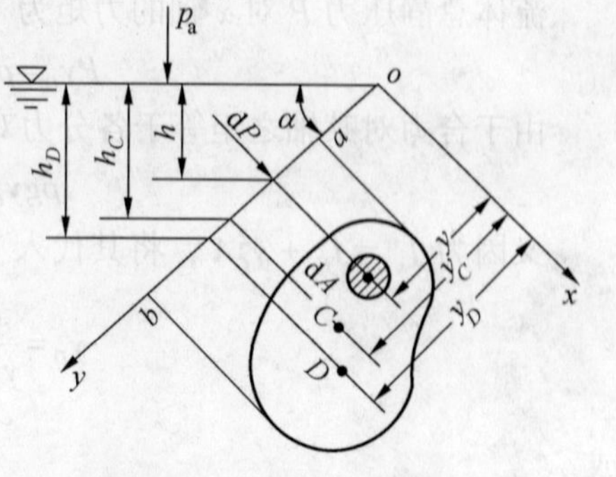


图 2-25　平面上液体静压力

1. 总压力大小和方向

由于流体压强的方向是沿着作用面的内法线方向，所以在平面上作用着一系列的同向平行力，是一个平行力系。因此，求平面上总压力问题，实质上是一个平行力系合成问题。在受压面上任取一微小面积 $dA$，其中心点在液面下的深度为 $h$，采用相对压强计算，$dA$ 上各点的压强 $p=\rho gh$，则作用在微小面积上的总压力为

$$dP=p\mathrm{d}A=\rho gh\mathrm{d}A$$

将各微小压力 $dP$ 沿受压面进行积分，则得作用在受压面上的总压力为

$$P=\int \mathrm{d}P=\int_A p\mathrm{d}A=\int_A \rho gh\mathrm{d}A=\rho g\sin\alpha\int_A y\mathrm{d}A$$

式中　$\int_A y\mathrm{d}A$——受压面积 $A$ 对 $ox$ 轴的静面矩。

由理论力学可知，$\int_A y\mathrm{d}A$ 等于受压面积 $A$ 与其形心坐标 $y_C$ 的乘积，即

$$\int_A y\mathrm{d}A=y_CA$$

因此

$$P=\rho g\sin\alpha y_CA=\rho gh_CA=p_CA \quad (2-18)$$

式中　$h_C$——受压面形心在液面下的深度；

$p_C$——受压面形心处的静压强；

$A$——受压面的面积。

从式（2-18）知，作用在任意位置、任意形状平面上的流体总压力值等于受压面面积与形心点所受流体静压强的乘积。

流体总压力的方向是垂直指向受压面的。

2. 总压力作用点（压力中心）

由于压强与水深成正比，深度较大的地方压强较大，所以压力中心 $D$ 点在 $y$ 轴上的位

置必然低于形心 $C$ 点。$D$ 点的位置，可利用理论力学中的合力矩定理，即合力对某轴的力矩等于各分力对同一轴的力矩的代数和。

微小压力 $dP$ 对 $x$ 轴的力矩为

$$y\mathrm{d}P=\rho ghy\mathrm{d}A=\rho gy^2\sin\alpha\mathrm{d}A$$

各微小力矩的总和为

$$\int_A \rho gy^2\sin\alpha\mathrm{d}A=\rho g\sin\alpha\int_A y^2\mathrm{d}A=\rho g\sin\alpha\cdot J_x$$

式中　$J_x=\int_A y^2\mathrm{d}A$ 为受压面的面积 $A$ 对 $x$ 轴的惯性矩。

流体总静压力 $P$ 对 $x$ 轴的力矩为

$$Py_D=\rho gh_C Ay_D=\rho gy_C\sin\alpha Ay_D$$

由于合力对某轴之矩等于各分力对同轴力矩之和，因此

$$\rho gy_C\sin\alpha Ay_D=\rho g\sin\alpha J_x$$

又因为 $J_x=J_C+y_C^2A$，将其代入上式整理后得

$$y_D=\frac{J_x}{y_CA}=\frac{J_C+y_C^2A}{y_CA}=y_C+\frac{J_C}{y_CA} \tag{2-19}$$

或

$$y_e=y_D-y_C=\frac{J_C}{y_CA} \tag{2-20}$$

式中　$A$——受压面的面积；

$y_e$——压力中心沿 $y$ 轴方向至受压面形心的距离；

$y_D$——压力中心沿 $y$ 轴方向至 $ox$（液面）轴的距离；

$y_C$——受压面形心沿 $y$ 轴方向至 $ox$（液面）轴的距离；

$J_C$——受压面通过形心且平行于 $ox$ 轴的惯性矩，见表 2-1。

表 2-1　平面图形的惯性矩、形心及面积

| 图　形 | 惯性矩 $J_C$ | 形心 $y_C$ | 面积 $A$ |
|---|---|---|---|
| 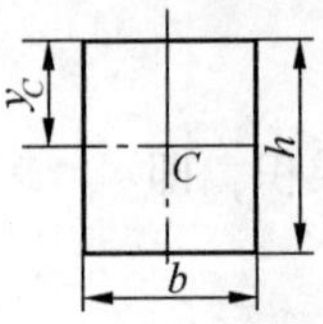 | $\frac{1}{12}bh^3$ | $\frac{1}{2}h$ | $bh$ |
| 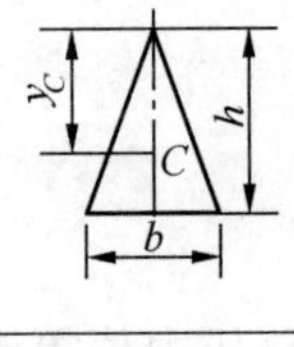 | $\frac{1}{36}bh^3$ | $\frac{2}{3}h$ | $\frac{1}{2}bh$ |
| 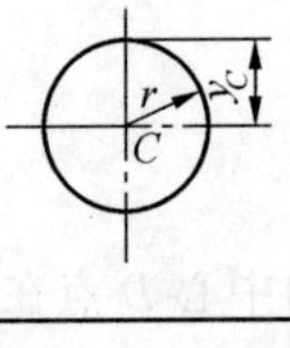 | $\frac{1}{4}\pi r^4$ | $r$ | $\pi r^2$ |

表 2-1（续）

| 图 形 | 惯性矩 $J_C$ | 形 心 $y_C$ | 面 积 $A$ |
|---|---|---|---|
| 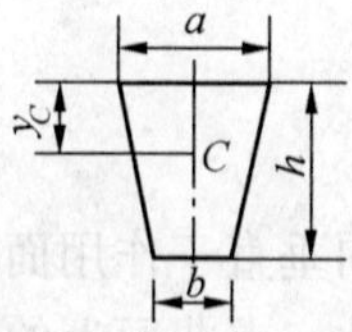 | $\dfrac{h^3(a^2+4ab+b^2)}{36(a+b)}$ | $\dfrac{h(a+2b)}{3(a+b)}$ | $\dfrac{h(a+b)}{2}$ |

式（2-19）或式（2-20）为求压力中心的基本公式。由于 $\dfrac{J_C}{y_CA}$ 总是正值，故 $y_D > y_C$，说明压力中心 $D$ 点总是低于形心 $C$ 点。

压力中心在 $x$ 轴上的坐标取决于平面形状。在实际工程中，受压面通常为关于 $y$ 轴对称的平面，则压力中心 $D$ 点在 $x$ 轴上的位置就必然在平面的对称轴上，无须进行计算。

应当注意：利用上述公式只能求出液面压强为大气压强时，作用于平面的流体总压力及其压力中心。如果容器是封闭的，液面压强 $p_0$ 大于或小于大气压强 $p_a$ 时，则应以相对压强为零的虚设液面求解流体总压力及压力中心。

虚设液面与容器的实际液面之间的距离为 $|p_0-p_a|/\rho g$。当 $p_0>p_a$ 时，虚设液面在实际液面的上方，反之在实际液面的下方。也就是说，求解流体总压力用 $P=\rho gh_CA$ 时，$h_C$ 取平面形心至虚设液面的距离；而求压力中心用 $y_C=\dfrac{J_C}{y_CA}$时，$y_C$ 取平面形心沿 $y$ 轴方向至虚设液面的距离。其方法的实质是将厚度为 $|p_0-p_a|/\rho g$ 的液层，相应地加减在实际液面上，而平面上各点所受的实际压强没有任何变化。

由式（2-18）可知，作用于受压平面上的液体总压力，只与受压面的面积 $A$、液体密度 $\rho$ 及形心被淹没的深度 $h_C$ 有关，而与容器的形状无关。对于底面积相同的各种盛液容器，只要所盛液体相同，液体深度相同，不论容器的形状如何，作用在底面积上液体总压力的大小都是相同的，它与容器中装有多少液体无关。

【例 2-5】有一垂直矩形闸门（图 2-26），闸门高 $h_2=2$ m，宽 $b=1.5$ m，其顶边在水深 $h_1=1$ m 处，求水静压力 $P$ 的大小及作用点。

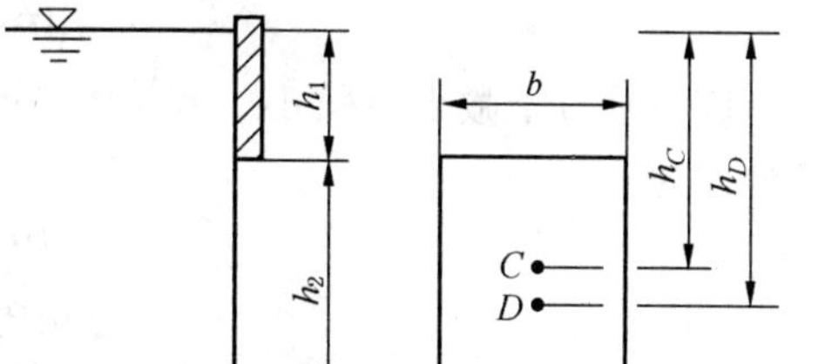

图 2-26 垂直闸门上的总静压力

**解** 因闸门受压面积 $A=bh_2=3\ \text{m}^2$，水的密度 $\rho=1000\ \text{kg/m}^3$，闸门受压面的形心的水深 $h_C=h_1+h_2/2=2$ m，故根据式（2-18）知作用于闸门上的总压力为

$$P=\rho gh_CA=1000\times9.81\times2\times3$$
$$=58860(\text{N})$$

又因闸门受压面对通过其形心且平行于液面交线的轴的惯性矩为

$$J_C=\frac{1}{12}bh_2^3=\frac{1}{12}\times1.5\times2^3=1(\text{m}^4)$$

故压力中心 $D$ 在水面下的深度为

$$h_D = h_C + \frac{J_C}{h_C A} = 2 + \frac{1}{2\times 1.5\times 2} = 2.17(\mathrm{m})$$

## 二、静止液体作用在固体曲面上的总压力

作用于曲面任意点的流体静压强都是沿其作用面的内法线方向垂直于作用面。但曲面各处的内法线方向不同，彼此互不平行，也不一定交于一点。因此，求曲面上的流体总压力时，一般将其分为水平方向和竖直方向的分力分别进行计算。现以工程中常见的柱体曲面为例，研究曲面上所受流体总压力的计算问题，然后将此结论推广到空间曲面上去。

1. 总压力的分解计算

取一放置在密度为 $\rho$ 液体中的柱体曲面，并设柱体曲面垂直于纸面方向放置，其长度为 $b$，受压曲面为 $AB$，左侧承受水静压力，如图 2-27 所示。取图示坐标系，在柱体曲面上任取一微小面积 $dA$，处于自由表面下深度为 $h$ 处，作用在微小面积 $dA$ 上的水静压力为

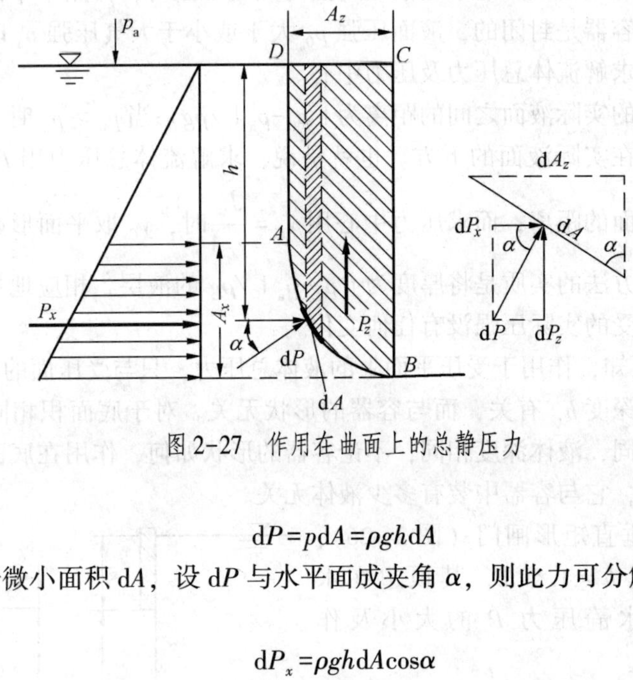


图 2-27　作用在曲面上的总静压力

$$dP = p dA = \rho g h dA$$

该力垂直于微小面积 $dA$，设 $dP$ 与水平面成夹角 $\alpha$，则此力可分解为水平和竖直的两个分力为

$$dP_x = \rho g h dA\cos\alpha$$
$$dP_z = \rho g h dA\sin\alpha$$

因为 $dA\cos\alpha$ 和 $dA\sin\alpha$ 分别等于微小面积 $dA$ 在竖直面和水平面上的投影。令 $dA_x = dA\cos\alpha$，$dA_z = dA\sin\alpha$，所以

$$dP_x = \rho g h dA_x$$
$$dP_z = \rho g h dA_z$$

上式分别积分得

$$P_x = \int dP_x = \int_{A_x} \rho g h dA_x = \rho g \int_{A_x} h dA_x \tag{2-21}$$

$$P_z = \int dP_z = \int_{A_z} \rho g h dA_z = \rho g \int_{A_z} h dA_z \tag{2-22}$$

式（2-21）右边的积分等于曲面 $AB$ 在竖直平面上的投影面积 $A_x$ 对水面的水平轴 $x$ 的静矩。

设 $h_C$ 为 $A_x$ 的形心在液面下的深度，$\int_{A_x} h\mathrm{d}A_x = h_C A_x$，则

$$P_x = \rho g h_C A_x \tag{2-23}$$

式中 $A_x$——受压曲面面积 $A$ 在垂直于 $x$ 轴方向的投影，$m^2$；

$h_C$——$A_x$ 的形心在液面下的深度，m。

可见，作用于曲面上的总压力 $P$ 的水平分力 $P_x$ 等于该曲面的竖直投影面上的总压力。因此，可以引用平面总压力的方法求解曲面上总压力的水平分力。

式（2-22）右边的 $h\mathrm{d}A_z$，是以 $\mathrm{d}A_z$ 为底面积、水深 $h$ 为高的柱体体积。所以 $\int_{A_z} h\mathrm{d}A_z$ 即为受压曲面 $AB$ 与其在自由面上的投影面积 $CD$ 这两个面之间的柱体 $ABCD$ 的体积，称为压力体，以 $V_0$ 表示。即

$$P_z = \rho g \int_{A_z} h\mathrm{d}A_z = \rho g V_0 \tag{2-24}$$

式中 $A_z$——受压曲面面积 $A$ 在垂直于 $z$ 轴方向的投影，$m^2$；

$V_0$——压力体，$m^3$。

式（2-24）说明，作用于曲面上的水静压力 $P$ 的竖直分力 $P_z$ 等于其压力体内的液体的重量。因此，正确绘制压力体是求解竖直分力的关键。压力体一般是由 3 种面所形成的封闭的体积，即底面是受压曲面，顶面是受压曲面边界线封闭的面积在自由表面上的投影（对于自由表面压强 $p_0$ 不等于大气压 $p_a$ 的情况，应将受压面 $AB$ 投影到压强等于大气压力 $p_a$ 的虚设自由面上），中间是通过受压曲面边界所作的竖直投影面。

当压力体中有液体时，如图 2-28a 和图 2-28b 所示，此时压力体称为实压力体，则 $P_z$ 等于压力体内的液体重量，方向垂直向下；当压力体中没有液体时，如图 2-28c 和图 2-28d 所示，此时压力体称为虚压力体，则 $P_z$ 等于压力体所排出液体的重量，方向垂直向上。但是，不论 $P_z$ 的方向如何，它在数值上都等于压力体内的液体重量，其作用线一定通过压力体重心。

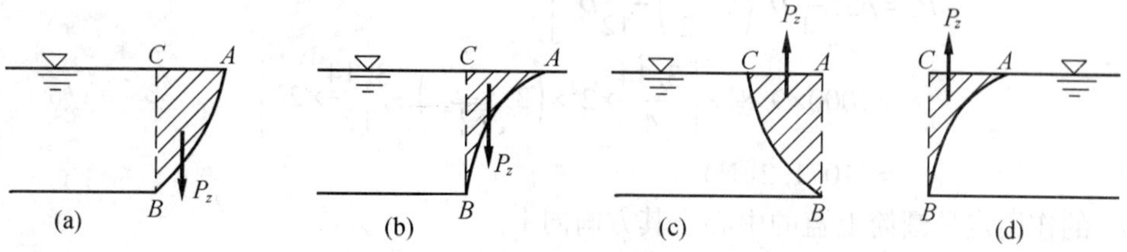


图 2-28 曲面上垂直分力的方向

2. 总压力及作用方向确定

在求出 $P_x$ 和 $P_z$ 后，需要求出总压力合力 $P$，即

$$P = \sqrt{P_x^2 + P_z^2} \tag{2-25}$$

总压力合力 $P$ 的作用方向线与水平线的夹角 $\theta$ 为

$$\theta=\tan^{-1}\frac{P_z}{P_x} \tag{2-26}$$

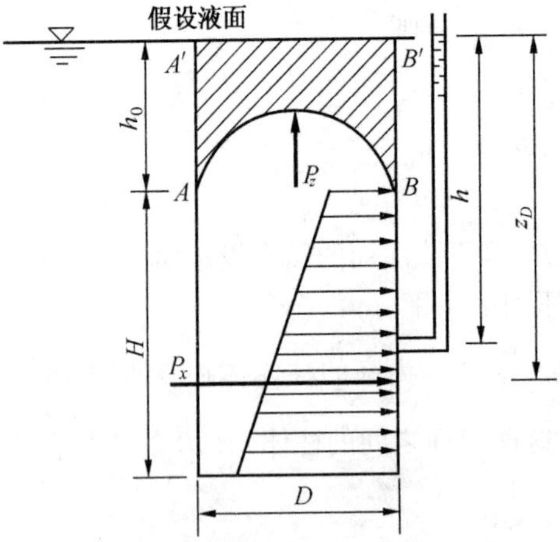


图 2-29　密闭圆筒上的总静压力

柱体曲面总压力计算的推导也可用于任意空间曲面，所不同的只是还需要求出另一个水平分力 $P_y$，其求解方法与求解 $P_x$ 完全相同。

在工程实际中，往往求出了 $P_x$ 和 $P_z$ 大小即可，并不一定要求出合力 $P$ 及其作用方向。

最后需要强调一点，在求作用于曲面的水平分力和竖直分力时，一定要明确受压曲面边界线的投影作用。水平分力是受压曲面边界线封闭的面积在竖直面上的投影面积上的液体压力，而竖直分力的压力体也要通过受压曲面的边界线向相对压强为零的液面（虚设自由表面）作竖直投射柱面来决定。

【例 2-6】如图 2-29 所示，有一立式密闭充满水的圆筒容器，直径 $D=2$ m，圆筒部分高度 $H=3$ m，圆筒中部测压管读数 $h=3.5$ m，试求作用于上盖的力 $P_z$ 和筒身部分的力 $P_x$。

**解**　对密闭容器，当液面压强大于或小于大气压时，则应以相对压强为零的液面求总静压力及压力作用点。这个相对压强为零的液面和容器实际液面的距离 $h_0=|p_0-p_a|/\gamma$，即将厚度为 $h_0$ 的流层，想象地加（减）在实际液面上，并可沿用前述计算公式进行计算。

根据式（2-24）可知，作用于上盖的液体总静压力为曲面 $AB$ 与假设液面 $A'B'$ 所构成的 $ABA'B'$ 虚压力体的重量，即

$$P_z=\rho g V_0$$

$ABA'B'$ 虚压力体的体积为

$$V_0=\frac{\pi}{4}D^2h_0-\frac{\pi}{12}D^3=\frac{\pi}{4}D^2\left(h-\frac{H}{2}\right)-\frac{\pi}{12}D^3$$

所以

$$\begin{aligned}P_z&=\rho g\left[\frac{\pi}{4}D^2\left(h-\frac{H}{2}\right)-\frac{\pi}{12}D^3\right]\\&=1000\times9.81\times\left[\frac{3.14}{4}\times2^2\times\left(3.5-\frac{3}{2}\right)-\frac{3.14}{12}\times2^3\right]\\&=41071.2(\text{N})\end{aligned}$$

$P_z$ 的作用点是圆筒上盖的中心，其方向向上。

根据式（2-23）可知，作用在筒身部分的液体总静压力 $P_x$ 为

$$P_x=\rho g h_C A_x$$

从图中可以看出　　$h_C=h\qquad A_x=DH$

所以　$P_x=\rho g h D H=1000\times9.81\times3.5\times2\times3=20601(\text{N})$

$P_x$ 的作用线离假设液面的距离 $z_D$ 为

$$z_D=z_C+\frac{J_C}{z_C A_z}$$

而 $$z_C=h \qquad J_C=DH^3/12 \qquad A_z=DH$$

所以 $$z_D=h+\frac{DH^3/12}{hDH}=3.5+\frac{3^2}{12\times3.5}=3.7(\mathrm{m})$$

## 第六节　流体平衡微分方程

质量力仅为重力作用时，流体静压强分布规律及压力计算问题已解决。当质量力除重力外，还有惯性力作用时的流体平衡问题，需要用平衡微分方程式来解决。

### 一、流体平衡微分方程式

设平衡流体中，任取一点 $o'$（$x$、$y$、$z$）的压强为 $p$，并以 $o'$点为中心取一微小正六面体，各边长为 $\Delta x$、$\Delta y$、$\Delta z$，并分别与相应的直角坐标轴平行，如图 2-30 所示。如果对六面体建立外力平衡关系式，便可以得出流体平衡微分方程式。

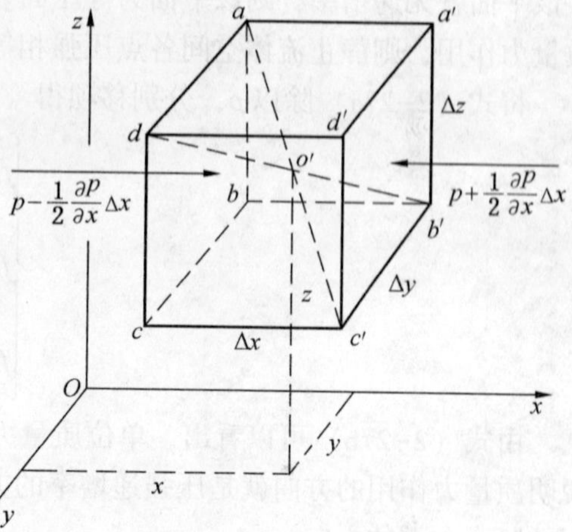


图 2-30　微小正六面体

1. 作用于六面体上的表面力

由于流体静压强是空间坐标的连续函数，沿 $x$ 轴向作用于边界面 $abcd$ 和 $a'b'c'd'$ 中心处的压强，根据泰勒级数展开，并取前两项分别为

$$\left(p+\frac{1}{2}\frac{\partial p}{\partial x}\Delta x\right) \quad 和 \quad \left(p-\frac{1}{2}\frac{\partial p}{\partial x}\Delta x\right)$$

式中　$\frac{\partial p}{\partial x}$——压强沿 $x$ 轴向的递增率；

$\frac{1}{2}\frac{\partial p}{\partial x}\Delta x$——由于 $x$ 轴向的位置变化而引起的压强差。

根据中心处的压强，便可以得出边界面 $abcd$ 和 $a'b'c'd'$的压力为

$$\left(p-\frac{1}{2}\frac{\partial p}{\partial x}\Delta x\right)\Delta y\Delta z \quad 和 \quad \left(p+\frac{1}{2}\frac{\partial p}{\partial x}\Delta x\right)\Delta y\Delta z$$

2. 作用于六面体的质量力

设作用于六面体的单位质量力在 $x$ 轴向的分力为 $f_x$，则作用于六面体的质量力在 $x$ 轴向的分力为 $f_x\rho\Delta x\Delta y\Delta z$。处于平衡状态的液体，以上两种力必须互相平衡，对于 $x$ 轴向的平衡，可以写为

$$\left(p-\frac{1}{2}\frac{\partial p}{\partial x}\Delta x\right)\Delta y\Delta z-\left(p+\frac{1}{2}\frac{\partial p}{\partial x}\Delta x\right)\Delta y\Delta z+f_x\rho\Delta x\Delta y\Delta z=0$$

用 $\Delta x\Delta y\Delta z$ 除以上式，并化简得

$$\rho f_x-\frac{\partial p}{\partial x}=0$$

同理，对 $y$、$z$ 轴方向可得

$$\rho f_y-\frac{\partial p}{\partial y}=0$$

$$\rho f_z-\frac{\partial p}{\partial z}=0 \tag{2-27a}$$

式（2-27a）为流体平衡微分方程式，也称欧拉平衡方程。它指出流体处于平衡状态时，作用于流体上的质量力与压强递增率之间的关系，表示单位体积质量力在某一轴的分力与压强沿该轴的递增率相平衡。如果单位体积的质量力在某两个轴向分力为零，则压强在该平面就无递增率，则该平面为等压面。如果质量力在各轴向的分力均为零，就表示无质量力作用，则静止流体空间各点压强相等。

将式（2-27a）除以 $\rho$，分别移项得

$$\begin{cases} f_x=\dfrac{1}{\rho}\dfrac{\partial p}{\partial x} \\ f_y=\dfrac{1}{\rho}\dfrac{\partial p}{\partial y} \\ f_z=\dfrac{1}{\rho}\dfrac{\partial p}{\partial z} \end{cases} \tag{2-27b}$$

由式（2-27b）可以看出，单位质量力在各轴向的分力和压强递增率的符号相同。这说明质量力作用的方向就是压强递增率的方向。如静止液体，压强递增的方向就是重力作用的竖直向下的方向。

将式（2-27a）依次乘以 $\mathrm{d}x$、$\mathrm{d}y$、$\mathrm{d}z$，并相加得另一种形式为

$$\frac{\partial p}{\partial x}\mathrm{d}x+\frac{\partial p}{\partial y}\mathrm{d}y+\frac{\partial p}{\partial z}\mathrm{d}z=\rho(f_x\mathrm{d}x+f_y\mathrm{d}y+f_z\mathrm{d}z)$$

式中左边是平衡液体压强 $p$ 的全微分形式，即

$$\mathrm{d}p=\rho(f_x\mathrm{d}x+f_y\mathrm{d}y+f_z\mathrm{d}z) \tag{2-28}$$

如果流体是不可压缩的（$\rho$ 为常数），由高等数学知，上式右边的括号内的数值必然是某一函数 $W(x, y, z)$ 的全微分，即

$$\mathrm{d}W=f_x\mathrm{d}x+f_y\mathrm{d}y+f_z\mathrm{d}z \tag{2-29}$$

而

$$\mathrm{d}W=\frac{\partial W}{\partial x}\mathrm{d}x+\frac{\partial W}{\partial y}\mathrm{d}y+\frac{\partial W}{\partial z}\mathrm{d}z$$

因此

$$\frac{\partial W}{\partial x}=f_x \qquad \frac{\partial W}{\partial y}=f_y \qquad \frac{\partial W}{\partial z}=f_z \tag{2-30}$$

满足式（2-28）的函数 $W(x, y, z)$ 称为势函数，具有这样势函数的质量力称为有势的力。因此，液体只有在有势的质量力作用下才能平衡。

将式（2-29）代入式（2-28）得

$$\mathrm{d}p=\rho\mathrm{d}W \tag{2-31}$$

积分得

$$p=\rho W+C \tag{2-32}$$

式中　$C$——积分常数，当已知流体内某一点的势函数 $W_0$ 和压强 $p_0$ 时，$C=p_0-\rho W_0$。

于是，式（2-32）可写为

$$p=p_0+\rho\ (W-W_0) \tag{2-33}$$

式（2-33）为不可压缩流体平衡微分方程式积分后的普遍关系式。

当质量力仅为重力时，作用于液体的重力在各轴向的分力为

$$f_x=0 \qquad f_y=0 \qquad f_z=-g$$

将以上各力代入式（2-28）得

$$\mathrm{d}p=-\rho g\mathrm{d}z$$

对上式积分得

$$p=-\rho gz+C$$

或

$$z+p/\rho g=C$$

这就是前面已证明的流体静力学的基本方程式。

## 二、等压面及其特性

前面已经知道，等压面上 $p$=常数，由式（2-31）得

$$\mathrm{d}p=\rho\mathrm{d}W=0$$

由于 $\rho\neq0$，故必然 $\mathrm{d}W=0$，即

$$W=常数$$

可见，等压面就是等势面。因此，由式（2-28）可得等压面方程为

$$f_x\mathrm{d}x+f_y\mathrm{d}y+f_z\mathrm{d}z=0 \tag{2-34}$$

式中　$\mathrm{d}x$、$\mathrm{d}y$、$\mathrm{d}z$——流体质点在等压面上的任一微小位移 $\mathrm{d}s$ 在相应坐标轴上的投影。

因此，式（2-34）表示当流体质点沿等压面移动距离 $\mathrm{d}s$ 时，质量力所作的微小功为零。而质量力和位移 $\mathrm{d}s$ 都不为零，所以必然是等压面和质量力正交，这就是等压面的重要特性。根据这个特性，只要已知质量力的方向，便可确定出它的垂直方向线所构成的面就是等压面；反之亦然。如静止液体，它的质量力只有重力，而重力又是竖直方向的，所以垂直于竖直方向的水平面就是等压面。

# 第七节　液体的相对平衡

液体相对平衡是指当液体相对于地球虽是运动的，但液体质点之间及质点与器壁之间都没有相对运动的平衡状态。相对平衡规律是指重力和牵连惯性力同时作用下的液体平衡规律，它是以流体的平衡微分方程式为基础的。

## 一、等加速度直线运动中液体的平衡

有一开口的容器盛有液体，以等加速度 $a$ 向前作直线运动，液体的自由面将由原来静止时的水平面变成倾斜面，如图 2-31 所示。假如观察者随容器而运动，将会看到容器和液体都没有运动。这时作用在每一个质点的质量力除重力外，还有牵连惯性力。设自由液面的中心为坐标原点，$x$ 轴正向和运动方向相同，$z$ 轴向上

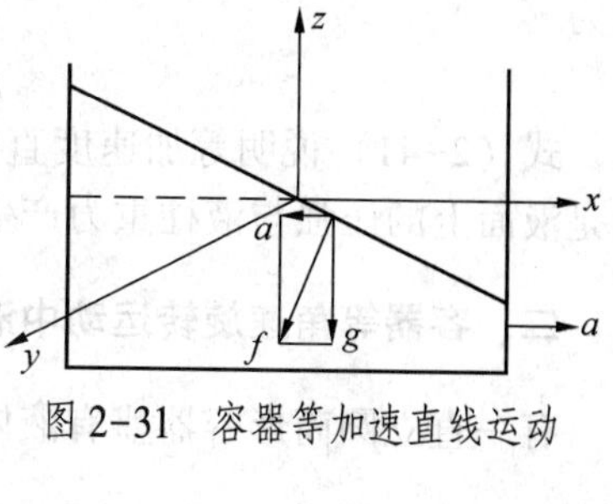

图 2-31　容器等加速直线运动

为正。

作用在任一质点所受的单位质量力沿坐标轴的投影为

$$f_x=-a \quad f_y=0 \quad f_z=-g$$

1. 液体静压强的分布规律

将单位质量力代入流体平衡微分方程式，得

$$\mathrm{d}p=\rho(-a\mathrm{d}x-g\mathrm{d}z)$$

对上式积分得

$$p=-\rho(ax+gz)+C \tag{2-35}$$

式中 $C$——积分常数，由已知边界条件确定。

在坐标原点 $C=p_0$，则液面下任一点处的压强为

$$p=p_0+\rho(-ax-gz)=p_0+\rho g\left(-\frac{a}{g}x-z\right) \tag{2-36}$$

式（2-36）为等加速度直线运动容器中，液体相对平衡时压强分布规律的一般表达式。方程式表明相对平衡时，液体压强是点的坐标 $x$ 和 $z$ 的函数。

当 $p_0=p_a$ 时，其相对压强为

$$p=\rho g\left(-\frac{a}{g}x-z\right) \tag{2-37}$$

2. 等压面方程

在等压面上，$\mathrm{d}p=0$，即 $\mathrm{d}p=\rho(-a\mathrm{d}x-g\mathrm{d}z)=0$，则

$$-a\mathrm{d}x-g\mathrm{d}z=0$$

对上式积分得

$$ax+gz=C_1 \quad 或 \quad z=-(a/g)x+C_1' \tag{2-38}$$

式（2-38）为等加速度直线运动容器中液体的等压面方程。该方程为线性方程，表明等压面为倾斜平面，不同的积分常数 $C_1$ 代表不同的等压面。等压面与水平面的夹角为

$$\alpha=-\arctan\frac{a}{g} \tag{2-39}$$

3. 自由表面方程

对于自由液面，$C_1'=0$，则由式（2-38）得

$$z_s=-\frac{a}{g}x \tag{2-40}$$

式（2-40）即为等加速度直线运动容器中液体相对平衡时自由面方程。从方程可知，对于任意坐标 $x$，其自由表面上点的 $z$ 坐标都等于 $x$ 与 $-a/g$ 的乘积。则式（2-36）可改写为

$$p=p_0+\rho g(z_s-z)=p_0+\rho gh \tag{2-41}$$

式（2-41）说明等加速度直线运动容器中液体相对平衡时，其内任一点的静压强仍然是液面上的压强与液柱重力产生的压强之和。

## 二、容器等角速旋转运动中液体的平衡

有一直立圆筒形容器盛有液体，绕其中心轴作等角速旋转运动，如图 2-32 所示。由

于液体的黏性作用，液体在器壁的带动下，也以同一角速度作旋转运动，液体的自由面将由原来静止时的水平面变成绕中心轴的旋转抛物面。这时，作用在每一质点上的质量力除重力外，还有牵连离心惯性力。

将坐标设在旋转圆筒上，并使原点与旋转抛物面顶点重合，$z$ 轴竖直向上为正（图 2-32），那么距 $z$ 轴半径为 $r$ 处任一质点 $A$ 所受的单位质量力在各轴向的分力为

$$f_x=\omega^2 r\cos\alpha=\omega^2 x \qquad f_y=\omega^2 r\sin\alpha=\omega^2 y \qquad f_z=-g$$

1. 液体静压强的分布规律

将单位质量力代入流体平衡微分方程式（2-28），得

$$dp=\rho\ (\omega^2 x dx+\omega^2 y dy-g dz)$$

对上式积分后，得

$$p=\rho\left(\frac{1}{2}\omega^2 x^2+\frac{1}{2}\omega^2 y^2-gz\right)+C$$

或

$$p=\rho\left(\frac{1}{2}\omega^2 r^2-gz\right)+C \tag{2-42}$$

在坐标原点，液面下任一点处的压强为

$$p=p_0+\rho\left(\frac{1}{2}\omega^2 r^2-gz\right)$$

$$=p_0+\rho g\left(\frac{\omega^2 r^2}{2g}-z\right) \tag{2-43}$$

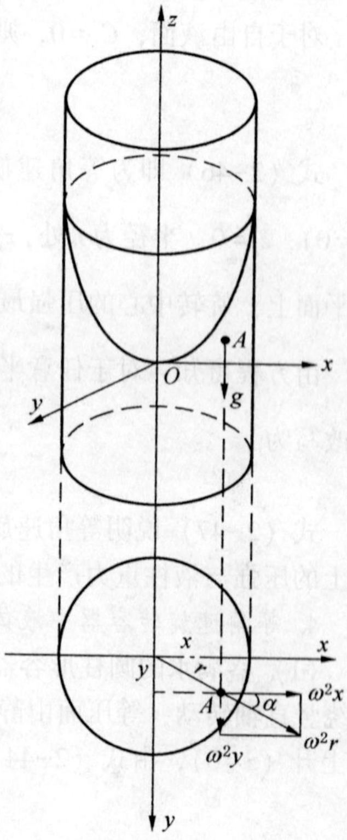

图 2-32 容器等角速旋转运动

式（2-43）为绕竖直轴作等角速度旋转的容器中，液体平衡时压强分布规律的一般表达式。此式说明压强随点的坐标 $z$ 和 $r$ 变化，而且因液体旋转而产生的压强与半径 $r$ 的平方成正比。

当 $p_0=p_a$ 时，其相对压强为

$$p=\rho g\left(\frac{\omega^2 r^2}{2g}-z\right) \tag{2-44}$$

2. 等压面方程

在等压面上，$dp=0$，即 $dp=\rho(\omega^2 x dx+\omega^2 y dy-g dz)=0$，则

$$\omega^2 x dx+\omega^2 y dy-g dz=0$$

对上式积分得

$$\frac{\omega^2 x^2}{2}+\frac{\omega^2 y^2}{2}-gz=C_1$$

或

$$\frac{\omega^2 r^2}{2}-gz=C_1 \tag{2-45}$$

式（2-45）为等角速旋转容器中液体的等压面方程。该方程是以 $z$ 轴为旋转轴的旋转抛物面方程，不同的积分常数 $C_1$ 代表不同的等压面。可见等压面是绕铅直轴旋转的抛物面簇。

3. 自由表面方程

对于自由液面，$C_1=0$，则由式（2-45）得

$$z_s=\frac{\omega^2 r^2}{2g} \tag{2-46}$$

式（2-46）即为等角速旋转容器中液体的自由面方程。从式（2-50）知，轴心处（$r=0$），$z_s=0$；半径为 $r$ 处，$z_s=\frac{\omega^2 r^2}{2g}$，它表示该处水面高于旋转轴处水面的高度。即同一水平面上，旋转中心的压强最低，外缘的压强最高。

由方程可知，对于任意半径 $r$，其自由表面上点的 $z$ 坐标都等于$\frac{\omega^2 r^2}{2g}$。则式（2-43）可改写为

$$p=p_0+\rho g(z_s-z)=p_0+\rho gh \tag{2-47}$$

式（2-47）说明等角速旋转容器中液体相对平衡时，其内任一点的静压强仍然是液面上的压强与液柱重力产生的压强之和。

4. 等角速旋转容器中液体相对平衡的工程实例

（1）盛满水的圆柱形容器，盖板中心开一小孔，如图 2-33 所示。容器以旋转角速度 $\omega$ 绕竖直轴转动，等压面由静止时的水平面变成旋转抛物面，因为盖板封闭，迫使水面不能上升（$z=0$），由式（2-44）得盖板各点承受的压强为

$$p=\rho g\frac{\omega^2 r^2}{2g} \tag{2-48}$$

相对压强为零的面如图中虚线所示。可见轴心处（$r=0$）压强最低，边缘处（$r=R$）压强最高。而压强与 $\omega^2$ 成正比，$\omega$ 增大，边缘压强也越大。离心铸造机就是利用这个原理。

（2）盛满水的圆柱形容器，盖板边缘开一个孔，如图 2-34 所示。容器以某一角速度 $\omega$ 绕竖直轴转动，容器旋转后，液体虽未流出，但压强分布发生了改变，相对压强为零的面如图中虚线所示。可见，盖板上各点承受的相对压强为

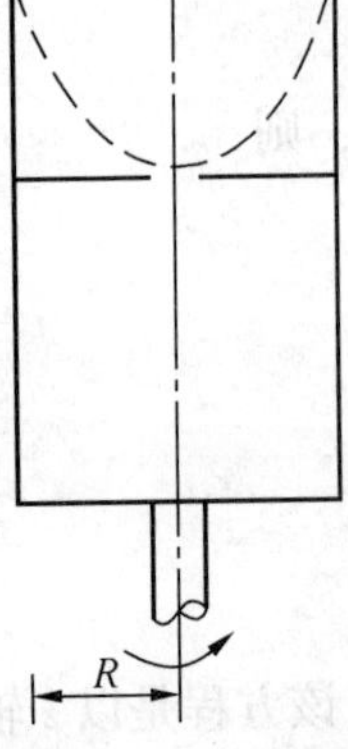


图 2-33 容器中心开孔

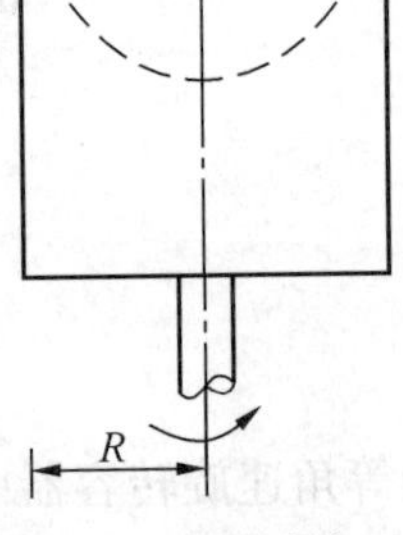


图 2-34 容器边缘开孔

$$0-\rho g\left(\frac{\omega^2 R^2}{2g}-\frac{\omega^2 r^2}{2g}\right)=p$$

$$p=-\rho g\left(\frac{\omega^2R^2}{2g}-\frac{\omega^2r^2}{2g}\right) \tag{2-49}$$

或者真空压强为

$$p_v=\rho g\left(\frac{\omega^2R^2}{2g}-\frac{\omega^2r^2}{2g}\right) \tag{2-50}$$

在轴心处（$r=0$），$p_v=\frac{\omega^2R^2}{2g}$，说明轴心真空最大。在边缘处（$r=R$），$p_v=0$，说明边缘真空为0。离心泵和风机就是利用这个原理使流体不断被吸入叶轮中心。

## 复习思考题

1. 流体静压强有哪些特性？其分布规律如何？

2. 何谓自由面和等压面？图2-35为一密闭水箱。试分析两支U形管中$A$-$A$、$B$-$B$、$C$-$C$是否是等压面？为什么？

3. 什么叫绝对压强、相对压强和真空度？它们之间有什么关系？

4. 几种不同形状的储液容器储存的是同一种液体，当液深和容器底面积相同时，液体作用在底面上的总压力是否相同？为什么？

5. 一封闭容器中（图2-36）装有重度不同的两种液体（$\rho_2>\rho_1$），问同一水平线上的1、2、3、4、5各点的压强从大到小的排列顺序如何？为什么？

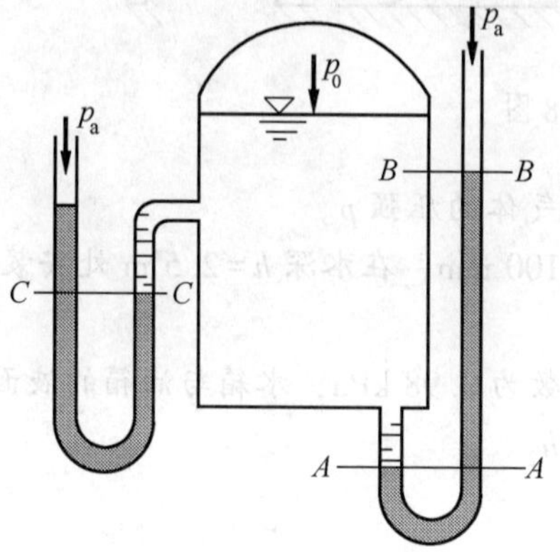


图2-35　习题2图

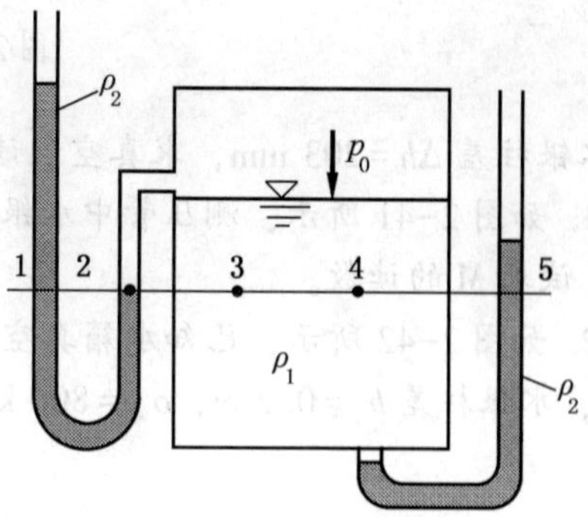


图2-36　习题5图

6. 某地区当地大气压强为98.1 kPa，求：

（1）绝对压强为117.7 kPa的某点的相对压强，并用水柱高度表示。

（2）如果该处的相对压强为7 $mH_2O$，求绝对压强。

（3）如果该处绝对压强为68.5 kPa，其真空压强又为多少？

7. 试绘出图2-37中的几种情况壁面上压强分布图。

8. 如图2-38所示，绘出各曲面的压力体并标出曲面总静压力的垂直分力的方向。

9. 压差计（图2-39）中水银面高差$h=0.36$ m，其他液体为水，$A$、$B$两容器的位置高差为1 m，试求$A$、$B$容器中心处压强差$p_A-p_B$。

10. 如图2-40所示，测定管路压强的U形管。已知油柱高$h=1.22$ m，$\rho_{油}=917$ kg/

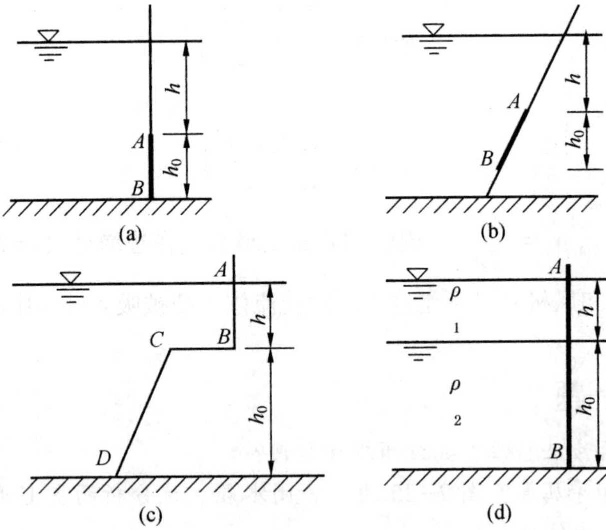


图 2-37 习题 7 图

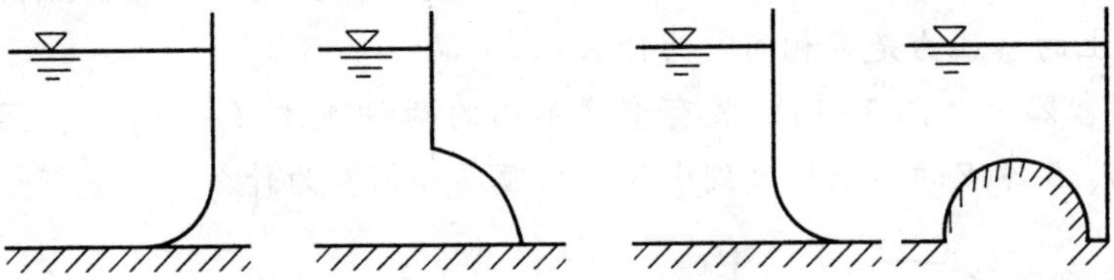

图 2-38 习题 8 图

$m^3$，水银柱差 $\Delta h=203$ mm，求真空表读数及管内气体的压强 $p$。

11. 如图 2-41 所示，测压管中水银柱差 $\Delta h=100$ mm，在水深 $h=2.5$ m 处安装一压力表 M。试求 M 的读数。

12. 如图 2-42 所示，已知水箱真空表 M 的读数为 0.98 kPa，水箱与油箱的液面差 $H=1.5$ m，水银柱差 $h_1=0.2$ m，$\rho_{油}=800$ kg/$m^3$，求 $h_2$。

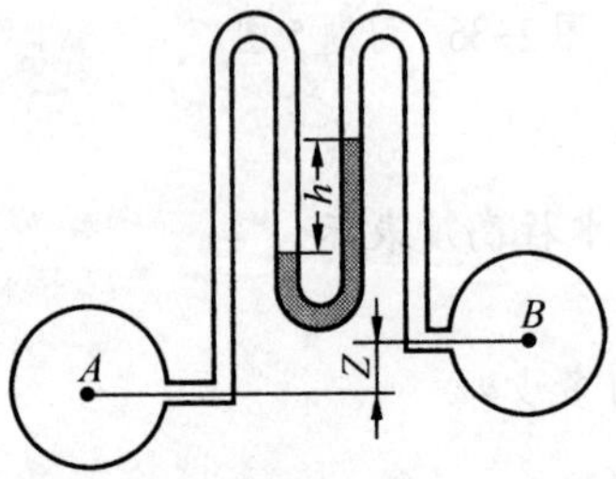


图 2-39 习题 9 图

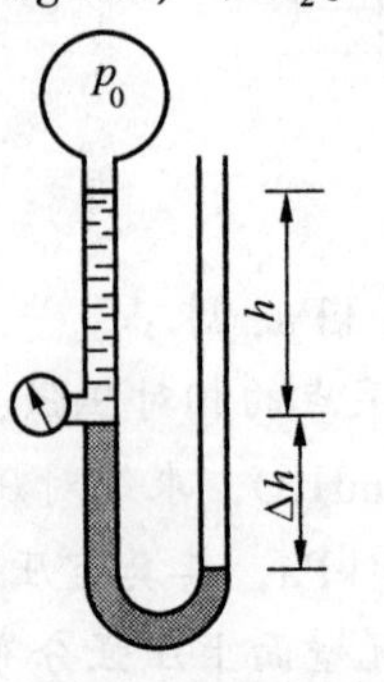


图 2-40 习题 10 图

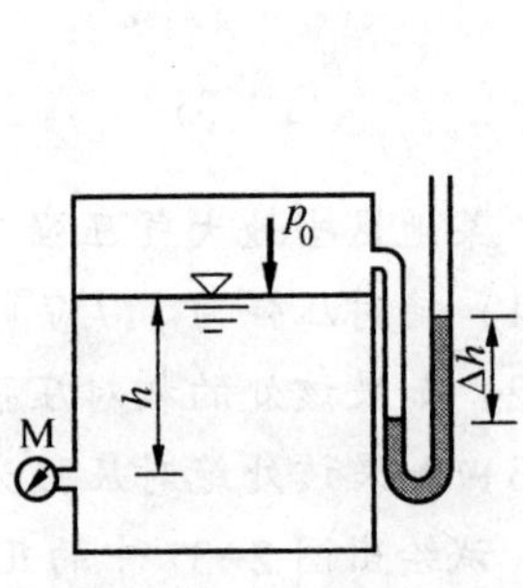


图 2-41 习题 11 图

13. 如图 2-43 所示，在上端开口的圆柱形液体澄清池中，上部为油，下部为水，量得各测压管的液面高程 ▽1=1.6 m，▽2=1.4 m，▽3=0.5 m，澄清池直径 $D=0.4$ m，试求油的密度及池内油的体积。

14. 如图 2-44 所示，用复式测压计测量某容器中的压强。已知各液面高程分别为 $\nabla 1=3.0$ m，$\nabla 2=0.6$ m，$\nabla 3=2.5$ m，$\nabla 4=1.0$ m，$\nabla 5=3.5$ m，求容器内液面上的压强。

15. 如图 2-45 所示，有一安全闸门，其宽度为 0.6 m，高 $h_1=1$ m，铰链 $C$ 装在距底板 $h_2=0.4$ m 的位置上，闸门可绕 $C$ 点转动。试求使闸门自动开启的水的深度 $h$。

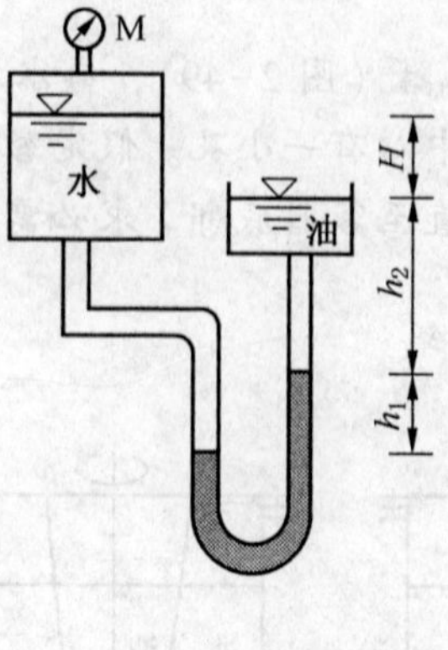


图 2-42　习题 12 图

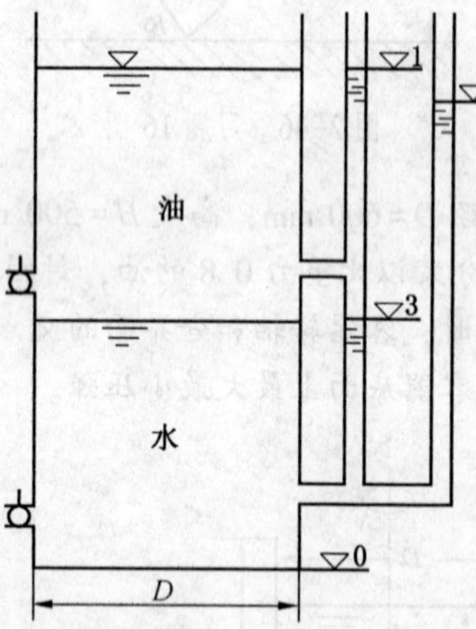


图 2-43　习题 13 图

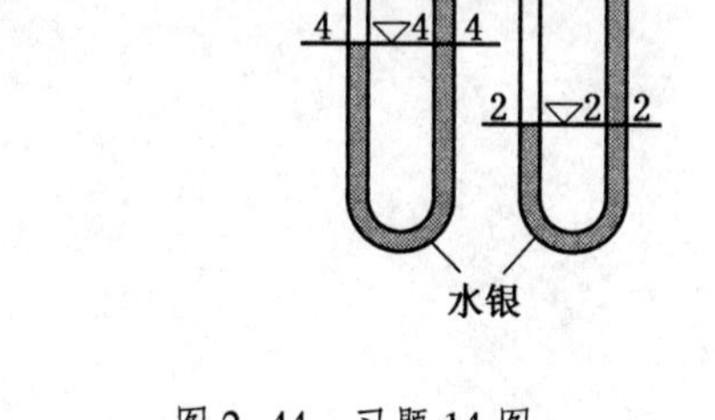


图 2-44　习题 14 图

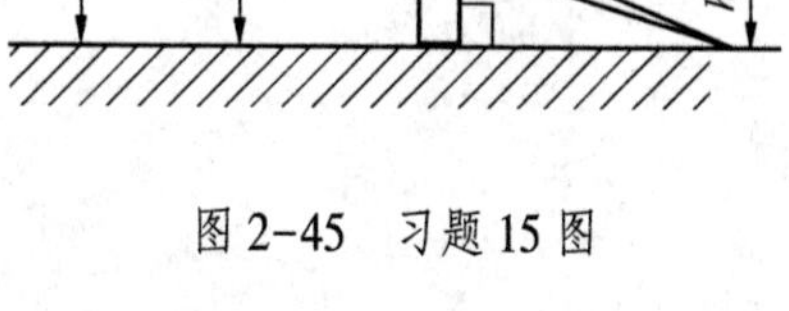


图 2-45　习题 15 图

16. 一弧形闸门 $AB$（图 2-46），宽为 4 m，圆心角 $\varphi=45°$，半径 $r=2$ m，闸门转轴正好与水面齐平。试求作用于闸门上的总静压力。

17. 一洒水车以等加速度 $a=0.98\ \mathrm{m/s^2}$ 在平地行驶，如图 2-47 所示。水车静止时，$B$ 点位置为 $x_1=1.5$ m，水深 $h=1$ m，求运动后该点的水静压强。

18. 直径 $D=30$ cm，高度 $H=50$ cm 的圆柱形容器（图 2-48），盛水深至 $h=30$ cm，当容器绕中心轴等角速旋转时，求使水恰好上升到 $H$ 时的转速。

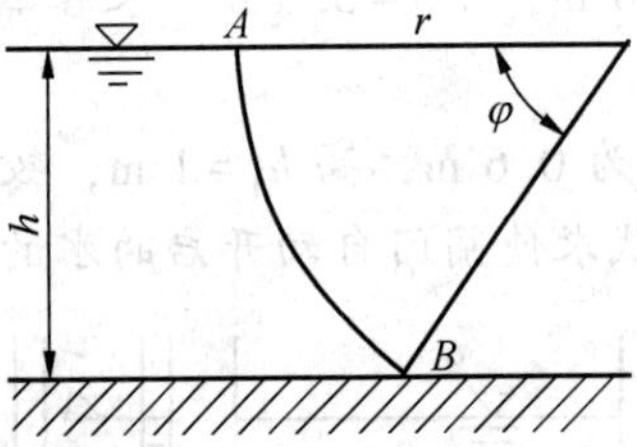


图 2-46　习题 16 图

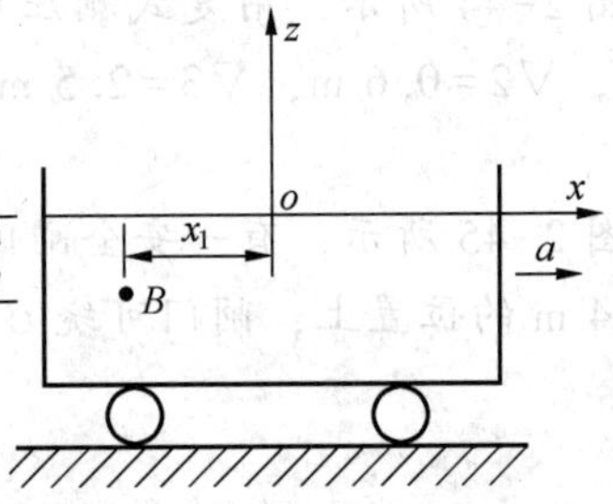


图 2-47　习题 17 图

19. 直径 $D=600$ mm，高度 $H=500$ mm 的圆柱形容器（图 2-49），盛水深至 $h=0.4$ m，剩余部分装以比重力 0.8 的油，封闭容器上部盖板中心有一小孔。假定容器绕中心轴等角速旋转时，容器转轴和分界面的交点下降 0.4 m，直至容器底部。求必需的旋转角速度及盖板、容器底面上最大最小压强。

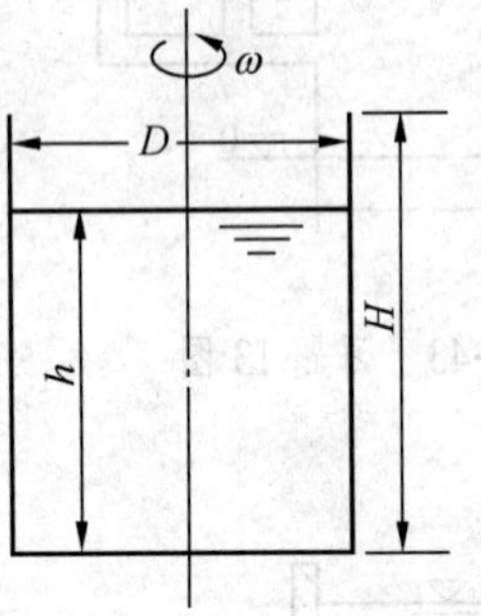


图 2-48　习题 18 图

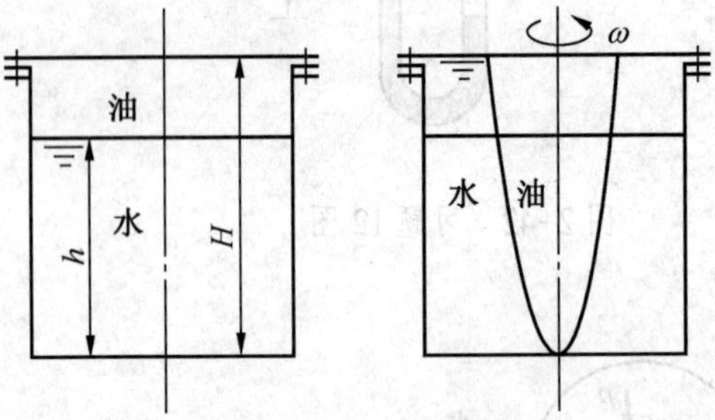


图 2-49　习题 19 图

# 第三章　一维流体动力学基础

## 第一节　概　　述

流体动力学主要研究流体的运动规律及其在工程上的实际应用。流体运动属于机械运动的范畴，因此物理学中的质量守恒定律、能量转换与守恒定律及动量定理也适用于流体。

### 一、流体动力学与流体静力学的区别

在进行力学分析时，静力学只考虑作用在流体上的重力和压力；而动力学由于流体运动，除了需要考虑重力和压力之外，还要考虑因流体质点速度变化所产生的惯性力和流体流层与流层之间、质点与质点之间因流速差异而引起的黏性力。

在计算某点压强时，流体静压强只与该点所处的空间位置有关，与方向无关；而动力学中的压强，一般指动压强，不仅与该点所处的空间位置有关，也与方向有关。但是可以证明，任意一点在三个正交方向上流体动压强的平均值仍为常数。如果把这一平均值定义为流体的动压强，它也只与流体所处空间位置有关。因此，以后在不至于混淆的情况下，动压强与静压强均可简称为压强。

描述流体运动的物理量除压强外，还有速度、加速度、密度、作用力等，这些统称为流体的运动要素。流体动力学的任务就是在于建立各运动要素之间的相互关系。

### 二、流体运动的描述方法

1. 拉格朗日法

把流体看做是无数连续的质点所组成的质点系，以研究个别流体质点的运动为基础，通过对每一流体质点运动规律的研究来确定整个流体的运动规律的方法称为拉格朗日法。该方法是对流动参数场的研究，如速度场、压强场、密度场、温度场等。通常它们是空间点坐标 $x$、$y$、$z$ 和时间 $t$ 的单值函数。

如果把流体质点在某一时间 $t_0$ 时的坐标（$a$，$b$，$c$）作为该质点的标志，则不同的（$a$，$b$，$c$）就表示流动空间的不同质点。这样，流场中的全部质点都包含在（$a$，$b$，$c$）变数中。随着时间的变化，质点将改变位置。设（$x$，$y$，$z$）表示时间 $t$ 时，质点（$a$，$b$，$c$）的坐标，则质点坐标函数 $x$、$y$、$z$ 可表示成

$$\begin{cases} x=x(a,b,c,t) \\ y=y(a,b,c,t) \\ z=z(a,b,c,t) \end{cases} \tag{3-1}$$

该式表示全部质点随时间 $t$ 的位置变化关系。如果表达式（3-1）能够写出，那么，流体流动就完全被确定了。式中的自变量（$a$，$b$，$c$，$t$）称为拉格朗日变量。

全部质点的速度函数可写成

$$\begin{cases} u_x = \dfrac{\partial x(a,b,c,t)}{\partial t} \\ u_y = \dfrac{\partial y(a,b,c,t)}{\partial t} \\ u_z = \dfrac{\partial z(a,b,c,t)}{\partial t} \end{cases} \tag{3-2}$$

式中　$u_x$、$u_y$、$u_z$——质点流速在 $x$、$y$、$z$ 方向的分量。

拉格朗日法的基本特点是追踪流体质点的运动，它可以直接运用理论力学中早已建立的质点或质点系动力学来进行分析。但这样的描述方法过于复杂，实际上难以实现。因此，拉格朗日法在流体动力学的研究中很少采用。

2. 欧拉法

以流体运动所处的固定空间（即流场）为研究对象，考察每一时刻通过各固定点、固定断面和固定区间内流体质点的运动情况，来确定整个流体的运动规律。这种方法称为欧拉法或流场法。

在实际工程中，绝大多数的流动问题并不要求追踪某一流体质点的运动，而只分析流场的各固定点、固定断面或固定空间的流动。

如果用“流速场”这个概念来描述流体的运动，它表示流速在流场中的分布和随时间的变化，也就是把流速 $u$ 在各坐标轴上的投影 $u_x$、$u_y$、$u_z$ 表示为 $x$、$y$、$z$、$t$ 四个变量的函数，即

$$\begin{cases} u_x = u_x(x,y,z,t) \\ u_y = u_y(x,y,z,t) \\ u_z = u_z(x,y,z,t) \end{cases} \tag{3-3}$$

式中　$x$、$y$、$z$、$t$——欧拉变量。

式（3-3）对时间求导数，可得流体质点加速度的 3 个投影。应当注意，由于流体质点在不同时刻占据不同的位置，流体质点的坐标 $x$、$y$、$z$ 本身也是时间 $t$ 的函数，因此在求流体质点加速度时，必须按复合函数求导法则进行。

对比拉格朗日法和欧拉法的不同变量，就可以看出两者的区别，前者以 $a$、$b$、$c$ 为变量，是以一定质点为对象；后者以 $x$、$y$、$z$ 为变量，是以固定空间为对象。只要对流动的描述是以固定空间、固定断面或固定点为对象，就应采用欧拉法，而不是拉格朗日法。本书以下的流动描述均采用欧拉法。

## 第二节　流体运动的基本概念

### 一、定常流动和非定常流动

按流场中流体的运动要素是否随时间变化，流体的流动可分为定常流动与非定常流

动。当流体运动时，流体任意一点的流速、压强、密度等运动要素不随时间而发生变化的流动，称为定常流；反之，当流体运动时，流体任意一点的流速、压强、密度等运动要素随时间而发生变化的流动，称为非定常流。

如图 3-1a 所示，当水从水箱侧面孔口流出时，由于水箱上部的水管不断充水，使水箱中的水位保持不变，因此水流的压强、流速均不随时间而发生变化，所以是定常流。如图 3-1b 所示，当水箱无充水管时，随着水从孔口的不断流出，水箱中的水位逐渐下降，导致水流的压强、速度均随时间而发生变化，所以是非定常流。

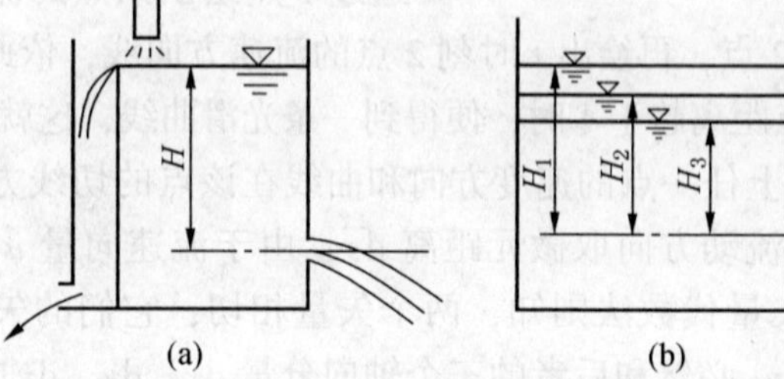


图 3-1　定常流与非定常流

在非定常流中，速度函数为

$$\begin{cases} u_x = u_x(x,y,z,t) \\ u_y = u_y(x,y,z,t) \\ u_z = u_z(x,y,z,t) \end{cases} \tag{3-4}$$

式（3-4）为非定常流的速度的全面描述。它不仅反映了流速在空间的分布，也反映了流速随时间的变化。

在定常流动中，欧拉变量不出现时间 $t$，速度函数简化为

$$\begin{cases} u_x = u_x(x,y,z) \\ u_y = u_y(x,y,z) \\ u_z = u_z(x,y,z) \end{cases} \tag{3-5}$$

描述定常流动，只需了解流速在空间的分布，这比非定常流要考虑流速随时间变化简单得多。

在以后的研究，主要是针对定常流动。这并不是说非定常流没有实用意义，某些专业中常见的流体现象，例如水击现象，必须用非定常流进行计算。但工程中大多数流动，流速等运动要素不随时间而变，或变化甚缓，只需用定常流计算，就能满足实用要求。

## 二、流线和迹线

1. 迹线

迹线是指运动着的某一流体质点，在连续的一段时间内的运动轨迹。由于迹线是追踪流体质点的，所以它是拉格朗日法对流体流动的描绘。

2. 流线

流线是指某一时刻流体连续质点的流动方向线。

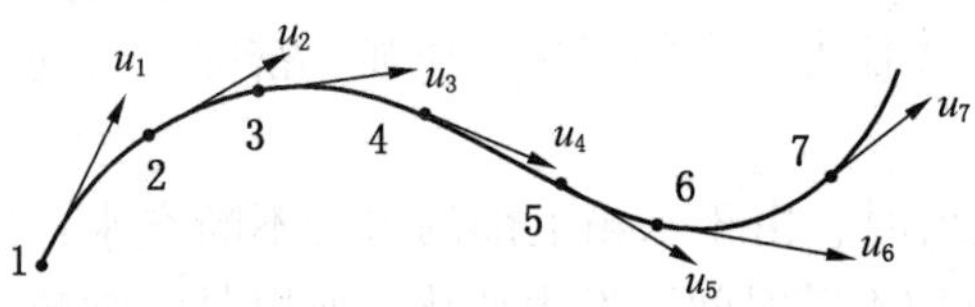

图 3-2　流线

某一时刻在流场中作的一条光滑曲线，在这条曲线上的各点的切线方向与通过该点的流体质点的流速方向重合，此曲线称为流线。流线是采用欧拉法对流动描绘时，为了形象地反映流场中某一时刻流体质点的运动方向，而引入的概念。如图 3-2 所示，在流场中任取一质点 1，在某一时刻 $t$，通过 1 点绘出该点的流速方向线。沿此方向线距 1 点无限小距离上取 2 点，再绘出 $t$ 时刻 2 点的流速方向线，依此类推，便得到一条折线 1、2、3…当折线上各点距离趋于零时，便得到一条光滑曲线，这就是流线。

根据流线的定义，流线上任一点的速度方向和曲线在该点的切线方向重合，可以写出它的微分方程式。沿流线的流动方向取微元距离 $d\vec{s}$，由于流速向量 $\vec{u}$ 的方向和距离向量 $d\vec{s}$ 的运动方向重合，根据矢量代数法则知，两个矢量相切，它们的矢量积应为零，即前者的三个轴向分量 $u_x$、$u_y$、$u_z$ 必然和后者的三个轴向分量 $dx$、$dy$、$dz$ 成比例，可写成

$$\frac{dx}{u_x}=\frac{dy}{u_y}=\frac{dz}{u_z} \tag{3-6}$$

式（3-6）为流线的微分方程式。上式可写成两个微分方程的方程组，对坐标变量进行积分，可得到两个曲面方程，这两个曲面方程的交线就是流线。

流线具有以下性质：

（1）流线上各流体质点的流速方向都与该流线相切。

（2）由于流体的每个质点只能有一个流速方向，所以过一点只能有一条流线，或者说流线不能相交。

（3）流线只能是直线或光滑曲线，而不能是折线，某点流速的方向便是流线在该点的切线方向。

（4）在非定常流中，流线的位置和形状随时间而变化，流线和迹线不重合；而在定常流中，各点处的流速不随时间变化，流线有固定的位置和形状，并与迹线完全重合。因此，在定常流中可以用迹线来反映流线。

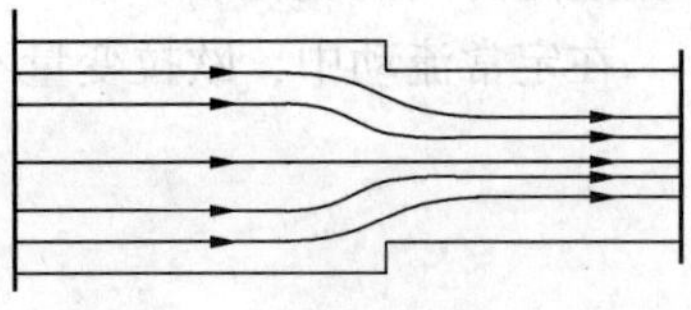
图 3-3　管流中的流线

从图 3-3 中还可以看出，流速的大小可以由流线的疏密程度反映出来。流线越密处流速越大，流线越稀疏处流速越小。

## 三、元流与总流

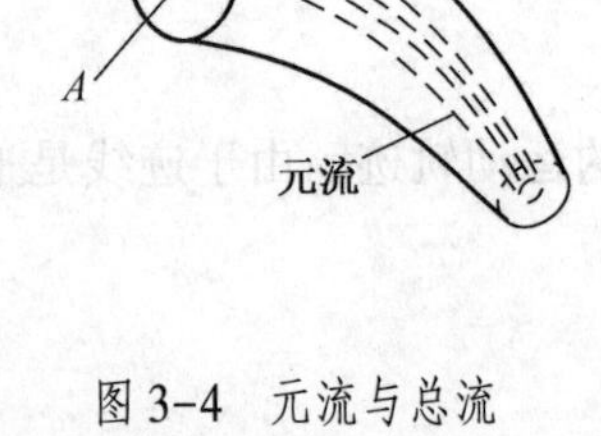

图 3-4　元流与总流

在流场内，取任意非流线的封闭曲线 $l$。经此曲线上的全部点作流线，这些流线组成的管状流面称为流管。流管内的全部流体称为流束（图 3-4）。当流束的断面 $dA$ 无限小时的微小流束，称为元流。元流具有以下性质：

（1）流体作定常流动时，元流的形状不随时间变化。

（2）流体不能从元流的侧面流入和流出，流体只能沿着元流流段的端面流入或流出。

(3) 元流的横断面积无限小，其断面上的流速、压强等运动要素可以认为是相等的。

在流场中，流动边界内所有元流的总和称为总流。总流按其边界性质不同又可分为有压流、无压流和射流。

## 四、过流断面、湿周和水力半径

1. 过流断面

在元流和总流中，凡是与流线处处相垂直的横断面，称为流体的过流断面（或称有效截面）。过流断面可能是完全为固体壁面所限制，也可能局部为固体壁面所限制（图3-5），过流断面的面积用 $A$ 表示，其单位为 $m^2$。

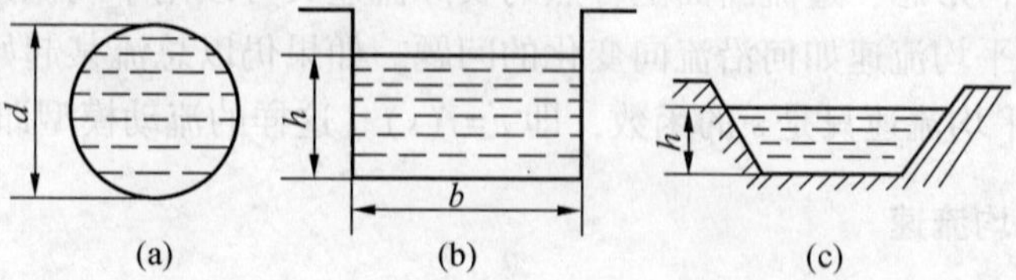


图 3-5　过流断面

当流线互相平行时，过流断面为平面；当流线相互不平行时，过流断面为曲面，如图 3-6 所示。

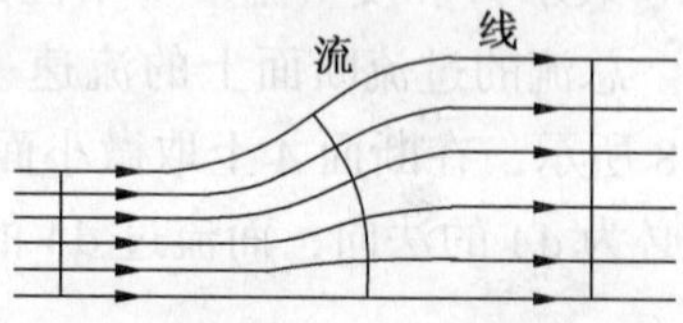


图 3-6　流线不同的过流断面

2. 湿周

过流断面内的流体与固体壁面（管壁、渠壁等）接触线的长度称为湿周。用 $\chi$ 表示，单位为 m。

3. 水力半径

总流过流断面的面积与湿周之比称为水力半径，用 $R_h$ 表示。即

$$R_h = \frac{A}{\chi} \tag{3-7a}$$

充满流体的圆管水力半径为

$$R_h = \frac{A}{\chi} = \frac{\frac{\pi}{4}d^2}{\pi d} = \frac{d}{4}$$

用水力半径表示的当量直径为

$$d = 4\frac{A}{\chi} = 4R_h$$

同理，非圆形管道的当量直径 $D_h$ 为

$$D_h = 4\frac{A}{\chi} = 4R_h \tag{3-7b}$$

## 五、一维流动模型

在定常流动中，欧拉变量已减少了时间变量，但还存在着 $x$、$y$、$z$ 三个变量。流动参

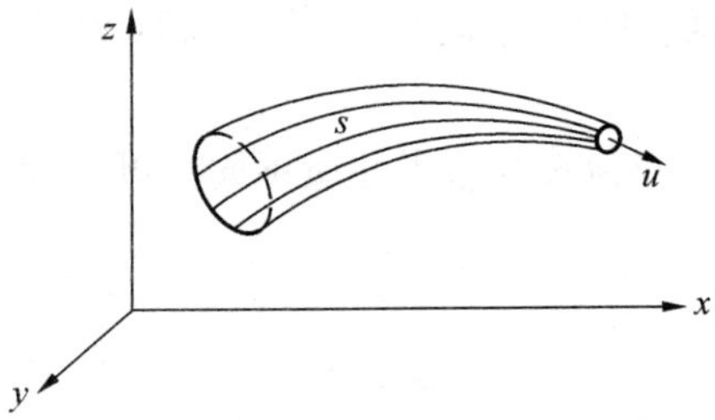


图 3-7　一维流动模型

数与 $x$、$y$、$z$ 三个变量有关的流动为三维流动。三维定常流动问题仍然非常复杂。对于工程技术问题，在满足精度要求的情况下，如能将函数的维数降低，便可大大简化计算。用流线的概念可把某些流动简化为一维流动。

如果从元流某起始断面（图 3-7），沿流动方向取坐标 $s$，则全部元流问题，即简化为断面流速 $u$ 随坐标 $s$ 变化。$u$ 是 $s$ 的函数，即求 $u=f(s)$ 的问题。这就将欧拉的三个变量简化为一个变量，三维问题简化为一维问题。

在实际工程中，研究的大多数问题都是输送流体的管道流动问题，由于这样的流场具有长形流动的几何形态，过流断面上各点的实际流速又可以用平均流速代替，这样流动问题就简化为断面平均流速如何沿流向变化的问题。如果仍以总流某起始断面沿流动方向取坐标 $s$，则断面平均流速只是 $s$ 的函数，即 $v=f(s)$。这样的流动模型即为一维流动模型。

### 六、流量和平均流速

1. 流量

单位时间内流过过流断面的流体量称为流量。流量又分为体积流量（单位为 $m^3/s$，用 $Q$ 表示）和质量流量（单位为 kg/s，用 $Q_m$ 表示）。

总流的过流断面上的流速一般是不相等的，中点的流速较大，边界流速较低。如图 3-8 所示，在断面 $A$ 上取微小面积 $dA$，$u$ 为 $dA$ 上的流速，因为断面 $A$ 为过流断面，$u$ 方向必为 $dA$ 的法向，而流过 $dA$ 的流体体积为 $udA$，以 $dQ$ 表示。即

$$dQ=u\mathrm{d}A$$

单位时间流过总流的过流断面 $A$ 的流量 $Q$ 为

$$Q=\int_A u\mathrm{d}A \tag{3-8}$$

2. 断面平均流速

由于流体有黏性，所以同一过流断面上各点流速大小不等。例如，流体在圆管内流动时，在黏性影响较大的情况下，其流速分布如图 3-9 所示。由于同一过流断面上各点流速不等，计算流量很不方便，为此引入断面平均流速的概念，使计算得以简化。

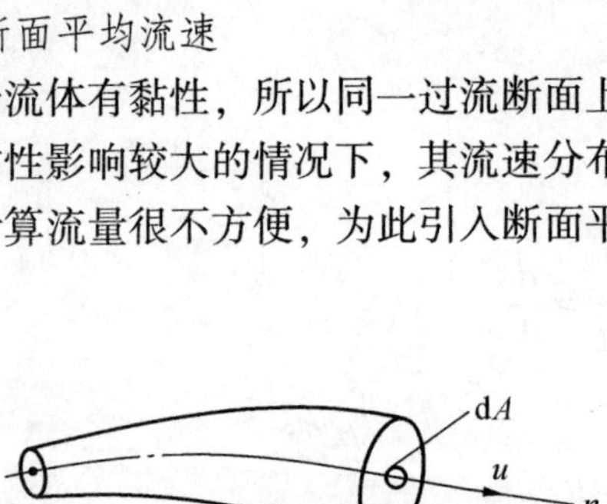


图 3-8　流量分析

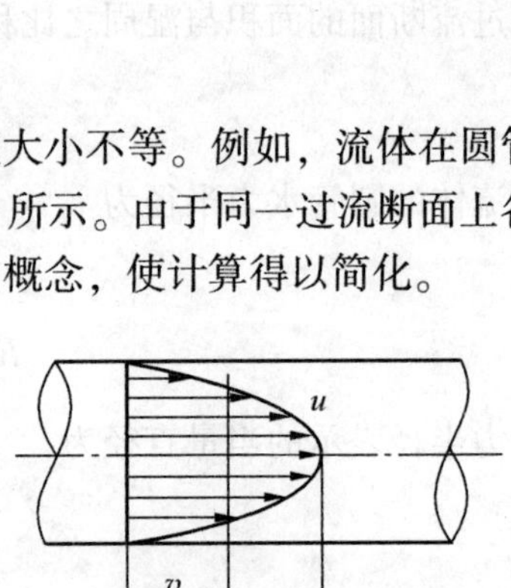


图 3-9　断面平均流速

断面平均流速，以 $v$ 表示，它是一种假想的流速，即假定在单位时间内，过流断面上各流体质点都以 $v$ 流速流动，按此流速计算的流量，恰好等于过流断面上各流体质点以真实流速 $u$ 所通过的流量。也就是说，用断面平均流速 $v$ 乘以过流断面的面积 $A$ 所得的流量

等于按各点实际流速 $u$ 计算的流量，即

$$vA=\int_A u\mathrm{d}A=Q$$

断面平均流速为

$$v=\frac{1}{A}\int_A u\mathrm{d}A=\frac{Q}{A} \tag{3-9}$$

则

$$Q=vA \tag{3-10}$$

式中 $Q$——流体的体积流量，$m^3/s$；

$v$——断面平均流速，m/s；

$A$——总流过流断面的面积，$m^2$。

## 第三节　流体运动的连续性方程

在总流中断面平均流速沿流向变化，可用质量守恒定律来研究。连续性方程实质上是质量守恒定律在流体力学中的具体应用。

如图 3-10 所示，在定常流的总流中任取面积为 $A_1$ 和 $A_2$ 的 1、2 过流断面，在所取断面中任意取一元流，其微小面积为 $\mathrm{d}A_1$ 和 $\mathrm{d}A_2$。设 $\mathrm{d}A_1$ 上点的流速为 $u_1$，$\mathrm{d}A_2$ 上点的流速为 $u_2$。

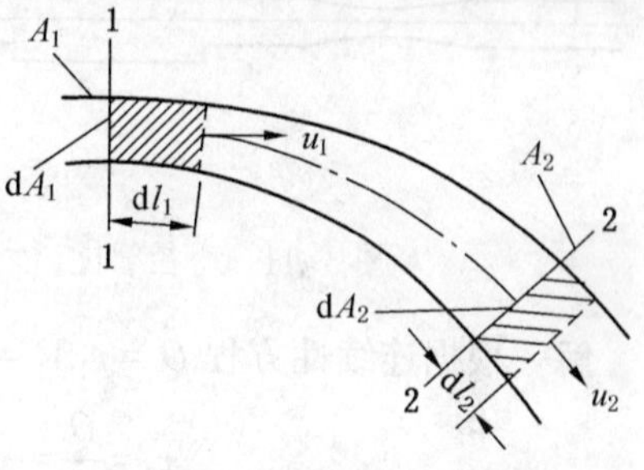


图 3-10　连续性方程式推导

在定常流中，流体的各运动要素不随时间变化，元流的形状不变，而且流体只能从元流流段的端面流入或流出。由于流动是连续的，则在 $\mathrm{d}t$ 时间内，两断面间流动空间内流体质量不变，根据质量守恒定律，流入 $\mathrm{d}A_1$ 的流体质量必然等于流出 $\mathrm{d}A_2$ 的流体质量，即

$$\rho_1\mathrm{d}Q_1\mathrm{d}t=\rho_2\mathrm{d}Q_2\mathrm{d}t$$

消去 $\mathrm{d}t$，得出不同断面上密度不相同时，反映元流两断面间流动空间质量平衡的元流可压缩流体的连续性方程，即

$$\rho_1\mathrm{d}Q_1=\rho_2\mathrm{d}Q_2 \tag{3-11a}$$

或

$$\rho_1u_1\mathrm{d}A_1=\rho_2u_2\mathrm{d}A_2 \tag{3-11b}$$

当流体不可压缩时，密度为常数，$\rho_1=\rho_2$，元流不可压缩流体的连续性方程为

$$\mathrm{d}Q_1=\mathrm{d}Q_2 \tag{3-12a}$$

或

$$u_1\mathrm{d}A_1=u_2\mathrm{d}A_2 \tag{3-12b}$$

把式（3-11a）和式（3-12a）两端分别在总流的过流断面 $A_1$ 和 $A_2$ 上积分，对于可压缩流体，有

$$\int_{A_1}\rho_1\mathrm{d}Q_1=\int_{A_2}\rho_2\mathrm{d}Q_2$$

$$\rho_1Q_1=\rho_2Q_2 \tag{3-13a}$$

$$\rho_1v_1A_1=\rho_2v_2A_2 \tag{3-13b}$$

对于不可压缩流体，有

$$\int_{A_1} \mathrm{d}Q_1 = \int_{A_2} \mathrm{d}Q_2$$

$$Q_1 = Q_2 \tag{3-14a}$$

$$v_1 A_1 = v_2 A_2 \tag{3-14b}$$

式（3-14b）为不可压缩流体总流的连续性方程式。方程式表明在不可压缩流体一维流动中，平均流速与断面面积成反比变化。

由于断面 1、2 是任意选取的，上述关系可以推广到全部流动的各个断面。即

$$Q_1 = Q_2 = \cdots = Q$$

$$v_1 A_1 = v_2 A_2 = \cdots = vA \tag{3-15}$$

而流速之比和断面之比有下列关系，即

$$v_1 : v_2 : \cdots : v = 1/A_1 : 1/A_2 : \cdots : 1/A \tag{3-16}$$

定常流总流的连续性方程式确定了断面平均流速沿流向的变化规律。应用这一规律，在总流的流量已知或任一断面的流速已知的情况下，根据过流断面的大小，可确定其他任何断面上的平均流速。由于连续性方程式并未涉及作用在流体上的力，因此对于理想流体和实际流体均可适用。

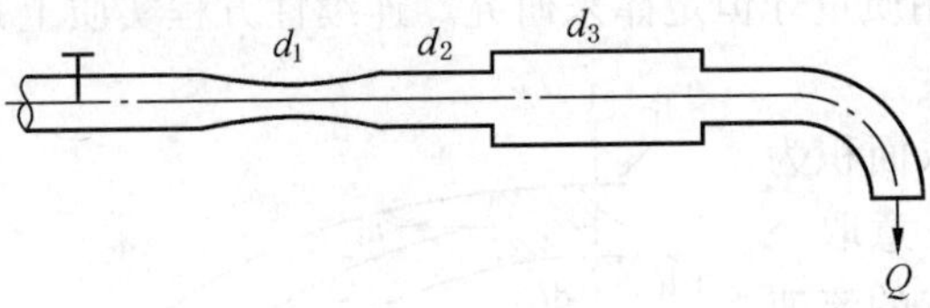

图 3-11　变径管段

【例 3-1】图 3-11 所示的管段，$d_1 = 2.5$ cm，$d_2 = 5$ cm，$d_3 = 10$ cm。当流量为 4 L/s 时，求各管段的平均流速。

**解**　根据连续性方程 $Q = v_1 A_1 = v_2 A_2 = v_3 A_3$，得

$$v_1 = \frac{Q}{A_1} = \frac{4\times10^{-3}}{\frac{\pi}{4}\times(2.5\times10^{-2})^2} = 8.15(\mathrm{m/s})$$

$$v_2 = v_1 \frac{A_1}{A_2} = v_1 \left(\frac{d_1}{d_2}\right)^2 = 8.15\times\left(\frac{2.5}{5}\right)^2 = 2.04(\mathrm{m/s})$$

$$v_3 = v_1 \left(\frac{d_1}{d_3}\right)^2 = 8.15\times\left(\frac{2.5}{10}\right)^2 = 0.51(\mathrm{m/s})$$

连续性方程，只反映了断面之间流体的质量守恒。应当注意，这个质量守恒的观点，对于两断面间中间有流量输入或输出的分支管道，如三通管的合流和分流，车间的自然换气，管网的总管流入和支管流出，仍可以从质量平衡和流动连续观点，得出连续性方程的相应形式。例如，管道中间有流体输出和流体输入时，根据质量守恒定律，当有输出（分流）时，得

$$Q_1 = Q_2 + Q_3$$

$$v_1 A_1 = v_2 A_2 + v_3 A_3$$

当有输入（合流）时，得

$$Q_1 + Q_2 = Q_3$$

$$v_1 A_1 + v_2 A_2 = v_3 A_3$$

# 第四节　流体定常流能量方程

连续性方程是运动学方程式，它只给出了沿一维流动方向上断面流速的变化规律，完全没有涉及流体的受力性质。所以它只能决定流速的相对比例，却不能给出流速的绝对数值。

能量方程式（又称伯努利方程式）是能量转换与守恒定律在流体力学中的具体应用。能量方程式表达了流动流体各质点沿流程的位置、压强和速度之间的关系。为方便问题的研究，首先对理想流体元流进行讨论，最后给出实际总流的能量方程式。

## 一、理想流体元流的能量方程式

如图3-12所示，在理想流体定常流动的流场中选取元流，在元流上沿流向取1、2断面，两断面中心距离基准面0-0的高度和过流断面面积分别为$Z_1$、$Z_2$和$dA_1$、$dA_2$，两断面上流体的流速和压强分别为$u_1$、$u_2$和$p_1$、$p_2$。

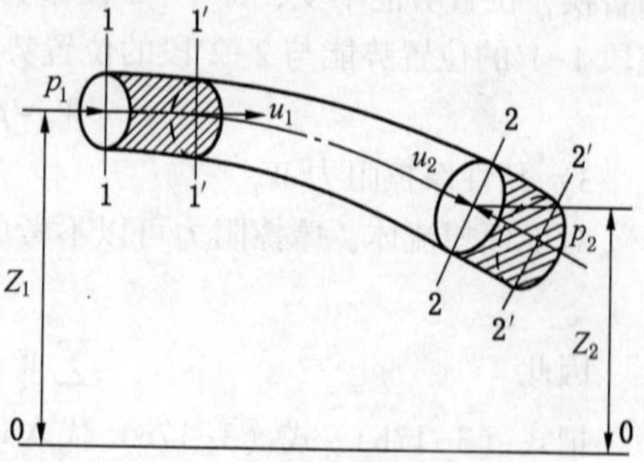


图3-12　能量方程式的推导

当该元流流段在d$t$时间内由位置1-2移动到达位置1′-2′时，由动能定理知，动能的变化量等于在同一时间内作用于该元流流段上的所有外力对该流段做功的总和，即

$$\Delta E=\sum W \tag{3-17a}$$

式中　$\Delta E$——动能的变化量；

$\sum W$——所有外力对元流做功总和。

1. 动能的变化$\Delta E$

当元流流段1-2经d$t$时间移至1′-2′位置时，其动能变化量应为1′-2′段的动能减去1-2段的动能。从该流段在d$t$时间前后所占有的空间看，前后所占有的空间虽然有变动，但1′、2两断面间的空间则是d$t$时间内前后所共有。在这段空间内，由于为定常流，各点的位置和形状不随时间发生变化，流速也不变化，所以公共段1′-2上的动能保持不变。因此，整个元流流段的能量的变化量等于2-2′段的动能与1-1′段的动能之差，即

$$\Delta E=E_{2-2'}-E_{1-1'}=\frac{1}{2}\mathrm{d}m_{2-2'}u_2^2-\frac{1}{2}\mathrm{d}m_{1-1'}u_1^2$$

由于流体不可压缩，1-1′和2-2′所占据的体积相同，都等于d$Q$d$t$，所以质量d$m$也相等。则动能变化量为

$$\Delta E=\frac{1}{2}\mathrm{d}mu_2^2-\frac{1}{2}\mathrm{d}mu_1^2=\rho g\mathrm{d}Q\mathrm{d}t\left(\frac{u_2^2}{2g}-\frac{u_1^2}{2g}\right) \tag{3-17b}$$

2. 外力对元流流段做功

作用在元流流段1-2上的外力有流段1-2本身的重力、流段1-2表面所受的压力及流段流动时因黏性而产生的摩擦阻力。

1）压力做功 $W_P$

作用于元流上的动压力有两种，一种是侧面上的压力，另一种是两端面 1-1 和 2-2 上的压力。由于侧面上的压力垂直于元流流段的移动方向，因而不做功。而作用于 1-1 断面上的压力 $p_1\mathrm{d}A_1$ 与流向一致，做功为正；作用于 2-2 断面上的压力 $p_2\mathrm{d}A_2$ 与流向相反，做功为负。整个元流流段上的压力做功为

$$W_P=p_1\mathrm{d}A_1u_1\mathrm{d}t-p_2\mathrm{d}A_2u_2\mathrm{d}t=(p_1-p_2)\mathrm{d}Q\mathrm{d}t \tag{3-17c}$$

2）重力做功 $W_G$

元流流段上的重力做功等于流体位置势能的变化。如前所述，由于 1′-2 段是在 d$t$ 时间内前后所共有的公共段，在定常流中，其位置和形状不随时间变化，而仅是质点的移动和替换，位置势能不变，即 1′-2 段重力不做功。因此，整个元流流段的重力做功，等于流段 1-1′的位置势能与 2-2′段的位置势能之差，即

$$W_G=\rho g\mathrm{d}Q\mathrm{d}t(Z_1-Z_2) \tag{3-17d}$$

3）黏性摩擦阻力 $W_\tau$

对于理想流体，摩擦阻力可以不考虑，即

$$W_\tau=0 \tag{3-17e}$$

因此
$$\sum W=W_P+W_G-W_\tau$$

把式（3-17b）~式（3-17e）代入式（3-17a）中，得

$$\rho g\mathrm{d}Q\mathrm{d}t\left(\frac{u_2^2}{2g}-\frac{u_1^2}{2g}\right)=\rho g\mathrm{d}Q\mathrm{d}t(Z_1-Z_2)+(p_1-p_2)\mathrm{d}Q\mathrm{d}t$$

将上式等号两端各项除以 d$t$，整理后得

$$\left(\frac{p_1}{\rho g}+Z_1+\frac{u_1^2}{2g}\right)\rho g\mathrm{d}Q=\left(\frac{p_2}{\rho g}+Z_2+\frac{u_2^2}{2g}\right)\rho g\mathrm{d}Q \tag{3-18}$$

式（3-18）称为总能量方程式，即全部重量流体的能量平衡方程。

将上式等号两端各项除以 $\rho g\mathrm{d}Q$，得出单位重量流体的能量方程。即

$$Z_1+\frac{p_1}{\rho g}+\frac{u_1^2}{2g}=Z_2+\frac{p_2}{\rho g}+\frac{u_2^2}{2g} \tag{3-19}$$

式（3-19）为理想流体定常流元流能量方程。在方程式推导过程中，两断面的选取是任意的，上式也可以写成

$$Z+\frac{p}{\rho g}+\frac{u^2}{2g}=\text{常数} \tag{3-20}$$

## 二、实际元流能量方程式

实际流体在流动中，由于流体的黏性等因素的影响，流动时会产生流动阻力，流动阻力与流体的运动方向相反，因此对流体做功为负，它使机械能沿流向不断衰减。考虑阻力做功后，动能方程式应变为

$$\Delta E=\sum W=W_P+W_G-W_\tau$$

即
$$\rho g\mathrm{d}Q\mathrm{d}t\left(\frac{u_2^2}{2g}-\frac{u_1^2}{2g}\right)=\rho g\mathrm{d}Q\mathrm{d}t(Z_1-Z_2)+(p_1-p_2)\mathrm{d}Q\mathrm{d}t-W_\tau$$

上式两端同除 $dt$，并令 $\frac{W_\tau}{\rho g dQ}=h'_{w1-2}$，整理可得

$$\left(\frac{p_1}{\rho g}+Z_1+\frac{u_1^2}{2g}\right)\rho g dQ=\left(\frac{p_2}{\rho g}+Z_2+\frac{u_2^2}{2g}+h'_{w1-2}\right)\rho g dQ \tag{3-21}$$

式（3-21）为实际元流总能量方程式。

将上式等号两端各项除以 $\rho g dQ$，得

$$Z_1+\frac{p_1}{\rho g}+\frac{u_1^2}{2g}=Z_2+\frac{p_2}{\rho g}+\frac{u_2^2}{2g}+h'_{w1-2} \tag{3-22}$$

式中　$h'_{w1-2}$——元流 1、2 两断面间单位重量流体由于流动阻力做功所消耗的能量，称为元流单位重量流体的水头损失。

式（3-22）即为实际流体元流的能量方程式。该式说明了对于实际流体元流来说，其前一断面上的单位总能量，等于后一断面上的单位总能量与前后两断面间水头损失之和。

### 三、实际总流的能量方程式

总流是流动空间所有元流的总和。若将定常流实际元流的能量方程式在总流的过流断面上进行积分，便可导出实际总流的能量方程。

1. 过流断面上压强的分布

为了方便推导实际总流的能量方程式，首先引入均匀流动与非均匀流动、渐变流与急变流的概念。

1）均匀流动与非均匀流动

根据流速是否随流向变化，定常流又可分为均匀流动和非均匀流动。非均匀流动按流速随流向变化的缓急，又分为渐变流动和急变流动，如图 3-13 所示。

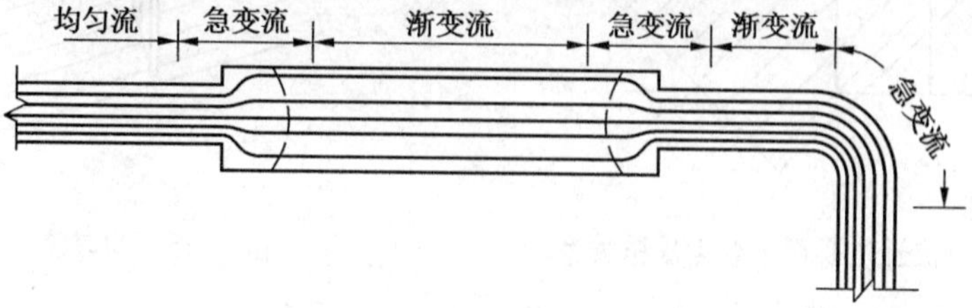


图 3-13　渐变流与急变流

所谓均匀流是指质点流速的大小和方向均不变，流线是相互平行的直线，过流断面是平面的流动。在断面不变的直管中的流动，均属于均匀流动。由于均匀流中不存在惯性力，与静止流体受力对比，只多一个黏滞阻力，说明这种流动是重力、压力和黏滞阻力的平衡。但是，三力平衡是对均匀流空间来说的。对于均匀流过流断面，情况有所不同，黏滞阻力对垂直于流速方向的过流断面上压强的变化不起作用。所以沿过流断面只考虑压力和重力的平衡，与静止流体相似。

为了说明均匀流过流断面上压强的变化规律，任取一个位于均匀流过流断面上，轴线为 $n-n$ 的微小柱体为分离体（图 3-14），分析作用于分离体上的力在 $n-n$ 方向的分力。柱

体长为 $l$，横断面为 $dA$，与竖直方向的倾角为 $\alpha$，两端断面距离基准面的高度分别为 $Z_1$ 和 $Z_2$，压强为 $p_1$ 和 $p_2$，则：

（1）柱体重力在 $n-n$ 方向的分力 $G\cos\alpha=\rho g l dA\cos\alpha$ 。

（2）作用在柱体两端面的压力为 $p_1 dA$ 和 $p_2 dA$；侧表面压力垂直于 $n-n$ 轴，在 $n-n$ 轴上的投影为零。

（3）作用在柱体两端面的黏性切力垂直于 $n-n$ 轴，在 $n-n$ 轴上投影为零；由于小柱体端面积无限小，在小柱体任一断面上关于轴线对称的两点上的切应力可认为大小相等，而方向相反，因此柱体侧面切力在 $n-n$ 轴上投影之和也为零。

因此，微小柱体的受力平衡方程为

$$p_1 dA+\rho g l dA\cos\alpha=p_2 dA$$

而

$$l\cos\alpha=Z_1-Z_2$$

则

$$p_1+\rho g(Z_1-Z_2)=p_2$$

$$Z_1+\frac{p_1}{\rho g}=Z_2+\frac{p_2}{\rho g}$$

即均匀流过流断面上压强分布服从于水静力学规律。

如图 3-15 所示的均匀流断面上，想象地插上若干测压管。同一断面上测压管水面将在同一水平上，但不同断面有不同的测压管水头（比较图中断面 1-1 和断面 2-2）。这是因为黏性阻力做负功，使下游断面的水头减低了。

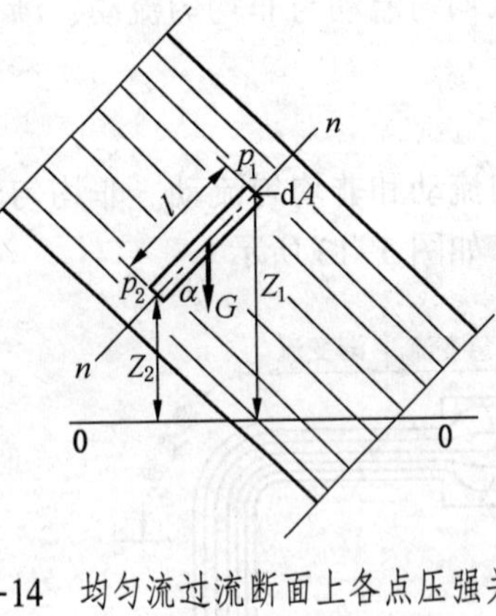


图 3-14　均匀流过流断面上各点压强关系

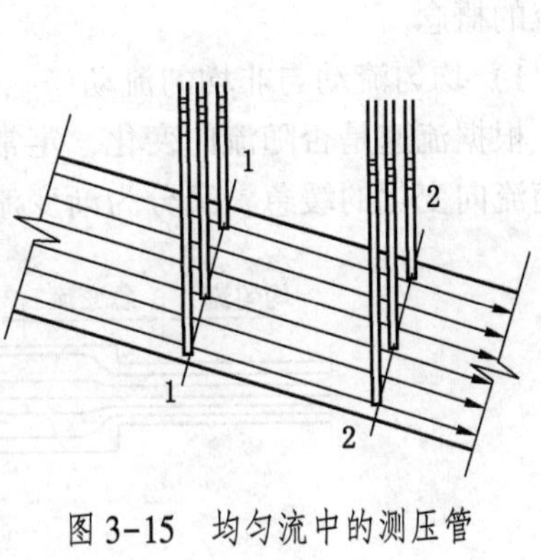


图 3-15　均匀流中的测压管

非均匀流是指质点流速的大小和方向均改变，流线之间有夹角，且具有曲率的流动。

2）渐变流和急变流

渐变流是指流线之间的夹角很小，且曲率半径很大的流动。在渐变流中，由于流线近似平行直线，质点流速沿流向变化所形成的惯性较小，可忽略不计。过流断面可认为是平面，在过流断面上，压强分布也可认为服从于流体静力学规律。也就是说，渐变流可近似地按均匀流处理。

急变流是指流线之间的夹角很大，且曲率半径很小的流动。在急变流的流段中，质点流速沿流向变化所形成的惯性很大，不能忽略不计，在过流断面上，压强分布已不服从于流体静力学规律。

以上所述流速沿程变化情况的分类，不是针对流动的全体，而是指总流中某流段。一般说来，流动的均匀和不均匀、渐变和急变是交替出现于总流中，并共同组成流动的总体。

2. 实际总流的能量方程式

有了均匀流和渐变流同一过流断面上压强分布规律遵循静压强分布规律这一特性，下面来推导出实际总流的能量方程式。

在实际总流中，如果选取的 1-1 和 2-2 两个断面是在均匀流或渐变流流段上，将实际元流能量方程式在两断面范围内进行积分，则有

$$\int_Q\left(\frac{p_1}{\rho g}+Z_1+\frac{u_1^2}{2g}\right)\rho g\mathrm{d}Q=\int_Q\left(\frac{p_2}{\rho g}+Z_2+\frac{u_2^2}{2g}\right)\rho g\mathrm{d}Q+\int_Q h'_{w1-2}\rho g\mathrm{d}Q \tag{3-23a}$$

上式可拆成五项，按能量性质可分为三种类型分别讨论各项的积分。

1）势能积分

$$\int_Q\left(\frac{p}{\rho g}+Z\right)\rho g\mathrm{d}Q=\rho g\int_A\left(\frac{p}{\rho g}+Z\right)u\mathrm{d}A$$

由于 1-1 和 2-2 断面取在均匀流或渐变流段上，根据前面的论证，$\frac{p}{\rho g}+Z$ 在同一过流断面上为常量，可以提到积分符号以外。则断面的势能积分可写为

$$\rho g\int_A\left(\frac{p}{\rho g}+Z\right)u\mathrm{d}A=\left(\frac{p}{\rho g}+Z\right)\rho g\int_A u\mathrm{d}A=\left(\frac{p}{\rho g}+Z\right)\rho gQ \tag{3-23b}$$

2）动能积分

$$\int_Q\rho g\frac{u^2}{2g}\mathrm{d}Q=\int_A\rho g\frac{u^3}{2g}\mathrm{d}A=\frac{\rho g}{2g}\int_A u^3\mathrm{d}A$$

实际应用中一般都采用断面平均速度计算，为此，断面动能和流量也应当用 $v$ 表示，即以 $\frac{\rho g}{2g}\int_A v^3\mathrm{d}A$ 来代替 $\frac{\rho g}{2g}\int_A u^3\mathrm{d}A$。但实际上 $\int_A v^3\mathrm{d}A$ 并不等于 $\int_A u^3\mathrm{d}A$，为此，需要乘以修正系数 $\alpha$，即

$$\alpha=\frac{\int_A u^3\mathrm{d}A}{\int_A v^3\mathrm{d}A}=\frac{\int_A u^3\mathrm{d}A}{v^3A}$$

$\alpha$ 称为动能修正系数。因此，两断面动能就可以写成

$$\frac{\rho g}{2g}\int_A u^3\mathrm{d}A=\frac{\rho g}{2g}\alpha v^3A=\frac{\alpha v^2}{2g}\rho gvA=\frac{\alpha v^2}{2g}\rho gQ \tag{3-23c}$$

$\alpha$ 值根据流速在断面上分布的均匀性来决定。流速分布均匀，$\alpha=1$；流速分布愈不均匀，$\alpha$ 值愈大，在管流的紊流中，$\alpha=1.05\sim1.1$。在实际工程计算中，常取 $\alpha$ 等于 1。

3）能量损失积分

$$\int_Q\rho gh'_{w1-2}\mathrm{d}Q$$

总流中各元流能量损失是沿断面变化的，即 $h'_{w1-2}$ 为变量。为了计算方便，设各元流沿断面平均单位能量损失为常量 $h_w$，则

$$\int_Q \rho g h'_{w1-2}\mathrm{d}Q = h_w \rho g Q \tag{3-23d}$$

将式（3-23b）~式（3-23d）各式的积分值代入原积分式（3-23a）中，则

$$\left(Z_1+\frac{p_1}{\rho g}+\frac{\alpha_1 v_1^2}{2g}\right)\rho g Q=\left(Z_2+\frac{p_2}{\rho g}+\frac{\alpha_2 v_2^2}{2g}\right)\rho g Q+h_w \rho g Q \tag{3-24}$$

式（3-24）表明，单位时间内流入上游断面的流体总能量，等于同一时间内流出下游断面的流体总能量加上流经两断面时所损失的能量。如果用 $H = Z + \frac{p}{\rho g} + \frac{\alpha v^2}{2g}$ 表示断面全部单位机械能量，则两断面间能量的平衡可表示为 $H_1 \rho g Q = H_2 \rho g Q + h_w \rho g Q$ 。

将式（3-24）各项除以 $\rho g Q$，得

$$Z_1+\frac{p_1}{\rho g}+\frac{\alpha_1 v_1^2}{2g}=Z_2+\frac{p_2}{\rho g}+\frac{\alpha_2 v_2^2}{2g}+h_w \tag{3-25}$$

式（3-25）即为定常流能量方程式，或称为伯努利方程式。

**四、能量方程式各项意义**

实际总流能量方程式中各项值都是断面值，它的各项意义可以从物理学、水力学等方面来解释。

从物理学的观点来看，能量方程式中的各项表示流体的某种单位能量，其单位为焦耳/牛顿（J/N）或米（m）。其中 $Z$ 表示单位重量流体相对某一基准面所具有的位置势能，简称位能或比位能。$\frac{p}{\rho g}$表示单位重量流体所具有的压力势能，简称压力能或比压能。$\left(Z + \frac{p}{\rho g}\right)$ 表示单位重量流体具有的总势能，称为单位势能或比势能。$\frac{u^2}{2g}$ 表示单位重量流体所具有的动能，称为单位动能或比动能。$\left(Z + \frac{p}{\rho g} + \frac{\alpha v^2}{2g}\right)$ 表示单位重量流体具有的总机械能，称为单位总机械能。$h_w$ 表示单位重量流体从一断面流至另一断面，因克服各种阻力所引起的能量损失，简称单位能量损失。

能量方程式说明，过流断面上各种能量可以互相转换，对于理想流体定常流，在转换的过程中单位重量流体的总能量沿程不变；而实际流体定常流，能量转换过程中单位重量流体的总能量沿程是降低的。

从水力学的观点来看，能量方程式中各项表示某种水头，单位为米（m）。其中 $Z$ 表示过流断面上流体质点相对所选基准面的高度（简称位置高度），称为位置水头。$\frac{p}{\rho g}$ 表示过流断面上流体质点的压强作用使流体沿测压管所能上升的高度，称为压强水头。$\left(Z + \frac{p}{\rho g}\right)$ 表示过流断面上流体质点的测压管水面相对于基准面的高度（简称测压管高度），称为测压管水头。$\frac{\alpha v^2}{2g}$ 表示以过流断面上质点流速 $v$ 为初速度的铅直上升射流所能达到的理论高度，称为流速水头。$\left(Z + \frac{p}{\rho g} + \frac{\alpha v^2}{2g}\right)$ 表示测压管水头与流速水头之和，称为总水头。$h_w$ 表示两个断面总水头差，称为损失水头。

## 第五节　定常流能量方程应用

能量方程在解决流体力学问题上有决定性的作用，它和连续性方程联立，可解决一维流动的断面流速和压强的计算。一般来讲，实际工程问题有 3 种类型，一是求流速，二是求压强，三是求流速和压强；其中流速是主要的，求压强必须在求流速的基础上，或在流速已知的基础上进行。

### 一、能量方程式应用条件

定常流能量方程式是在一定条件下推导出来的，在应用时必须注意：

（1）流体流动是定常流。

（2）流体是不可压缩流体。

（3）建立方程式的两个断面必须选在渐变流段上，但两断面之间可以是急变流。

（4）建立方程式的两个断面间没有能量输入或输出。如果有能量的输出（如中间有水轮机或汽轮机）或输入（例如中间有水泵或风机），方程式应改写为

$$Z_1+\frac{p_1}{\rho g}+\frac{\alpha_1 v_1^2}{2g}\pm H=Z_2+\frac{p_2}{\rho g}+\frac{\alpha_2 v_2^2}{2g}+h_w$$

将单位能量乘以 $\rho gQ$，换算到总能量的形式，即功率。流体机械的输入、输出功率为 $P=\rho gQH$。

（5）两断面间无流量输入或输出。如果两断面之间有分流或合流，仍可以分别建立两断面的能量方程。

若 1、2 断面间有分流，如图 3-16 所示。纵然分流点是非渐变流断面，而离分流点稍远的 1-1、2-2 或 3-3 断面都是均匀流或渐变流断面，可以近似认为各断面通过流体的单位能量在断面上的分布是均匀的。而 $Q_1=Q_2+Q_3$，即 $Q_1$ 的流体一部分流向 2-2 断面，一部分流向 3-3 断面。无论流到哪一个断面的流体，在 1-1 断面上单位重量流体所具有的能量都是 $Z_1+\frac{p_1}{\rho g}+\frac{\alpha_1 v_1^2}{2g}$，只不过流到 2-2 断面时产生的单位能量损失是 $h_{w1-2}$，而流到 3-3 断面的流体的单位能量损失是 $h_{w1-3}$ 而已。能量方程是两断面间单位能量的关系，因此可以直接建立 1-1 断面和 2-2 断面的能量方程为

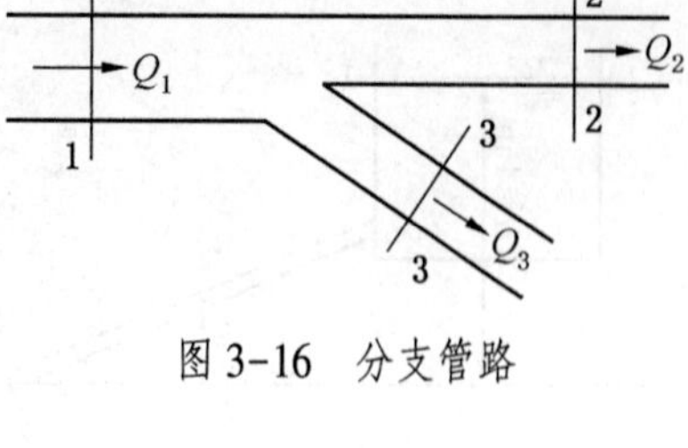

图 3-16　分支管路

$$Z_1+\frac{p_1}{\rho g}+\frac{\alpha_1 v_1^2}{2g}=Z_2+\frac{p_2}{\rho g}+\frac{\alpha_2 v_2^2}{2g}+h_{w1-2}$$

1-1 断面和 3-3 断面的伯努利方程为

$$Z_1+\frac{p_1}{\rho g}+\frac{\alpha_1 v_1^2}{2g}=Z_3+\frac{p_3}{\rho g}+\frac{\alpha_3 v_3^2}{2g}+h_{w1-3}$$

可见，两断面间虽分出流量，但能量方程的形式并不改变。但分流对单位能量损失 $h_w$ 是有影响的。

同理，可以得出合流时的能量方程。

**二、能量方程式应用中各项取值**

(1) 基准面的选取。虽然可以是任意的，但是为了计算方便，基准面一般应选在下游断面的中心、管流轴心或其下方，这样可使位置水头 $Z$ 不出现负值。但是对于不同的计算断面必须选取同一基准面。

(2) 压强基准的选取。可以是相对压强，也可以是绝对压强，但方程式两边必须选取同一基准。工程上一般选取相对压强。当问题涉及流体本身的性质时，则必须采用绝对压强。

(3) 计算断面（建立方程式的两个断面）的选取。一般应选在压强或压差已知的渐变流断面上，并使所求的未知量包含在所列方程式中，这样可简化运算过程。

(4) 计算点的选取。在计算过流断面的测压管水头时，可以选取过流断面上的任意一点作为代表点来计算。因为在渐变流的同一过流断面上，任意一点的测压管水头为一常数。具体选用哪一点，以计算方便为宜。对于管流，一般可选在管轴中心点；对于水池或容器液面，可选液面上任一点。

(5) 能量损失取值。该项应加在流动的末端断面，即下游断面上。由于能量损失的计算问题要在后面讨论，在此能量损失值或直接给出，或忽略不计。

(6) 流速的选取。对于大水池或大容器液面，一般按零计算；对于圆管，流速按 $v=Q/A$ 计算或用连续性方程式联立求解。

能量方程式应用时一般步骤是：分析流动，选取计算断面，选择基准面，写出方程式，解出所求值。

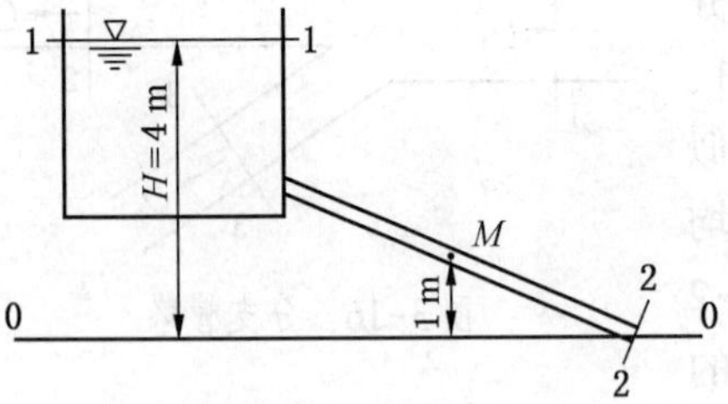


图 3-17　例 3-2 图

【例 3-2】如图 3-17 所示，用直径 $d=100$ mm 的管道从水箱中引水。如水箱中的水面恒定，水面高出管道出口中心的高度 $H=4$ m，管道的损失假设沿管长均匀发生，$h_w=3\dfrac{v^2}{2g}$。求：

(1) 通过管道的流速 $v$ 和流量 $Q$。

(2) 管道中点 $M$ 的压强 $p_M$。

**解**　整个流动是从水箱水面通过水箱水底经管道流入大气中，它和大气相接的断面是水箱水面 1-1 和出流断面 2-2。取基准水平面 0-0 通过出口断面形心，它是流动的最低点。

(1) 写 1-1、2-2 的能量方程，即

$$Z_1+\frac{p_1}{\rho g}+\frac{\alpha_1 v_1^2}{2g}=Z_2+\frac{p_2}{\rho g}+\frac{\alpha_2 v_2^2}{2g}+h_{w1-2}$$

式中，$Z_1=4\text{m}$，$Z_2=0$，$\dfrac{p_1}{\rho g}=0$，因 2-2 断面为射流断面$\dfrac{p_2}{\rho g}=0$，1-1 断面的速度即水箱中的速度水头，对于管流而言常称为行近流速水头。当水箱断面积比管道断面积大得多时，行近流速较小，行近流速水头数值更小，一般可忽略不计，则

$$\frac{\alpha_1 v_1^2}{2g}\approx 0 \quad \frac{\alpha_2 v_2^2}{2g}=\frac{\alpha v^2}{2g} \quad h_w=3\frac{v^2}{2g}$$

代入方程

$$4+0+0=0+0+\frac{\alpha v^2}{2g}+3\frac{v^2}{2g}$$

取 $\alpha=1$，则

$$\frac{v^2}{2g}=1$$

$$v=\sqrt{2g\times 1}=\sqrt{2\times 9.8\times 1}=4.43(\text{m/s})$$

$$Q=v\cdot A=4.43\times\frac{3.14\times 0.1^2}{4}=0.0348(\text{m}^3/\text{s})$$

（2）为求 $M$ 点的压强，必须在 $M$ 点处取断面。另一断面取在和大气相接的水箱水面或管流出口断面，现在选择在出口断面。则

$$Z_M+\frac{p_M}{\rho g}+\frac{\alpha_M v_M^2}{2g}=Z_2+\frac{p_2}{\rho g}+\frac{\alpha_2 v_2^2}{2g}+h_{wM-2}$$

式中，$Z_M=1(\text{m}),\frac{\alpha_M v_M^2}{2g}=1(\text{m}),Z_2=0,\frac{p_2}{\rho g}=0,\frac{\alpha_2 v_2^2}{2g}=1(\text{m}),h_{wM-2}=\frac{1}{2}\times 3\frac{v^2}{2g}=1.5(\text{m})$。

代入能量方程

$$1+\frac{p_M}{\rho g}+1=0+0+1+1.5$$

$$\frac{p_M}{\rho g}=0.5(\text{m})$$

$$p_M=4.905(\text{kPa})$$

【例 3-3】如图 3-18 所示，已知水泵的流量 $Q=0.02\ \text{m}^3/\text{s}$，吸水管直径 $d_x=100\ \text{mm}$，水流通过吸水管的水头损失 $h_w=1.5\ \text{m}$，若水泵产品样本给出该水泵的最大允许吸上高度(真空度) $H_v=7\ \text{m}$，试求水泵在此流量下的最大安装高度（水泵轴心线到吸水池最低水位的垂直高度）。

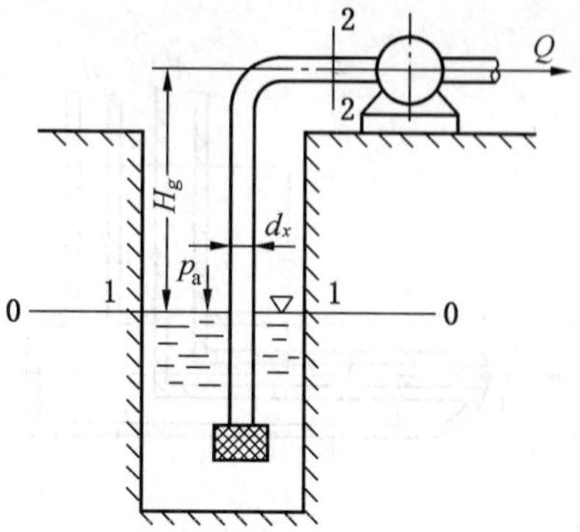

图 3-18 例 3-3 图

**解** 当水泵正常运转时管中水流为定常流。取吸水池水面为 1-1 断面，取水泵进口处为 2-2 断面，取吸水池最低水位为基准面 0-0，列出 1-1 和 2-2 两断面能量方程式

$$Z_1+\frac{p_1}{\rho g}+\frac{\alpha_1 v_1^2}{2g}=Z_2+\frac{p_2}{\rho g}+\frac{\alpha_2 v_2^2}{2g}+h_w$$

式中，$Z_1=0$，$p_1=p_a$，$v_1\approx 0$，$Z_2=H_g$，$\alpha_1=\alpha_2=1.0$，则

$$0+\frac{p_a}{\rho g}+0=H_g+\frac{p_2}{\rho g}+\frac{v_2^2}{2g}+h_w$$

$$H_g=\frac{p_a-p_2}{\rho g}-\frac{v_2^2}{2g}-h_w$$

式中，$(p_a-p_2)/\rho g$ 为吸水口处 2-2 断面的真空高度，即 $H_v=(p_a-p_2)/\rho g$，则水泵的安装高度为

$$H_g=H_v-\frac{v_2^2}{2g}-h_w$$

因
$$v_2=\frac{Q}{\frac{\pi}{4}d_x^2}=\frac{0.02}{\frac{3.14}{4}\times 0.1^2}=2.55(\mathrm{m/s})$$

所以
$$H_g=7-\frac{2.55^2}{2\times 9.8}-1.5=7-0.33-1.5=5.17(\mathrm{m})$$

即水泵在该流量下，其轴的中心线距离水池液面的垂直高度必须低于 5.17 m，否则水泵不能正常吸水。

## 第六节　流速及流量的测定

在流体工程和科学实验中，常常需要测量流体运动的各种参数，特别是需要测量流体的流速和流量。下面介绍几种根据能量方程的原理来工作的流速计和流量计。

### 一、毕托管

毕托管是广泛用于测量水流和气流的一种仪器，如图 3-19 所示。管前端开口 $A$（为驻点）正对气流或水流。$A$ 端内部有流体通路与上部 $A'$ 端相通。管侧有多个开口 $B$，它的内部也有流体通路与上部 $B'$ 端相通。当测定液流时，$A'$、$B'$ 两管液面差 $h$ 反映 $A$、$B$ 两处压差。当测定气流时，$A'$、$B'$ 两端接液柱压差计，以测定 $A$、$B$ 两处的压差。

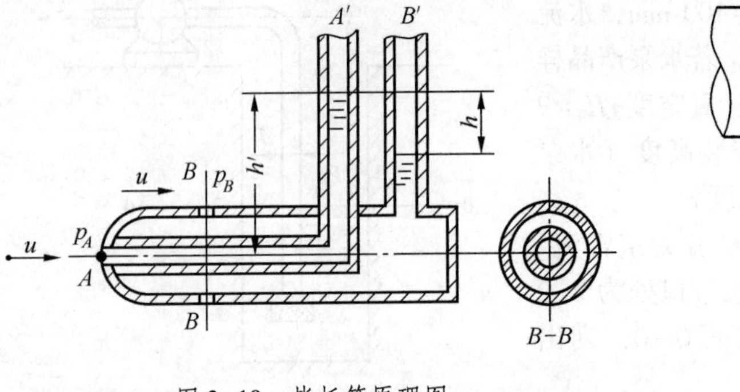

图 3-19　毕托管原理图

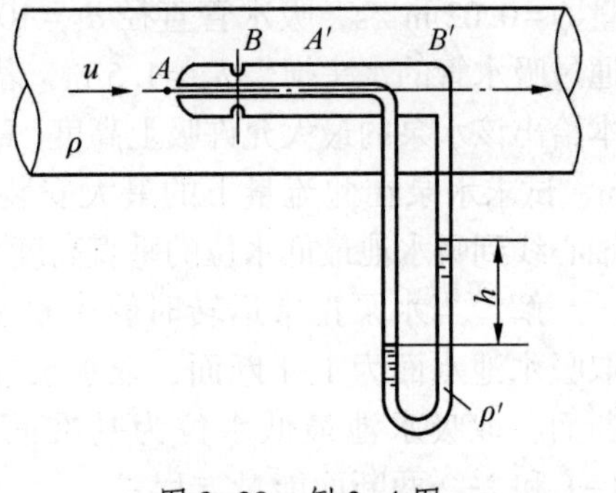

图 3-20　例 3-4 图

液体流进 $A$ 端开口，液流最初从开口处流入沿管上升，$A$ 端压强受上升水柱的作用而升高，直到该处质点流速降低到零，其压强为 $p_A$。然后由 $A$ 分路，流经 $B$ 端开口，流速恢复原有速度 $u$，压强也降至原有压强。

取 $A$、$B$ 两点列出能量方程式

$$\frac{p_A}{\rho g}+0=\frac{p_B}{\rho g}+\frac{u^2}{2g}$$

得出

$$u=\sqrt{2g\frac{p_A-p_B}{\rho g}} \tag{3-26}$$

由于管的开口端液柱差 $h=\frac{p_A-p_B}{\rho g}$，可用下式计算速度，即

$$u=\varphi\sqrt{2gh} \tag{3-27}$$

式中 $\varphi$——通过实验校正的流速系数，它与管的构造和加工情况有关，其值近似等于1。

如果用毕托管测定气流，则根据液体压差计所量得的压差 $p_A-p_B=\rho' gh$，代入式(3-26)计算气流速度为

$$u=\varphi\sqrt{2g\frac{\rho'}{\rho}h} \tag{3-28}$$

式中 $\rho'$——液体压差计所用液体的密度；

$\rho$——流动气体本身的密度。

【例3-4】如图3-20所示，用毕托管测定风道中的空气流速，测得水柱 $h=30$ cm。管道中水流速，测得水银柱 $h=30$ cm。空气的密度 $\rho=1.2\ \mathrm{kg/m^3}$，$\varphi$ 值取1，分别求出两种情况的流速。

**解** 风道中空气流速为

$$u=\varphi\sqrt{2g\frac{\rho'}{\rho}h}=\sqrt{2\times 9.81\times\frac{1000}{1.2}\times 0.3}=70(\mathrm{m/s})$$

水管中的水流速为

$$u=\varphi\sqrt{2g\frac{\rho'}{\rho}h}=\sqrt{2\times 9.81\times\frac{13590}{1000}\times 0.3}=8.94(\mathrm{m/s})$$

## 二、文德里流量计

文德里流量计是一种装在管道中量测流体流量的仪器，如图3-21所示。文德里流量计由进水渐缩管、喉管及出水渐扩管三段组成。其中进水渐缩管和出水渐扩管两端管径相等，并连接在相同直径的被测管道上。当流体通过流量计时，由于喉管断面缩小，流速增加，压强相应减低，用测压管测定压强水头的变化 $\Delta h$，即可计算出流速和流量。文德里流量计就是利用在管道中造成流速差，引起压强变化，通过压差的测量来求出流速和流量这个原理制作的。

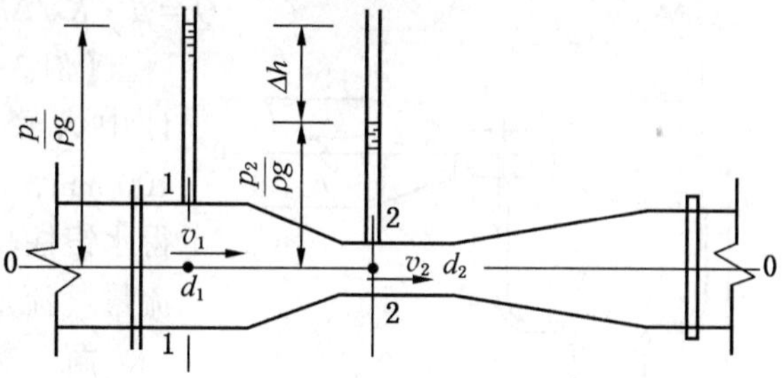


图3-21 文德里流量计

取管轴线0-0为基准线，在两个测压管安装位置处取1-1与2-2断面为计算断面，写出能量方程式

$$Z_1+\frac{p_1}{\rho g}+\frac{v_1^2}{2g}=Z_2+\frac{p_2}{\rho g}+\frac{v_2^2}{2g}+h_w$$

由于 $Z_1=Z_2=0$，$h_w\approx 0$，将上式整理后得

$$\frac{p_1}{\rho g}-\frac{p_2}{\rho g}=\frac{v_2^2}{2g}-\frac{v_1^2}{2g}=\Delta h \tag{3-29a}$$

式中出现两个流速，则要利用连续性方程式联立求解。

因为 $v_1A_1=v_2A_2$，$v_1\times\frac{\pi}{4}d_1^2=v_2\times\frac{\pi}{4}d_2^2$，所以

$$\frac{v_2}{v_1}=\frac{d_1^2}{d_2^2} \tag{3-29b}$$

把式（3-29b）代入式（3-29a）中，得 $\frac{d_1^4}{d_2^4}\frac{v_1^2}{2g}-\frac{v_1^2}{2g}=\Delta h$。

则
$$v_1=\sqrt{\frac{2g\Delta h}{(d_1/d_2)^4-1}} \tag{3-30}$$

$$Q=v_1\frac{\pi}{4}d_1^2=\frac{\pi}{4}d_1^2\sqrt{\frac{2g\Delta h}{(d_1/d_2)^4-1}} \tag{3-31}$$

由于 $\frac{\pi}{4}d_1^2\sqrt{\frac{2g}{(d_1/d_2)^4-1}}$ 只与管径 $d_1$、$d_2$ 有关，对于结构尺寸一定的流量计，它是一个常数，称为流量计系数，以 $K$ 表示，即

$$K=\frac{\pi}{4}d_1^2\sqrt{\frac{2g}{(d_1/d_2)^4-1}} \tag{3-32}$$

则
$$Q=K\sqrt{\Delta h} \tag{3-33}$$

由于推导过程忽略了能量损失，求出的流量值较实际值大。为此，需乘以 $\mu$ 进行修正。$\mu$ 称为流量系数，其值根据实验确定，约在 0.95~0.98 之间。则

$$Q=\mu\cdot K\sqrt{\Delta h} \tag{3-34}$$

【例 3-5】如图 3-22 所示，已知文德里流量计中大管直径为 $D=200$ mm，喉管直径 $d=100$ mm，流量计上连接一水银 U 形差压计，当测得水银柱高差 $\Delta h=0.5$ m 时，求此时管中流体的流量（流量系数 $\mu=0.98$）。

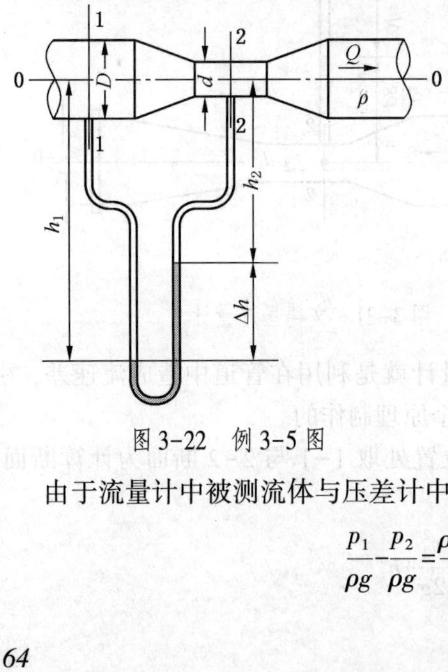

图 3-22　例 3-5 图

**解**　文德里流量计的流量系数 $K$ 为

$$K=\frac{\pi}{4}d_1^2\sqrt{\frac{2g}{(d_1/d_2)^4-1}}$$

$$=\frac{\pi}{4}\times 0.2^2\times\sqrt{\frac{2\times 9.8}{\left(\frac{200}{100}\right)^4-1}}=0.036$$

由于流量计中被测流体与压差计中的测量流体不同，则

$$\frac{p_1}{\rho g}-\frac{p_2}{\rho g}=\frac{\rho'\Delta h-\rho\Delta h}{\rho}=\left(\frac{\rho'}{\rho}-1\right)\Delta h$$

$$Q=\mu K\sqrt{\left(\frac{\rho'}{\rho}-1\right)\Delta h}$$

因此 $Q=0.98\times0.036\times\sqrt{(13.6-1)\times0.5}=0.0886(\mathrm{m^3/s})$

### 三、孔板流量计和喷嘴流量计

孔板流量计和喷嘴流量计是两种类似的安装在管道中测量管道内通过流量的仪器。孔板流量计是由一块带有孔径小于被测管道直径的锐缘孔口的薄板，安装在管道法兰中间构成的，如图 3-23 所示。喷嘴流量计是由一个带有喷嘴的薄板，安装在被测管道的法兰中间构成的，如图 3-24 所示。

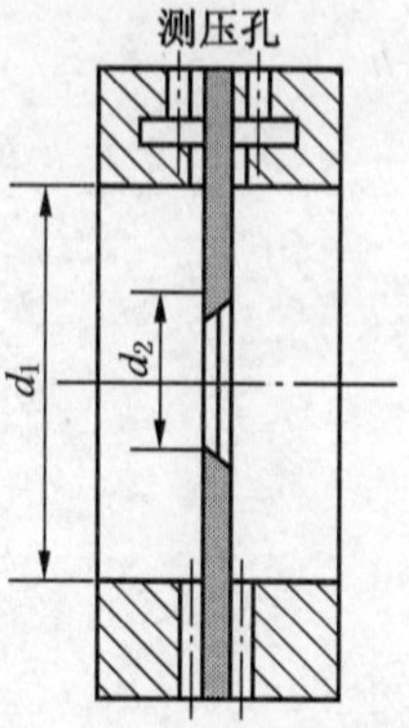


图 3-23 孔板流量计

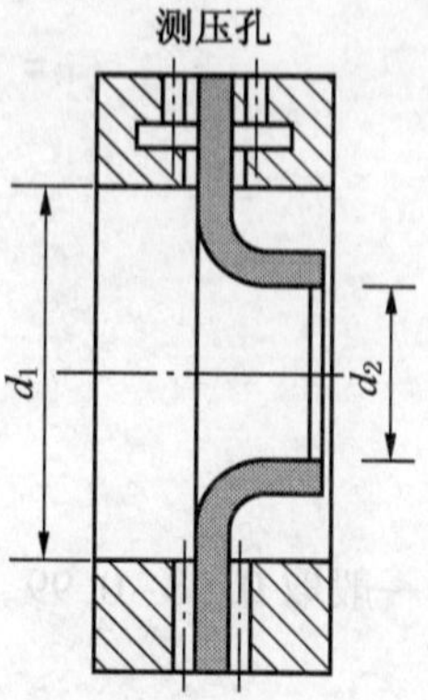


图 3-24 喷嘴流量计

因为板上孔径小于管道直径，则流体通过孔口时，流速将增加。根据能量方程，速度的变化将引起压强的变化，只要测出孔板或喷嘴前后的压强差，就能计算出通过管道的流体速度或流量。其流量计算公式的推导与文德里流量计的计算公式类似，即

$$Q=\mu K\sqrt{\frac{\Delta p}{\rho g}} \tag{3-35}$$

孔板流量计的流量系数 $\mu$ 与孔板的结构及流动状态有关，对于锐缘孔板流量计，$d_2/d_1=0.2\sim0.8$，$\mu=0.6\sim0.76$。喷嘴流量计的流量系数 $\mu$ 一般取 0.98。

在上述流量计的节流口处（如文德里流量计的喉管中），或在某些水流的局部区域中，由于出现巨大的流速，会发生压强在该处局部显著地降低，可能达到和水温相应的汽化压强，这时水迅速汽化，使一部分液体转化为蒸汽，出现了蒸汽气泡区域，气泡随水流流入压强较高的区域而破灭，这种现象称为汽穴。汽穴限制了压强的继续降低和流速的增大，减少了通流面积，从而限制了流量的增加，影响到测量的准确性。汽穴现象在设计中是必须要注意避免的。

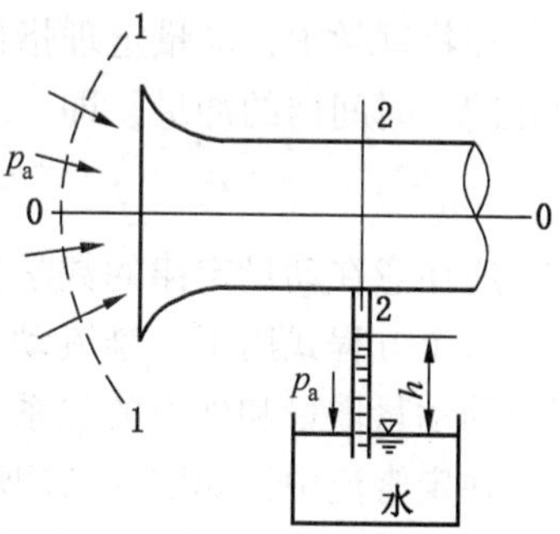


图 3-25 集流器

## 四、集流器

集流器也是一种流量计（图 3-25），是专门用于测定风道进口流量的。它由一段圆锥形管与一段圆筒形管组成。它的测量原理如下：在大气中离集流器喇叭形入口有一定距离处取截面 1-1，该截面上的压力为大气压力 $p_a$，气流速度 $v_1=0$。在集流器后部截面 2-2 上的绝对压力为 $p$，气流速度为 $v$。取集流器轴线为基准线 0-0，列出 1-1 和 2-2 两断面的能量方程式，即

$$p_1+\frac{\rho}{2}v_1^2=p_2+\frac{\rho}{2}v_2^2+\rho g h_w$$

由于两断面距离很近，取 $h_w=0$，整理后得

$$v=\sqrt{\frac{2}{\rho}(p_a-p)}=\sqrt{2g\frac{\rho'}{\rho}h}$$

$$Q=\frac{\pi}{4}D^2\sqrt{2g\frac{\rho'}{\rho}h}$$

实际流量为

$$Q=\mu\frac{\pi}{4}D^2\sqrt{2g\frac{\rho'}{\rho}h} \tag{3-36}$$

流量系数 $\mu$ 一般取 0.98~0.99。

# 第七节　流体定常流动量方程

定常流动量方程式是动量守恒定律在流体力学中的具体应用。它是用来分析流体在流动空间内的动力平衡规律，解决流体与固体之间相互作用力问题的。

如图 3-26 所示，有一水平弯管，当流体通过此弯管时，由于运动方向发生了改变，引起流体的动量变化，在弯管的侧壁上将会产生一个侧向压力 $R'$。实际工程中，这一作用力必须加以考虑，否则管道受力后可能发生位移，甚至使管道接头遭受损坏。因此，工程上往往在管径较大的管道转弯处加设管墩支座，以防止其位移或管道接头损坏。在设计管墩支座时，需要计算出流体的侧压力，而定常流动量方程式的建立，就在于解决运动着的流体与外部物体间的相互作用力问题。

在物理学中，动量定理指出，物体在 d$t$ 时间内的动量增量等于该物体所受外力的合力在同一时间内的冲量，即

$$\sum\vec{F}\mathrm{d}t=\mathrm{d}(m\vec{v}) \tag{3-37}$$

应注意在动量定律的数学表达式中，动量与外力均为矢量。

这个方程式用于一维流动，是把某时刻两断面间的流体作为对象，研究流体在 d$t$ 时间内的动量增量和外力的关系。

在定常流中，如图 3-27 所示，取 1-1 和 2-2 两渐变流断面。两断面之间流段 1-2 经 d$t$ 时间后移动到 1′-2′。总流流段在时间 d$t$ 内动量变化，应为 1′-2′段的动量减去 1-2 段的动量。但是，因中间 1′-2 空间内流体为 d$t$ 时间内变化前后流段所共有的，对定常流动

而言，1′-2 空间内各点流速大小方向不随时间变化，所以动量也不变。故整个流段在 dt 时间内动量的变化量就等于 2-2′段流体的动量与 1-1′段流体的动量之差。

$$d(m\vec{v}) = m_{2-2'}\vec{v}_2 - m_{1-1'}\vec{v}_1 \tag{3-38}$$

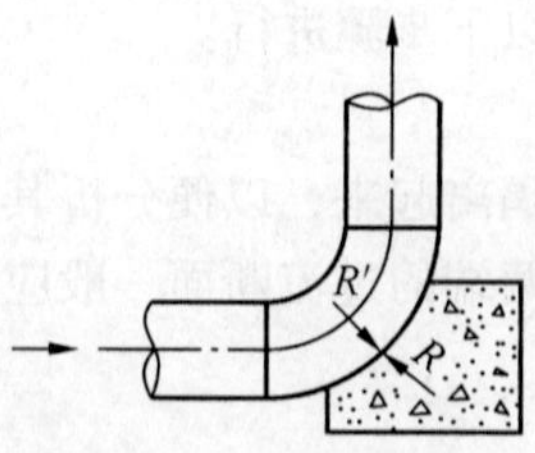


图 3-26　水平弯管

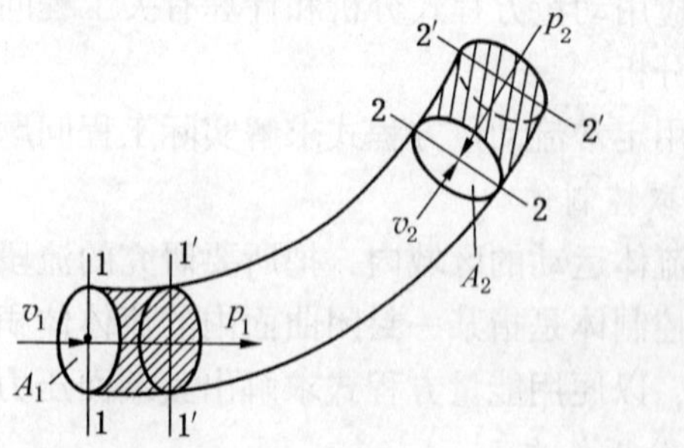


图 3-27　动量变化及受力

根据质量守恒定律，单位时间流入断面 1-1 的流体质量 $m_{1-1'}$ 应等于流出断面 2-2 的流体质量 $m_{2-2'}$，即

$$m_{1-1'} = m_{2-2'} = m = \rho Q dt$$

$$m_{2-2'}\vec{v}_2 - m_{1-1'}\vec{v}_1 = \rho Q \vec{v}_2 dt - \rho Q \vec{v}_1 dt \tag{3-39}$$

在式（3-39）中，流体的动量是采用断面平均流速计算的，它与按实际流速计算的动量存在差异。因此，需要用一个系数加以修正。设动量修正系数为 $\alpha_0$，它是实际动量和按平均流速计算的动量比值，即

$$\alpha_0 = \frac{\int_A \rho u^2 dA}{\rho v Q} = \frac{\int_A u^2 dA}{v^2 A} \tag{3-40}$$

动量修正系数 $\alpha_0$ 的大小，取决于总流过流断面上流速分布的不均匀程度，流速分布愈不均匀，$\alpha_0$ 的值愈大。一般情况下，$\alpha_0 = 1.0 \sim 1.05$。工程上常近似地取 $\alpha_0 = 1.0$。

修正后的动量增量

$$d(m\vec{v}) = \rho Q dt(\alpha_{02}\vec{v}_2 - \alpha_{01}\vec{v}_1) \tag{3-41}$$

将式（3-41）代入式（3-35）中，可得

$$\sum \vec{F} dt = \rho Q dt(\alpha_{02}\vec{v}_2 - \alpha_{01}\vec{v}_1)$$

$$\sum \vec{F} = \rho Q(\alpha_{02}\vec{v}_2 - \alpha_{01}\vec{v}_1) \tag{3-42}$$

式（3-42）即为定常流不可压缩流体总流的动量方程式。它表明单位时间内流体的动量增量等于作用在流体上所有外力的总和。

为了避免力和流速进行矢量运算，将其向 $x$、$y$、$z$ 三个坐标轴投影，可得轴向的标量方程，即

$$\begin{cases} \sum F_x = \rho Q(\alpha_{02}v_{2x} - \alpha_{01}v_{1x}) \\ \sum F_y = \rho Q(\alpha_{02}v_{2y} - \alpha_{01}v_{1y}) \\ \sum F_z = \rho Q(\alpha_{02}v_{2z} - \alpha_{01}v_{1z}) \end{cases} \tag{3-43}$$

式中 $\sum F_x$、$\sum F_y$、$\sum F_z$——各外力在 $x$、$y$、$z$ 坐标轴上投影的代数和；

$v_{1x}$、$v_{1y}$、$v_{1z}$——流体动量改变前的流速在 $x$、$y$、$z$ 坐标轴上的投影；

$v_{2x}$、$v_{2y}$、$v_{2z}$——流体动量改变后的流速在 $x$、$y$、$z$ 坐标轴上的投影。

在应用动量方程式分析和计算有关工程问题时，若某一轴向没有动量变化，则该轴向可不作分析。

应用定常流动量方程式求解实际工程问题时，可按以下步骤进行：

1. 取控制体

在流体运动的区域内，把所要研究的流段用控制体隔离起来，以便分析其受力及动量变化。控制体是指某一封闭曲面内的流体体积。控制体两端的过流断面一般应选在渐变流断面上，以便用能量方程式求解出其端面压力。

2. 分析外力

在建立坐标系的基础上，分析作用在控制体上的所有外力，标注在图上，并向各坐标轴投影。

作用在控制体上的外力一般有：

（1）端面压力 $\vec{P}$。作用在控制体两端过流断面上的压力，它的大小等于相应断面上形心压强与过流面积的乘积，即 $\vec{P} = pA \cdot \vec{n} = pA$，其方向垂直指向过流断面，作用点一般通过过流断面的中心。

（2）侧面压力 $\vec{R}$。作用于控制体周界侧面上压力的合力，它与控制体内流体对外部物体的作用力大小相等、方向相反。

（3）重力 $\vec{G}$。控制体内流体本身的重量。它的大小等于控制体内流体容重与体积的乘积，即 $\vec{G} = \rho gV$，其方向竖直向下，作用点通过控制体的重心。

（4）流动阻力 $\vec{F_\tau}$。控制体两端面间的流动阻力，即流体表面与固体壁面间的内摩擦阻力。因流段较短，在一般情况下可不予考虑。

以上各力中，端面压力 $\vec{P}$ 是必须计算的力，它在 3 个坐标轴上的投影分别为 $P_x$、$P_y$ 和 $P_z$。重力 $\vec{G}$ 在 $x$、$y$ 轴上的投影为 0，在 $z$ 轴上的投影 $G_z = -G$（根据具体问题，计入或不计入）。侧面压力 $\vec{R}$ 在各轴上的投影分别为 $R_x$、$R_y$ 和 $R_z$，一般为未知量，有待于最后解出。

在写出方程式时，规定各力在坐标轴上的投影与轴向一致时值为正，反之为负。未知力 $\vec{R}$ 的方向可预先假定，若计算结果为正，说明假定方向正确；反之与假定方向相反。

3. 求动量增量

分析控制体内流体的动量变化，并向各坐标轴进行投影。必须注意控制体内流体的动量增量应为流出控制体的流体动量减去流入控制体流体动量，两者次序不可颠倒。

在动量增量的计算中，若已知某一流速而另一流速为未知量时，可用连续性方程求出。

4. 解出未知力

在所有外力及动量增量分析完后，把所有项在各个坐标轴上的投影分别代入相应的动量方程中，解出所求力，并确定其方向和作用点。

【例 3-6】如图 3-28 所示，有一等径水平弯管，管径 $d=200$ mm，弯角 $\alpha=45°$，若断面 1-1 处水的压强 $p_1=98.07$ kPa，流速 $v_1=4$ m/s，不计能量损失，试求水流对弯管的侧压力 $R'$。

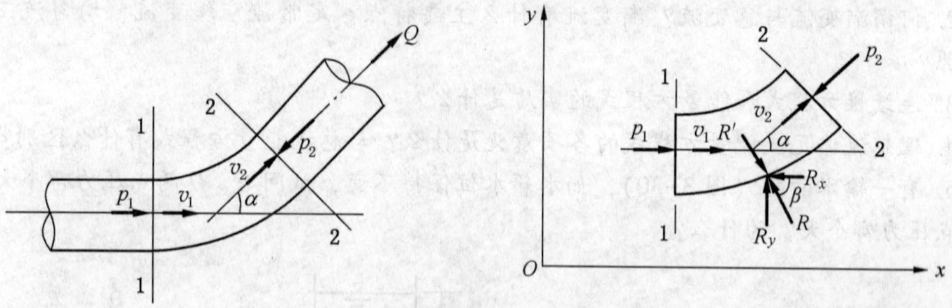


图 3-28 例 3-6 图

**解** 在弯管前后取断面 1-1 与 2-2 为控制端面，以两断面和弯管侧面所形成的封闭面为控制体写动量方程。

由于弯管是水平放置的，不考虑重力作用，在图 3-28 中只建立 $xOy$ 平面坐标，则动量方程为

$$\sum F_x = p_1A - p_2A\cos45° + R_x = \rho Q(v_2\cos45° - v_1)$$

$$\sum F_y = - p_2A\sin45° + R_y = \rho Qv_2\sin45°$$

为解上面方程，要先用连续性方程和能量方程求 2-2 断面压强。根据连续性方程式，由于断面不变，$v_1=v_2=4$ m/s；根据能量方程，由于 $Z_1=Z_2$，$v_1=v_2$，得出 $p_1=p_2=98070$ Pa。

又因 $A_1 = A_2 = A = \pi d^2/4 = 3.14 \times 0.2^2 \div 4 = 0.0314\ \mathrm{m}^2$，$Q = v_1A_1 = 4 \times 0.0314 = 0.1256\ \mathrm{m}^3/\mathrm{s}$，则

$$\begin{aligned} R_x &= \rho Q(v_2\cos45° - v_1) - p_1A + p_2A\cos45° \\ &= 1000\times0.1256\times(4\times\cos45°-4) - 98070\times0.0314 + 98070\times0.0314\times\cos45° \\ &= -1050(\mathrm{N}) \end{aligned}$$

$$\begin{aligned} R_y &= \rho Qv_2\sin45° + p_2A\sin45° \\ &= 1000\times0.1256\times4\times\sin45° + 98070\times0.0314\times\cos45° \\ &= 2540(\mathrm{N}) \end{aligned}$$

弯管对水流的侧压力为

$$R=\sqrt{R_x^2+R_y^2}=\sqrt{(-1050)^2+2540^2}=2748(\mathrm{N})$$

设侧压力 $R$ 与 $x$ 轴的夹角为 $\beta$，则

$$\beta=\arctan\left|\frac{R_y}{R_x}\right|=\arctan\frac{2540}{1050}=67.5°$$

根据牛顿第三定律，水流对弯管的侧压力 $R'$ 与弯管对水流的侧压力 $R$ 大小相等、方向相反，即 $R'=2750$ N，其方向与 $R$ 的方向是相反的。

## 复习思考题

1. 何谓定常流与非定常流？如图 3-29 所示，水箱中的水经变径管流出，若水箱水位 $H$ 保持不变，请问阀门开度一定或阀门渐渐关闭的情况下，水流是定常流还是非定常流？

2. 何谓渐变流与急变流？渐变流有什么主要特点？定常流、缓变流、均匀流三者有何关系？

3. 连续性方程式和能量方程式的实质是什么？

4. 理想流体元流能量方程式的各项意义是什么？与总流能量方程式有什么区别？

5. 有一输水管路（图 3-30），如水箱水位保持不变，试问 $C$、$D$ 两点压力哪个大？$E$、$F$ 两点压力哪个大？为什么？

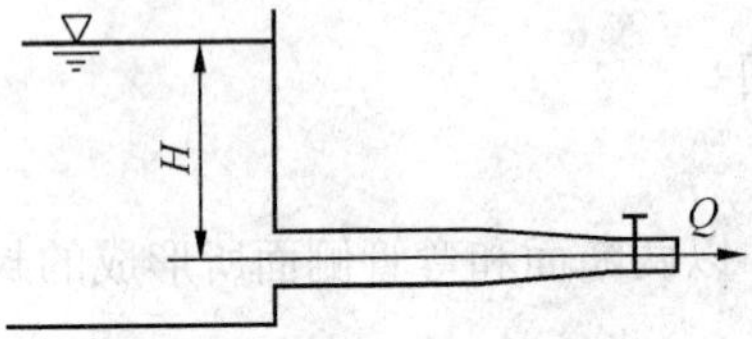


图 3-29　习题 1 图

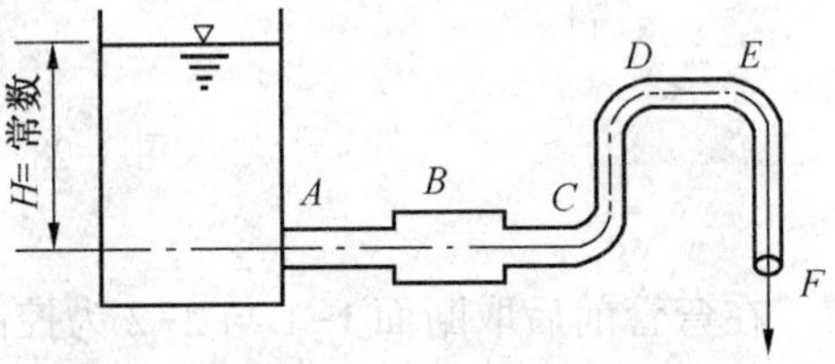


图 3-30　习题 5 图

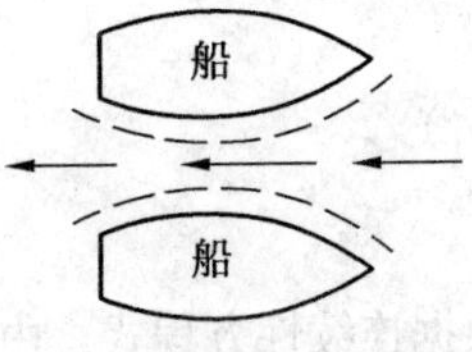


图 3-31　习题 7 图

6. 通过文德里流量计（图 3-22）的流量不变，当管路水平放置时，压差计读数为 $\Delta h$，试问当管路倾斜放置时 $\Delta h$ 值是否改变，为什么？

7. 如图 3-31 所示，两条小船并排前进时，为什么随时会有碰撞的危险？

8. 水在倾斜管中流动，用 U 形水银压力计测定 $A$ 点压强。如图 3-32 所示，问与 $A$ 点在同一水平线上的 $D$、$E$ 两点的压强大小与 $A$ 点的关系？

9. 如图 3-33 所示，高压蒸汽沿分汽缸的两分支管流出，重量流量 $G_1=4.9\ \text{kN/h}$，$G_2=14.72\ \text{kN/h}$，两分支管内蒸汽的流速 $v_1=v_2=25\ \text{m/s}$，已知蒸汽的密度 $\rho=0.58\ \text{kg/m}^3$，试求两分支管直径 $d_1$、$d_2$。如果要保持进汽总管的蒸汽流速与支管的相同，总进气管直径 $d$ 应当为多大？

10. 如图 3-34 所示的某一供水管段，$A$ 处直径 $d_A=0.25\ \text{m}$，压强 $p_A=78.5\ \text{kPa}$，$B$ 处直径 $d_B=0.5\ \text{m}$，压强 $p_B=49.1\ \text{kPa}$，断面 $B$ 的平均流速 $v_B=1.2\ \text{m/s}$，$A$、$B$ 两断面中心的间距 $Z_0=1\ \text{m}$，试求 $A$、$B$ 两断面之间的能量损失，并判定水流方向。

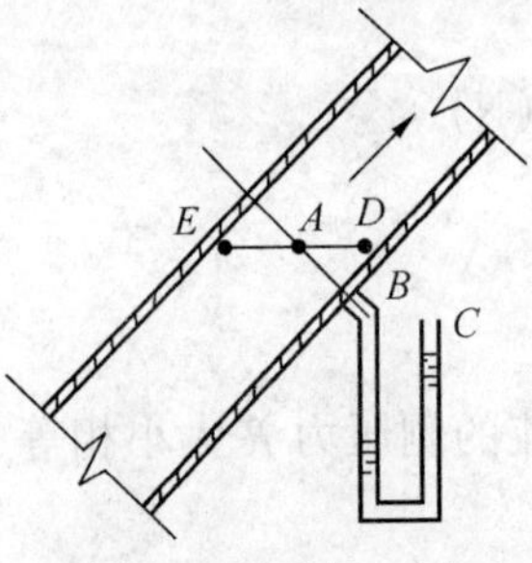


图 3-32　习题 8 图

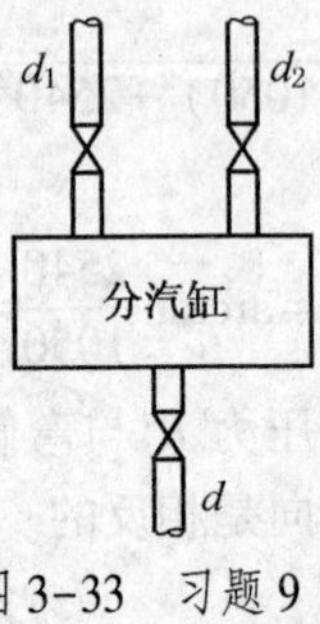


图 3-33　习题 9 图

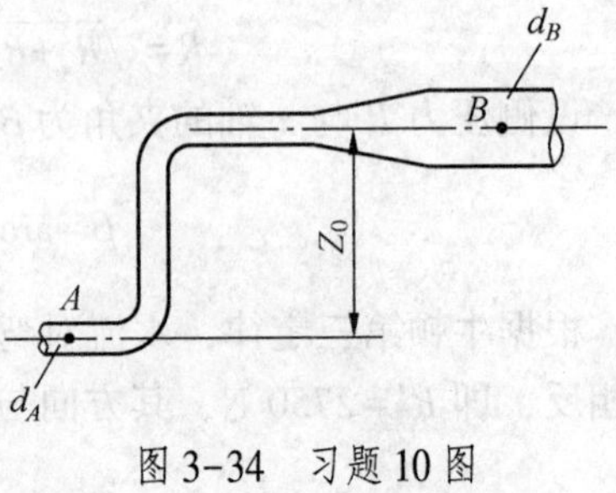


图 3-34　习题 10 图

11. 如图 3-35 所示，有一排水管路系统，为了测定水泵的扬程，在水泵出水口处的排水管（$d_p$=100 mm）上安装一个压力表，水泵进水口处的吸水管（$d_x$=150 mm）上安装一个真空表，两表高差 $Z$=0.5 m。当管路中流量 $Q$=0.05 $m^3$/s 时，压力表的读数为 2 kgf/$cm^2$，真空表的读数为 184 mmHg，如不考虑两表之间的水头损失，问此时水泵产生的扬程为多大？

12. 如图 3-18 所示，若已知水泵的吸水高度 $H_g$=3 m，吸水管内径 $d_x$=0.25 m，从 1-1 断面至 2-2 断面总水头损失为 $h_w=8.5v_x^2/2g$，断面 2-2 处真空度为 $H_v$=4.08 $mH_2O$，求此时水泵的流量。

13. 如图 3-18 所示，若水泵流量 $Q$=0.03 $m^3$/s，吸水管直径 $d_x$=100 mm，吸水管内水头损失 $h_w$=1 m，水泵安装高度 $H_g$=4.5 m，求水泵吸入口 2-2 处的真空度为多少毫米汞柱？

14. 如图 3-36 所示，有一虹吸管，管径 $d$=15 mm，高度 $h_1$=2 m，$h_2$=4 m，若不考虑能量损失，试求虹吸管出口处的流速和流量及最高处 $C$ 点的压强。

15. 如图 3-37 所示，有一消防水枪，垂直向上喷射高度 $H$=8 m，水枪长度 $L$=0.5 m，出口直径 $d_1$=10 mm，进口直径 $d_2$=50 mm，若水枪出口处能量损失 $h_w$=1 m，试求水枪喷出的流量和进口的压强（空气阻力不计）。

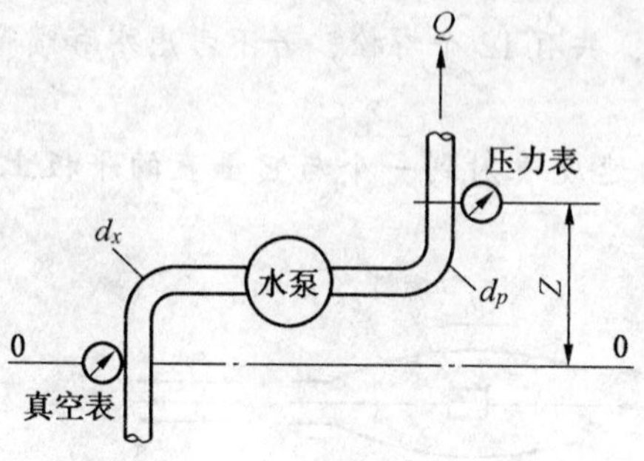

图 3-35　习题 11 图

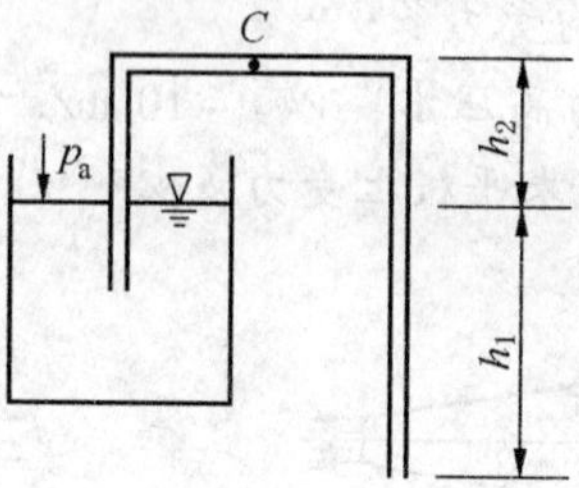

图 3-36　习题 14 图

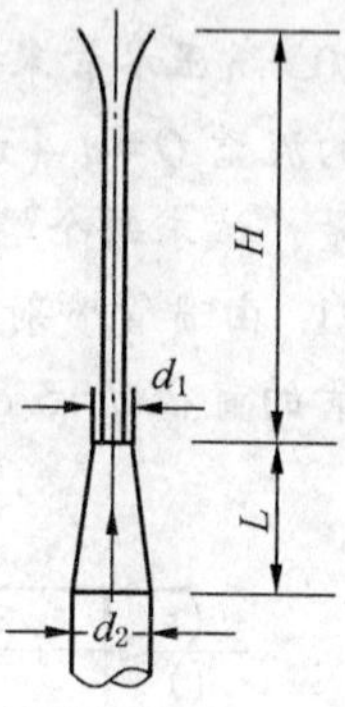

图 3-37　习题 15 图

16. 如图 3-38 所示，当管道阀门关闭时，压力表读数为 2 kgf/$cm^2$，当阀门全部打开，水通过管道流出时，若能量损失为 0.6 m，试求管内水的平均流速。

17. 如图 3-39 所示，有一立管从水箱接出，箱中水深 $h$=1 m，由于收缩影响，立管入口断面 $A$-$A$ 处的平均流速为出口断面处平均流速的 1.5 倍，设水在绝对压强 $p$=14.7 kPa 下发生汽化，试求立管的长度 $L$ 最大为多少时，才不使断面 $A$-$A$ 处发生汽化，能量损失可以不考虑。

18. 如图 3-40 所示，量测通风管道中空气的流速，若测压管的倾斜角度 $\alpha$=30°，测得水柱长 $L$=10 mm，空气容重为 11.76 N/$m^3$，流速系数为 1.0，试求管内的风速。

19. 如图 3-41 所示，有一水平放置的变径弯管，转角 $\alpha$=60°，断面 $A$-$A$ 处直径 $d_A$=20 cm，压强 $p_0$=177 kPa，断面 $B$-$B$ 处直径 $d_B$=15 cm，流量 $Q$=0.1 $m^3$/s，不考虑能量损失，试求水流对弯管的侧压力 $R'$为多少？

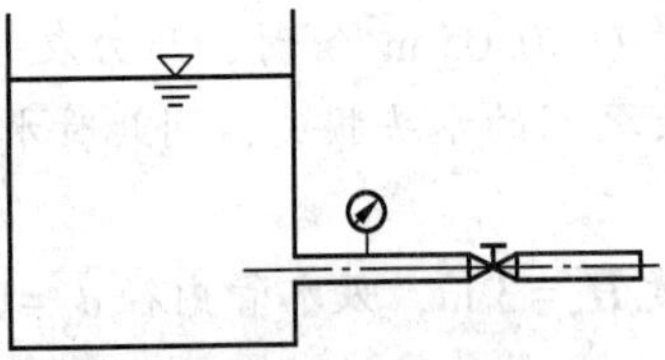


图 3-38　习题 16 图

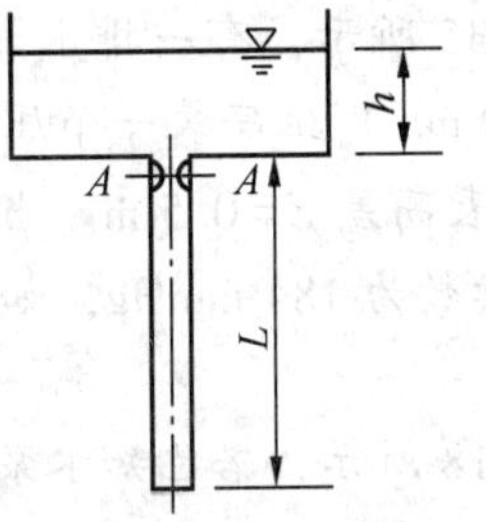


图 3-39　习题 17 图

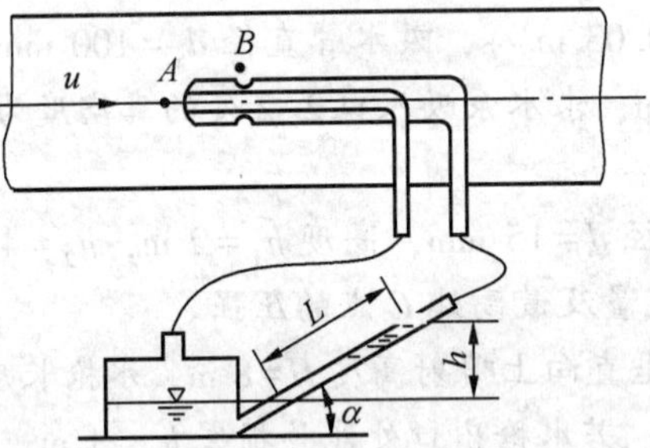


图 3-40　习题 18 图

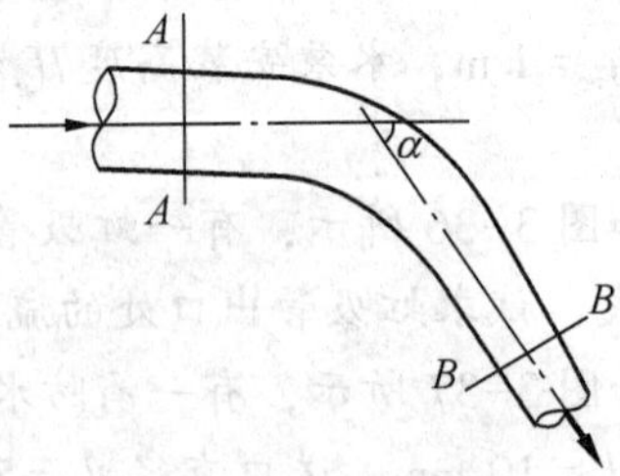


图 3-41　习题 19 图

20. 高压水管末端的喷嘴，如图 3-42 所示，出口直径 $d=10$ cm，管段直径 $D=40$ cm，通过的流量 $Q=0.4\ m^3/s$，喷嘴与管段用法兰盘连接，共有 12 个螺栓，若不考虑水和喷嘴的重量，试求每个螺栓平均受力多少？

21. 由喷管喷射出来的高压水，以 $v=10$ m/s 的速度喷射到一个与它垂直的平板上，若喷管的直径 $d=5$ cm，试求平板上受力多少？

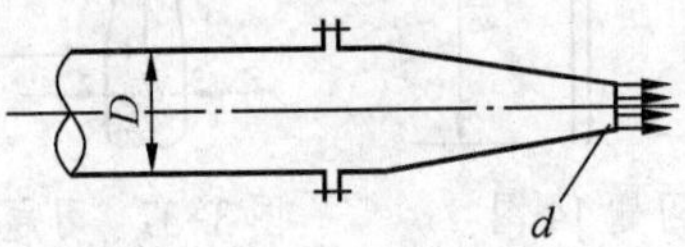


图 3-42　习题 20 图

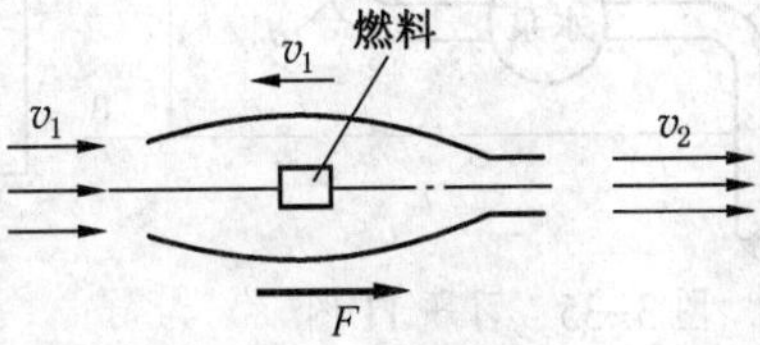


图 3-43　习题 22 图

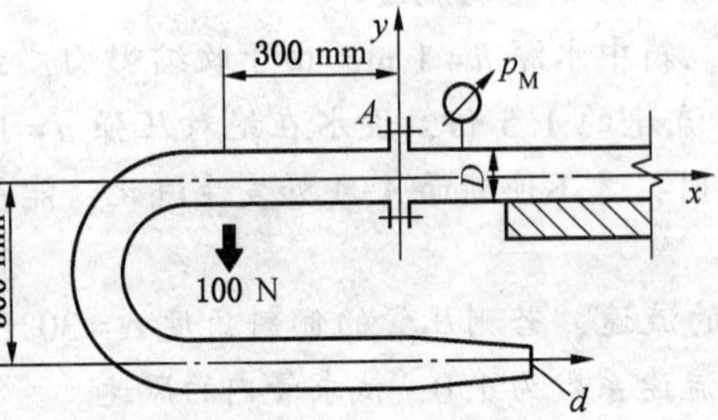


图 3-44　习题 23 图

22. 如图 3-43 所示，有一喷气式飞机，其航行速度 $v_1=250$ m/s，从飞机尾部排出的气体速度 $v_2=420$ m/s，飞机吸入的空气量 $M=26$ kg/s，加入的燃料是吸入量的 3%，求飞机给予大气的作用力 $F$。

23. 如图 3-44 所示，水经 180°弯管自喷嘴流出，管径 $D=75$ mm，喷嘴直径 $d=25$ mm，管道前端的测压表读数 $p_M=60\ kN/m^2$，求法兰上、下螺栓的受力（假定法兰上下前后共用 4 个螺栓连接，上、下螺栓中心距为 150 mm，弯管喷嘴和水重为 100 N，作用位置见图）。

# 第四章 流动阻力和能量损失

运用能量方程确定流动过程中流体所具有的能量的变化，或确定各断面上位能、压力能和动能之间的关系及计算为流体流动提供的动力等，都需要计算能量损失项。

## 第一节 流动阻力和能量损失

不可压缩流体在流动过程中，流体之间因相对运动所产生的切应力的做功，以及流体与固体边壁之间摩擦力的做功，都是靠损失流体自身所具有的机械能来补偿的，这部分能量均不可逆转地转化为热能。这种引起流动能量损失的阻力与流体的黏滞性和惯性有关，也与固体边壁对流体的阻滞作用和扰动作用有关。

能量损失一般有两种表示方法。对于液体，通常用单位重量液体的能量损失来衡量，称为水头损失，用 $h_w$ 来表示，具有长度的量纲；对于气体，则常用单位体积的气体的能量损失来衡量，称为压力损失，用 $\Delta p$ 来表示，具有压强的量纲。二者之间的关系为

$$\Delta p = \rho g h_w$$

流体在沿固体流道的流动过程中，根据其接触的边壁沿程是否变化，能量损失有两种形式，即沿程损失和局部损失。它们的计算方法和损失机理是不同的。

### 一、沿程阻力及损失

在边壁沿程不变的管段上，如图 4-1 所示的 1、2、3、4 管段，流动阻力规律沿程也基本不变，则称这类阻力为沿程阻力。克服沿程阻力引起的能量损失称为沿程损失，用 $h_f$ 或 $\Delta p_f$ 表示。沿程损失主要是由流体的黏滞力造成的，其大小与流体的流动状态有着密切的关系。图中的 $h_{f1}$、$h_{f2}$、$h_{f3}$、$h_{f4}$ 就是 1、2、3、4 段的沿程水头损失。由于沿程损失沿管段均匀地分配，即与管段的长度成正比，所以也称为长度损失。

### 二、局部阻力及损失

在边界急剧变化的区域，阻力主要集中在该区域内及其附近，这种集中分布的阻力称为局部阻力。克服局部阻力引起的能量损失称为局部损失，用 $h_j$ 或 $\Delta p_j$ 表示。局部损失主要是由流体速度分布急剧变化、流体微团的碰撞及流体中产生的漩涡等造成的。如图 4-1 中的管道进口、变径管和阀门等处，都会产生局部阻力。

沿程损失和局部损失的产生，其实质都是由于流体运动时克服黏性切应力而做功所引起的。所不同的是，在水流流经局部阻力之处，速度分布发生改变并往往产生旋涡区。旋涡区的存在，加剧了流体质点间相互摩擦和撞击，以致在很短的流段内引起了程度不同的能量损失。所以在出现局部阻力的地方，总水头将会突然下降。

流体流经的整个管路，其总的水头损失将等于各管段的沿程损失和各局部损失之

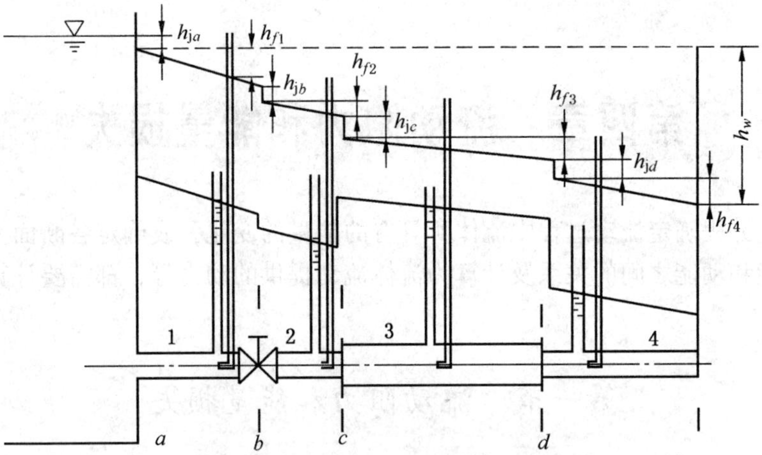


图 4-1　管内流体运动的能量损失

和，即

$$h_w = \sum h_f + \sum h_j \tag{4-1}$$

对于图 4-1 所示管路系统，能量损失为

$$h_w = h_{f1} + h_{f2} + h_{f3} + h_{f4} + h_{ja} + h_{jb} + h_{jc} + h_{jd}$$

## 第二节　流体的流动状态

### 一、雷诺实验与两种流态

1883 年英国物理学家雷诺通过实验肯定了流体存在的两种不同的流动状态，而且验证了流动损失与这两种流动状态的关系。雷诺实验装置如图 4-2 所示。

试验时，水箱 $A$ 内水位保持不变，阀门 $C$ 用于调节流量，容器 $D$ 内盛有容重与水相近的颜色水，经细管 $E$ 流入玻璃管 $B$，阀门 $F$ 用于控制颜色水流量。当管 $B$ 内流速较小时，管内颜色水成一股细直的流束，这表明各液层间毫不相混，如图 4-2a 所示。当阀门 $C$ 逐渐开大流速增加到某一临界流速 $v_{cr}'$ 时，颜色水出现摆动，如图 4-2b 所示。继续增大流速，则颜色水迅速与周围清水相混，如图 4-2c 所示。这表明液体质点的运动轨迹是极不规则的，各部分流体互相剧烈掺混。

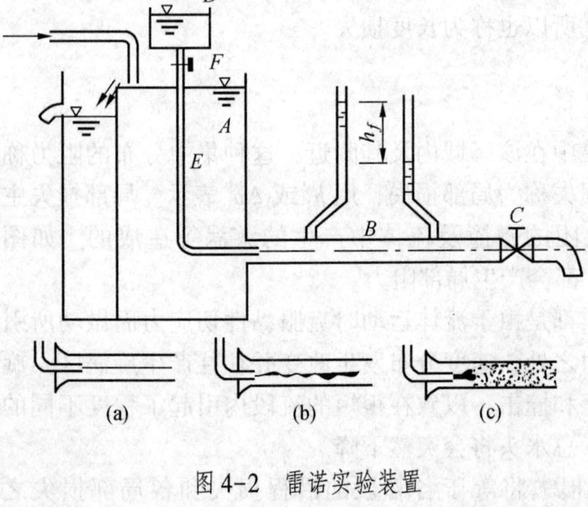


图 4-2　雷诺实验装置

若实验时的流速由大变小，则上述观察到的流动现象以相反程序重演。

由上面实验可知，流体的运动存在着两种截然不同的状态。

1. 层流运动

当流体的流速较小时，颜色水呈一直线，说明流体质点互不干扰，各自沿自己的运动轨迹运动，且平行于流管轴线。这种分层有规则的流动状态称为层流运动。

2. 紊流运动

当流体的流速较大时，颜色水与清水混杂，说明流体质点相互干扰，互相碰撞。这种杂乱无章的流动状态称为紊流运动。

流体运动状态改变点的流速称为临界流速。由层流转变为紊流的临界流速，用 $v_{cr}'$ 表示，$v_{cr}'$ 称为上临界流速。由紊流转变为层流的临界流速，用 $v_{cr}$ 表示，$v_{cr}$ 称为下临界流速。由实验得知，这两个临界流速并不相等，而且 $v_{cr}'$ 大于 $v_{cr}$。

实验进一步表明，对于特定的流动装置上临界流速 $v_{cr}'$ 是不固定的，随着流动的起始条件和实验条件的扰动程度而不同，上临界流速 $v_{cr}'$ 值可以有很大的差异，但是下临界流速 $v_{cr}$ 却是固定不变的。

## 二、沿程水头损失与流速的关系

由上面的实验可看出，紊流运动时流体质点所作的运动比层流时复杂得多，因此，在运动过程中也将消耗更大的能量，即紊流时的流动阻力将大于层流时的阻力。为说明这一问题，下面进行水流阻力与流速关系的实验。

在管 $B$ 的断面 1、2 处加接两根测压管，根据能量方程，测压管的液面差即是 1、2 断面间的沿程水头损失。用阀门 $C$ 调节流量，通过流量测量就可以得到沿程水头损失与平均流速的关系曲线 $h_f$-$v$，如图 4-3 所示。

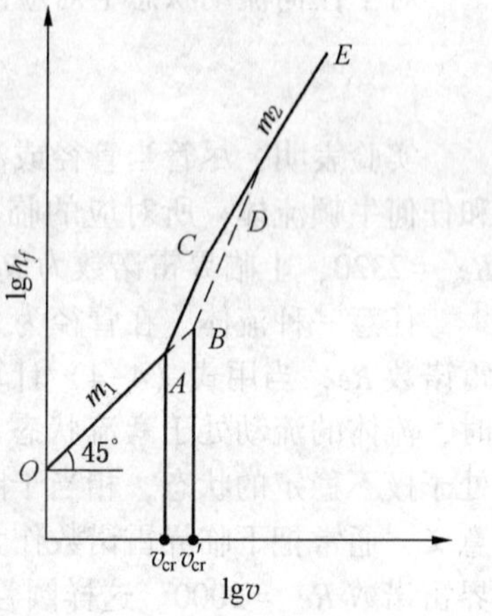

图 4-3　$h_f$-$v$ 关系图

实验曲线 $OABDE$ 在流速由小变大时获得，而流速由大变小时的实验曲线是 $EDCAO$，其中 $AD$ 部分不重合。图中 $B$ 点对应的流速即上临界流速，$A$ 点对应的是下临界流速。$AC$ 段和 $BD$ 段试验点分布比较散乱，是流态不稳定的过渡区域。

此外，由图 4-3 可分析得

$$h_f = Kv^m \tag{4-2}$$

流速较小时即 $OA$ 段，$m=1$，$h_f=Kv$，沿程损失和流速一次方成正比。流速较大时，在 $CDE$ 段，$m=1.75\sim2.0$，$h_f=Kv^{1.75\sim2.0}$。线段 $AC$ 或 $BD$ 的斜率均大于 2。

上面实验证实了流体的流动状态直接影响到阻力规律，并且紊流的阻力比层流大。因此，为了正确计算流体的运动阻力，必须首先判别它的流动状态。

## 三、流态的判别准则——临界雷诺数

上述实验观察到了两种不同的流态，而且也可以证明，在管径和流动介质不变的条件下，临界流速可以判别流态。但随着条件的变化或者流体的黏性、密度和管径有变化时，临界速度均有不同的数值。可见以流速作为判别流体流动状态的标准是不适合的。雷诺等人的大量实验表明，临界流动状态的流速 $v_{cr}$（$v_{cr}'$）大小，与管径 $d$ 成反比，与流体的动

力黏滞系数 $\mu$ 成正比，与流体密度 $\rho$ 成反比。对于下临界流动状态，它们之间的关系写成

$$v_{cr} \propto \frac{\mu}{\rho d}$$

或

$$v_{cr} = Re_{cr} \frac{\mu}{\rho d}$$

$$Re_{cr} = \frac{v_{cr}\rho d}{\mu} = \frac{v_{cr} d}{\nu} \tag{4-3a}$$

式中 $Re_{cr}$——无量纲比例常数，称为下临界雷诺数。

同理，上临界雷诺数为

$$Re_{cr}' = \frac{v_{cr}'\rho d}{\mu} = \frac{v_{cr}' d}{\nu} \tag{4-3b}$$

实验证明，对于不同运动黏度 $\nu$ 的流体，在不同直径 $d$ 的管道中，以不同的流速 $v$ 流动，处于临界流动状态时，临界雷诺数一定相等。因此，临界雷诺数可以作为判别流态的标准。

对于任何流动状态下对应的雷诺数 $Re$，其计算式为

$$Re = \frac{vd}{\nu} \tag{4-4}$$

实验表明，尽管当管径或流动介质不同时，临界流速 $v_{cr}$（$v_{cr}'$）不同，但对于任何管径和任何牛顿流体，所对应的临界雷诺数却是相同的。对于圆断面管流，下临界雷诺数为 $Re_{cr}=2320$，上临界雷诺数为 $Re_{cr}'=13800$。

任意一种流体，在管径为 $d$ 的管道中以任意一个流速 $v$ 流动时，都可得到一个相应的雷诺数 $Re$，当用式（4-4）计算出的 $Re < Re_{cr}$ 时，流体的流动处于层流状态；当 $Re > Re_{cr}'$ 时，流体的流动处于紊流状态；当 $Re$ 在 $Re_{cr} \sim Re_{cr}'$ 之间时，可能是层流，也可能是紊流，处于极不稳定的状态，相当于图 4-3 上的 $AC$ 段。因此，上临界雷诺数在工程上没有实用意义，通常把下临界雷诺数作为判别层流和紊流的准则。对于工业管道，一般取圆管的临界雷诺数 $Re_{cr}=2000$。这样圆管中流体流态的判别条件为

层流

$$Re = \frac{vd}{\nu} < 2000 \tag{4-5a}$$

紊流

$$Re = \frac{vd}{\nu} > 2000 \tag{4-5b}$$

要强调指出的是临界雷诺数值 $Re_{cr}=2000$，是仅就圆管而言的，对于诸如平板绕流和厂房内气流等边壁形状不同的流动，具有不同的临界雷诺数值。

【例 4-1】有一管径 $d=25$ mm 的室内上水管，管中流速 $v=1.0$ m/s，水温 $t=10$ ℃。

（1）试判别管中水的流态。

（2）管内保持层流状态的最大流速为多少？

**解** （1）10 ℃时水的运动黏滞系数 $\nu=1.31\times10^{-6}$ m²/s，因而管内雷诺数为

$$Re = \frac{vd}{\nu} = \frac{1.0\times0.025}{1.31\times10^{-6}} = 19084 > 2000$$

故管中水流为紊流。

（2）保持层流的最大流速就是临界流速 $v_{cr}$。

由于

$$Re_{cr} = \frac{v_{cr} d}{\nu} = 2000$$

所以
$$v_{cr}=\frac{2000\times 1.31\times 10^{-6}}{0.025}=0.105(\mathrm{m/s})$$

**四、流态分析**

层流和紊流的根本区别在于层流各流层间互不掺混，只存在黏性引起的各流层间的滑动摩擦阻力；紊流则有大小不等的涡体动荡于各流层间，除了黏性阻力，还存在着由于质点掺混、互相碰撞所造成的惯性阻力。因此，紊流阻力比层流阻力大得多。

层流到紊流的转变是与涡体的产生联系在一起的，图 4-4 绘出了涡体产生的过程。设流体原来作直线层流运动，由于某种原因的干扰，流层发生波动（图 4-4a）。于是在波峰一侧断面受到压缩，流速增大，压强降低；在波谷一侧由于过流断面增大，流速减小，压强增大。因此，流层受到图 4-4b 中箭头所示的压差作用。这将使波动进一步加大（图 4-4c），终于发展成涡体。涡体形成后，由于其一侧的旋转切线速度与流动方向一致，故流速较大，压强较小；而另一侧旋转切线速度与流动方向相反，流速较小，压强较大。于是涡体在其两侧压差作用下，将由一层转到另一层（图 4-4d），这就是紊流掺混的原因。

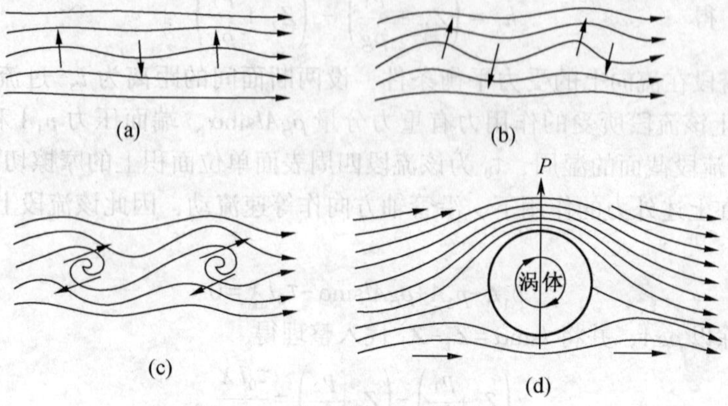


图 4-4　层流到紊流的转变过程

层流受扰动后，当黏性的稳定作用起主导作用时，扰动就受到黏性的阻滞而衰减下来，层流就是稳定的。当扰动占上风，黏性的稳定作用无法使扰动衰减下来，于是流动便变为紊流。因此，流动呈现什么流态，取决于扰动的惯性作用和黏性的稳定作用之间的相互作用结果。

雷诺数之所以能判别流态，正是因为它反映了惯性力和黏性力的对比关系。

## 第三节　均匀流基本方程

为了确定沿程阻力损失计算式，首先来研究均匀流的阻力规律。因为在均匀流中，只有沿程损失，而无局部损失。均匀流基本方程式给出了沿程损失与沿程阻力之间的关系。

在图 4-5 所示的均匀流中，在任选的两个断面 1-1 和 2-2 上列出伯努利方程为

$$Z_1+\frac{p_1}{\rho g}+\frac{\alpha_1 v_1^2}{2g}=Z_2+\frac{p_2}{\rho g}+\frac{\alpha_2 v_2^2}{2g}+h_{w1-2}$$

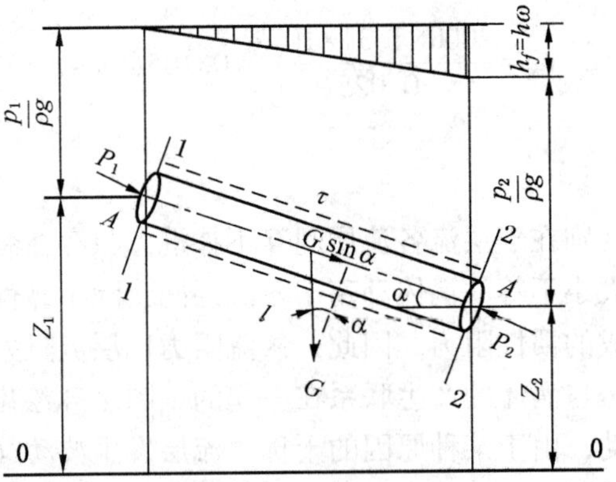


图 4-5　均匀流方程式推导

由均匀流的性质得

$$\frac{\alpha_1 v_1^2}{2g}=\frac{\alpha_2 v_2^2}{2g} \qquad h_{w1-2}=h_f$$

代入上式，得

$$h_f=\left(Z_1+\frac{p_1}{\rho g}\right)-\left(Z_2+\frac{p_2}{\rho g}\right) \tag{4-6}$$

考虑所取流段在流向上的受力平衡条件，设两断面间的距离为 $l$，过流断面面积 $A_1=A_2=A$，在流向上该流段所受的作用力有重力分量 $\rho gAl\sin\alpha$、端面压力 $p_1A$ 和 $p_2A$、管壁切向力$\tau_0 l\chi$（$\chi$ 为流段截面的湿周，$\tau_0$ 为该流段四周表面单位面积上的摩擦切应力）。

流段 1-2 在上述外力的作用下，沿管轴方向作等速流动，因此该流段上的所有外力之和等于零，即

$$p_1A-p_2A+\rho gAl\sin\alpha-\tau_0 l\chi=0$$

等式两端除以 $\rho gA$，并将 $l\sin\alpha=Z_1-Z_2$ 代入整理得

$$\left(Z_1+\frac{p_1}{\rho g}\right)-\left(Z_2+\frac{p_2}{\rho g}\right)=\frac{\tau_0 l\chi}{\rho gA} \tag{4-7}$$

比较式（4-6）和式（4-7），得

$$h_f=\frac{\tau_0 l\chi}{\rho gA} \tag{4-8}$$

将水力半径 $R_h=\dfrac{A}{\chi}$ 代入上式，得

$$h_f=\frac{\tau_0 l}{\rho gR_h} \tag{4-9}$$

设 $J=\dfrac{h_f}{l}$ 为单位长度的沿程损失，称为水力坡度。则

$$\tau_0=\rho gR_hJ \tag{4-10a}$$

对于圆截面有压管（满管流），$R_h=\dfrac{r_0}{2}$，上式可写成

$$\tau_0=\rho g\frac{r_0}{2}J \tag{4-10b}$$

式中　$r_0$——圆管半径。

式（4-9）和式（4-10a）是研究沿程损失的基本公式，称为均匀流基本方程式。它反映了沿程水头损失和管壁切应力之间的关系。表明沿程损失与单位面积上的摩擦力即切应力成正比，与流体的种类、水力半径以及管长等因素有关。

对于无压均匀流，采用与上述类似的方法，也可以导出式（4-9）。因此，均匀流基本方程式对于压力流和无压流均适用。

应用均匀流基本方程式，可以说明流体在均匀流过流断面上的切应力分布规律。如图4-6所示，如取任意半径 $r$ 的同轴圆柱形流体来讨论，可类似地求得管内任一点轴向切应力$\tau$与沿程水头损失 $h_f$ 之间的关系。因此同一管轴上，半径为 $r$ 处的流体层切应力为

$$\tau=\frac{\rho gr}{2l}h_f=\rho g\frac{r}{2}J \tag{4-11}$$

比较式（4-10b）和式（4-11），得

$$\frac{\tau}{\tau_0}=\frac{r}{r_0}\frac{J}{J_0}$$

由于均匀流单位长度上的水头损失相等，即水力坡度 $J=J_0$，由此得

$$\frac{\tau}{\tau_0}=\frac{r}{r_0}\quad 或\quad \tau=\frac{r}{r_0}\tau_0 \tag{4-12}$$

式（4-12）表明，均匀流过流断面上的切应力是按直线规律分布。如图4-6所示，当 $r=0$，即在管轴上，切应力$\tau=0$；当 $r=r_0$，即在管壁处，切应力为最大值，此时$\tau=\tau_0$。

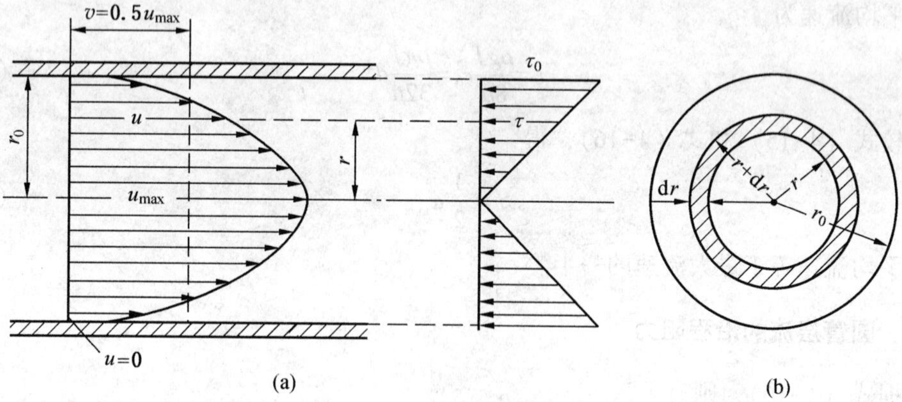


图4-6　层流流动断面特征

均匀流基本方程式虽然说明了沿程损失 $h_f$ 与切应力$\tau$之间的关系，但是用来求解沿程损失 $h_f$，还需要知道切应力$\tau$的变化规律。

## 第四节　圆管中层流运动及沿程损失

### 一、圆管层流的速度分布及平均流速

圆管中的层流运动，可以看成无数无限薄的圆筒层，一个套着一个地相对滑动，各流

层间互不渗混，如图 4-6 所示。可以证明这种轴对称的流动，各流层间的切应力大小满足牛顿内摩擦定律，即

$$\tau=-\mu\frac{\mathrm{d}u}{\mathrm{d}r} \tag{4-13}$$

由于速度 $u$ 随 $r$ 的增大而减小，所以等式右边加负号，以保证$\tau$为正。

联立式（4-11）和式（4-13），整理得

$$\mathrm{d}u=-\frac{\rho gJ}{2\mu}r\mathrm{d}r$$

在均匀流中，$J$ 值不随 $r$ 而变，对上式积分，并代入边界条件：$r=r_0$ 时，$u=0$，得

$$u=\frac{\rho gJ}{4\mu}(r_0^2-r^2) \tag{4-14}$$

可见，圆管中层流断面流速分布是以管中心线为轴的旋转抛物面，如图 4-6 所示。$r=0$ 时，即在管轴上，达到最大流速

$$u_{\max}=\frac{\rho gJ}{4\mu}r_0^2=\frac{\rho gJ}{16\mu}d^2 \tag{4-15}$$

将式（4-14）代入平均流速定义式

$$v=\frac{Q}{A}=\frac{\int_A u\mathrm{d}A}{A}=\frac{\int_0^{r_0}u\cdot 2\pi\cdot r\mathrm{d}r}{A}$$

得平均流速为

$$v=\frac{\rho gJ}{8\mu}r_0^2=\frac{\rho gJ}{32\mu}d^2 \tag{4-16}$$

比较式（4-15）和式（4-16），得

$$v=\frac{1}{2}u_{\max} \tag{4-17}$$

即平均流速等于最大流速的一半。

## 二、圆管层流的沿程阻力

根据式（4-16），则有

$$h_f=Jl=\frac{32\mu v}{\rho gd^2}l \tag{4-18}$$

式（4-18）从理论上证明了层流沿程阻力损失和平均流速一次方成正比，这与实验结果一致。

将式（4-18）写成沿程阻力损失的一般形式，即

$$h_f=\frac{32\mu v}{\rho gd^2}l=64\frac{\mu g}{\rho gvd}\frac{l}{d}\frac{v^2}{2g}=\frac{64}{\frac{vd\rho}{\mu}}\frac{l}{d}\frac{v^2}{2g}$$

由于 $Re=\frac{vd\rho}{\mu}=\frac{vd}{\nu}$，所以

$$h_f=\frac{64}{Re}\frac{l}{d}\frac{v^2}{2g}$$

令

$$\lambda=\frac{64}{Re} \tag{4-19}$$

则

$$h_f=\lambda\frac{l}{d}\frac{v^2}{2g} \tag{4-20a}$$

式中 $h_f$——流段的沿程水头损失，m；

$l$——流段的长度，m；

$d$——圆管的直径，m；

$v$——断面平均流速，m/s；

$\lambda$——沿程阻力系数，对于层流 $\lambda=\frac{64}{Re}$。

式（4-20a）也称为圆管压力流沿程水头损失的一般计算式。它说明沿程水头损失与管长、管径、断面平均流速以及沿程阻力系数有关。而层流的沿程阻力系数只与雷诺数有关。

式（4-20a）通常称为达西（Darcy）公式，它除了把沿程水头损失表示为管长、管径和流速水头的函数关系以便于计算外，更重要的是它用沿程阻力系数 $\lambda$ 来反映影响沿程水头损失的诸因素，这样就把沿程水头损失的计算问题归结为求沿程阻力系数的问题。也就是说，只要通过理论或实验的方法求出各种管路的 $\lambda$ 值，然后代入式（4-20a）中，就可以算出相应的沿程水头损失。

根据式（4-20a），对于气体管道工程，相应的沿程压头损失的计算公式为

$$\Delta p_f=\rho g h_f=\lambda\frac{l}{d}\frac{\rho v^2}{2} \tag{4-20b}$$

式中 $\Delta p_f$——流段的沿程压头损失，Pa；

$\rho$——流体的密度，$kg/m^3$。

层流时，速度分布不均匀，动能修正系数 $\alpha$ 和动量修正系数 $\alpha_0$ 系数值较大，不能近似为 1。由层流流速分布解析式、动能修正系数与动量修正系数定义式，很容易证明圆管层流运动的动能修正系数 $\alpha=2$，动量修正系数 $\alpha_0=4/3$。紊流时，掺混使断面流速分布比较均匀，动能修正系数与动量修正系数均近似为 1。在实际工程中，大部分管流为紊流，因此，系数 $\alpha$ 和 $\alpha_0$ 均近似取值为 1。

【例 4-2】设圆管的直径 $d=2$ cm，流速 $v=12$ cm/s，水温 $t=10$ ℃。试求在管长 $l=20$ m 上的沿程水头损失。

**解** 先判明流态，查得在 10 ℃时水的运动黏滞系数 $\nu=0.013\ cm^2/s$。

$$Re=\frac{vd}{\nu}=\frac{12\times 2}{0.013}=1846<2000$$

故为层流。

沿程阻力系数 $\lambda$ 为

$$\lambda=\frac{64}{Re}=\frac{64}{1846}=0.0347$$

沿程损失为

$$h_f=\lambda\ \frac{l}{d}\ \frac{v^2}{2g}=0.0347\times\frac{20}{0.02}\times\frac{0.12^2}{2\times9.8}=0.025(\mathrm{m})$$

## 第五节　圆管中紊流运动及沿程损失

### 一、紊流流动的内部结构

实验表明，在 $Re=1225$ 左右时，流动核心部分的流线就已出现线状的波动和弯曲。随着 $Re$ 的增加，其波动的范围和强度增大，但此时黏性仍起主导作用，层流仍是稳定的，直至 $Re$ 达到 2000 左右时，在流动的核心部分惯性力终于克服黏性力的阻滞而开始产生涡体，掺混现象也就出现了。当 $Re>2000$ 后，涡体越来越多，掺混也越来越强烈，直到 $Re=3000\sim4000$ 时，除了在邻近管壁的极小区域外，均已发展为紊流。在邻近管壁的极小区域存在着很薄的一层流体，由于固体壁面的阻滞作用，流速较小，惯性力较小，因而仍保持为层流运动，该流层称为层流边层。管中心部分称为紊流核心。在紊流核心与层流边层之间还存在一个由层流到紊流的过渡层，如图 4-7 所示。

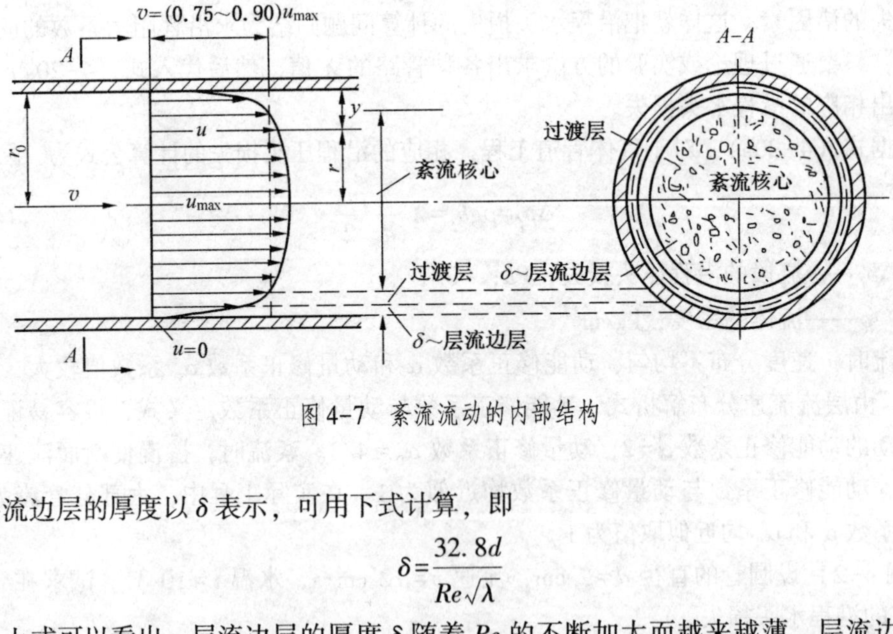


图 4-7　紊流流动的内部结构

层流边层的厚度以 $\delta$ 表示，可用下式计算，即

$$\delta=\frac{32.8d}{Re\sqrt{\lambda}} \tag{4-21}$$

从上式可以看出，层流边层的厚度 $\delta$ 随着 $Re$ 的不断加大而越来越薄。层流边层的厚度虽然一般只有几十分之一到几分之一毫米，但它的存在对管壁粗糙的扰动作用和导热性能有很大影响。

### 二、紊流流动的脉动现象与时均化概念

由雷诺实验可知，紊流实质上是流体质点随机的极不规则的运动。流体质点不断地互相混杂和碰撞，必然引起流场中空间点各物理量随时间的波动，这种现象称为脉动现象，即诸如速度、压强等空间点上的物理量随时间的变化作无规则的随机变动，在做相同条件

下的重复试验时，所得瞬时值不同，但多次重复试验的结果的算术平均值趋于一致，具有规律性。从本质上讲，紊流是非定常流动。

在流体作紊流运动的流场中，任取一固定点，可用热线测速仪或激光测速仪测出在不同时刻通过该点的流体质点的速度。图 4-8 所示的就是用热线测速仪测出的水平管道某点瞬时轴向速度随时间的变化。

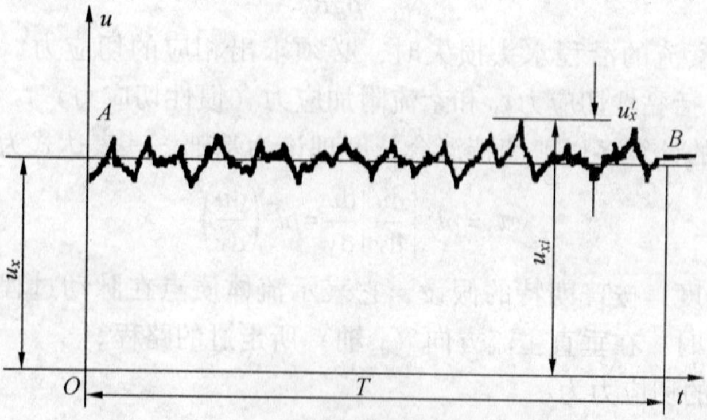


图 4-8　紊流的脉动

由于脉动的随机性，质点的各真实物理量瞬息万变，难以表示，工程上通常只能用一定时间间隔内的统计平均值代替真实速度。下面通过对轴向速度的时间平均给出时均法的定义，并以同样的方法获得其他物理量的时均值。

设 $u_{xi}$ 为瞬时值，$u_x$ 表示其平均值，其定义为

$$u_x(x,\ y,\ z,\ t)=\frac{1}{T}\int_0^T u_{xi}(x,\ y,\ z,\ t)\,\mathrm{d}t \tag{4-22}$$

式中　$t$——时间积分变量；

$T$——平均周期，它的取法是应比紊流的脉动周期大得多，而比流动的不恒定性的特征时间又小得多，随具体的流动而定。例如风洞实验中有时取 $T$ 等于 1 s，而海洋波取 $T$ 大于 20 min。

瞬时值与平均值之差即为脉动值，用 $u_x'$ 表示。于是脉动速度为

$$u_x'=u_{xi}-u_x$$

或写成

$$u_{xi}=u_x+u_x' \tag{4-23}$$

同样，紊流中各点的瞬时压强也可表示为时均压强与脉动压强之和，即

$$p_i=p+p' \tag{4-24}$$

由上述分析，紊流是非定常流动。如果紊流流动中各物理量的时均值不随时间变化，仅仅是空间点的函数，时均化流动即是定常流动。在工程上通常使用时均的概念来描述和研究紊流运动问题，这样就可以将流体的紊流运动当作定常流讨论，定常流的基本方程式也适用于紊流。

应当注意，对紊流的时均化处理只是研究紊流的一种方法，但并不能改变紊流的实质。在紊流流动中，一方面因时均流速不同，各流层间的相对运动，仍然存在着黏性切应力，另一方面还存在着由脉动引起的动量交换产生的惯性切应力。因此，当研究紊流阻力

时，必须考虑质点混杂运动和动量交换的影响。

### 三、紊流的沿程阻力损失

根据均匀流基本方程式，沿程水头损失为

$$h_f = \frac{\tau l}{\rho g R_h} \tag{4-25}$$

应用上式计算紊流的沿程水头损失时，必须求出相应的切应力$\tau$。由前面分析已知，紊流中的切应力$\tau$包括黏性切应力$\tau_1$和紊流附加应力（惯性切应力）$\tau_2$两部分。

紊流附加应力的计算多以普朗特混合长度理论为基础，其表达式为

$$\tau_2 = \rho l^2 \left|\frac{\mathrm{d}u}{\mathrm{d}y}\right| \frac{\mathrm{d}u}{\mathrm{d}y} = \rho l^2 \left(\frac{\mathrm{d}u}{\mathrm{d}y}\right)^2 \tag{4-26}$$

式中 $l$——混合长度，按普朗特的假设，它表示流体质点在脉动过程中第一次与其他质点相撞时，在垂直主流方向（$y$轴）所走过的路程。

因此，紊流中的切应力为

$$\tau = \tau_1 + \tau_2 = \mu \frac{\mathrm{d}u}{\mathrm{d}y} + \rho l^2 \left(\frac{\mathrm{d}u}{\mathrm{d}y}\right)^2 \tag{4-27}$$

实验指出，在紊流充分发展的区域内，附加切应力远大于黏性切应力，也就是说紊流切应力主要是附加切应力。将式（4-27）运用于圆管紊流，可以从理论上证明圆管紊流断面上流速分布规律为对数分布，其方程可写为

$$u = \frac{1}{\beta}\sqrt{\frac{\tau_0}{\rho}} \ln y + C \tag{4-28}$$

式中 $\beta$——卡门通用常数，由实验方法确定；

$C$——积分常数，由实验方法确定。

式（4-27）中的混合长度是未知的，要根据具体问题做出新的假设，结合实验结果才能确定。普朗特关于混合长度的假设有局限性，但在一些紊流流动中应用普朗特半经验理论所获得的结果与实践比较吻合。

普朗特根据动量传递理论导出的紊流附加切应力的函数关系，在理论上还有某些不够严谨的地方，因此还不能作为推导紊流沿程阻力损失计算公式的依据。所以，紊流的切应力一般要通过实验研究来加以确定。根据大量的实验研究发现，紊流中的切应力$\tau$与断面平均流速$v$、水力半径$R_h$、流体密度$\rho$、流体的动力黏度$\mu$以及管壁绝对粗糙度$\Delta$等因素有关。通过综合分析证明，紊流切应力$\tau$的函数关系可表示为

$$\tau = \frac{\lambda}{8}\rho v^2 \tag{4-29}$$

将式（4-29）代入式（4-25），得

$$h_f = \lambda \frac{l}{4R_h} \frac{v^2}{2g} \tag{4-30}$$

由于圆管压力流的水力半径$R=d/4$，所以圆管压力流紊流的沿程水头损失为

$$h_f = \lambda \frac{l}{d} \frac{v^2}{2g} \tag{4-31}$$

对于气体管道工程，相应的沿程压头损失计算式为

$$\Delta p_f = \rho g h_f = \lambda \frac{l}{d} \frac{\rho v^2}{2} \tag{4-32}$$

可以看出，以上两式与式（4-20a）及式（4-20b）完全相同，因此在计算沿程损失时，无论是对于层流还是紊流，均可以采用以上两式。但是应当注意紊流的沿程阻力系数 $\lambda$ 值的分析和计算与层流是截然不同的。

## 第六节　沿程阻力系数的实验研究

### 一、沿程阻力系数及其影响因素的分析

沿程损失的计算，关键在于如何确定沿程阻力系数 $\lambda$。由于紊流的复杂性，$\lambda$ 的确定不可能像层流那样严格地从理论上推导出来。其研究途径通常有：①直接根据紊流沿程损失的实测资料，综合给出沿程阻力系数 $\lambda$ 的纯经验公式；②用理论和实验相结合的方法，以紊流的半经验理论为基础，整理成半经验公式。

为了通过试验研究沿程阻力系数 $\lambda$，首先要分析 $\lambda$ 的影响因素。层流的阻力是黏性阻力，理论分析已表明，在层流中 $\lambda = 64/Re$，即 $\lambda$ 仅与 $Re$ 有关，与管壁粗糙度无关。而紊流的阻力由黏性阻力和惯性阻力两部分组成。紊流的能量损失一方面取决于反映流动内部矛盾的黏性力和惯性力的对比关系，另一方面又决定于流动的边壁几何条件。前者可用 $Re$ 来表示，后者则包括管长、过流断面的形状、大小以及壁面的粗糙度等。对圆管来说，过流断面的形状固定了，而管长 $l$ 和管径 $d$ 也已包括在式（4-20）中。因此边壁的几何条件中只剩下壁面粗糙度需要通过 $\lambda$ 来反映。这就是说，沿程阻力系数 $\lambda$，主要取决于 $Re$ 和壁面粗糙度这两个因素。

### 二、尼古拉兹实验曲线

壁面粗糙中影响沿程损失的具体因素仍有不少。例如，对于工业管道，就包括粗糙的突起高度，粗糙的形状和粗糙的疏密和排列等因素。尼古拉兹在试验中使用了一种简化的粗糙模型，把大小基本相同，形状近似球体的砂粒用漆汁均匀而稠密地黏附于管壁上，如图 4-9 所示。这种尼古拉兹使用的人工均匀粗糙叫做尼古拉兹粗糙。对于这种特定的粗糙形式，就可以用糙粒的突起高度 $\Delta$（即相当于砂粒直径）来表示边壁的粗糙程度，$\Delta$ 称为绝对粗糙度。但粗糙对沿程损失的影响不完全取决于粗糙的突起绝对高度 $\Delta$，而是决定于它的相对高度，即 $\Delta$ 与管径 $d$ 或半径 $r_0$ 之比。$\Delta/d$ 或 $\Delta/r_0$，称为相对粗糙度。其倒数 $d/\Delta$ 或 $r_0/\Delta$，则称为相对光滑度。这样，影响 $\lambda$ 的因素就是雷诺数和相对粗糙度，即

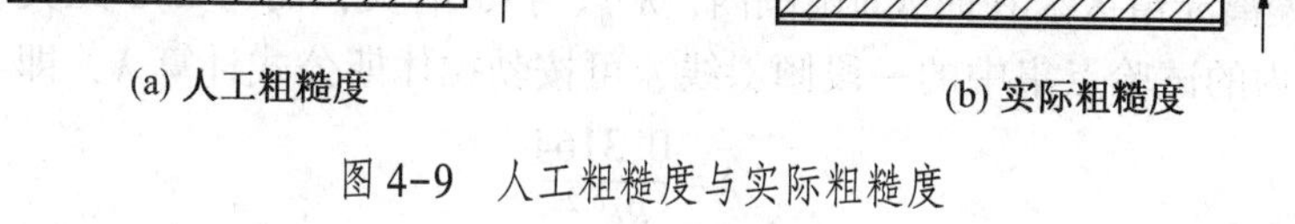

(a) 人工粗糙度　　(b) 实际粗糙度

图 4-9　人工粗糙度与实际粗糙度

$$\lambda = f\left(Re,\ \frac{\Delta}{d}\right) \tag{4-33}$$

为了探讨沿程阻力系数 $\lambda$ 的变化规律，尼古拉兹用多种管径和多种粒径的砂粒，得到了 $\Delta/d=1/30\sim1/1014$ 等六种不同的相对粗糙度。在类似于图 4-2 的装置中，量测不同流量时的断面平均流速 $v$ 和沿程水头损失 $h_f$；再根据下面两式，求出 $Re$ 和 $\lambda$。

$$Re=\frac{vd}{\nu} \quad 和 \quad \lambda=\frac{d}{l}\frac{2g}{v^2}h_f$$

把试验结果点 $Re$ 和 $\lambda$ 绘在对数坐标纸上，就得到图 4-10。根据 $\lambda$ 随 $Re$ 变化的特征，图中曲线可分为 5 个阻力区。

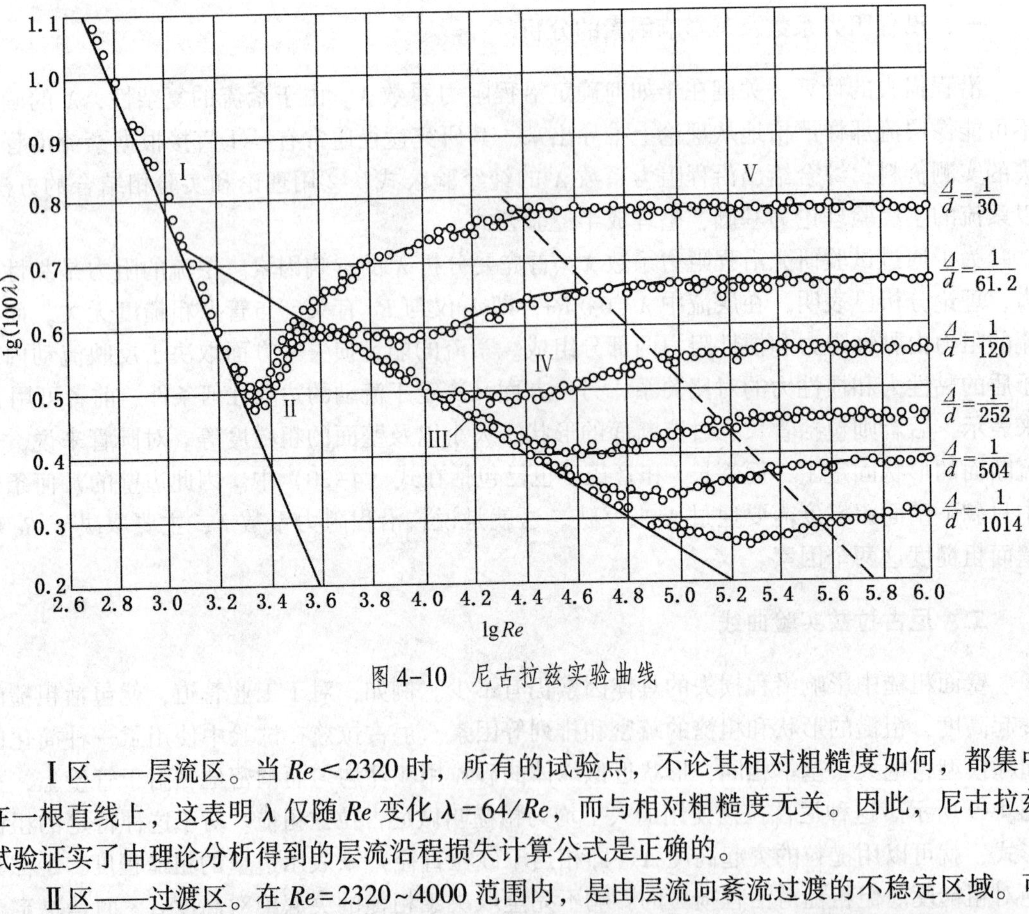


图 4-10 尼古拉兹实验曲线

Ⅰ区——层流区。当 $Re<2320$ 时，所有的试验点，不论其相对粗糙度如何，都集中在一根直线上，这表明 $\lambda$ 仅随 $Re$ 变化 $\lambda=64/Re$，而与相对粗糙度无关。因此，尼古拉兹试验证实了由理论分析得到的层流沿程损失计算公式是正确的。

Ⅱ区——过渡区。在 $Re=2320\sim4000$ 范围内，是由层流向紊流过渡的不稳定区域。可能是层流，也可能是紊流，实验点 $\lambda$ 随 $Re$ 的增大而增大，而与相对粗糙度无关。

Ⅲ区——紊流光滑管区（水力光滑管区）。在 $4000<Re<26.98\ (d/\Delta)^{8/7}$ 区域内，不同相对粗糙度的试验点，起初都集中在曲线Ⅲ上。随着 $Re$ 的加大，相对粗糙度较大的管道，其试验点在较低的 $Re$ 时就偏离曲线Ⅲ。而相对粗糙度较小的管道，其试验点要在较大的 $Re$ 时才偏离光滑区。在曲线Ⅲ范围内，$\lambda$ 只与 $Re$ 有关，而与 $\Delta/d$ 无关。对于 $4\times10^3<Re<10^5$ 范围内的试验点集中的一段倾斜线，可按勃拉休斯公式计算 $\lambda$，即

$$\lambda=\frac{0.3164}{Re^{0.25}} \tag{4-34}$$

将式（4-34）代入式（4-31）可证明，此区域的沿程损失 $\lambda$ 与平均流速 $v$ 成 1.75 次方关系，故光滑管区又称为 1.75 次方阻力区。

对于 $10^5 < Re < 3\times10^6$ 范围内实验点，可按尼古拉兹公式计算 $\lambda$，即

$$\lambda = 0.0032 + 0.221Re^{-0.237} \tag{4-35}$$

Ⅳ区——紊流过渡区。在 $26.98\ (d/\Delta)^{8/7} < Re < 2308\ (d/\Delta)^{0.85}$ 区域内，试验点已偏离光滑区曲线。不同相对粗糙度的试验点各自分散成一条条波状的曲线。$\lambda$ 既与 $Re$ 有关，又与 $\Delta/d$ 有关。可采用洛巴耶夫公式计算 $\lambda$，即

$$\lambda = 1.42\left[\lg\left(Re\frac{d}{\Delta}\right)\right]^{-2} = 1.42\left[\lg\left(1.274\frac{Q}{\nu\Delta}\right)\right]^{-2} \tag{4-36}$$

Ⅴ区——紊流粗糙管区（水力粗糙管区）。在 $Re > 2308\ (d/\Delta)^{0.85}$ 区域里，不同相对粗糙度的试验点，分别落在一些与横坐标平行的直线上。$\lambda$ 只与 $\Delta/d$ 有关，而与 $Re$ 无关。当 $\lambda$ 与 $Re$ 无关时，由式（4-31）可知，沿程损失与流速的平方成正比，因此第Ⅴ区又称为阻力平方区。阻力平方区 $\lambda$ 可按尼古拉兹粗糙管公式计算，即

$$\lambda = \frac{1}{\left(1.74 + 2\lg\dfrac{d}{2\Delta}\right)^2} \tag{4-37}$$

近似计算时，可采用希夫林松公式，即

$$\lambda = 0.11\left(\frac{\Delta}{d}\right)^{0.25} \tag{4-38}$$

以上实验表明，紊流中的 $\lambda$ 取决于 $Re$ 和 $\Delta/d$ 这两个因素。而紊流又分为 3 个阻力区，其各区的 $\lambda$ 变化规律又是不同的，这个问题可用层流边层的存在来解释。

在光滑区，糙粒的突起高度 $\Delta$ 比层流边层的厚度 $\delta$ 小得多，粗糙完全被掩盖在层流边层以内（图 4-11a），它对紊流核心的流动几乎没有影响。粗糙引起的扰动作用完全被层流边层内流体黏性的稳定作用所抑制。管壁粗糙对流动阻力和能量损失不产生影响。在过渡区，层流边层变薄，粗糙开始影响到紊流核心区内的流动，加大了核心区内的紊动强度，因此增加了阻力和能量损失。这时，$\lambda$ 不仅与 $Re$ 有关，而且与 $\Delta/d$ 有关。

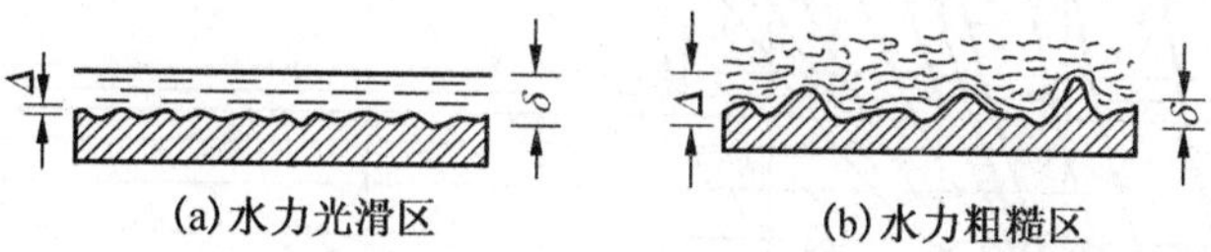


图 4-11　层流边层与紊流分区

在粗糙区，层流边层更薄，粗糙突起高度几乎全部暴露在紊流核心中，$\Delta \gg d$（图 4-11b）。粗糙的扰动作用已经成为紊流核心中惯性阻力的主要原因。$Re$ 对紊流强度的影响和粗糙的影响相比已微不足道了，$\Delta/d$ 成了影响 $\lambda$ 的唯一因素。

由此可见，流体力学中所说的光滑区和粗糙区，不完全取决于管壁粗糙的突起高度 $\Delta$，还取决于和 $Re$ 有关的层流边层的厚度 $\delta$。

尼古拉兹实验比较完整地反映了沿程损失系数 $\lambda$ 的变化规律，揭露了影响 $\lambda$ 变化的主要因素，它对 $\lambda$ 和断面流速分布的测定以及推导紊流的半经验公式提供了可靠的依据。

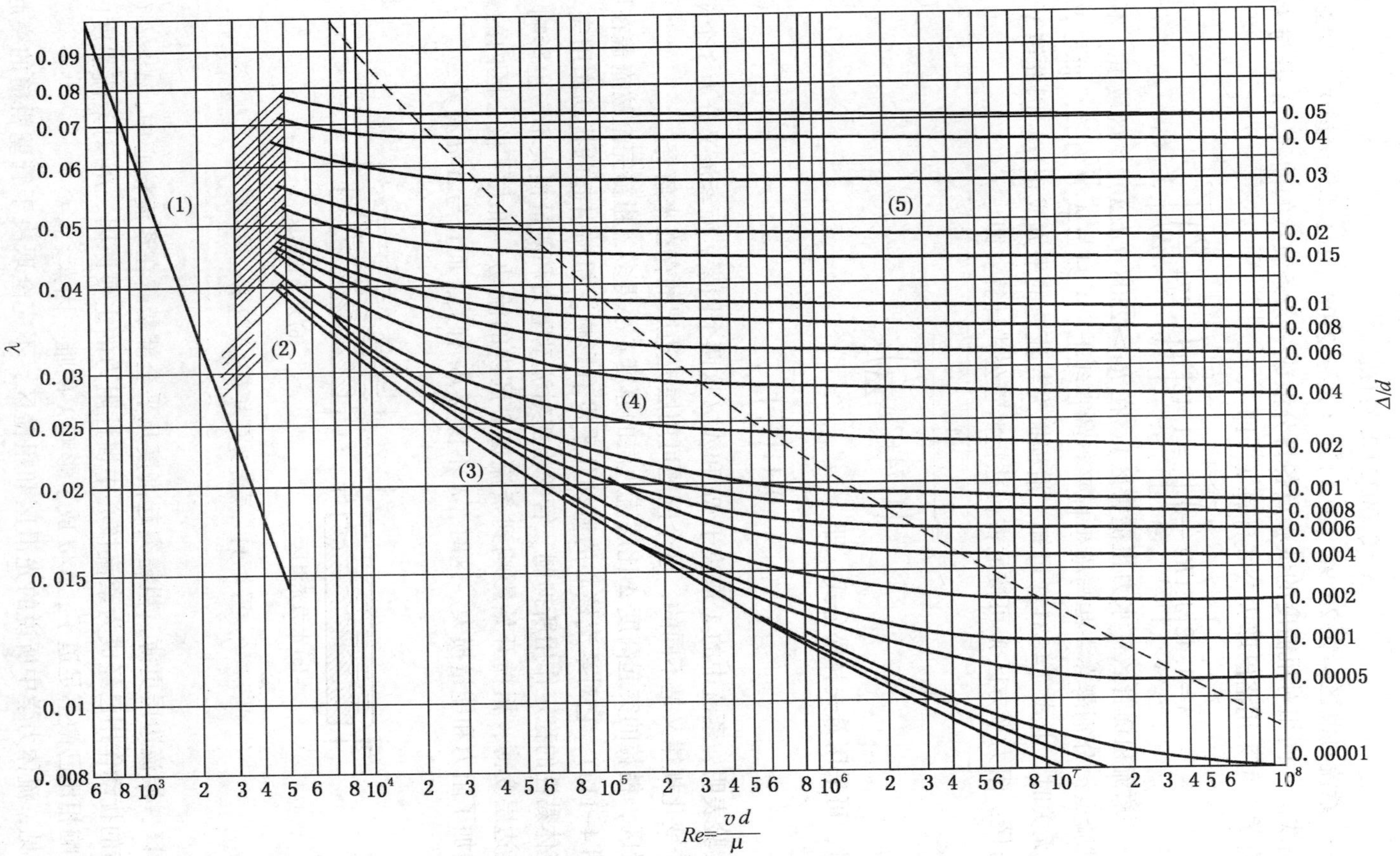
0.09
0.08
0.07
0.06
0.05
0.04
0.03
0.025
0.02
0.015
0.01
0.008
λ
(1)
(2)
(3)
(4)
(5)
0.05
0.04
0.03
0.02
0.015
0.01
0.008
0.006
0.004
0.002
0.001
0.0008
0.0006
0.0004
0.0002
0.0001
0.00005
0.00001
Δ/d
6 8 10³ 2 3 4 5 6 8 10⁴ 2 3 4 5 6 8 10⁵ 2 3 4 5 6 8 10⁶ 2 3 4 5 6 8 10⁷ 2 3 4 5 6 10⁸
$Re=\frac{vd}{\mu}$

图4-12 莫迪曲线

### 三、莫迪图

由于尼古拉兹实验是对人工均匀粗糙管进行的，而工业管道的实际粗糙与人工粗糙有很大不同，因此在尼古拉兹实验结果用于工业管道时，需要分析这种差异并加以修正。

为了确定实际管道沿程阻力系数 $\lambda$ 的变化规律，莫迪在尼古拉兹实验的基础上，对大量的金属和非金属实际工业管道进行了实验研究。1944 年莫迪在“当量粗糙度”（所谓当量粗糙度是指和工业管道粗糙区 $\lambda$ 值相等的同直径人工粗糙管的粗糙度。部分常用工业管道的当量粗糙度见表 4-1）的数据基础上，绘制了工业管道的沿程阻力系数 $\lambda$ 的计算曲线，即莫迪图（图 4-12）。在莫迪图中可按 $Re$ 及相对粗糙度 $\Delta/d$ 直接查得 $\lambda$ 值，为得到工业管道的沿程损失系数提供了方便。

表 4-1　部分常用工业管道的当量粗糙度

| 管道材料 | $\Delta e$/mm | 管道材料 | $\Delta e$/mm | 管道材料 | $\Delta e$/mm |
|---|---|---|---|---|---|
| 新钢管 | 0.0015~0.01 | 生锈钢管 | 0.5~3.0 | 橡胶软管 | 0.01~0.05 |
| 新无缝钢管 | 0.04~0.19 | 挂污金属管 | 0.75~3.0 | 清洁玻璃管 | 0.001 |
| 新焊接钢管 | 0.06~0.33 | 混凝土槽 | 0.8~2.0 | 钢板风道 | 0.1~0.5 |
| 镀锌铁管 | 0.4 | 砖砌管道 | 0.8~6.0 | 水泥管道 | 0.33 |
| 新铸铁管 | 0.25~0.43 | 木板管道 | 0.25~3.0 | 涂沥青钢管 | 0.12~0.21 |

对于工程中常用的管道，还可以用下面的经验公式计算 $\lambda$。

新钢管
$$\lambda = K_1 K_2 \frac{0.0121}{d^{0.226}} \tag{4-39}$$

新铸铁管
$$\lambda = K_1 K_2 \frac{0.0143}{d^{0.284}} \tag{4-40}$$

旧钢管和旧铸铁管
$$\lambda = \frac{0.021}{d^{0.3}} \tag{4-41}$$

式中　$K_1$——实验室和实际工作条件差异系数，实际条件下 $K_1 = 1.15$；

$K_2$——管道接头系数，对焊接或套环式接头的钢管 $K_2 = 1.18$，对钟口式接头的铸铁管 $K_2 = 1.0$，无接头 $K_2 = 1.0$。

## 第七节　非圆管道沿程损失

以上讨论的都是圆断面管道，圆断面管道是最常用的断面形式，但工程上也经常采用非圆断面管道。通风系统中的风道多数为矩形，电厂中输送空气和烟气的管道也大都是矩形截面，这些非圆形管道的雷诺数和沿程损失仍可按式（4-3）和式（4-31）计算，只是式中的直径要用当量直径代替，当量直径可按式（3-7）计算得到。

应当注意，在采用当量直径计算非圆管道时，截面形状越接近圆形，其误差越小。这是由于非圆形管道的切应力沿固体壁面分布不均匀造成的。可以证明，管道的过流断面面积相等，但形状不同、湿周长短不等，湿周越短，当量直径越大，而沿程损失随当量走失的加大而减小。因此，当其他条件相同时，正方形管道比矩形管道沿程损失小，圆形管道又比正方形管道沿程损失小。从减少能量损失的观点来看，圆形截面是最佳的选择。

三角形截面、椭圆形截面均可应用当量直径进行计算。但是，不规则形状的截面不能应用当量直径进行计算。

## 第八节　管道流动的局部损失

各种工业管道都要安装一些阀门、弯头和三通等配件，用以控制和调节管内的流动。流体经过这类配件时，由于边壁或流量的改变，均匀流在这一局部地区遭到破坏，引起了流速的大小、方向或分布的变化，由此产生的能量损失，称为局部损失。

局部损失的种类繁多，形式各异，其边壁的变化大多比较复杂，加以紊流本身的复杂性，多数局部阻碍的损失计算，还不能从理论上解决，必须借助于由实验得来的经验公式或系数。

局部损失一般也用流速水头的倍数来表示，它的计算公式为

$$h_j=\zeta\frac{v^2}{2g} \tag{4-42}$$

式中　$\zeta$——局部阻力系数。求局部损失 $h_j$ 的问题仍转变为求局部阻力系数 $\zeta$ 的问题。

局部阻碍的种类虽多，但主要的也不过是过流断面的扩大或收缩、流动方向的改变、流量的汇合与分流等几种基本形式，以及这几种基本形式的不同组合。无论是改变流速的大小，还是改变它的方向，较大的局部损失总是和旋涡区的存在相联系。旋涡区愈大，能量损失也愈大。如果边壁变化仅使流体质点变形和流速分布改组，不出现旋涡区，其局部损失一般都比较小。

对各种局部阻碍进行的大量实验研究表明，紊流的局部阻力系数 $\zeta$ 一般取决于局部阻碍的几何形状、固体壁面的相对粗糙度和雷诺数，即

$$\zeta=f\text{（局部阻碍形状，}\Delta/d\text{，}Re\text{）}$$

但在不同情况下，各因素所起的作用不同。局部阻碍形状始终是一个起主导作用的因素。相对粗糙度的影响，只有对那些尺寸较长（如圆锥角小的渐扩管或渐缩管，曲率半径大的弯管），而且相对粗糙度较大的局部阻碍才需要考虑。$Re$ 对 $\zeta$ 的影响则和 $\lambda$ 类似：随着 $Re$ 由小变大，$\zeta$ 一般逐渐减小，当 $Re$ 达到一定数值后，$\zeta$ 几乎与 $Re$ 无关，这时局部损失与流速的平方成正比，流动进入阻力平方区。不过由于边壁的干扰，局部损失进入阻力平方区的 $Re$ 远比沿程损失小。特别是突变的局部阻碍，当流动变为紊流后，很快就进入了阻力平方区。这类局部阻碍的 $\zeta$ 值，实际上只取决于局部阻碍的形状，一般由实验测得，如断面突然扩大时，$\zeta=\left(1-\frac{A_1}{A_2}\right)^2$（速度用 $v_1$）或$\left(\frac{A_2}{A_1}-1\right)^2$（速度用 $v_2$）；断面突然缩小时，$\zeta=0.5\left(1-\frac{A_2}{A_1}\right)$（速度用 $v_2$），管道出口处 $\zeta=1$，管道进口处 $\zeta=0.5$。表 4-2~表 4-6 列出了其他部分局部管件的局部阻力形式及阻力系数。

## 表 4-2 管路配件局部阻力系数

其他管路配件局部损失 $h_j = \zeta \dfrac{v^2}{2g}$

| 名称 | 图式 | ζ | | 名称 | 图式 | ζ |
|---|---|---|---|---|---|---|
| 截止阀 | 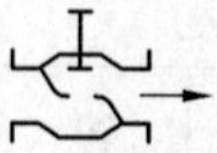 | 全开 | 4.3~6.1 | 等径三通 | 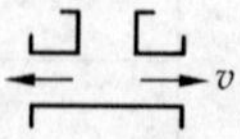 | 0.1 |
| 蝶阀 |  | 全开 | 0.1~0.3 | | 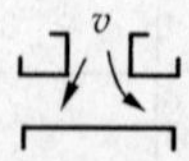 | 1.5 |
| 闸板阀 | 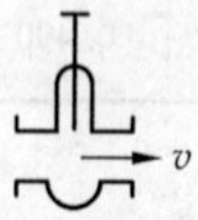 | 全开 | 0.12 | | 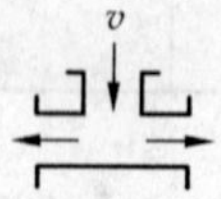 | 1.5 |
| 无阀滤水网 |  | 2~3 | | | 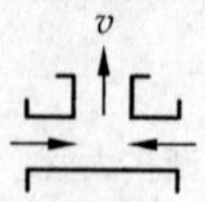 | 3.0 |
| 有网底阀 |  | 3.5~10 ($d$=600~50mm) | | |  | 2.0 |

## 表 4-3 弯管阻力系数

$$\zeta = \left[0.131+0.163\left(\frac{d}{R}\right)^{0.5}\right]\left(\frac{\theta}{90^\circ}\right)^{0.5}$$

（圆管）

| 缓弯管 | ζ | | | | | | | | | | | |
|---|---|---|---|---|---|---|---|---|---|---|---|---|
| 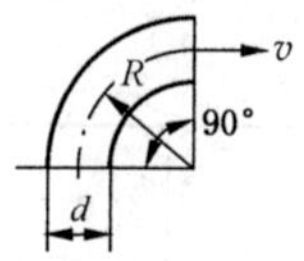 | 90° | $d/R$ | 0.2 | 0.4 | 0.6 | 0.8 | 1.0 | 1.2 | 1.4 | 1.6 | 1.8 | 2.0 |
| | | ζ | 0.132 | 0.138 | 0.158 | 0.206 | 0.294 | 0.440 | 0.660 | 0.976 | 1.406 | 1.975 |
| | | $b/R$ | 0.2 | 0.4 | 0.6 | 0.8 | 1.0 | 1.2 | 1.4 | 1.6 | 2.0 | |
| | | ζ | 0.12 | 0.14 | 0.18 | 0.25 | 0.40 | 0.64 | 1.02 | 1.55 | 3.23 | |
| 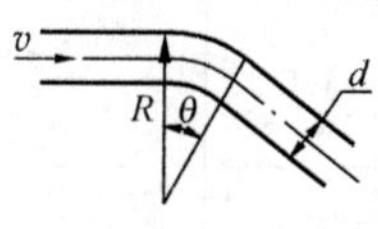 | 任意角度 | θ | | 15° | 30° | 45° | 60° | 120° | 150° | 180° | | |
| | | $k=\left(\dfrac{\theta}{90^\circ}\right)^{0.5}$ | | 0.41 | 0.57 | 0.71 | 0.82 | 1.16 | 1.29 | 1.41 | | |

### 表 4-4 折管阻力系数

$$\zeta = 0.946\sin^2\left(\frac{\theta}{2}\right) + 2.05\sin^{-4}\left(\frac{\theta}{2}\right)$$

（圆管）

| 折管 | ζ | | | | | |
|---|---|---|---|---|---|---|
| 折管 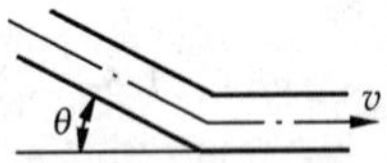 | 圆管 | $\theta$ | 20° | 45° | 60° | 90° | 120° |
| | | $\zeta$ | 0.045 | 0.183 | 0.365 | 0.99 | 1.86 |
| | 方管 | $\theta$ | 15° | 30° | 45° | 60° | 90° |
| | | $\zeta$ | 0.025 | 0.11 | 0.260 | 0.490 | 1.2 |

### 表 4-5 断面逐渐扩大管阻力系数

断面逐渐扩大管 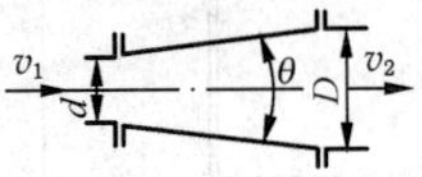


$$h_j = \zeta\frac{(v_1 - v_2)^2}{2g}$$

| $D/d$ \ $\theta$ | 2° | 4° | 6° | 8° | 10° | 15° | 20° | 25° | 30° | 35° | 40° | 45° |
|---|---|---|---|---|---|---|---|---|---|---|---|---|
| 1.1 | 0.01 | 0.01 | 0.01 | 0.02 | 0.03 | 0.05 | 0.10 | 0.13 | 0.16 | 0.18 | 0.19 | 0.20 |
| 1.2 | 0.02 | 0.02 | 0.02 | 0.03 | 0.04 | 0.09 | 0.16 | 0.21 | 0.25 | 0.29 | 0.31 | 0.33 |
| 1.4 | 0.02 | 0.03 | 0.03 | 0.04 | 0.06 | 0.12 | 0.23 | 0.30 | 0.36 | 0.41 | 0.44 | 0.47 |
| 1.6 | 0.03 | 0.03 | 0.04 | 0.05 | 0.07 | 0.14 | 0.26 | 0.35 | 0.42 | 0.47 | 0.51 | 0.54 |
| 1.8 | 0.03 | 0.04 | 0.04 | 0.05 | 0.07 | 0.15 | 0.28 | 0.37 | 0.44 | 0.50 | 0.54 | 0.58 |
| 2.0 | 0.03 | 0.04 | 0.04 | 0.05 | 0.07 | 0.16 | 0.29 | 0.38 | 0.45 | 0.52 | 0.56 | 0.60 |
| 2.5 | 0.03 | 0.04 | 0.04 | 0.05 | 0.08 | 0.16 | 0.30 | 0.39 | 0.48 | 0.54 | 0.58 | 0.62 |
| 3.0 | 0.03 | 0.04 | 0.04 | 0.05 | 0.08 | 0.16 | 0.31 | 0.40 | 0.48 | 0.55 | 0.59 | 0.63 |

### 表 4-6 断面逐渐缩小管阻力系数

| 断面逐渐缩小管 | | | | | | |
|---|---|---|---|---|---|---|
| 断面逐渐缩小管 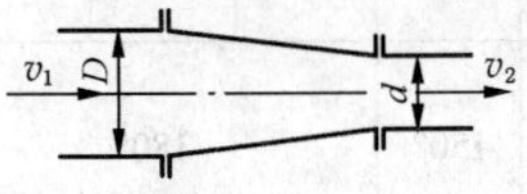 $h_j = \zeta\frac{v_2^2}{2g}$ | $D_2/D_1$ | 0 | 0.1 | 0.2 | 0.3 | 0.4 | 0.5 |
| | $\zeta$ | 0.50 | 0.45 | 0.42 | 0.39 | 0.36 | 0.33 |
| | $D_2/D_1$ | 0.6 | 0.7 | 0.8 | 0.9 | 1.0 | |
| | $\zeta$ | 0.28 | 0.22 | 0.15 | 0.06 | 0 | |

在某些情况下，采用当量管长的概念计算局部损失是方便的。当量管长是指局部损失相当于某一直管段沿程损失的长度，以 $l_d$ 表示，即

$$h_j=\zeta\frac{v^2}{2g}=\lambda\frac{l_d}{d}\frac{v^2}{2g}$$

则

$$l_d=\frac{\zeta}{\lambda}d \tag{4-43}$$

【例 4-3】有一段直径 $d=100$ mm 的管路长 10 m。在管路上有两个 90°弯头，$d/R=1.0$。管段的沿程阻力系数 $\lambda=0.037$。如果拆除这两个弯头而管段长度保持不变，作用于该管段的总水头也维持不变，问该管段中的流量能增加百分之几？

**解** 由表 4-3 可查出 $d/R=1.0$ 的 90°弯头局部阻力系数 $\zeta=0.294$。

拆除弯头之前，管段中流过的流量为 $Q_1$ 时的水头损失为

$$h_{w1}=\lambda\frac{l}{d}\frac{v_1^2}{2g}+2\zeta\frac{v_1^2}{2g}=\left(0.037\times\frac{10}{0.1}+2\times0.294\right)\times\frac{v_1^2}{2g}=4.29\times\frac{v_1^2}{2g}$$

拆除弯头之后，管段中流过的流量为 $Q_2$ 时的水头损失为

$$h_{w2}=h_f=\lambda\frac{l}{d}\frac{v_2^2}{2g}=0.037\times\frac{10}{0.1}\times\frac{v_2^2}{2g}=3.7\times\frac{v_2^2}{2g}$$

如果该管段总作用水头不变，则 $h_{w1}=h_{w2}=h_f$，即

$$4.29\frac{v_1^2}{2g}=3.7\frac{v_2^2}{2g}$$

则

$$\frac{v_2}{v_1}=\sqrt{\frac{4.29}{3.7}}=\sqrt{1.16}=1.077$$

因为 $Q_1=v_1A$，$Q_2=v_2A$，则 $Q_2=1.077Q_1$，即流量增加了 7.7%。

## 复习思考题

1. 层流和紊流有什么本质的区别？在产生阻力损失上又有什么本质区别？

2. 为什么雷诺数可以用来判别流动状态？

3. 平均速度和时均速度有何区别？

4. 水力光滑管和水力粗糙管的阻力特征如何？是否表面上几何光滑的管道一定是水力光滑管，而表面上几何粗糙的管道一定是水力粗糙管？为什么？

5. 当量直径、当量管长的含义是什么？如何计算？有什么实际意义？

6. 在换热器的管道中，为了保证传热效果，必须使水处于紊流状态。若已知管道直径 $d=20$ mm，通过的流量 $Q=0.35$ L/s，水温 $t=90$ ℃，试核算在此条件下，水流状态能否满足要求。

7. 有一段给水管道，直径 $d=200$ mm，流量 $Q=30$ L/s，沿程阻力系数 $\lambda=0.03$，管道全长 $l=75$ m，试求管中水流的沿程水头损失。

8. 由薄钢板制作的通风管道，直径 $d=400$ mm，空气流量 $Q=700\ m^3/h$，长度 $l=20$ m，沿程阻力系数 $\lambda=0.0219$，空气的密度 $\rho=1.2\ kg/m^3$，试求风道的沿程压头损失。当其他条件相同时，将上述风管改为矩形风道，断面尺寸高 $h=300$ mm，宽 $b=500$ mm。其沿

程压头损失为多少？

9. 试利用圆管压力流中，层流区的 $\lambda=64/Re$，水力光滑区的 $\lambda=0.3164/Re^{0.25}$，水力粗糙区的 $\lambda=0.11\ (\Delta/d)^{0.25}$ 这 3 个计算公式，证明层流区 $h_f\propto v$，水力光滑区 $h_f\propto v^{1.75}$，水力粗糙区 $h_f\propto v^2$。

10. 若输水管道的直径 $d=200$ mm，管壁绝对粗糙度 $\Delta=1$ mm，水温 $t=5$ ℃，流量 $Q=300$ L/s，试判别水流属于哪一流动区域？并按相应的经验公式计算沿程阻力系数 $\lambda$ 值。

11. 已知某管道的相对粗糙度 $\Delta/d=0.0015$，试用莫迪图分析，它在多大的 $Re$ 值范围内为水力光滑管，超过多大 $Re$ 值以后为水力粗糙管？

12. 长度 $l=10$ m，管径 $d=50$ mm 的管道，其中通过的水的流量 $Q=4$L/s，测得其水头损失 $h_f=1.2$ $mH_2O$，当水温 $t=200$ ℃时，试利用莫迪图求出该管道的绝对粗糙度。

13. 有一燃油锅炉的供油管，长度 $l=150$ m，直径 $d=80$ mm，管壁的绝对粗糙度 $\Delta=0.2$ mm，供油量 $Q=10$ L/s，油的密度 $\rho=870$ kg/m$^3$，运动黏度 $\nu=1.5$ cm$^2$/s，试求该供油管道的沿程压头损失。若到夏天，油的运动黏度变为 0.3 cm$^2$/s，则沿程压头损失又为多少？

14. 已知管道的长度为 $l$，直径为 $d$，管内流量为 $Q$，试问 $Q$ 变化时，沿程阻力系数 $\lambda$ 是否随 $Q$ 的增大而增大？沿程水头损失是否随 $Q$ 的增大而增大？

15. 某圆管的直径 $d=80$ mm，管内水的流速 $v=1.0$ m/s，水温 $t=10$ ℃，已知沿程阻力系数 $\lambda=0.03$，试求该管道中层流边层的厚度。

16. 有一段砖砌的矩形风道，壁面的绝对粗糙度 $\Delta=6$ mm，断面尺寸为 550 mm×300 mm，长度 $l=50$ m，通过的风量 $Q=800$ m$^3$/h，空气的温度 $t=20$ ℃，容重 $\gamma=11.77$ N/m$^3$，运动黏度 $\nu=0.157$ cm$^2$/s，试求该风道的沿程压头损失。

17. 有一根细管，如图 4-13 所示，其中通过油的流量 $Q=77$ cm$^3$/s。在长度 $L=2$ m 的管段两端接汞差压计，测得读数 $h=30$ cm，已知油的密度 $\rho_1=900$ kg/m$^3$，汞的密度 $\rho_2=13600$ kg/m$^3$，若细管的直径 $d=6$ mm，试求油的运动黏度（提示：先按层流计算，然后校核）。

18. 有一段室内给水钢管，长 $l=25$ m，直径 $d=50$ mm，管中流量 $Q=3$ L/s，试按谢维列夫公式$\left[\text{在紊流区内，当 } v<1.2\ \text{m/s 时，}\lambda=\dfrac{0.00179}{d^{0.3}}\left(1+\dfrac{0.867}{v}\right)^{0.3}\text{；当 } v\geqslant 1.2\ \text{m/s 时，}\lambda=\dfrac{0.021}{d^{0.3}}\right]$计算该管段的沿程水头损失。

19. 如图 4-14 所示，若阀门开度减小，则阀门前后两根测压管中的水面相比，将会有何变化？反之，若阀门开度增大，又会出现什么情况呢？为什么？

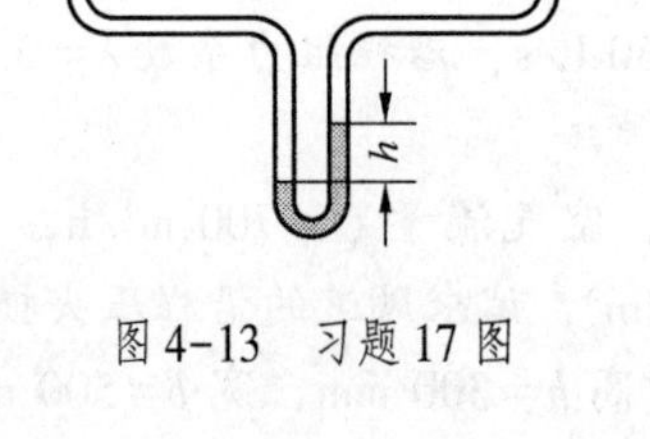


图 4-13　习题 17 图

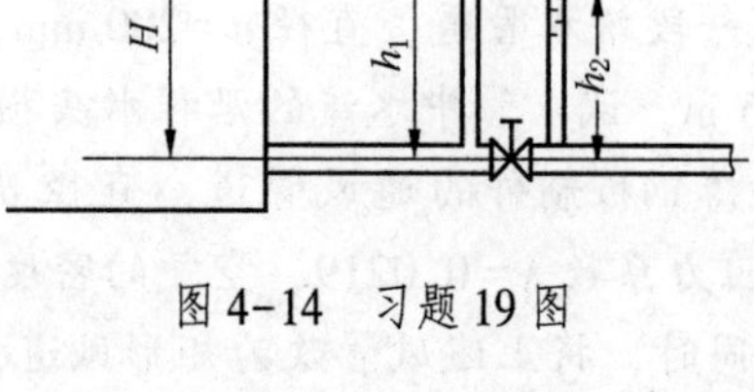


图 4-14　习题 19 图

20. 如图 4-15 所示，某突然缩小的局部管件，由直径 $d_1$ 突然收缩到直径 $d_2$，已知左断面处的直径 $d_1=200$ mm，右断面处的直径 $d_2=100$ mm，若其中通过的水量 $Q=80$ m$^3$/h，试求两断面处所接差压计内水银的液面高差。

21. 如图 4-16 所示，水箱 $A$ 中的水通过管路流入敞口水箱 $B$ 中，已知水箱 $A$ 内液面上气体的相对压强 $p_0=1.6$ Pa，$H_1=10$ m，$H_2=2$ m，管径 $d_1=100$ mm，$d_2=200$ mm，阀门全开，转弯处采用 90°煨弯，若不计沿程水头损失，试求管内水的流量。

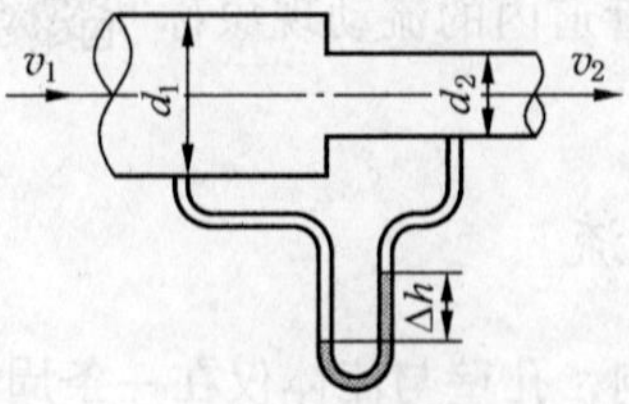

图 4-15　习题 20 图

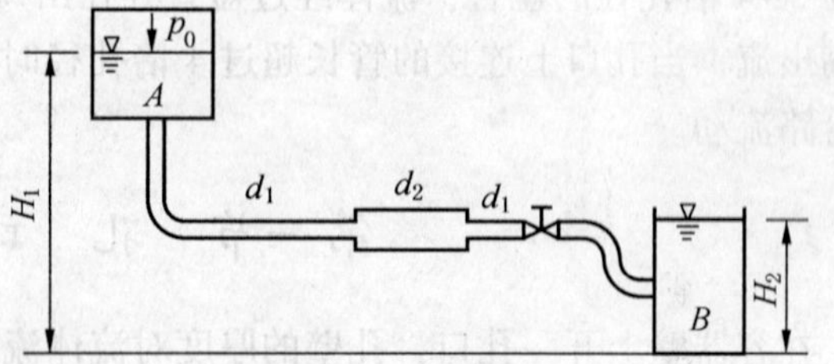

图 4-16　习题 21 图

22. 如图 4-17 所示，有 $A$、$B$ 两个水箱，由直径不同的管段相连。若管段 $AC$ 的长度为 10 m，直径为 100 mm；管段 $CB$ 的长度为 12 m，管径为 50 mm，管路的 $C$ 处为变径管，$D$ 处为阀门（全开），转弯处为 90°弯头，管内流量为 10 L/s，试求两水箱之间的总水头损失。

23. 如图 4-18 所示，有一直径不同的管路，其中流量 $Q=15$ L/s，若管径 $d_1=100$ mm，$d_2=75$ mm，$d_3=50$ mm；管长 $L_1=25$ m，$L_2=10$ m，沿程阻力系数 $\lambda_1=0.037$，$\lambda_2=0.039$，局部阻力系数：进口 $\zeta=0.5$，渐缩管 $\zeta=0.15$，阀门 $\zeta=2.0$，管嘴 $\zeta=0.1$（以上值均按局部管件以后的流速考虑）。试求整个管路的总水头损失及水流需要的总水头 $H$。

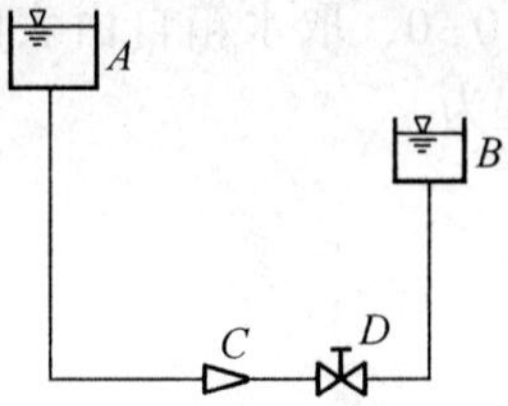

图 4-17　习题 22 图

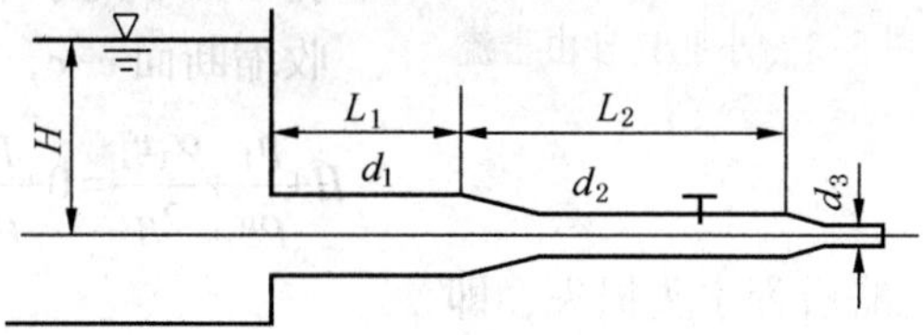

图 4-18　习题 23 图

# 第五章　孔口管嘴出流及管路计算

容器壁上开孔，流体经孔口流出的流动现象称为孔口出流；在孔口上连接长为3~4倍孔径的短管，流体经过短管并在出口断面满管流出的流动现象称为管嘴出流；当孔口上连接的管长超过4倍孔径时，流体在管道内的流动现象称为管路流动。

## 第一节　孔　口　出　流

在容器壁上开一孔口，孔壁的厚度对流体流动没有影响，孔壁与流体仅在一条周线上接触，这种孔口称为薄壁孔口，如图5-1所示。当孔口直径 $d$ 与孔口形心以上的水头高 $H$ 相比较很小时，$d \leqslant H/10$，这种孔口称为小孔口；若 $d > H/10$，则称为大孔口。当孔口上作用的水头不变时，称为定常流出流。若孔口流出的水流进入空气中，称为自由出流，如图5-1所示。水流在出口后继续形成收缩，距孔口约为 $d/2$ 处收缩完毕，流线在此趋于平行，这一段面称为收缩断面。

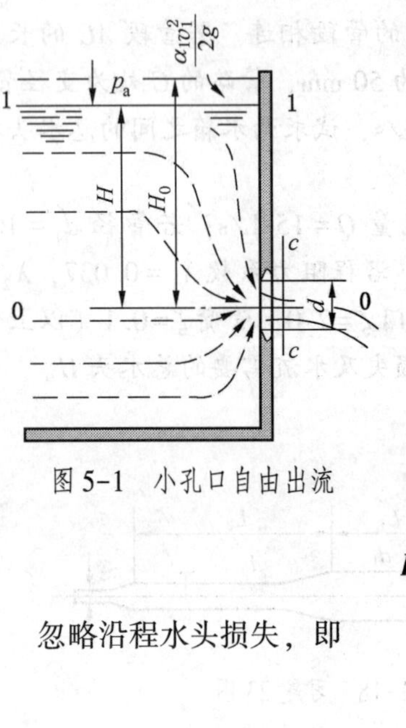


图5-1　小孔口自由出流

### 一、小孔口自由出流

为推导孔口出流的关系式，如图5-1所示，取通过孔口形心的水平面为基准面0-0，取水箱自由表面1-1，收缩断面 $c$-$c$，列出能量方程为

$$H+\frac{p_1}{\rho g}+\frac{\alpha_1 v_1^2}{2g}=0+\frac{p_c}{\rho g}+\frac{\alpha_c v_c^2}{2g}+h_w$$

忽略沿程水头损失，即

$$h_w=h_j=\zeta_0\frac{v_c^2}{2g}$$

在开口容器的情况下，$p_1=p_c=p_a$，于是能量方程可改写为

$$H+\frac{\alpha_1 v_1^2}{2g}=(\alpha_c+\zeta_0)\frac{v_c^2}{2g}$$

令 $H+\frac{\alpha_1 v_1^2}{2g}=H_0$，代入上式整理得

$$v_c=\frac{1}{\sqrt{\alpha_c+\zeta_0}}\sqrt{2gH_0}$$

式中　$H_0$——作用水头；

$\zeta_0$——水流经孔口的局部阻力系数。

取 $\varphi=\dfrac{1}{\sqrt{\alpha_c+\zeta_0}}=\dfrac{1}{\sqrt{1+\zeta_0}}$为流速系数，则

$$v_c=\varphi\sqrt{2gH_0} \tag{5-1}$$

由实验得孔口流速系数 $\varphi=0.97\sim0.98$，这样可得孔口局部阻力系数 $\zeta_0=0.041\sim0.063$。

设孔口断面的面积为 $A$，收缩断面的面积为 $A_c$，$A_c/A=\varepsilon$ 称为收缩系数。由孔口流出的水流流量为

$$Q=v_cA_c=\varepsilon A\varphi\sqrt{2gH_0}=\mu A\sqrt{2gH_0} \tag{5-2}$$

式中 $\mu$——孔口的流量系数，$\mu=\varepsilon\varphi$。对于薄壁小孔口 $\mu=0.60\sim0.62$。

式（5-2）是薄壁小孔口自由出流的基本公式。

## 二、小孔口淹没出流

当水流不是经孔口进入空气，而是进入另一部分液体中，如图 5-2 所示，致使孔口淹没在下游水面之下，这种情况称为淹没出流。如同自由出流一样，水流经过孔口时，由于惯性作用，流线形成收缩，然后扩大。

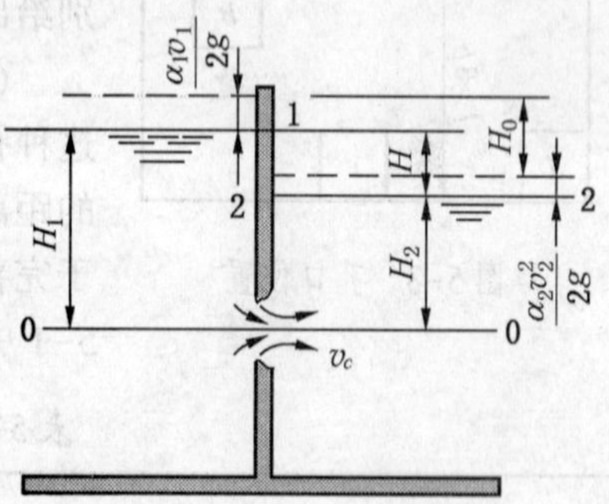

图 5-2 小孔口淹没出流

取通过孔口形心的水平面为基准面，则上、下游两自由面 1-1 和 2-2 的能量方程为

$$H_1+\frac{p_1}{\rho g}+\frac{\alpha_1v_1^2}{2g}=H_2+\frac{p_2}{\rho g}+\frac{\alpha_2v_2^2}{2g}+\zeta_0\frac{v_c^2}{2g}+\zeta_1\frac{v_c^2}{2g}$$

或

$$H_1-H_2+\frac{\alpha_1v_1^2}{2g}-\frac{\alpha_2v_2^2}{2g}=(\zeta_0+\zeta_1)\frac{v_c^2}{2g}$$

令

$$H_0=H_1-H_2+\frac{\alpha_1v_1^2}{2g}-\frac{\alpha_2v_2^2}{2g}$$

将 $H_0$ 代入能量方程式，得

$$H_0=(\zeta_0+\zeta_1)\frac{v_c^2}{2g}$$

经整理，得

$$v_c=\frac{1}{\sqrt{\zeta_0+\zeta_1}}\sqrt{2gH_0}$$

式中 $\zeta_0$——水流经孔口的局部阻力系数；

$\zeta_1$——水流由孔口流出后突然扩大的局部阻力系数，当水池断面远大于孔口时，取 $\zeta_1=1.0$。

取 $\varphi=\dfrac{1}{\sqrt{\zeta_0+\zeta_1}}=\dfrac{1}{\sqrt{1+\zeta_0}}$为速度系数，则

$$v_c=\varphi\sqrt{2gH_0} \tag{5-3}$$

$$Q=v_cA_c=\varepsilon A\varphi\sqrt{2gH_0}=\mu A\sqrt{2gH_0} \tag{5-4}$$

当孔口两侧容器较大，$v_1\approx v_2\approx0$ 时，$H_0=H_1-H_2=H$。

比较式（5-1）与式（5-3），可见两式的形式完全相同，流速系数也相同。但应注意，在自由出流情况下，孔口的水头 $H$ 是水面至孔口形心的深度；而在淹没出流情况下，孔口的水头 $H$ 则是孔口上、下游的水面高差。因此，孔口淹没出流的流速和流量均与孔口在水面下的深度无关，也没有大小孔口的区别。

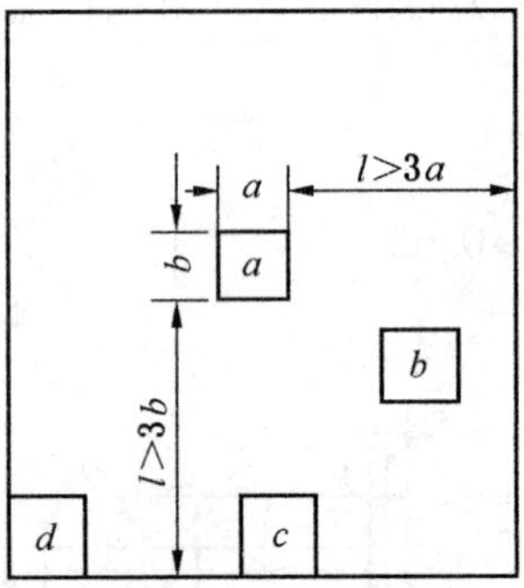

图 5-3　孔口位置

## 三、小孔口的收缩系数及流量系数

在边界条件中，影响 $\mu$ 的因素有孔口形状、孔口边缘情况和孔口在壁面上的位置。孔口在壁面上的位置，对收缩系数 $\varepsilon$ 有直接影响。下面结合图 5-3 所示的几种孔口位置，分别给出流量系数的计算公式。

（1）全部完全收缩孔口。孔口的四周流线都发生收缩，这种孔口称为全部收缩孔口，当孔口各方向周线与相邻壁面的距离大于同方向孔口尺寸的 3 倍（$l>3a$ 或 $l>3b$）时，属于完善收缩。图中 $a$ 属于全部完全收缩孔口，各项系数见表 5-1 中。

表 5-1　薄壁小孔口各项系数

| 收缩系数 $\varepsilon$ | 局部阻力系数 $\zeta$ | 流速系数 $\varphi$ | 流量系数 $\mu$ |
|---|---|---|---|
| 0.64 | 0.06 | 0.97 | 0.62 |

（2）不完善收缩孔口。当孔口某方向周线与相邻壁面距离小于同方向孔口尺寸的 3 倍（$l<3a$ 或 $l<3b$）时，属于不完善收缩孔口，如图 5-3 中 $b$。不完善收缩孔口的流量系数 $\mu'$ 的计算公式为

$$\mu'=\mu\left[1+0.64\left(\frac{A}{A_0}\right)^2\right] \tag{5-5}$$

式中　$A$——孔口面积；

$A_0$——孔口所在壁面的全部面积。

从式（5-5）中可见，不完善收缩的流量系数 $\mu'$ 要大于完善收缩流量系数 $\mu$。

（3）非全部收缩孔口。当孔口接触底部的一边或孔口靠侧边底边的两边都属于不产生收缩的边，属于非全部收缩孔口，如图 5-3 中 $c$、$d$。该孔口的流量系数 $\mu''$ 计算公式为

$$\mu''=\mu\left(1+C\frac{S}{X}\right) \tag{5-6}$$

式中　$S$——未收缩部分周长；

$X$——孔口全部周长；

$C$——孔口形状系数，圆孔口取 0.13，方孔口取 0.15。

**四、大孔口的流量系数**

大孔口可看做由许多小孔口组成。实际计算表明，小孔口的流量计算式（5-2）也适用于大孔口，特别是在估算大孔口流量时；但式中 $H_0$ 为大孔口形心的水头，且流量系数 $\mu$ 值比收缩系数较小的孔口要大。水利工程上的闸孔可按大孔口计算，其流量系数列于表 5-2 中。

表 5-2　大孔口的流量系数 $\mu$

| 孔口形状和水流收缩情况 | 流量系数 $\mu$ |
|---|---|
| 全部、不完善收缩 | 0.70 |
| 底部无收缩，但有适度的侧收缩 | 0.65~0.70 |
| 底部无收缩，侧向很小收缩 | 0.70~0.75 |
| 底部无收缩，侧向极小收缩 | 0.80~0.90 |

## 第二节　管　嘴　出　流

在孔口断面处接一直径与孔口直径完全相同的圆柱形短管，其长度 $L=(3\sim4)d$，如图 5-4 所示，称为圆柱形管嘴。在收缩断面 $c-c$ 处水流与管壁分离，形成旋涡区；然后又逐渐扩大，在管嘴出口断面上，水流已完全充满整个断面。

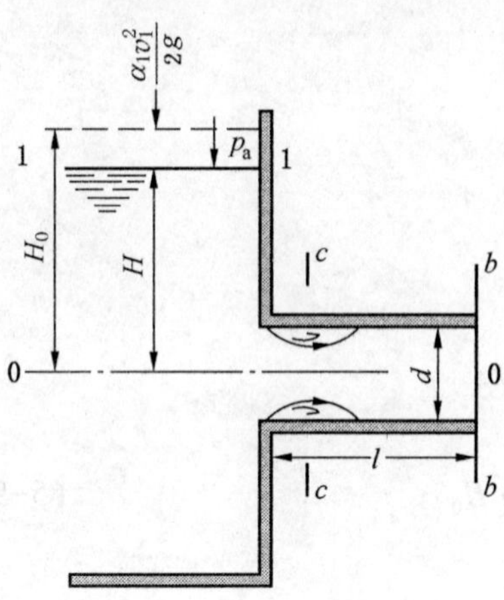


图 5-4　圆柱形管嘴

**一、圆柱形外管嘴出流**

设水箱的水面压强为大气压强，管嘴为自由出流，对水箱中过水断面 1-1 和管嘴出口断面 $b-b$ 列能量方程，即

$$H+\frac{\alpha_1 v_1^2}{2g}=\frac{\alpha v^2}{2g}+h_w$$

由于
$$h_w=\zeta\frac{v^2}{2g}$$

式中　$\zeta$——进口阻力系数与收缩断面后的扩大阻力系数之和（忽略管嘴沿程水头损失）。

令
$$H_0=H+\frac{\alpha_1 v_1^2}{2g}$$

则管嘴出口速度为

$$v=\frac{1}{\sqrt{\alpha+\zeta}}\sqrt{2gH_0}=\varphi_n\sqrt{2gH_0} \tag{5-7}$$

式中　$\zeta$——管嘴阻力系数，取 $\zeta=0.5$；

$\varphi_n$——管嘴流速系数，$\varphi_n=0.82$。

管嘴流量为

$$Q=\varphi_n A\sqrt{2gH_0}=\mu_n A\sqrt{2gH_0} \tag{5-8}$$

式中　$\mu_n$——管嘴流量系数，因出口无收缩，则 $\mu_n=\varphi_n=0.82$。

比较式（5-2）与式（5-8），两式形式完全相同，然而 $\mu_n=1.32\mu$。可见在相同水头作用下，同样断面管嘴的过流能力是孔口的 1.32 倍。

## 二、圆柱形外管嘴的真空作用

孔口外面加管嘴后，增加了阻力，但是流量反而增加，这是由于收缩断面处真空的作用。

对收缩断面 c-c 和出口断面 b-b 列能量方程

$$\frac{p_c}{\rho g}+\frac{\alpha_c v_c^2}{2g}=\frac{p_a}{\rho g}+\frac{\alpha v^2}{2g}+h_w$$

因为

$$v_c=\frac{A}{A_c}v=\frac{1}{\varepsilon}v$$

则

$$h_w=\zeta_1\frac{v^2}{2g}$$

式中 $\zeta_1$——水流扩大的局部阻力系数。

取 $\alpha_c=\alpha$，代入上式得

$$\frac{p_c}{\rho g}=\frac{p_a}{\rho g}-\frac{\alpha v^2}{2g\varepsilon^2}+\frac{\alpha v^2}{2g}+\zeta_1\frac{v^2}{2g}$$

因为

$$v=\varphi\sqrt{2gH_0}$$

$$\frac{v^2}{2g}=\varphi^2 H_0$$

由突然放大的局部阻力系数计算式知

$$\zeta_1=\left(\frac{1}{\varepsilon}-1\right)^2，\text{其中 }\varepsilon=A_c/A$$

则

$$\frac{p_c}{\rho g}=\frac{p_a}{\rho g}-\left[\frac{\alpha}{\varepsilon^2}-\alpha-\left(\frac{1}{\varepsilon}-1\right)^2\right]\varphi^2 H_0 \tag{5-9}$$

对圆柱形外管嘴 $\alpha=1.0$，$\varepsilon=0.64$，$\varphi=0.82$。

将此具体数据代入式（5-9）得

$$\frac{p_c}{\rho g}=\frac{p_a}{\rho g}-0.75H_0$$

上式表明圆柱形外管嘴水流在收缩断面处出现真空，真空度为

$$\frac{p_v}{\rho g}=\frac{p_a-p_c}{\rho g}=0.75H_0 \tag{5-10}$$

式（5-10）说明该收缩断面处真空度可达到作用水头的 0.75 倍，相当于把管嘴的作用水头增大了 75%，这就是相同直径、相同作用水头下的圆柱形外管嘴的流量比孔口流量大的原因。

从式（5-10）可知，作用水头下 $H_0$ 越大，收缩断面处的真空度也越大。但收缩断面真空达 7 m 水柱以上时，液体低于饱和蒸汽压时发生汽化，将破坏正常流动。因此，对收缩断面真空度要加以限制。作用水头极限值为

$$[H_0]=\frac{7}{0.75}=9.3\ \text{m} \tag{5-11}$$

所以，该管嘴的正常工作条件是：作用水头 $H_0\leqslant 9.3$ m；管嘴长度 $l=(3\sim4)d$。

其他形式管嘴的各种系数及水力特性见表5-3。

表5-3　孔口、管嘴的水力特性

| 类　别 | 薄壁锐边小孔口 | 修圆小孔口 | 圆柱外管嘴 | 圆锥形扩张管嘴（$\theta=5°\sim7°$） | 圆锥形收敛管嘴 | 流线型圆管嘴 |
|---|---|---|---|---|---|---|
| 图　形 |  |  |  |  |  |  |
| 阻力系数 $\zeta$ | 0.06 | 0.06 | 0.5 | 3.0~4.0 | 0.09 | 0.04 |
| 收缩系数 $\varepsilon$ | 0.64 | 1.00 | 1.0 | 1.0 | 0.98 | 1.0 |
| 流速系数 $\varphi$ | 0.97 | 0.98 | 0.82 | 0.45~0.50 | 0.96 | 0.98 |
| 流量系数 $\mu$ | 0.62 | 0.98 | 0.82 | 0.45~0.50 | 0.94 | 0.98 |
| 出口单位动能 $v^2/2g=\varphi^2H_0$ | $0.95H_0$ | $0.96H_0$ | $0.67H_0$ | $(0.2\sim0.25)H_0$ | $0.90H_0$ | $0.96H_0$ |

注：表中所列系数，均是对管嘴出口断面而言。

## 第三节　管路水力计算

### 一、管路水力计算概述

管路水力计算，就是以流体力学的基本理论为基础，分析流体介质在管路中流动的特性规律，从而解决管路的水力计算问题，简称管路计算。

1. 管路计算的3种类型

（1）已知管路布置及流量 $Q$，确定管径 $d$ 和进行水头损失 $h_w$（或压头损失 $p_w$）计算。这类问题在从事新工程设计时是经常遇到的。如在进行采暖、通风管路设计中，管路布置及流量是根据工程上的具体要求确定的，水力计算的任务就在于如何经济合理地确定各管段的管径，并计算流体在管路中流动时由于流动阻力而产生的能量损失，以便合理地选用水泵和风机。

（2）已知流量 $Q$ 及作用压头 $H_e$（或作用压强 $p_e$），确定管径 $d$。这类问题是当流体在管路系统流动时，能量损失的大小已被限定的情况下遇到的。如采暖系统中的水泵扬程已定，通风管路中所需的风机已定等。在这种情况下，水力计算的任务就是选用适当的管径 $d$，在已给的作用压头下保证系统所需要的流量 $Q$。这类问题由于受客观条件的限制，因此在合理选择流速方面，往往达不到较高的经济效果。

（3）已知直径 $d$ 及作用压头 $H_e$（或作用压强 $p_e$），确定管路通过的流量 $Q$。进行这类问题的计算，在于校核管路的输送能力——流量，所以又称为校核计算。它是在管路布置、管径已经确定的情况下，根据作用压头 $H_e$（或作用压强 $p_e$），核算管路通过的流量 $Q$，并检查是否满足工程上的要求。一般旧工程的改建或扩建，就经常会遇到这类计算问题。

2. 管路计算中常用术语

1）长管和短管

流体流动过程中的水头损失由沿程水头损失 $h_f$ 与局部水头损失 $h_j$ 组成。在一些有压管路水力计算中，速度水头和局部水头损失之和只占整个水头损失很小部分，可以略去不计；而在另一些有压管路水力计算中，速度水头和局部水头损失却不能忽略。因此，在管路水力计算问题时，可按管道中沿程水头损失与局部水头损失所占比例分为长管与短管。

长管就是流体在管道中流动时，速度水头与局部水头损失之和小于沿程水头损失的5%。在水力计算中，局部水头损失可按沿程水头损失的某一百分数估算，甚至可以完全忽略不计。短管就是流体在管道中的速度水头与局部水头损失之和大于沿程水头损失5%，这部分在计算中不能忽略。

从上面的定义可以看出，长管和短管并不取决于管道本身的长短，而是由水头损失确定。但在实际计算中，事先对各种损失进行估计是很麻烦的，因此在计算过程中，当 $L/d \geqslant 1000$ 时，则按长管计算；当 $L/d < 1000$ 时，则按短管计算。

2）标准管径

金属管道直径一般均按统一标准制造。管道的各种零件直径均与管径相适应，也有统一标准。其直径一般以毫米或英寸为单位（一英寸约为 25 mm）。各种钢管及铸铁管的规格可在有关手册中查得。

3）经济流速

由水力计算公式得知，流体在管道中的能量损失与其流速的平方成正比（对阻力平方区而言）。在流量 $Q$ 相同的条件下，流速 $v$ 的大小取决于所选择的管径。若管径选择较小，则管道价格较低，但流速大、水头损失大，因而增加了输送流体的能量及电能消耗，即增加运转费用。若管径选择的过大，管内流速降低，水头损失减少，运转费用降低，但管道价格提高了。所以在选择管道直径时应采用运转与维修费用的总和为最低的，这时的流速称为经济流速。如我国矿山设计中，排水管道中的经济流速范围为 1.5~2.2 m/s，吸水管道的流速一般取 1.0~1.5 m/s；压缩空气管道中的经济流速范围为 5~10 m/s。管径小，则取流速偏小；管径大，则取流速偏大。

工程常用管路结构类型有简单管路、串联管路、并联管路和管网 4 大类。

## 二、简单管路计算

简单管路是一种沿程管径不变，流量也不变的管路，如图 5-5 所示。简单管路虽然比较简单，但它是组成各种复杂管路的基本单元，是一切复杂管路水力计算的基础。

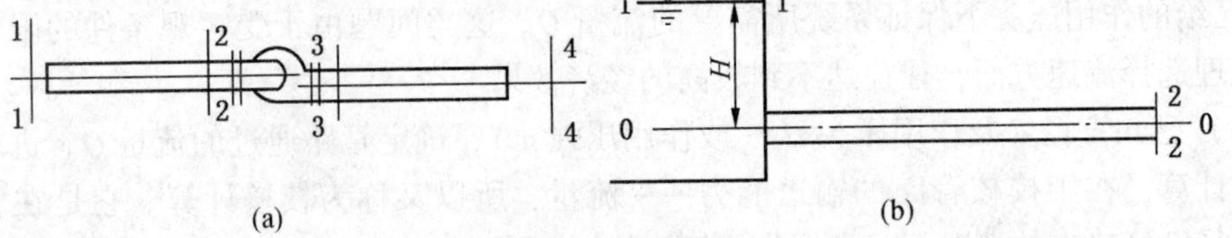


图 5-5　简单管路

以图5-5b由水池水位提供能量为例，分析简单管路水力计算公式。图5-5b是由水池引出一条简单管路，其长为$L$、直径为$d$，水池中水面距管道出口截面之间的标高差为$H$。现求其水力计算公式，即求$H$、$Q$、$d$之间的关系式。

以0-0为基准，水池自由面以断面1-1表示，此断面上的绝对压力为大气压力$p_a$，流速$v_1 \approx 0$，位置高度$Z_1 = H$；管道出口断面为2-2，此断面上的绝对压力为大气压力$p_a$，流速为$v_2$，位置高度$Z_2 = 0$。现在写出断面1-1与断面2-2上不可压缩实际流体总流的伯努利方程式

$$H+\frac{p_a}{\rho g}+\frac{v_1^2}{2g}=0+\frac{p_a}{\rho g}+\frac{v_2^2}{2g}+h_w$$

或

$$H=\frac{v_2^2}{2g}+h_w \tag{5-12}$$

上式表明，提供系统的总压头$H$，全部用于产生管道出口断面上的速度水头以及克服管道阻力而消耗的水头损失$h_w$上。

速度水头和水头损失两项均与流速有关，也就是与管路的流动情况有关。这两项之和又称为作用水头，以符号$H_e$表示，所以系统提供的总压头就等于作用水头，$H=H_e$，即

$$H=H_e=\frac{v_2^2}{2g}+h_w \tag{5-13}$$

对于长管，可忽略其速度水头及局部水头损失。这时式（5-13）可写成

$$H=H_e=h_w=h_f \tag{5-14}$$

由于简单管路中流速沿程不变，所以水头损失$h_w$为

$$h_w=h_f+\sum h_j=\left(\lambda\frac{l}{d}+\sum\zeta\right)\frac{v^2}{2g}$$

又$v=\dfrac{Q}{A}=\dfrac{4Q}{\pi d^2}$，所以

$$h_w=\left(\lambda\frac{l}{d}+\sum\zeta\right)\frac{8}{\pi^2 g d^4}Q^2$$

令

$$s=\left(\lambda\frac{l}{d}+\sum\zeta\right)\frac{8}{\pi^2 g d^4} \tag{5-15}$$

则

$$h_w=sQ^2 \tag{5-16a}$$

式中 $Q$——管路流量，$m^3/s$；

$s$——管路特性阻力数，$s^2/m^5$。

对于气体管路，$p=p_e$。压头损失$p_w$为

$$p_w=\rho g s Q^2 \tag{5-16b}$$

从式（5-16a）和式（5-16b）可以看出，对于一定的流体，即$\rho$一定，当管路直径$d$和长度$l$已经确定，各种配件已经选定，即$\sum\zeta$已定的情况下，$s$只与$\lambda$有关。如第四章所述，当流态处于紊流粗糙区，$\lambda$与雷诺数$Re$无关，也就是与流速无关；而在紊流过渡区，$\lambda$虽然与$Re$有关，但在流速变化不大的范围内，特别是局部阻力所占比重较大时，$\lambda$也接近于常数。因此，在工程计算中，可以把$s$视为常数。这样，从式（5-16a）和式

(5-16b) 中看出一个重要关系，即水头损失（压头损失）与流量平方成正比。它综合地反映了流体在管路中的构造特性和流动特性规律，故可称为管路特性方程式。

对于长管，可忽略其速度水头及局部水头损失，则

$$h_w = h_f = \frac{8\lambda}{g\pi^2 d^5} lQ^2 = AlQ^2 \tag{5-17}$$

$$A = \frac{8\lambda}{g\pi^2 d^5}$$

式中 $A$——管路的比阻，$s^2/m^6$。

式(5-17)是管路特性方程式的另一种表达形式，又称为比阻计算式。比阻 $A$ 是单位流量通过单位长度管道所消耗的水头损失。$A$ 的大小取决于 $\lambda$ 和 $d$，其计算可将 $\lambda$ 经验公式代入比阻 $A$ 的关系式中得到。在紊流区内

当 $v \geqslant 1.2$ m/s，比阻 $A$ 为

$$A = \frac{0.001736}{d^{5.3}} \tag{5-18}$$

当 $v < 1.2$ m/s，比阻 $A'$ 为

$$A' = 0.852\left(1+\frac{0.867}{v}\right)^{0.3}\left(\frac{0.001736}{d^{5.3}}\right) = KA \tag{5-19}$$

式中 $K$——修正系数，$K = 0.852\left(1+\frac{0.867}{v}\right)^{0.3}$。

钢管和铸铁管的 $A$ 值及修正系数 $K$ 值，见表 5-4~表 5-6。

如前所述，作用水头 $H_e$ 包括水头损失 $h_w$ 和速度水头 $v^2/2g$ 两项。在简单管路中，流速沿程不变，为了应用上的方便，速度水头 $v^2/2g$ 项可看成局部阻力系数 $\zeta = 1$ 时的出口损失，包含到局部损失 $\sum h_j$ 中进行计算，这样就可以将作用水头 $H_e$ 的问题进行简化并归结为 $h_w$ 的问题进行处理。另外，在某些简单管路中，也可能不出现速度水头 $v^2/2g$ 项，如锅炉给水管路系统，作用水头就等于水头损失，即 $H_e = h_w$。所以说，在管路计算中，将问题归结为水头损失去处理有普遍性意义。

表 5-4 钢管的比阻 A 值

| 水煤气管 | | 中等管径 | | 大管径 | |
|---|---|---|---|---|---|
| 公称直径 $D_N$/mm | $A$/ ($s^2 \cdot m^{-6}$) | 公称直径 $D_N$/mm | $A$/ ($s^2 \cdot m^{-6}$) | 公称直径 $D_N$/mm | $A$/ ($s^2 \cdot m^{-6}$) |
| 15 | 8809000 | 125 | 106.2 | 400 | 0.2062 |
| 20 | 1643000 | 150 | 44.95 | 450 | 0.1089 |
| 25 | 436700 | 175 | 18.96 | 500 | 0.06222 |
| 32 | 93860 | 200 | 9.273 | 600 | 0.02384 |
| 40 | 44530 | 225 | 4.822 | 700 | 0.01150 |
| 50 | 11080 | 225 | 2.583 | 800 | 0.005665 |
| 65 | 2893 | 275 | 1.535 | 900 | 0.003034 |

表 5-4（续）

| 水煤气管 | | 中等管径 | | 大管径 | |
|---|---|---|---|---|---|
| 公称直径 $D_N$/mm | $A$/($s^2 \cdot m^{-6}$) | 公称直径 $D_N$/mm | $A$/($s^2 \cdot m^{-6}$) | 公称直径 $D_N$/mm | $A$/($s^2 \cdot m^{-6}$) |
| 80 | 1168 | 300 | 0.9392 | 1000 | 0.001736 |
| 100 | 267.4 | 320 | 0.6088 | 1200 | 0.0006605 |
| 125 | 86.23 | 350 | 0.4078 | 1300 | 0.0004322 |
| 150 | 33.95 | | | 1400 | 0.0002918 |

注：管流量的单位取 $m^3/s$。

表 5-5 铸铁管的比阻 $A$ 值

| 内径/mm | $A$/($s^2 \cdot m^{-6}$) | 内径/mm | $A$/($s^2 \cdot m^{-6}$) | 内径/mm | $A$/($s^2 \cdot m^{-6}$) |
|---|---|---|---|---|---|
| 50 | 15190 | 250 | 2.752 | 600 | 0.02602 |
| 75 | 1709 | 300 | 1.025 | 700 | 0.01150 |
| 100 | 365.3 | 350 | 0.4529 | 800 | 0.005665 |
| 125 | 110.8 | 400 | 0.2232 | 900 | 0.003034 |
| 150 | 41.85 | 450 | 0.1195 | 1000 | 0.001736 |
| 200 | 9.029 | 500 | 0.06839 | | |

注：管流量单位取 $m^3/s$。

表 5-6 钢管和铸铁管 $A$ 值的修正系数

| $v$/($m \cdot s^{-1}$) | 0.2 | 0.25 | 0.3 | 0.35 | 0.4 | 0.45 | 0.5 | 0.55 | 0.6 |
|---|---|---|---|---|---|---|---|---|---|
| $K$ | 1.41 | 1.33 | 1.28 | 1.24 | 1.20 | 1.175 | 1.15 | 1.13 | 1.115 |
| $v$/($m \cdot s^{-1}$) | 0.65 | 0.7 | 0.75 | 0.80 | 0.85 | 0.90 | 1.00 | 1.10 | ≥1.20 |
| $K$ | 1.10 | 1.085 | 1.07 | 1.06 | 1.05 | 1.04 | 1.03 | 1.015 | 1.00 |

## 三、串联管路计算

串联管路是由简单管路按顺序首尾相接，也就是前一节管段的末端断面与后一节管段的起端断面相接而成，如图 5-6 所示。

从图 5-6 可以看出，以整个串联管路系统而言，流量 $Q$ 与管径 $d$ 沿途有所不同，但是可将系统分为若干管段，如 $A$、$B$、$C$ 管段，各管段仍然是流量不变、管径不变的简单管路。

1. 流量关系

串联管段彼此相接之点（断面）称为节点，从节点出流的流量称为节点流量，如图 5-6a 中的 $q_1$ 和 $q_2$。根据质量平衡规律，流入各节点的质量流量和流出各节点的质量流量必须相等。当流体密度 $\rho$ 为常数时，各节点流入的体积流量和流出的体积流量也相等。取

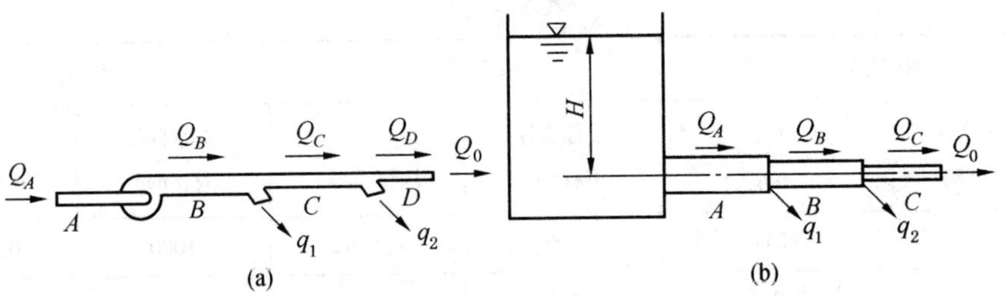


图 5-6 串联管路

流入节点的流量为正，流出节点的流量为负。以上分析的流量规律可以写成下列表达式，即

$$\sum Q = 0 \tag{5-20}$$

设管路总流量为 $Q$，节点流量为 $q$、末端出流量为 $Q_0$。根据式（5-12）可以写出图 5-6a 中各管段之间的流量关系为

$$Q_D = Q_0$$
$$Q_C = Q_D + q_2 = Q_0 + q_2$$
$$Q_B = Q_C + q_1 = Q_0 + q_2 + q_1$$
$$Q = Q_A = Q_B = Q_0 + q_2 + q_1$$

当串联管路系统无节点出流时，各管段间的流量关系为

$$Q_A = Q_B = Q_C = Q_D = Q_0 = Q \tag{5-21}$$

式（5-21）表明，无节点出流的串联管路系统，各管段通过的流量相等。

2. 阻力损失关系

根据阻力叠加原理，串联管路系统的总水头（压头）损失等于各管段水头（压头）损失之和，即

$$h_w = h_{wA} + h_{wB} + \cdots + h_{wn} = \sum h_{wi} \tag{5-22a}$$

或
$$p_w = p_{wA} + p_{wB} + \cdots + p_{wn} = \sum p_{wi} \tag{5-22b}$$

根据式（5-16a）和式（5-16b），式（5-22a）和式（5-22b）可写成

$$h_w = s_A Q_A^{\ 2} + s_B Q_B^{\ 2} + \cdots + s_n Q_n^{\ 2} = \sum s_i Q_i^{\ 2} \tag{5-23a}$$

或
$$p_w = \rho g s_A Q_A^{\ 2} + \rho g s_B Q_B^{\ 2} + \cdots + \rho g s_n Q_n^{\ 2} = \rho g \sum s_i Q_i^{\ 2} \tag{5-23b}$$

对于无节点出流的串联管路系统，由于各管段通过流量 $Q$ 均相等，以上关系式又可写为

$$h_w = (s_A + s_B + \cdots + s_n) Q^2 = \sum s_i Q^2 = s Q^2 \tag{5-24a}$$

或
$$p_w = \rho g (s_A + s_B + \cdots + s_n) Q^2 = \rho g \sum s_i Q^2 = \rho g s Q^2 \tag{5-24b}$$

$$s = s_A + s_B + \cdots + s_n = \sum s_i \tag{5-25}$$

式中 $s$——串联管路总特性阻力系数；

$s_A$、$s_B$、$s_n$——各管段特性阻力系数。

式（5-25）表明，无节点出流串联管路系统，管路总特性阻力系数等于各管段特性阻力系数之和。

## 四、并联管路计算

并联管路是由两节或两节以上的简单管路所组成，其组成特点是流体从总管段末端断面分出两节或两节以上的支管段，而这些支管段最后又汇集到另一点管段始端断面上。两总管间的各支管段部分称为并联管路，如图 5-7 所示。

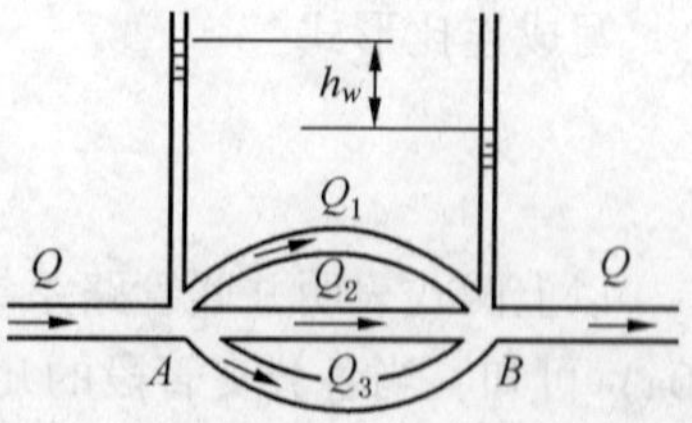

图 5-7　并联管路

从图 5-7 可以看出，以整个并联管路系统而言，各支管段的流量 $Q_i$ 与管径 $d_i$ 有所不同，但对于每一支管段本身，仍属于简单管路。

1. 流量关系

根据质量平衡规律，流入节点 $A$ 的质量流量与流出的质量流量相等。对于不可压缩流体，密度 $\rho$ 为常数，即流入节点 $A$ 的体积流量和流出的体积流量相等。取流入节点的流量为正，流出节点的流量为负，其流量规律仍符合式（5-20），即 $\sum Q=0$。

设总管段的流量为 $Q$，各支管段的流量为 $Q_i$。对于图 5-7，可以写成以下关系式，即

$$Q=Q_1+Q_2+Q_3 \tag{5-26a}$$

或

$$Q=\sum Q_i \tag{5-26b}$$

以上关系式表明，无节点出流的并联管路系统，总管段的流量等于各并联支管段流量之和。

2. 阻力损失关系

从图 5-7 可以看出，$A$、$B$ 两点的测压管液面高差，表示 $A$、$B$ 两点之间的水头损失 $h_w$。又由于 $A$、$B$ 两点为并联管路三个支管段所共有，虽然各支管段的长度和管径可能有所不同，但它们具有公共的始端和末端。因此，$A$、$B$ 两点的测压管液面高差同时表示了并联管路三个支管段的水头损失。设三个支管段的水头损失分别为 $h_{w1}$、$h_{w2}$、$h_{w3}$，它们之间的关系式为

$$h_{w1}=h_{w2}=h_{w3}=h_w \tag{5-27}$$

设并联管路的总特性阻力数为 $s$，各支管段的特性阻力数为 $s_i$，水头损失 $h_{wi}=s_iQ_i^{\ 2}$。式（5-27），可写为

$$s_1Q_1^{\ 2}=s_2Q_2^{\ 2}=s_3Q_3^{\ 2}=s_iQ_i^{\ 2}=sQ^2 \tag{5-28}$$

由于 $Q_i=\dfrac{\sqrt{h_{wi}}}{\sqrt{s_i}}$，则式（5-26a）可写成

$$\frac{\sqrt{h_w}}{\sqrt{s}}=\frac{\sqrt{h_{w1}}}{\sqrt{s_1}}+\frac{\sqrt{h_{w2}}}{\sqrt{s_2}}+\frac{\sqrt{h_{w3}}}{\sqrt{s_3}}$$

根据式（5-27），上式可改写为

$$\frac{1}{\sqrt{s}}=\frac{1}{\sqrt{s_1}}+\frac{1}{\sqrt{s_2}}+\frac{1}{\sqrt{s_3}} \tag{5-29}$$

以上关系式表明，并联管路系统总阻力特性系数平方根倒数等于各支管段阻力特性系数平方根倒数之和。

根据式（5-28），还可以写出以下关系式

$$\frac{Q_1}{Q_2}=\sqrt{\frac{s_2}{s_1}} \qquad \frac{Q_2}{Q_3}=\sqrt{\frac{s_3}{s_2}} \qquad \frac{Q_3}{Q_1}=\sqrt{\frac{s_1}{s_3}} \tag{5-30a}$$

写成连比形式

$$Q_1 : Q_2 : Q_3=\frac{1}{\sqrt{s_1}} : \frac{1}{\sqrt{s_2}} : \frac{1}{\sqrt{s_3}} \tag{5-30b}$$

以上两式表明并联管路系统各支管段之间的流量分配规律。由式（5-15）和式（5-30a）可知，当各分支管段的几何尺寸（如长度、管径）及管路配件已经确定时。各支管段的流量大小是按节点间各分支管段阻力损失相等的规律进行分配的。从公式本身可以看出，特性阻力数 $s$ 大的支管段流量小，$s$ 小的流量大。在进行并联管路设计计算时，为了满足用户所需要的流量值，可以根据流量分配规律，合理地选用管道尺寸及管路配件。

## 第四节　液体通过缝隙流动

液压传动中的许多液压元件都有相对运动表面，这些相对运动表面之间都有间隙。如果间隙的一端为高压油，另一端为低压油或大气，高压油就要从缝隙中流向低压区而造成泄漏。在液压设备中常见的泄漏缝隙形式有两种，一种是由两个平行平面形成的平面缝隙；另一种是由两个内、外圆柱表面形成的环状缝隙。

### 一、流经平行平面缝隙的流量计算

由于在液压传动装置中平面间的缝隙很小，而液体（油、水）的黏性又比较大，所以缝隙流动的雷诺数 $Re$ 一般都较小，往往属于层流范畴。如图 5-8 所示为液体流经平面缝隙的情况，平面缝隙的厚度为 $\delta$，沿液流方向缝隙的长度为 $L$，液体沿 $x$ 轴方向运动，流经缝隙前后的压强分别为 $p_1$ 和 $p_2$。设液流在缝隙中的速度分布为抛物线形，即靠近缝隙中心部分的速度梯度较小，而靠近平面附近的速度梯度较大。在图 5-8 所示的截面中取一

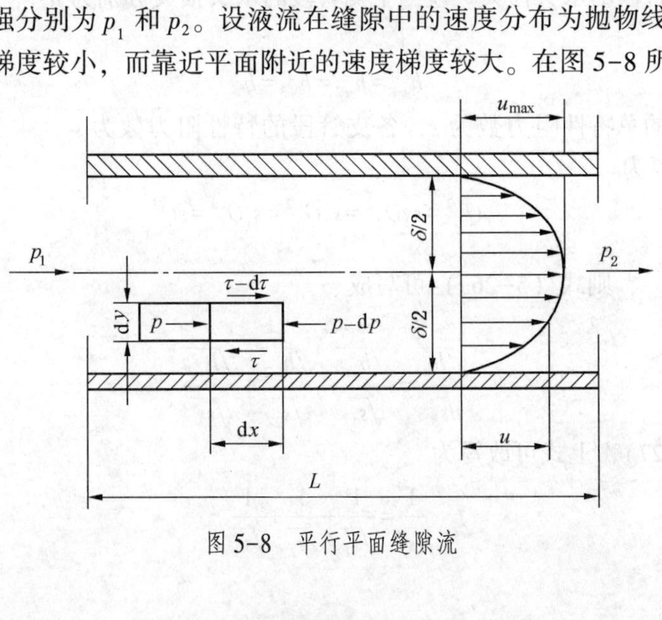


图 5-8　平行平面缝隙流

小块矩形截面的液体，长度为 $dx$，厚度为 $dy$，设在这小块液体左边的压强为 $p$，右边的压强为 $p-dp$。此外，在这小块液体的上下面还作用有液流的摩擦力，由于上面的速度梯度较下面小些，所以上面的切应力也较小。设下面所受的切应力为$\tau$，则上面的切应力为$\tau-d\tau$，其方向如图 5-8 所示。

沿流动方向（$x$ 轴）列平衡方程式，得

$$pbdy-(p-dp)bdy-\tau bdx+(\tau-d\tau)bdx=0$$

则

$$dpdy-d\tau dx=0$$

或

$$\frac{dp}{dx}=\frac{d\tau}{dy}$$

根据层流切应力计算公式$\tau=\mu\frac{du}{dy}$，有

$$\frac{d\tau}{dy}=\mu\frac{d^2u}{dy^2}$$

所以

$$\frac{dp}{dx}=\mu\frac{d^2u}{dy^2} \tag{5-31}$$

式中 $\frac{dp}{dx}$——压强在 $x$ 轴方向的变化率。

如果沿缝隙长 $L$ 的压降（阻力损失）为 $\Delta p$，则

$$\frac{dp}{dx}=-\frac{\Delta p}{L}$$

将$\frac{dp}{dx}=-\frac{\Delta p}{L}$代入式（5-31）中，得

$$\frac{d^2u}{dy^2}=-\frac{\Delta p}{\mu\cdot L} \tag{5-32}$$

将式（5-32）对 $y$ 进行二次积分，得

$$u=-\frac{\Delta p}{2\mu\cdot L}y^2+C_1y+C_2 \tag{5-33}$$

在上式中，当 $y=\pm\frac{\delta}{2}$时，$u=0$，把这些数值代入，可求得两个积分常数 $C_1$ 和 $C_2$ 为

$$C_1=0 \qquad C_2=\frac{\Delta p}{8\mu\cdot L}\delta^2$$

将 $C_1$、$C_2$ 值代入式（5-33），则

$$u=\frac{\Delta p}{2\mu L}\left(\frac{\delta^2}{4}-y^2\right) \tag{5-34}$$

此式说明过流断面上的速度分布为抛物面形。

在上式中，当 $y=0$ 时，可求得在缝隙的中心处液流的最大速度 $u_{max}$ 为

$$u_{max}=\frac{\Delta p}{8\mu L}\delta^2 \tag{5-35}$$

液体流经缝隙的流量为

$$Q=\int_{-\frac{\delta}{2}}^{+\frac{\delta}{2}} ub\mathrm{d}y=\frac{b\Delta p}{2\mu L}\int_{-\frac{\delta}{2}}^{+\frac{\delta}{2}}\left(\frac{\delta^2}{4}-y^2\right)\mathrm{d}y=\frac{b\delta^3\Delta p}{12\mu L} \tag{5-36}$$

式中　$b$——两平行平面的宽度，m；

$\delta$——两平行平面间的缝隙厚度，m；

$L$——沿液流方向缝隙的长度，m；

$\Delta p$——沿缝隙长 $L$ 的压降，Pa；

$\mu$——流经缝隙的液体的动力黏度，Pa·s。

缝隙断面上的平均流速为

$$v=\frac{Q}{b\delta}=\frac{\Delta p}{12\mu L}\delta^2 \tag{5-37}$$

将式（5-35）与式（5-37）进行比较，可知平均流速与最大流速间的关系为

$$v=\frac{2}{3}u_{\max} \tag{5-38}$$

从式（5-36）可以看出，液体流经平面缝隙的流量 $Q$ 和缝隙的厚度 $\delta$ 的三次方成正比。因此，在要求密封性能高的地方应尽可能缩小间隙，以便减少高压液体的泄漏。

## 二、流经同心环状缝隙的流量计算

如图 5-9 所示为一个环状缝隙的横截面，缝隙的厚度为 $\delta$，缝隙内侧圆柱表面的直径为 $d$，沿液流方向缝隙的长度为 $L$，如果将环状缝隙沿圆周展开，就相当于一个平面缝隙，因此，若用 $\pi d$ 代替式（5-36）中的缝隙宽度 $b$，就可以得到液体流经同心环状缝隙的流量公式为

$$Q=\frac{\pi d\delta^3\Delta p}{12\mu L} \tag{5-39}$$

式中　$d$——环状缝隙内侧圆柱面的直径，m。

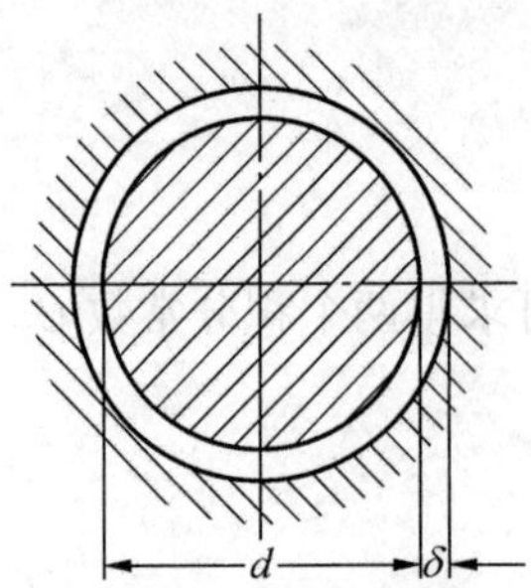

图 5-9　同心环状缝隙

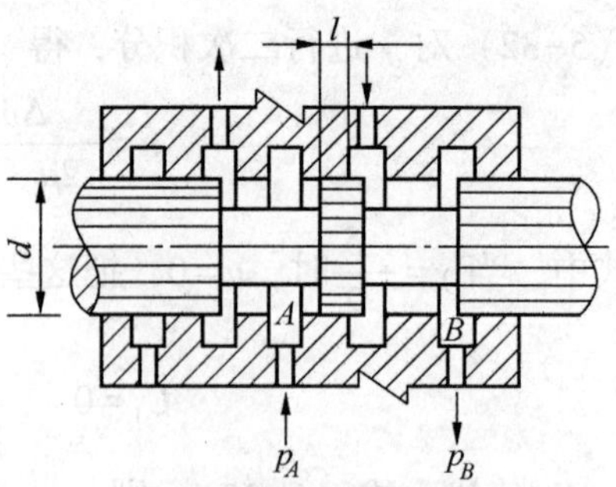

图 5-10　换向阀

【例 5-1】有一换向阀，如图 5-10 所示，其直径 $d=25$ mm，径向间隙 $\delta=0.01$ mm，$A$ 腔与 $B$ 腔的压强差为 $3.9\times10^6$ Pa，油封长度为 1.5 mm，设液压油运动黏度 $\nu=2\times10^{-5}$ m²/s，油液密度 $\rho=900$ kg/m³，滑阀与阀体孔之间为同心环状缝隙，求液压油从 $A$ 腔泄漏到 $B$ 腔的油量。

**解**　$$Q=\frac{\pi d\delta^3\Delta p}{12\mu L}=\frac{3.14\times0.025\times(10^{-4})^3\times3.9\times10^6}{12\times2\times10^{-5}\times900\times0.0015}=9.45\times10^{-4}(\mathrm{m^3/s})$$

## 三、流经偏心环状缝隙的流量计算

式（5-39）所表示的液流流经环状缝隙的流量公式，是当形成缝隙的两个圆柱表面处于同心的情况。实际上在工程问题中同心环状缝隙的情况是较少的。在液压技术领域内，如液压缸与柱塞间所形成的环状缝隙，由于柱塞受力不均匀，往往都是偏心的。因为液压缸内径 $2R$ 与柱塞外径 $2r$ 相差很小，两者如不同心，则偏心 $e$ 必为一较小值，缸与柱塞所形成的平均半径间隙 $\delta=R-r$ 也是一个较小值，当然缸与柱塞所形成的实际间隙 $y$ 也是一个较小值。但 $y$ 是一个变量，它是随角 $\alpha$ 的大小而变的，由图 5-11 可知

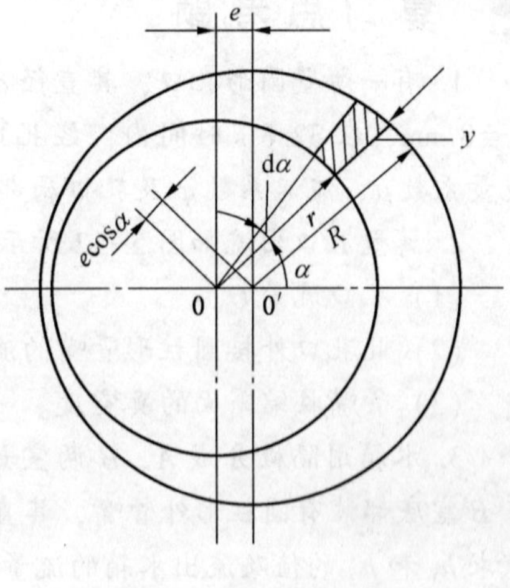


图 5-11　偏心环状缝隙

$$y=R+e\cos\alpha-r=\delta+e\cos\alpha$$

在任意角 $\alpha$ 处取一微小角度 $d\alpha$，在 $d\alpha$ 角范围内，液压缸与柱塞间的缝隙类似于两平行平面所形成的缝隙，应用式（5-39）并以 $y$ 代替 $\delta$、以 $rd\alpha$ 代替 $b$，则该缝隙中的微小泄漏量为

$$dQ=\frac{\Delta p}{12\mu L}y^3 rd\alpha=\frac{\Delta p\delta^3}{12\mu L}(1+\varepsilon\cos\alpha)^3 rd\alpha$$

式中　$\delta$——平均半径间隙，$\delta=R-r$；

$\varepsilon$——相对偏心度，$\varepsilon=e/\delta$。

对上式自 $\alpha=0$ 到 $\alpha=2\pi$ 进行积分，可得通过偏心环状缝隙的总泄漏量为

$$Q=\frac{r\delta^3\Delta p}{12\mu L}\int_0^{2\pi}(1+\varepsilon\cos\alpha)^3 d\alpha=\frac{r\delta^3\Delta p}{12\mu L}\times 2\pi(1-1.5\varepsilon^2)$$

$$=\frac{\pi d\delta^3\Delta p}{12\mu L}(1-1.5\varepsilon^2) \qquad (5-40)$$

式中　$d$——柱塞外径，m。

在式（5-40）中，如果偏心 $\varepsilon=0$，即相当于同心环状缝隙的情况，这时式（5-40）就成为式（5-39）。如果偏心距 $e$ 达到最大值，即 $e=\delta$，则 $\varepsilon=1$，这时由式（5-40）可得通过偏心环状缝隙的泄漏量为

$$Q=2.5\times\frac{\pi\delta^3 d\Delta p}{12\mu L} \qquad (5-41)$$

式（5-41）与式（5-39）进行对比，可以看出，偏心会使泄漏量增大，最大偏心时（$e=\delta$，$\varepsilon=1$）的泄漏量为同心（$e=0$，$\varepsilon=0$）时泄漏量的 2.5 倍。

【例 5-2】在例题 5-1 中，如果滑阀与阀体孔之间为偏心环状缝隙，当偏心值最大时，其泄漏量为多少？

**解**

$$Q=2.5\times\frac{\pi d\delta^3\Delta p}{12\mu L}=2.5\times\frac{3.14\times 0.025\times(10^{-4})^3\times 3.9\times 10^6}{12\times 2\times 10^{-5}\times 900\times 0.0015}$$

$$=2.36\times 10^{-3}(m^3/s)$$

## 复习思考题

1. 有一薄壁圆形孔口，其直径 $d=10$ mm，水头 $H=2$ m。现测得射流收缩断面的直径 $d_c=8$ mm，在 32.8 s 时间内，经孔口流出的水量为 0.01 $m^3$。试求该孔口的收缩系数 $\varepsilon$、流量系数 $\mu$、流速系数 $\varphi$ 及孔口局部阻力系数 $\zeta_0$。

2. 薄壁孔口出流如图 5-12 所示。孔口直径 $d=2$ cm，水箱水位恒定 $H=2$ m。试求：

(1) 孔口流量 $Q$。

(2) 此孔口外接圆柱形管嘴的流量 $Q_n$。

(3) 管嘴收缩断面的真空度。

3. 水箱用隔板分成 $A$、$B$ 两室如图 5-13 所示。隔板上开一孔口，其直径 $d_1=4$ cm；在 $B$ 室底部装有圆柱形外管嘴，其直径 $d_2=3$ cm。已知 $H=3$ m，$h_3=0.5$ m，水恒定出流。试求 $h_1$ 和 $h_2$ 的值及流出水箱的流量 $Q$。

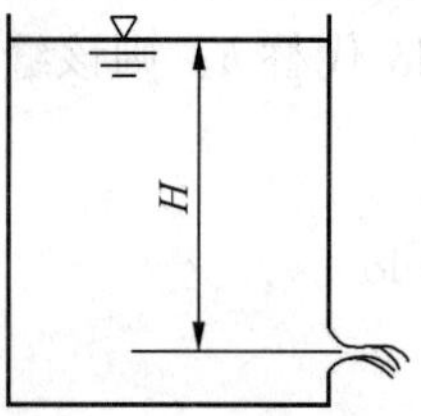


图 5-12　习题 2 图

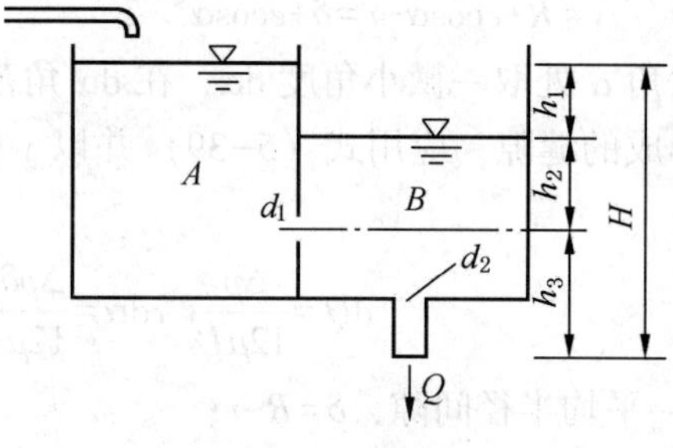


图 5-13　习题 3 图

4. 有一平底空船（图 5-14），其水平面积 $A=8$ $m^2$，船舷高 $h=0.5$ m，船自重 $G=9.8$ kN。现船底有一直径为 10 cm 的破孔，水自圆孔漏入船中，试问经过多少时间后船将沉没。

5. 为了使水均匀地进入水平沉淀池，在沉淀池进口处设置穿孔墙如图 5-15 所示。穿孔墙上开有边长为 10 cm 的方形孔 14 个，所通过的总流量为 122 L/s。试求穿孔墙前后的水位差（墙厚及孔间相互影响不计）。

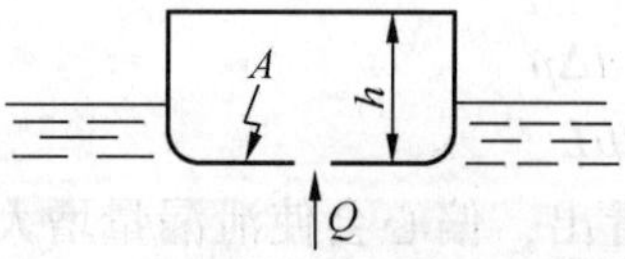


图 5-14　习题 4 图

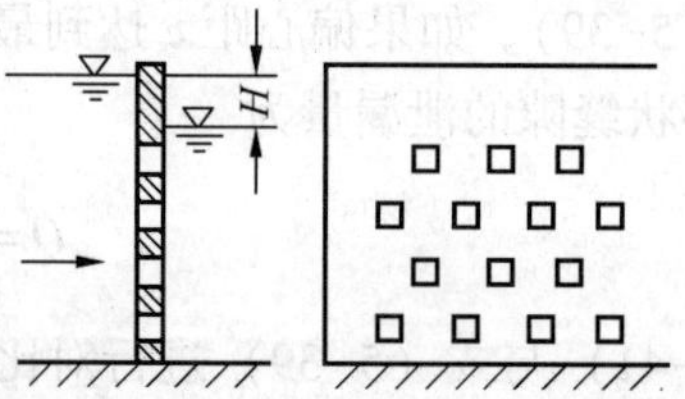


图 5-15　习题 5 图

6. 如图 5-16 所示，某设备的冷却水系统从河中取水，已知河水水面与管路系统出水口的高差 $Z=5$ m，管路直径 $d=200$ mm，管长 $L=250$ m，沿程阻力系数 $\lambda=0.025$，局部阻力系数 $\sum\zeta=50$，流量要求为 $Q=250$ $m^3/h$。试求水泵应产生的总水头 $H$ 和作用水头 $H_e$。

7. 按上题，若水泵产生的总水头 $H=30$ m，其他条件相同，试求管内通过的流量 $Q$。

8. 如图 5-17 所示，有一台水泵从井中抽水供应某工厂用水，水泵抽水量$Q=50\ m^3/h$，设河道与井间以管道连通，已知管径 $d=200\ mm$，长度 $L=60\ m$，沿程阻力系数 $\lambda=0.03$，管道一端滤网的局部阻力系数 $\zeta_1=5$，另一端阀门的局部阻力系数 $\zeta_2=0.5$。试求河水与井水面的高差 $\Delta H$ 为多少？

9. 某通风管路系统，从吸风口至送风口，单位质量空气的总压头损失（不包括通风机本身）为 490.5 Pa，出风口风速为 6 m/s。试求通风机应具有的总压头 $p$ 为多少？

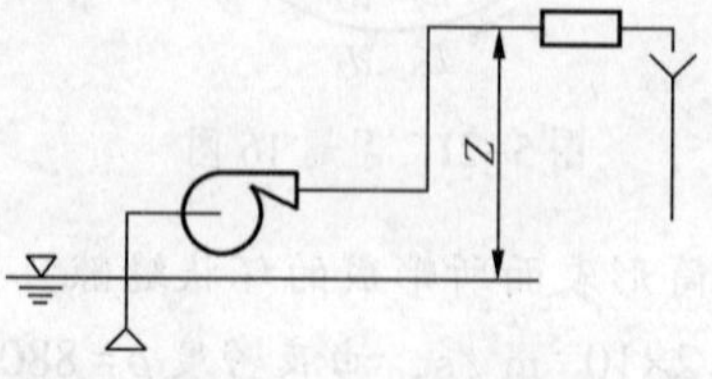

图 5-16　习题 6 图

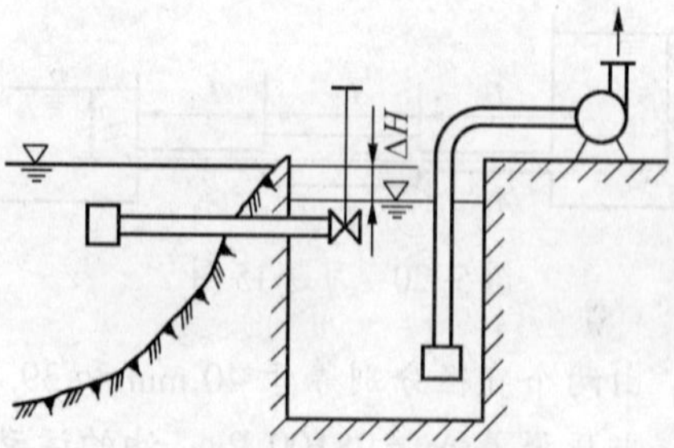

图 5-17　习题 8 图

10. 某通风管路系统，通风机的总压头 $p=981$ Pa，风量 $Q=3\ m^3/s$，如果需将该系统的风量 $Q'$提高 10%。试求该系统通风机应具有的总压头 $p'$为多少？

11. 有一长度 $L=1600$ m 的铸铁供水管，管径 $d=200$ mm，当管内通过流量为$Q=50$ L/s 时，试求该管路总水头损失 $h_w$ 为多少？

12. 在供水点到用水点之间设置一根钢管，全长 $L=500$ m，作用水头 $H_e=10$ m，要求通过的流量 $Q=225$ L/s。试确定管道直径。

13. 如图 5-18 所示，从水塔引水供给三层住宅楼，管道采用钢管，管长 $L=1200$ m，管径 $d=200$ mm，供水流量 $Q=20$ L/s，水塔地面标高 $Z_1=150.2$ m，住宅地面标高 $Z_2=145.4$ m，三层住宅需要自由水头为 $H_c=12$ m。试问水塔高度 $H_b$ 应为多少？

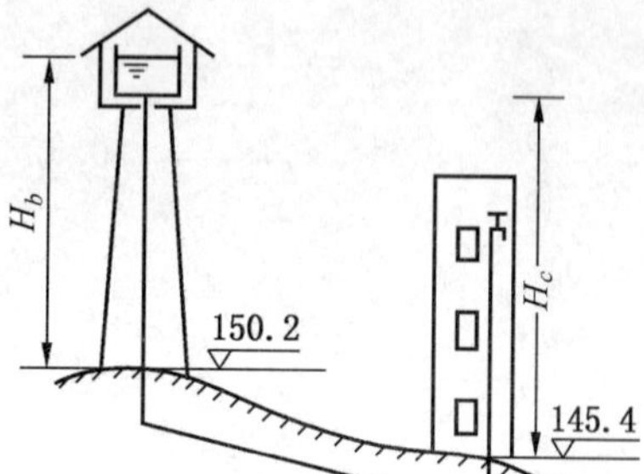

图 5-18　习题 13 图

14. 如图 5-19 为某通风管路系统，通风机的总压头 $p=392.4$ Pa，各管段的流量、长度、局部阻力系数均标注在图中。沿程阻力系数 $\lambda=0.02$，各管段的流速可在 6~12 m/s 范围内选用。试求各管段的直径及系统总压头损失为多少？

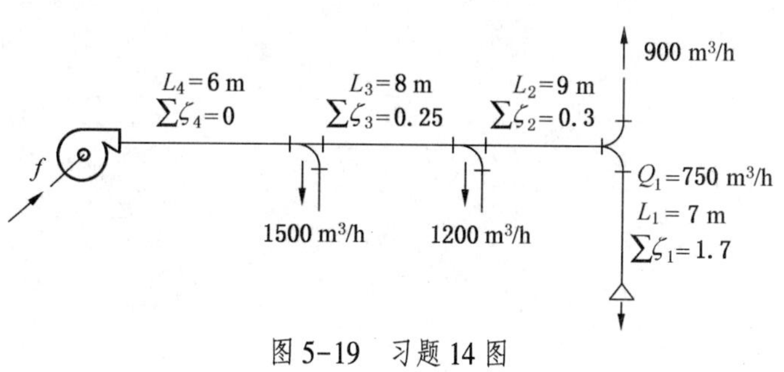

图 5-19　习题 14 图

15. 如图5-20所示为某串联供水管路。已知水的深度$H_1=15$ m，$H_2=12$ m，各管段的断面面积$A_1=2A_3$，$A_2=3A_3$，$A_3=0.2$ m$^2$，管长$L_1=L_2=L_3=10$ m，沿程阻力系数$\lambda_1=0.016$，$\lambda_2=0.014$，$\lambda_3=0.02$。试确定管路通过的流量$Q$（局部损失不计）。

16. 某供水管路如图5-21所示。在A、B两节点之间有三条并联管路，直径$d_1=d_3=300$ mm，$d_2=250$ mm，长度$L_1=100$ m，$L_2=120$ m，$L_3=130$ m。干管总流量$Q=250$ L/s，管材为钢管。试求各并联支管的流量$Q_1$、$Q_2$、$Q_3$各是多少？

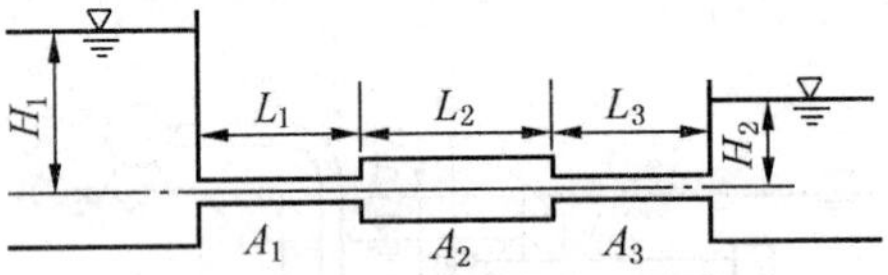


图5-20　习题15图

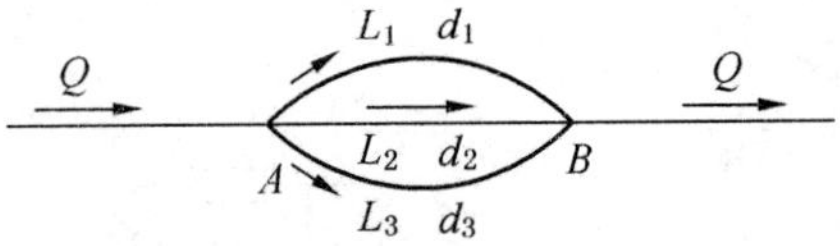


图5-21　习题16图

17. 由两个直径分别等于40 mm和39.6 mm的圆筒形表面所形成的环状缝隙，长为$l=80$ mm。当压强差$\Delta p=98100$ Pa，油的运动黏度$\nu=2.2\times10^{-5}$m$^2$/s，油液密度$\rho=880$ kg/m$^3$时，试求两圆筒表面处于同心位置的里面的圆柱表面具有一偏心距$e=0.15$ mm时油液自缝隙中泄漏的流量。

# 第六章　相似原理与量纲分析

在自然科学的研究过程中，采用的研究方法概括起来有两种，即数学分析方法和实验方法。流体力学的发展有赖于对流体流动的科学观察和科学实验。由于流体本身的特殊性，在许多情况下，流体的流动现象很复杂，能够用完整的数学方法进行描述的问题还很有限；即使是能用数学方法加以描述的问题，但能够准确确定初始条件和边界条件的问题还不多。因此，采用科学实验的方法来研究解决诸多的流体力学问题，是最有力的研究途径和手段。

结合工程需要的流体力学实验一般很难在实物（原型）上进行，而是利用有关实验装置（例如风洞、水洞、水槽等）按一定比例尺制作的模型进行。如何选定制作模型的比例尺，并保证经模型的流动与原型的流动力学相似，又如何将模型实验结果推广应用到原型上去，这是模型实验前必须解决的问题。即使有些实验可以在实物上进行，也有如何将在特定条件下得到的实验结果推广应用的问题。经过长期的科学实验，科学家们总结出了指导模型实验的理论，即相似原理。

## 第一节　流动相似概念

### 一、流动的力学相似定义

在流体力学的研究中，所谓相似主要指流动的力学相似，它是几何相似概念在流体力学中的应用和发展。流动的力学相似是指构成力学相似的两个流动（一个称为原型，另一个称为模型），在流动空间的各对应点和各对应时刻，表征流动过程的所有物理量各自互成一定的比例。

表征流动过程的物理量按其性质主要有3类，描述几何形状的（如长度、面积、体积等）、描述运动状态的（如速度、加速度、体积流量等）和描述动力特征的（如质量力、表面力、动量等）。因此，流动的力学相似主要包括流动的几何相似、运动相似、动力相似，以及边界条件和初始条件相似。

### 二、相似条件

以下标“$m$”表示模型。

1. 几何相似

几何相似是指模型与原型全部对应线性尺寸的比值相等，则对应的夹角必相等。具体地讲，模型是原型按照一定比例缩小或放大而成的，此比值称为长度比例尺。线性尺寸包括物体的直径、长度和表面粗糙度等。用 $C_l$ 表示长度比例尺，则上述几何相似可表示为

$$\frac{d_m}{d}=\frac{l_m}{l}=\frac{\Delta_m}{\Delta}=\cdots=C_l \tag{6-1}$$

$$\alpha=\alpha_m \qquad \beta=\beta_m \qquad \cdots \tag{6-2}$$

如果模型与原型的任何两个对应部位的面积和体积用 $A_m$、$A$、$V_m$、$V$ 表示，则它们也必须满足一定的比例关系，即

面积比例尺
$$C_A=\frac{A_m}{A}=\left(\frac{l_m}{l}\right)^2=C_l^2 \tag{6-3}$$

体积比例尺
$$C_V=\frac{V_m}{V}=\left(\frac{l_m}{l}\right)^3=C_l^3 \tag{6-4}$$

由此可知，几何相似都可用长度比例尺 $C_l$ 来表达，$C_l$ 也称为几何相似常数。如果已知一个物体的几何尺寸，就可以按几何相似常数 $C_l$ 求得另一个相似物体的几何尺寸。

2. 运动相似

运动相似是指在模型与原型上的两个流体流动空间中，在对应时刻各对应点的速度（及加速度）的方向相同，大小比值相等。即

速度比例尺
$$\frac{u_m}{u}=\frac{u_{xm}}{u_x}=\frac{u_{ym}}{u_y}=\frac{u_{zm}}{u_z}=C_u \tag{6-5}$$

由于流动空间的几何相似是运动相似的前提条件，因此，模型与原型流动中流体微团经过对应路程所需要的时间也必然互成一定比例，即对应时间比值相等。则

时间比例尺
$$\frac{t_m}{t}=\frac{l_m/u_m}{l/u}=\frac{C_l}{C_u}=C_t \tag{6-6}$$

由几何相似和运动相似还可导出其他有关运动学的比例尺。即

加速度比例尺
$$\frac{a_m}{a}=C_a \tag{6-7}$$

体积流量比例尺
$$C_Q=\frac{Q_m}{Q}=\frac{l_m^3/t_m}{l^3/t}=\frac{C_l^3}{C_t}=C_l^2C_u \tag{6-8}$$

运动黏度比例尺
$$C_\nu=\frac{\nu_m}{\nu}=\frac{l_m^2/t_m}{l^2/t}=\frac{C_l^2}{C_t}=C_lC_u \tag{6-9}$$

角速度比例尺
$$C_\omega=\frac{\omega_m}{\omega}=\frac{v_m/l_m}{v/l}=\frac{C_u}{C_l} \tag{6-10}$$

由此可知，运动相似也意味着在几何相似的条件下，对应流体质点通过对应距离的时间应相似。所以模型与原型的几何相似是运动相似的必要条件，如果模型与原型的几何相似，只要保证时间相似，就能保证模型与原型的运动相似；反之，如果两个不同流场运动相似，则必然有几何相似。运动相似都可用长度比例尺 $C_l$ 和速度比例尺 $C_u$ 来表达，$C_u$ 也称为运动相似常数。

3. 动力相似

动力相似是指在模型与原型两个运动相似的流场中，对应点流体质点所受到的同名力方向相同，大小的比例相等。

一般情况下，作用在流体上的力有表面力（压力、黏性力）和质量力（重力、惯性力）等，因此动力相似也可认为是作用在模型与原型上所有外力的力多边形几何相似。即

$$\frac{F_m}{F}=\frac{F_{pm}}{F_p}=\frac{F_{\tau m}}{F_\tau}=\frac{F_{Gm}}{F_G}=\frac{F_{Im}}{F_I}=C_F \tag{6-11}$$

式中　　　　　　$C_F$——动力相似常数；

$F_p$、$F_\tau$、$F_G$、$F_I$——压力、切向力、重力和惯性力。

满足上述3个相似条件时，说明模型和原型中的两个流场在力学上是相似的。以上3个相似条件之间是有联系的。几何相似是运动相似和动力相似的前提和依据，动力相似是决定运动相似的主导因素，运动相似则是几何相似和动力相似的表现结果。3个相似是密切相关的一个整体，缺一不可。

## 第二节　相　似　定　理

### 一、动力相似准则

根据牛顿第二定律，$F_I = ma = \dfrac{\rho V u^2}{l}$，所以式（6-11）可改写成

$$C_F = \frac{F_{Im}}{F_I} = \frac{\rho_m V_m u_m{}^2 l}{\rho V u^2 l_m} = C_\rho C_l^2 C_u^2 \tag{6-12}$$

或

$$\frac{C_F}{C_\rho C_l^2 C_u^2} = 1 \tag{6-13}$$

式中　$C_\rho$——流体密度相似常数。

式（6-13）称为动力相似指标。

由式（6-13）可得

$$\frac{F}{\rho l^2 u^2} = \frac{F_m}{\rho_m l_m^2 u_m^2} \tag{6-14}$$

令

$$\frac{F}{\rho l^2 u^2} = N_e \tag{6-15}$$

式中　$N_e$——牛顿准则数。

式（6-14）表示的准则称为牛顿相似准则或惯性力相似准则。它说明在模型与原型中的两个运动流场，若动力相似，则它们的牛顿相似准数一定相等；反过来讲，如果牛顿准数相等，它们也一定是动力相似的。作用在流场中的力，无论是何种性质的力，要保证两个流动的动力相似，它们都要服从牛顿相似准则，符合式（6-14）的关系。

1. 重力相似准则

若在模型与原型两个流动现象中起主导作用的力是重力和惯性力，且 $F_G = mg = \rho g l^3$，则有

$$C_F = \frac{F_{Gm}}{F_G} = \frac{\rho_m g_m l_m^3}{\rho g l^3} = C_\rho C_g C_l^3 \tag{6-16}$$

式中　$C_g$——重力加速度比例尺。

将式（6-16）代入式（6-13），取倒数并简化，得出重力相似指标为

$$\frac{C_u^2}{C_g C_l} = 1 \tag{6-17}$$

或
$$\frac{u^2}{gl}=\frac{u_m^2}{g_m l_m} \tag{6-18}$$

令
$$\frac{u^2}{gl}=Fr \tag{6-19}$$

$Fr$ 称为弗劳德准则数。

弗劳德准则数也可用平方根表示，即

$$\frac{u}{\sqrt{gl}}=Fr' \tag{6-20}$$

可见，弗劳德准则数是惯性力和重力的比值，即 $Fr=\frac{u^2}{l}\Big/g=\frac{u^2}{gl}$，它反映了重力（或质量力）对流体的作用情况。式（6-18）所表示的准则，称为重力相似准则或弗劳德相似准则。它说明模型与原型两个流动现象若惯性力与重力之比相等，则它们在动力上是相似的；反之，若动力相似，则在两个流动的对应点及对应时刻上，质点所受的重力必然成相同比例。

2. 黏性力相似准则

在模型与原型的流体流动现象中，起主导作用的力是黏性力和惯性力，由牛顿内摩擦定律 $F_\tau=\mu A\frac{\mathrm{d}u}{\mathrm{d}y}$，其大小可以用 $\mu lu$ 表示，则有

$$C_F=\frac{F_{\tau m}}{F_\tau}=\frac{\mu_m l_m u_m}{\mu lu}=C_\mu C_l C_u \tag{6-21}$$

将其代入式（6-13），并简化，得黏性力相似指标为

$$\frac{C_l C_u}{C_\nu}=1 \tag{6-22}$$

或
$$\frac{lu}{\nu}=\frac{l_m u_m}{\nu_m} \tag{6-23}$$

令
$$\frac{lu}{\nu}=Re \tag{6-24}$$

$Re$ 为雷诺准则数，它实际上就是惯性力与黏性力之比，即 $\frac{u^2}{l}\Big/\frac{\nu u}{l^2}=\frac{lu}{\nu}=Re$。如果线性长度 $l$ 表示的是管路直径，则雷诺相似准数实际上就是雷诺数。式（6-23）表示的原则称为黏性力相似准则，或称为雷诺相似准则。雷诺相似准则说明，若在模型与实物的两种流动现象中，在对应点、对应时刻上，流体质点所受的黏性力成相同比例，或惯性力与黏性力之比成相同比例，则流动必相似；反之，若它们在黏性力上是动力相似的，必然有雷诺准数相等。

3. 压力相似准则

如果在模型与原型的两种流动现象中，起主导作用的力是总压力和惯性力，总压力 $F_p=pl^2$，则有

$$C_F=\frac{F_{pm}}{F_p}=\frac{p_m l_m^2}{pl^2}=C_p C_l^2 \tag{6-25}$$

将其代入式（6-13）并简化，得出压力相似指标为

$$\frac{C_p}{C_\rho C_u^2}=1 \tag{6-26}$$

或

$$\frac{p}{\rho u^2}=\frac{p_m}{\rho_m u_m^2} \tag{6-27}$$

令

$$\frac{p}{\rho u^2}=Eu \tag{6-28}$$

有时以流场中两点的压强差 $\Delta p$ 代替式（6-28）中的压强 $p$，则有

$$\frac{\Delta p}{\rho u^2}=Eu \tag{6-29}$$

*Eu* 称为欧拉准则数，它是惯性力与压力的比值。式（6-27）表示的原则称为压强相似准则，或欧拉相似准则。它说明若两个流动现象的欧拉相似准数相等，则它们在压力上是动力相似的；反之亦然。

4. 弹性力相似准则

若在模型与原型的两种流动现象中，作用在流体质点上起主导作用的力是惯性力和弹性力，弹性力 $F_E=El^2$，则

$$C_F=\frac{F_{Em}}{F_E}=\frac{E_m l_m^2}{El^2}=C_E C_l^2 \tag{6-30}$$

式中 $C_E$——弹性模量比例尺；

$E$——弹性系数。

将式（6-30）代入式（6-13），取倒数并简化，得出弹性力相似指标为

$$\frac{C_\rho C_u^2}{C_E}=1 \tag{6-31}$$

或

$$\frac{\rho u^2}{E}=\frac{\rho_m u_m^2}{E_m} \tag{6-32}$$

令

$$\frac{\rho u^2}{E}=Ca \tag{6-33}$$

*Ca* 称为柯西准则数，它是惯性力与弹性力的比值。式（6-32）表示的原则称为弹性力相似准则，或柯西相似准则。它说明若两流动的柯西准则数相等，则它们在弹性力作用上是动力相似的。

对于气体，由于 $E=\rho\dfrac{\mathrm{d}p}{\mathrm{d}\rho}=\rho c^2$，或 $c^2=E/\rho$（$c$ 为声速），代入上式有

$$\frac{u}{c}=\frac{u_m}{c_m} \tag{6-34}$$

令

$$\frac{u}{c}=Ma \tag{6-35}$$

*Ma* 称为马赫准则数，或简称马赫数。在 $Ma<1$ 时的流动称为亚声速流动，$Ma>1$ 时的流动称为超声速流动。式（6-34）所表示的原则称为弹性力相似准则，或马赫相似准则。若两种流动现象马赫数相等，则其压缩性是相似的；其实质就是在相应点、相应时刻上，流体质点所受的弹性力大小成相同比例。

5. 表面张力相似准则

若在两种流动现象中起主导作用的力是惯性力和表面张力，表面张力 $F_\sigma=\sigma l$，则

$$C_F=\frac{\sigma_m l_m}{\sigma l}=C_\sigma C_l \tag{6-36}$$

式中 $\sigma$——表面张力系数。

将式（6-36）代入式（6-13），取倒数并简化得出表面张力相似指标为

$$\frac{C_\rho C_l C_u^2}{C_\sigma}=1 \tag{6-37}$$

或

$$\frac{\rho l u^2}{\sigma}=\frac{\rho_m l_m u_m^2}{\sigma_m} \tag{6-38}$$

令

$$\frac{\rho l u^2}{\sigma}=We \tag{6-39}$$

$We$ 称为韦伯准则数，它是惯性力与表面张力的比值。式（6-38）表达的原则称为表面张力相似准则，或称韦伯相似准则。它说明若两流动韦伯准则数相等，它们在表面张力作用下是动力相似的。

## 二、相似定理

1. 相似第一定理

彼此相似的现象，同名准则数一定相等。

相似第一定理又称为相似正定理，它指出了实验时应该测量哪些物理量的问题。

判定两个流动是否相似，除几何相似与运动相似外，还应该满足相似第一定理，即作用在两个流动流体上的所有外力相似。

2. 相似第二定理

凡同一种现象（即可用同一微分方程组描述的现象），若单值性条件相似，并且由单值性条件中的物理量所组成的相似准则在数值上相等，则这些现象一定相似。

相似第二定理又称为相似逆定理，它指出了模型实验应遵守的条件，即单值性条件相似和相似准则数相等。

单值性条件由下列各项组成：

（1）几何条件。即流动空间的几何形状、尺寸大小。例如对管内流动，管内直径 $d$ 及管长 $l$。

（2）物理条件。如流体的密度、黏度。

（3）边界条件。如管道进出口及管壁面处的流速及温度的分布。

（4）初始条件。如初始状态时流体的速度及温度分布。

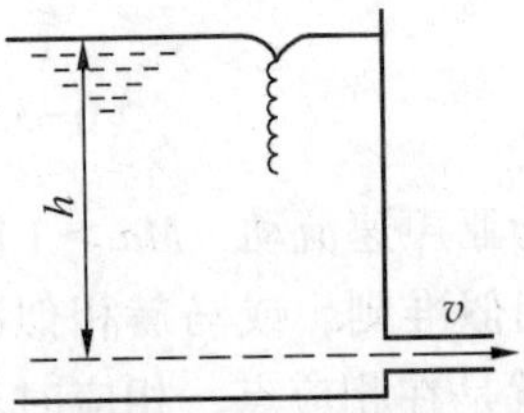

图 6-1 油池模型

【例 6-1】如图 6-1 所示，当通过油池底部的管道向外输油时，如果池内油深太小，会在油面上形成漩涡，并将空气吸入输油管。为了防止这种情况的发生，需要通过模型实验去确定油面开始出现漩涡的最小油深 $h_{min}$。已知输油管内径 $d=250$ mm，油的流量 $Q=0.14$ m$^3$/s，运动黏度 $\nu=7.5\times10^{-5}$ m$^2$/s。倘若选取的长度比例尺 $C_l=1/5$，为了保证流动相似，模型输出管的内径、模型内液体的流量和运动黏度应等于

多少？在模型上测得 $h'_{\min}=60$ mm，油池的最小油深 $h_{\min}$ 应等于多少？

**解** 这是在重力作用下不可压缩黏性流体的流动问题，必须同时考虑重力和黏滞力的作用。因此，为了保证流动相似，必须按照弗劳德数和雷诺数相等去选择模型内液体的流速和运动黏度。

按长度比例尺得模型输出管内径

$$d_m=C_l d=\frac{250}{5}=50(\mathrm{mm})$$

在重力场中，由弗劳德数相等可得模型内液体的流速和流量为

$$v_m=\left(\frac{h_m}{h}\right)^{1/2}\nu=\left(\frac{1}{5}\right)^{1/2}\nu=\frac{v}{2.236}$$

$$Q_m=\frac{\pi}{4}d_m^2 v_m=\frac{\pi}{4}\left(\frac{d}{5}\right)^2\left(\frac{1}{5}\right)^{1/2}\nu=\left(\frac{1}{5}\right)^{5/2}Q$$

$$Q_m=\frac{0.14}{55.9}=0.0025(\mathrm{m^3/s})$$

由雷诺数相等可得模型内液体的运动黏度为

$$\nu_{\mathrm{m}}=\frac{v_m d_m}{vd}\nu=\left(\frac{1}{5}\right)^{3/2}\nu=\frac{7.5\times10^{-5}}{11.18}=6.708\times10^{-6}(\mathrm{m^2/s})$$

油池的最小油深为

$$h_{\min}=\frac{h_{m\min}}{C_l}=5\times60=300(\mathrm{mm})$$

### 三、模型实验的近似相似

严格地说判定模型与原型流动是否相似，应该满足相似第一定理，即所有对应的同名准则数应该相等，也就是说作用于流体上的所有同名力相似。流体的流动比较复杂，要求这些力全部满足牛顿相似准则是非常困难的；但在一种流动现象中，往往只有一种性质的力起主导作用，而其他性质的力的影响是次要的。各种流动现象中起主导作用的力又是各不相同的。例如，在重力场中，不可压缩黏性流体的定常流动有两个定性准则数，即弗劳德数和雷诺数。要使模型与原型流场的弗劳德数相等，必有 $C_u=C_l^{1/2}$；如果模型与原型中的流体相同（$C_u=1$），要使雷诺数相等，必有 $C_u=1/C_l$，这就同前面要求相矛盾。解决这一矛盾的办法，只能是在模型与原型中用运动黏度不同的流体。

由此可见，当定性准则数有两个时，模型中流体运动黏度的选择要受模型尺寸选择的制约，通常很难同时达到要求；定性准则数越多，模型实验的设计越困难，甚至根本无法进行。对于某一个具体的流动来说，虽然流体上同时作用着各种不同性质的外力，但总有一种或两种外力起主要作用，因此为了解决这方面的矛盾，工程上常常采用近似的模型实验方法，即在设计模型和组织模型实验时，在与流动过程有关的定性准则中考虑那些对流动过程起主导作用的定性准则，而忽略那些对过程影响较小的定性准则，达到两流动的近似相似。在模型实验中，只要使主要外力满足相似条件，即主要的相似准则数相等，这个实验就可进行下去。

对于无压的明渠及其他水工建筑物中的流动，对流动起主导作用的是重力，而不是黏

滞力，便可忽略雷诺准则，而只考虑弗劳德准则。而对于有压的黏性管流及其他有压的内流（流体机械、液压机械内的流动等），对流动起主导作用的是黏滞力而不是重力，便可忽略弗劳德准则，而只考虑雷诺准则。这样模型尺寸和流体的选择就自由了。当有压黏性管流中雷诺数大到一定数值时，继续提高雷诺数，管内流体的紊乱程度及速度剖面几乎不再变化，沿程能量损失系数也几乎不再变化，雷诺准则已失去判别相似的作用。这种状态称为自模化状态，自模化状态的范围为自模化区。在自模化区内，阻力的主要部分是脉动阻力而不是黏滞阻力。流动的脉动阻力之比为

$$C_F=\frac{F_{\tau m}}{F_\tau}=\frac{A_m\rho_m l_m^2(\mathrm{d}u_{xm}/\mathrm{d}y_m)^2}{A\rho l^2(\mathrm{d}u_x/\mathrm{d}y)^2}=C_\rho C_l^2 C_u^2$$

此式与牛顿相似准则完全一致，即它们自动满足动力相似，这就说明它们自动模化了。既然流动已经自动模化，在选定基本比例尺后，其他物理量均可按力学相似的有关比例尺进行换算。例如，对阻力平方区，只要两组流动的相对粗糙度 $\Delta/d$ 相等，且 $Re>2308\ (d/\Delta)^{0.85}$，则 $\lambda$ 就自动相等，而不必要求相似准则数相等。对泵与风机内的流体流动，主要的相似准则也为雷诺准则，只要模型泵或风机与原型泵或风机几何相似，且对应雷诺数 $Re$ 均大于 $10^6$，则可认为两者流动相似。

【例 6-2】若设计一大型通风管，管上装有一直径为 $d_1$ 的喷嘴作为出口，若要求保证空气以给定的速度 $v_1$ 流入大气，且可把气流看做是不可压流体。现拟定在水力实验室缩制通风管模型，试问用水进行实验时，如要保持模型出流速度 $v_2$ 与原型出流速度 $v_1$ 相等，则模型比例尺应如何选取？已知水与空气的温度均是 20 ℃，空气的运动黏度 $\nu_1=1.57\times10^{-5}\ \mathrm{m^2/s}$，水的运动黏度 $\nu_2=1.01\times10^{-6}\ \mathrm{m^2/s}$。

**解** 对管流而言起主要作用的是黏性阻力，因此要使两流动相似，其主要的相似准则即雷诺准则。若选用喷嘴直径 $d$ 代表特征长度 $l$，则有

$$Re_1=Re_2$$

即

$$\frac{v_1d_1}{\nu_1}=\frac{v_2d_2}{\nu_2}$$

由前提条件 $v_1=v_2$，则

$$\frac{d_2}{d_1}=\frac{\nu_2}{\nu_1}=\frac{1.01\times10^{-6}}{1.57\times10^{-5}}=0.064\approx\frac{1}{15}$$

因此，在本题中可取 $C_l=\frac{1}{15}$来缩制模型进行水力实验，从而确定喷嘴的最佳尺寸。

【例 6-3】图 6-2 所示为弧形闸门放水时的情形。已知水深 $h=6$ m。模型闸门是按长度比例尺 $C_l=1/20$ 制作的，实验时的开度与原型相同，试求流动相似时模型闸门前的水深。在模型上测得收缩截面的平均流速 $v=2.0$ m/s，流量 $Q=3\times10^{-2}\ \mathrm{m^3/s}$，水作用在闸门上的力 $F=92$ N，绕闸门轴的力矩 $M=110$ N · m。试求原型上收缩截面的平均流速、流量以及作用在闸门上的力和力矩。

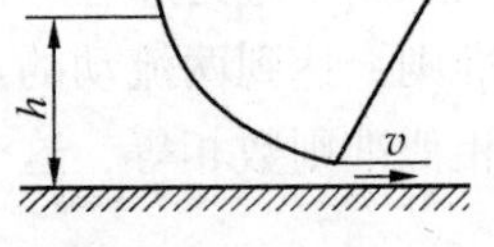

图 6-2　弧形闸门

**解** 按长度比例尺，模型闸门前的水深

$$h_m=C_lh_r=6/20=0.3(\mathrm{m})$$

在重力作用下水由闸门下流出，要使流动相似，弗劳德数必

须相等，由此可得 $C_u = C_l^{1/2}$。原型上的待求量可按有关比例尺计算。

收缩截面的平均流速 $$v=\frac{v_m}{C_u}=\frac{v_m}{C_l^{1/2}}=\frac{2.0}{(1/20)^{1/2}}=8.944(\text{m/s})$$

流量 $$Q=\frac{Q_m}{C_Q}=\frac{Q_m}{C_l^{5/2}}=3\times10^{-2}\times20^{\frac{5}{2}}=53.67(\text{m}^3/\text{s})$$

作用在闸门上的力 $$F=\frac{F_m}{C_F}=\frac{F_m}{C_l^3}=92\times20^3=7.36\times10^5(\text{N})$$

力矩 $$M=\frac{M_m}{C_M}=\frac{M_m}{C_l^4}=110\times20^4=1.76\times10^7(\text{N}\cdot\text{m})$$

## 第三节　量纲分析法

在流体力学中，能够用数学分析方法导出某一物理量与其影响因素的关系或规律（即写出方程表达式）的情况并不多。对于复杂流动情况，可以采用直接实验的方法，或应用相似理论，通过模型实验获得一些影响流体现象的物理量，但是要揭示规律并找出它们之间的关系，则必须依赖量纲分析的方法。因此，量纲分析的方法是流体力学中与相似理论密切相关的一种重要的方法。

### 一、物理方程的量纲一致性原则

1. 量纲

物理量单位的属性称为量纲。自然界中的物理现象都可以通过物理量来表现，这个物理量数值的大小取决于量度单位的大小。比较同类物理量的大小，单位可以有多个，但只要是同一物理量，其单位的属性（量纲）就只有一个。如线性长度，单位可以用米、分米、厘米、毫米，在英制单位中还有英尺、英寸等，但其量纲只有一个，即 $[L]$。

物理量的量纲有独立量纲（或基本量纲）和导出量纲。不能由其他量纲导出的独立量纲称为基本量纲。在国际单位制中，取长度、质量、时间、热力学温度、电流、发光强度这些物理量为“基本量”，它们的量纲依次用 $[L]$、$[M]$、$[T]$、$[\Theta]$、$[E]$、$[c]$ 表示，称为基本量纲。由基本量纲根据一定的规律和关系（物理方程）导出来的量纲称为导出量纲。

在流体力学中，导出的常用物理量及其量纲见表 6-1。

表 6-1　常见物理量及其量纲

| 物理量 | 符　号 | 量　纲 | 物理量 | 符　号 | 量　纲 |
|---|---|---|---|---|---|
| 长度 | $l$ | $[L]$ | 流量 | $Q$ | $[L^3T^{-1}]$ |
| 质量 | $m$ | $[M]$ | 密度 | $\rho$ | $[ML^{-3}]$ |
| 时间 | $t$ | $[T]$ | 力 | $F$ | $[MLT^{-2}]$ |
| 温度 | $T$ | $[\Theta]$ | 压强 | $p$ | $[ML^{-1}T^{-2}]$ |
| 面积 | $A$ | $[L^2]$ | 动力黏度 | $\mu$ | $[ML^{-1}T^{-1}]$ |
| 速度 | $v$ | $[LT^{-1}]$ | 运动黏度 | $\nu$ | $[L^2T^{-1}]$ |
| 加速度 | $a$ | $[LT^{-2}]$ | 功率 | $N$ | $[ML^2T^{-3}]$ |

2. 量纲一致性原则

自然界的一切物理过程都可以用物理方法（或物理方程）来描述。任何完整的物理方程中各项的量纲必定相同，即方程两端的量纲必须一致。这就是物理方程量纲一致性原则。既然物理方程中各项的量纲相同，若用物理方程中的任何一项去通除整个方程，则方程变成了无量纲方程。

量纲分析法就是基于物理方程量纲一致性原则提出的。它是从量纲分析入手，找出流动过程的相似准则数，并借助实验得到表征这些相似准则数之间函数关系的无量纲物理方程——准则方程。根据相似原理，将准则方程式直接应用到原型或其他相似流动中去。

## 二、量纲分析法

1. 雷利法

雷利（Rayleigh）法是用定性物理量 $x_1$、$x_2$、…、$x_n$ 的某种幂次之和的函数来表示被决定的物理量 $y$，即

$$y = Cx_1^{a_1}x_2^{a_2}\cdots x_n^{a_n} \tag{6-40}$$

式中　　$C$——无量纲系数，由实验确定；

$a_1$、$a_2$、…、$a_n$——待定指数，根据量纲一致性原则求出。

【例 6-4】建立判别流动状态的雷诺数方程。在雷诺实验中，已知下临界速度 $v_{cr}$ 的大小与管径 $d$、流体密度 $\rho$ 及动力黏度系数 $\mu$ 有关。

**解**　首先将各参数写成函数形式，即

$$v_{cr} = f(d,\rho,\mu)$$

为找出 $d$、$\rho$、$\mu$ 之间组合关系，按雷利法用 $\alpha$、$\beta$、$\gamma$ 表示 $d$、$\rho$、$\mu$ 的幂次，因此上式可改写成

$$v_{cr} = Cd^{\alpha}\rho^{\beta}\mu^{\gamma}$$

用基本量纲表示方程中各物理量的量纲，则有

$$[LT^{-1}] = [L]^{\alpha}[ML^{-3}]^{\beta}[ML^{-1}T^{-1}]^{\gamma}$$

根据量纲一致性原则，等式两端量纲必须相等，即

$[L]$:　　$1 = \alpha - 3\beta - \gamma$

$[M]$:　　$0 = \beta + \gamma$

$[T]$:　　$-1 = -\gamma$

联立求解上述方程得 $\alpha = -1$，$\beta = -1$，$\gamma = 1$。则

$$v_{cr} = Cd^{-1}\rho^{-1}\mu$$

或

$$C = Re_{cr} = \frac{v_{cr}d\rho}{\mu} = \frac{dv_{cr}}{\nu}$$

上式就是以临界速度判别流动状态的关系式，即雷诺数表达式。

应用雷利法，首先应列出可能影响流动，且将在关系式中出现的各种参数，用这些参数写成指数形式的关系式，并用各参数的量纲来代替式中的各参数。这样就可以应用量纲一致性原则求得式中各参数的指数，最后整理成关系式。

但是雷利法只能用于比较简单的问题，当关系式中基本量纲的个数少于影响流动参数的个数时，在联立各参数的指数方程时，将出现方程的解不能唯一的现象。如例题 6-4

中，关系式中的基本物理量有质量、长度和时间，而影响 $v_{cr}$ 的参数也恰好为 3 个，所以 $\alpha$、$\beta$、$\gamma$ 的解是确定的。如果参数的个数大于等于 4 个，而方程组中方程的个数只有 3 个，这样就无法确定 3 个参数以外的未知变量。

2. π 定理——布金汉法

π 定理又称布金汉（E. Buckingham）法，所谓布金汉方法，就是对于某一流动问题，若影响该流动的变量有 $n$ 个，而这些变量中有 $m$ 个基本量纲（$m<n$），于是就可以把这些变量排列成（$n-m$）个独立的无量纲量，并组成无量纲量之间的关系式。这些无量纲量用 π 表示，所以称为 π 定理。

设影响某一物理过程的物理量有 $x_1$、$x_2$、…、$x_n$ 等 $n$ 个，其函数形式为

$$F(x_1,x_2,\cdots,x_n)=0 \tag{6-41}$$

在 $n$ 个物理量中取出 $m$ 个物理量作为基本量，这 $m$ 个基本量的量纲都不能由 $m$ 个以外的任何其他量来导出，则这个物理过程可用由 $n-m$ 个无量纲量的函数关系式来描述。$n-m$ 个无量纲量可用 $\pi_i$（1，2，…，$n-m$）来表示，其无量纲量的函数关系式，即准则方程式为

$$f(\pi_1,\pi_2,\cdots,\pi_{n-m})=0 \tag{6-42}$$

在流体力学中，通常取 $m=3$，即取流速 $v$，流体密度 $\rho$ 和流动的任一特征长度 $l$ 等 3 个物理量为基本量，分别用 $x_{n-2}$、$x_{n-1}$ 和 $x_n$ 表示。它们的量纲为 $[Lt^{-1}]$、$[ML^{-3}]$ 和 $[L]$，且都是独立的。

如果这 3 个基本量 $x_{n-2}$、$x_{n-1}$、$x_n$ 取定以后，关系式中其他量的量纲可由基本量的量纲导出

$$[x_i]=[x_{n-2}]^{\alpha_i}[x_{n-1}]^{\beta_i}[x_n]^{\gamma_i} \tag{6-43}$$

如果用 $\pi_1$、$\pi_2$、…、$\pi_{n-3}$ 表示由基本量量纲组合而成的其他各量的无量纲量，则有

$$x_i=\pi_i x_{n-2}^{\alpha_i}x_{n-2}^{\beta_i}x_n^{\gamma_i} \tag{6-44}$$

$$\pi_i=\frac{x_i}{x_{n-2}^{\alpha_i}x_{n-1}^{\beta_i}x_n^{\gamma_i}} \tag{6-45}$$

或

$$F(\pi_1,\pi_2,\cdots,\pi_{n-3})=0 \tag{6-46}$$

为使每一个 π 值为无量纲量，必须按上述量纲分析的规律确定每个 π 值中的 $\alpha$、$\beta$、$\gamma$。

从上述关系式的转化过程可以看出，这里把 $n$ 个有量纲量 $x_1$、$x_2$、…、$x_n$ 组成的函数关系简化成少 3 个（或 $m$ 个）基本量，即剩下 $n-3$（或 $n-m$）个无量纲量之间的函数关系式，然后再用量纲一致性原则解出参数 $\alpha$、$\beta$、$\gamma$。

【例 6-5】已知均匀流的沿程压力损失（或压强差）与管中流速 $v$，密度 $\rho$，管径 $d$，管长 $l$，粗糙度 $\Delta$ 及黏滞系数 $\mu$ 等参数有关。试用 π 定理求出沿程水头损失 $h_f$ 的表达式。

**解** 由题意写出函数关系式

$$\Delta p=f(v,\rho,d,\Delta,l,\mu)$$

或

$$F(v,\rho,d,\Delta,l,\mu,\Delta p)=0$$

这里有 7 个参数，取 $v$、$\rho$、$d$ 三个基本量后，可以得到 4 个 π 值，即

$$\pi_1=\frac{\Delta}{d}$$

$$\pi_2=\frac{l}{d}$$

$$\pi_3=\frac{\mu}{V^{\alpha_3}\rho^{\beta_3}d^{\gamma_3}}$$

$$\pi=\frac{\Delta p}{V^{\alpha}\rho^{\beta}d^{\gamma}}$$

于是有

$$[LT^{-1}]^{\alpha_3}[ML^{-3}]^{\beta_3}[L]^{\gamma_3}=[ML^{-1}T^{-1}]$$

$L$： $\alpha_3-3\beta_3+\gamma_3=-1$

$T$： $-\alpha_3=-1$

$M$： $\beta_3=1$

解得 $\alpha_3=1$，$\beta_3=1$，$\gamma_3=1$，因而 $\pi_3=\dfrac{\mu}{v\rho d}=\dfrac{1}{Re}$。

$$[ML^{-1}T^{-2}]=[LT^{-1}]^{\alpha}[ML^{-3}]^{\beta}[L]^{\gamma}$$

$L$： $-1=\alpha-3\beta+\gamma$

$T$： $-2=-\alpha$

$M$： $1=\beta$

解得 $\alpha=2$，$\beta=1$，$\gamma=0$，因而 $\pi=\dfrac{\Delta p}{\rho v^2}=Eu$。

此外 $\pi_1=\dfrac{\Delta}{d}$，$\pi_2=\dfrac{l}{d}$，于是得

$$F\left(\frac{\Delta}{d},\frac{l}{d},\frac{1}{Re},\frac{\Delta p}{\rho v^2}\right)=0$$

或

$$\frac{\Delta p}{\rho v^2}=f\left(\frac{\Delta}{d},\frac{l}{d},\frac{1}{Re}\right)$$

由于管路中压强是随管长线性变化的，且对某些项乘以一个其他无量纲的系数，或取其倒数，并不影响该无量纲量的性质，所以有

$$\frac{\Delta p}{\rho}=f_1\left(Re,\frac{\Delta}{d}\right)\frac{l}{d}\frac{v^2}{2}$$

上式两端同除以重力加速度 $g$，并令 $f_1\left(Re,\dfrac{\Delta}{d}\right)=\lambda$，则

$$h_f=\lambda\frac{l}{d}\frac{v^2}{2g}$$

## 复习思考题

1. 采用模型实验在工程实践中有何意义？
2. 怎样才能使发生在模型中的流动现象与原型中的相似？
3. 何谓动力相似准则，常用的相似准则有哪些？各适用于什么条件？
4. 有压流和无压流分别按什么准则设计模型，理由又是什么？
5. 在欧拉准则中，若以压力差 $\Delta p$ 来代替压力 $p$，对 $\Delta p$ 有何限制？任举一例说明。

6. 何谓流体的自动模化？不可压缩流体的有压流动具有哪两个自模区？

7. 何谓量纲、基本量纲和导出量纲？

8. 有量纲数和无量纲数在运算中有何区别？

9. 什么是物理方程的量纲和谐性？

10. 量纲分析的实质是什么？π 定理中基本量的选取有何要求？对同一问题，因基本量选择不同是否影响结果？试举一例说明。

11. 直径 $d=200$ mm 的输油管，输送黏度 $\nu=40\times10^{-6}\text{m}^2/\text{s}$、密度 $\rho=840\ \text{kg/m}^3$ 的油，流量 $Q=0.01\ \text{m}^3/\text{s}$。若在模型实验中采用直径 $d'=50$ mm 的圆管，试确定模型中分别采用 20 ℃的水和 20 ℃的空气做实验时的流量。

12. 欲用 15 ℃的水模拟 20 ℃的空气在通风巷道中的流动。已知空气的速度 $v=6$ m/s，模型尺寸是原型的 1/5 倍，试求试验水速 $v'$。今测得模型单位长度上的压力损失 $\Delta p'=250$ Pa，试确定通风巷道中单位长度的压力损失。

13. 测量空气流量的孔板直径 $d=100$ mm，管道直径 $D=200$ mm。今用水来做实验，测得孔板流量系数不随 $Re$ 变化时的最小流量为 $Q=1.6\times10^{-3}\text{m}^3/\text{s}$，孔板前后的压差为 6000 Pa，若水和空气均为 20 ℃，则：

(1) 该孔板用来测量空气时，最小流量是多少？

(2) 相应流量下孔板前后的压差是多少？

14. 原型船长 50 m，今用长 4 m 的模型船进行阻力实验。当模型船以 1.5 m/s 的速度前进时，阻力为 50 N。在动力相似情况下，原型船的行进速度是多少？所受的阻力多大？

15. 今用尺寸为 1/10 的模型做明渠流实验。设原型的过流面积 $A=1.5\ \text{m}^2$，流量 $Q=3\ \text{m}^3/\text{s}$。实验所用介质相同，试确定模型过流面积和实验时的流量。

16. 用 π 定理分析球体的运动阻力 $F$ 表达式。设阻力只与速度 $v$、球体直径 $d$、流体密度 $\rho$、黏度 $\mu$ 有关。

17. 已知流体与管壁间的切应力 $\tau_0$ 是流体密度 $\rho$、运动黏度 $\nu$、速度 $v$、管径 $d$ 和粗糙度 $\Delta$ 的函数。试用无量纲方程给出 $\tau_0$ 的表达式。

18. 若球形颗粒的沉降速度 $u_t$ 依赖于颗粒的直径 $d_s$、密度 $\rho_s$、流体的密度 $\rho$、黏度 $\mu$ 和重力加速度 $g$。试用无量纲方程将 $u_t$ 表示成其他变量的函数。

# 第二篇 泵 与 风 机

# 第七章 概 述

泵与风机都是流体机械，它们的作用是将原动机的机械能转换为流体的能量，从而克服阻力以输送流体。输送水或其他液体的机械称为泵，输送空气或其他气体的机械称为风机。泵与风机广泛应用于各行各业中。

## 第一节 泵与风机的分类及工作原理

泵与风机按作用原理可分为叶片式、容积式和其他型式3种类型。

### 一、叶片式

叶片式泵与风机是依靠工作叶轮的旋转运动，使流体获得能量并输送流体的设备。该设备工作转轴上安有叶轮，根据叶轮结构形式又分为离心式、轴流式及混流式。叶片式泵与风机是本篇重点介绍内容。

1. 离心式

流体进入叶轮后，主要沿径向流动，高速旋转的叶轮对流体做功，提高流体的压力能与动能。图7-1所示为单级单吸离心泵，图7-2所示为离心通风机，图7-3所示为分段式多级离心泵。目前离心式泵与风机使用最广泛。

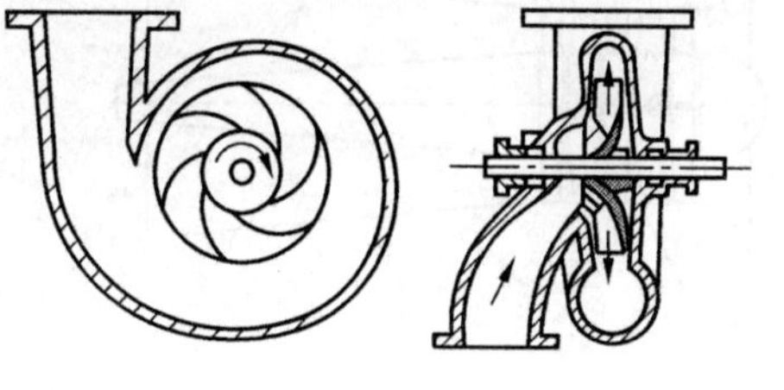

图7-1 单级单吸离心泵

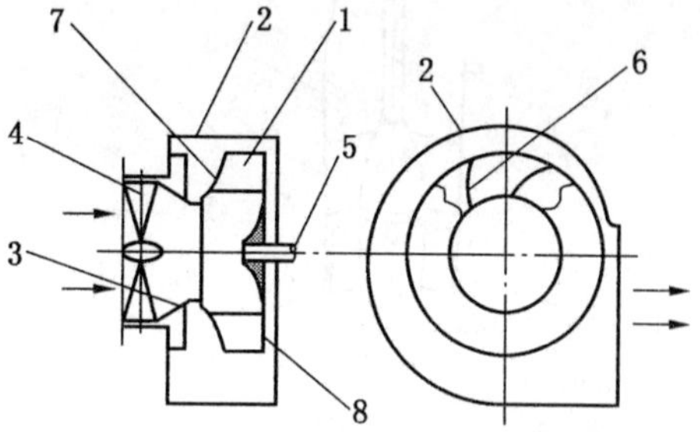


1—叶轮；2—外壳；3—集流器；4—轴向导流器；5—主轴；6—叶片；7—前盘；8—后盘

图7-2 单级、单侧进风离心通风机

2. 轴流式

流体进入叶轮后，近似地在圆柱形表面上沿轴线方向流动，并借旋转叶轮上的叶片产生升力来输送，同时提高其能量。轴流泵或轴流风机所输送流体的流量比离心式大，但扬程（全压）要比离心式低。图7-4所示为单级轴流式水泵，图7-5所示为两级轴流式通风机。

轴流式风机大多用作矿山井下通风机、大容量发电机组锅炉鼓风机。轴流泵大多用

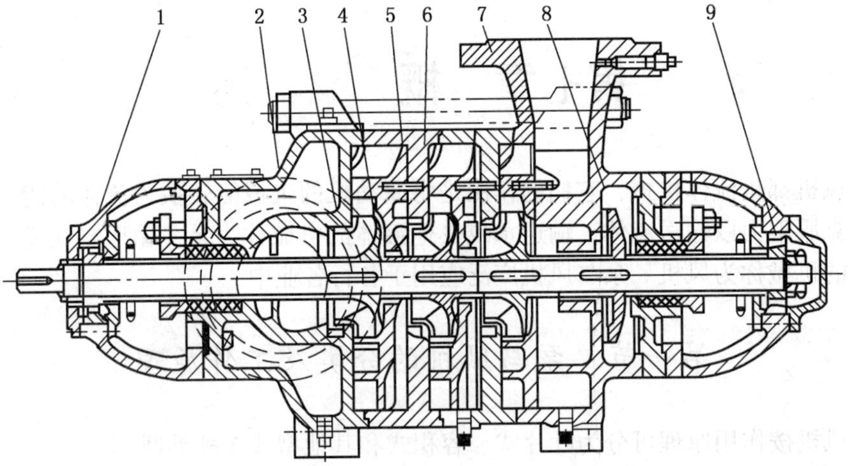


1—轴承体；2—前段；3—密封环；4—叶轮；
5—导轮；6—中段；7—后段；8—平衡盘；9—轴承

图 7-3　分段式多级泵

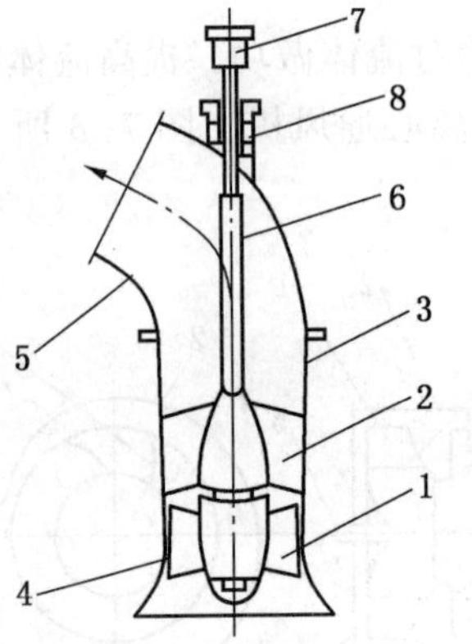


1—叶轮；2—导叶；3—外壳；4—进水口；
5—出水弯头；6—主轴；7—联轴节；
8—密封填料

图 7-4　单级轴流式水泵

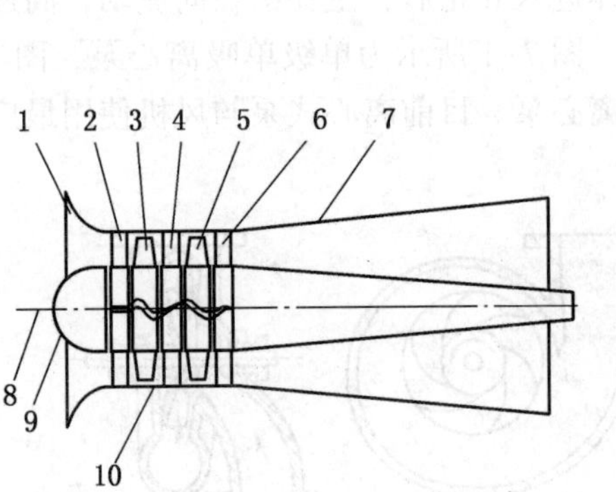


1—集流器；2—前导叶；3—第一级叶轮；4—中导叶；
5—第二级叶轮；6—后导叶；7—扩散器；8—主轴；
9—疏流罩；10—外壳

图 7-5　两级轴流式通风机

作发电厂的循环水泵。总之，轴流式泵与风机适用于流量大、扬程（全压）低的场合。

3. 混流式

流体进入叶轮后，流动方向处于轴流式和离心式之间，近似沿锥面流动。混流泵与风机的性能介于离心式与轴流式之间，其流量大于离心式但小于轴流式，扬程（全压）大于轴流式而小于离心式。

## 二、容积式

容积式泵与风机是依靠工作容积不断改变使流体获得能量，并输送流体的设备。它可分为往复式和回转式。

1. 往复式

往复式泵与风机主要有活塞式、柱塞式等类型。现以活塞泵为例说明其工作原理。图7-6所示的活塞泵主要由泵缸和活塞组成。活塞由曲柄、连杆带动，将原动机的回转运动转变为在泵缸内的往复运动。当活塞向右移动，泵缸内容积增大，压力降低，吸水阀打开，液体被吸入泵缸内，这就是吸液过程。活塞向左移动，泵缸内的液体受到挤压，压力升高，吸水阀被关闭，高压液体冲开出水阀而排向压力管路。

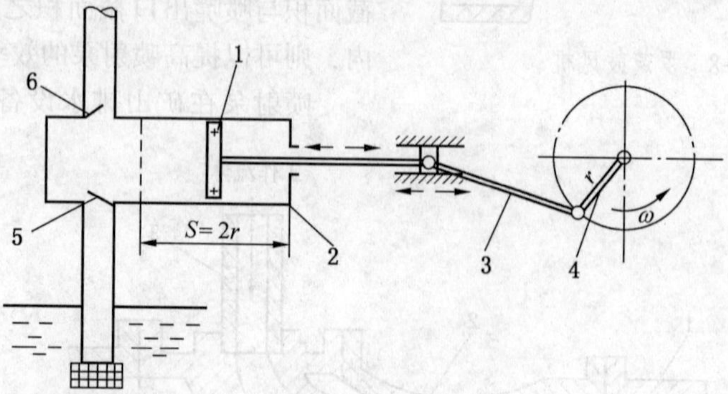


1—活塞；2—泵缸；3—连杆；4—曲柄；5—吸水阀；6—排水阀

图 7-6　活塞泵

往复式泵与风机输送的流量较小，且不够均匀，但压力较高。一般往复式泵用于液体管道压力和密封性试验；而往复式风机主要用于生产高压气体，也称为压缩机。

2. 回转式

回转式泵与风机主要有齿轮泵、罗茨鼓风机及螺杆泵。

图7-7所示为齿轮泵。齿轮泵具有一对相互啮合的齿轮，主动齿轮旋转时，带动从动齿轮一起旋转，旋转的齿轮将从吸入管进入的液体挤压至压出管排出。齿轮泵一般用于输送黏性较大的油。

图7-8所示为罗茨鼓风机。它依靠两个两叶或三叶的转子作相反方向的旋转，达到传递能量并增高气体压力的目的。

螺杆泵的作用原理与齿轮泵相近，是利用螺杆互相啮合来吸入和排出液体的回转式泵。当主动螺杆旋转时，从动螺杆作相反方向的旋转，这时密封腔就轴向移动，从而把液体由吸入口压向排出口。螺杆泵转速比较高，无须阀门，流量连续均匀，吸入能力强，效率较高，特别适用于输送黏性较高的介质和含固体颗粒的液体。




1—主动齿轮；2—从动齿轮；3—吸入管；4—压出管

图 7-7　齿轮泵

## 三、其他类型

除了叶片式及容积式泵与风机外，还有喷射泵及水锤泵等。

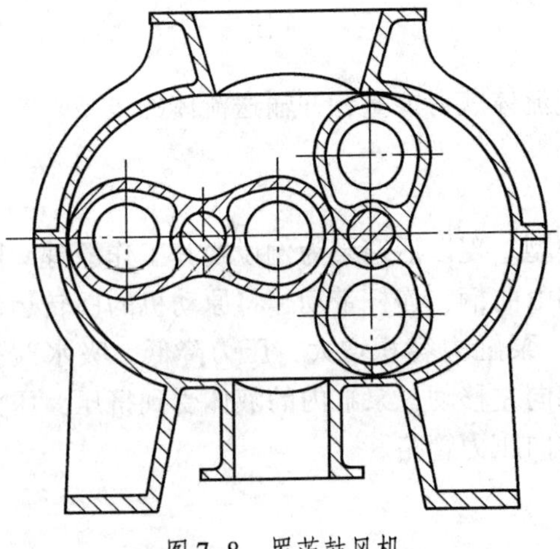

图 7-8　罗茨鼓风机

图 7-9 所示为喷射泵。工作流体进入喷嘴，流体在喷嘴中将部分压力能转化成动能，使工作流体以很高的速度从喷嘴射出，进入扩散室。由于高速射流携带周围的流体一起前进，于是在高速射流的周围形成真空，被抽吸的流体沿着吸入管路进入高速射流的周围，高速射流又将其携带并送入压力管路，如此周而复始，不断将流体吸入与排出。喷射泵的工作流体既可以是蒸汽，也可以是水。

喷射泵效率较低，若喷射泵吸入室出口截面积与喷嘴出口截面积之比在 3~5 的范围内，则可以提高喷射泵的效率。

喷射泵在矿山排水设备中，用来抽出水泵腔内空气，实现无底阀排水，提高离心泵的吸入性能。在火力发电厂中，喷射泵用以抽吸凝汽器内的空气。

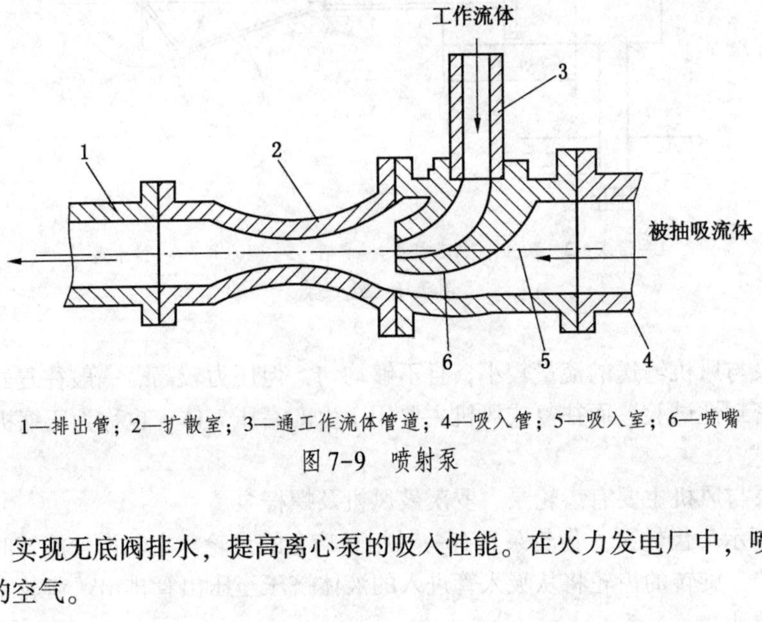


1—排出管；2—扩散室；3—通工作流体管道；4—吸入管；5—吸入室；6—喷嘴

图 7-9　喷射泵

## 第二节　叶片式泵与风机的性能参数

叶片式泵与风机的主要性能参数有流量、扬程（全压）、功率、转速及效率等。泵的性能参数还有汽蚀余量。

### 一、流量

单位时间内泵或风机所输送的流体量称为流量。这个量常用的有体积流量与质量流量两种。体积流量用符号 $Q$ 表示，单位为 $m^3/s$、$m^3/min$、$m^3/h$。质量流量用符号 $Q_m$ 表示，单位为 kg/s、kg/min、kg/h。

## 二、扬程或全压

1. 扬程

单位重量液体在泵内所获得的能量称为扬程。扬程用符号 $H$ 表示，其单位为 m，习惯上称为米液柱高。泵按工作时产生的扬程大小分为低压泵（压力在 2 MPa 以下）、中压泵（压力为 2~6 MPa）和高压泵（压力在 6 MPa 以上）。

2. 全压

单位体积气体在风机内所获得的能量称为全压，以符号 $p$ 表示，单位为 Pa。风机按工作时产生的全压大小分为通风机（全压小于 15 kPa）和鼓风机（全压在 15~340 kPa）。

## 三、功率

1. 轴功率

原动机传递给泵或风机轴上的功率，称轴功率，即输入功率。以 $P$ 表示，单位为 kW。

2. 有效功率

泵或风机传递给所输送流体的功率，称有效功率，即输出功率。以 $P_x$ 表示，单位为 kW。

泵的有效功率

$$P_x = \frac{\rho g H Q}{1000} \tag{7-1}$$

风机的有效功率

$$P_x = \frac{pQ}{1000} \tag{7-2}$$

## 四、转速

泵与风机轴每分钟的转数称为转速，以 $n$ 表示，单位为 r/min。

泵与风机的转速越高，则它们所输送的流量、扬程（全压）亦越大。转速增高可使叶轮级数减少，泵轴长度缩短，这样长而细的轴就可以转变成短而粗的轴。短而粗的泵轴增加了它运转时的抗干扰性；同时泵轴缩短还可降低轴的静挠度，增加运转时的安全性。

此外，泵转速的增加还可以使叶轮的直径相对地减小，泵体直径因此缩小，泵壳厚度亦可减薄，这样不但泵壳紧固处的压力能改善，而且还能改善热冲击性。叶轮直径降低与叶轮级数减少，能使泵的重量、体积大为降低。虽然目前国内、外已普遍使用高转速的水泵，但因为高转速受到材料强度、泵汽蚀、泵效率等因素的制约，所以国内水泵的最高转速一般为 5000~6000 r/min。

## 五、效率

泵与风机输入功率不可能全部传给被输送的流体，其中必有一部分能量损失。被输送的流体实际所得到的有效功率比原动机传递至泵与风机轴端的轴功率要小，它们的比值称为泵或风机的效率，以符号 $\eta$ 表示。即

$$\eta=\frac{P_x}{P} \tag{7-3}$$

泵与风机的效率越高，则流体从泵或风机中得到的能量有效部分就越大，经济性就越高。

### 六、允许吸上真空度

允许吸上真空度是叶片式泵特有的一个表征吸入性能好坏的参数，它是指在保证泵不发生空蚀情况下，泵吸入口处所允许达到的真空度，用符号 $H_s$ 表示，单位为 m。

目前，表示泵抗空蚀性能还有另一个参数，即空蚀余量。泵的空蚀余量是指单位重量的液体从泵吸入口流至叶轮进口压力最低处的压力降落量，又称必须空蚀余量（国外称此为净正吸入头），记为 $(NPSH)_r$。

## 复习思考题

1. 试述泵与风机在矿井生产中的作用。
2. 泵与风机主要的类型有哪些？
3. 试述离心式和轴流式泵与风机的工作原理。
4. 试述喷射泵的工作原理。
5. 试述水环式真空泵的工作原理。
6. 试比较叶片式泵与风机的工作参数的意义、单位有何异同？
7. 已知风机产生的静压为 270 Pa，风量为 90 $m^3/s$，风机静压效率为 80%，求风机的轴功率。
8. 已知水泵的扬程 $H=127$ m，流量 $Q=450$ $m^3/h$，效率为 72.3%，所输送矿水密度为 1020 $kg/m^3$。求该泵的轴功率。

# 第八章　叶片式泵与风机

## 第一节　离心式泵与风机的基本理论

### 一、离心式泵与风机的工作原理

如图 8-1 所示，离心式水泵的叶轮由原动机带动作高速旋转，流体在高速旋转的叶轮内，靠叶片的作用获得能量并被甩出叶轮，抛入泵壳内，泵壳汇集液体送入压力管路内。液体流出泵后，叶轮内产生真空，水池的水在大气压力作用下通过滤水器吸水管路而进入叶轮。原动机连续不断运转，泵将如此周而复始地循环工作。

离心式风机工作原理与水泵完全相同，不同的是输送的流体是空气。

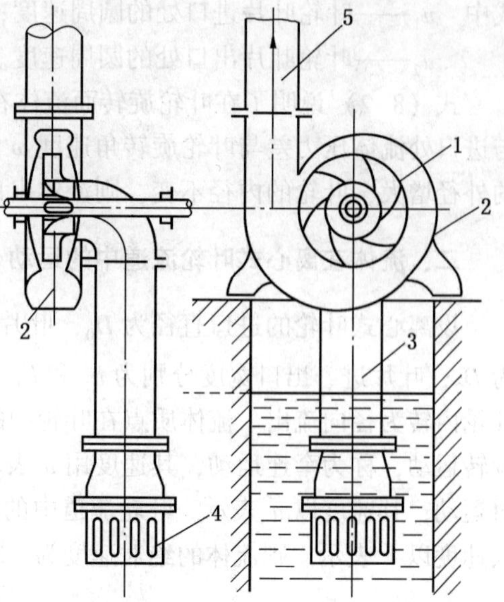


1—叶轮；2—泵壳；3—吸水管路；4—滤水器；5—压力管路

图 8-1　离心式水泵

对于图 8-2 所示的离心式叶轮，如果封闭叶轮的进、出口流道，并且流体在流道内不流动，在叶轮流道内任意半径 $r$ 处，取一宽为 $b$，厚为 $\mathrm{d}r$ 的流体微团（质点）。其质量为

$$\mathrm{d}m=\rho\cdot r\mathrm{d}\varphi\cdot b\cdot \mathrm{d}r$$

式中　$\rho$——流体的密度，$\mathrm{kg/m^3}$；

$b$——流道宽度，m。

叶轮旋转时，该流体微团在径向受到的表面压力 $p$ 及 $p+\mathrm{d}p$，如图 8-2 所示。而质量为 $\mathrm{d}m$ 的流体随叶轮以 $\omega$ 旋转时产生的离心力为 $\mathrm{d}F$，其值为

$$\mathrm{d}F=\omega^2 r\mathrm{d}m=\rho\omega^2 r^2 b\mathrm{d}\varphi\mathrm{d}r$$

离心力 $\mathrm{d}F$ 所作用的面积为

$$\mathrm{d}A=(r+\mathrm{d}r)\mathrm{d}\varphi\cdot b\approx r\mathrm{d}\varphi\cdot b$$

作用在微团外缘表面单位面积上的离心力 $\mathrm{d}f$ 为

$$\mathrm{d}f\approx \mathrm{d}F/\mathrm{d}A=\rho\omega^2 r\mathrm{d}r$$

单位面积上的离心力 $\mathrm{d}f$，其值恰好与径向压力差 $\mathrm{d}p$ 相等，即

$$\mathrm{d}p=\mathrm{d}f=\rho\omega^2 r\mathrm{d}r$$

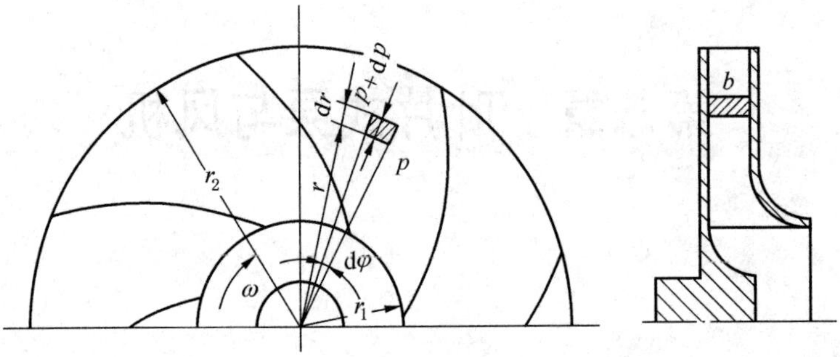


图 8-2 离心式叶轮

倘若流体是不可压缩的，则叶轮外径与内径处的压力差为

$$p_2-p_1=\int_{p_1}^{p_2}\mathrm{d}p=\int_{r_1}^{r_2}\rho\omega^2 r\mathrm{d}r=\frac{1}{2}\rho\omega^2(r_2^2-r_1^2)$$

$$p_2-p_1=\frac{1}{2}\rho(u_2^2-u_1^2) \tag{8-1}$$

则

$$\frac{p_2-p_1}{\rho g}=\frac{(u_2^2-u_1^2)}{2g} \tag{8-2}$$

式中 $u_1$——叶轮叶片进口处的圆周速度；

$u_2$——叶轮叶片出口处的圆周速度。

式（8-2）说明了在叶轮旋转而流体在流道内不流动，且流体不可压缩时，叶轮出口与进口处流体压力差与叶轮旋转角速度 $\omega$ 的平方成正比，与叶轮内、外直径有关。若叶轮的外径增大，叶轮的内径不变，则流体出口与进口压力差增大。

## 二、流体在离心式叶轮流道中的运动

设离心式叶轮的进口直径为 $D_0$，叶片的进口直径为 $D_1$，叶轮外径即叶片的出口直径为 $D_2$，叶片进、出口宽度分别为 $b_1$ 和 $b_2$。当叶轮旋转时，流体从轴向进入叶轮，然后在叶轮内转为径向流出。流体质点在叶轮中的运动是一个复合运动。它一方面随叶轮一起作旋转运动，称为牵连运动，其速度用 $\vec{u}$ 表示；另一方面在叶轮流道中沿叶片运动，称为相对运动，其速度以 $\vec{w}$ 表示。叶轮流道中的任意流体质点相对于地面的运动称为绝对运动，其速度以 $\vec{c}$ 表示。则流体的绝对速度为

$$\vec{c}=\vec{w}+\vec{u}$$

图 8-3 所示为叶轮内流体的运动。流体在叶轮内的复合运动一般用速度三角形来表示。在速度三角形中，绝对速度 $c$ 与圆周速度 $u$ 间的夹角用 $\alpha$ 表示，称为叶片工作角（或绝对流动角）；相对速度 $w$ 与圆周速度反方向的夹角用 $\beta$ 表示，称为叶片安装角（理论上也称相对流动角）。为了便于分析，将绝对速度分解为在圆周方向上的分量 $c_u$（称为圆周分速度）和在半径方向上的分量 $c_r$（称为径向分速度），即

$$c_u=c\cos\alpha \qquad c_r=c\sin\alpha \tag{8-3}$$

流体在叶轮中所获得的能量，只与叶轮的叶片进、出口参数有关，所以需要给出叶轮

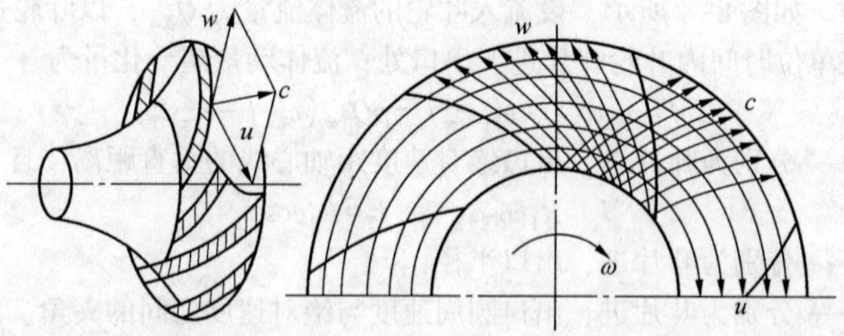


(a) 流面　　(b) 流线

图 8-3　叶轮内流体的运动

流道叶片进口与出口处的速度三角形，并用下角标“1”和“2”表示叶轮叶片进、出口处的流体参数，如图 8-4 所示。

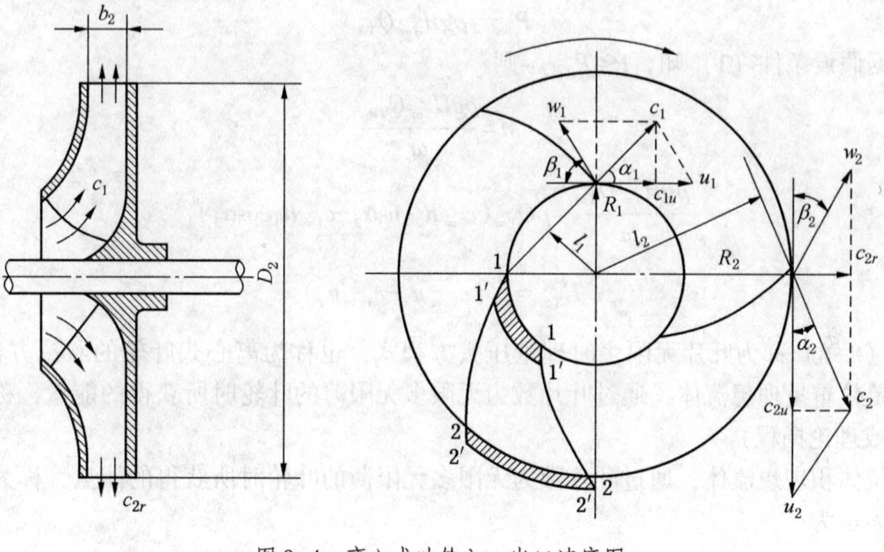


图 8-4　离心式叶轮入、出口速度图

### 三、离心式泵与风机的基本方程式

1. 离心式叶轮理论压头方程式

流体在叶轮内的流动过程中，旋转的叶片将能量传递给流体，与此同时流体的压力能与动能都相应增加。

为了便于讨论，在此作以下几点假设：

（1）叶轮内流动的流体为理想流体，在推导方程时可不计能量损失。

（2）叶轮的叶片数无限多且厚度无限薄，所以流道的宽度无限小，那么流体完全沿着叶片的弯曲形状流动。

（3）流体为不可压缩且流动为定常流。

在上述假设条件下求出的压头称为叶片无限多理论压头，其方程式称为叶片无限多理论压头方程式。叶片为无限多无限薄时的各参数用下角标“∞”表示。

根据动量矩定理，在定常流动中，单位时间内流体动量矩的变化 $\Delta M$，等于作用在流

体上的外力矩 $M$。如图 8-4 所示，设流入叶轮的流体流量为 $Q_{T\infty}$，以叶轮进口及叶轮出口为控制面，则在单位时间内叶轮叶片进、出口处，流体动量矩变化量为

$$\Delta M=m_2c_{2\infty}l_2-m_1c_{1\infty}l_1=\rho Q_{T\infty}(c_{2\infty}l_2-c_{1\infty}l_1) \tag{8-4}$$

式中　$l_1$、$l_2$——分别为叶片进、出口绝对速度距轴心线的垂直距离，且

$$l_1=R_1\cos\alpha_1 \qquad l_2=R_2\cos\alpha_2 \tag{8-5}$$

$R_1$、$R_2$——分别为叶片进、出口半径；

$\alpha_1$、$\alpha_2$——分别为叶片进、出口圆周速度与绝对速度之间的夹角。

设原动机传递给叶轮轴上的力矩为 $M$，叶轮的角速度为 $\omega$，则原动机传递给叶轮的轴功率为

$$P=M\omega \tag{8-6}$$

设单位重量的流体通过叶轮后所获得的能量为 $H_{T\infty}$，则叶轮输出功率，即理论有效功率为

$$P_{T\infty}=\rho gH_{T\infty}Q_{T\infty} \tag{8-7}$$

根据假设条件（1）知，$P=P_{T\infty}$，则

$$M=\frac{\rho gH_{T\infty}Q_{T\infty}}{\omega}$$

由于

$$\frac{\rho gH_{T\infty}Q_{T\infty}}{\omega}=\rho Q_{T\infty}(c_{2\infty}R_2\cos\alpha_2-c_{1\infty}R_1\cos\alpha_1)$$

则有

$$H_{T\infty}=\frac{1}{g}(c_{2u\infty}u_2-c_{1u\infty}u_1) \tag{8-8}$$

式（8-8）称为叶片无限多时理论压头方程式，也称为离心式叶轮的欧拉方程。$H_{T\infty}$ 表示为单位重量理想流体，通过叶片数为无限多无限薄的叶轮时所获得的能量，称为理论压头（或理论扬程）。

单位体积理想流体，通过叶片数为无限多无限薄的叶轮时所获得的能量，称为理论全压，可表示为

$$p_{T\infty}=\rho gH_{T\infty}=\rho(c_{2u\infty}u_2-c_{1u\infty}u_1) \tag{8-9}$$

分析式（8-8）及式（8-9）可知：

（1）流体所获得的能量，仅与流体在叶片进、出口处的速度有关，与流动过程无关。

（2）理论压头 $H_{T\infty}$ 的大小与被输送流体的种类无关，只是与转速 $n$、叶轮直径、叶片进出口安装角和流量 $Q_T$ 等因素有关；被输送的流体无论液体还是气体，只要叶片进、出口处速度三角形相同，都可以得到相同的压头。而理论全压 $p_{T\infty}$ 与流体的种类有关。

（3）压头与叶轮外圆周速度 $u_2$ 成正比，而 $u_2=\frac{\pi D_2n}{60}$，所以当其他条件相同时，叶轮外径 $D_2$ 越大，转速 $n$ 越高，压头就越大。

方程式（8-8）及式（8-9）说明流体通过叶轮后，动能与压力能均有提高。由速度三角形，根据余弦定理可得

$$w_{2\infty}^2=u_2^2+c_{2\infty}^2-2u_2c_{2\infty}\cos\alpha_2=u_2^2+c_{2\infty}^2-2u_2c_{2u\infty}$$

$$w_{1\infty}^2=u_1^2+c_{1\infty}^2-2u_1c_{1\infty}\cos\alpha_1=u_1^2+c_{1\infty}^2-2u_1c_{1u\infty}$$

两式移项后得

$$u_1c_{1u\infty}=(u_1^2+c_{1\infty}^2-w_{1\infty}^2)$$

$$u_2c_{2u\infty}=(u_2^2+c_{2\infty}^2-w_{2\infty}^2)$$

将上两式代入式（8-8），可得出理论压头方程式的另一种形式，即

$$H_{T\infty}=\frac{c_{2\infty}^2-c_{1\infty}^2}{2g}+\frac{u_2^2-u_1^2}{2g}+\frac{w_{1\infty}^2-w_{2\infty}^2}{2g} \tag{8-10}$$

上式说明，在不计位能时，流体的总能量可分为动能和压力能两部分。式（8-10）等号右边第一项即为压头中的动能增量，称为动压 $H_{Td\infty}$，即

$$H_{Td\infty}=\frac{c_{2\infty}^2-c_{1\infty}^2}{2g} \tag{8-11a}$$

式（8-10）的第二、三项之和为压力能的增量，称为静压 $H_{Tst\infty}$，即

$$H_{Tst\infty}=\frac{u_2^2-u_1^2}{2g}+\frac{w_{1\infty}^2-w_{2\infty}^2}{2g} \tag{8-11b}$$

式（8-10）中第二项可看做是离心力作用使流体压力升高，而将第三项看做是相对速度从 $w_{1\infty}$ 降低至 $w_{2\infty}$ 时流体所升高的压力。

理论压头 $H_{T\infty}$ 为静压和动压之和，即

$$H_{T\infty}=H_{Tst\infty}+H_{Td\infty} \tag{8-11c}$$

同理，理论全压为

$$p_{T\infty}=p_{Tst\infty}+p_{Td\infty} \tag{8-12}$$

（4）若 $\alpha_{1\infty}=90°$，流体径向进入叶轮，则 $u_{1\infty}\cos\alpha_1=0$，式（8-8）可改写为

$$H_{T\infty}=\frac{1}{g}c_{2u\infty}u_2 \tag{8-13}$$

2. 理论压头及理论功率与理论流量的关系

1）离心式叶轮理论流量

叶轮在无泄漏时，单位时间内输送流体的体积量，称为离心式泵与风机的理论流量，即

$$\begin{cases}Q_T=\varphi Q_{T\infty}\\ Q_{T\infty}=\pi D_2b_2c_{2r\infty}\end{cases} \tag{8-14}$$

式中　$\varphi$——叶片排挤系数，表示叶轮出口处实际面积与不计叶片厚度时面积的比值。

2）离心式叶轮理论压头与流量的关系

由式（8-14），得

$$c_{2r\infty}=\frac{Q_{T\infty}}{\pi D_2b_2}$$

由图 8-2 可知，出口扭曲速度（圆周分速度）为

$$c_{2u\infty}=u_2-c_{2r\infty}\cot\beta_2=u_2-\frac{\cot\beta_2}{\pi D_2b_2}Q_{T\infty} \tag{8-15}$$

将式（8-15）代入式（8-13），得

$$H_{T\infty}=\frac{u_2^2}{g}-\frac{u_2}{g}\frac{\cot\beta_2}{\pi D_2b_2}Q_{T\infty}=A-BQ_{T\infty} \tag{8-16}$$

式中，$A=\frac{u_2^2}{g}$，$B=\frac{u_2}{g}\frac{\cot\beta_2}{\pi D_2b_2}$。

式（8-16）为离心式叶轮的理论压头与理论流量的关系式。

3）离心式叶轮理论功率与流量的关系

由式（8-7）可知，无能量损失时，流体获得的理论功率为

$$P_{T\infty}=\rho g H_{T\infty} Q_{T\infty}$$

将式（8-16）代入上式，得

$$P_{T\infty}=\rho g Q_{T\infty}(A-BQ_{T\infty})=CQ_{T\infty}-DQ_{T\infty}^2 \tag{8-17}$$

式中，$C=\rho gA=\rho u_2^2$，$D=\rho gB=\rho u_2\dfrac{\cot\beta_2}{\pi D_2 b_2}$。

式（8-17）为离心式叶轮的理论功率与理论流量的关系式。

3. 离心式叶轮的叶片型式

若在同一转速下，水泵叶轮的结构尺寸不变，其 $D_2$、$b_2$、$u_2$ 均为定值，则从式（8-16）和式（8-17）可知，叶片出口安装角 $\beta_2$ 的大小对理论压头和理论轴功率的影响。图 8-5 给出了 3 种不同叶片安装角的叶轮示意图及叶片出口速度三角形。

1）叶片型式

当 $\beta_2<90°$ 时，$\cot\beta_2>0$，由式（8-16）得 $H_{T\infty}<\dfrac{u_2^2}{g}$。叶片弯曲方向与叶轮旋转方向相反，如图 8-5a 所示，称为后弯叶片叶型。

当 $\beta_2=90°$ 时，$\cot\beta_2=0$，由式（8-16）得 $H_{T\infty}=\dfrac{u_2^2}{g}$。叶片弯曲方向沿叶轮的径向展开，如图 8-5b 所示，称为径向叶片叶型。

当 $\beta_2>90°$ 时，$\cot\beta_2<0$，由式（8-16）得 $H_{T\infty}>\dfrac{u_2^2}{g}$。叶片弯曲方向与叶轮旋转方向相同，如图 8-5c 所示，称为前弯叶片叶型。

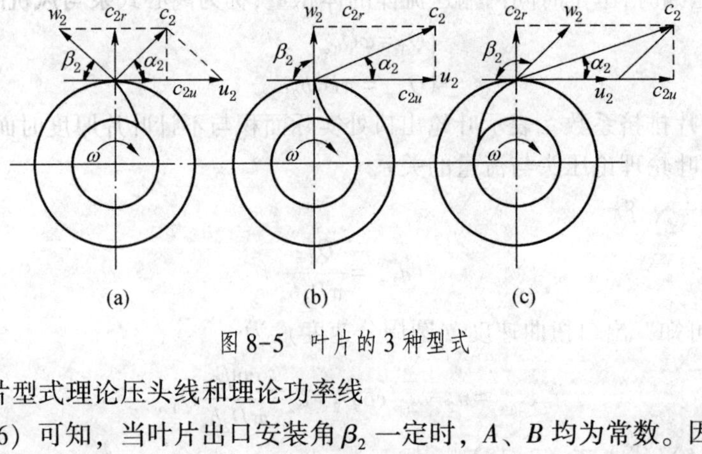


图 8-5　叶片的 3 种型式

2）3 种叶片型式理论压头线和理论功率线

由式（8-16）可知，当叶片出口安装角 $\beta_2$ 一定时，$A$、$B$ 均为常数。因此离心式水泵的理论压头与理论流量呈线性关系，即在 $Q$-$H$ 坐标图上为一斜率为 $B$ 的直线。斜率 $B$ 的大小与叶片安装角有关，即与叶轮的叶片型式有关。

（1）前弯叶片。$\beta_2>90°$，$\cot\beta_2<0$，$B<0$，故 $H_{T\infty}=A+BQ_{T\infty}$。即 $H_{T\infty}$ 随着 $Q_{T\infty}$ 的增加而增加，是一条上升的直线。

（2）径向叶片。$\beta_2=90°$，$\cot\beta_2=0$，$B=0$，故 $H_{T\infty}=A$。即 $H_{T\infty}$ 不随 $Q_{T\infty}$ 的增加而变化，

是一条与横坐标平行的直线。

（3）后弯叶片。$\beta_2 < 90°$，$\cot\beta_2 > 0$，$B > 0$，故 $H_{T\infty} = A - BQ_{T\infty}$。即 $H_{T\infty}$ 随着 $Q_{T\infty}$ 的增加而减小，是一条下降的直线。

上述 3 种叶片型式的理论压头线如图 8-6 所示。图中 $A$ 是 $Q_{T\infty}$ 为零时的理论压头，称为初始理论压头，即 $H_{T0} = u_2^2/g$。

由图 8-6 可以看出，在理论流量相同的情况下，前弯叶片产生的理论压头最大，径向叶片次之，后弯叶片最小。若产生相同的理论压头，采用前弯叶片时，叶轮直径可小一些；采用后弯叶片时，需要的直径最大，径向叶片居中。

由式（8-17）可知，当叶片出口安装角 $\beta_2$ 一定时（90°除外），$C$、$D$ 均为常数。因此离心式水泵的理论功率与理论流量呈二次曲线关系，即在 $Q$-$P$ 坐标图上为一曲线。

（1）前弯叶片。$\beta_2 > 90°$，$\cot\beta_2 < 0$，$D < 0$，故 $P_{T\infty} = CQ_{T\infty} + DQ_{T\infty}^2$。功率曲线是一条上凹曲线，$P_{T\infty}$ 随着 $Q_{T\infty}$ 的增加而增加。当 $Q_{T\infty}$ 开始增加时，$P_{T\infty}$ 增加的不快，但随后急剧增加，这就是前弯叶片叶轮原动机容易过负荷的原因。

（2）径向叶片。$\beta_2 = 90°$，$\cot\beta_2 = 0$，$D = 0$，故 $P_{T\infty} = CQ_{T\infty}$。功率曲线为一条直线，$P_{T\infty}$ 随 $Q_{T\infty}$ 的增加而增加。

（3）后弯叶片。$\beta_2 < 90°$，$\cot\beta_2 > 0$，$D > 0$，故 $P_{T\infty} = CQ_{T\infty} - DQ_{T\infty}^2$。功率曲线是一条下凹曲线，即 $P_{T\infty}$ 随着 $Q_{T\infty}$ 的增加而缓慢增加，因此后弯叶片叶轮原动机不易过负荷。

上述 3 种型式叶片的理论功率特性曲线如图 8-7 所示。当 $Q_{T\infty} = 0$ 时，3 种叶轮的理论功率都为零。

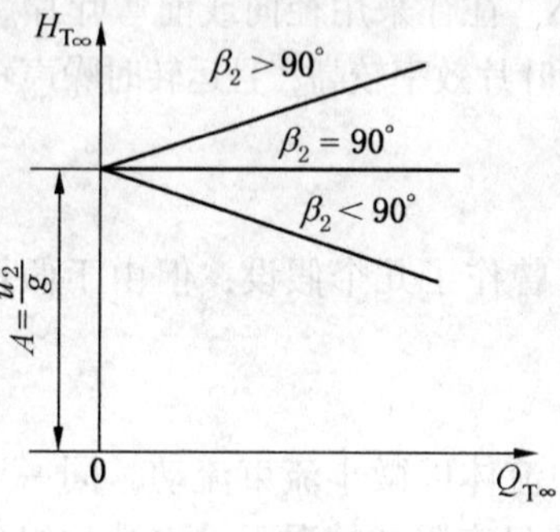


图 8-6　3 种不同叶片型式的理论压头线

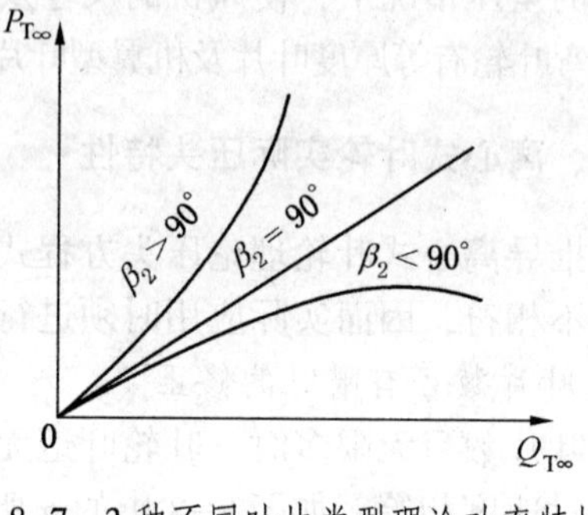


图 8-7　3 种不同叶片类型理论功率特性

3）3 种叶片型式比较

由以上分析可知，泵或风机所输出的扬程（全压）$H_{T\infty}$（$p_{T\infty}$），随着叶片出口安装角 $\beta_2$ 的增加而增大。因此，后弯式叶片所产生的压头最小，径向式叶片所产生的压头居中，前弯式叶片所产生的压头最大。

但实际中，最理想的叶轮设计，应在总压头中静压所占比例越大越好。设静压 $H_{Tst\infty}$ 在总压头 $H_{T\infty}$ 中所占的比例为反作用度，用 $\Omega$ 表示，则

$$\Omega = \frac{H_{Tst\infty}}{H_{T\infty}} = \frac{H_{T\infty} - H_{Td\infty}}{H_{T\infty}} = 1 - \frac{H_{Td\infty}}{H_{T\infty}} \tag{8-18}$$

根据定义及速度三角形，得

$$H_{Td\infty} = \frac{c_{2\infty}^2 - c_{1\infty}^2}{2g} = \frac{(c_{2r\infty}^2 + c_{2u\infty}^2) - (c_{1r\infty}^2 + c_{1u\infty}^2)}{2g}$$

前面已假设流体径向进入叶轮，即

$$\alpha_1 = 90° \qquad c_{1u\infty} = 0$$

由于 $c_{2r\infty}$ 与 $c_{1r\infty}$ 相差不大，可近似地把它们作相等处理，则 $H_{Td\infty}$ 可近似为

$$H_{Td\infty} \doteq \frac{c_{2u\infty}^2}{2g} \tag{8-19}$$

对于后弯叶片其叶片反作用度 $\Omega$ 的变化范围为 $0.5<\Omega<1$；径向叶片反作用度 $\Omega=0.5$；前弯叶片反作用度 $\Omega$ 的变化范围为 $0.5>\Omega>0$。

综上所述，随着叶片出口安装角 $\beta_2$ 的增大，压头随之增加，反作用度 $\Omega$ 逐渐降低。即随着 $\beta_2$ 的增大，压头中的静压不断下降，而动压头却不断增加。虽然后弯叶片产生的压头最小，但其压头中的静压所占比例最大，而前弯叶片与之相反，径向叶片居中。

后弯式叶片性能稳定，当流量增大时，轴功率逐渐增大，增大至最大值后，几乎不再增加，这种性能不会使电动机超载。因此，在工程实际中通常使用后弯叶片的叶轮。离心泵的出口安装角 $\beta_2$ 一般在 20°~25°之间，叶片数一般为 5~7 片。高效率离心式水泵，其 $\beta_2$ 一般多为 22.5°左右。对于高比转速的叶轮，$\beta_2$ 取小值，而比转速小的叶轮，$\beta_2$ 取大值。因为 $\beta_2$ 越大，在压头相同时，叶轮外径 $D_2$ 可以减小。当然，$\beta_2$ 取大值会使泵流动损失增大，但总的来说还是适宜的。在改进水泵性能时，如果泵的压头不够，则可以适当增加叶片的出口安装角以提高压头。

对于离心风机，为了提高风机的效率，目前大多也都采用后弯叶片，通常取 $\beta_2=$ 45°~65°。由于风机产生的全压较小，因而在低压通风机中，为了提高风机的全压或在产生一定的全压情况下，使风机的尺寸及占地面积减小，往往采用径向或前弯叶片。

后弯叶轮有等厚度叶片及机翼型叶片两种。机翼型叶片效率较高，且运转时噪声较低。

### 四、离心式叶轮实际压头特性

在推导离心式叶轮理论压头方程式（8-8）时，曾作了几个假设，但由于假设与实际情况并不相符，因而实际应用时须进行修正。

1. 叶片数目有限时的修正

当叶片数目无限多时，叶轮叶道无限窄，叶道中流体以微小流束流动，同一半径上各点的相对速度相等，如图 8-8 中的 *b* 所示。在叶片数目有限的情况下，由叶片组成的流道必然是由叶轮叶片入口向出口逐渐加宽。当叶轮转动时，各流道内的流体除有沿流道从内向外的正常流动（图 8-8 中的 *b*）外，还有环流（图 8-8 中的 *a*）存在。在环流的影响下，流道内同一半径上的相对速度不一样，靠近迎面速度减小，背面速度加大，其速度分布如图 8-8 中的 *c* 所示。

在叶轮外圆周上环流速度方向与叶轮圆周速度方向相反，因此叶轮出口处的流体绝对速度 $c_{2\infty}$ 就向叶轮旋转的相反方向偏移为 $c_2$，如图 8-8 所示。因为绝对速度 $c_2$ 在圆周速度方向上的分量 $c_{2u}$，比绝对速度 $c_{2\infty}$ 在圆周速度方向上的分量 $c_{2u\infty}$ 小，所以叶轮叶片数有限情况下的理论压头 $H_T$ 要比叶轮叶片数为无限多时的理论压头 $H_{T\infty}$ 小。按式（8-13）有

$$\frac{H_T}{H_{T\infty}} = \frac{\dfrac{1}{g}u_2 c_{2u}}{\dfrac{1}{g}u_2 c_{2u\infty}} = \frac{c_{2u}}{c_{2u\infty}} = K < 1$$

即
$$H_T=KH_{T\infty} \tag{8-20}$$
式中　$K$——环流系数，一般 $K=0.6\sim0.9$。

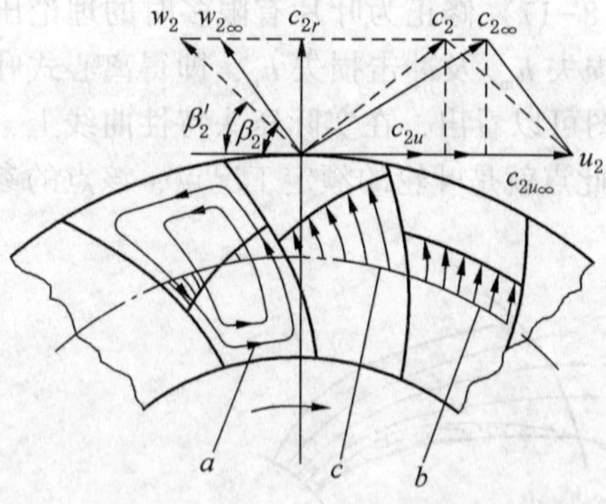


图 8-8　流体在叶轮流道中的运动

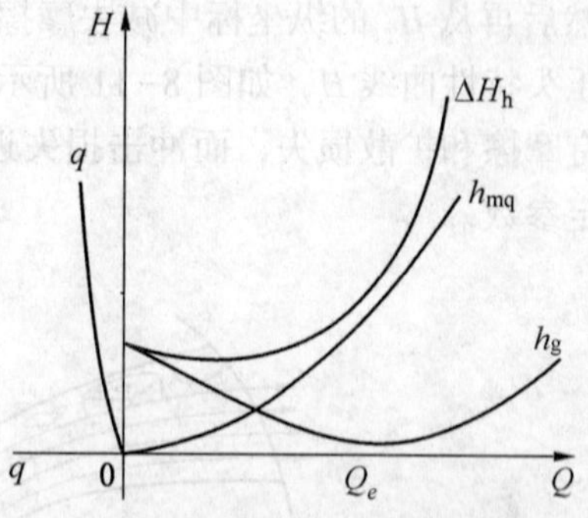


$h_{mq}$—摩擦损失；$h_g$—冲击损失；
$\Delta H_h$—水力损失；$q$—容积损失

图 8-9　水力损失和容积损失

2. 黏性流体能量损失对理论压头的影响

黏性流体流经叶轮过流部件时的能量损失（水力损失）主要有摩擦损失和扩散损失、冲击损失。

1）摩擦损失和扩散损失

流体在流过离心式叶轮的进口、叶轮、导向器、机壳等过流部件时，均有摩擦损失（沿程损失）。摩擦损失的大小与流道的粗糙度有关，且与速度的平方成正比。速度与流量是一次方关系，故摩擦损失与流量的平方成正比，即
$$h_m=K_mQ^2 \tag{8-21}$$
式中　$K_m$——摩擦损失系数。

同理，流体流经导向装置和泵壳扩散时的扩散损失（局部损失）为
$$h_q=K_qQ^2 \tag{8-22}$$
式中　$K_q$——扩散损失系数。

由于摩擦损失和扩散损失都与流量的平方成正比，所以这两种损失可合并用一个表达式表示，即
$$h_{mq}=h_m+h_q=(K_m+K_q)Q^2=K_{mq}Q^2 \tag{8-23}$$
式中　$K_{mq}$——摩擦和扩散损失系数。

式（8-23）是一条二次抛物线，其对称轴与纵坐标轴重合，如图 8-9 所示。

2）冲击损失

叶轮和导向装置叶片的进口安装角是按设计工况（即额定工况）计算的。在设计流量（额定流量）$Q_e$ 下，流体流动方向与叶片相切，冲击损失接近于零。如图 8-10 所示，当叶轮在非额定工况下运行时，由于流体流动方向不是在叶片相切的方向流入，在叶轮入口处和导向装置的入口处便会产生冲击，冲击损失的大小与实际流量和设计流量之差的平方成正比，即
$$h_g=K_g(Q-Q_e)^2 \tag{8-24}$$

式中　$K_g$——冲击损失系数。

式（8-24）是一条顶点在（$Q_e$，0）处的二次抛物线，如图 8-9 所示。

将叶片无限多时的理论压头线 $H_{T\infty}$ 按式（8-17）修正为叶片有限多时的理论压头线 $H_T$，然后再从 $H_T$ 的纵坐标中减去摩擦和扩散损失 $h_{mq}$ 及冲击损失 $h_g$，即得离心式叶轮的实际压头特性曲线 $H$，如图 8-11 所示。从该图可以看出，在实际压头特性曲线上，有一点只有摩擦和扩散损失，而冲击损失近于零，此点就是叶轮的额定工况点，该点的参数称为额定参数。

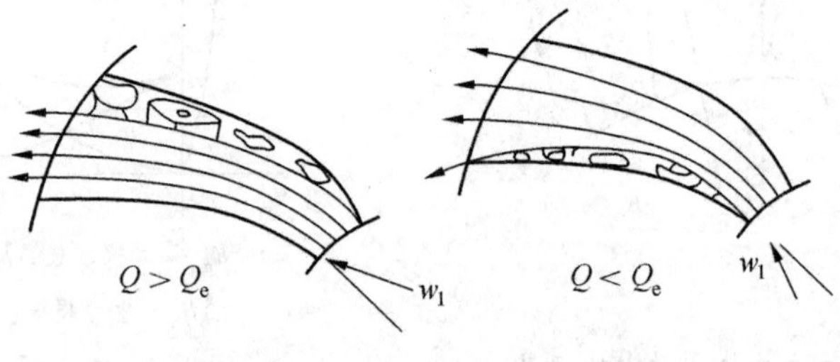


图 8-10　非设计流量时叶轮内的冲击损失

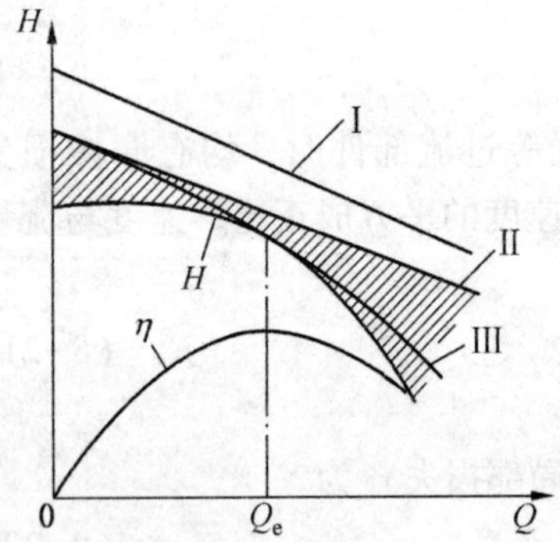


图 8-11　计算的实际压头曲线

上述所讨论的各种能量损失，只是从流体力学的角度定性地分析叶轮内部的能量损失，实际上影响各种能量损失的因素非常复杂，无法用具体的解析式来确定离心式叶轮的实际特性曲线。目前，离心式泵与风机的实际压头特性曲线都是通过试验测定绘制而成的。

### 五、离心式叶轮的效率

效率是衡量泵与风机工作质量的标准，效率的高低取决于泵与风机内部损失的大小。在泵与风机内部除了有能量（水力）损失，还有机械损失和容积损失。

1. 机械损失和机械效率

泵与风机运转时，机体本身要消耗一部分能量，即机械损失 $\Delta P_m$。机械损失主要包括轴与轴承的摩擦阻力损失和轴与轴封间的摩擦阻力损失；内部转动叶轮前后盘与流体之间的圆盘摩擦损失。这部分损失并没有传递给流体。

机械损失的大小用机械效率来衡量。泵的机械效率为

$$\eta_m=\frac{P-\Delta P_m}{P}=\frac{\rho g Q_T H_T}{1000\,P} \tag{8-25a}$$

风机的机械效率为

$$\eta_m=\frac{P-\Delta P_m}{P}=\frac{Q_T p_T}{1000P} \tag{8-25b}$$

式中　$P$——泵与风机轴功率，kW；

$\Delta P_m$——机械损失功率，kW；

$H_T$——叶片有限时泵的理论压头，m；

$Q_T$——叶片有限时泵与风机的理论流量，$m^3/s$；

$p_T$——叶片有限时风机的理论全压，Pa。

2. 容积损失和容积效率

当流体流过叶轮时，由于叶轮对流体做功，使流体的能量（压力能和速度能）增大。但获得能量后的流体，不是全部流到排出管中，而是有少量的高压流体通过动静部件间的间隙（如叶轮入口处、平衡孔或平衡盘处等）重新流回低压区，使泵与风机的实际流量小于理论流量。这种因间隙泄漏而造成的能量损失称为容积损失 $\Delta Q$。

容积损失的大小用容积效率来衡量，即

$$\eta_0=\frac{Q}{Q_T} \tag{8-26}$$

式中 $Q$、$Q_T$——泵与风机的实际流量和叶片有限时的理论流量，$m^3/s$。

3. 水力损失和水力效率

流体流过泵与风机的进口、叶轮、导向器、机壳等过流部件时，因摩擦、扩散、冲击而消耗的能量叫做水力损失 $\Delta H_h$。水力损失使水泵的实际压头 $H$ 小于理论压头 $H_T$。

水力损失的大小用水力效率来衡量，即

$$\eta_h=\frac{H}{H_T} \tag{8-27}$$

4. 泵与风机的总效率

水泵的总效率 $\eta$ 为水泵的有效功率 $P_x$（输出功率）与轴功率 $P$（输入功率）的比值，即

$$\eta=\frac{P_x}{P}=\frac{\rho gQH}{1000\ P}$$

将式（8-26）和式（8-27）中的 $Q$、$H$ 值代入上式并利用式（8-25a）中 $\eta_m$ 的关系，可得

$$\eta=\frac{\rho g\eta_0 Q_T\eta_h H_T}{1000P}=\frac{\rho g Q_T H_T}{1000P}\eta_0\eta_h=\eta_m\eta_0\eta_h \tag{8-28}$$

式（8-28）为泵与风机的总效率与机械效率、容积效率和水力效率三者之间关系。它说明只有尽可能减少泵与风机内的各种损失，才能获得较高的泵与风机总效率。

## 六、离心式泵与风机的性能曲线

在工程实际中，离心式泵与风机的性能曲线应包括扬程（全压/静压）曲线、轴功率曲线、效率曲线及允许吸上真空度曲线。图 8-12 所示为 D（MD）800-100（P）型离心式泵特性曲线。这些曲线反映了水泵在额定转速下，扬程 $H$、轴功率 $P$、效率 $\eta$ 和允许吸上真空度 $H_s$ 随流量 $Q$ 变化的规律。

从该图可以看出，当流量较小时，扬程较大，随着流量的增加，扬程逐渐下降。常用的后弯叶片水泵，其扬程曲线一般都是单调下降的。流量为零时（调节闸阀完全关闭时）的扬程称为初始扬程或零扬程，用 $H_0$ 表示。

水泵的轴功率是随着流量的增大而逐渐增大的。当流量为零时，轴功率最小，所以离心式水泵要在调节闸阀完全关闭的情况下启动。

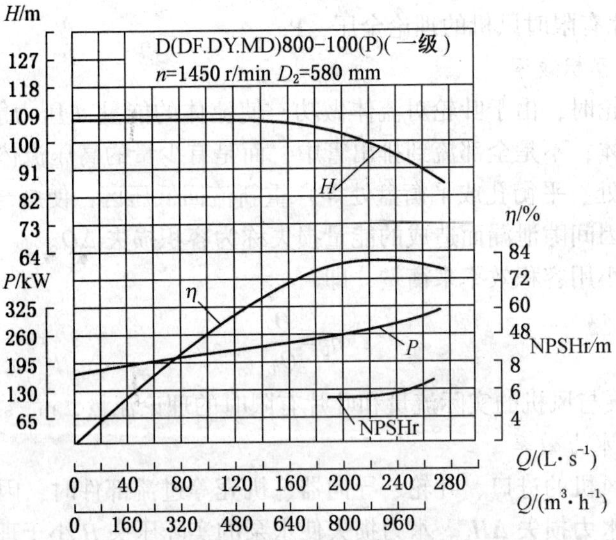


图 8-12　D（MD）800-100（P）型离心式泵特性曲线

水泵的效率曲线呈驼峰状。当流量为零时，效率为零；随着流量的增大，效率急剧增加；当为额定流量时，冲击损失为零，效率最高；若流量继续增大，效率则随之减小。

空蚀余量曲线 NPSHr 反映了水泵抗汽蚀能力的大小。它是生产厂家通过汽蚀试验，并考虑 0.3 m 的安全量后得到的。一般来说，水泵的允许吸上真空度是随着流量的增加而减小的，即水泵的流量越大，它所具有的抗汽蚀能力就越小，NPSHr 值是合理确定水泵吸水高度的重要参数。

## 第二节　轴流式泵与风机的基本理论

### 一、流体在叶轮中的运动分析

流体在轴流式叶轮中的运动与在离心式叶轮内运动一样，是一个复杂的空间运动，而任何一个空间运动都可以认为是由三个相互垂直的运动分量合成的。因此，在研究流体在轴流式叶轮中的运动时，引入圆柱坐标（$r$，$u$，$a$），其中 $r$ 轴为半径方向，$u$ 轴为圆周方向，$a$ 轴与叶轮轴线重合。

1. 轴流式叶轮的圆柱层无关性假设

在分析和计算轴流式叶轮时，采用了圆柱层无关性假设，即在叶轮中流体质点是在以叶轮轴线为中心的圆柱面上流动，且相邻各圆柱面上流体质点的运动互不相关。也就是说，在叶轮的流动区域内，流体质点不存在径向分速度，即 $c_r=0$。实际上，在轴流式叶轮中，流体处于紊流状态，流体质点的径向运动以及相邻各圆柱面上流体质点相互之间的作用与交换是肯定存在的。但实验证明，在设计工况下，流体质点的径向分速度 $c_r$ 极小，在工程上可以略去不计。

根据圆柱层无关性假设，流体质点没有径向分速度（$c_r=0$），研究轴流式叶轮内的复杂运动就可以简化为研究圆柱面上的流动，该圆柱面称流面。在叶轮内可以作出很多个这种圆柱流面，每个流面上的流动可能不完全相同，但研究的方法是相同的，只要了解一个流面上的流动，其他流面上的流动问题可按类似方法得到解决。

图 8-13 所示为一轴流式风机叶轮。如果用半径为 $r$ 和 $r+dr$ 的两个无限接近的圆柱面截取一个厚度为 $dr$ 的圆环，取出并沿其母线切开展为平面，如图 8-14 所示。叶片被圆柱面截割，其截面（叶型）在平面上组成等距排列的一系列叶型，叶型的前端 $S$ 点（前缘）和后端 $R$ 点（后缘）的连线与弦线的夹角 $\theta$ 称为叶片安装角（通常以叶片与轮毂交接处的安装角标志叶轮叶片安装角）。这种由相同叶型等距离排列而组成的无限薄叶型系列称为平面无限直列叶栅（或称基元叶栅）。在这种叶栅中，由于每个叶型的绕流情况相同，因此只要研究其中一个叶型的绕流情况即可。

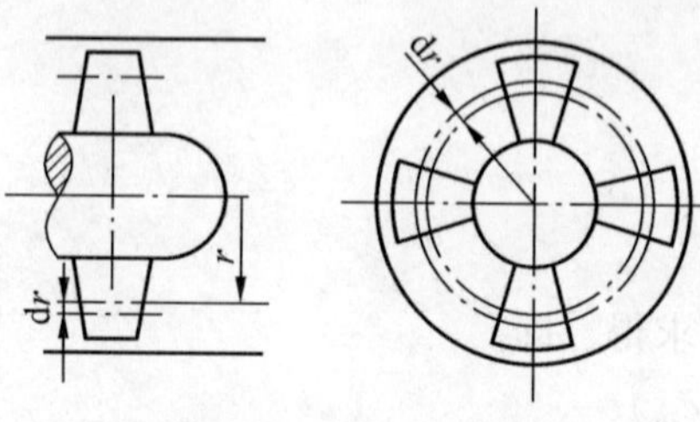


图 8-13　轴流式风机叶轮

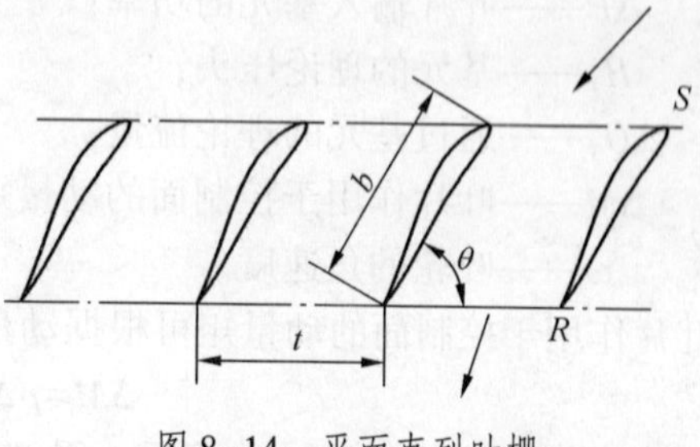


图 8-14　平面直列叶栅

2. 速度三角形

流体在轴流式叶轮中圆柱流面上的流动是一个复合运动。流线上任一质点的绝对运动速度 $\vec{c}$ 等于相对运动速度 $\vec{w}$ 和圆周速度 $\vec{u}$ 的矢量和，即 $\vec{c}=\vec{u}+\vec{w}$。其速度三角形做法与离心式叶轮相同。绝对速度也可分解为圆周分速度 $\vec{c}_u$ 和轴向速度 $\vec{c}_a$，则

$$\vec{c}=\vec{c}_u+\vec{c}_a \tag{8-29}$$

由此可作出叶轮进、出口速度三角形，并分别用下标“1”和“2”来区别其所表示的量，如图 8-15a 所示。

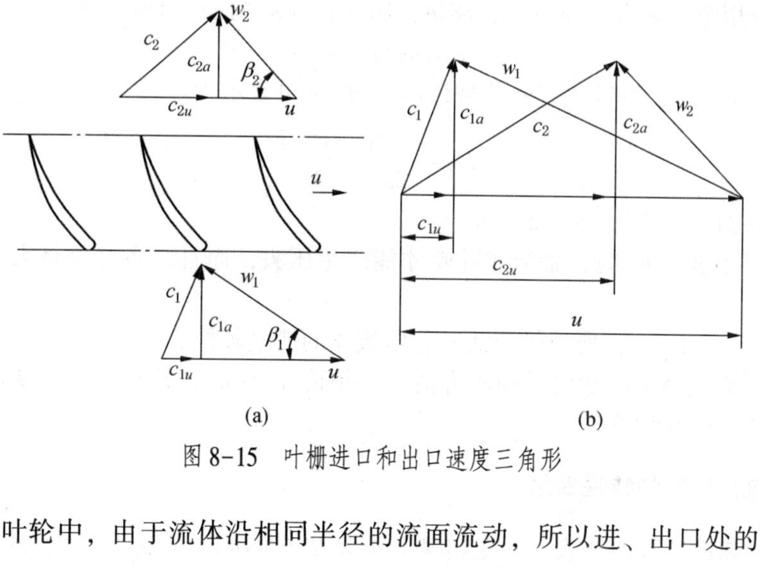


图 8-15　叶栅进口和出口速度三角形

在轴流式叶轮中，由于流体沿相同半径的流面流动，所以进、出口处的圆周速度相

同，即 $u_1=u_2=u$。另外，叶轮进、出口过流截面面积相等，根据连续方程，在不可压缩流体的前提下，流面进、出口轴向速度相同，即 $c_{1a}=c_{2a}=c_a$。因此，可以把进、出口速度三角形绘在一起，如图 8-15b 所示。从图中可见，流体绝对速度的变化仅仅是由于进、出口流体运动方向改变引起的，绝对速度在圆周方向的分量产生了变化。

## 二、轴流式叶轮的基本方程式

轴流式叶轮的基本方程式的推导仍采用与离心式叶轮一样的方法，假定流体为不可压缩且流动是定常的；流过叶轮的流体是理想流体，即旋转叶片的机械能将毫无损失地传给流体。现取半径为 $r$ 和 $r+dr$ 两个无限接近的圆柱面和两端面为控制面，则

$$\Delta P=\Delta M\omega=\rho g H_T\Delta Q_T \tag{8-30}$$

式中 $\Delta P$——叶片输入基元的功率；

$H_T$——基元的理论压头；

$\Delta Q_T$——通过基元的理论流量；

$\Delta M$——叶片作用于控制面的动量矩；

$\omega$——叶轮的角速度。

叶片作用于控制面的动量矩可根据动量矩定理求得，即

$$\Delta M=\rho\Delta Q_T(c_{2u}-c_{1u})r$$

把上式代入式（8-30）化简后，得

$$H_T=\frac{u}{g}(c_{2u}-c_{1u}) \tag{8-31a}$$

此式为轴流式叶轮基元叶栅的理论压头方程式。

根据速度三角形可得

$$c_{2u}=u-c_a\cot\beta_2 \qquad c_{1u}=u-c_a\cot\beta_1$$

将上两式代入式（8-31a）可得

$$H_T=\frac{1}{g}uc_a(\cot\beta_1-\cot\beta_2) \tag{8-31b}$$

由于习惯用全压来表示通风机的能量，因此式（8-31a）可改写成

$$p_T=\rho u(c_{2u}-c_{1u}) \tag{8-31c}$$

根据式（8-10），对轴流式叶轮理论压头 $H_T$ 又可表示为

$$H_T=\frac{c_2^2-c_1^2}{2g}+\frac{w_1^2-w_2^2}{2g} \tag{8-32}$$

由式（8-31b）和式（8-32）可知：

（1）只有当 $\beta_2>\beta_1$ 时，轴流式叶轮才能产生压头，而且二者之差越大，流体获得的能量越大。

（2）由于 $u_1=u_2=u$，所以轴流式叶轮给流体的能量较低。

（3）要提高流体流出叶轮时的压力能，必须使 $w_1>w_2$，并且安装时要求叶片出口安装角大于叶片入口安装角。

## 三、轴流式叶轮的特性曲线

轴流式叶轮的特性曲线表示一定转速下压头 $H$（全压 $p$）、轴功率 $P$、效率 $\eta$ 与流量 $Q$

之间的关系，与离心式叶轮一样，轴流式叶轮的特性曲线也是通过实验测得的。以轴流式通风机为例，来说明轴流式叶轮的特性曲线。

1. 全压与流量（$p$-$Q$）的特性曲线

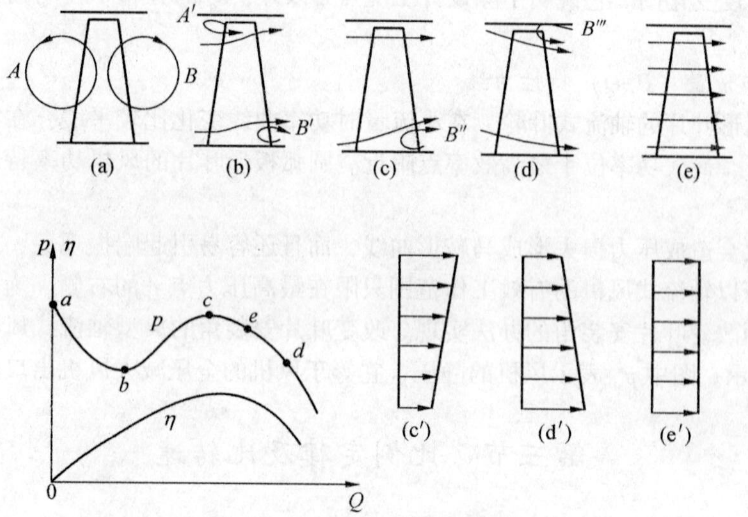


图 8-16　不同流量下轴流式风机的流动状态及压头特性

图 8-16 所示的是典型的轴流风机全压特性曲线和各工况下流动形态。在设计工况点（点 $e$），通风机的轴向流线是平直均匀的，如图 8-16e 所示。当流量大于设计工况时（点 $d$），流线稍向轮毂处偏移，在叶顶出口处出现较小的反向流 $B'''$，如图 8-16d 所示。在该区域中，性能稍有变化但仍可用，噪声特性也基本良好。从流量小于设计流量开始，出现了较大扰动，这是轴流式的典型特点。在马鞍形顶点（点 $c$），特性曲线出现峰值，这时流线向叶顶方向偏移，在轮毂出口处出现一涡流区域 $B''$，如图 8-16c 所示，这是由于叶片背面脱流引起的。在性能曲线的谷底点（点 $b$），旋涡 $B'$更大，同时在叶顶进口处出现了新的旋涡 $A'$，如图 8-16b 所示，气流不再沿轴向通过叶轮，而是斜向通过叶轮。在零流量工况点（点 $a$），旋涡 $A$ 和 $B$ 进一步扩大，使得叶轮前后的吸入空间和压出空间全部为旋涡所充塞，如图 8-16a 所

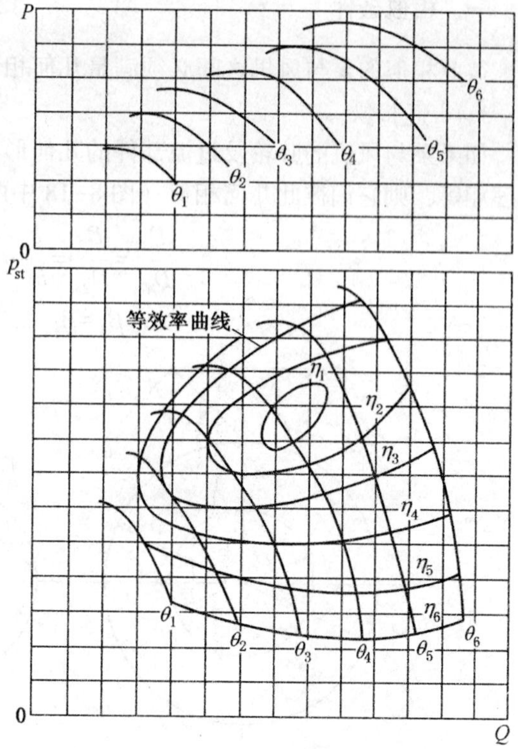


图 8-17　轴流式风机特性曲线

示，同时，随着旋涡 $A$ 和 $B$ 的增大，噪声也增加。尽管此时没有流体通过叶轮，但 $a$ 点的压力却最高，这一点从流动示意图上可以看出，流体大致是径向流经叶轮，类似于离心风机叶轮内的流动，压力得到了提高。图 8-16 中的（c′）、（e′）和（d′）为工况点 $c$、$d$、$e$ 对应的轴向速度变化图。它说明了除设计工况点 $e$ 以外，$c_a$ 的分布不再均匀而出现了径向分量。

2. 功率与流量（$P$-$Q$）特性曲线

一般机翼形叶片的轴流式叶轮，在小流量时功率曲线变化比较平缓，在零流量时其功率也不是最小，最大功率位于最高效率点附近。圆弧板形叶片的风机功率特性是在零流量时功率最大。

脱流不仅会造成压力损失形成马鞍形曲线，而且还容易引起喘振现象，这有可能导致叶片毁坏，所以轴流式风机的有效工作范围只限在最高压力点 $c$ 的右侧。为了扩大工作范围，通常采用改变叶片安装角的办法实现。改变叶片安装角的典型轴流式风机的特性曲线如图 8-17 所示。图中 $p_{st}$ 表示风机的静压，它等于风机的全压减去风机出口的动压。

## 第三节　比例定律及比转速

泵与风机可以设计成各种不同尺寸，并且可以在各种不同转速下运行。对于不同尺寸和转速的泵与风机，其工作参数各不相同，但存在彼此相似的泵与风机，其相应工况参数之间存在着一定的关系。这种关系对于泵与风机的设计、制造和使用起着重要的作用。

### 一、相似条件

彼此相似的泵与风机之间必须满足几何相似、运动相似和动力相似的条件。

1. 几何相似

如果泵与风机的叶轮及过流部件的几何形状相同，对应尺寸的比值为一常数，对应的角度相等，则它们彼此几何相似（图 8-18 中两个几何相似的离心式叶轮）。即

$$\frac{D_1}{D_{1m}}=\frac{D_2}{D_{2m}}=\frac{b_1}{b_{1m}}=\frac{b_2}{b_{2m}}=\cdots=\frac{D}{D_m} \tag{8-33}$$

$$\beta_1=\beta_{1m}\qquad \beta_2=\beta_{2m}$$

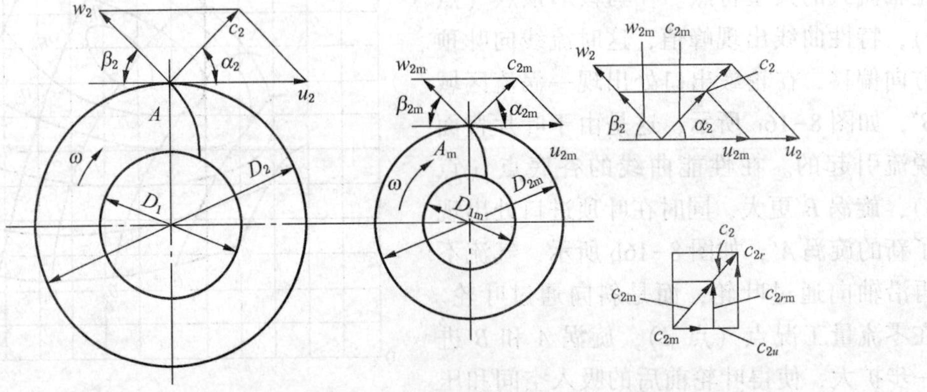


图 8-18　几何相似和运动相似的叶轮

2. 运动相似

在几何相似的泵与风机中，若对应点的对应速度的比值为一常数，且方向相同，则它们彼此运动相似（图 8-18 中对应点速度三角形相似）。即

$$\frac{c_1}{c_{1m}}=\frac{w_1}{w_{1m}}=\frac{u_1}{u_m}=\frac{c_2}{c_{2m}}=\frac{w_2}{w_{2m}}=\frac{u_2}{u_{2m}} \tag{8-34}$$

$$\alpha_1=\alpha_{1m} \qquad \alpha_2=\alpha_{2m}$$

3. 动力相似

若作用在不同水泵相应点上的各同名力的比值为一常数且方向相同，则它们彼此动力相似。

作用在流体上的力一般有惯性力、黏性力、重力和压力等。要保证这些力的比值均相等实际上是达不到的。流体在水泵与风机中的流动，起主要作用的力是惯性力和黏性力。因此，只要这两个力能有相同的比值，就认为满足了动力相似条件。而惯性力和黏性力可用雷诺数 *Re* 表示，所以只要流体的雷诺数 *Re* 相等，就满足动力相似条件了。如果流体的雷诺数 *Re* 很大，进入阻力平方区（自模区）内，雷诺数 *Re* 即使不相等，但沿程阻力系数相等，此时能自动满足动力相似条件。

在动力相似的条件下，彼此对应点的效率接近，可以认为效率相等，即

$$\eta=\eta_m \tag{8-35}$$

## 二、相似定律

相似定律说明了彼此相似的泵与风机在相应工况下对应参数之间的关系。

1. 第一相似定律——流量关系

根据离心式叶轮的流量计算公式

$$Q=\eta_0 Q_T=\eta_0\varphi\pi D_2 b_2 c_{2r}$$

$$Q_m=\eta_{0m}Q_{Tm}=\eta_{0m}\varphi_m\pi D_{2m}b_{2m}c_{2rm}$$

$$\frac{Q}{Q'}=\frac{\eta_0\sigma\pi D_2 b_2 c_{2r}}{\eta_{0m}\varphi_m\pi D_{2m}b_{2m}c_{2rm}}$$

如果两台泵与风机相似，则

$$\frac{D_2}{D_{2m}}=\frac{b_2}{b_{2m}}=\frac{D}{D_m} \qquad \eta_0=\eta_{0m} \qquad \varphi=\varphi_m$$

$$\frac{c_{2r}}{c_{2rm}}=\frac{u_2}{u_{2m}}=\frac{D_2 n}{D_{2m}n_m}=\frac{Dn}{D_m n_m}$$

故有

$$\frac{Q}{Q_m}=\left(\frac{D}{D_m}\right)^3\frac{n}{n_m} \tag{8-36}$$

2. 第二相似定律——扬程（全压）关系

根据离心式泵与风机的扬程（或全压）计算公式

$$H=\eta_h H_T=\eta_h K H_{T\infty}=\eta_h K\frac{1}{g}(u_2c_{2u}-u_1c_{1u})$$

$$H_m=\eta_{hm}H_{Tm}=\eta_{hm}K_m H_{T\infty m}=\eta_{hm}K_m\frac{1}{g}(u_{2m}c_{2um}-u_{1m}c_{1um})$$

$$\frac{H}{H_m}=\frac{\eta_h K \frac{1}{g}(u_2 c_{2u}-u_1 c_{1u})}{\eta_{hm} K_m \frac{1}{g}(u_{2m} c_{2um}-u_{1m} c_{1um})}$$

如果两台泵与风机相似，则

$$\eta_h=\eta_{hm} \qquad K=K_m$$

$$u_2 c_{2u}=\frac{u_2 c_{2u}}{u_{2m} c_{2um}} u_{2m} c_{2um}=\left(\frac{u_2}{u_{2m}}\right)^2 u_{2m} c_{2um}=\left(\frac{D_2 n}{D_{2m} n_m}\right)^2 u_{2m} c_{2um}$$

$$u_1 c_{1u}=\frac{u_1 c_{1u}}{u_{1m} c_{1um}} u_{1m} c_{1um}=\left(\frac{u_2}{u_{2m}}\right)^2 u_{1m} c_{1um}=\left(\frac{D_2 n}{D_{2m} n_m}\right)^2 u_{1m} c_{1um}$$

故有
$$\frac{H}{H_m}=\frac{\left(\frac{D_2}{D_{2m}} \frac{n}{n_m}\right)^2(u_{2m} c_{2um}-u_{1m} c_{1um})}{(u_{2m} c_{2um}-u_{1m} c_{1um})}$$

$$\frac{H}{H_m}=\left(\frac{D}{D_m}\right)^2\left(\frac{n}{n_m}\right)^2 \tag{8-37a}$$

或
$$\frac{p}{p_m}=\frac{\rho}{\rho_m}\left(\frac{D}{D_m}\right)^2\left(\frac{n}{n_m}\right)^2 \tag{8-37b}$$

3. 第三相似定律——功率关系

根据离心式泵与风机的功率计算公式

$$P=\frac{\rho g Q H}{1000\eta}$$

$$P_m=\frac{\rho g_m Q_m H_m}{1000\eta_m}$$

$$\frac{P}{P_m}=\frac{\rho g Q H \eta_m}{\rho g_m Q_m H_m \eta}$$

或
$$\frac{P}{P_m}=\frac{Q p \eta_m}{Q_m p_m \eta}$$

如果两台泵与风机相似，则

$$\eta=\eta_m$$

故有
$$\frac{P}{P_m}=\left(\frac{D}{D_m}\right)^5\left(\frac{n}{n_m}\right)^3 \frac{\rho}{\rho_m} \tag{8-38}$$

式（8-36）、式（8-37）和式（8-38）说明了彼此相似的泵与风机在相似工况下工作时，其参数间的关系。

对于轴流式泵与风机，式（8-36）、式（8-37）和式（8-38）也可使用，只是流量按 $Q=\eta_0\varphi\frac{\pi}{4}(D^2-d^2)c_a$ 计算，压头按 $H=\eta_h K\frac{1}{g}u(c_{2u}-c_{1u})$ 计算。

## 三、比例定律

对于同一台泵或风机或两台对应尺寸相等的相似泵或风机，如果输送的流体重度相

等，则相似定律可简化为

$$\frac{Q}{Q_m}=\frac{n}{n_m} \tag{8-39}$$

$$\frac{H(p)}{H_m(p_m)}=\left(\frac{n}{n_m}\right)^2 \tag{8-40}$$

$$\frac{P}{P_m}=\left(\frac{n}{n_m}\right)^3 \tag{8-41}$$

式中　　$Q$、$H$（$p$）、$P$——当转速为 $n$ 时泵或风机的流量、扬程（全压）、轴功率；

$Q_m$、$H_m$（$p_m$）、$P_m$——当转速为 $n_m$ 时泵或风机的流量、扬程（全压）、轴功率。

由式（8-39）、式（8-40）和式（8-41）知，对于同一台泵或风机，当转速改变时，在相应工况下，其流量之比等于转速之比，扬程（全压）之比等于转速之比的平方，功率之比等于转速之比的3次方，这3个公式称为比例定律。

利用比例定律可由泵或风机在某一转速下的特性，换算出该泵或风机在另一转速下的特性，从而扩大了泵或风机的使用范围。

已知某一转速为 $n$ 时的水泵性能曲线 $H-Q$、$P-Q$ 及 $\eta-Q$（图8-19），求得转速变化为任意转速 $n'$（例如升高）时性能曲线的方法如下：

（1）扬程曲线。在转速为 $n$ 时的性能曲线 $H-Q$ 上任意取若干个点1、2、3…将各点的流量和扬程值代入比例定律式（8-39）和式（8-40）中，转速由 $n$ 变化为 $n'$时，其对应点的参数为

$$Q'_i=\frac{n'}{n}Q_i \qquad H'_i=\left(\frac{n'}{n}\right)^2 H_i$$

在性能曲线坐标图上描出若干个对应点的（$Q'_i$，$H'_i$），用光滑曲线将相应点连成曲线，即 $H'-Q'$关系曲线。

（2）功率曲线。在转速为 $n$ 时的性能曲线 $P-Q$ 上任意取若干个点1、2、3…将各点的流量和对应功率值代入比例定律式（8-39）和式（8-41）中，转速由 $n$ 变化为 $n'$时，其对应点的参数为

$$Q'_i=\frac{n'}{n}Q_i \qquad P'_i=\left(\frac{n'}{n}\right)^3 P_i$$

在性能曲线坐标图上描出若干个对应点的（$Q'_i$，$N'_i$），用光滑曲线将相应点连成曲线，即 $P'-Q'$关系曲线。

（3）效率曲线。由于比例定律中的参数是不同转速下相似点（对应点）的参数，彼此相似的两点效率看成是相等的。由式（8-39）和式（8-40）可得

$$\frac{H}{H'}=\left(\frac{Q}{Q'}\right)^2 \qquad \frac{H}{Q^2}=\frac{H'}{Q'^2}=\cdots=K$$

相似抛物线方程为

$$H=KQ^2 \tag{8-42}$$

符合相似抛物线方程的工况点，彼此相似。如在图8-19中，落在 $H=K_1Q^2$ 方程上的工况点1与1′彼此相似。同时，同一相似抛物线上各点的效率是相等的，所以相似抛物线又称为等效率线。泵的通用性能曲线是根据上述原理绘制的，如图8-20所示。转速为 $n_2$ 时的效率曲线上，同一效率值下有两个不同的流量值。当转速降至 $n_3$ 时，$\eta-Q$ 曲线平行

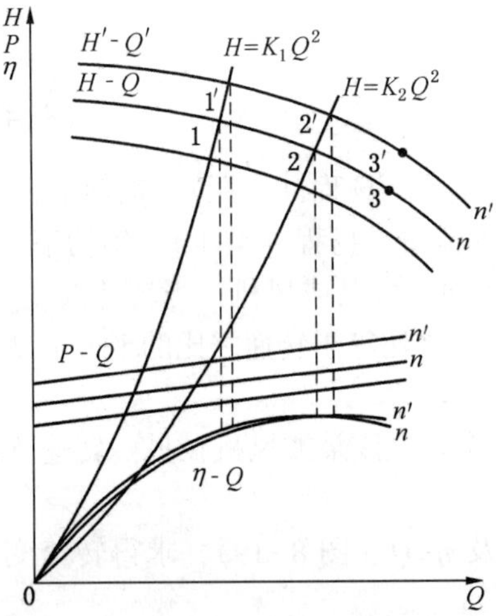


图 8-19　转速变化时的性能曲线

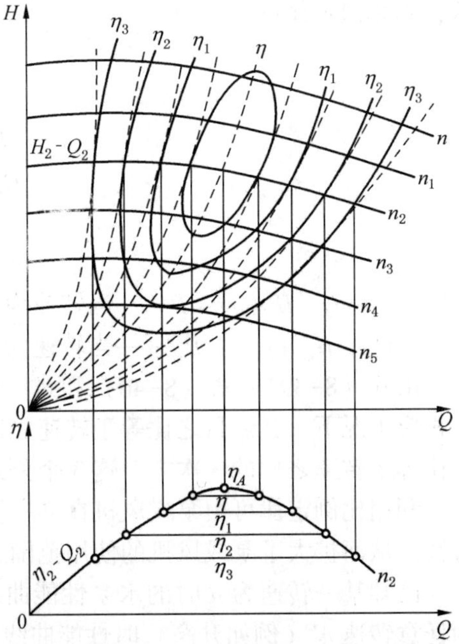


图 8-20　等效率曲线

移动，又有两个不同流量值的工况点，其效率与转速为 $n_2$ 时的效率相同。所以转速变化 $n$ 次，相等效率工况点有 $2n$ 个，将相同效率点连成光滑的曲线，即为等效率曲线。当然这些等效率的工况点，必定也是相似工况点。通用性能曲线表达了不同转速下的 $H-Q$ 曲线；等效率曲线又标明了最佳工作区域。等效率曲线在转速变化不太大时，与相似抛物线（图中虚线）重合，而在转速偏大或偏小时，相似工况点效率不再相等，因此相似抛物线上的效率彼此也不相等，等效率曲线就自成封闭围线。

## 四、比转速

式（8-36）、式（8-37）和式（8-38）分别给出了相似泵或风机之间流量、扬程（压头）和功率的相互关系。但在泵与风机具体的设计、选择、改造及不同类型泵与风机间的性能比较时，往往需要一个能说明同一类型泵与风机共同特性的综合性能参数。这个反映同一类型泵与风机综合性能的参数称为比转速。

1. 比转速公式

同一类型泵与风机彼此相似，任意两台泵与风机的性能参数满足相似定律，将第一相似定律两边平方，第二相似定律两边立方，则有

$$\frac{Q_1^2}{D_1^6 n_1^2}=\frac{Q_2^2}{D_2^6 n_2^2} \tag{8-43}$$

$$\frac{H_1^3}{D_1^6 n_1^6}=\frac{H_2^3}{D_2^6 n_2^6} \tag{8-44}$$

将式（8-43）除以式（8-44），得

$$\frac{Q_1^2 n_1^4}{H_1^3}=\frac{Q_2^2 n_2^4}{H_2^3}$$

或 $$n_1\frac{Q_1^{1/2}}{H_1^{3/4}}=n_2\frac{Q_2^{1/2}}{H_2^{3/4}}=常数 \tag{8-45}$$

上式是由相似定律得到的，凡彼此相似的水泵其值应相等。因此，它可作为反映同一类型泵与风机综合性能的相似特征数，定义为比转速，用“$n_s$”表示。

我国水泵的比转速习惯用常数的3.65倍的值来计算，即

$$n_s=3.65n\frac{Q^{1/2}}{H^{3/4}} \tag{8-46}$$

式中 $n$——水泵转速，r/min；

$Q$——水泵最高效率点对应的单侧吸入口的流量，$m^3/s$；

$H$——水泵最高效率点对应的单级叶轮的扬程，m。

风机的比转速与泵类似。当两台相似风机的进气状态相同，或都为标准进气状态，且输送流体密度相同时，则

$$n_y=n\frac{Q^{1/2}}{p^{3/4}} \quad 或 \quad n_y=n\frac{Q^{1/2}}{p_{20}^{3/4}} \tag{8-47}$$

式中 $n$——风机转速，r/min；

$Q$——风机最高效率点对应的单侧吸入口的流量，$m^3/s$；

$p$——风机最高效率点对应的单级叶轮的全压，Pa；

$p_{20}$——在标准进气状态（20 ℃、101.3 kPa）下，风机最高效率点对应的单级叶轮的全压，Pa。

比转速是有因次的，水泵的比转速的单位是 $m^{3/4}\cdot s^{-3/2}$。近年来，国际上不少文献开始使用无因次比转速。无因次比转速的公式为

$$n_s=n\frac{Q^{1/2}}{(gH)^{3/4}} \tag{8-48}$$

式中 $g$——重力加速度，$m/s^2$。

国际泵试验标准ISO2548中，在无因次比转速公式中乘以2π/60，称为型式数，用 $K$ 表示，即

$$K=n\frac{2\pi}{60}\frac{Q^{1/2}}{(gH)^{3/4}} \tag{8-49}$$

型式数是无因次的，它与比转速的关系为

$$K=0.0051759n_s \tag{8-50}$$

采用无因次比转速或型式数，最显著的特点是具有通用性。水泵比转速计算式是以水作为标准的，而无因次比转速或型式数与泵输送的液体密度无关，无论输送何种液体，泵的型式数都相同，作为相似准则 $K$ 比 $n_s$ 更合适。

国际标准化组织ISO/TC在国际标准中，定义了型式数，并取代过去的比转速。我国参照国际标准制定的现行国家标准GB 3216—2005也明确规定采用型式数 $K$，并允许在短期内可同时采用比转速 $n_s$。

2. 比转速的应用

比转速在泵与风机中有着重要的作用，它是泵与风机的主要性能参数之一。其应用主要有以下几方面：

（1）比转速可作为泵与风机分类的依据。比转速是泵与风机的相似准则数，彼此相似的泵与风机比转速是相等的，所以可以用比转速对泵与风机进行分类。不同的比转速代表了泵与风机不同的结构和性能。

对于叶片式泵，比转速与叶轮形状和性能曲线的关系见表8-1。

表8-1　泵的比转速与叶轮形状和性能曲线的关系

| 泵的类型 | 离心泵 | | | 混流泵 | 轴流泵 |
| --- | --- | --- | --- | --- | --- |
| | 低比转速 | 中比转速 | 高比转速 | | |
| 比转速 | $30<n_s<80$ | $80<n_s<150$ | $150<n_s<300$ | $300<n_s<500$ | $500<n_s<1000$ |
| 叶轮形状 | 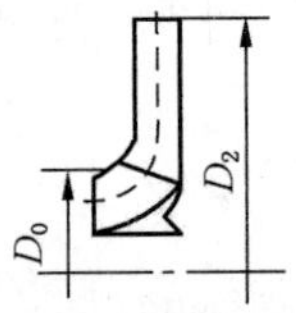 | 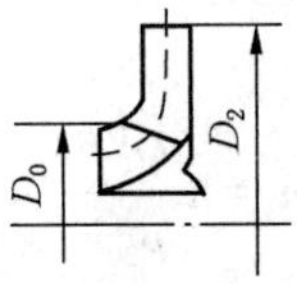 | 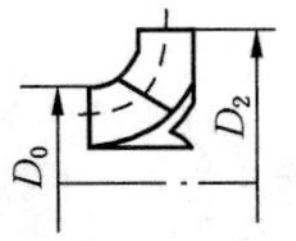 | 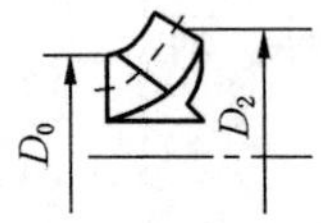 | 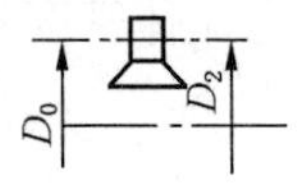 |
| 尺寸比 | $\frac{D_2}{D_0}\approx3$ | $\frac{D_2}{D_0}\approx2.3$ | $\frac{D_2}{D_0}\approx1.8\sim1.4$ | $\frac{D_2}{D_0}\approx1.2\sim1.1$ | $\frac{D_2}{D_0}\approx1$ |
| 叶片形状 | 圆柱形叶片 | 入口处扭曲出口处圆柱形 | 扭曲叶片 | 扭曲叶片 | 轴流泵翼型 |
| 性能曲线形状 | 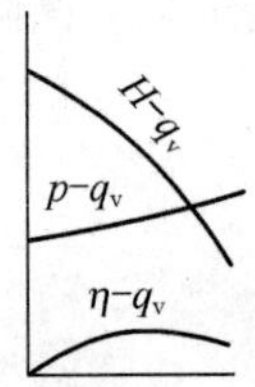 | 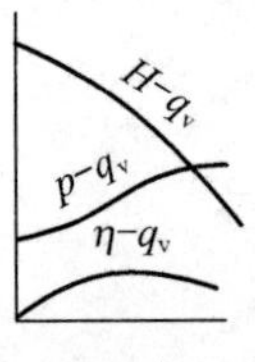 | 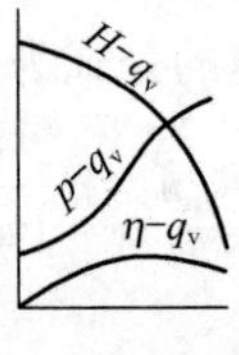 | 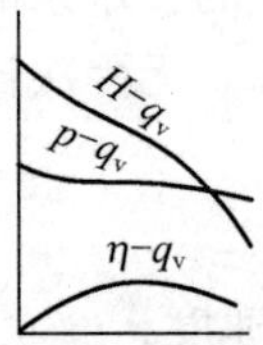 | 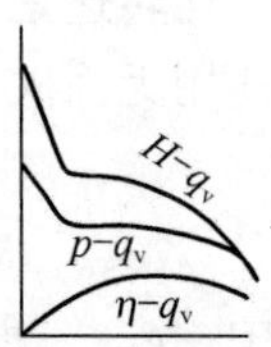 |
| 扬程-流量曲线特点 | 空转扬程为设计工况的1.1~1.3倍，扬程随流量减少而增加，变化比较缓慢 | | | 空转扬程为设计工况的1.5~1.8倍，扬程随流量减少而增加，变化较急 | 空转扬程为设计工况的2倍左右，扬程随流量减少而急速上升，又急速下降 |
| 功率-流量曲线特点 | 空转点功率较小，轴功率随流量增加而上升 | | | 流量变动时轴功率变化较小 | 空转点功率最大，设计工况附近变化比较小，以后轴功率随流量增大而下降 |
| 效率-流量曲线特点 | 比较平坦 | | | 比轴流泵平坦 | 急速上升后又急速下降 |

对于叶片式风机，按 $n_y$ 大小分类，当 $n_y=2.7\sim14.4$（当全压 $p$ 采用工程单位制 $mmH_2O$ 单位计算时，$n_y=15\sim80$）为离心式机械；当 $n_y=14.4\sim21.7(80\sim120)$ 为混流式机械；当$n_y=21.7\sim90(120\sim500)$ 为轴流式机械。

（2）比转速是编制泵与风机系列的基础。同一类型结构和性能的泵与风机为同一系列。将许多泵与风机的工作范围画在一张图上，称为泵与风机系列型谱。在编制系列型谱时，如果以比转速为基础安排系列，则可大大减少模型数目。系列型谱为用户选择产品提供了方便。

（3）比转速是泵与风机设计计算的基础。无论用相似定律法设计，还是用速度系数法设计，都需要利用比转速来选择合适性能的模型或合理的速度系数。

【例 8-1】求 $Q=70\ m^3/h$，$H=20\ m$，$n=1450\ r/min$ 的单级双吸水泵的比转速。

**解**　由式（8-46）得

$$n_s=3.65n\frac{(Q/2)^{1/2}}{H^{3/4}}=3.65\times1450\times\frac{\left(\dfrac{70}{3600\times2}\right)^{1/2}}{20^{3/4}}=55.2$$

## 五、无因次性能曲线

无因次性能曲线也叫类型特性曲线，就是把彼此相似的泵与风机归于一系列，同一系列的泵与风机共同拥有一组通用的无因次特性曲线，用以代替这一系列的泵与风机中任意一台泵与风机的特性曲线，从而大大简化了特性曲线或图表的制作工作。无因次性能曲线与计量单位、几何尺寸、转速和流体密度等因素无关，所以使用十分方便，在风机的选型设计计算中得到广泛应用。

1. 无因次系数

1）流量系数 $\overline{Q}$

由式（8-36）可得

$$\frac{Q}{D^3n}=\frac{Q'}{D'^3n'}$$

将上式两边同除以$\left(\dfrac{\pi}{4}\cdot\dfrac{\pi}{60}\right)$，并整理得

$$\frac{Q}{\dfrac{\pi}{4}D^2u}=\frac{Q'}{\dfrac{\pi}{4}D'^2u'}=\overline{Q} \tag{8-51}$$

$$u=\frac{\pi Dn}{60}$$

式中　$u$——叶轮圆周速度。

2）压力系数 $\overline{p}$

由式（8-37b）可得

$$\frac{p}{\rho D^2n^2}=\frac{p'}{\rho' D'^2n'^2}$$

将上式两边同除以$\left(\dfrac{\pi}{60}\right)^2$，并整理得

$$\frac{p}{\rho u^2}=\frac{p'}{\rho' u'^2}=\bar{p} \tag{8-52}$$

压力系数 $\bar{p}$ 与比转速 $n_y$ 往往被用来标志风机的类型。如 4-13.2（72）型风机，其中 4 表示该类型风机最高效率点对应的压力系数 $\bar{p}$ 的 10 倍；13.2(72) 表示该类型风机的比转速 $n_s$。

式（8-52）中流体的密度，对于液体为常数；对于风机可用进口密度，也可用进、出口气体密度平均值。

3）功率系数 $\bar{P}$

由式（8-38）可得

$$\frac{P}{\rho D^5 n^3}=\frac{P'}{\rho' D'^5 n'^3}$$

将上式两边同除以$\frac{\pi}{4}\left(\frac{\pi}{60}\right)^3$，并整理得

$$\frac{P}{\rho \frac{\pi}{4}D^2 u^3}=\frac{P'}{\rho' \frac{\pi}{4}D'^2 u'^3}=\bar{P} \tag{8-53}$$

按式（8-51）、式（8-52）和式（8-53）计算时，一般采用叶轮出口参数计算。

无因次系数 $\bar{Q}$、$\bar{p}$ 和 $\bar{P}$ 也都是相似特征数，因此凡是相似的泵与风机，不论其几何尺寸的大小如何，在相应的最高效率工况点上，它们的无因次系数都相等。

4）效率

风机的效率，也可用上述无因次系数来计算，即

$$\eta=\frac{\overline{Qp}}{\bar{P}} \tag{8-54}$$

2. 无因次性能曲线

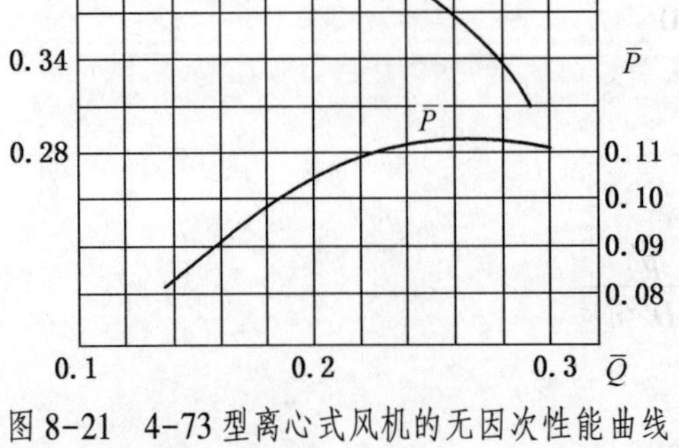


图 8-21　4-73 型离心式风机的无因次性能曲线

绘制无因次性能曲线时，首先测得某一固定转速下，不同工况点的流量、压头和功率；然后，根据式（8-51）、式（8-52）、式（8-53）和式（8-54）计算相应的系数 $\bar{Q}$、$\bar{p}$、$\bar{P}$ 和 $\eta$；根据各组的 $\bar{Q}$、$\bar{p}$、$\bar{P}$ 和 $\eta$ 的值，可以绘制出无因次性能曲线 $\bar{p}$-$\bar{Q}$、$\bar{P}$-$\bar{Q}$ 和 $\eta$-$\bar{Q}$。

无因次性能曲线还可以根据有因次性能曲线，用式（8-51）、式（8-52）和式（8-53）换算成无因次性能曲线。

式（8-51）~式（8-54）说明，同类型的风机，它们的无因次特性是相同的。但由于加工上的困难，同类型风机的几何形状只是近似相似。因此，它们的无因次特性也只能

相近而不能相同。图 8-21 所示为 4-73 型离心式风机的无因次性能曲线。

若将式（8-52）中的全压用静压计算，可得到风机的静压系数，即

$$\frac{p_{st}}{\rho u^2}=\overline{p}_{st} \tag{8-55}$$

静压和静压系数在轴流式风机中经常用到。

【例 8-2】某轴流风机，$D_2=1.2$ m，$n=1450$ r/min，其特性曲线如图 8-22 所示。试把该风机的特性曲线换算成同一系列的类型特性曲线。

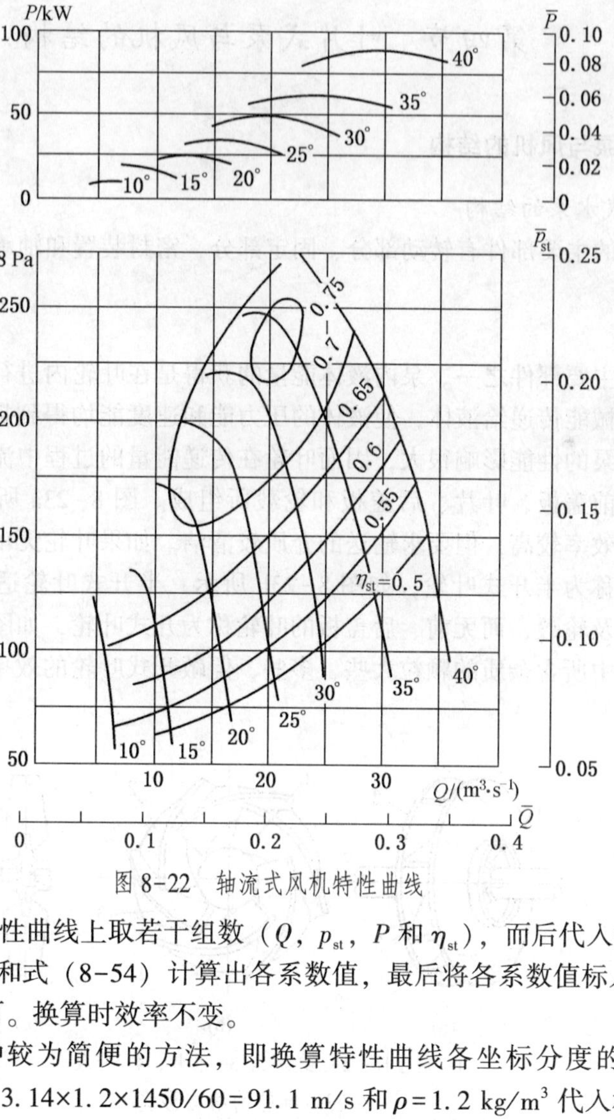


图 8-22　轴流式风机特性曲线

**解**　解法 1。在特性曲线上取若干组数（$Q$，$p_{st}$，$P$ 和 $\eta_{st}$），而后代入式（8-51）、式（8-55）、式（8-53）和式（8-54）计算出各系数值，最后将各系数值标入坐标图中，把这若干点连成曲线即可。换算时效率不变。

解法 2。这是一种较为简便的方法，即换算特性曲线各坐标分度的方法。将 $D_2=1.2$ m，$u_2=\pi D_2 n/60=3.14\times1.2\times1450/60=91.1$ m/s 和 $\rho=1.2$ kg/m$^3$ 代入相应各式得

$$\overline{Q}=\frac{Q}{\frac{\pi}{4}D_2^2u_2}=\frac{4Q}{3.14\times1.2^2\times91.1}=\frac{Q}{103}$$

$$\overline{p}_{st}=\frac{p_{st}}{\rho u_2^2}=\frac{p_{st}}{1.2\times91.1^2}=\frac{p_{st}}{9959}$$

$$\overline{P}=\frac{P}{\rho\,\frac{\pi}{4}D_2^2u_2^3}=\frac{4P}{1.2\times3.14\times1.2^2\times91.1^3}=\frac{P}{1025578}$$

将原坐标分度值代入以上各式，标出各系数的坐标分度值并标在原特性图上即得。经换算后同一系列的特性曲线如图 8-22 中所示。

采用上述相反的程序，可由风机的无因次特性求出同一系列中任何一台风机的特性曲线。

## 第四节　叶片式泵与风机的结构

### 一、离心式泵与风机的结构

（一）离心式水泵的结构

离心式水泵的主要部件有转动部分、固定部分、密封装置和轴承支承等几大部分。

1. 转动部分

1）叶轮

叶轮是泵的主要部件之一。泵内液体能量的获得是在叶轮内进行的，所以叶轮的作用是将原动机的机械能传递给液体，使液体的压力能和速度能均得到提高。叶轮的尺寸、形状和制造精度对泵的性能影响很大，因而叶轮在传递能量的过程中流动损失应该最小。

叶轮一般由前盖板、叶片、后盖板和轮毂所组成。图 8-23a 所示的叶轮为封闭式叶轮。封闭式叶轮效率较高，但要求输送的介质较清洁。如果叶轮无前盖板，其他都与封闭式叶轮相同，则称为半开式叶轮，如图 8-23b 所示。半开式叶轮适宜输送含有杂质的液体。若只有叶片及轮毂，而无前、后盖板的叶轮称为开式叶轮，如图 8-23c 所示。开式叶轮适宜输送液体中所含杂质的颗粒大些、多些，但敞开式叶轮的效率较低，在一般情况下不采用。

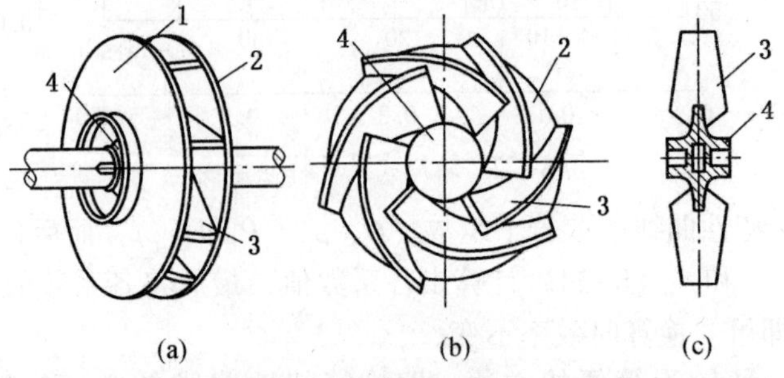


1—前盖板；2—后盖板；3—叶片；4—轮毂

图 8-23　叶轮的结构形式

叶轮有单吸与双吸之分。图 8-23a 所示为单吸式叶轮，图 8-24 为双吸式叶轮。在相同条件下，双吸式叶轮的流量是单吸式叶轮流量的两倍，而且它基本上不产生轴向力。双吸式叶轮适宜用于大流量或提高泵抗空蚀性能的场合。

前、后盖板中的叶片有圆柱形叶片和扭曲叶片两种型式。圆柱形叶片制造简单，但流动效率不高。为提高泵的效率，目前一般都采用扭曲叶片。

2）泵轴

泵轴常用45号钢锻造加工而成。泵轴的作用是把原动机的扭矩传递给叶轮，并支撑装在它上面的转动部件。为了防止泵轴锈蚀，泵轴与液体接触部分装有轴套，轴套锈蚀和磨损后可以更换，以延长泵轴的使用寿命。

3）平衡盘

多级分段式离心式水泵往往在水泵的压出段外侧安装平衡盘。平衡盘的作用是消除水泵的轴向推力，常用灰铸铁制造。平衡盘的剖视图如图8-25所示。

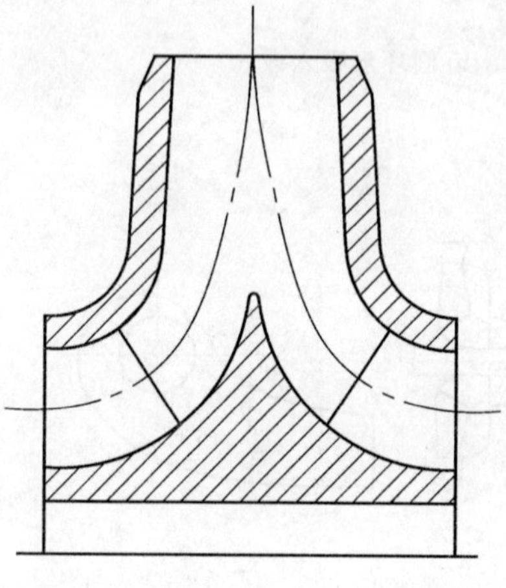

图8-24　双吸式叶轮

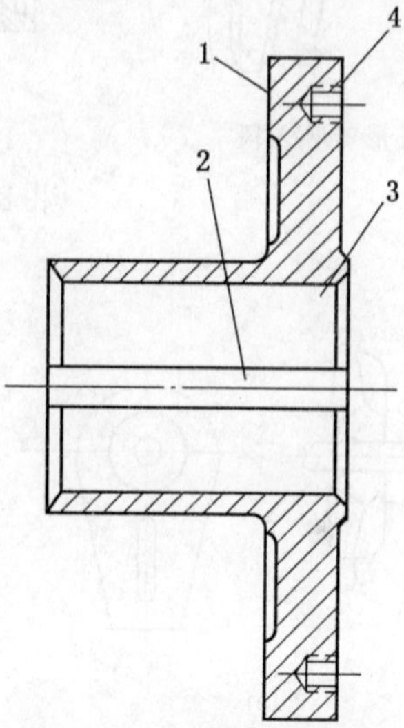


1—盘面；2—键槽；3—轴孔；4—拆卸用螺丝孔

图8-25　平衡盘的剖视图

2. 固定部分

1）吸入段

吸入段的作用是以最小的阻力损失，将液体从吸入管路引入叶轮。吸入段形状设计的优劣对进入叶轮的液体流动情况影响很大，对泵的汽蚀性能有直接影响。

吸入段有锥形管吸入段、圆环形吸入段和半螺旋形吸入段3种结构。

（1）锥形管吸入段。图8-26a为锥形管吸入段结构示意图。这种吸入段流动阻力损失较小，液体能在锥形管吸入段中加速，速度分布较均匀。锥形管吸入段结构简单，制造方便，是一种很好的吸入段，适宜用在单级悬臂式泵中。

（2）圆环形吸入段。图8-26b为圆环形吸入段结构示意图。在吸入段的起始段中，轴向尺寸逐渐缩小，宽度逐渐增大，整个面积还是缩小，使液流得到一个加速。由于泵轴穿过环形吸入段，所以液流绕流泵轴时在轴的背面产生旋涡，引起进口流速分布不均匀。同时，叶轮的左、右两侧的绝对速度的圆周分速也不一致，所以流动阻力损失较大。

由于圆环形吸入段的轴向尺寸较短，因而被广泛用在多级泵上。

（3）半螺旋形吸入段。如图8-27所示，半螺旋形吸入段能保证叶轮进口液流有均匀的速度场，泵轴后面没有旋涡。但液流进入叶轮前已有预旋，扬程要略有下降。

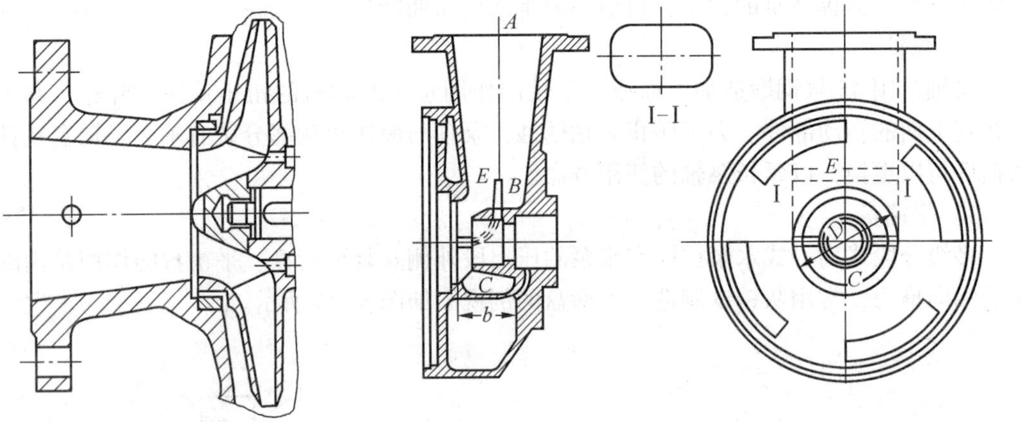


(a) 锥形管吸入段　　　　(b) 圆环形吸入段

图 8-26　吸入段

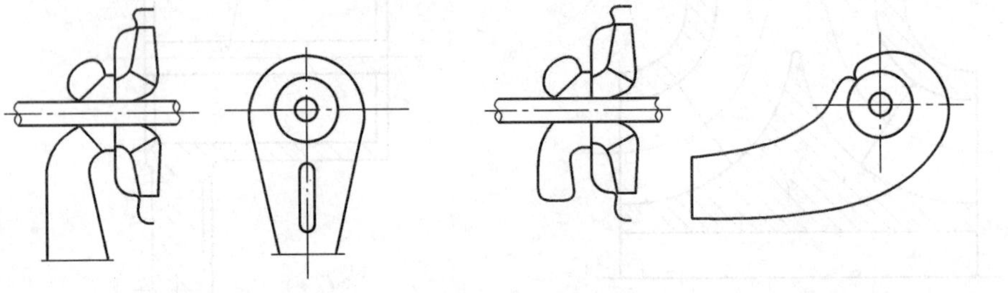

(a)　　　　(b)

图 8-27　半螺旋形吸入段

半螺旋形吸入段通常在与水平线成 45°处设有隔舌。液流从吸入段上、下分两部分进入叶轮。隔舌可以避免这两部分液流相互撞击产生旋涡，稳定液流。

半螺旋形吸入段大多被应用在双吸式泵、多级中开式泵上。

2）压出段

从叶轮中获得了能量的液体，流出叶轮进入压出段。压出段将经过的高速液体汇集起来，引向次级叶轮的进口或引向压出口，同时还将液体中的部分动能转变成压力能。

压出段中液体的流速较大，所以液体在流动的过程中要产生较大的阻力损失。因此，有了性能良好的叶轮，还必须有良好的压出段与之相配合，这样整个泵的效率才能提高。

常见的压出段结构形式很多，有螺旋形压出段、环形压出段等。

(1）螺旋形压出段。螺旋形压出段又称蜗壳体，如图 8-28 所示它一般被应用在单级泵、单级双吸泵和多级泵上。

液体从叶轮流出后进入蜗壳体内，在流体流动方向上，蜗壳体的截面积是不断增大的。这样液体在蜗壳体中运动时，在其各个截面上的平均流速均相等。蜗壳体只收集从叶轮中流出的液体，扩散管使液体中的部分动能转变成压力能。为减少扩散管的损失，它的扩散角 $\theta$ 一般取 8°~12°。

泵舌与叶轮外径的间隙不能太小，否则在大流量工况下泵舌处容易产生汽蚀。同时间隙太小，也容易引起液流阻塞而产生噪声与振动。间隙亦不能太大，在太大的间隙处会引起旋转的液体环流，消耗能量，降低泵的容积效率。

螺旋形压出段制造方便，泵的高效率区域较宽。

（2）环形压出段。环形压出段的流道截面积处处相等，如图 8-29 所示。因此液流在流动中不断加速，从叶轮中流出的均匀液流与压出段内速度较高的液流相遇，彼此发生碰撞，损失很大。环形压出段的效率低于螺旋形压出段，但它加工方便，主要用于多级泵的排出段，或输送有杂质的液体。

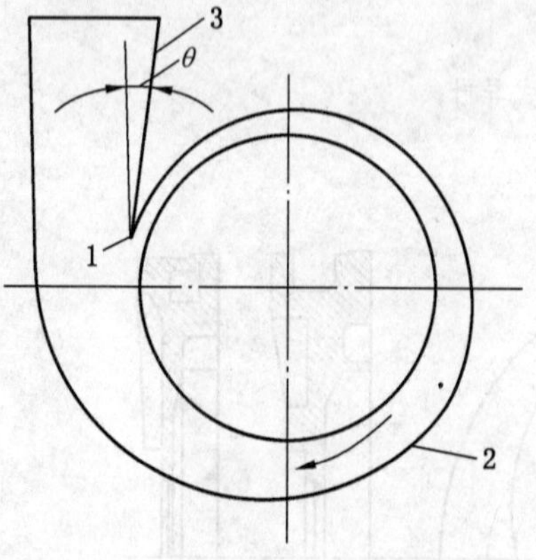


1—泵舌；2—蜗壳体；3—扩散管

图 8-28　螺旋形压出段

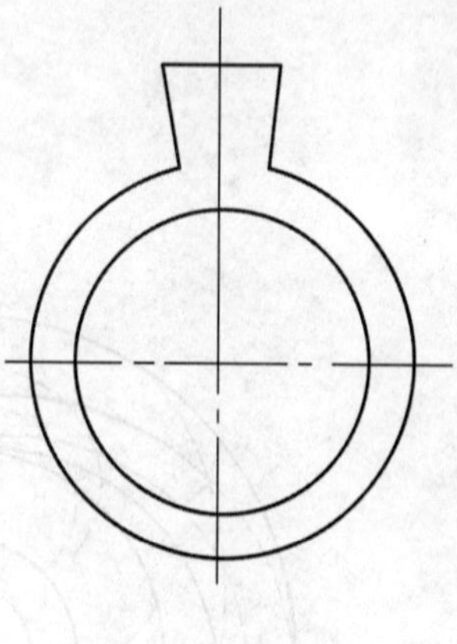

图 8-29　环形压出段

3）中段

由于多级分段式水泵的液流是由前一级叶轮流入次一级叶轮内，故在流动的过程中必须安装中段，中段一般由导水圈和返水圈组成。

导水圈中由若干叶片组成导叶，水在叶片间的流道中通过。前一段流道的作用是接收由叶轮高速流出的水，并以匀速送入后面流道；后一段流道的断面逐渐扩大，使一部分动能转换为压力能。返水圈的作用是以最小损失把水引入次级叶轮的入口。

导水圈的叶片数与叶轮的叶片数应互为质数，否则会出现叶轮叶片和导水圈叶片重叠现象，造成流速脉动，产生冲击和振动。

导水圈和返水圈主要有径向式与流道式。图 8-30 所示为径向式导叶，它由螺旋线、扩散管、过渡区和反导叶组成。图 8-30 中 *AB* 部分为螺旋线，它起着收集液体的作用；扩散管 *BC* 部分起着将部分速度能转换成压力能的作用；螺旋线与扩散管又称正导叶，它起着压出室的作用；*CD* 为过渡区，起着转变液体流向的作用；液体在过渡区里沿轴向转了 180°的弯，然后沿着反导叶 *DE* 进入次级叶轮的入口。

图 8-31 所示为流道式导叶。在流道式中，正、反导叶是连续的整体，即反导叶是正导叶的继续，所以从正导叶进口到反导叶出口形成单独的小流道，各个小流道内的液流互不相混。它不像径向式导叶，在环形空间内液体混在一起，再进入反导叶。流道式流动阻力比径向式小，但结构复杂，铸造加工较麻烦。目前分段式多级泵趋向于采用流道式导叶。

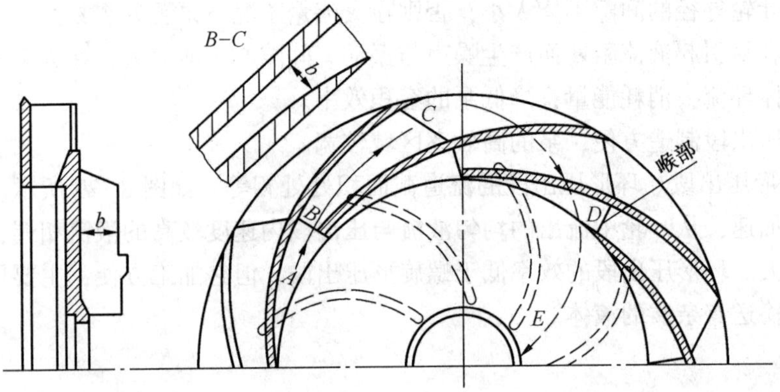


图 8-30　径向式导叶

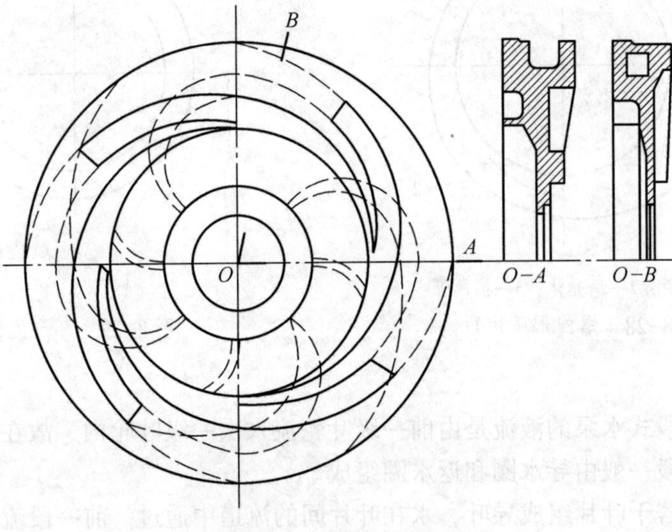


图 8-31　流道式导叶

3. 密封部分

离心式水泵各固定段之间的静止结合面采用纸垫密封。

1）叶轮和固定部分间的密封

叶轮的吸水口、后盖板轮毂和固定段之间存在环形缝隙如图 8-32 所示。高压区的水会经环形缝隙进入低压区而形成循环流动，从而使叶轮实际排入次级的流量减少，并增加能量的消耗。为了减少缝隙的泄漏量，在保证叶轮正常转动的前提下，尽可能减小缝隙。在每个叶轮前后的环形缝隙处安装了磨损后可以更换的密封环（又称大、小口环），如图 8-32 所示。装在叶轮入口处的密封环为大口环，装在叶轮后盖板侧轮毂处的密封环为小口环。

一般水泵的密封环为圆柱形，用螺栓固定在泵壳上，它承受着与转子的摩擦，故密封环是水泵的易损件之一。当密封环被磨损到一定程度后，水在泵腔内将发生大量的窜流，使水泵的排水量和效率显著下降，故应及时更换。

为提高水泵的效率，密封环也可以采用更复杂的结构，如图 8-33 所示的几种结构。

2）泵轴与固定部分间的密封

泵轴穿过泵壳，使转动部分和固定部分之间存在间隙，泵内液体会从间隙中泄漏至泵外。如果泄漏出的液体有毒、有腐蚀性，则会污染环境。倘若泵吸入端是真空，则外界空气要漏入泵内，严重威胁泵的安全工作。为了减少泄漏，一般在此间隙处安装轴端密封装置，简称轴封。目前采用的轴封有填料密封、机械密封、浮动环密封及迷宫密封等。

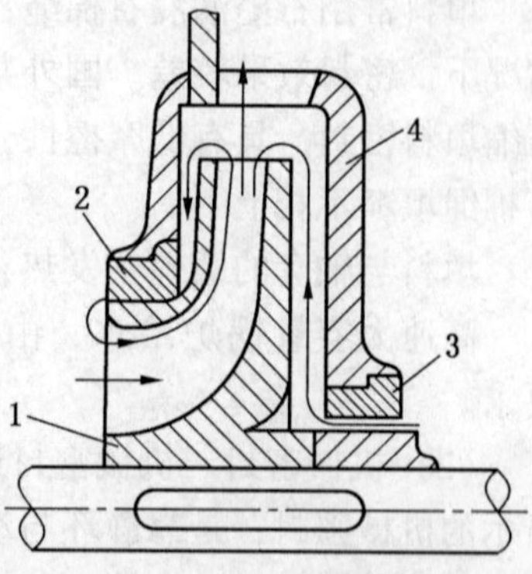

1—叶轮；2—大口环；
3—小口环；4—泵壳

图 8-32 密封环

（1）填料密封。填料密封在泵中应用得很广泛。如图 8-34 所示，填料密封由填料压盖、填料、水封环、填料套、压盖螺栓和螺母组成。正常工作时，填料被填料压盖压紧，充满填料腔室，使泄漏减少。由于填料与轴套表面直接接触，因此填料压盖的压紧程度应该合理。如压得过紧，填料在腔室中被充分挤紧，泄漏虽然可以减少，但填料与轴套表面的摩擦迅速增加，严重时发热、冒烟，甚至将填料、轴套烧坏。如压得过松，则泄漏增加，泵效率下降。填料压盖的压紧程度应该使液体从填料中流出少量的滴状液体为宜。

(a) 平环形　(b) 迷宫形　(c) 锯齿形

图 8-33 密封环形式

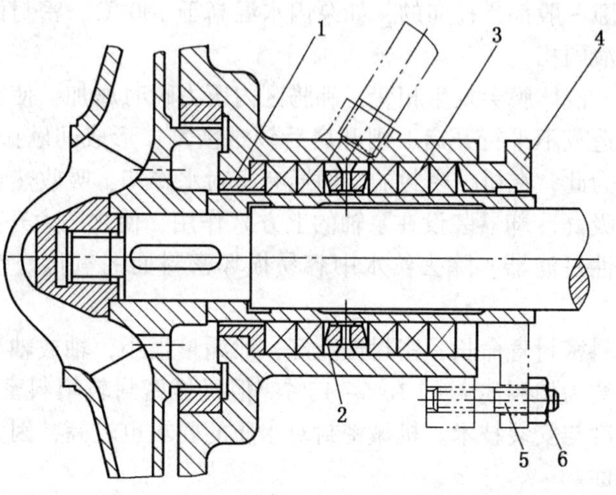


1—填料套；2—水封环；3—填料；4—填料压盖；5—长扣双头螺栓；6—螺母

图 8-34 填料密封

填料常用石墨油浸石棉绳，或石墨油浸含有铜丝的石棉绳。但它们在泵高温、高速的情况下，密封效果较差。国外某些厂家使用由合成纤维、陶瓷及聚四氟乙烯等材料制成的压缩填料密封，具有低摩擦性，并有较好的耐磨、耐高温性能，使用寿命较长，且价格与石棉绳填料不相上下。

填料与轴套的摩擦会发热，所以填料密封还应通有冷却水进行冷却。

高速大容量锅炉给水，由于轴封处的线速度大于 60 m/s，填料密封已经不能满足要求。

(2) 机械密封。机械密封最早出现在 19 世纪末，目前在国内已被广泛使用。图 8-35 所示的机械密封，是靠静环与动环端面的直接接触而形成密封。动环装在转轴上，通过传动销与泵轴同时转动；静环装在泵体上，为静止部件，并通过防转销使它不能转动。静环与动环端面形成的密封面上所需的压力，由弹簧的弹力来提供。动环密封圈，防止液体的轴向泄漏。静环密封圈，封堵静环与泵壳间的泄漏。密封圈除了起密封作用之外，还能吸收振动，缓和冲击。动、静环间的密封实际上是靠两环间维持一层极薄的流体膜，起着平衡压力和润滑、冷却端面的作用。机械密封的端面需要通有密封液体，密封液体要经外部冷却器冷却，在泵启动前先通入，泵轴停转后才能切断。机械密封要得到良好的密封效果，应该使动、静环端面光洁、平整。

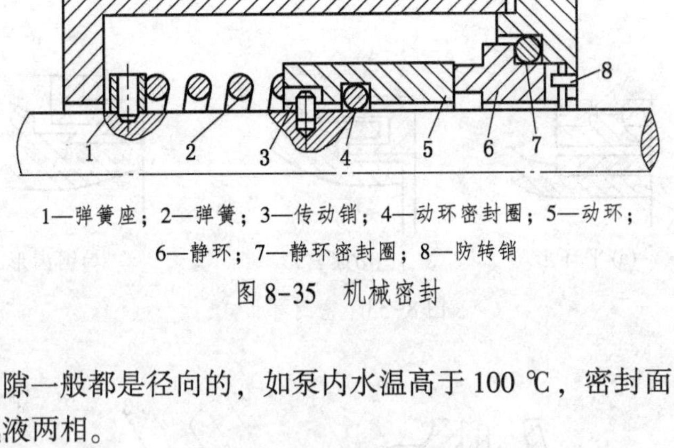

1—弹簧座；2—弹簧；3—传动销；4—动环密封圈；5—动环；
6—静环；7—静环密封圈；8—防转销

图 8-35 机械密封

机械密封的间隙一般都是径向的，如泵内水温高于 100 ℃，密封面出口为大气压，则必导致端面出现汽液两相。

在工况变化时，液体膜会发生相变，沸腾区内压力瞬时增加，使密封端面开启。如果周向开启力不均，造成不平行开启，则开启后较难恢复，形成间歇振荡、干运转、鸣叫，并出现敲击声等。为此，在机械密封的端面通有密封水冷却，吸收热量。对于温度升高的密封水，利用热虹吸（冷却器装设在泵轴的上方）作用，使之压力升高，流入密封水冷却器冷却，再经过磁性过滤器，除去给水中容易损坏密封面的氧化铁粉，重新流入密封端面，如此不断循环。

机械密封比填料密封寿命长，密封性能好，泄漏量很小，轴或轴套不易受损伤。机械密封摩擦耗功小，约为填料密封的 10%～15%。但机械密封较填料密封复杂，价格较贵，需要一定的加工精度与安装技术。机械密封对水质的要求也较高，因为有杂质就会损坏动环与静环的密封端面。

机械密封的动环、静环材料可选用碳化硅、铬钢、金属陶瓷及碳石墨浸渍巴氏合金、铜合金、碳石墨浸渍树脂等。

（3）浮动环密封。输送高温、高压的液体如用机械密封会有困难，可采用浮动环密封。浮动环密封由浮动环、支承环（浮动套）、弹簧等组成，如图 8-36 所示。

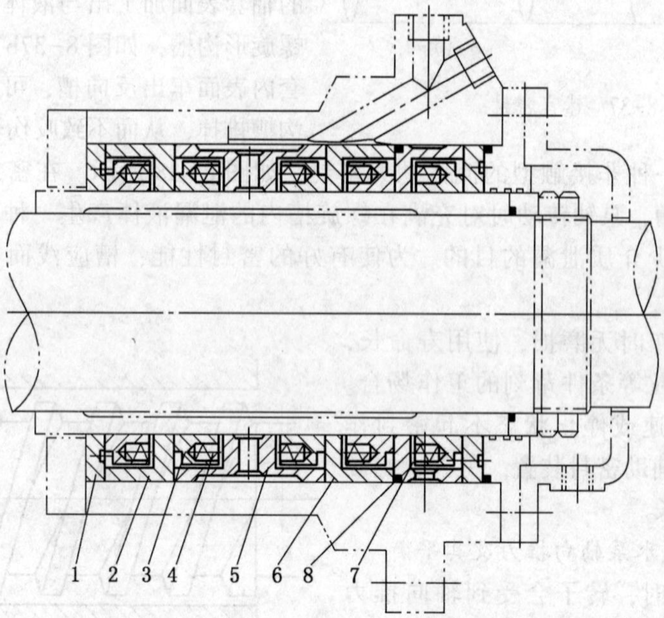


1—密封环；2—支承环（甲）；3—浮动环；4—弹簧；5—支承环（乙）；6—支承环（丙）；7—支承环（丁）；8—密封圈

图 8-36 浮动环密封

浮动环密封是通过浮动环与支承环的密封端面在液体压力与弹簧力（也有不用弹簧）的作用下紧密接触，使液体得到径向密封。浮动环密封的轴向密封是由轴套的外圆表面与浮动环的内圆表面形成的细小缝隙，对液流产生截流而达到密封。浮动环套在轴套上，由于液体动力的支承力可使浮动环沿着支承环的密封端面上、下自由浮动，使浮动环自动调整环心。当浮动环与泵轴同心时，液体动力的支承力消失，浮动环不再浮动，浮动环可以自动对准中心，所以浮动环与轴套的径向间隙可以做得很小，减小泄漏量。

为了提高密封效果，减少泄漏，在浮动环中间还通有密封液体。密封液体的压力比被密封的液体压力稍高。为了保证浮动环安全工作，密封液体必须经过滤网过滤。浮动环密封的弹簧力不能太大，否则浮动环不能自由浮动。另外，浮动环与支承环的接触端面加工要光洁，摩擦力要小。

浮动环密封相对于机械密封来说结构较简单，运行也较可靠。如果能正确地控制径向间隙与密封长度，可以得到满意的密封效果。泵在一定转速下，液体通过密封环间隙的泄漏量与液体的降压大小、径向间隙的大小、密封长度、轴颈大小以及介质温度的高低等因素有关，其中径向间隙的大小影响最大。

（4）其他密封型式。除了上述 3 种主要的轴端密封外，还有迷宫密封、螺旋密封及副叶轮（副叶片）密封等。

迷宫密封是利用转子与静子间的间隙变化，对泄漏流体进行截流、降压，从而实现密封作用，如图 8-37 所示。迷宫密封最大的特点是固定衬套与轴之间的径向间隙较大，所以泄漏量也较大。为了减少液体的泄漏，向密封衬套注入密封水。同时，可在转轴的轴套表面加工出与液体泄漏方向相反的螺旋形沟槽，如图 8-37b 所示。在固定衬套内表面车出反向槽，可使水中杂质顺着沟槽排掉，从而不致咬伤轴及轴套。

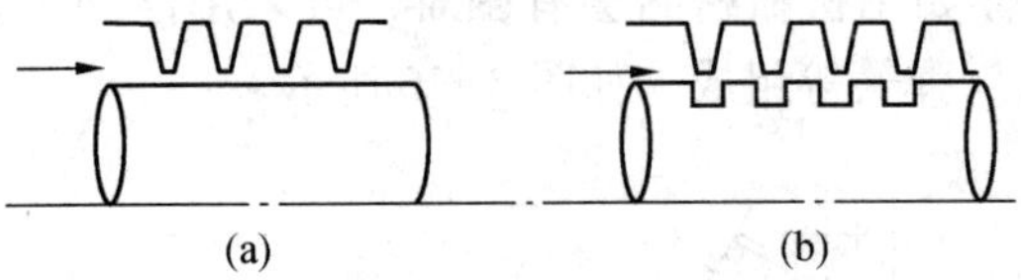


图 8-37　迷宫密封

螺旋密封是一种非接触型的流体动力密封，如图 8-38 所示。在密封部位的轴表面上切出反向螺旋槽，泵轴转动时对充满在螺旋槽内的泄漏液体产生一种向泵内的泵送作用，从而达到减少介质泄漏的目的。为使有好的密封性能，槽应浅而窄，螺旋角也应小些。

螺旋密封工作时无磨损，使用寿命长，特别适用于含颗粒等条件苛刻的工作场合。但螺旋密封在低速或停止状态不起密封作用，需另外配置辅助密封装置。另外，螺旋密封轴向长度较长。

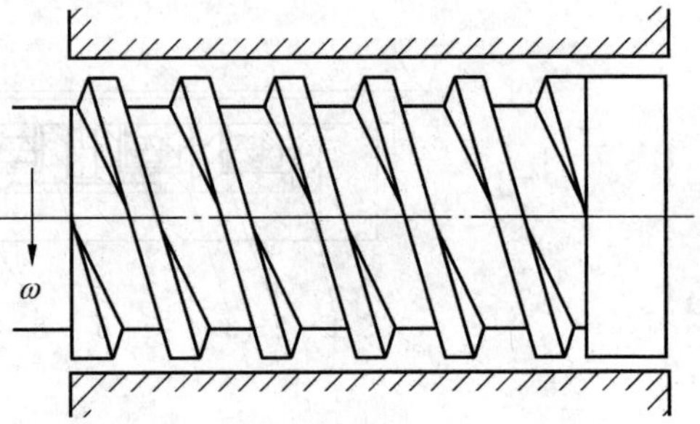


图 8-38　螺旋密封

（二）离心式水泵轴向推力及其平衡

水泵在运转时，转子会受到轴向推力的作用。为保证泵的安全使用，必须研究轴向推力产生的原因、大小的计算及平衡方法。

1. 轴向推力产生的原因

图 8-39 所示为单级单吸式叶轮轴向力分析图，由于泄漏的原因叶轮两侧充有液体，但液流压力不等。叶轮右侧的压力与叶轮左侧吸入口以上的压力可近似相等，互相抵消。但在吸入口部分，左右两侧的液流压力就不等了，而是右侧的压力大于左侧，它们的压力差乘以面积的积分就是作用在单个叶轮上的轴向力，轴向力的方向指向吸入口。

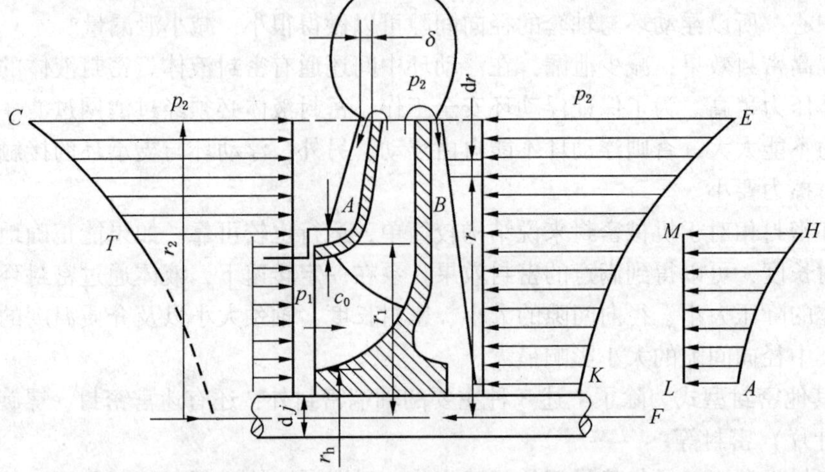


图 8-39　单级单吸式叶轮轴向力分析图

2. 轴向推力的计算

设叶轮两侧液体的旋转角速度是叶轮角速度 $\omega$ 的一半，则经过推导叶轮两侧任意半径 $r$ 处的液体压力 $p$ 为

$$\frac{p}{\rho g}=\frac{p_2}{\rho g}-\frac{\omega^2}{4}\frac{(r_2^2-r^2)}{2g}$$

$$p=p_2-\frac{\rho\omega^2}{4}\frac{(r_2^2-r^2)}{2}$$

式中 $p_2$——叶轮出口压力，Pa；

$\omega$——叶轮旋转角速度，L/s；

$r_2$——叶轮出口半径，m；

$r$——叶轮两侧任意处的半径，m；

$p$——$r$ 处的压力。

将上式两端减去叶轮吸入口处的压力 $p_1$，得

$$\Delta p=p-p_1=(p_2-p_1)-\frac{\rho\omega^2}{8}(r_2^2-r^2)$$

上式即为叶轮左右两侧同一半径处的压力差。将上式从轮毂半径 $r_h$ 积分至叶轮吸入口半径 $r_1$，可得单级叶轮压力差引起的轴向力公式为

$$F'_1=\int_{r_h}^{r_1}\Delta p2\pi r\mathrm{d}r=\pi(r_1^2-r_h^2)\left[(p_2-p_1)-\left(r_2^2-\frac{r_1^2+r_h^2}{2}\right)\frac{\rho\omega^2}{8}\right]$$

$$=\pi\rho g(r_1^2-r_h^2)\left[H_i-\left(1-\frac{r_1^2+r_h^2}{2r_2^2}\right)\frac{\rho u_2^2}{8g}\right] \tag{8-56}$$

式中 $H_i$——单级扬程，$H_i=(p_2-p_1)/\rho g$。

若为多级水，则由叶轮压力差引起的总的轴向力 $F_1$ 为

$$F_1=iF'_1 \tag{8-57}$$

式中 $i$——水的级数。

另外，液体从叶轮的进口流至出口，由于速度的大小、方向均发生变化，因此在叶轮上作用着一个沿轴向的，由动量变化所产生的力 $F_2$ 为

$$F_2=\rho Qv_0 i \tag{8-58}$$

式中 $v_0$——叶轮进口处的液体轴向流速，m/s。

动量变化所引起的轴向力 $F_2$，方向与 $F'_1$ 相反，指向排出口。一般情况下，这个动量变化所产生的轴向力较小。泵在启动时，泵轴向排出口窜动。立式泵泵轴向上窜动，正是因为刚启动时叶轮的轴向力尚未建立，而只有动量变化所产生的作用力起作用的缘故。泵立式布置，泵转子的重力亦构成轴向力，用 $F_3$ 表示。

综上所述，离心泵总的轴向力 $F$ 为

$$F=F_1-F_2+F_3 \tag{8-59}$$

轴向力 $F'_1$计算式（8-56），由于在推导时作了多种假设，如不计液体的黏性作用、不考虑流量的泄漏、流体在泵腔内旋转角速度等于叶轮角速度一半等，所以公式的计算结果与实测相差较大，一般是计算值偏小。

3. 轴向推力的危害

多级水泵由于叶轮数目多，所以总的轴向力是一个不小的数值，如150D30×9型水泵运转中会产生高达21 kN以上的轴向推力。这么大的力将使整个转子向吸水侧窜动。如不加以平衡，将使高速旋转的叶轮与固定的泵壳造成破坏性的磨损；另外，过量的轴窜动，会使轴承发热，电动机负载加大；同时使互相对正的叶轮出水口与导水圈的导叶进口发生偏移，引起冲击和涡流，使水泵效率大大降低，严重时水泵无法工作。

4. 轴向推力的平衡方法

1）平衡孔

如图8-40所示，在叶轮后盖板上一般钻有数个小孔，并在与前盖板密封直径相同处装有密封环。液体经过密封环间隙后，压力下降，减少了作用在后盖板上的轴向力。另外，在后盖板下部从泵壳处设置连通管与吸入侧相通，将叶轮背面的压力液体引向吸入管。

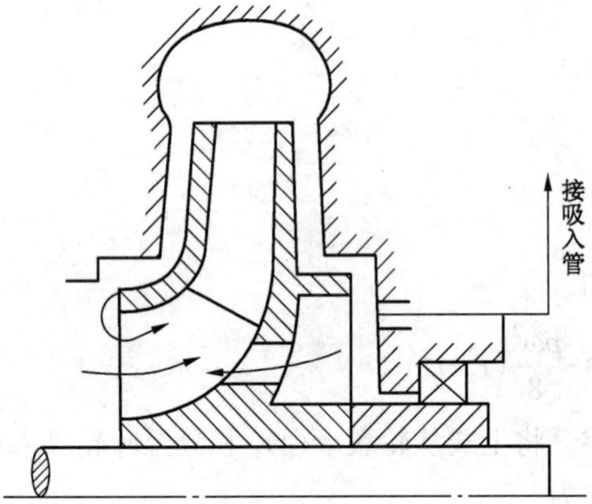

图8-40　平衡孔

采用平衡孔方法，结构简单并可减小轴封压力。但它增加了泄漏，干扰了叶轮入口液体流动的均匀性，所以泵的效率有所降低。平衡孔方法适用于单级泵或小型多级泵上。

2）平衡（背）叶片

如图8-41所示，在叶轮的后盖板外侧铸有4~6片背叶片。未铸背叶片时，叶轮右侧压力分布如图中曲线*AGF*。加铸背叶片后，背叶片强迫液体旋转，使叶轮背面的压力显著下降，它的压力分布曲线如图中*AGK*。

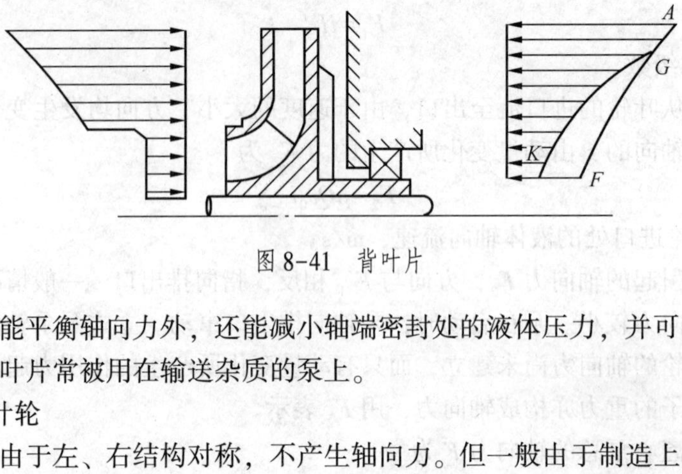

图8-41　背叶片

背叶片除了能平衡轴向力外，还能减小轴端密封处的液体压力，并可防止杂质进入轴端密封，所以背叶片常被用在输送杂质的泵上。

3）双吸式叶轮

双吸式叶轮由于左、右结构对称，不产生轴向力。但一般由于制造上的误差，或两侧密封环磨损不同，使泄漏的程度不同，会产生残余的轴向力。为平衡这残余的轴向力，一般还装有推力轴承。

4）叶轮对称布置

如果泵是多级的，则可以将叶轮对称布置，如图8-42所示。对称布置的叶轮虽然仍有轴向力，但它所组成的转子由于有两个方向相反的轴向力彼此抵消，从而不存在了。

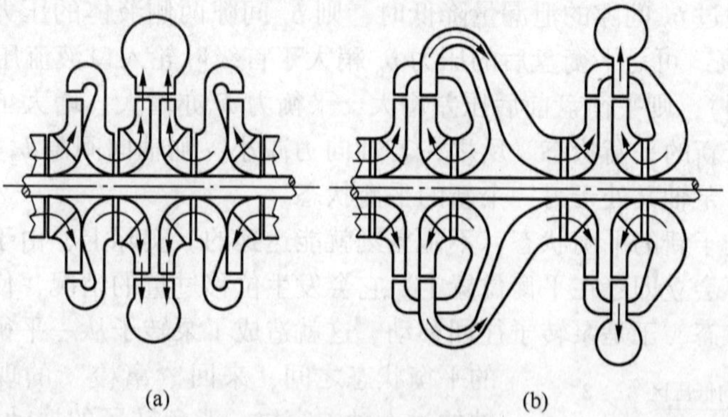


图 8-42　多级叶轮对称布置图

叶轮数为偶数，叶轮正好对半布置；叶轮数如为奇数，则首级叶轮可以采用双吸式，其余叶轮仍对半反向布置。采用叶轮对称布置平衡轴向力的方法简单，但增加了外回流管道，造成泵壳笨重，同时亦增加了级间泄漏。叶轮对称布置主要用于蜗壳式多级泵和分段式多级泵上。

5）平衡装置

为平衡轴向力，在多级泵上通常安装平衡盘、平衡鼓（或平衡盘与平衡鼓联合装置）、双平衡鼓装置。

（1）平衡盘。图 8-43 所示为平衡盘装置。它安装在末级叶轮之后，随轴一起旋转。平衡盘装置有两个密封间隙：径向间隙 $b_1$ 与轴向间隙 $b_2$。设末级叶轮出口液体的压力为 $p_2$；平衡盘间隙 $b_1$ 前的液流压力为 $p_3$；平衡盘前的液流压力为 $p_4$，即轴向间隙 $b_2$ 前的液流压力；$p_5$ 为间隙 $b_2$ 后的液流压力；平衡盘后的液流压力为 $p_6$。根据流体流动阻力原理 $p_3 > p_4 > p_6$。由于 $p_4 > p_6$，所以平衡盘前后产生压力差。该压力差乘以平衡盘的平衡面积，就得到平衡盘所产生的平衡力 $F'$。平衡力 $F'$ 的方向恰与轴向力 $F$ 的方向相反，大小与 $F$ 相等，所以轴向力 $F$ 得以平衡。

当工况变动时，叶轮产生的轴向力也发生变化，如果轴向力 $F$ 增大，则轴向着吸入口

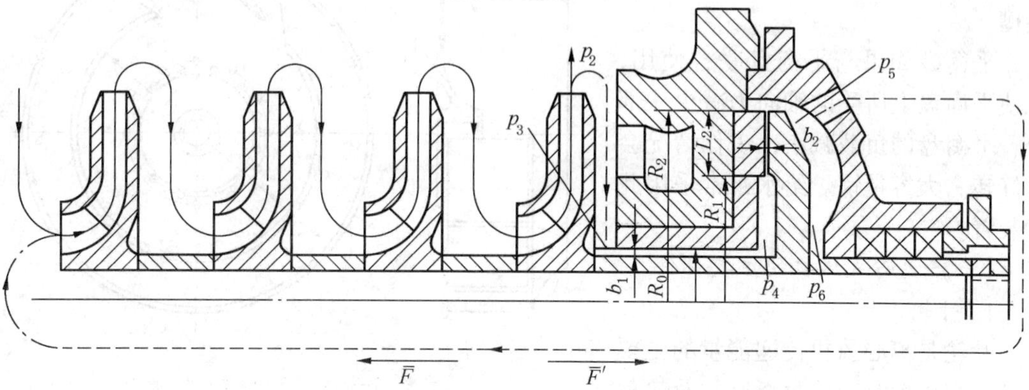


图 8-43　平衡盘装置

方向移动，平衡盘的轴向间隙 $b_2$ 减小，通过 $b_2$ 间隙的泄漏量降低。径向间隙 $b_1$，不随工况变动，因此当通过 $b_2$ 间隙的泄漏量降低时，则 $b_1$ 间隙两侧液体的压力降也降低，平衡盘前的压力 $p_4$ 升高。可是平衡盘后的压力 $p_6$ 稍大于首级叶轮入口液流压力（因为它与首级叶轮吸入口相通），则平衡盘前后压差增大，平衡力 $F'$ 亦增大。增大了的平衡力与轴向力相等，泵轴处于新的平衡状态。反之，若轴向力减小，则轴向间隙 $b_2$ 增大，压力 $p_4$ 下降，平衡力下降，泵轴又处于另一个新的平衡状态。

但是，泵轴处于新的平衡状态，不是立刻就能达到的。实际上，由于泵转子的惯性作用，移位的转子不会立即停在平衡位置上。它会发生位移过量的情况，使得平衡力与轴向力又处于不平衡状态，于是泵转子往回移动。这就造成了泵转子从一平衡状态到达另一新的平衡状态之间，来回“窜梭”的现象。为了防止泵轴的过大轴向窜梭，避免转子的振动和平衡盘的研磨，必须在平衡盘的轴向间隙 $b_2$ 变化不大的情况下，平衡力发生显著的变化，使平衡盘在短期内能迅速达到新的平衡状态。这就要求平衡盘有足够的灵敏度。

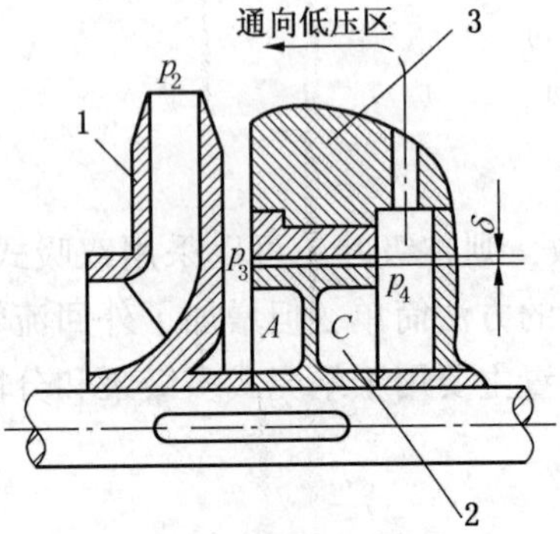

1—叶轮；2—平衡鼓；3—出水段

图 8-44　平衡鼓

（2）平衡鼓。平衡鼓是装在泵轴末级叶轮后的一个圆柱体，跟随泵轴一起旋转，如图 8-44 所示。平衡鼓外缘与泵体间形成径向间隙 $\delta$，平衡鼓前的液体来自末级叶轮的出口。径向间隙前的液体压力为 $p_3$，间隙 $\delta$ 后的液体压力为 $p_4$。平衡鼓前后产生的压力差与作用面积的乘积的积分值，是泵轴上轴向力的平衡力。

平衡鼓装置的优点是，当工况变动，泵启、停时平衡鼓与泵体不会发生磨损，所以平衡鼓的使用寿命长，工作安全。同时平衡鼓起着一种水轴承的作用，增加泵轴的刚度。但是由于设计计算不能完全符合实际，同时泵运转时工况变化，轴向力也会发生变化，因此平衡鼓工作时不能平衡掉全部的轴向力。另外，平衡鼓不能限制泵轴的轴向窜动。所以，使用平衡鼓时，必须同时装有双向的推力轴承。推力轴承一般承受整个轴向力的 5% ~ 10%，平衡鼓约承受整个轴向力的 90%~ 95%。

使用平衡鼓时，由于湿周大，所以泄漏量大。为减少平衡鼓的泄漏量，可在平衡鼓外圆周加工出反向螺旋槽。

平衡鼓如果与平衡盘联合使用，能使平衡盘上所受的轴向力减少一部分，平衡盘的负载减小，工作情况会有好转。大容量锅炉给水泵常采用此种装置。

（三）离心式风机的主要部件

1. 叶轮

叶轮是离心风机传递能量的主要部件，它由前盘、后盘、叶片及轮毂等组成，如图 8-45 所示。

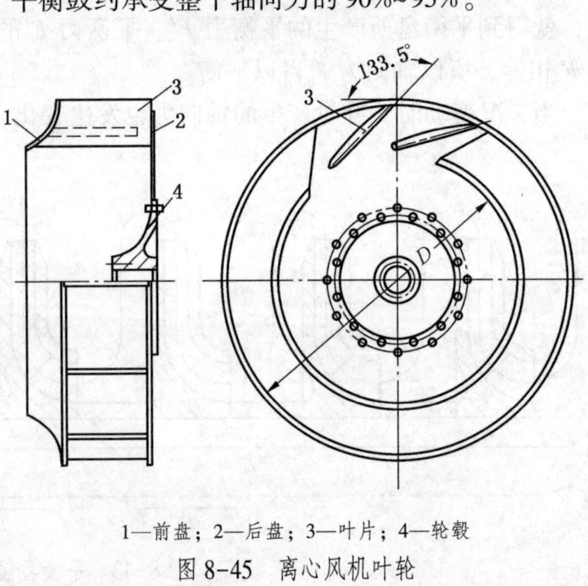

1—前盘；2—后盘；3—叶片；4—轮毂

图 8-45　离心风机叶轮

离心风机叶轮的后弯式叶片有机翼型、直板型及弯板型3种，如图8-46所示。机翼型叶片具有较高的效率，但若输送的气体中含有固体颗粒（灰粒、煤粒），则空心的机翼型叶片一旦被磨穿，在叶片内积聚灰或颗粒时，叶轮失去平衡引起风机的振动，甚至无法工作。直板型叶片制造方便，但效率低。弯板型叶片如果空气动力性能设计优化，其效率会接近机翼型叶片。

(a)机翼型　(b)直板型　(c)弯板型

图8-46　后弯叶片类型

叶轮前盘的形式有平直前盘、锥形前盘及弧形前盘3种，如图8-47所示。平直前盘制造工艺简单，但气流进口后分离损失较大，因而风机效率较低。弧形前盘制造工艺较复杂，气流进口后分离损失很小，效率较高。锥形前盘介于两者之间。高效离心风机前盘一般采用弧形型式。

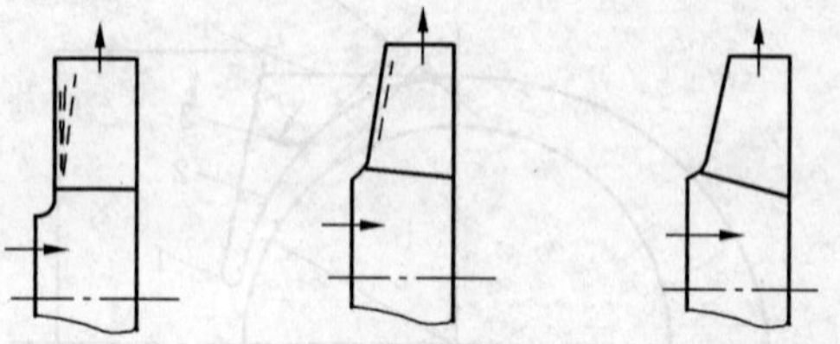

(a)平直前盘　(b)锥形前盘　(c)弧形前盘

图8-47　前盘型式

2. 集流器

集流器装置在叶轮前，它应使气流能均匀地充满叶轮的入口截面，并且气流通过它时的阻力损失应该最小。集流器的形式如图8-48所示，有圆筒形、圆锥形、弧形、锥筒形及锥弧形等。比较这五种集流器，圆筒形集流器叶轮进口处会形成涡流区，直接从大气进气时效果更差。圆锥形好于圆筒形，但它太短，效果不佳。弧形集流器好于前两种，但锥弧形集流器效果最佳，高效风机基本上都采用此种集流器。

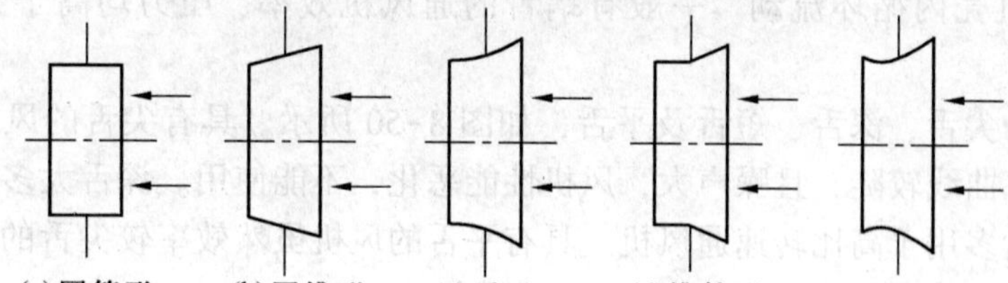

(a)圆筒形　(b)圆锥形　(c)弧形　(d)锥筒形　(e)锥弧形

图8-48　集流器的形式

集流器与叶轮的配合，以套口间隙形式为好，而对口间隙形式一般较少采用。

3. 进气箱

气流进入集流器有两种方式。集流器直接从周围吸取气体，这种方式称为自由进气；另一种方式是集流器从进气箱吸取气体。有些通风机由于结构上的需要，如风机进风口前装接弯管（气流转弯流速分布不均匀），就要求在集流器前装有进气箱，以改善气流的流动状况。

4. 蜗壳

蜗壳的任务是汇集叶轮流出的气流，然后引向出口，与此同时将气流的一部分动能转变成压力能。蜗壳的外形，如采用阿基米德螺旋线或对数螺旋线时，效率最高。但为了加工方便，也常常将蜗壳的外形制作成近似阿基米德螺旋线。蜗壳的轴面为矩形，而且宽度不变。

蜗壳出口处气流速度一般很大。为了有效利用这部分能量，在蜗壳出口装设扩压器。因为气流从蜗壳流出时向叶轮旋转方向偏斜，所以扩压器一般做成向叶轮一边扩大，其扩散角 $\theta$ 通常为 $6° \sim 8°$，如图 8-49 所示。

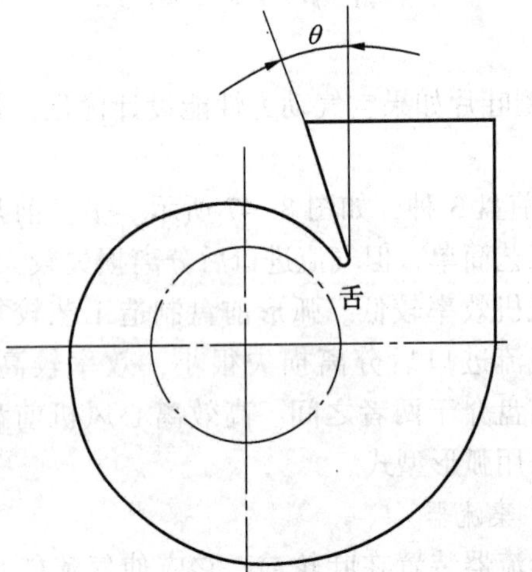

图 8-49 蜗壳

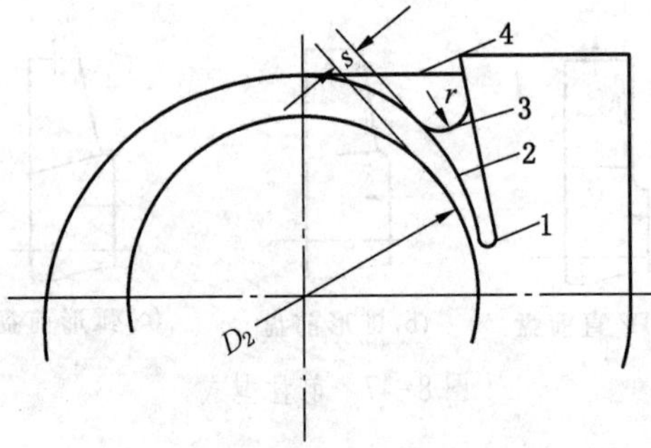

1—尖舌；2—深舌；3—短舌；4—平舌

图 8-50 蜗舌

离心通风机蜗壳出口附近有"舌状"结构，一般称作蜗舌，如图 8-50 所示。蜗舌可以防止气体在机壳内循环流动。一般有蜗舌的通风机效率、压力均高于无舌的离心通风机。

蜗舌可分为尖舌、深舌、短舌及平舌，如图 8-50 所示。具有尖舌的风机虽然最高效率较高，但效率曲线较陡，且噪声大，风机性能恶化，不能使用。深舌大多用于低比转速通风机，短舌大多用于高比转速通风机。具有平舌的风机虽然效率较尖舌的低，但效率曲线较平坦，且噪声小。

蜗舌顶端与叶轮外径的间隙 $s$，对噪声的影响较大。间隙 $s$ 小，噪声大；$s$ 大，噪声减小。一般取 $s=(0.05 \sim 0.10)D_2$。蜗舌顶端的圆弧 $r$，对风机气动力性能无明显影响，但对噪声影响较大。圆弧半径 $r$ 小，噪声会增大，一般取 $r=(0.03 \sim 0.06)D_2$。

## 二、轴流式泵与风机的结构

轴流式泵与风机的主要部件有叶轮导叶入口装置和扩压器等。

1. 叶轮

叶轮是用来对流体做功提高流体能量的部件，它是轴流式泵与风机最重要的部件之一，对其结构和强度的要求比较高。叶轮（图 8-51）主要由叶片和轮毂组成。

叶轮尺寸、结构和叶片叶型对泵与风机的性能有着重要的影响。

2. 导叶

导叶的作用是确定流体通过叶轮前或后的流动方向，使流体以最小的损失获得最大的

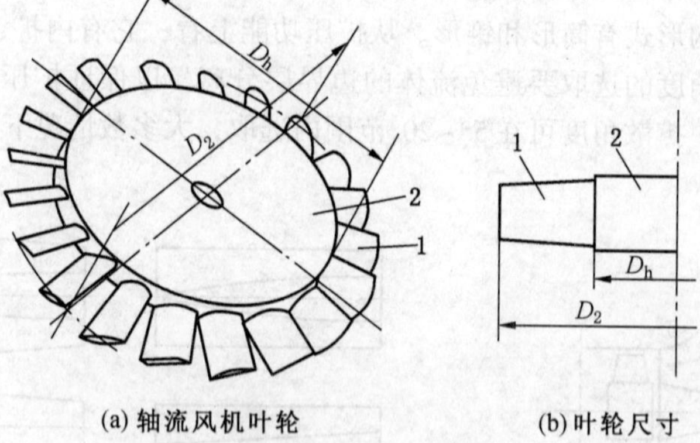


1—叶片；2—轮毂

图 8-51　轴流风机的叶轮

能量。对于后导叶，还有将旋转运动的动能转换为压力能的作用；前导叶若做成可转动的，还可提高轴流风机的变工况运行的经济性。

导叶叶型有机翼型和圆弧板型。导叶高度与动叶要相适应，安装在叶轮前或后的定子上。导叶与动叶之间的间隙对泵与风机的效率有一定影响，间隙过大自然影响泵与风机的效率，而间隙又不能太小，否则动静之间将产生摩擦和碰撞。

3. 入口装置

轴流式泵的入口装置称为吸入室；轴流式风机的入口装置称为集流器。

入口装置的作用主要是保证流体以最小的损失、均匀分布的压力和速度进入泵或风机的叶轮。入口装置分别安装在轴流式泵和轴流式风机叶轮入口。

轴流泵的吸入室如图 8-52 所示，轴流泵一般选用喇叭管形吸入室。大型轴流泵，根据地形情况多选用肘形和钟形的吸入室和进水流道，如图 8-53 所示。

轴流风机的集流器如图 8-54 所示，轴流风机集流器入口前一般有进气箱。进气箱的形状应使气流平顺地进入集流器，使集流器进口气流有均匀的速度场与压力场。

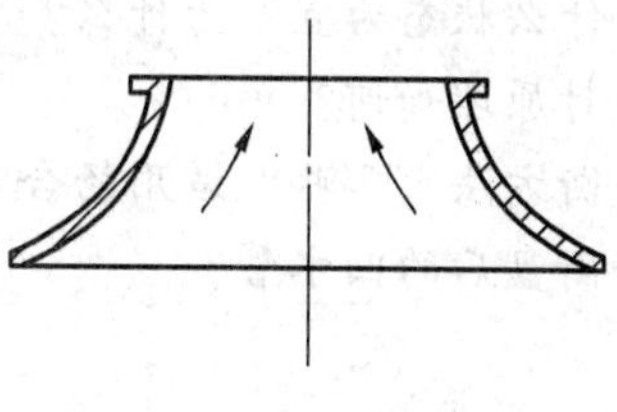

图 8-52　轴流式泵的吸入室

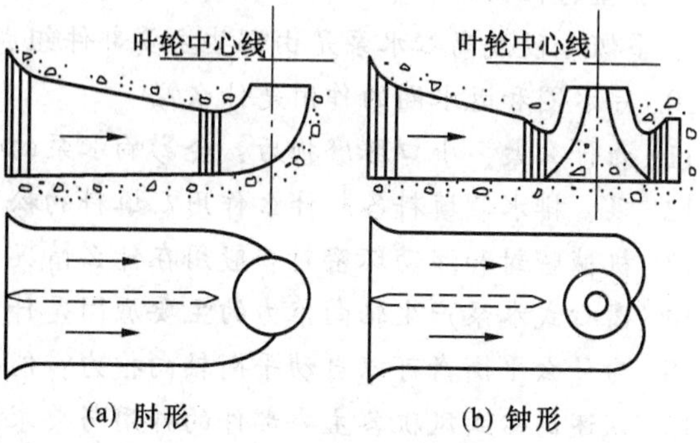


图 8-53　进水流道形式

4. 扩压器

扩压器也称扩散器，其作用是将流体的部分动能转换为压力能。如图 8-55 所示，轴流风机扩散器的结构形式有筒形和锥形。从扩压功能上看，它有内扩、外扩和内外同时扩展几种形式。扩散角度的选取要避免流体的边界层分离，以保证扩压器内流动损失最小、扩压效果好为目的。扩散角度可在 5°~20°范围内选取，大多数情况下可在 7°~9°范围内选取。

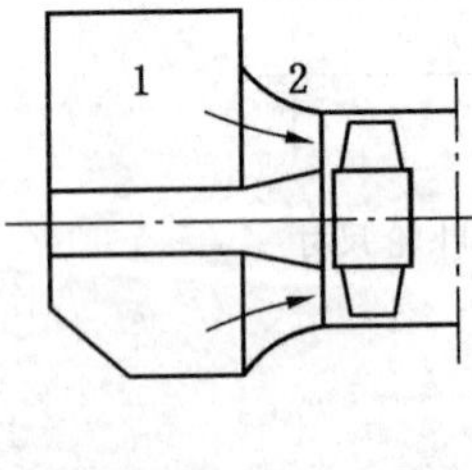


1—进气箱；2—集流器

图 8-54　轴流风机集流器

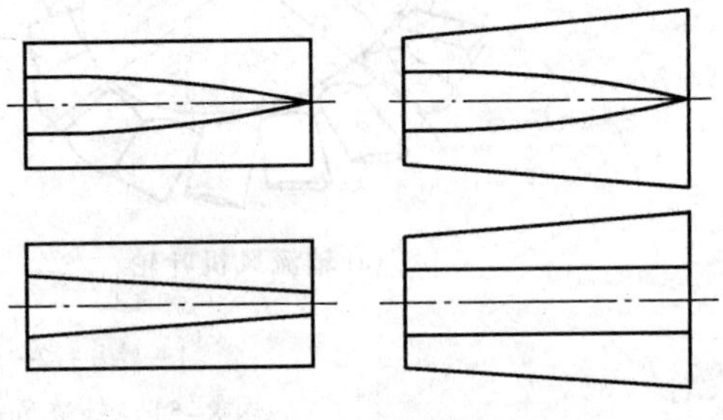

图 8-55　轴流风机扩散器

## 复习思考题

1. 如何绘制速度三角形？预旋对速度三角形有什么影响？

2. $H_{T\infty}$、$H_T$ 及 $H$ 有何区别？为什么 $H_{T\infty} > H_T > H$？

3. 离心式叶片 3 种型式的优缺点？实际使用时多采用什么型式？为什么？

4. 试比较离心式和轴流式叶轮的理论压头方程式和理论压头与理论流量关系式的异同点。

5. 泵或风机内部的损失有哪些？简述造成这些损失的原因，并说明总效率为什么等于分效率之乘积。

6. 为什么离心式泵与风机有一个效率最高点？流量过大过小时为什么效率都下降？

7. 为什么在相应工况下，同类型通风机的类型系数 $\overline{Q}$、$\overline{p}$ 和 $\overline{P}$ 都为常数，而不随通风机的尺寸和转速变化？

8. 类型特性曲线和个体特性曲线如何互相换算？

9. 多级分段式离心水泵是由哪些主要部件组成的？各部件的作用是什么？

10. 导水圈和返水圈的作用是什么？

11. 为什么大、小口环磨损后，会影响水泵的性能？

12. 吸、排水侧填料各起什么作用？填料的松紧适度以什么状态为宜？为什么？

13. 机械密封和浮动环密封一般用在什么情况下？其密封原理如何？

14. 离心式水泵产生轴向推力的主要原因是什么？其平衡方法有哪些？适用场合如何？

15. 为什么平衡盘可以自动平衡轴向推力？能否堵塞平衡盘后的回水管？

16. 试述离心式风机各主要部件的作用与要求。

17. 试述轴流式泵与风机各主要部件的作用与要求。

18. 离心式风机的叶轮外径 $D_2 = 400$ mm，转速 $n = 2985$ r/min，叶轮入口处流体无预旋，$c_{2u\infty}=0.8u_2$，空气密度$\rho=1.2\ kg/m^3$，试计算$p_{T\infty}$。

19. 离心式风机叶轮外径$D_2=600\ mm$，叶轮出口宽度$b_2=150\ mm$，叶片出口安装角$\beta_{2g}=30°$，转速$n=1450\ r/min$。设叶轮进口无预旋，空气密度$\rho=1.2\ kg/m^3$。试求：

（1）当流量为$10^4\ m^3/h$时，叶轮的相对速度$w_2$和绝对速度$c_2$。

（2）叶片无限多时的理论全压$p_{T\infty}$。

（3）叶片无限多时的反作用度$\Omega$。

20. 离心式水泵在转速$n=2950\ r/min$时，流量为89 L/s，$H=13\ m$。水以径向进入叶轮（$\alpha_1=90°$），叶轮内的轴面速度$c_{1m}=3.6\ m/s$。内、外径比$D_1/D_2=0.4$，叶轮出口宽度$b_2=0.12D_2$，若不计叶轮内的损失和叶片厚度的影响，并设叶轮进口叶片的宽度$b_1=20\ cm$，求叶轮外径$D_2$、出口宽度$b_2$及叶片进、出口几何角$\beta_{1g}$和$\beta_{2g}$。

21. 离心泵叶轮直径$D_2=360\ mm$，出口有效截面积$A=0.023\ m^2$，叶片出口几何角$\beta_{2g}=30°$，如不计叶轮进口的预旋（$c_{1u}=0$），求转速$n=1480\ r/min$，流量为83.8 L/s时的理论扬程$H_T$。（设$K=0.82$）

22. 若已知水泵的流量为30 $m^3/h$，叶轮外径为35 cm，叶轮出口宽度为1 cm，转速为1450r/min，试求当叶轮叶片的出口角为30°，90°和160°时，水泵所产生的理论压头，并分别绘制出离心式水泵的理论压头线。

23. 设某水泵当$n=2950\ r/min$时，在曲线上找出一点，其流量$Q=48\ m^3/h$，扬程$H=90\ m$，轴功率$P=16\ kW$。若将其转速改为1180 r/min时，该点的参数（流量、扬程和轴功率）变为多少？

24. 已知一台单吸单级风机的额定参数在$n=965\ r/min$时风量$Q=10800\ m^3/h$，风压$p=1635Pa$，求该风机的比转速。

25. 某三级水泵的扬程$H=122.4\ m$，流量$Q=80\ L/s$，转速$n=1480\ r/min$，求该泵比转速。

26. 某水泵$n=2950\ r/min$，$H=128\ m$，$Q=1.23\ m^3/min$，若采用$n_s$在75~100范围内的多级泵，试计算要用几级？

27. 由图8-21所示的风机类型特性，换算出$D_2=1.6\ m$，$n=700\ r/min$风机的个体特性曲线。

28. 设有一台8级离心式水泵，其单级扬程$H=40.8\ m$，首级叶轮进水口缝隙半径$R_1=95\ mm$，其余叶轮的进水口缝隙半径$R'_1=85\ mm$，轮毂半径$R_h=45\ mm$。求该水泵的轴向推力为多少？

# 第九章　矿 山 排 水 设 备

## 第一节　概　　述

### 一、矿山排水系统

1. 矿水

在煤矿地下开采过程中，由于地层含水的涌出，雨雪和江河中水的渗透，水砂充填和水力采煤的井下供水，使得大量的水昼夜不停地汇集于井下。涌入矿井的水统称为矿水，矿水分为自然涌水和开采工程涌水。自然涌水指自然存在的地面水和地下水，地面水包括江、河、湖以及季节性雨水、融雪等，地下水包括含水层水、断层水和老空水。开采工程涌水是与采掘方法或工艺有关的涌水，如水砂充填时矿井的充填废水、水力采矿的动力废水等。

单位时间涌入矿井水仓的矿水总量称为矿井涌水量。由于涌水量受地质构造、地理特征、气候条件、地面积水和开采方法等多种因素的影响，因此各矿涌水量可能极不相同。一个矿在不同季节涌水量也是变化的，通常在雨季和融雪期出现涌水高峰，此期间的涌水量称为最大涌水量，其他时期的涌水量变化不大，一年内持续时间较长，此期间的涌水量称为正常涌水量。

为了比较各矿涌水量的大小，常用同一时期内，相对于单位煤炭产量的涌水量作为比较的参数，称为含水系数。用 $K_s$（单位为 $m^3/t$）表示，则

$$K_s = 24q/T \tag{9-1}$$

式中　$q$——矿井涌水量，$m^3/h$；

$T$——同期内煤炭日产量，t。

矿水在穿过岩层和沿坑道流动过程中，混入了各种物质，因此必须经过沉淀池和水仓沉淀后再由水泵排出。

由于溶解在水中的物质不同，矿水有酸性、中性和碱性之分。当矿水中氢离子浓度的 $pH=7$ 时为中性水，$pH<7$ 时为酸性水，$pH>7$ 时为碱性水。酸性矿水对金属有腐蚀作用，因此，当矿水的 $pH<5$ 时应根据情况加石灰中和或采用耐酸的排水设备。

2. 排水系统

对于巷道低于地面的矿井，涌入矿井中的水，需要用排水设备将水排到地面。目前我国大多数矿井采用这种方法。

根据开采水平以及各水平涌水量的大小不同，可采用不同的排水系统。竖井单水平开采时，可采用直接排水系统将井下全部涌水集中于井底车场内的水仓内，并用排水设备将其排至地面，如图 9-1 所示。两个或多个水平同时开采时，可有多种方案供选用。就两个

水平而言，有3种方案可供选用。

（1）直接排水系统。如各水平涌水量都很大，各水平可分别设置水仓、泵房和排水装置，将各水平的水直接排至地面。此方案的优点是上、下水平互不干扰，缺点是井筒内管路多。

（2）集中排水系统。当上水平的涌水量较小时，可将上水平的水下放到下水平，而后由下水平的排水装置直接排至地面。此方案的优点是只需一套排水设备，缺点是上水平的水下放后再上提，损失了位能，增加了电耗。

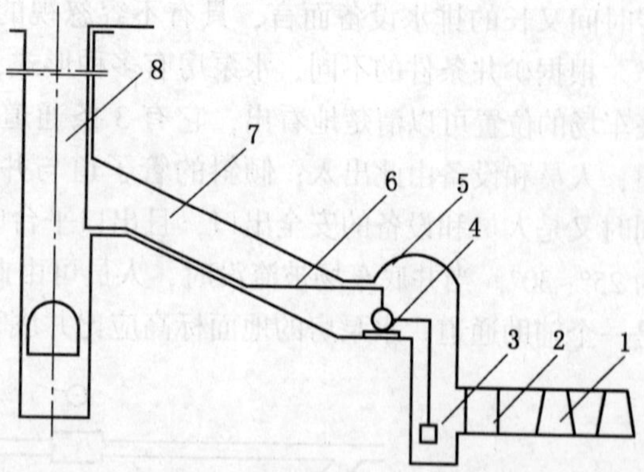

1—水仓；2—分水沟；3—吸水井；4—水泵；5—泵房；6—管子；7—管子道；8—井筒

图9-1 矿井排水过程的示意图

（3）分段排水系统。若下水平的水量较小或井过深，则可将下水平的水排至上水平的水仓内，然后集中一起排至地面。

3. 水仓

用来专门储存矿水的巷道叫水仓，水仓有两个主要作用，一是储存、集中矿水，排水设备可以将水从水仓排至地面。为了防止断电或排水设备发生故障被迫停止运行时淹没巷道，主泵房的水仓应有足够大的容积，必须能容纳8 h正常的涌水量。二是沉淀矿水，因在从采掘工作面到水仓的流动过程中，矿水夹带有大量悬浮物和固体颗粒，为防止排水系统堵塞和减轻排水设备磨损，在水仓中要进行沉淀，根据颗粒沉降理论，为了达到能把大部分细微颗粒沉淀于仓底，水在水仓中流动的速度必须小于0.005 m/s，而且流动时间要大于6 h，因此水仓巷道长不得小于100 m。

为了在清理水仓的沉淀物的同时，又能保证排水设备正常工作，水仓至少有两个，一个主水仓，一个副水仓，以便清理时轮换使用。水仓可以布置在水泵房的一侧，也可以布置于水泵房的两侧，在水泵房一侧的布置方式适用于单翼开采，矿水从一侧流入水仓。在水泵房两侧的方式适用于两翼开采，矿水从两侧流入水仓。

由于矿水中固体颗粒的沉淀，水仓容量逐渐减少，为了保证水仓的容水能力，能够容纳涌水高峰的全部矿水，每次雨季到来前，必须彻底清理一次主泵房的水仓。为了便于清扫水仓的淤泥，水仓和分水井靠管路连接，管路上装有闸阀，关闭时可以清扫水仓。为了便于运输，水仓底板一般都敷设轨道。

4. 水泵房

水泵房是专为安装水泵、电机等设备而设置的硐室，大多数主水泵房布置在井底车场附近。这样布置的优点是：

（1）运输巷道的坡度都向井底车场倾斜，便于矿水沿排水沟流向水仓。

（2）排水设备运输方便。

（3）由于靠近井筒，缩短了管路长度，不仅节约管材，而且减少了管路水头损失，同时增加了排水工作的可靠性。

（4）在井底车场附近，通风条件好，改善了泵与电机的工作环境。

（5）水泵房以中央变电所为邻，供电线路短，减少了供电损耗，这对耗电量很多、运转时间又长的排水设备而言，具有不容忽视的经济意义。

根据矿井条件的不同，水泵房有多种形式，图 9-2 所示是其中的一种。根据水泵房在井底车场的位置可以清楚地看出，它有 3 条通道与相邻巷道相通，人行运输巷与井底车场相通，人员和设备由此出入；倾斜的管子道与井筒相通（图 9-3）。排水管可由此敷入井筒，同时又是人员和设备的安全出口，且出口平台应高出泵房底板标高 7 m 以上，倾斜坡度一般为 25°~30°。当井底车场被淹没时，人员可由此安全撤出；经井下变电所与巷道相通的通道是一个辅助通道。水泵房的地面标高应比井底车场轨面高 0.5 m，且向吸水侧留 1% 的坡度。

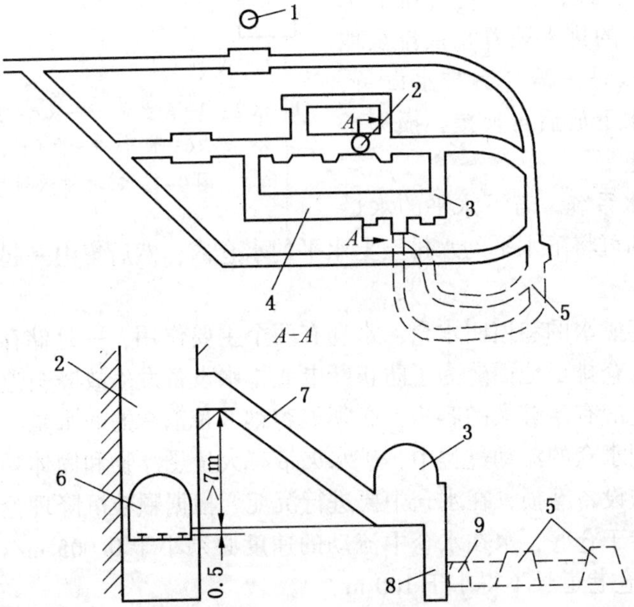


1—主井；2—副井；3—水泵房；4—中央变电所；5—水仓；6—井底车场；
7—管子道；8—吸水井；9—分水沟

图 9-2 水泵房位置图

图 9-4 所示为 3 台水泵两趟管路泵房布置图，吸水井在泵房的一侧，由水仓来的水首先通过篦子拦截进入水仓的大块物质，而后经过闸门进入分水井。水仓闸门共有两个，分别和主副水仓相通，轮换使用，可在配水井上部操作。进入分水井的水经过分水闸门分配到中间吸水井和两侧的分水沟中。水从分水沟再进入两侧的吸水井中。关闭分水阀门可以清理水沟和吸水井，并控制水仓流入的水量。

水泵房排水设备的布置方式主要取决于泵和管路的多少，通常情况下，应尽量减少水泵房断面，水泵在水泵房内顺着水泵房长度方向轴向排列，水泵房轮廓尺寸应根据安装设备的最大外形、通道宽度和安装检修条件等确定。

1）水泵房长度

$$L = nL_0 + l_1(n+1) \tag{9-2}$$

式中 $n$——水泵台数；

$L_0$——水泵机组（泵和电动机）的基础长度，m，可查样本；

$l_1$——水泵机组的净空距离，一般为 1.5~2.0 m。

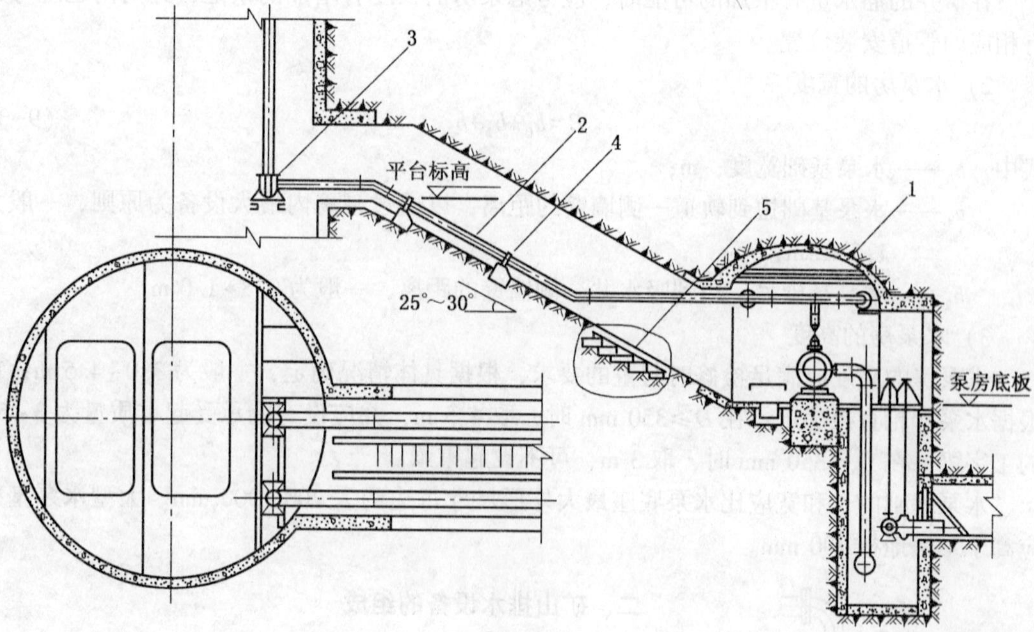


1—泵房；2—管道；3—弯管；4—管墩和管卡；5—人行台阶和运输轨道

图 9-3 管子道布置图

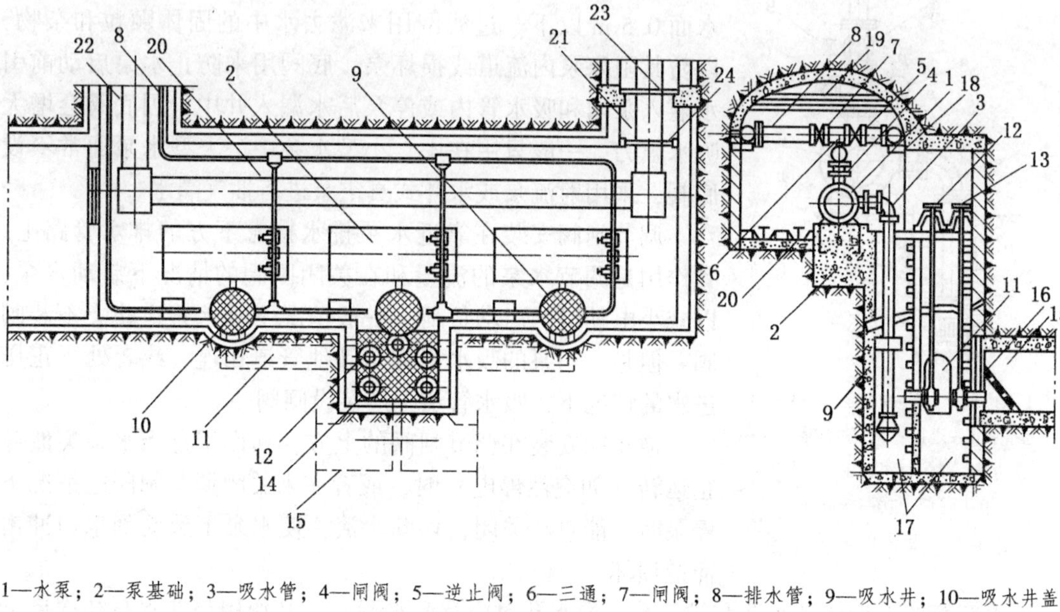


1—水泵；2—泵基础；3—吸水管；4—闸阀；5—逆止阀；6—三通；7—闸阀；8—排水管；9—吸水井；10—吸水井盖；11—分水沟；12—分水闸阀；13—水仓闸阀；14—分水井；15—水仓；16—篦子；17—梯子；18—管子支撑架；19—起重梁；20—轨道；21—人行运输巷；22—管子道；23—防水门；24—大门

图 9-4 3 台水泵两趟管路泵房布置图

在矿井的涌水量有增加的可能时，应考虑泵房的长度有增加的余地，井筒内也应考虑有相应的管道安装位置。

2）水泵房的宽度

$$B=b_0+b_1+b_2 \tag{9-3}$$

式中 $b_0$——水泵基础宽度，m；

$b_1$——水泵基础边到轨道一侧墙壁的距离，以通过泵房内最大设备为原则，一般为1.5~2 m；

$b_2$——水泵基础另一边到吸水井一侧墙壁的距离，一般为0.8~1.0 m。

3）水泵房的高度

水泵房的高度应满足检修时起重的要求，根据具体情况确定，一般为3.0~4.5 m；或根据水泵叶轮直径确定：在$D \geqslant 350$ mm时，取4.5 m，并应设有能承受起重质量为3~5 t的工字梁；在$D<350$ mm时，取3 m，可不设起重梁。

水泵基础的长和宽应比水泵底座最大外形尺寸每边约大200~300 mm。大型水泵基础应高于泵房地板200 mm。

## 二、矿山排水设备的组成

矿山排水设备一般由水泵、电动机、启动设备、管路、管路附件和仪表等组成，图9-5所示为水泵排水示意图。

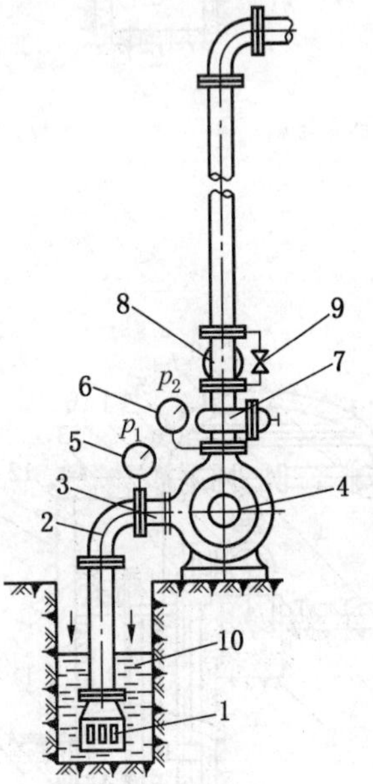


1—滤水器；2—90°弯头；3—异径管；4—水泵；5—真空表；6—压力表；7—闸阀；8—逆止阀；9—阀门；10—吸水井

图9-5 水泵排水示意图

排水设备上应设置各种附件，各自起着不同的作用。

带底阀的滤水器装在吸水管的末端，一般应插入吸水井水面0.5 m以下。过滤网用来滤去水中的固体颗粒和杂物，以防其阻塞泵内流道或损坏泵，底阀用来防止水泵启动前引水灌入泵内和吸水管内或停泵后水漏入井中。因底阀会增大吸水阻力，一般只用在中、小型水泵中。大型水泵通常不设底阀，采用射流泵或水环式真空泵进行抽气灌水。

调节闸阀安装在靠近水泵排水接管下方的排水管路上。其作用是调节水泵的流量和在关闭闸阀的情况下启动水泵，以减小电动机的启动负荷。一般情况下吸水管道路上不装闸阀。但是，当泵的吸水管道与其他管道相连，或者处于正压进水的情况下，吸水管道上应装设闸阀。

逆止阀安装在调节闸阀的上方，其作用是当水泵突然停止运转（如突然停电）时，或者在未关闭调节闸阀的情况下停泵时，能自动关闭，切断水流，使水泵不致受到水力冲击而遭损坏。

水泵泵体上设有灌水孔和排气孔。灌水孔对应有灌水漏斗，其作用是在水泵初次启动前向泵内灌注引水；排气孔对应有放气栓，其作用是向泵内灌引水时排除空气。

水泵再次启动时，可通过旁通管向水泵内灌引水。

真空表和压力表的作用是检测水泵吸入口的真空度和水泵排水口的压力。

## 第二节　离心式水泵在管路中的工作

水泵性能曲线上每一个点都对应一个工况。但当水泵在管路系统中运行时，在哪一点上工作，不仅取决于水泵本身，而且还取决于与其连接的管路系统的阻力特性。因此，为确定水泵的实际工作点，必须研究管路特性。

### 一、排水管路特性

图9-6为一台水泵与一条管路相连接的排水设备示意图。若以$H$表示水泵给水提供的压头，取吸水井水面0-0为基准面，列0-0面和排水管出口截面3-3的伯努利方程式，则

$$\frac{p'_a}{\rho g}+\frac{v_0^2}{2g}+H=(H_x+H_p)+\frac{p_a}{\rho g}+\frac{v_3^2}{2g}+h_w$$

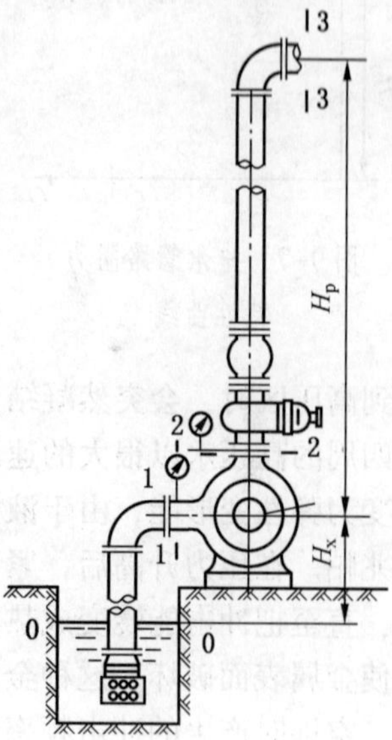


图9-6　排水设备示意图

式中　$p'_a$、$p_a$——分别为0-0和3-3截面上的大气压，矿井条件下，二者相差很小，可认为相等；

$H_x$、$H_p$——分别为吸水高度和排水高度，二者之和为测地高度或实际扬程$H_{sy}$，即$H_{sy}=H_x+H_p$，m；

$v_0$——吸水井液面流速，由于吸水井与水仓相通且液面较大，水流速度很小，可认为$v_0=0$；

$v_3$——排水管出口处的水流速度，即排水管的流速$v_p$，即$v_3=v_p$，m/s；

$h_w$——管路系统的水头损失，它等于吸水管水头损失$h_x$和排水管水头损失$h_p$之和，m。

则

$$H=H_{sy}+\frac{v_p^2}{2g}+h_w \tag{9-4}$$

由流体力学得

$$h_w=h_x+h_p=\left(\lambda_x\frac{l_x}{d_x}+\sum\zeta_x\right)\frac{v_x^2}{2g}+\left(\lambda_p\frac{l_p}{d_p}+\sum\zeta_p\right)\frac{v_p^2}{2g} \tag{9-5}$$

式中　$v_x$——吸水管路的流速，m/s；

$\lambda_x$、$\lambda_p$——吸、排水管路的沿程阻力系数；

$\sum\zeta_x$、$\sum\zeta_p$——吸、排水管路的局部阻力系数之和；

$l_x$、$l_p$——吸、排水管路的实际管路长度，m；

$d_x$、$d_p$——吸、排水管路的内径，m。

将式（9-5）代入式（9-4），整理后得

$$H=H_{sy}+RQ^2 \tag{9-6}$$

上式称为排水管路特性方程式。该式表达了通过管路的流量与管路所消耗的压头之间

的关系。式中的 $R$ 为管路阻力损失系数，单位为 $s^2/m^5$，其计算式为

$$R=\frac{8}{\pi^2 g}\left[\lambda_x\frac{l_x}{d_x^5}+\frac{\sum\zeta_x}{d_x^4}+\lambda_p\frac{l_p}{d_p^5}+\left(1+\sum\zeta_p\right)\frac{1}{d_p^4}\right] \tag{9-7}$$

对于具体的管路系统而言，其实际扬程 $H_{sy}$ 是确定的，因而当管路中流过的流量一定时，所需要的压头取决于管路阻力系数 $R$，即取决于管路长度、管径、管内壁粗糙度及管路附件的型式和数量。

将式（9-6）中的 $Q$ 与 $H$ 的对应关系绘制在 $Q-H$ 坐标图上，则得到一条顶点在（0，$H_{sy}$）处的二次抛物线，即排水管路阻力特性曲线，如图 9-7 所示。

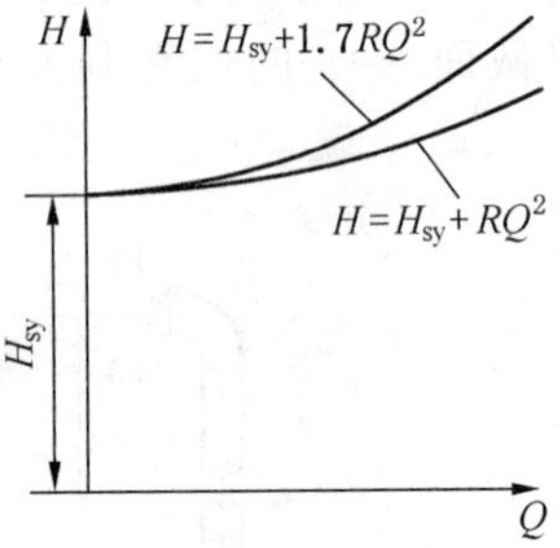


图 9-7　排水管路阻力特性曲线

## 二、离心式水泵吸水高度

在确定吸水高度时，水泵的空蚀是影响水泵吸水高度的重要因素。水泵的吸水高度过大，可能在泵内产生空蚀。空蚀出现后，轻者使流量和扬程下降，严重时使泵无法工作。因此，必须了解产生空蚀的机理以及如何防止空蚀的发生。

1. 空蚀现象

水泵在运转时，若由于某些原因而使泵内局部位置的压力降到低于水在相应温度的饱和蒸汽压时，水就会发生汽化，从水中析出大量气泡。随着水的流动，低压区的这些气泡被带到高压区时，会突然凝结。气泡重新凝结后，体积突然收缩，便在高压区出现空穴。于是四周的高压水以很大的速度去填补这个空穴，此处会产生巨大的水力冲击。此时水的动能变为弹性变形能，由于液体变形很小，根据实验资料表明冲击变形形成的压力可高达几百兆帕。在压力升高后，紧接着弹性变形能又转变成动能，此时压力降低，这样不断循环，直至把冲击能转变成热能等能量耗尽为止。这种气泡破裂凝结发生在金属表面时，就会使金属表面破坏。这种金属表面产生的破坏现象称为空蚀。

空蚀时产生的冲击频率很高，并集中作用在微小的金属表面上，而瞬时局部压力又可达几十兆帕到几百兆帕。由于叶轮或壳体的壁面受到多次如此大的压力后，引起塑性变形和局部硬化，并产生金属疲劳现象，使其钢性变脆，很快会产生裂纹与剥落，直至金属表面形成蜂窝状的孔洞。空蚀的进一步作用，可使裂纹相互贯穿，直到叶轮或泵壳蚀坏和断裂。这就是空蚀的机械剥蚀作用。图 9-8 所示为离心式水泵被空蚀破坏的叶片。

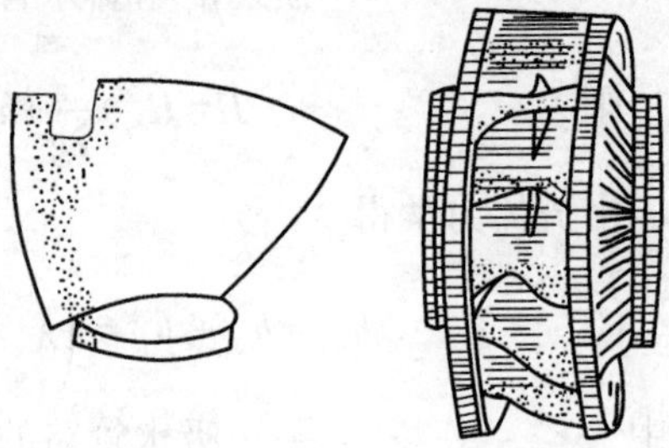

图 9-8　离心式水泵被空蚀破坏的叶片

液体产生的气泡中还夹杂有一些活泼气体（如氧气），借助气泡凝结时所释放出的热量，对金属起化学腐蚀作用。

空蚀发生时，周期性的压力升高和水流质点彼此间的撞击以及对泵壳、叶轮的打击，将使水泵产生强烈的噪音和振动现象。其振动可引起机组基础或机座的振动。当空蚀振动的频率与水泵固有频率接近时，能引起共振，从而使其振幅大大增加。

在产生空蚀的过程中，由于水流中含有大量气泡，破坏了液体的正常流动规律，因而叶轮与液体之间的能量交换的稳定性遭到破坏，能量损失增，从而引起水泵的流量、扬程和效率的迅速下降，甚至出现断流状态，如图 9-9 所示。

2. 吸水高度

吸水高度（或称水泵几何安装高度）是指泵轴线的水平面与吸水池水面标高之差，图 9-10 所示为离心泵吸水管路简图。列出吸水池水面 0-0 与水泵入口截面 1-1 的伯努利方程，即

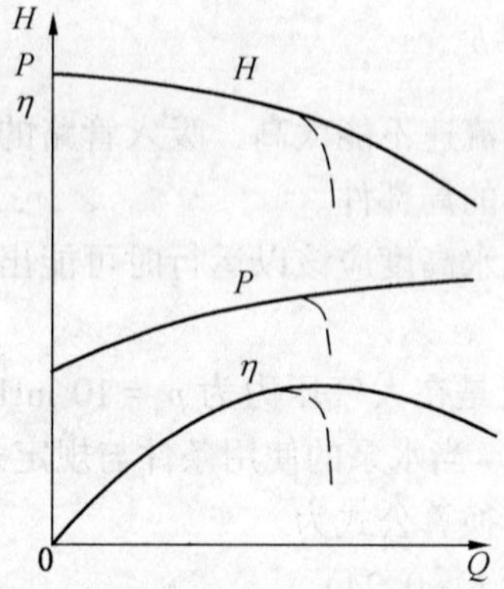


图 9-9　水泵空蚀时特性曲线的变化

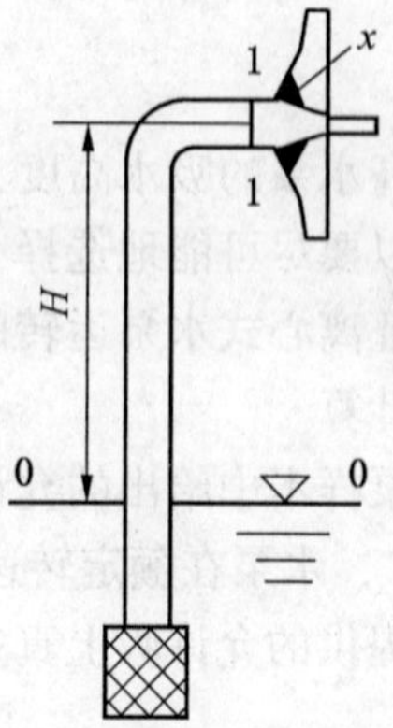


图 9-10　离心泵吸水管路简图

$$\frac{p_a}{\rho g}=H_x+\frac{p_1}{\rho g}+\frac{v_1^2}{2g}+h_x \tag{9-8}$$

式中　$p_1$——水泵入口处的绝对压力，Pa；

$v_1$——水泵入口处的断面平均流速，m/s。

整理后，上式可写成

$$H_x=\frac{p_a}{\rho g}-\frac{p_1}{\rho g}-\frac{v_1^2}{2g}-h_x \tag{9-9}$$

或

$$\frac{p_a}{\rho g}-\frac{p_1}{\rho g}=H_x+\frac{v_1^2}{2g}+h_x \tag{9-10}$$

令 $(P_a-P_1)/\rho g=H'_s$（$H'_s$ 为水泵吸入口处的吸上真空度），则

$$H'_s=H_x+\frac{v_1^2}{2g}+h_x \tag{9-11}$$

3. 水泵允许吸上真空度

由式（9-11）可知，水泵是靠吸入口产生的真空吸水的。真空度一部分用于维持水流动时所需的速度水头，一部分用于克服吸水管路中的流动损失，还有一部分要用于提高水位。三者之和越大，所需的真空度就越大。但此真空度不能过大，否则，当真空度大到使吸入口绝对压力等于水的相应温度下的汽化压力时，水泵会产生空蚀，此时的吸上真空度称为最大吸上真空度，用 $H'_{s\max}$ 表示，即

$$H'_{s\max}=\frac{p_a-p_n}{\rho g} \tag{9-12}$$

为使水泵运转时不产生空蚀，规定水泵允许的吸上真空度，一般在最大吸上真空度基础上保留 0.3 m 的安全裕量，即

$$H_s = H'_{s\,max} - 0.3\ \text{m} \tag{9-13}$$

式中 $H_s$——允许吸上真空度，m。

水泵实际运行时产生的吸上真空度，不能超过允许吸上真空度。而最大吸上真空度是由制造厂试验得到的，它是发生空蚀断裂工况时的吸上真空度。

水泵的允许吸水高度为

$$[H_x] = H_s - \frac{v_1^2}{2g} - h_x \tag{9-14}$$

为了提高水泵的吸水高度，吸入管路的液体的流速不能太高，吸入管路的阻力损失不能太大，所以要尽可能地选择必要的、阻力比较小的局部件。

为了保证离心式水泵运转的可靠性，水泵的吸水高度应该以运行时可能出现的最大工况流量进行计算。

通常水泵样本中给出的允许吸上真空度，规定是在大气压力为 $p_a = 10\ mH_2O$、液体温度为 $t=20$ ℃、水泵在额定转速运行条件下测得的。当水泵的使用条件与规定条件不符时，应对样本上提供的允许吸上真空度值进行修正。其换算公式为

$$[H_s] = H_s - (10 - h_a) - (h_n - 0.24) \tag{9-15}$$

式中 $h_a$——不同海拔高度 $Z$ 时的大气压力值（表 9-1），m；

$h_n$——不同水温 $t$ 时的饱和蒸汽压力值（表 9-2），m。

表 9-1 不同海拔高度 $Z$ 时的大气压力值

| 海拔高度 $Z$/m | -600 | 0 | 100 | 200 | 300 | 400 | 500 | 600 | 700 | 800 | 900 | 1000 | 1500 | 2000 |
|---|---|---|---|---|---|---|---|---|---|---|---|---|---|---|
| 大气压力 $h_a$/m | 11.3 | 10.3 | 10.2 | 10.1 | 10.0 | 9.8 | 9.7 | 9.6 | 9.5 | 9.4 | 9.3 | 9.2 | 8.6 | 8.1 |

表 9-2 不同水温 $t$ 时的饱和蒸汽压力值

| 水温 $t$/℃ | 0 | 5 | 10 | 15 | 20 | 30 | 40 | 50 | 60 | 70 | 80 | 90 | 100 |
|---|---|---|---|---|---|---|---|---|---|---|---|---|---|
| 饱和蒸汽压力 $h_n$/m | 0.06 | 0.09 | 0.12 | 0.17 | 0.24 | 0.43 | 0.75 | 1.25 | 2.02 | 3.17 | 4.82 | 7.14 | 10.33 |

4. 空蚀余量

在实际工作中，管路系统可能因更换了一个吸入装置而导致水泵产生空蚀，也可能更换了一台水泵而导致发生空蚀。这就说明水泵在运行时是否发生空蚀，既与吸入装置系统有关，也与水泵本身性能有关。

为说明水泵空蚀的这种特性，可用空蚀余量来表示水泵的空蚀性能，以符号 NPSH 或 $\Delta h$ 表示。表征吸入装置空蚀性能的称为有效空蚀余量（或装置空蚀余量），以符号 $(NPSH)_a$ 或 $\Delta h_a$ 表示；表征水泵本身空蚀性能的称为必需空蚀余量（或泵的空蚀余量），以符号 $(NPSH)_r$ 或 $\Delta h_r$ 表示。

1）有效空蚀余量

有效空蚀余量是指在水泵吸入口处，单位重量液体所具有的超过饱和蒸汽压力的富余能量。根据有效空蚀余量的定义，其表达式为

$$\Delta h_a=\frac{p_1}{\rho g}+\frac{v_1^2}{2g}-\frac{p_n}{\rho g} \tag{9-16}$$

由吸水高度计算式可得

$$\frac{p_1}{\rho g}+\frac{v_1^2}{2g}=\frac{p_a}{\rho g}-H_x-h_x$$

将上式代入式（9-16），得

$$\Delta h_a=\frac{p_a}{\rho g}-\frac{p_n}{\rho g}-H_x-h_x \tag{9-17}$$

由上式可知，有效空蚀余量由吸入液面上的大气压力、液体温度、水泵几何安装高度和吸入管路阻力损失的大小所决定，与水泵本身性能无关。在给定的吸入装置系统与吸入条件下，有效空蚀余量就可以被确定。

如果吸入液面在水泵中心线以上时，则水泵几何安装高度 $H_x$ 为负值，有效空蚀余量为

$$\Delta h_a=\frac{p_a}{\rho g}-\frac{p_n}{\rho g}+H_x-h_x \tag{9-18}$$

在吸入液面上的大气压力、液体温度和水泵几何安装高度不变时，有效空蚀余量随流量的增加而下降。

有效空蚀余量越大，出现空蚀的可能性就越小，但不能保证水泵一定不出现空蚀。

2）必需空蚀余量

必需空蚀余量的大或小，并不能说明水泵是否产生气泡或发生空蚀。因为必需空蚀余量仅指液体在水泵吸入口处所具有的超过饱和蒸汽压力的富余能量，但水泵吸入口处的液体压力并不是水泵内压力最低处的液体压力。液体从水泵吸入口流至叶轮进口的过程中，能量没有增加，它的压力却还要继续降低。

单位重量液体从水泵吸入口到叶轮叶片进口压力最低处（为饱和蒸汽压时）的压力降，称为必需空蚀余量，亦称泵的空蚀余量。也就是说，必需空蚀余量是水泵内发生空蚀的临界条件，它是水泵本身空蚀性能参数，与吸入装置条件无关。

根据伯努利方程可得到必需空蚀余量的公式，即空蚀基本方程式为

$$\Delta h_r=\mu\frac{c_1^2}{2g}+\lambda\frac{w_1^2}{2g} \tag{9-19}$$

式中 $c_1$——叶片进口前液体质点的绝对速度，m/s；

$\mu$——水力损失引起的压降系数，一般取 $\mu=1.0\sim1.2$；

$w_1$——叶片进口前的液体质点的相对速度，m/s；

$\lambda$——液体绕流叶片端部引起的压降系数，在无液体冲击损失的额定工况点下，$\lambda=0.3\sim0.4$。但在非额定工况点下，$\lambda$ 随工况点变化而变化，目前很难求得，所以 $\Delta h_r$ 只能用试验的方法确定。

3）允许空蚀余量

分析有效空蚀余量与必需空蚀余量可知，$\Delta h_a$ 与 $\Delta h_r$ 虽然有着本质的区别，但是它们

之间存在着不可分割的紧密联系。有效空蚀余量是在泵吸入口处提供大于饱和蒸汽压力的富余能量，而必需空蚀余量是液体从水泵吸入口流至叶轮压力最低点所需的压力降，这个压力降只能由有效空蚀余量来提供。欲使水泵不产生空蚀，就要使有效空蚀余量大于必需空蚀余量，即 $\Delta h_a > \Delta h_r$。

为了保证水泵不产生空蚀而正常工作，按我国标准 GB/T 3216—2005 的规定，把必需空蚀余量高 0.3 m 的有效空蚀余量定义为允许空蚀余量，即

$$[\Delta h] = \Delta h_r + 0.3 \tag{9-20}$$

实际有效空蚀余量应大于或等于允许空蚀余量，即

$$\Delta h_a \geqslant [\Delta h] \tag{9-21}$$

4）允许空蚀余量与允许吸上真空度的关系

由式（9-16）得 $\left(-\dfrac{p_1}{\rho g}\right)=\dfrac{v_1^2}{2g}-\dfrac{p_n}{\rho g}-\Delta h_a$，代入式（9-10），得

$$H'_s = \frac{p_a}{\rho g} - \frac{p_1}{\rho g} = \frac{p_a}{\rho g} + \frac{v_1^2}{2g} - \frac{p_n}{\rho g} - \Delta h_a \tag{9-22}$$

当 $\Delta h_a = \Delta h_r$ 时水泵发生空蚀，即为空蚀余量的临界值，用 $\Delta h_{min}$ 表示。此时对应的吸上真空度达到最大值，即

$$H'_{s\,max} = \frac{p_a}{\rho g} + \frac{v_1^2}{2g} - \frac{p_n}{\rho g} - \Delta h_{min} \tag{9-23}$$

同理，允许吸上真空度为

$$H_s = \frac{p_a}{\rho g} + \frac{v_1^2}{2g} - \frac{p_n}{\rho g} - [\Delta h] \tag{9-24}$$

允许吸水高度为

$$[H_x] = \frac{p_a}{\rho g} - \frac{p_n}{\rho g} - [\Delta h] - h_x \tag{9-25}$$

## 三、离心式水泵工况分析及调节

### 1. 水泵工况点

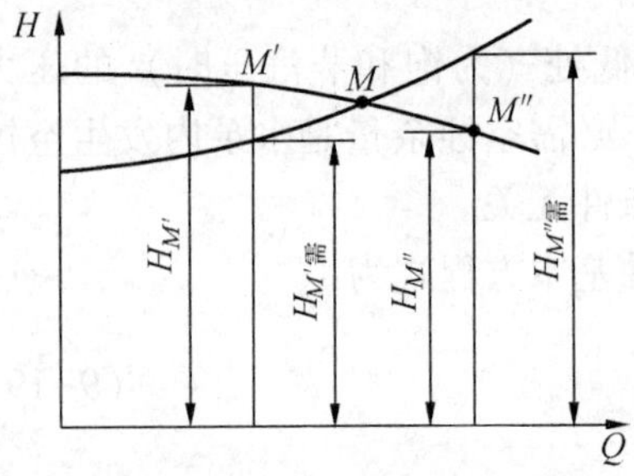

图 9-11　水泵工况点的确定

当一台水泵与某一管道系统连接并工作时，把水泵的压头曲线和管道特性曲线，按相同比例画在同一坐标纸上，如图 9-11 所示。水泵的压头特性曲线与管路特性曲线有一交点 $M$，这就是水泵的工作状况点，简称工况点，这可以证明如下，假设水泵在 $M'$ 点所示的情况下工作，则水泵产生的压头大于管路所需的压头 $H_M$，这样多余的能量就会使管道内的液体加速，从而使流量增加，直到流量增加到 $Q_M$ 为止。另一种情况下，假设水泵在 $M''$ 点所示的情况下工作，则水泵产生的压头小于经管路把水提高到 $H_M$ 所需的压头，这时由于能量不足，管内流速减小，流量随之减少，直到减至 $Q_M$ 为止，所以水泵必定在 $M$ 点工作。总而言之，只有在 $M$ 点才能使压头与流量相匹配。即 $H_泵 = H_管$；$Q_泵 = Q_管$。与 $M$ 点对应的 $Q_M$、$H_M$、$P_M$、$\eta_M$，$H_{sM}$ 称为该泵在确定管道中工作时的特性参数值，亦称为工况参数。

2. 水泵正常工作条件

1）稳定性工作条件

泵在管路上稳定工作时，不管外界情况如何变化，泵的扬程特性曲线与管路特性曲线只有一个交点，并且只能是一个，反之是不稳定的。

水泵运转时，对于确定的排水系统管路特性曲线基本上是不变的。对于确定的泵，其特性曲线随转速变化而变化。而转速与供电电压有关，供电电压在一定范围内是经常变化的，因此有可能出现两种极端情况。泵不稳定工作情况如图 9-12 所示。

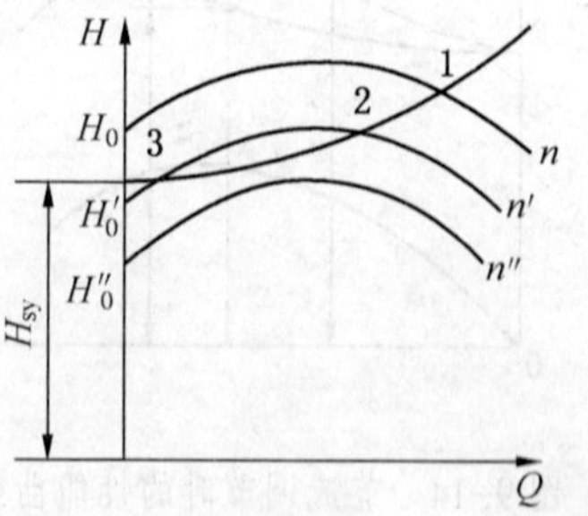

图 9-12　泵不稳定工作情况

由于供电电压下降，转速由 $n$ 变化为 $n'$ 时，则工况点有 2 个。这样水泵工作时，扬程上、下波动，水量忽大忽小，呈现不稳定情况。

当转速下降到 $n''$，扬程曲线与管路特性曲线无相交点，即无工况点，水泵无法排水。

从图 9-12 可发现，发生上述两种情况的原因是泵在零流量时的扬程小于管路测地高度。因此为保证水泵的稳定工作，泵的零流量扬程应大于管路的测地高度。考虑到供电电压波动是不可避免的，一般下降幅度在 2% ~ 3% 范围内，则反映到泵的扬程上下降 5% ~ 10%，因而稳定性工作的条件为

$$H_{sy} \leqslant (0.9 \sim 0.95) H_0 \tag{9-26}$$

2）经济性工作条件

为了提高经济效益，必须使水泵在高效区工作，通常规定运行工况点的效率不得低于最高效率的 85% ~ 90%，即

$$\eta_M \geqslant (0.85 \sim 0.90) \eta_{max} \tag{9-27}$$

根据式（9-27）划定的区域称为工业利用区。如图 9-13 斜线部分的区域。

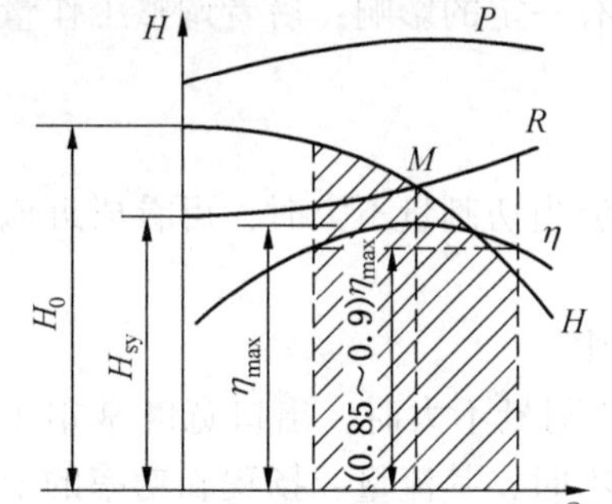

图 9-13　工业利用区确定图

3）不发生空蚀的条件

由前面分析，为保证水泵正常运行，实际装置的空蚀余量应大于泵的允许空蚀余量。

总之要保证水泵的正常、合理工作，必须满足：①稳定工作条件；②工况点位于工业利用区；③实际装置的空蚀余量大于泵的允许空蚀余量。

3. 水泵工况点调节

水泵在确定的管路系统工作时，一般不需要调节，但若选择不当，或运行时条件发生变化，则需要对工况点进行调节。由于工况点是由水泵扬程特性曲线与管路特性曲线的交点决定的，所以要改变工况点，可以采用改变管路特性或改变扬程特性的方法来达到。

1）闸门节流法

当把排水闸阀关小时，由于在管路中附加了一个局部阻力，则管路特性曲线变陡（图 9-14），泵的工况点就沿着扬程曲线向流量减小的方向移动。闸阀关得越小，附加阻力越

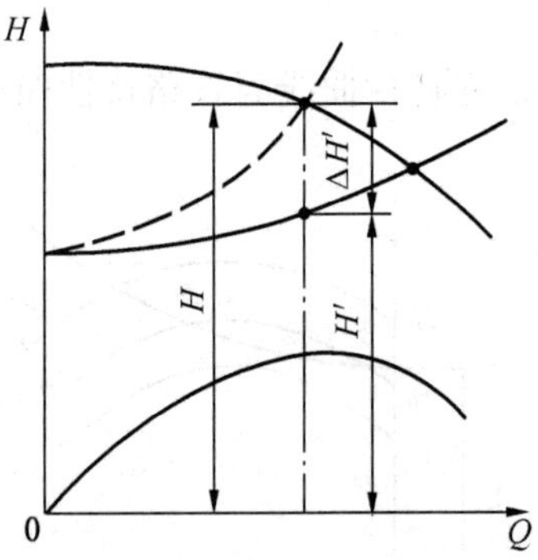


图 9-14　节流调节时的性能曲线

大，流量就变得越小。这种通过关小闸阀来改变水泵工况点位置的方法，称为节流调节。

把闸阀关小时，水泵需额外增加一部分能量用于克服闸阀的附加阻力。所以节流调节是不经济的，但是由于此方法简单、易行，在生产实践中，可用在临时性及小幅度的调节中，特别是全开闸阀使电机过负荷时可采用少量关小闸阀使电机电流保持在额定电流之下。

2）减少叶轮数目

多级泵由多个叶轮串联而成，其扬程可依据水泵串联工作的理论确定。因此，多级泵的扬程是单级叶轮的扬程乘以叶轮个数，即

$$H = iH_i \tag{9-28}$$

式中　$H$——多级泵的扬程，m；

$H_i$——单级叶轮的扬程，m；

$i$——叶轮个数。

当泵的扬程高出实际需要扬程较多时，可采用减少叶轮数调节泵的扬程，使其进入工业利用区进行有效的工作。此法多用在凿立井时期的排水。因为凿立井时，随井筒的延伸，所需的扬程随之发生变化，而吊泵的扬程是一个有级系列。为适应使用需要，往往采用拆除叶轮的办法来解决。

拆除叶轮时应注意，只能拆除最后或中间一级，而不能拆除吸水侧的第一级叶轮。因为第一级叶轮拆除后，增加了吸水侧的阻力损失，将使水泵提前发生空蚀。

拆除叶轮时，泵壳及轴均可保持原状不动，但需要在轴上加一个与拆除叶轮轴向尺寸相同的轴套，以保持整个转子的位置固定不动；也可采用换轴和拉紧螺栓。两种方法各有优缺点，前者调整方便，操作简单，工作量小，但对效率有一定的影响；后者调整工作量较大，但对效率影响较小。

3）削短叶轮直径

削短直径后的叶轮与原叶轮在几何形状上并不相似，但当切割量不大时，可看成近似相似，仍遵循相似定律。

在保持转速不变的情况下，由相似定律可导出切割定律。

对于低比转速叶轮，由于叶轮流道形状窄而长，当切割量不大时，出口宽度基本不变，即 $b_2 = b_2'$。故当转速不变时，叶轮外径由 $D_2$ 切割为 $D_2'$ 时，其流量、扬程和功率的变化关系为

$$\frac{Q}{Q'} = \frac{\pi D_2 b_2 C_{2r}}{\pi D_2' b_2' C_{2r}'} = \frac{D_2 D_2 n}{D_2' D_2' n} = \left(\frac{D_2}{D_2'}\right)^2 \tag{9-29}$$

$$\frac{H}{H'} = \frac{\frac{1}{g} u_2 C_{2u}}{\frac{1}{g} u_2' C_{2u}'} = \left(\frac{D_2 n}{D_2' n}\right)^2 = \left(\frac{D_2}{D_2'}\right)^2 \tag{9-30}$$

对于中、高比转速叶轮，由于流道形状短而宽，当叶片外径变化时，出口宽度变化较

大，一般认为叶片出口宽度与外径成反比，即 $b_2/b_2'=D_2'/D_2$。故当转速不变时，叶轮外径由 $D_2$ 切割为 $D_2'$ 时，其流量、扬程和功率的变化关系为

$$\frac{Q}{Q'}=\frac{\pi D_2 b_2 C_{2r}}{\pi D_2' b_2' C_{2r}'}=\frac{D_2 n}{D_2' n}=\frac{D_2}{D_2'} \tag{9-31}$$

$$\frac{H}{H'}=\frac{\frac{1}{g}u_2 C_{2u}}{\frac{1}{g}u_2' C_{2u}'}=\left(\frac{D_2 n}{D_2' n}\right)^2=\left(\frac{D_2}{D_2'}\right)^2 \tag{9-32}$$

由切割定律知，削短叶轮直径后，水泵的扬程、流量和功率将减小，从而使特性曲线改变，则工况点也发生相应的变化。在单级泵中使用这种方法可以扩大水泵的应用范围。

应当指出，按切割定律得到的切割后的性能曲线只适合叶轮车削量 $(D_2-D_2')/D_2\leqslant 5\%$，否则需要通过试验来确定。同时叶轮车削量不能超出某一范围，不然原来的构造被破坏，水力效率会严重降低。叶轮车削后，轴承与填料内的损失不变，有效功率则由于叶轮直径变小而减小，因此机构效率也会降低。现综合国内资料把许可的切割范围和效率下降值列入表 9-3。

表 9-3　离心式叶轮的叶片最大切割量与效率的关系

| 比转速 | 60 | 120 | 200 | 300 | 350 |
|---|---|---|---|---|---|
| 最大切割量 $\frac{D_2-D_2'}{D_2}$/% | 20 | 15 | 11 | 9 | 7 |
| 效率下降量 | 每切割 10% 下降 1% | | 每切割 4% 下降 1% | | |

不同的叶轮应当采用不同的车削方式，如图 9-15 所示。低比转速离心泵叶轮的车削量，在两个圆盘和叶片上都是相等的（如果有导水器或在叶轮出口有泄漏环，则只车削叶片，不车削圆盘）；高比数离心泵，叶轮两边车削成两个不同的直径，前盘的直径 $D_2'$ 大于后盘的直径 $D_2''$，而 $(D_2'+D_2'')/2=D_2$。

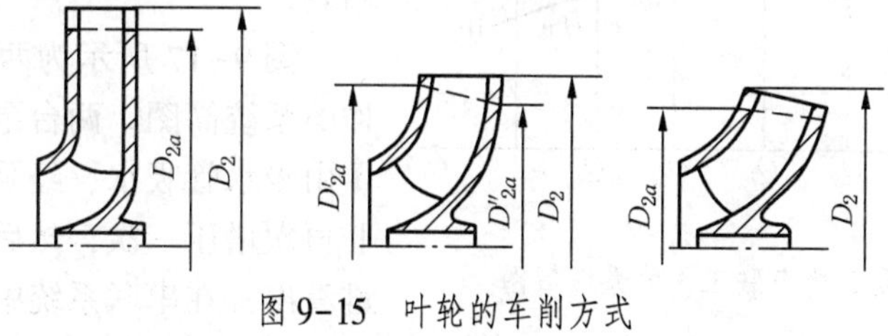

图 9-15　叶轮的车削方式

低比转速离心泵叶轮车削以后，如果按图 9-16 中的虚线把叶片末端锉尖，可使水泵的流量和效率略为增大。

由于水泵叶轮被车削后不能再恢复原状，一般实际工作中很少使用。工程上，多数由水泵生产厂家提供不同直径的叶轮，用户可根据需要更换叶轮。

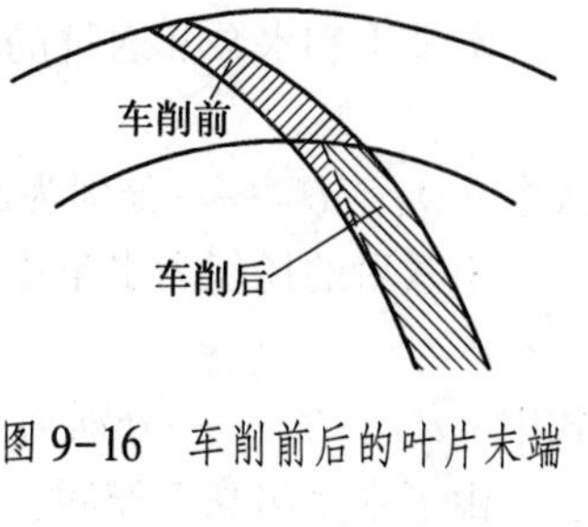

图 9-16　车削前后的叶片末端

4）变频调速法

由比例定律可知，当水泵叶轮转速变化时，水泵性能曲

线将相应地上下移动，其工况点随之相应改变，从而达到改变工况的目的。

变频调速法是通过改变输入电动机交流电的频率来改变电动机的转速。因为电动机的同步转速，即定子旋转磁场的转速为

$$n_0=\frac{60f_1}{p}$$

式中 $n_0$——电动机的同步转速，r/min；

$f_1$——电动机定子频率，Hz；

$p$——电动机的磁极对数。

电动机转子的转速为

$$n=n_0(1-S)=\frac{60f_1(1-S)}{p}$$

式中 $S$——异步电动机的转差率。

可见，在其他条件不变时，改变异步电动机定子端输入交流电源的频率，就可以改变电动机的转速。

## 四、离心式水泵的联合工作

当单台水泵在管路上工作的流量或扬程不能满足排水需要时，可采用两台或多台水泵联合工作的方法解决。联合工作的方法有串联和并联两种。

### 1. 串联工作

两台或两台以上水泵顺次连接，前一台水泵向后一台水泵进水管供水，称为水泵的串联工作。前一台泵的出口与后一台水泵的进口直接连接，称为直接串联工作。若前一台泵的出水口与后一台泵的进水口中间有一段管子连接则称为间接串联。

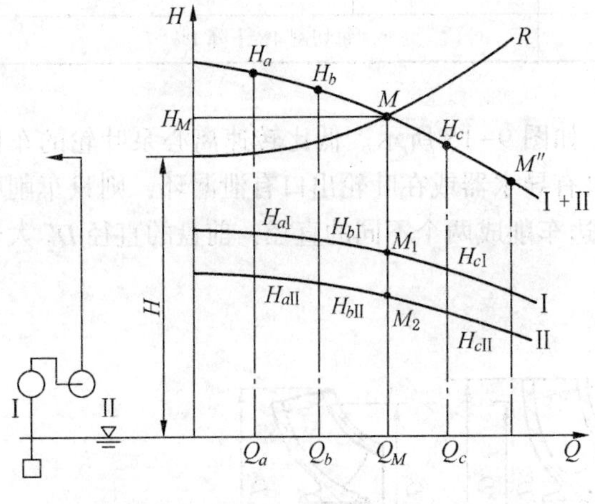


图 9-17 水泵直接串联工作的系统简图

图 9-17 所示为两台水泵直接串联工作的系统简图。两台泵串联工作时，水泵Ⅰ由吸水管吸水，经泵Ⅰ增压后，进入泵Ⅱ再次增压一次，然后将水排入管道。不难看出，在串联系统中，各泵及管道中的扬程和流量存在对应关系。

水泵Ⅰ和水泵Ⅱ通过的流量相等，并且等于管道中的流量，即

$$Q=Q_{\text{I}}=Q_{\text{II}}$$

式中 $Q_{\text{I}}$、$Q_{\text{II}}$——分别为水泵Ⅰ和水泵Ⅱ的流量。

串联后的扬程为水泵Ⅰ和水泵Ⅱ的扬程之和，即

$$H=H_{\text{I}}+H_{\text{II}}$$

式中 $H_{\text{I}}$、$H_{\text{II}}$——分别为水泵Ⅰ和水泵Ⅱ的扬程。

由于水泵串联工作后，可以增加扬程，所以水泵串联常用于单台泵扬程不能满足需要

的场合。

以两台水泵串联为例，说明等效扬程曲线和工况点求得方法。先将串联的水泵Ⅰ和水泵Ⅱ的扬程特性曲线画在同一坐标图上，如图 9-17 所示，然后在图上作一系列的等流量线 $Q_a$、$Q_b$、$Q_c$、…，等流量线 $a$、扬程曲线Ⅰ及扬程曲线Ⅱ分别相交于 $H_{a\text{Ⅰ}}$ 和 $H_{a\text{Ⅱ}}$，$H_{a\text{Ⅰ}}$、$H_{a\text{Ⅱ}}$ 分别代表水泵Ⅰ、Ⅱ在此流量下的扬程。根据串联的特点，将 $H_{a\text{Ⅰ}}$ 和 $H_{a\text{Ⅱ}}$ 相加，得在此流量下串联等效泵的扬程 $H_a$。同理可求得（$Q_b$、$H_b$）、（$Q_c$、$H_c$）、…。将求得的各点连成光滑曲线，即为串联后的等效扬程特性曲线，如图中Ⅰ+Ⅱ曲线。

将管道特性曲线 $R$ 用同一比例画在图 9-17 上，它与Ⅰ+Ⅱ曲线的交点 $M$ 即为串联后的等效工作点。

由于串联后管路流量等于单台泵的流量，由等效工况点 $M$ 引等流量线，与扬程特性曲线Ⅰ和Ⅱ分别交于 $M_1$ 和 $M_2$。$M_1$、$M_2$ 即分别为水泵Ⅰ和Ⅱ的串联后工况点。

串联工作应注意的问题：①对于泵间接串联的情况，其等效扬程特性曲线和工况点求法相同，但前面泵的扬程排至后面泵时，应有剩余扬程，否则不能正常工作；②尽量选用型号相同或特性曲线相近的水泵串联，否则因为串联时流量较大的水泵必然在低流量下工作，不能发挥其效能，因而很不经济；③串联工作时，若有一台泵发生故障，整个系统就得停止工作。

2. 并联工作

两台或两台以上的泵同时向一条管路供水时称为并联工作。图 9-18 所示为两台水泵并联工作的系统简图。水泵Ⅰ和Ⅱ分别从水池吸水，然后在泵内加压后，一同输入连接点。由图中可见，并联后在同一扬程下，总流量等于水泵Ⅰ和Ⅱ的流量之和，即

$$H=H_{\text{Ⅰ}}=H_{\text{Ⅱ}}$$

$$Q=Q_{\text{Ⅰ}}+Q_{\text{Ⅱ}}$$

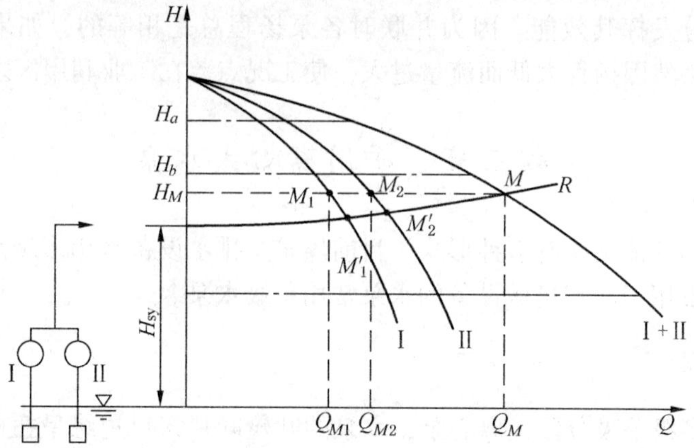


图 9-18　两台水泵并联工作的系统简图

由于水泵并联后可以增加流量，所以，并联一般用于一台水泵的流量不能满足要求或流量变化较大的场合。

以两台水泵并联为例，说明并联等效扬程曲线和工况点求得方法。先将并联的水泵Ⅰ

和Ⅱ的扬程特性曲线画在同一坐标图上，如图 9-18 所示。然后在图上作一系列等扬程线 $H_a$、$H_b$、$H_c$、…。等扬程线 $a$ 和扬程曲线Ⅰ和Ⅱ分别交于 $H_{a\mathrm{I}}$ 和 $H_{a\mathrm{II}}$ 对应的流量为 $Q_{a\mathrm{I}}$、$Q_{a\mathrm{II}}$。$Q_{a\mathrm{I}}$、$Q_{a\mathrm{II}}$ 分别为水泵Ⅰ、Ⅱ在此扬程下的流量。根据并联的特点，总流量应等于 $Q_{a\mathrm{I}}$ 和 $Q_{a\mathrm{II}}$ 之和。同理可求得（$Q_b$，$H_b$）、（$Q_c$，$H_c$）、…。将求得的各点连成光滑曲线，即得并联后的等效扬程特性曲线，如图中Ⅰ+Ⅱ曲线。

将管道特性曲线 $R$ 用同一比例画在图 9-18 上，它与Ⅰ+Ⅱ曲线的交点 $M$ 即为并联后的等效工况点。

由于并联后等效扬程和每台泵的扬程相等，因此从 $M$ 点引等扬程线与水泵Ⅰ、Ⅱ的扬程曲线分别交于 $M_1$、$M_2$，$M_1$、$M_2$ 即为水泵Ⅰ和Ⅱ的工况点，如图 9-18 所示，其流量分别为 $Q_{M1}$、$Q_{M2}$。

从图 9-18 可以看出，当水泵Ⅰ（或Ⅱ）单独在同管道工作时，其工况点 $M_1'$（或 $M_2'$）；此时的流量为 $Q_{M1}'$（或 $Q_{M2}'$）。显然，$Q_{M1}'$（或 $Q_{M2}'$）$< Q_M$，$Q_{M1}' > Q_{M1}$，$Q_{M2}' > Q_{M2}$，$H_{M1}'$（或 $H_{M2}'$）$< H_M$。这是由于两泵并联后，通过管路的总流量增加，则管路阻力增大，因而每台泵的流量有所下降。

水泵并联的效益可以用下式来衡量，以 $q$ 表示，即

$$q=\frac{Q_M-Q_{M1}'}{Q_{M2}'}\times 100\% \tag{9-33}$$

式中 $Q_M$——并联后的流量；

$Q_{M1}'$——单独在同一管道工作时，泵Ⅰ的流量；

$Q_{M2}'$——单独在同一管道工作时，泵Ⅱ的流量。

从式（9-33）及图 9-18 可以看出，管道阻力愈小，管道特性曲线愈平缓，并联效益愈高。所以管道特性曲线较陡时，不宜采用水泵并联工作。最后还应指出，两台或多台水泵并联时，各水泵应有相同或相近的特性，特别是泵的扬程范围应大致相同，否则扬程较高的水泵不能充分发挥其效能。因为并联时各泵扬程总是相等的，如果低扬程泵扬程合适，则高扬程泵必然因扬程太低而流量过大，使工况点落在工业利用区之外。

## 第三节　矿用离心式水泵

离心式水泵的整体结构有多种形式，目前煤矿主排水设备常用多级水泵，而井底水窝和采区局部排水及用于冷却机械设备的水泵常用单级水泵。

### 一、D 型水泵

D 型水泵为多级单吸分段式离心泵，水泵的叶轮叶片入口边缘呈扭曲状，且第一级叶轮进口大于其余叶轮进口；由导水圈和返水圈构成的中段流道是逐渐变化的；出水段流道呈螺壳形；并采用了静阻力矩小的滚动轴承，从而使它具有启动功率小，运转平稳，效率高等优点。

D 型水泵可输送水温低于 80 ℃ 的清水或物理性能类似于水的液体。其流量范围为 32.4~580 m$^3$/h，扬程范围为 67.5~800 m，矿井主排水泵目前多用 D 型泵。

以 200D43×3 型泵为例来说明型号意义，200 表示吸水口直径为 200 mm，D 表示单吸

多级分段式，43 表示单级额定扬程为 43 m，3 表示级数为 3 级。目前对 D 型泵已按新系列编制，其意义与旧系列有所不同，如 200D43×3 型号，按新系列的表示方法为 D280-43×3，D、43、3 代表的意义分别与前述相同，280 表示额定流量为 280 $m^3/h$。

图 9-19 所示为 D280-43×3 的结构图，泵体由进水段、装有导叶的中段和出水段 3 大部分连接而成。进水段为环形吸水室，出水段采用螺旋形压出室。吸入口位于水平面上，排出口垂直向上。泵轴上装有三个叶轮和一个平衡盘，在轴的两端用单列向心轴承支承。平衡盘背面卸荷腔上开有管孔，用平衡管把此腔与吸入口接通。为了改善吸水性能，第一级叶轮的吸入口直径比其他几级大些。为了提高容积效率，在泵体上装有平环式大、小口环。在泵轴两端有两个填料箱，填料箱内的填料为石棉填料或聚四氟乙烯填料。

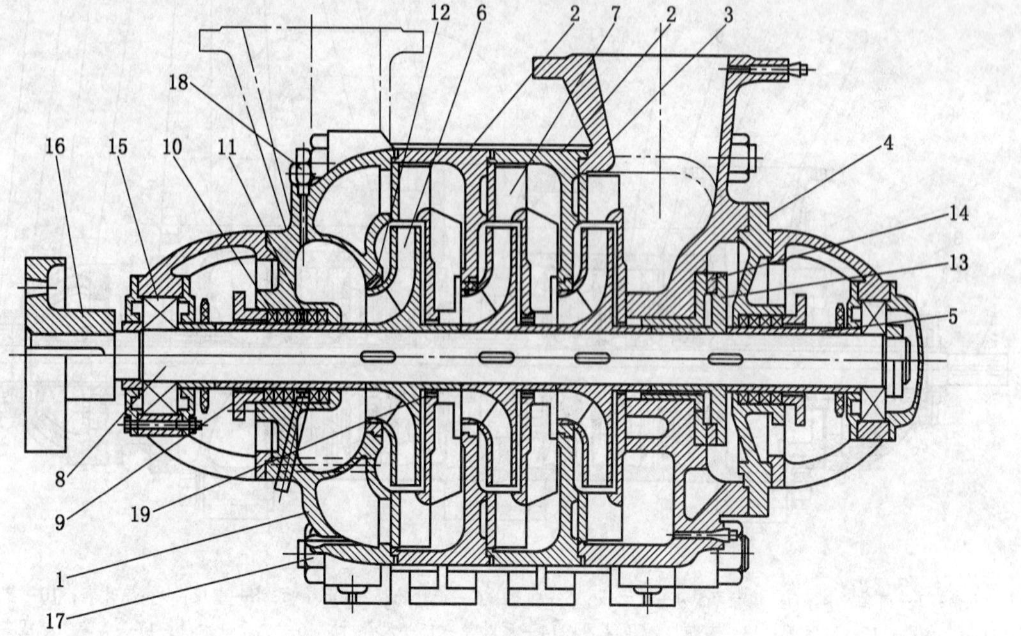


1—进水段；2—中段；3—出水段；4—尾盖；5—轴套；6—叶轮；7—导叶；8—泵轴；9—填料压盖；10—填料；11—水封环；12—大口环；13—平衡盘；14—平衡环；15—轴承座；16—联轴节；17—拉紧螺栓；18—放气栓；19—小口环

图 9-19　D280-43×3 的结构图

## 二、MD 型水泵

MD 型水泵为单吸多级分段式耐磨离心式水泵，其结构图与 D 型水泵类似。该水泵的叶轮、密封环、导叶等过流件均采用耐磨材料。水泵进出口直径为 150～450 mm，流量为 155～500 $m^3/h$，扬程为 60～1000 m，效率为 73%～80%，允许吸上真空度为 2.7～5 m。以 MD280-65×6 为例说明其型号意义，MD 表示耐磨多级单吸离心式水泵，280 表示额定流量为 280 $m^3/h$，65 表示单级扬程为 65 m，6 表示级数（叶轮个数）。

MD 型泵适用煤矿、冶金、建材、排灌、引排水、石油、化工、造纸等诸多固体颗粒含量不大于 1.5%，粒度小于 0.5 mm 的污水条件及清水，被输送的液体温度不高于 40 ℃。

## 三、D（P）、MD（P）型水泵

D（P）、MD（P）系列水泵为自平衡式卧式多级离心泵，其最大的结构特点是采用对称布置叶轮方法来自行平衡轴向推力，取消了最易出故障的平衡盘，使其工作可靠性大大提高，可减少维护次数，降低维护成本。

该系列水泵分为单吸多级结构（图 9-20）和双吸多级结构（图 9-21）两种。该系列泵可作为 D 型离心泵最好的替代品，其该系列产品高效区较宽，双吸结构的抗汽蚀性能较好，运行比较平稳、易损件少，工作可靠性较高，维修成本较低。

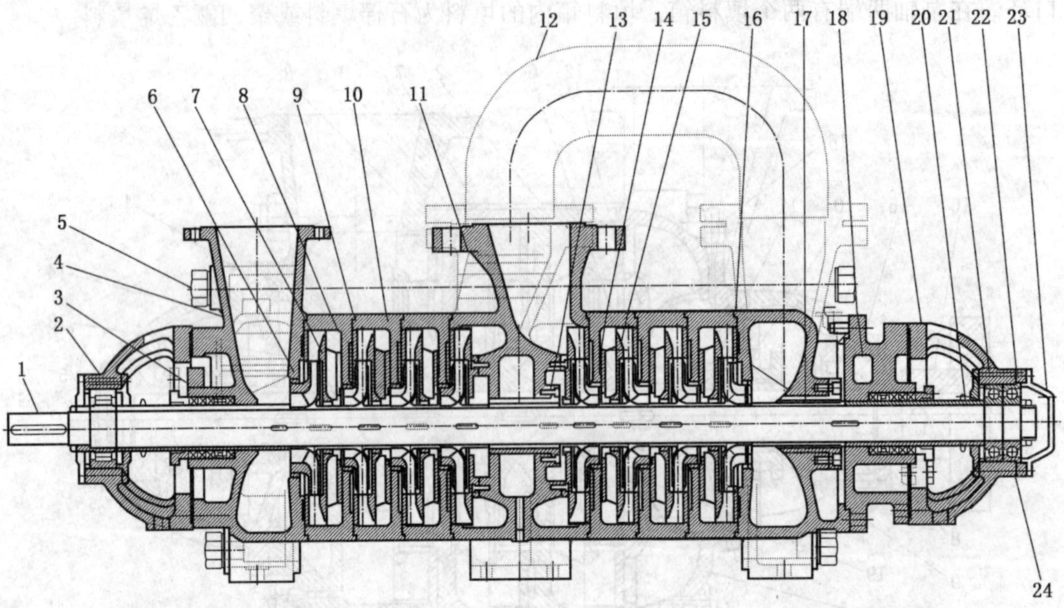


1—主轴；2—前轴承体；3—填料环；4—进水段；5—拉杆；6—正叶轮；7—正导叶；8—中段；9—导叶套；10—密封环；11—出水段；12—过渡管；13—节流、减压装置；14—反叶轮；15—反导叶；16—次级进水段；17—节流、减压装置；18—尾盖；19—填料压盖；20—挡水圈；21—后轴承体；22—测温接口；23—轴承端盖；24—振动测量接口

图 9-20　D（P）、MD（P）型单吸式离心泵

D（P）型用于输送不含固体颗粒、温度低于 80 ℃的清水或物理化学性质类似于清水的液体，适合于矿山、工厂和城市给排水工程之用。

MD（P）型用于输送颗粒含量≤1.5%，粒度≤1.3mm，温度为-20~85 ℃的中性矿井水及其他类似污水。

## 四、B 型泵

B 型泵为单级单吸悬臂式离心泵。可供输送水温低于 80 ℃的清水或物理性质与水相似的液体。这种泵的流量范围为 4.5~360 $m^3/h$，扬程范围为 8~98 m。

以 6B33A 型泵为例说明其型号意义，6 表示吸入口直径为 6 英寸（1 英寸约合 2.54 厘米），B 表示单吸单级悬臂式支承；33 表示扬程 33 m；A 表示换了直径较小的叶轮。

图 9-22 所示为 6B33A 型泵的结构图，其主要零部件有泵体、叶轮、轴、出水口，轴承、轴承支架等。

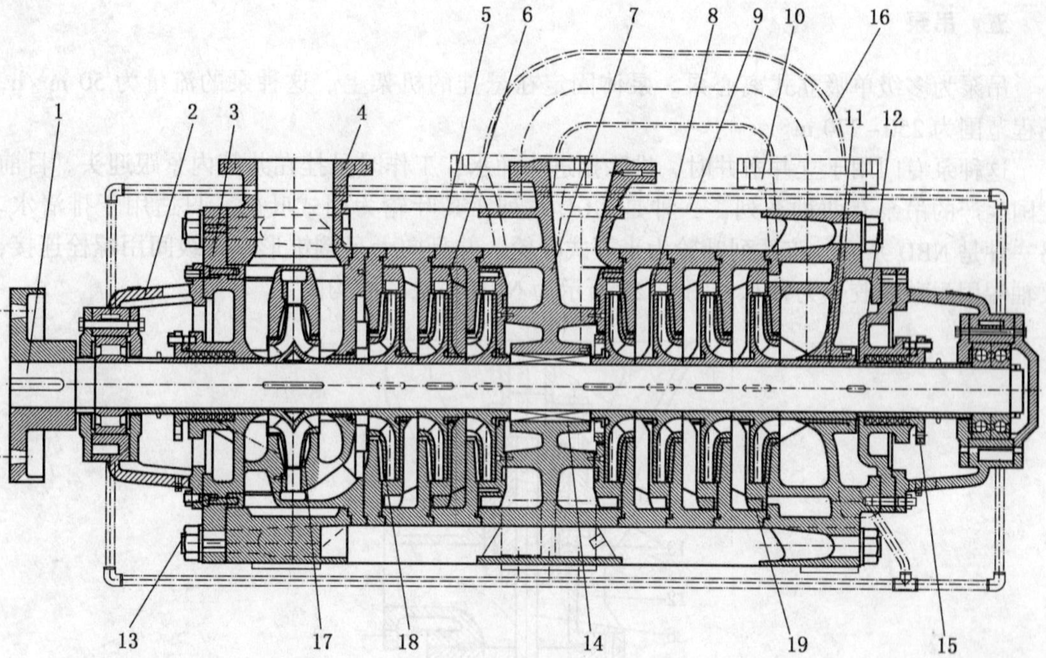


1—轴；2—轴承体；3—进水端盖；4—进水段；5—中段；6—正导叶；7—出水段；8—反导叶；9—泵罩部件；10—次级进水段；11—后节流套；12—尾盖；13—拉紧螺栓；14—中节流套；15—填料压盖；16—过渡管部件；17—双吸叶轮；18—正叶轮；19—反叶轮

图 9-21 D (P)、MD (P) 型双吸离心泵

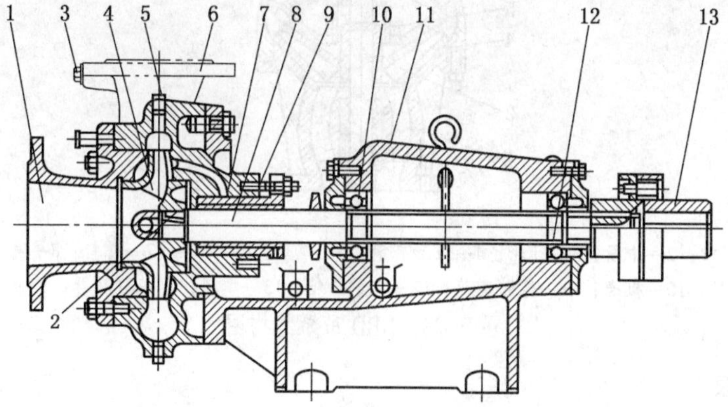


1—进水口；2—键；3—压力表接口；4—叶轮；5—放气阀孔；6—出水口；7—水封环；8—轴；9—填料；10—辆承；11—轴承箱；12—轴承支架；13—联轴器

图 9-22 6B33A 型泵结构图

泵体内腔制成截面逐渐扩大的蜗壳形流道，吸水室与壳体铸成一体，泵的出水口与泵的轴线垂直，并可根据安装使用情况与泵体共同旋转 90°、180°及 270°。泵轴左端装有叶轮，右端通过联轴器与电机相连。叶轮前后盖和泵壳之间采用平环式密封环，并开有平衡孔。泵的最高和最低位置上各有一螺栓，分别作排气及放泄之用。

## 五、吊泵

吊泵为多级单吸立式离心泵。泵体固定在悬挂的机架上。这种泵的流量为 50 $m^3/h$，扬程范围为 250～270 m。

这种泵专门用于立井凿井时，排除掘进头涌水，工作时吊挂在井筒内紧跟迎头。目前我国生产的吊泵有两种系列，一种是 GDL 系列，其叶轮为闭式叶轮，只适用于排清水。另一种是 NBD 系列，该系列叶轮为半开式叶轮，并且向上呈倒锥形，每级间用螺栓连接，泵轴端用耐酸橡胶作为轴承。图 9-23 所示为 NBD 吊泵的结构图。

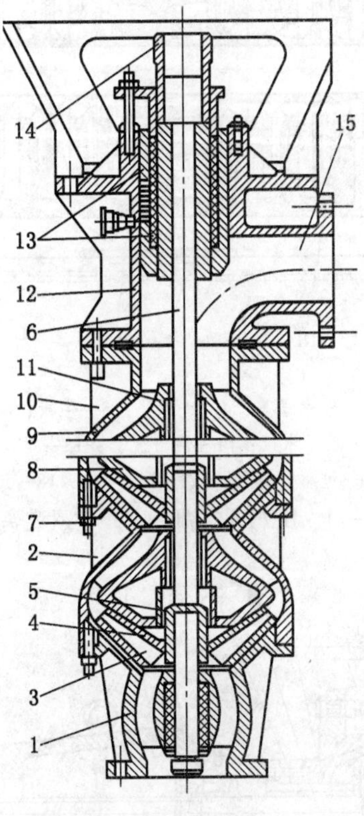


1—下段；2—中段；3—叶轮；4—锥形套筒；5—螺母；6—泵轴；7—螺钉；8—窝形套；9—上段；10—机壳；11—橡胶套筒；12—支承轴箱；13—填料；14—联轴器；15—出水口

图 9-23　NBD 吊泵结构图

## 六、IS 型泵

IS 型泵为单级单吸清水泵，悬臂支承结构，轴承装于叶轮的同一侧，轴向力用平衡孔平衡，图 9-24 所示为 IS 型泵结构图。其性能范围：转速为 2900～1450 r/min，流量为 6.3～400 $m^3/h$，扬程为 5～125 m。

## 七、S 型泵

S 型泵为单级双吸泵，如图 9-25 所示。其性能范围：扬程为 12～125 m，流量为 72～2020 $m^3/h$，输送液体温度不超过 80 ℃。S 型泵适用于工厂、矿山、城市的给水，也用作中、小型火力发电厂循环水泵。

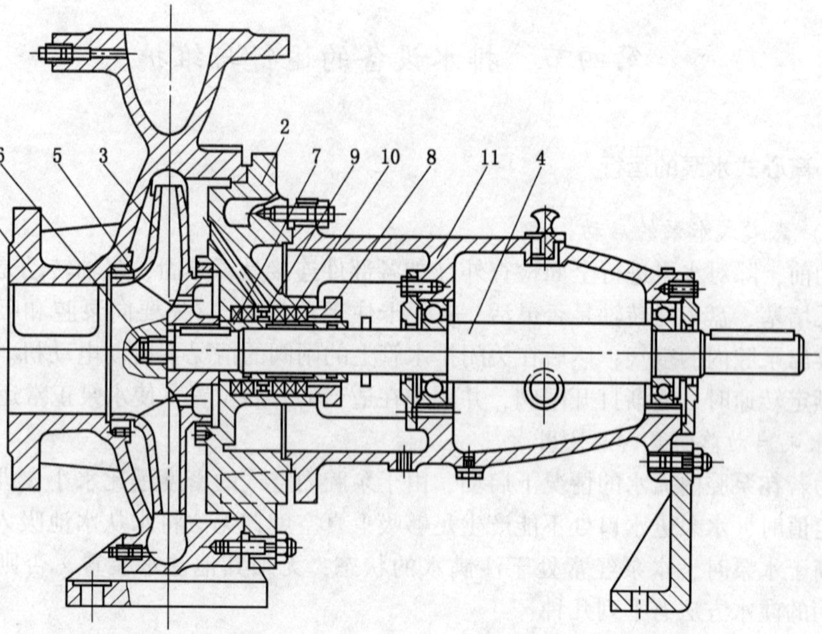


1—泵体；2—泵盖；3—叶轮；4—轴；5—密封环；6—叶轮螺母；7—轴套；
8—填料压盖；9—填料环；10—填料；11—悬架轴承部件

图 9-24　IS 型泵结构

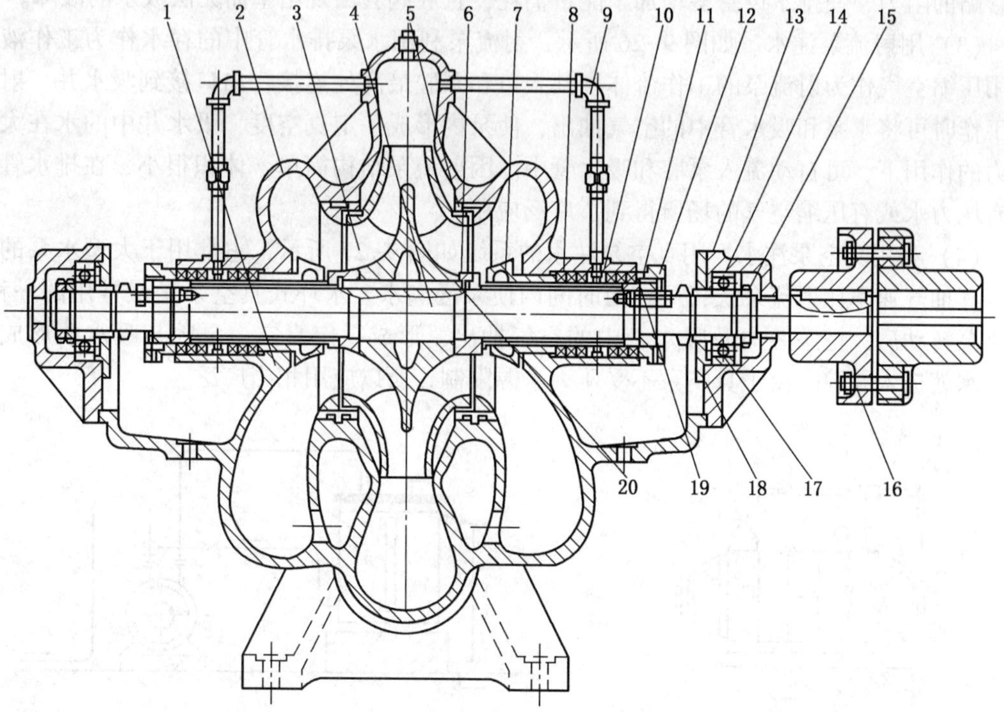


1—泵体；2—泵盖；3—叶轮；4—轴；5—密封口环；6—轴套；7—填料套；8—填料；9—水封管；10—水封环；
11—填料压盖；12—轴套螺母；13—轴承体；14—单列向心球轴承；15—圆螺母；16—联轴器部件；
17—轴承挡圈；18—轴承端盖；19—双头螺栓；20—键

图 9-25　S 型离心泵结构图

# 第四节　排水设备的运行与维护

## 一、离心式水泵的运行

(一) 离心式水泵的启动

启动前，除对水泵进行全面检查外（如各部件连接是否牢固，泵轴转动是否灵活，吸水滤网无堵塞，盘车时转轴是否灵活，有无卡住现象等），首先要向泵腔和吸水管灌注引水，并排出泵腔内的空气；然后在关闭排水管上的闸阀的情况下启动电动机。当水泵的转速达到额定转速时，逐渐打开闸阀，并固定在适当的开启位置，使水泵正常运转。

1. 水泵启动前向泵内灌注引水

因为若在泵腔内无水的情况下启动，由于泵腔内空气的密度远比水小，即使水泵转速达到额定值时，水泵进水口处不能产生足够吸上真空度，无法将水从水池吸入泵内。当水仓水位高于水泵时，水泵经常处于注满水的状态，无须其他注水装置，否则必须进行注水。常用的注水方法有下列几种：

(1) 从泵上灌水漏斗处人工向泵内灌水，一般用于水泵初次启动。

(2) 用排水管上的旁通管把排水管中的存水引回到水泵腔。一般用于水泵再次启动。

采用上述两种方法时，吸水管底部必须设置防止引水漏掉的底阀。而设置的底阀增加了管路的阻力，使排水设备多增加了能量消耗，且底阀会出现堵塞而无法吸水的故障。

(3) 用射流泵注水。如图 9-26 所示，射流泵利用水泵排水管中的存水作为工作液体或用压缩空气作为射流泵的工作流体，其入口和泵腔最高处连接，出口接到吸水井。射流泵工作时可将水泵和吸水管中的空气抽出，使泵内形成一定真空度，吸水井中的水在大气压力的作用下，可自动流入泵腔和吸水管中。因射流泵结构简单，体积很小，在排水管中存有压力水或有压缩空气的场所得到了广泛应用。

(4) 利用真空泵注水。用真空泵注水的系统如图 9-27 所示，它常用于大型水泵的注水。其抽气速率比射流泵快，可在短时间内使泵灌满水。水环式真空泵是最常用的一种，真空泵转动后，把泵腔内及吸水管中的空气抽出，形成一定真空，泵腔与吸水面形成压差，水就进入泵腔。由于真空泵不受压力水源限制，所以应用相当广泛。

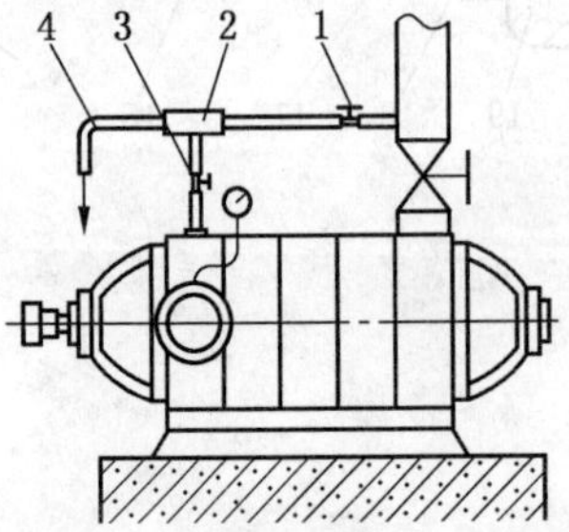


1、3—阀门；2—射流泵；4—放水管

图 9-26　用射流泵注水示意图

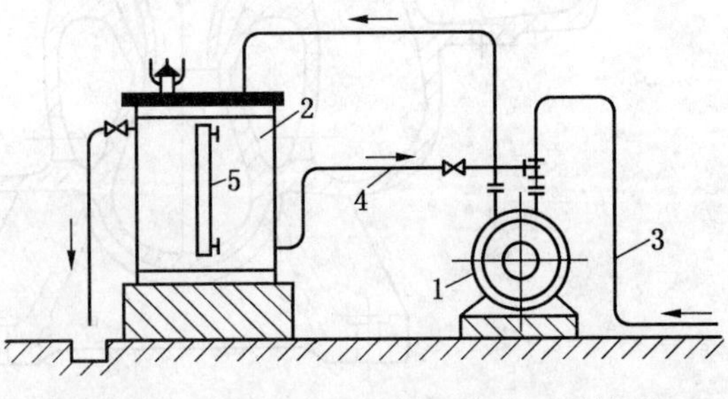


1—真空泵；2—水气分离箱；3—来自泵的抽气管；4—循环水管；5—水位指示玻璃管

图 9-27　用真空泵注水的系统图

采用后两种方式，可实现无底阀排水，这样可以减小吸水管路的阻力损失，对于水泵节能和防止空蚀都是有利的，条件允许的应尽量采用。

2. 关闭排水管路上闸阀启动

由于闸阀关闭时泵的流量为零，从泵的功率特性曲线可知，零流量时泵所需功率最小，电动机的启动电流也最小。所以关闭闸阀启动，可减小启动电流，减轻对电网的冲击。

在启动时，一旦电动机转速达到正常，应迅速地打开闸阀，而不应在闸阀关闭状态长时间（一般不超过 3 min）运转，因为这样容易引起泵内的水过热。在打开闸阀的过程中应注意观察压力表、真空表和电流表的读数是否正常。在开启过程中压力表读数随着闸阀开度的增加而减小，相反真空表读数是增大的，电流表读数也逐渐上升，最后都稳定在相应的位置上。

（二）运行中的注意事项

（1）经常注意电压、电流的变化。当电流超过额定电流，电压超过额定电压的±5%时，应停止水泵，检查原因，进行处理。

（2）检查各部轴承温度是否超限（滑动轴承不得超过 65 ℃，滚动轴承不得超过 75 ℃）。检查电动机温度是否超过铭牌规定值；检查轴承润滑情况是否良好（油量是否合适，油环转动是否灵活）。

（3）检查各部螺栓及防松装置是否完整齐全，有无松动。

（4）注意各部音响及振动情况，有无由于空蚀而产生的噪声。

（5）检查填料密封情况，填料箱温度和平衡装置回水管的水量是否正常。

（6）经常注意观察压力表、真空表和吸水井水位的变化情况，检查底阀或滤水器插入水面深度是否符合要求（一般以水面 0.5 m 以下为宜）。

（7）按时填写运行记录。

（三）水泵的停机

停泵时，首先关闭排水管上的闸阀，而后关闭真空表的旋塞，再按停电钮，停止电动机。若不如此，则会因逆止阀的突然关闭，而使水流速度发生突变，产生水击。严重时，会击毁管路，甚至击毁水泵。

停机后，还应关闭压力表旋塞，并及时清除在工作中发现的缺陷，查明疑点，做好清洁工作。如水泵停机后在短期内不工作，为避免锈蚀和冻裂，应将水泵内的水放空，若水泵长期停用，则应对水泵施以油封。同时每隔一定时期，电动机空运转一次，以防受潮。空转前，应将联轴器分开，让电动机单独运转。

## 二、排水设备的常见故障诊断及处理

排水设备工作时发生故障，势必影响排水工作的进行，严重时，影响正常生产。因此，必须掌握诊断故障的基本方法，以求准确、迅速地排除故障。

排水设备的故障可分为两类，即泵本身的机械故障和排水系统的故障。

1. 泵内存有空气

真空表和压力表读数都比正常小，常常不稳定，甚至降到零。因为泵内存在空气时，压头会显著降低，流量也会急剧下降。

泵内存有空气是由吸水系统不严密引起的。容易发生漏气的部位及原因有吸水管系统连接处不严、填料箱密封不严、真空表接头松动、吸水管插入水中的部分过浅等。

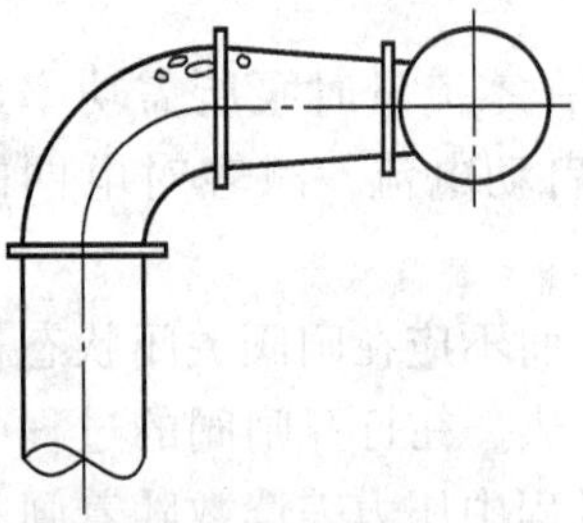

图 9-28 错误的吸水管安装

此外，当吸水管与水泵安装位置不合适时，如图 9-28 所示，由于吸水管最高处不能完全充满水，有空气憋在里面，水泵也不能正常工作。

应特别注意，离心式水泵转速降低或反转也有类似征兆，两表读数偏小，但比较稳定。

2. 吸水管堵塞

真空表读数比正常大；压力表读数比正常小。因为吸水管堵塞，吸水管阻力增加，也就加大了吸上真空度，所以真空表读数比正常大。同时，由于流量减小，排出阻力便减小，因此压力表读数比正常小。

吸水管堵塞容易发生的部位及原因有吸水管插入太深，由于吸水井淤泥太多，没有及时清理，底闸与泥接触；滤网太脏；底阀未能全打开等等。

3. 排水管堵塞

压力表读数比正常大，真空表读数比正常小。因为排水管堵塞，使排水管阻力增大，因而压力表读数上升；又因排水管阻力增大，使流量减小，故真空度下降。

排水管堵塞发生的部位及原因有排水阀门未打开或开错阀门。

4. 水泵叶轮堵塞

压力表和真空表读数均比正常读数小。因为叶轮堵塞后，会使扬程曲线明显收缩，则工况点向流量减小的方向移动，扬程减小故压力表和真空表的读数均比正常读数小。

图 9-29 所示为叶轮堵塞对性能的影响。其中 $g$ 为管路特性曲线；水泵正常工作时，原扬程曲线为Ⅰ，其工况交点为1；当叶轮中三条叶道入口部分堵塞时，扬程曲线为Ⅱ，工况点变为2；当叶轮中的三条叶道全部堵塞时，扬程曲线为Ⅲ，工况点主变为3。

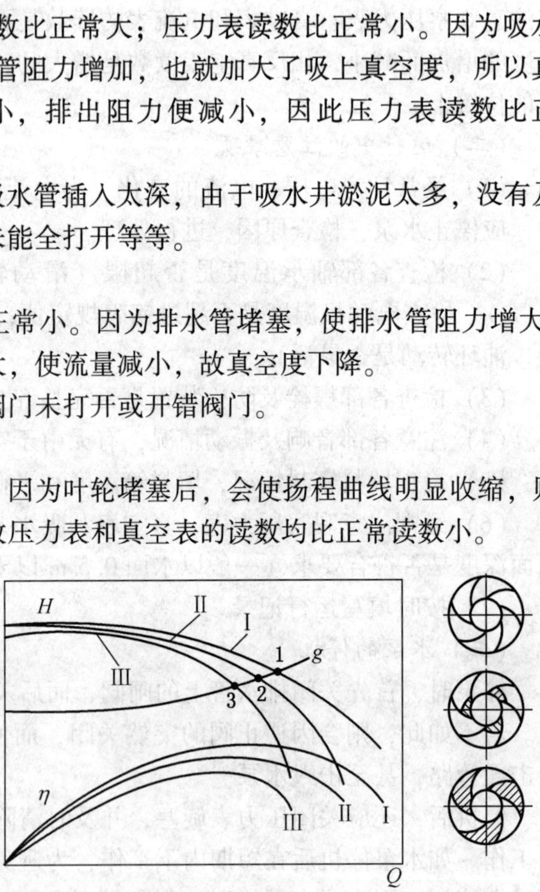


图 9-29 叶轮堵塞对性能的影响

5. 排水管破裂

一般是压力表读数下降，真空表读数突然上升。这是因为排水管破裂后，排水管阻力减少，使流量增大，从而造成真空度上升。

从两表读数来看，同吸水管堵塞时真空度增大，压力表下降一样，但是排水管破裂往往是突然发生的，因此两表读数变化比吸水管堵塞时要快一些。另外，流量增大会引起负荷增加，与吸水管堵塞引起负荷降低的情况可从声响、电流表读数的变化加以区别。在这种情况下，应立即停泵，查明原因。

排水管路破裂的原因主要是管路焊接质量不高、钢管锈蚀严重、操作中突然开闭闸阀而引起水击等等。只要严格执行操作规程，认真检查管路的锈蚀情况并定期试压，就能避免事故的发生。

6. 泵产生空蚀

一般来讲，泵产生空蚀时，真空表和压力表读数常常不稳定，比正常小，有时甚至降到零。但由于引起泵产生空蚀的直接原因不同，所以两表的变化规律也不完全相同。①若吸水管严重堵塞时，使真空表读数增大，但真空度过大，超过泵的允许吸上真空度时，便会引起空蚀，这时真空度降低，甚至降到零；②若泵的允许吸上真空度本来就低（或泵安装位置过高），刚打开排水闸阀就可能产生空蚀，这时真空度不一定是先增加后降低，往往是一开始就低下来，甚至为零；③若排水管破裂发生在泵站的附近时，使真空表读数增加太多，超过了泵的允许吸上真空度而产生空蚀，这时真空表读数的变化情况是突然升高，以后又下降。

防止和消除空蚀方法有：①从泵的设计上看，应尽量减小允许空蚀余量［$\Delta h$］，从而使 $H_s$ 值增大；②从吸水装置的设计上看，一是尽量减小吸水管路水头损失，即减少吸水管长度、减少吸水管附件（如底阀）、增大吸水管径；二是降低实际几何安装高度；③从操作使用上看，减少吸水管路损失，具体方法是关小水泵排水闸阀，使系统的流量减小，吸水管的水头损失随之减小。

## 三、水泵的性能测定

水泵性能测定是测定其特性曲线，即扬程特性曲线、功率特性曲线和效率特性曲线。产品样本给出的特性曲线，是产品鉴定时测得的，成批投产后一般只做抽样测定，因此每台水泵的实际特性不一定和产品样本给出的特性曲线完全相符。因此当新水泵安装好后，应测定该水泵的特性曲线（$Q$-$H$，$Q$-$P$，$Q$-$\eta$），作为以后对照检查的依据。当投入使用后，每年应测定一次，以检验水泵的运行状况，保证水泵经济、合理地运行。

### （一）测定原理和方法

图9-30所示为水泵在排水系统工作时的测定方案图。其测定原理是：逐渐改变闸阀开度，以改变管路阻力，使管路特性曲线逐步改变，则工况点也随着变化。工况点移动的轨迹即为泵的扬程特性曲线，只要每次改变闸阀位置的同时，测出该工况点的扬程、

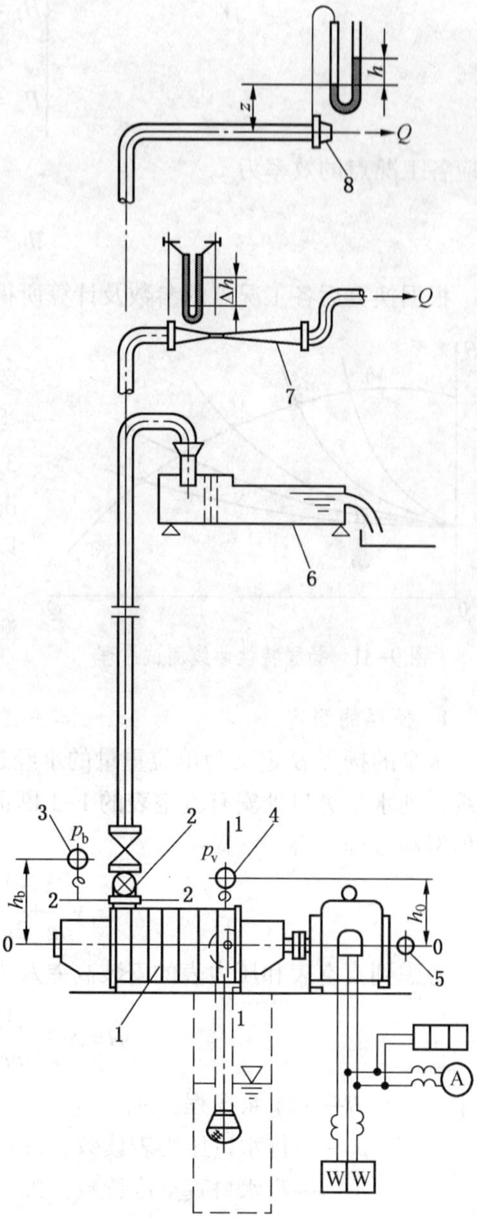


1—水泵；2—闸阀；3—压力表；4—真空表；5—转速表；6—堰；7—流量计；8—喷嘴

图9-30　水泵在排水系统工作时的测定方案图

流量、功率和转速，改变 $n$ 次工况点，则可测 $n$ 组数（$H_1$，$Q_1$，$P_1$，$n_1$），（$H_2$，$Q_2$，$P_2$，$n_2$），…，（$H_n$，$Q_n$，$P_n$，$n_n$），如图 9-31 所示。

当各测点的转速不同时，应该根据比例定律，将各点测得的参数换算为水泵在同一转速（一般为额定转速 $n_e$）下的参数，即

$$\begin{cases} Q_{ei}=\dfrac{n_e}{n_i}Q_i \\ H_{ei}=\left(\dfrac{n_e}{n_i}\right)^2 H_i \\ P_{ei}=\left(\dfrac{n_e}{n_i}\right)^3 P_i \end{cases} \tag{9-34}$$

对应各工况点的效率为

$$\eta_{ei}=\frac{\rho g Q_{ei} H_{ei}}{P_{ei}} \tag{9-35}$$

根据换算后各工况点的参数及计算所得的效率，可绘出额定转速下的特性曲线。

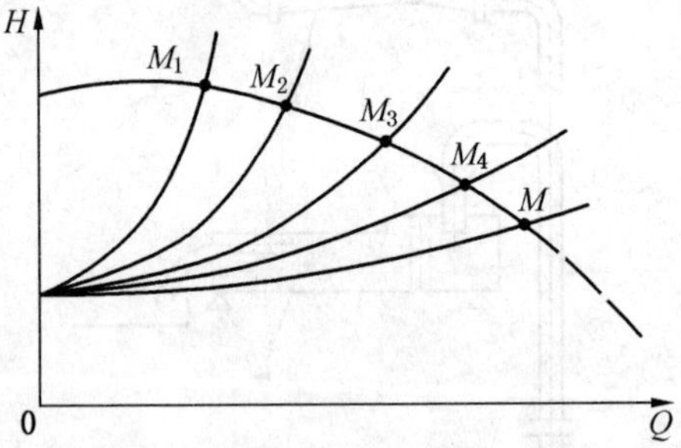


图 9-31　扬程特性曲线测试原理

应该指出，对于安装在特定管路中的水泵，要想通过测试获得全特性曲线是不可能的，因为当闸阀全部开启时，对应的工况点为 $M$（图 9-31），则其对应流量和扬程为 $Q_M$、$H_M$，在这种情况下要想得到比 $Q_M$ 还大的流量是不可能的，所以水泵特性曲线只能测到 $M$ 点。

要想获得水泵在全流量下的特性，只有降低测地高度 $H_{sy}$。这在实验室条件下是可以做到的。

### （二）性能参数的测量及计算方法

#### 1. 扬程的测定

水泵的扬程 $H$ 定义为单位重量的水经过水泵时所获得的能量。对图 9-30 所示的排水系统，列水泵进口处安有真空表的 1-1 断面和出口处安有压力表的 2-2 断面间有能量输入的伯努利方程，得

$$z_1+\frac{p_1}{\rho g}+\frac{v_1^2}{2g}+H=z_2+\frac{p_2}{\rho g}+\frac{v_2^2}{2g}$$

考虑到真空表和压力表的安装高差及表的读数，上式可写成

$$H=\Delta z+\frac{p_b+p_v}{\rho g}+\frac{8Q^2}{\pi^2 g}\left(\frac{1}{d_p^4}-\frac{1}{d_x^4}\right) \tag{9-36}$$

式中　$H$——水泵扬程，m；

$p_b$——排水口压力表读数，Pa；

$p_v$——吸水口真空度读数，Pa；

$\rho$——水的密度，kg/m³；

$d_p$、$d_x$——吸、排水管内径，m；

$\Delta z$——压力表中心与真空表中心的高度差，m。

对于确定的排水系统，$\rho$、$\Delta z$、$d_p$ 和 $d_x$ 是已知的，只要测得 $p_b$、$p_v$ 和 $Q$，通过式（9-36）可计算出扬程 $H$。$p_b$ 和 $p_v$ 可以从压力表和真空表上直接读出，因此关键是测流量。

2. 流量的测定

流量测定方法主要有文德里流量计、孔板或喷嘴、水堰、超声波流量计和均压管等。

（1）孔板、喷嘴测量装置。孔板、喷嘴装置的工作原理是，在管道内装入孔板或喷嘴节流件，如图 9-30 所示。当水流过节流件时，在节流件前后产生压差，这一压差通过取压装置可用液柱式压差计测出。当其他条件一定时，节流件前后产生的差压值随流量而变，两者之间有确定的关系。根据伯努利方程得出的计算公式

$$Q=\mu K\sqrt{\Delta p}$$

$$K=\sqrt{\frac{2}{\rho}}\,\frac{\pi D^2}{4}\,\frac{1}{\sqrt{\left(\frac{D}{d}\right)^4-1}} \tag{9-37}$$

式中　$\mu$——流量修正系数，通常 $\mu=0.95\sim0.98$；

$K$——节流件尺寸常数；

$D$——管径，m；

$d$——节流件孔径，m；

$\Delta p$——节流件前后压力差，$\Delta p=(\rho'-\rho)g\Delta h$。

采用孔板或喷嘴测量装置测定流量是一种比较简单、可靠的方法。一般流量较小时用孔板，流量较大时用喷嘴。孔板和喷嘴的尺寸、形状及加工已标准化，并且规定了它们的取压方式和前后直管段的要求，其流量和压差之间的关系及测量误差可按国家标准直接计算确定。

（2）水堰。在水槽中安装一板状障碍物（称堰板），让水从障碍物上流过，则其上游的水位被抬高，这种装置叫水堰。按堰口形状可分为全宽堰、矩形堰和三角堰 3 种，通过水堰上游的水位高度，则可求得流量（表 9-4）。

表 9-4　堰口流量公式

| 堰口名称 | 三角堰 | 矩形堰 | 全宽堰 |
|---|---|---|---|
| 图样 | 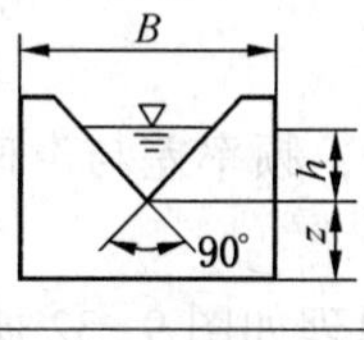 | 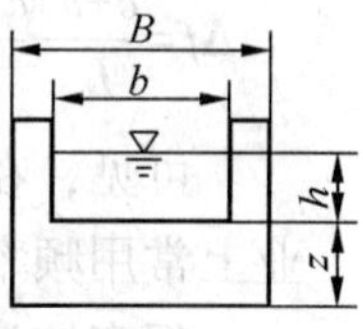 | 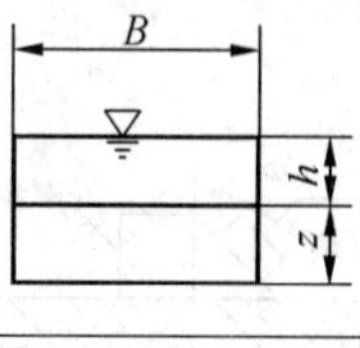 |
| 计算流量公式 | $Q=ch^{5/2}(l/s)$<br>$c=1354+\frac{4}{h}+\left(140+\frac{200}{\sqrt{z}}\right)\times\left(\frac{h}{B}-0.09\right)^2$ | $Q=ch^{3/2}b(l/s)$<br>$c=1785+\frac{2.95}{h}+237\frac{h}{z}-428\sqrt{\frac{(B-b)h}{bz}}+34\sqrt{\frac{B}{z}}$ | $Q=ch^{3/2}B(l/s)$<br>$c=1785+\left(\frac{2.95}{h}+237\frac{h}{z}\right)(1+\varepsilon)$<br>$\varepsilon$ 为修正系数<br>$z<1$ m 时，$\varepsilon=0$<br>$z>1$ m 时，$\varepsilon=0.55(z-1)$ |

表 9-4 (续)

| 堰口名称 | 三 角 堰 | 矩 形 堰 | 全 宽 堰 |
|---|---|---|---|
| 流量系数 $c$ 的适用范围 | $B=0.5\sim1.2$ m<br>$z=0.1\sim0.75$ m<br>$h=0.07\sim0.26$ m<br>($h=B/3$ 以内) | $B=0.5\sim6.3$ m<br>$b=0.5\sim5.0$ m<br>$z=0.15\sim3.5$ m<br>$\frac{bz}{B^2}\geqslant0.06$<br>$h=(0.03\sim0.45)\sqrt{b}$ m | $B\geqslant0.5$ m<br>$z=0.3\sim2.5$ m<br>$h=0.03\sim0.8$ m<br>(但 $h\leqslant8$ m)<br>$h\leqslant B/4$ |

(3) 超声波流量计。超声波测流量是根据在流体中超声波向上游和下游的传播速度由于叠加了流体流速而不相同，因此，可以利用超声波向上、下游传播速度之差测得流体流速。测定传播速度之差的方法很多，主要有测量超声波发送器上、下游等距离处接收到的超声波信号的时间差、相位差或频率差等方法。

设静止流体的声速为 $c$，流体流速为 $v$，发送器与接收器之间距离为 $L$，则传播时间差为

$$\Delta t=\frac{L}{c-v}-\frac{L}{c+v}=\frac{2Lv}{c^2-v^2} \tag{9-38}$$

当 $c\gg v$ 时

$$\Delta t=\frac{2Lv}{c^2} \tag{9-39}$$

如发生器发出的是连续正弦波，则上、下游接收到的波的相位差为

$$\Delta\varphi=\omega\Delta t=\frac{2\omega Lv}{c^2} \tag{9-40}$$

式中 $\omega$——超声波的角频率。

由式 (9-39) 和式 (9-40) 可以看出，测得 $\Delta t$ 或 $\Delta\varphi$ 就能求得流速 $v$。但是流体中声速 $c$ 是随流体温度而变的，水中声速 $c$ 的温度系数为 0.2%/℃。因此在流速一定时，$\Delta t$ 和 $\Delta\varphi$ 的温度系数约为 0.4%/℃，造成测量误差。一般需采用流体温度补偿装置。工程上采用频率法来消除声速 $c$ 的影响。因为上、下游接收到的超声波的频率之差为

$$\Delta f=\frac{c+v}{L}-\frac{c-v}{L}=\frac{2v}{L} \tag{9-41}$$

可见，在频率法中，频率差与声速 $c$ 无关，因此工业上常用频率法。

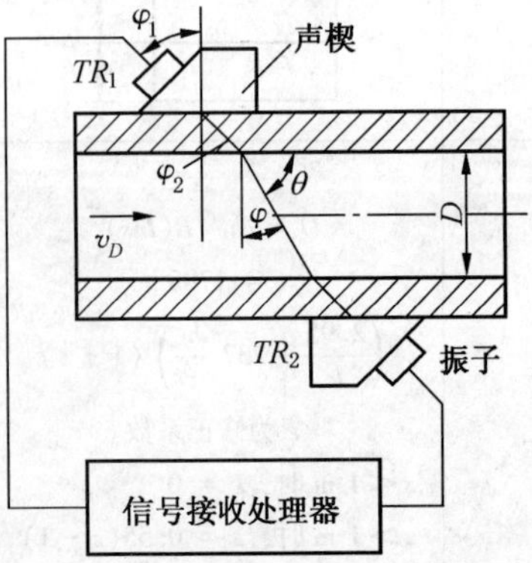

图 9-32 超声波流量计的原理图

超声波流量计的原理如图 9-32 所示。在管壁斜对面固定两个超声振子 $TR_1$、$TR_2$ 作为超声波的发送和接收元件。由一侧的振子产生的超声波穿过管壁——→流体——→管壁为另一侧的振子所接收，并转换为电脉冲，经放大后再用此电脉冲来激发对面的发送振子，形成所谓单环自激振荡。振荡周期由超声波在流体中的顺流传播速度决定，周期的倒数即单环频率 $f_1$。一定时间间隔以后，经切换电路使发送振子切换成接收振子，而接收

振子切换成发送振子，测出取决于超声波在逆流中传播速度的单环频率$f_2$。如此循环交替地测出$f_1$、$f_2$。设管径平均流速为$v_D$，超声波速与管轴间的夹角为$\theta$，管径为$D$，静止流体中声速为$c$，则

$$f_1=\left[\frac{D}{\sin\theta(c-v_D\cos\theta)}+\tau\right]^{-1}$$

$$f_2=\left[\frac{D}{\sin\theta(c+v_D\cos\theta)}+\tau\right]^{-1}$$

式中　$\tau$——超声波在管壁内和电脉冲信号在电路中传输产生的滞后时间的总和。

当$c\gg v_D$，且$\tau$很小时，可得

$$\Delta f=f_2-f_1=\frac{\sin2\theta}{D}\left(1+\frac{\tau c}{D}\sin\theta\right)^{-2}v_D \tag{9-42}$$

当$D$、$\theta$、$\tau$、$c$为常数时，$\Delta f$与$v_D$呈线性关系，由于$\tau$很小，在大口径管道中$\tau c$一项可忽略。通过运算电路算得的$\Delta f$值可供指示、记录和计算。

值得注意的是，超声波流量计测得的是超声波通道上流体的平均流速，也就是沿管道直径上的平均流速$v_D$，它不等于求体积流量所需要的管道截面上的平均流速$v$。在层流情况下$v=3v_D/4$；在紊流情况下$v$与$v_D$之间的比值与雷诺数有关，但在一般的流量范围内雷诺数变化不会太大，因此往往可以认为该比值是一常数。因此，在用超声波流量计测量流量时，考虑到截面平均流速$v$与沿直径平均流速$v_D$之间关系的影响，体积流量$Q$与频率差$\Delta f$之间的关系为

$$Q=\frac{\pi}{4}D^2v=\frac{\pi}{4K}D^2v_D=\frac{\pi\Delta fD(D+\tau c\sin\theta)^2}{4K\sin2\theta} \tag{9-43}$$

式中　$K$——流量修正系数，$K=v_D/v$，当雷诺数从$3\times10^4\sim3\times10^6$变化时，$K$值的变化约为±1%。

另外，仪表前后必须要有足够的直管段（前20$D$，后5$D$），否则，流速分布要发生变化，并且不稳定，使流量指示的离散性很大，准确度很差。使用中还应注意被测流体流动中可能含有的气泡、未充满的空气层等对超声波传播的干扰，以及泵和其他声源所混入的超声杂音干扰。

超声波流量计的最大优点是，仪表可装设在管外，不需要改造原来的管路系统。必须指出，由于管内结垢，使实际排水管径减小，应用超声波流量计时，容易造成流量测定值大于实际值，因此，应注意把测头架设在污垢较少的地方，以减小误差。

3. 轴功率的测定

水泵轴功率$P$一般由电动机输入功率$P_d$计算，即

$$P=P_d\eta_d\eta_c \tag{9-44}$$

式中　$\eta_d$——电动机效率，可以从电机效率曲线查出；

$\eta_c$——传动效率，直接传动时，$\eta_c=1$。

电动机输入功率$P_d$，可用三相功率表或两个单相功率表直接测得。如果用电压表、电流表和功率因数表测定时，其值为

$$P_d=\sqrt{3}UI\cos\varphi \tag{9-45}$$

式中　$U$——电源电压，由电压表测得，V；

$I$——输入电机的电流，由电流表测得，A；

$\cos\varphi$——电机的功率因数，由功率因数表测得或根据有关资料估算。

4. 转速的测定

泵轴的转速 $n$ 可用机械式转速表或感应式光电转速仪直接测出。

(三) 性能测定中的注意事项

测定前，应根据水泵及管路系统的具体条件拟定测定方案，选择测定装置和仪表，并对仪表进行必要的检查和校准，参加测定的人员要有明确的分工和统一的指挥。

测定时，闸阀至少要改变 5~7 次，即至少应有 5~7 个测点，条件允许时设 8~10 个测点，特别是在水泵工作区域和最高效率点附近多设几个测点。

在操作上，闸阀可以由大到小（闸阀可由全开而逐渐关闭），也可以由小到大，这两种方法可以交替进行，以便相互校对，修正其特性曲线。

在记录读数时，每改变一次工况，应停留 2~3 min，待各表上的读数稳定后，同时读取记录各参数值，并及时整理，发现问题应及时补测。

## 第五节 矿山排水设备的选型设计

### 一、设计的原始资料和任务

1. 设计的原始资料

(1) 矿井开拓方式。

(2) 同时开采水平数、各水平正常和最大涌水量及时间。

(3) 井口标高和各开采水平的标高。

(4) 矿水的密度、泥砂含量及化学性能（pH 值）。

(5) 沼气等级、供电电压。

(6) 井筒及井底车场布置图。

(7) 矿井年产量和服务年限。

2. 设计任务

(1) 确定排水系统。

(2) 选择排水设备。

(3) 给出指标经济核算。

(4) 绘制水泵房布置图。

(5) 绘制斜子管道布置图。

(6) 绘制管路系统图。

### 二、选型设计的步骤和方法

选型设计要根据《煤矿安全规程》和《煤炭工业设计规范》，在保证及时排除矿井涌水的前提下，使排水总费用最小，选择最优方案。

(一) 排水系统的确定

在煤矿生产中，单水平开采通常采用集中排水；两个水平同时开采时，应根据矿井的具体情况进行具体分析，综合基建投资、施工、操作和维修管理等因素，经过技术和经济比较后，确定最合理的排水系统。

(二) 水泵的选型

根据《煤矿安全规程》的要求，必须有工作、备用和检修水泵，其中工作水泵应能在20 h内排出矿井24 h的正常涌水量（包括充填水及其他用水）。备用水泵的排水能力应不小于工作水泵排水能力的70%。工作和备用水泵的总排水能力，应能在20 h内排出矿井24 h的最大涌水量。检修水泵的排水能力应不小于工作水泵排水能力的25%。水文地质条件复杂或有突水危险的矿井，可根据具体情况，在主泵房内预留安装一定数量水泵的位置，或另外增加排水能力。

1. 水泵必须排水能力计算

根据《煤矿安全规程》的要求，在正常涌水期，工作水泵必须的排水能力为

$$Q_B \geqslant 24/20q_z = 1.2q_z \tag{9-46}$$

在最大涌水期，工作和备用水泵必需的排水能力为

$$Q_{Bmax} = 24/20q_{max} = 1.2q_{max} \tag{9-47}$$

式中 $Q_B$——工作水泵具备的总排水能力，$m^3/h$；

$Q_{Bmax}$——工作和备用水泵具备的总排水能力，$m^3/h$；

$q_z$——矿井正常涌水量，$m^3/h$；

$q_{max}$——矿井最大涌水量，$m^3/h$。

2. 估算水泵所需扬程

由于水泵和管路均未确定，无法确切知道所需的扬程，所以需进行估算，即

$$H_B = \frac{H_{sy}}{\eta_g} \tag{9-48}$$

式中 $H_{sy}$——测地高度，即吸水井最低水位至排水管出口间的高度差，一般可取 $H_{sy}$ = 井底与地面标高差+4（井底车场与吸水井最低水位距离），m；

$\eta_g$——管路效率。当管路在立井中铺设时，$\eta_g = 0.9 \sim 0.89$；当管路在斜井中铺设，且倾角 $\alpha > 30°$ 时，$\eta_g = 0.83 \sim 0.8$；$\alpha = 30° \sim 20°$ 时，$\eta_g = 0.8 \sim 0.77$；$\alpha < 20°$ 时，$\eta_g = 0.77 \sim 0.74$。

3. 水泵的型号及台数选择

（1）水泵型号的选择。依据计算的工作水泵排水能力 $Q_B$ 和估算的所需扬程及原始资料给定的矿水物理化学性质和泥砂含量，从产品样本中选取能够满足排水要求、工作可靠、性能良好、符合稳定性工作条件、价格低的所有型号的泵。若 $pH < 5$，在进入排水设备前采取降低水的酸度措施在技术上有困难或经济上不合理时，应选用耐酸泵；若矿水泥砂含量太大，应考虑选择MD型耐磨泵。符合上述条件的可能有多种型号，应全部列出，待选择了配套管路并经过技术经济性比较后，最终确定出一种型号的泵。

（2）水泵级数的确定。水泵级数可根据估算的所需扬程和已选出的水泵单级扬程计算，即

$$i = \frac{H_B}{H_i} \tag{9-49}$$

式中 $H_i$——单级水泵的额定扬程，m。

应该指出，计算的 $i$ 值一般不是整数，取大于 $i$ 的整数当然可以满足要求，但取小于 $i$ 的整数有时也能达到要求，此时应同时考虑两种方案，通过技术经济性比较后确定其级数。

(3) 水泵台数的确定。根据《煤矿安全规程》的规定，当 $q_z > 50\ m^3/h$ 时，若工作水泵的台数为 $n_1$，则备用水泵的台数 $n_2$ 为 $n'_2 = 0.7n_1$ 和 $n''_2 = 1.2q_{max}/Q - n_1$（$Q$ 为泵的旧管工况流量，求得工况点前可用额定流量预选）两个计算值中取较大值，然后再偏上取整值。检修水泵的台数 $n_3 = 0.25n_1$ 偏上取整值。因此水泵的总台数 $n = n_1 + n_2 + n_3$。

对于水文地质条件复杂的矿井，可根据情况增设水泵或在泵房内预留安装水泵的位置。

## (三) 管路的选择

### 1. 管路趟数的确定

根据《煤矿安全规程》的规定，管路必须有工作的和备用的，其中工作管路的能力应能配合工作水泵在 20 h 内排出矿井 24 h 的正常涌水量。工作和备用管路的总能力，应能配合工作和备用水泵在 20 h 内排出矿井 24 h 的最大涌水量。涌水量小于 300 m³/h 的矿井，排水管也不得少于两趟。

排水管路趟数在满足《煤矿安全规程》的前提下，以不增加井筒直径为原则，一般不宜超过四趟。

### 2. 泵房内管路布置形式的选择

泵房内管路布置主要取决于泵的台数和管路趟数，图 9-33 所示为泵房内管路布置图。

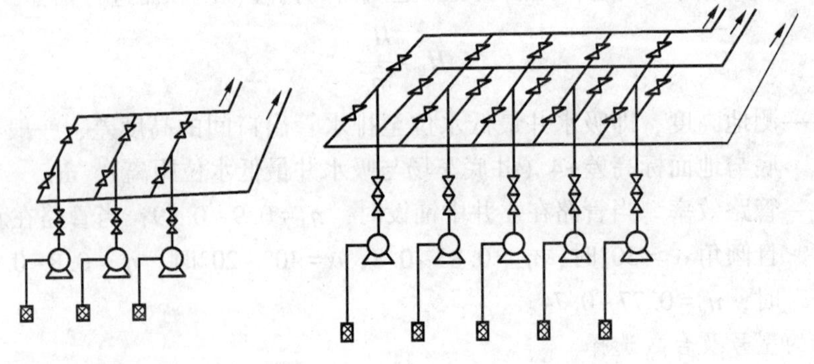

(a)三台泵二趟管路　　(b)五台泵三趟管路

图 9-33　泵房内管路布置图

### 3. 管材的选择

管材选择的主要依据是管道所需承受的压力。由于矿井排出的水一般进入水池或水沟，因此压力与井深成正比。通常情况下，井深不超过 200 m，多采用焊接钢管；井深超过 200 m 时多采用无缝钢管。吸水管一般多选用无缝钢管。

### 4. 管径的确定

选择排水管径要考虑在一定的流量下，使运转费用和初期投资费用两者之和最低。由于管路的初期投资费用与管径成正比，而运转所需的电耗与管径成反比。因此若管径选择偏小，水头损失大，电耗高，但初期投资少；若管径选择偏大，水头损失小，电耗低，但所需的初期投资费用高。因此，管径是确定运转费用和初期投资费用在总费用中所占比重的决定因素，选择时应综合两方面考虑找出最佳的管径。

1）排水管内径计算

$$d'_{p}=\sqrt{\frac{4Q}{3600\pi v_{p}}}=0.0188\sqrt{\frac{Q}{v_{p}}} \tag{9-50}$$

式中 $d'_p$——排水管内径，m；

$Q$——排水管中的流量，$m^3/h$；

$v_p$——排水管内的流速，通常取经济流速 $v_p=1.5\sim2.2$（m/s）来计算。

2）吸水管内径计算

为了提高吸水性能，防止气蚀发生，吸水管直径一般比排水管直径大一级，流速在0.8~1.5 m/s范围内，因此吸水管内径为

$$d'_{x}=d'_{p}+0.025 \tag{9-51}$$

根据计算的内径，按表9-5、表9-6选取标准管径。由于钢管规格中，对同一外径有多种壁厚，因此选择管径时，根据井深选用标准管壁厚度。一般可选用管壁厚度较薄的一种，再进行验算确定。

表9-5 热轧无缝钢管（YB231-70）

mm

| 外径 | 壁厚 | 外径 | 壁厚 | 外径 | 壁厚 |
|---|---|---|---|---|---|
| 89 | 3.5~24.0 | 146 | 4.5~36.0 | 273 | 7.0~50.0 |
| 95 | 3.5 ~24.0 | 152 | 4.5~36.0 | 299 | 8.0~75.0 |
| 102 | 3.5~28.0 | 159 | 4.5~36.0 | 325 | 8.0~75.0 |
| 108 | 3.5~28.0 | 168 | 5.0~45.0 | 351 | 8.0~75.0 |
| 114 | 4.0~28.0 | 180 | 5.0~45.0 | 377 | 9.0~75.0 |
| 121 | 4.0~32.0 | 194 | 5.0~45.0 | 402 | 9.0~75.0 |
| 127 | 4.0~32.0 | 203 | 6.0~50.0 | 426 | 9.0~75.0 |
| 133 | 4.0~32.0 | 219 | 6.0~50.0 | 459 | 9.0~75.0 |
| 140 | 4.5~36.0 | 245 | 7.0~50.0 | 480 | 9.0~75.0 |

| 常用壁厚尺寸系列 | | | | | | | | | | | | | |
|---|---|---|---|---|---|---|---|---|---|---|---|---|---|
| | 2.5 | 3.0 | 3.5 | 4.0 | 4.5 | 5.0 | 5.5 | 6.0 | 6.5 | 7.0 | 7.5 | 8.0 | 8.5 |
| | 9.0 | 9.5 | 10 | 11 | 12 | 13 | 14 | 15 | 16 | 17 | 18 | 19 | 20 |
| | 22 | 25 | 28 | 30 | 32 | 36 | 40 | 50 | 56 | 60 | 63 | 70 | 75 |

5. 管壁厚度验算

管子选定后，其管壁厚度也就确定了。但此厚度能否满足承压要求，需按下式进行验算。

表 9-6　碳钢板螺旋电焊缝钢管　　mm

| 外径 | 壁厚 | 外径 | 壁厚 | 外径 | 壁厚 |
|---|---|---|---|---|---|
| 219 | 6~8 | 325 | 6~8 | 478 | 6~8 |
| 245 | 6~8 | 351 | 6~8 | 529 | 6~8 |
| 273 | 6~8 | 377 | 6~8 | 630 | 6~8 |
| 299 | 6~8 | 426 | 6~8 | 720 | 6~8 |

$$\delta \geqslant 0.5d_{\mathrm{p}}\left(\sqrt{\frac{\sigma_z+0.4p}{\sigma_z-1.3p}}-1\right)+C \tag{9-52}$$

式中　$d_{\mathrm{p}}$——所选标准管内径，cm；

$\sigma_z$——管材许用应力。焊接钢管 $\sigma_z=60$ MPa，无缝钢管 $\sigma_z=80$ MPa；

$p$——管内水压；

$C$——附加厚度，焊接钢管 $C=0.2$ cm，无缝钢管 $C=0.1\sim0.2$ cm。

所选标准壁厚应等于或略大于按上式计算所得的值。吸水管壁厚不需验算。

（四）工况点确定及校验

1. 计算管路特性

对于选定的管路系统，可应用管路特性方程式（9-6）得

$$H=H_{\mathrm{sy}}+KRQ^2 \tag{9-53}$$

$$R=\frac{8}{\pi^2 g}\left[\lambda_{\mathrm{x}}\frac{l_{\mathrm{x}}}{d_{\mathrm{x}}^5}+\frac{\sum\zeta_{\mathrm{x}}}{d_{\mathrm{x}}^4}+\lambda_{\mathrm{p}}\frac{l_{\mathrm{p}}}{d_{\mathrm{p}}^5}+\left(1+\sum\zeta_{\mathrm{p}}\right)\frac{1}{d_{\mathrm{p}}^4}\right] \tag{9-54}$$

式中　$K$——考虑水管内径由于污泥淤积后减小而引起阻力损失增大的系数，对于新管$K=1$，对于挂污管径缩小 10%，取 $K=1.7$，一般要同时考虑 $K=1$ 和 $K=1.7$ 两种情况，俗称新管和旧管；

$R$——管路阻力损失系数，$\mathrm{s^2/m^5}$；

$\lambda_{\mathrm{x}}$、$\lambda_{\mathrm{p}}$——吸、排水管的沿程阻力系数，对于流速 $v\geqslant1.2$ m/s，其值可按舍维列夫公式计算，即

$$\lambda=\frac{0.021}{d^{0.3}} \tag{9-55}$$

$\sum\zeta_{\mathrm{x}}$、$\sum\zeta_{\mathrm{p}}$——吸、排水管附件局部阻力系数之和，根据排水管路系统中局部件的组成，用表 4-2 查取各附件局部阻力系数。

已知 $H_{\mathrm{sy}}$ 和 $R$，则根据式（9-53）绘制出新管和旧管两种状态下的管路特性曲线，如图 9-7 所示。

2. 确定工况点

将求得的两条管路特性曲线绘制在初选水泵扬程曲线上。由于一般样本上泵的性能曲线是指单级泵的性能曲线，如果选择的是多级水泵，必须先换算为多级水泵的扬程曲线。把管路特性曲线与泵的扬程曲线按同一坐标画在一起，得到工况点 $M_1$、$M_2$，从而得出新、旧管两组工况点参数值（$Q_{M1}$、$H_{M1}$、$P_{M1}$、$\eta_{M1}$、$H_{sM1}$）和（$Q_{M2}$、$H_{M2}$、$P_{M2}$、$\eta_{M2}$、$H_{sM2}$）。

根据《煤矿井下排水设计技术规定》，水泵工况点的效率 $\eta_{M1}$、$\eta_{M2}$ 一般不低于 70%，允许吸上真空度 $H_{sM}$ 不宜小于 5 m。

3. 工况点校验计算

1）排水时间

管路挂垢后，水泵的流量减小，因此应按管路挂垢后工况点流量校核。

正常涌水时，工作水泵 $n_1$ 台同时工作时每天的排水小时数为

$$T_z=\frac{24q_z}{n_1 Q_{M2}}\leqslant 20 \tag{9-56}$$

最大涌水时，工作水泵 $n_1$ 台与备用水泵 $n_2$ 台同时工作时每天的排水小时数为

$$T_{\max}=\frac{24q_{\max}}{(n_1+n_2)Q_{M2}}\leqslant 20 \tag{9-57}$$

如在最大涌水期时，是多台水泵和多趟管路并联工作，则式（9-57）中的分母应采用并联运行的工况流量值。

2）经济性

工况点效率应满足 $\eta_{M1}\geqslant 0.85\eta_{\max}$，$\eta_{M2}\geqslant 0.85\eta_{\max}$。

3）稳定性

$$H_{sy}\leqslant(0.9\sim0.95)iH_0$$

其中 $H_0$ 为单级零流量扬程。

4）吸水高度

在新管状态时，允许吸上真空度最小，因此应根据新管工况点 $H_{sM1}$ 进行计算校核。

$$[H_x]=[H_{sM1}]-\frac{8}{\pi^2 g}\left(\lambda_x\frac{l_x}{d_x^5}+\frac{\sum\zeta_x+1}{d_x^4}\right)Q_{M1}^2 \tag{9-58}$$

式中，$[H_{sM1}]=H_{sM1}-(10-h_a)-(h_n-0.24)$。

当所选吸水高度 $H_x\leqslant[H_x]$ 时，满足不产生空蚀条件。

5）电动机功率

为确保运行可靠，电动机功率应由新管工况点确定，即

$$P'_d=K_d\frac{\rho g Q_{M1}H_{M1}}{1000\times360\times\eta_{M1}}$$

或

$$P'_d=K_d P_{M1} \tag{9-59}$$

式中　$K_d$——电动机容量富余系数，一般当水泵轴功率大于 100 kW 时，取 $K_d=1.1$；当水泵轴功率为 10~100 kW 时，取 $K_d=1.1\sim1.2$。

计算出电动机功率 $P'_d$，应等于或小于所选水泵配套电动机的功率，否则要更换配套电动机。

（五）经济指标计算

1. 年排水电耗

$$E=\frac{\rho g Q_{M2}H_{M2}}{1000\times3600\times\eta_{M2}\eta_c\eta_d\eta_w}[n_z T_z r_z+n_{\max}T_{\max}r_{\max}] \tag{9-60}$$

式中　　$E$——年排水电耗，kW·h/a；

$n_z$、$n_{max}$——年正常和最大涌水期泵工作台数；

$r_z$、$r_{max}$——正常和最大涌水时期泵工作昼夜数；

$T_z$、$T_{max}$——正常和最大涌水时期泵每昼夜工作小时数；

$\eta_d$、$\eta_w$、$\eta_c$——电机效率、电网效率、传动效率。

2. 吨水百米电耗

$$e_{t\cdot 100}=\frac{H_{M2}}{3.673\eta_{M2}\eta_c\eta_d\eta_w H_{sy}}=\frac{1}{3.673\eta_{M2}\eta_c\eta_d\eta_w\eta_g}<0.5 \tag{9-61}$$

式中 $e_{t\cdot 100}$——吨水百米电耗，kW·h/t。

吨水百米电耗与水泵效率、传动效率、电动机效率、管路效率的乘积成反比，它反映了矿井排水系统各个环节的总效率，是一种能够比较科学、全面地评价排水设备运行情况的经济指标。《煤矿井下排水设计技术规定》规定：排水设备吨水百米电耗应小于0.5 kW·h，否则便认为是低效设备，不予采用。

排水总费用主要包括水泵运行费用、设备初期总投资、初期基建总投资和其他费用。为了寻找最优方案，应对满足可行性条件的每一种方案分别计算上述四项费用。总费用最小的方案，就是最优方案，即为选型设计时应采用的方案。

【例 9-1】有一开拓方式为竖井的矿井，其副井的井口标高为+6.5 m，开采水平标高为-528 m。正常涌水量为 218 $m^3/h$；最大涌水量为 387 $m^3/h$，持续时间 60 d。矿水为中性，重度为 10006 $N/m^3$。该矿井属低沼气矿井，年产量 $Q_a=3000$ kt/a。试确定排水系统方案及设备选择。

**解**

1. 排水系统的选择

依据给定的矿井条件，优先选择集中排水系统。在井底车场副井附近设立中央泵房，将井底所有矿水集中后直接排至地面。

2. 水泵的选型

1）水泵必须排水能力计算

正常涌水期 $Q_B \geqslant 1.2q_z=1.2\times 218=261.6(m^3/h)$

最大涌水期 $Q_{max} \geqslant 1.2q_{max}=1.2\times 387=464.4(m^3/h)$

2）水泵必须扬程估算

$$H_B=\frac{H_{sy}}{\eta_g}=\frac{528+6.5+3.5}{0.9}=\frac{538}{0.9}=597.8\ (m)$$

3）初选水泵

从现有水泵生产厂家的产品样本中，经过技术和经济方面综合比较，选取 MD280-100×6 型单吸多级离心式耐磨水泵，其额定转速 $n=2980$ r/min，流量 $Q_e=280\ m^3/h$，额定扬程 $H_e=600$ m。则：

工作泵台数 $n_1=\dfrac{Q_B}{Q_e}\geqslant\dfrac{261.6}{280}=0.93$，取 $n_1=1$。

备用水泵台数 $n_2\geqslant 0.7n_1=0.7\times 1=0.7$ 和 $n_2\geqslant\dfrac{Q_{max}}{Q_e}-n_1=\dfrac{464.4}{280}-1=0.66$，故取 $n_2=1$。

检修泵台数 $n_3 \geqslant 0.25n_1 = 0.25 \times 1 = 0.25$，取 $n_3=1$。

因此，共选择 3 台泵。

3. 管路的选择

1）管路趟数和泵房内管路布置形式

根据泵的总台数，选用典型的三泵两趟管路系统，一趟管路工作，一趟管路备用。正常涌水时，一台泵向一趟管路供水；最大涌水时，采用两台泵向两趟管路供水。因此可知，无论是在正常涌水期，还是在最大涌水期，每趟管路中流过的流量正好等于一台水泵输送的流量。

2）管路材料

由于井深远大于 200 m，确定采用无缝钢管。

3）排水管规格

$$d'_{\mathrm{p}} = 0.0188\sqrt{\frac{Q}{v_{\mathrm{p}}}} = 0.0188\sqrt{\frac{280}{1.5 \sim 2.2}} = 0.257 \sim 0.212\,(\mathrm{m})$$

从表 9-5 预选 $\Phi245\times11$ 无缝钢管，则排水管内径 $d_{\mathrm{p}}=245-2\times11=223$ mm。

4）壁厚验算

$$\begin{aligned}\delta &\geqslant 0.5d_{\mathrm{p}}\left(\sqrt{\frac{\sigma_z + 0.4p}{\sigma_z - 1.3p}} - 1\right) + C \\ &= 0.5 \times 22.3\left(\sqrt{\frac{80 + 0.4 \times 0.011 \times 597.8}{80 - 1.3 \times 0.011 \times 597.8}} - 1\right) + 0.15 \\ &= 0.99(\mathrm{cm}) \leqslant 1.1(\mathrm{cm})\end{aligned}$$

因此，所选壁厚合适。

5）吸水管规格

一般吸水管规格应比排水管规格大一级，根据选择的排水管规格，吸水管可选用 $\phi299\times8$ 无缝钢管，则吸水管内径 $d_{\mathrm{x}}=299-2\times8=283$ mm。

4. 工况点确定

1）管路系统

管路布置参照图 9-33a 所示的方案。这种管路布置方式任何一台水泵都可以经过两趟管路中任一趟排水，管路系统组成如图 9-34 所示。

2）估算管路长度

排水管长度可估算为 $l_{\mathrm{p}}=H_{\mathrm{sy}}+(40\sim50)=578\sim588$ m，取 $l_{\mathrm{p}}=585$ m，吸水管长度可估算为 $l_{\mathrm{x}}=7$ m。

3）管路阻力特性

（1）沿程阻力系数。

吸水管 $$\lambda_{\mathrm{x}} = \frac{0.021}{d_x^{0.3}} = \frac{0.021}{0.283^{0.3}} = 0.031$$

排水管 $$\lambda_{\mathrm{p}} = \frac{0.021}{d_p^{0.3}} = \frac{0.021}{0.223^{0.3}} = 0.032$$

（2）局部阻力系数。

吸、排水管附件及其阻力系数分别列于表 9-7、表 9-8 中。

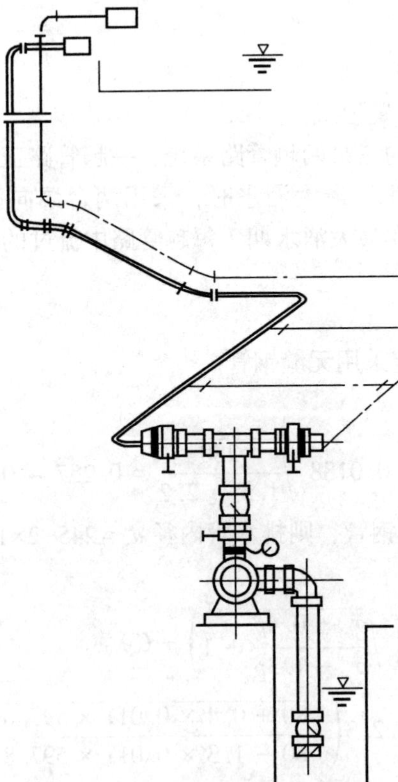

图 9-34　排水管路系统示意图

表 9-7　吸水管附件及局部阻力系数

| 附件名称 | 数量 | 局部阻力系数 |
|---|---|---|
| 底阀 | 1 | 7.5 |
| 90°弯头 | 1 | 0.294 |
| 异径管 | 1 | 0.1 |
| | | $\sum\zeta_x=7.894$ |

表 9-8　排水管附件及局部阻力系数

| 附件名称 | 数量 | 局部阻力系数 |
|---|---|---|
| 闸阀 | 2 | 2×0.26=0.52 |
| 逆止阀 | 1 | 1.7 |
| 转弯三通 | 1 | 1.5 |
| 90°弯头 | 4 | 4×0.294=1.176 |
| 异径管 | 1 | 0.5 |
| 直流三通 | 2 | 2×0.7=1.4 |
| 30°弯头 | 2 | 2×0.294×30/90=0.196 |
| | | $\sum\zeta_p=6.992$ |

（3）管路总阻力系数。

$$R=\frac{8}{\pi^2 g}\left[\lambda_x\frac{l_x}{d_x^5}+\frac{\sum\zeta_x}{d_x^4}+\lambda_p\frac{l_p}{d_p^5}+\left(1+\sum\zeta_p\right)\frac{1}{d_p^4}\right.$$

$$= \frac{8}{\pi^2 \times 9.81}\left[0.031 \times \frac{7}{0.283^5} + \frac{7.894}{0.283^4} + 0.032 \times \frac{585}{0.223^5} + (1 + 6.992)\frac{1}{0.223^4}\right]$$

$$= 3186.2\ s^2/m^5 = 2.5 \times 10^{-4}(h^2/m^5)$$

(4) 管路阻力特性方程。

新管 $$H_1 = H_{sy} + RQ^2 = 538 + 2.5 \times 10^{-4}Q^2$$

旧管 $$H_2 = H_{sy} + 1.7RQ^2 = 538 + 4.25 \times 10^{-4}Q^2$$

4) 工况点确定

(1) 绘制管路特性曲线。

根据求得的新、旧管路特性方程，取7个流量值求得相应的损失，列入表9-9中。

表9-9 管路特性参数

| $Q/(m^3 \cdot h^{-1})$ | 0 | 50 | 100 | 150 | 200 | 250 | 300 | 350 |
|---|---|---|---|---|---|---|---|---|
| $H_1$/m | 538 | 538.6 | 540.5 | 543.6 | 548 | 553.6 | 560.5 | 568.6 |
| $H_2$/m | 538 | 539.1 | 542.3 | 547.6 | 555 | 564.6 | 567.3 | 590.1 |

利用表9-9中各点数据，绘出管路特性曲线，如图9-35所示。

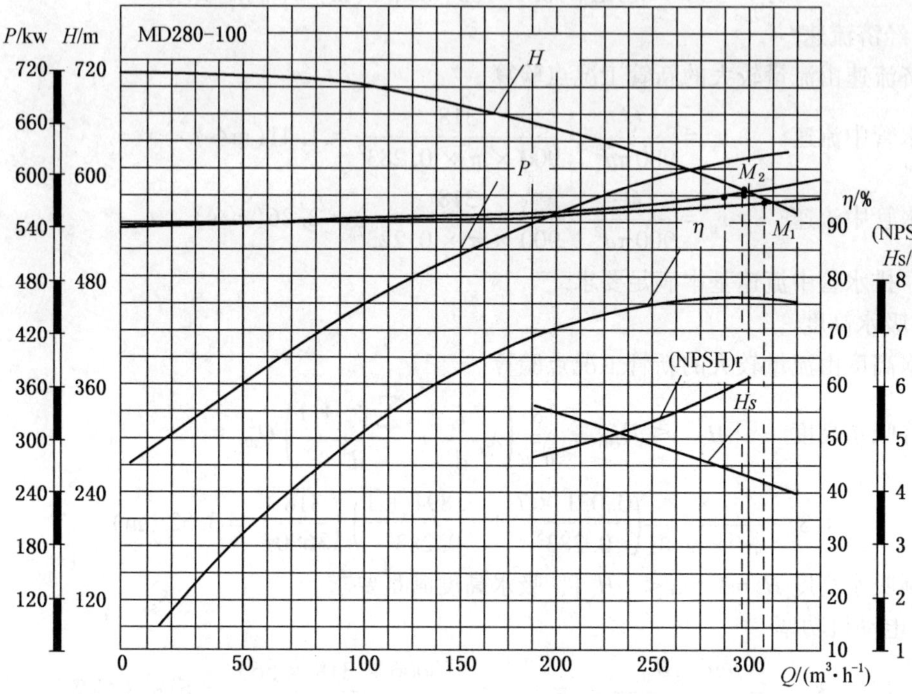


图9-35 水泵工况点确定

(2) 工况点参数确定。

新、旧管路特性曲线与扬程特性曲线的交点分别为 $M_1$ 和 $M_2$，即为新、旧管路水泵的工况点。由图 9-35 中可读出新、旧管的工况点参数，即：

新管　$Q_{M1}=318\ m^3/h$　$H_{M1}=563\ m$　$\eta_{M1}=0.805$　$Hs_{M1}=4.3\ m$

旧管　$Q_{M2}=308\ m^3/h$　$H_{M2}=578\ m$　$\eta_{M2}=0.81$　$Hs_{M2}=4.4\ m$

5. 工况点的校核

1）排水时间

排水时间由流量较小的旧管工况点验算。正常涌水时，采用一台泵一趟管路排水，取水泵工况点流量 $Q_{M2}=308\ m^3/h$，则：

$$T_z=\frac{24q_z}{n_1Q_{M2}}=\frac{24\times 219}{1\times 308}=17(h)<20(h)\quad 满足要求$$

最大涌水时，采用两台泵两趟管路排水，取水泵工况点流量 $Q_{M2}=308\ m^3/h$，则：

$$T_{max}=\frac{24q_{max}}{(n_1+n_2)Q_{M2}}=\frac{24\times 387}{(1+1)\times 308}=15.1(h)<20(h)\quad 满足要求$$

2）经济性

$$工况点效率应满足\ \eta_{M1}=0.805>0.85\eta_{max}=0.85\times 0.81=0.69$$

$$\eta_{M2}=0.81>0.69\quad 满足要求$$

3）稳定性

$$H_{sy}=538<0.9iH_0=0.9\times 705=634.5(m)\quad 满足要求$$

4）经济流速

经济流速由流量较大的新管工况点验算。

吸水管中流速　$$v_x=\frac{Q}{900\pi d_x^2}=\frac{318}{900\times\pi\times 0.283^2}=1.41(m/s)$$

排水管中流速　$$v_p=\frac{Q}{900\pi d_p^2}=\frac{318}{900\times\pi\times 0.223^2}=2.26(m/s)$$

吸、排水管中流速基本满足要求。

5）吸水高度

吸水高度由流量较大的新管工况点验算。

允许吸水高度　$$[H_x]\leqslant H_{sM1}-\frac{8}{\pi^2 g}\left(\lambda_x\frac{l_x}{d_x^5}+\frac{\sum\zeta_x+1}{d_x^4}\right)Q_{M1}^2=$$

$$4.3-\frac{8}{\pi^2\times 9.81}\left(\frac{0.031\times 7}{0.283^5}+\frac{7.894+1}{0.283^4}\right)\left(\frac{318}{3600}\right)^2=3.52\ (m)$$

实际吸水高度 $H_x=3.5m<[H_x]$，吸水高度满足要求。

6）电动机功率

$$P'_d=K_d\frac{\rho g Q_{M1}H_{M1}}{1000\times 3600\times\eta_{M1}}=1.1\times\frac{10006\times 318\times 563}{1000\times 3600\times 0.805}=618.2\ (kW)$$

水泵配套电动机功率为 $P_d=800\ kW$，大于计算值，满足要求。

7）电耗计算

(1) 全年排水电耗：

$$E=\frac{\rho g Q_{M2}H_{M2}}{1000\times 3600\times\eta_{M2}\eta_c\eta_d\eta_w}[n_zT_zr_z+n_{max}T_{max}r_{max}]$$

$$= \frac{10006 \times 308 \times 578}{1000 \times 3600 \times 0.81 \times 1.0 \times 0.95 \times 0.95} \times [1 \times 17 \times 305 + 2 \times 15.1 \times 60]$$

$$= 4.74 \times 10^6 (\mathrm{kW \cdot h/a})$$

（2）吨煤排水电耗：

$$E_{1t} = \frac{E}{Q_a} = \frac{4.74 \times 10^6}{3 \times 10^6} = 1.58\ (\mathrm{kW \cdot h/t})$$

（3）吨水百米电耗校验：

$$e_{t,100} = \frac{H_{M2}}{3.673\eta_{M2}\eta_c\eta_d\eta_w H_c} = \frac{578}{3.673 \times 0.81 \times 1.0 \times 0.95 \times 0.95 \times 538}$$

$$= 0.4 < 0.5 [\mathrm{kW \cdot h/(t \cdot 100)}]$$ 满足要求

## 复习思考题

1. 管路特性曲线与哪些因素有关？

2. 管路特性方程式的能量意义是什么，试用图表示之。

3. 在具体矿井条件下，管路阻力系数 $R$ 是一个定值，其道理是什么？

4. 什么是管道效率？

5. 产生空蚀现象的原因是什么？它对泵的工作有哪些危害？如何防止气蚀现象的产生？

6. 厂家给定的允许吸上真空度的条件是什么？如何正确确定水泵的吸水高度？

7. 吸水高度，吸上真空度和空蚀余量之间的关系如何？

8. 为什么说水泵特性曲线与管路特性曲线的交点就是水泵的工况点？水泵铭牌上标记的是什么工况参数？

9. 在什么情况下水泵工作出现不稳定状态？保证稳定性工作的条件是什么？

10. 水泵正常工作条件是什么？水泵的工业利用区怎么确定？

11. 试比较调节水泵工作性能的各种方法的特点及适用情况。

12. 节流调节不经济的原因是什么？

13. 采用减少叶轮个数调节多级水泵工况点时，为什么不能拆除吸水侧叶轮？应当拆除哪一个？

14. 离心水泵有几种联合工作方式？联合特性曲线怎样绘制？

15. 为什么水泵的性能曲线较平缓，管路特性曲线较陡时，串联运转增加扬程的效果显著？

16. 为什么水泵的性能曲线较陡，管路特性曲线较平缓时，并联运转增加流量的效果越显著？

17. 煤矿常用的主排水泵有哪些型号？它们使用的条件是什么？

18. 试述离心式水泵启动和停泵的操作过程。

19. 装在吸水面上的离心式水泵，为什么必须在启动前要先向泵和吸水管内充满水？

20. 向泵内注水有哪几种方法？其特点和适用条件是什么？

21. 无底阀排水有哪些优点？试述利用喷射泵实现对水泵灌注引水的过程。

22. 离心式水泵为什么要在关闭闸阀的情况下启动和停止？

23. 离心式水泵为什么不能过久地在关闭调节闸阀的情况下运转？

24. 安装吸水管路时应注意什么问题？

25. 离心式水泵在运转中常出现哪些故障？应怎样排除？

26. 选择排水系统的原则是什么？对一个具体的矿井条件，若有两种排水系统的方案，应如何优选排水系统？

27. 吸水管的内径为何比排水管内径大？吸水管的壁厚为何不需验算？

28. 为什么要用初期工况点 $M_1$ 所对应的轴功率 $N_{M1}$ 来验算电动机容量？

29. 某离心泵在转速 2940 r/min 时的流量、扬程和效率的参数见表 9-10。管网特性曲线方程为 $H=20+0.078Q^2$（$Q$ 单位为 L/s，$H$ 的单位为 m）。试求工况点的流量和轴功率。

表 9-10　某离心式水泵性能参数表

| 流量 $Q/(\mathrm{L\cdot s^{-1}})$ | 0 | 1 | 3 | 5 | 7 | 9 | 11 |
|---|---|---|---|---|---|---|---|
| 扬程 $H$/m | 27.0 | 26.5 | 25.0 | 22.9 | 20.1 | 16.7 | 12.7 |
| 效率 $\eta$/% | 0 | 27.5 | 52.6 | 62.4 | 65.0 | 63.0 | 53.0 |

30. 一泵允许吸上真空度 6 m，水温 15 ℃，吸水管中流速 1 m/s，吸水管路总损失 0.3 m，试求实际允许的吸水高度。

31. 某泵工况点允许吸上真空度 $H_{sM}=5.5$ m，吸水管采用 YB231-70$\phi$219×6 的无缝钢管，流量 $Q=0.033\ \mathrm{m^3/s}$。若吸水管长 $L_x=8$ m，沿程阻力系数 $\lambda_x=0.033$。吸水管附件有：带底阀的滤水器一个，90°弯头一个，异径管一个。矿水温度为 15 ℃，矿井为抽出式通风系统，水泵房位于副井的井底车场附近，试求实际的吸水高度。

32. 某竖井，井深 $H_j=360$ m，拟采用 D450-100×4 的水泵工作。已知工况点为 $M$，其工况参数为 $Q_M=125$L/s，$H_M=400$ m，矿水对管壁易形成污垢，若两台相同的水泵对原管路并联工作，试求并联后总的排水量及并联后每一台泵的工况参数[提示 $H_{sy}=H_j+(4\sim5)$ m]。

33. 某单级水泵的叶轮直径 $D_2=272$ mm，额定扬程 $H=81$ m，当需要扬程 $H'=68$ m 时，若用削短叶轮叶片长度法进行调节时，求 $D'_2$ 应为多大？

34. 有一台运转中的 200D43×7 型离心式水泵，其排水口压力表读数 $p_b=25.5\times10^5$ Pa，吸水口真空表读数 $p_v=0.294\times10^5$ Pa，真空表表盘中心至压力表表盘中心之间的垂直高度 $\Delta z=0.4$ m，当忽略吸水管和排水管直径的差值时，求该水泵产生的扬程为多大？

35. 若采用矩形堰测量上题所述水泵的流量，矩形堰的规格为 $B=1.84$ m，$b=0.75$ m，$z=0.8$ m，并测得堰上水头 $h=167$ mm，该水泵的流量为多少？

36. 某矿年产量 0.6 Mt，竖井开拓，井深 200 m，采用集中排水系统。矿井正常涌水量为 220 $\mathrm{m^3/h}$，最大涌水量为 320 $\mathrm{m^3/h}$，正常涌水量和最大涌水量的天数各为 295 天和 70 天，矿水呈中性，密度为 1020 $\mathrm{kg/m^3}$，试选择排水设备。

# 第十章　矿山通风设备

通风机总是和一定的网路连接在一起工作的。因此，通风机的工作状况不仅取决于通风机本身的性能，同时也取决于网路的长短、截面形状、大小及网路的配置情况。

## 第一节　通风机在网路中的工作

矿井通风方式主要分为抽出式和压入式两种。图 10-1 所示为抽出式矿井通风系统。风机工作时，将地面的新鲜空气抽吸进入进风井，经过工作面后变成污浊空气再经回风井和风机排出，由此达到为井下工作人员和设备提供新鲜空气的目的。

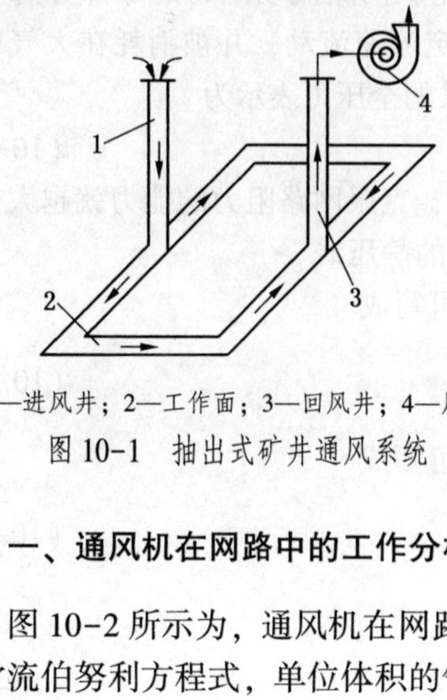


1—进风井；2—工作面；3—回风井；4—风机

图 10-1　抽出式矿井通风系统

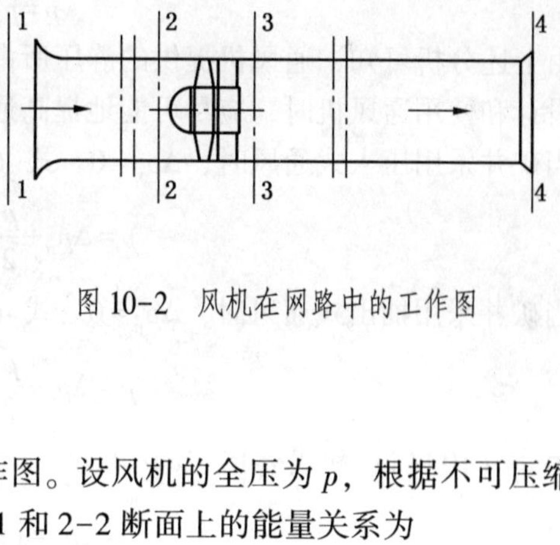


图 10-2　风机在网路中的工作图

### 一、通风机在网路中的工作分析

图 10-2 所示为，通风机在网路中的工作图。设风机的全压为 $p$，根据不可压缩流体定常流伯努利方程式，单位体积的气体在 1-1 和 2-2 断面上的能量关系为

$$p_1+\frac{\rho}{2}v_1^2=p_2+\frac{\rho}{2}v_2^2+\Delta p_{1-2}$$

因 $p_1=p_a$，$v_1\approx 0$，故上式可写成

$$p_a=p_2+\frac{\rho}{2}v_2^2+\Delta p_{1-2} \tag{10-1a}$$

单位体积的气体在 2-2 和 3-3 断面上的能量关系为

$$p_2+\frac{\rho}{2}v_2^2+p=p_3+\frac{\rho}{2}v_3^2 \tag{10-1b}$$

单位体积的气体在 3-3 和 4-4 断面上的能量关系为

$$p_3+\frac{\rho}{2}v_3^2=p_4+\frac{\rho}{2}v_4^2+\Delta p_{3-4}=p_a+\frac{\rho}{2}v_4^2+\Delta p_{3-4} \tag{10-1c}$$

将式（10-1a）、式（10-1b）和式（10-1c）联立求解得

$$p=\frac{\rho}{2}v_4^2+\Delta p_{1-2}+\Delta p_{3-4} \tag{10-1d}$$

式中 $\frac{\rho}{2}v_4^2$——通风网路出口断面速度能，Pa；

$v_4$——通风网路出口断面平均速度，可用 $v_d$ 表示，m/s；

$\Delta p_{1-2}$——通风网路吸入段的阻力损失，可用 $\Delta p_x$ 表示，Pa；

$\Delta p_{3-4}$——通风网路排出段的阻力损失，可用 $\Delta p_p$ 表示，Pa。

式（10-1d）可改写为

$$p=\frac{\rho}{2}v_d^2+\Delta p_x+\Delta p_p=\frac{\rho}{2}v_d^2+\Delta p \tag{10-1e}$$

式（10-1e）表明，通风机提供给空气的总能量 $p$ 中，一部分用于克服网路流动阻力 $\Delta p$，另一部分在气体排入大气时被消耗在大气中，即网路出口处的动能 $\frac{\rho}{2}v_d^2$。

通常，将通风机提供的总能量 $p$ 称为全压；用于克服网路流动阻力的那部分有益能量，称为静压，用 $p_{st}$ 表示；用于使气体在网路中以一定流速流动，并被消耗在大气中的那一部分能量，称为动压，用 $p_d$ 表示。即通风机所提供的全压可表示为

$$p=p_{st}+p_d \tag{10-2a}$$

由上述分析可知，通风机提供的静压所占比例越大，克服网路阻力的能力就越大。因此在设计和使用通风机时，应尽可能地提高通风机产生的静压。

当矿井采用压入式通风时，$\Delta p_x=0$。式（10-1e）可写成

$$p=\Delta p_p+\frac{\rho}{2}v_d^2=p_{st}+p_d \tag{10-2b}$$

当矿井采用抽出式通风时，$\Delta p_p=0$。式（10-1e）可写成

$$p=\Delta p_x+\frac{\rho}{2}v_d^2=p_{st}+p_d \tag{10-2c}$$

由式（10-1a）和式（10-2c）可知

$$p_{st}=\Delta p_x=(p_a-p_2)-\frac{\rho}{2}v_2^2 \tag{10-2d}$$

式（10-2d）表明，在抽出式通风系统中，通风机产生的静压等于通风机入口断面的负压（$p_a-p_2$）与该断面的速度能 $\rho v_2^2/2$ 之差。

## 二、通风网路的阻力特性及等积孔

### 1. 网路特性

空气在网路中流动时，因阻力的存在会产生能量损失，这就需要通风机给空气提供足够的能量以维持其在网路中的流动。通风网路的阻力包括沿程阻力和局部阻力，设网路中的流量为 $Q$，断面面积为 $F$，则

$$\Delta p=\left(\lambda\frac{l}{D_d}+\sum\zeta\right)\frac{\rho}{2F^2}Q^2=\lambda\frac{L}{D_d}\frac{\rho}{2F^2}Q^2$$

式中　$D_d$——网路的当量直径，m；

$L$——网路计算长度，$L=l+\sum l_d$；

$\sum l_d$——局部装置的当量长度，$\sum l_d=\frac{\sum\zeta}{\lambda}D_d$。

当网路一定时，$D_d$、$L$ 和 $F$ 为定值，则上式可写成

$$\Delta p=RQ^2 \tag{10-3a}$$

式中　$R$——通风网路阻力系数，其单位是 $Pa\cdot s^2/m^6$，对一定的网路，$R$=常数。

在抽出式通风网路中，$\Delta p$ 是空气在网路吸入段中的压力损失，恰好等于网路负压，用 $h$ 表示。于是

$$\Delta p=h=RQ^2 \tag{10-3b}$$

此式称为通风网路的静阻力特性方程。在 $p$—$Q$ 坐标系中，它表示一条过原点的抛物线，称为网路静阻力特性曲线，如图 10-3 所示。

若网路出口面积为 $F_d$，由式（10-1e）得

$$p=\left(R+\frac{\rho}{2F_d^2}\right)Q^2=bQ^2 \tag{10-4}$$

式中　$b$——比例系数，网路一定时，$b$=常数。

式（10-4）称为网路的全阻力特性方程，在 $p$-$Q$ 图中它也表示一条抛物线，叫做网路全阻力特性曲线，如图 10-3 中所示。

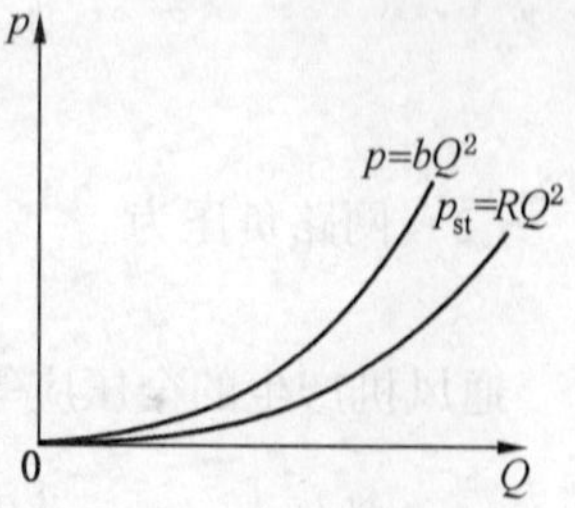

图 10-3　网路阻力特性曲线

对于抽出式通风系统，风机提供给气体的有效能量正好等于网路负压 $h$，其值等于风机的全压减去网路出口动压，即

$$h=p-\frac{\rho}{2F_d^2}Q^2 \tag{10-5}$$

对于抽出式通风系统，网路出口也就是通风机的出口。所以，式（10-5）中的 $h$ 在数值上等于通风机的静压。但应注意，网路负压与风机静压本质上是有区别的，而且只有抽出式通风系统，二者在数值上才一定相等。

2. 网路等积孔

在研究通风网路的阻力特性时，为了在概念上更形象化，经常用网路等积孔大小来代替网路阻力的大小。所谓等积孔就是假想在薄壁上开一面积为 $A_c$ 的孔口，流过该孔口的流量等于网路中的流量时，孔口两侧的压差恰好等于网路的阻力，则这个孔口称为该网路的等积孔。

由流体力学知，在压差 $p_{st}$ 的作用下，通过薄壁孔口 $A_c$ 的流量 $Q$ 为

$$Q=A_c\mu\sqrt{2p_{st}/\rho}$$

于是得

$$A_c=\frac{Q}{\mu}\sqrt{\frac{\rho}{2p_{st}}} \tag{10-6}$$

式中　$A_c$——孔口面积，简称等积孔，$m^2$；

$Q$——网路中的流量，$m^3/s$；

$\mu$——流量系数，一般取 $\mu=0.65$。

将式（10-3a）代入式（10-6），并取$\mu=0.65$，$\rho=1.2\ kg/m^3$，可得

$$A_c=\frac{1.19Q}{\sqrt{p_{st}}}=\frac{1.19}{\sqrt{R}} \tag{10-7a}$$

或

$$p_{st}=\frac{1.42}{A_c{}^2}Q^2 \tag{10-7b}$$

显然，上式中$1.42/A_c^2$相当于网路阻力损失系数$R$。当网路风量一定时，等积孔$A_c$和风阻$R$都表征了对网路通风的难易程度。网路阻力$R$值越小，或等积孔$A_c$值越大，通风越容易，反之通风越困难。所以在判断矿井通风网路阻力大小和通风难易程度时，常习惯使用等积孔。

【例 10-1】某通风网路的风阻$R=1.73\ Pa\cdot s^2/m^6$，出口面积$F_d=9.5\ m^2$。则

（1）计算网路的等积孔$A_c$；

（2）当$Q=45\ m^3/s$时，求网路负压和风机应产生的全压。

**解**　（1）网路等积孔为

$$A_c=\frac{1.19}{\sqrt{R}}=\frac{1.19}{\sqrt{1.73}}=0.905(m^2)$$

（2）网路负压为

$$p_{st}=RQ^2=1.73\times45^2=3503(Pa)$$

通风机产生的全压应等于网路全部能量损失，则有

$$p=\left(R+\frac{\rho}{2F_2^2}\right)Q^2=\left(1.73+\frac{1.2}{2\times9.5^2}\right)\times45^2=3517(Pa)$$

**三、通风机工况分析**

1. 通风机的工况点

如前所述，每一台通风机都是和一定的网路连接在一起进行工作的。通风机所产生的风量，就是从网路中流过的风量，通风机所产生的风压，就是网路所需要的风压。所以，将通风机的风压特性曲线与网路特性曲线，按同一比例尺画在同一坐标图上所得的交点，称为通风机的工况点。工况点所对应的各项参数，称为工况参数。

通常在离心式通风机的产品说明书中，只给出了全压特性曲线，因此在确定工况点时，应按式（10-3b）画出网路的全阻力特性曲线；或从通风机的全压特性曲线中，按式（10-5）扣除动压$\rho v_d^2/2$（若在通风机的出口装有扩散器，该项变为扩散器出口动压），得到通风机的静压特性曲线。通风机的静压特性曲线，需与网路的静阻力特性曲线相配。如图 10-4 所示，利用全压特性曲线确定的工况点为$M'$，利用静压特性曲线确定的工况点为$M$，两者的流量相等。

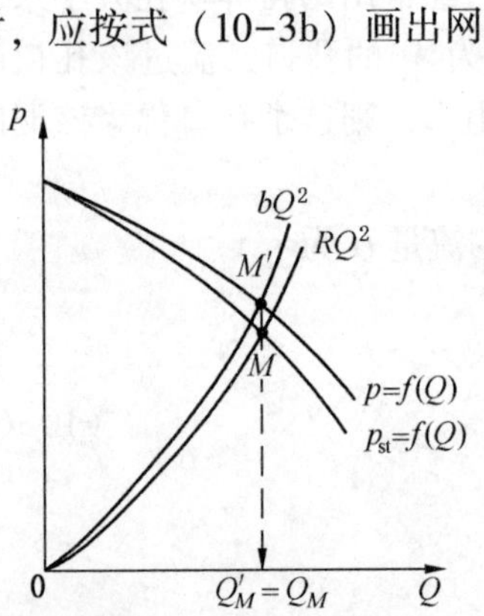

图 10-4　通风机工况点

对于轴流式通风机，厂家提供的曲线是静压特性曲线。因此网路特性也应采用静阻力特性曲线。

2. 通风机的工业利用区

为保证通风机稳定、高效地运转，必须对通风机的工况点范围加以限定，这一限定区域就是通风机的工业利用

区。划定工业利用区的原则是保证通风机工作的稳定性和经济性。

1）稳定性条件

如图 10-5 所示，轴流式通风机的特性曲线呈马鞍形。当通风机工况点进入曲线最高点左边时就会出现机器振动增大，声音异常，压力及功率参数发生波动等现象。为避免这些现象的发生，通风机应工作在曲线最高点的右边。考虑到由于某种原因，通风机转速可能下降，故规定工况风压不得超过最高静压的 90%，即稳定工作条件为

$$p_M \leqslant 0.9 p_{st \cdot max} \tag{10-8}$$

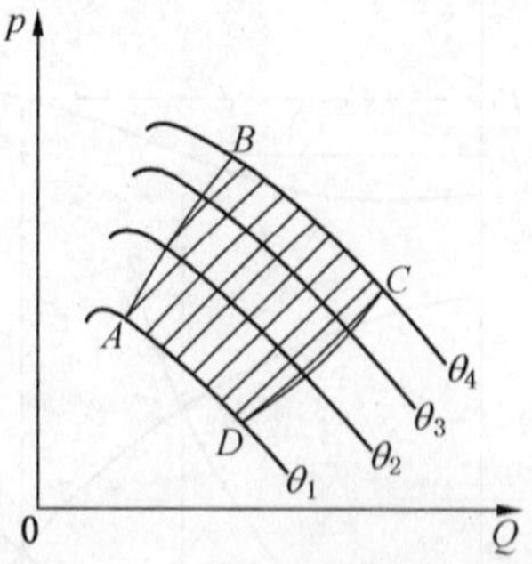

图 10-5　轴流式通风机的工业利用区

除此之外，还应保证通风机只有单一工况点（即不允许出现多工况点）。

2）经济性条件

通风机功率较大，又长时运转，耗电多。为保证工作的经济性，对效率有一定要求。依据目前的制造水平，一般规定工况静效率应大于或等于通风机最大静效率的 0.8 倍，但不得低于 0.6，即经济工作条件为

$$\eta_M \geqslant 0.8\eta_{max} \quad 或 \quad \eta_M \geqslant \eta_{min} = 0.6 \tag{10-9}$$

式中　$\eta_{max}$——风机的最高效率；

$\eta_{min}$——人为规定的最低效率。

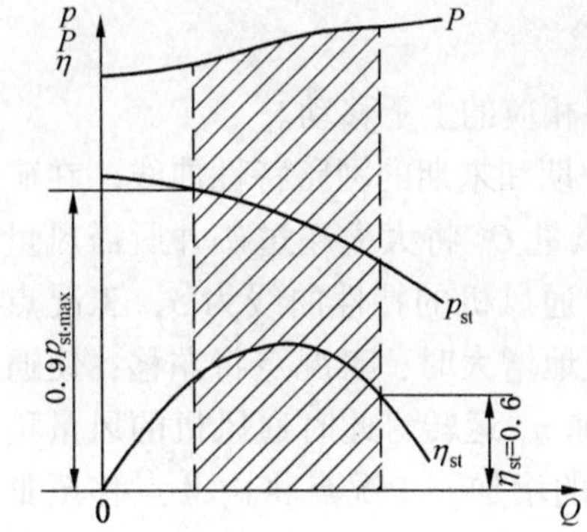

图 10-6　离心式通风机的工业利用区

根据式（10-8）和式（10-9）的要求，可以在通风机的特性曲线上，找出一个既满足稳定性条件又满足经济性条件的工作范围，此范围就称为通风机的工业利用区。轴流式通风机的工业利用区如图 10-5 中的 *ABCD* 所限定的范围，其中 *AB* 线为不同安装角时，在静压特性曲线上的各 0.9 倍最大静压值点之间的连线；*CD* 线为静效率等于 0.6 时的等效率曲线（由效率相等的点所构成的曲线）。离心式通风机的工业利用区，如图 10-6 中的阴影部分，其中 $p_{st}$、$P$、$\eta_{st}$ 分别为离心式通风机的静压、轴功率和静效率特性曲线。

## 四、通风机工况点的调节

当通风机产生的风量不能满足要求时，就需要改变风机的工况点以满足通风要求。因工况点是由风机和网路二者的风压特性曲线共同决定的，其中任何一个发生变化，工况点都将改变。所以调节方法也就有两种，即改变网路特性和改变风机特性。

随着矿井开采的进行，网路阻力将不断增加，但所需风量在各个时期或要求保持不变，或要求有所增加。因此，通风机的工况点必须根据实际需要和稳定、经济条件，进行必要的调节。

调节通风机工况点的途径有两条，即改变网路特性曲线和改变通风机特性曲线。

### （一）改变网路特性调节方法

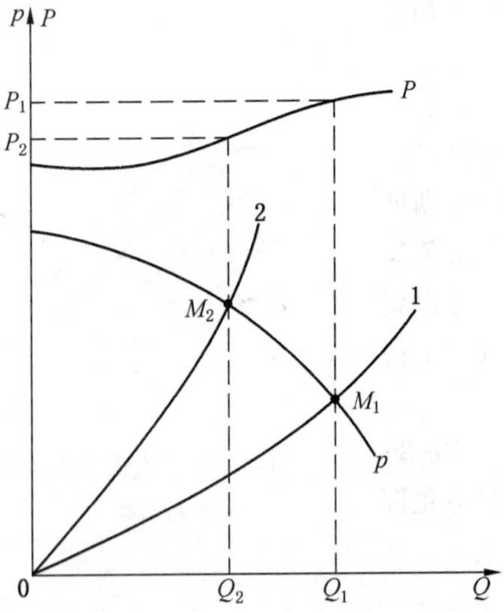

图 10-7 闸门节流法

在通风机进风道上都装有调节风门。通过调节风门的开度使网路阻力发生变化，进而使工况点改变，以达到调节流量的目的，这种方法称为闸门节流法或风门调节法。

如图 10-7 所示，开采初期和末期的网路特性曲线分别用 1 和 2 表示。在开采初期，如不进行调整，通风机送入井下的风量 $Q_1$ 比矿井需要的风量 $Q_2$ 大得多，因此多消耗功率 $P_1$—$P_2$。为了节省电能，应将风道中的闸门适当关小，使网路特性曲线由 1 变为 2。随着巷道的延长和网路阻力的增加，再将闸门逐渐开大，使网路特性曲线始终对应于曲线 2，以保持通风机的供风量等于矿井所需风量 $Q_2$。

这种调节方法操作简便，设备简单，调整容易而且均匀。但因有附加能量损失，所以是一种不经济的调节方法。一般情况下只作为辅助性的微调或暂时的应急方法使用。

（二）改变通风机的特性曲线

1. 改变叶轮转速调节法

1）改变叶轮转速调节原理

由比例定律知，当通风机的转速变化时，特性曲线将相应的上下移动。

在图 10-8 中，曲线 1、2、3、4 分别为开采初期、中期和末期的网路特性曲线。在矿井开采初期，通风机若以最大转速 $n_{max}$ 运转，所产生的风量 $Q_1$ 将大大超过矿井所需风量 $Q_2$，为了避免浪费，将转速由 $n_{max}$ 减至 $n_{min}$。在 $n_{min}$ 时，通风机的特性曲线为 5，工况点为Ⅰ，此时的风量正好满足要求。但当网路阻力不可避免地增大时，工况点将左移，使通风机的风量小于 $Q_2$。因此，在开采初期，通风机需以转速 $n_1$ 运转，此时通风机的风量稍大于矿井所需风量 $Q_2$，经过一段时间后，由于网路阻力的增加，工况点将由Ⅱ点移至Ⅲ点。为不使通风机风量的继续减小，必须将通风机的转速由 $n_1$ 增至 $n_2$，使通风机的特性曲线由 6 变为 7，工况点由Ⅲ点移至Ⅳ点。依次调节，直到采掘终了为止，此时转速为 $n_{max}$，通风机的特性曲线为 8，工况点为Ⅵ。采用这种调节方法时，为满足网路特性的不断变化，相应地使通风机的转速由 $n_1 \to n_2 \to n_{max}$，工况点则由Ⅱ→Ⅲ→Ⅳ→Ⅴ→Ⅵ→Ⅶ。

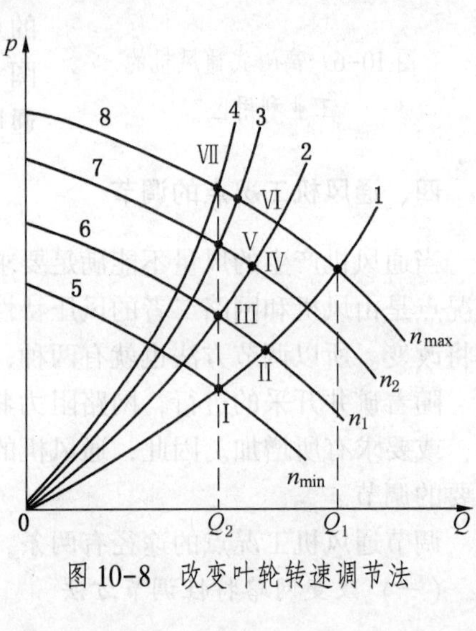

图 10-8 改变叶轮转速调节法

2）改变叶轮转速的方法

改变叶轮转速的方法有阶段调速和无级调速之分，若为阶段调速，对于皮带传动的离心式通风机，可采用更换皮带轮或电动机的方法实现；对于轴流式通风机和直联的离心式通风机，可更换转速不同的电动机或采用多速电动机，但应注意不得使叶轮圆周速度大于允许值。若为无级调速，可采用调速型液力耦合器、串级调速系统、变频调速和汽轮机驱动。

可控硅逆变器控制的串级调速原理如图10-9所示。转差电动势 $E$ 经二极管后加到逆变器上，由可控硅控制的逆变器再将直流电变成交流电，经过变压器后把转差功率返回到交流电网中，从而大大提高了系统的效率。改变逆变器中可控硅的控制角就可改变电动机的外加电动势的大小，从而使电动机的转速改变。串级调速系统可以在1.5~2的调速范围内实现无级调速。

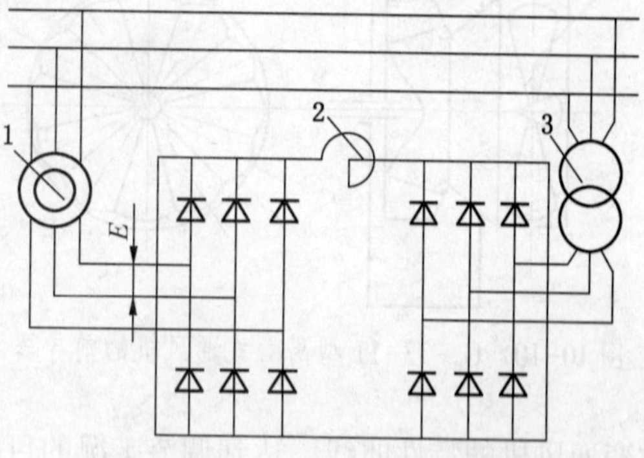

1—电动机；2—逆变器；3—变压器

图10-9 串级调速原理

变频调速是一种有良好发展前景的调速方法。其原理是通过改变输入电动机的交流电的频率，来改变电动机的转速。因为电动机的同步转速，即定子旋转磁场的转速为

$$n_0=\frac{60f_1}{p}$$

式中 $n_0$——电动机的同步转速，r/min；

$f_1$——电动机定子频率，Hz；

$p$——电动机的磁极对数。

电动机转子的转速为

$$n=n_0(1-S)=\frac{60f_1(1-S)}{p}$$

式中 $S$——异步电动机的转差率。

可见，在其他条件不变时，改变异步电动机定子端输入的交流电源的频率，就可以改变电动机的转速，这就是变频调速的基本原理。用于通风机变频调速装置主要有电压型、电流型和脉宽调制型。变频调速的变频器较复杂，初步投资较大，使用、维护技术水平高，目前应用还不广泛。但是变频调速技术正在向高性能、高精度、响应快、大容量化、微型化方向发展，其可靠性及技术水平在不断提高和完善。

改变叶轮转速调节法，可以获得较宽广的调节范围。若调节前后的工况是相似的，则效率基本不变。阶段调速与无级调速相比，前者机构简单，但需在停机情况下操作；后者（尤其是串级调速系统）虽然结构复杂，投资大，但调节性能好，节电效果明显，其投资很快可以得到补偿，且能在不停机情况下完成调节工作。

仅就通风机而言，采用变速调节则效率不变或变化很小，故可保证通风机高效运转。它是所有调节方法中经济性最好的一种。

2. 前导器调节法

由于离心式通风机和轴流式通风机的理论风压与通风机入口处的绝对速度 $c_1$ 在圆周速度方向的投影 $c_{1u}$（入口旋绕速度）的大小有关。当 $c_{1u}$ 方向与叶轮旋转方向一致时，$c_{1u}$ 为正，风压减小；反之，$c_{1u}$ 为负，风压增加。根据这个原理，可在离心式或轴流式通风机的入口处，加一个预旋空气的前导器，以调整通风机的压力。

$G_4$-73-11 型离心式通风机的前导器如图 10-10 所示。前导器是由扇形叶片组成，各叶片可以同时绕自身轴旋转。旋转的角度可用装在前导器外壳上的操作手柄（图中未画出）的定位装置确定。叶片偏离轴面的角度，决定了气流进入叶轮的方向，即决定了 $c_{1u}$ 的方向和大小。当前导器叶片角为负值时，$c_{1u}$ 本身为正，使风压降低，叶片角负值愈大，风压下降愈大；叶片角为正值时，风压增加。可见，调节前导器叶片角，可以改变通风机的特性曲线，达到调节工况的目的。图 10-11 所示为 $G_4$-73-11 型离心风机的轴向前导器在不同叶片安装角下的类型特性曲线。由图中可看出，随着安装角的增大（$c_{1u}$ 增加），流量、压力变小，效率也有所下降。

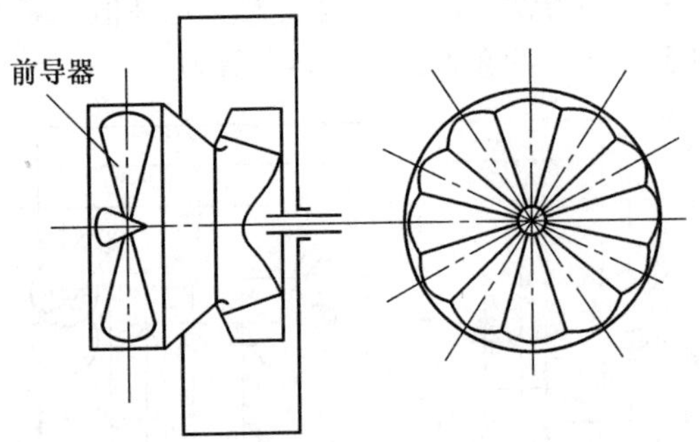


图 10-10　$G_4$-73-11 型离心式通风机的前导器

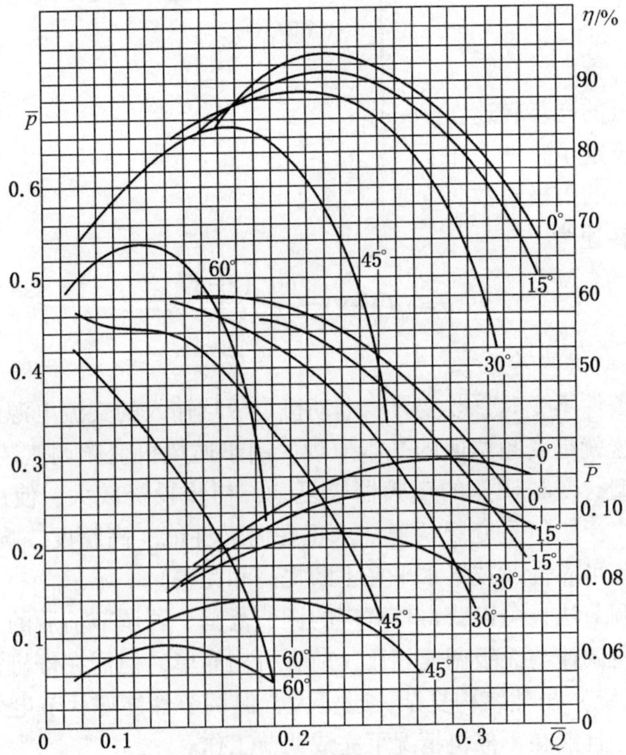


图 10-11　$G_4$-73-11 型离心风机特性

图 10-12 所示为装有前导器的两级轴流风机示意图。前导叶多呈机翼形，通过联动机构可将叶片同时调到所需角度。前导叶可分为两种，一种叶片是直的，如图 10-13a 所示，可左右偏转，产生正预旋或负预旋；另一种叶片是弯的，只能使气流产生单向偏转，如图 10-13b 所示。

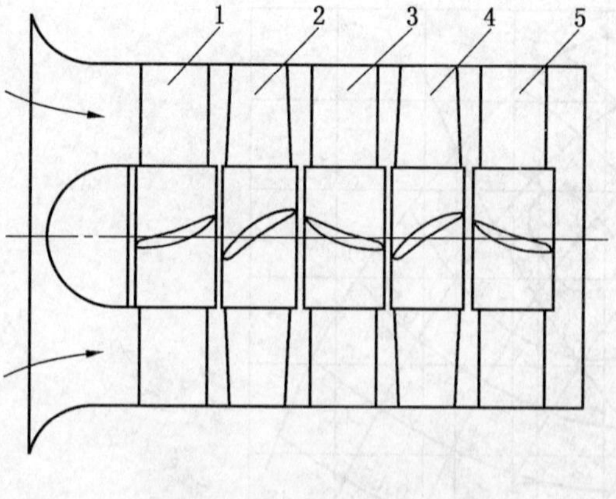


1—前导器；2—第一级叶轮；3—中导器；
4—第二级叶轮；5—后导器

图 10-12　装有前导器的两级轴流风机示意图

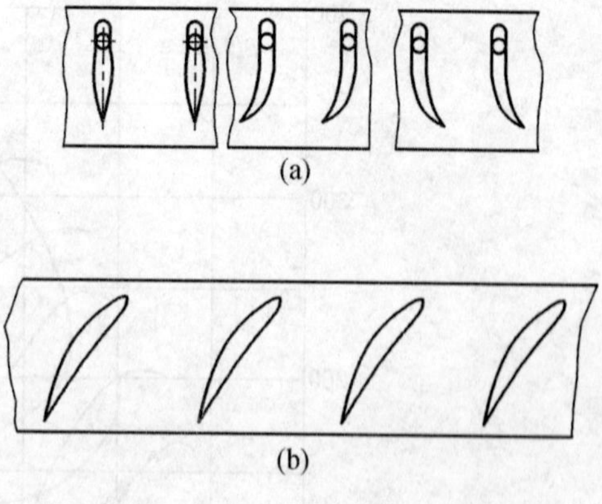


图 10-13　各种形式的前导叶

用前导器调节工况时，通风机效率略有降低，它的经济性比改变转速调节法差，而优于闸门节流法；但这种调节方法结构简单，调节操作方便，使用可靠，还可在不停机的情况下调节，易实现自动控制。因此，作为辅助调节措施在通风机调节中得到广泛应用。

3. 改变叶轮叶片安装角调节法

改变叶片安装角调节风机特性的方法多用于轴流式风机。由图 10-14 可以看出，改变叶片安装角 $\theta$，出口相对气流速度 $w_2$ 和气流角 $\beta_2$ 都要发生变化，出口旋绕速度 $c_{2u}$ 也随之变化。$\theta$ 角愈大，$\beta_2$ 也愈大，$c_{2u}$ 增加愈多，通风机产生的风压就愈高；反之风压愈低，所以这种调节方法实质上是改变通风机的特性曲线，其调节过程如图 10-14 所示。在矿井开采初期，叶片可在安装角 $\theta_1$ 的位置工作，其工况点为Ⅰ。为了避免在网路阻力稍有增加就产生风量不足的现象，一般均将安装角调整在 $\theta_2$ 的位置工作。随着开采的进行，网路特性曲线由 1、2、3，最后变为 4。为了满足风量 $Q$，可逐渐增大叶片的安装角，由 $\theta_2 \to \theta_3 \to \theta_4$，其工况点将由Ⅱ→Ⅲ→Ⅳ→Ⅴ→Ⅵ，最后移至Ⅶ。

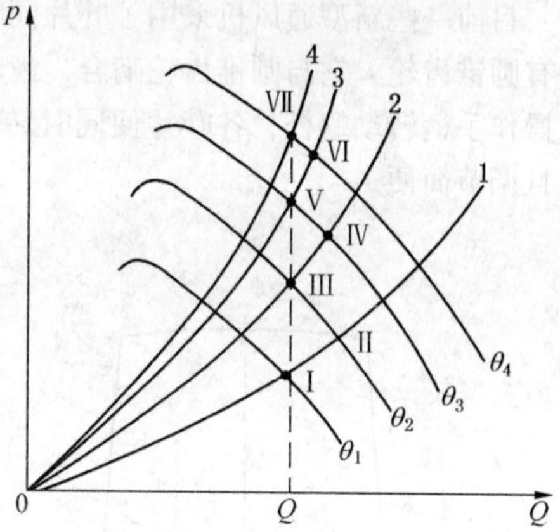


图 10-14　改变叶轮叶片安装角调节法

图 10-15 为轴流风机叶片安装角调节的特性曲线。叶片安装角 $\theta=45°$时，在网路中的工况点为 1，提供的流量为 $Q_1$。如果在网路特性 $R$ 不变的情况下，欲将风量由 $Q_1$ 减至 $Q_2$，只需将叶片安装 $\theta$ 从 45°调到 35°，工况点由 1 变到 2。图中 3 为采用风门调节时的工况点。

改变叶片安装角的方法很多。最原始的方法是在停止通风机的情况下，旋松固定叶片的锁紧螺母，而后人工搬动叶片，使其绕自身轴旋转到所需的角度，调节定位后，再拧紧螺母，如图 10-16 所示。这样一片一片地调节，所需时间一般为 1.5~2 h，而且还很难保证调节精度。

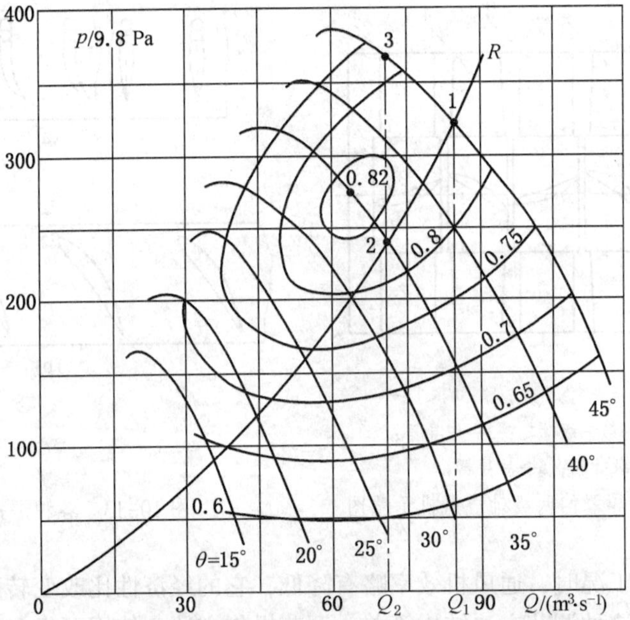


图 10-15　轴流风机叶片安装角调节的特性曲线

目前一些新型通风机采用了叶片同时调节机构，如图 10-17 所示。在各叶片的叶柄上装有圆锥齿轮，它与圆锥齿轮啮合，齿轮与蜗杆机构相连。停机后，从机壳上的窗孔中伸入操作手柄转动蜗杆，各叶片便同时转动。这种机构的优点是可保证各叶片的转角相同，而且调节简便。

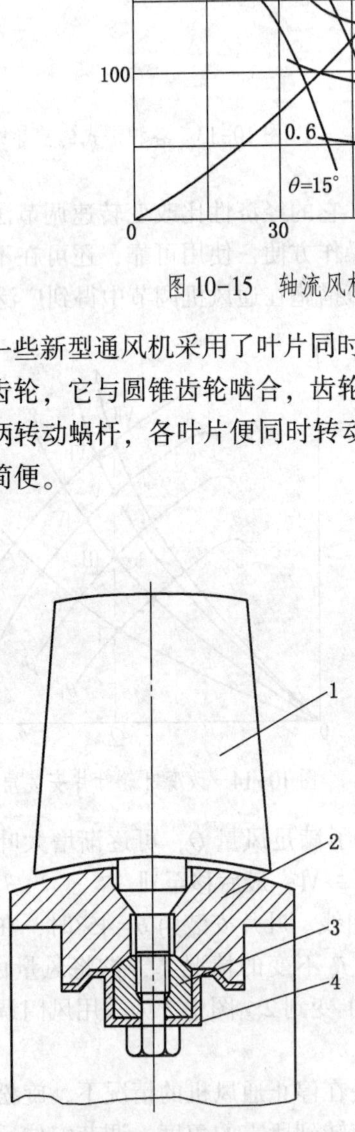


1—叶片；2—轮毂；3—锁紧螺母；4—防松簧片

图 10-16　单叶调节

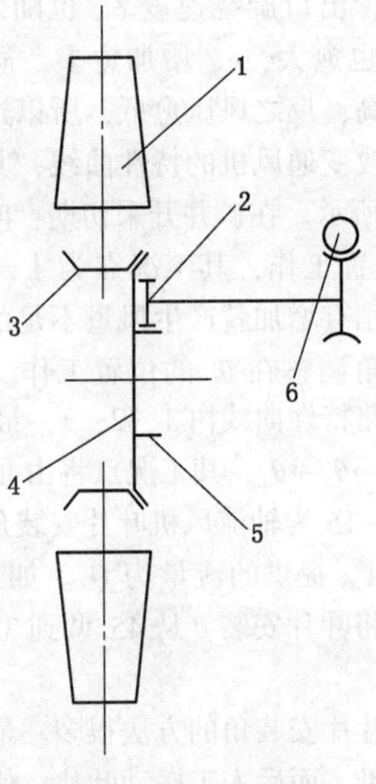


1—叶片；2、5—圆柱齿轮；3、4—圆锥齿轮；6—蜗杆机构

图 10-17　叶片同时调节机构

在风量变化频繁的系统（如锅炉送风系统），风机还采用了动叶调节机构进行调节，其最大优点是能够在运转中任意改变叶片安装角，其操作方法有油压式、机械式和电气式等。

改变叶片安装角（$\theta=15°\sim45°$）的方法具有调节范围大和效率较高等优点，被广泛应用于轴流式通风机的调节中。

4. 改变叶轮级数和叶片数目调节法

改变叶轮级数和叶片数目调节法只限于轴流式通风机。如采用的是两级轴流式通风机时，若通风机产生的风压大大超过实际需要，则可把后一级叶轮上的叶片全部去掉，使通风机的特性曲线下降，以达到调节风量的目的。在通风机叶片数为偶数的情况下，也可将叶片均匀对称地拿掉几片，使通风机的特性曲线下降。利用这种调节方法时，必须高度注意叶片取下后的叶轮平衡问题。因此，对各个叶片质量及外形尺寸的误差要有严格控制。

改变通风机级数的调节范围，比改变叶轮叶片数目的调节范围大，但两者的效率都有所降低，且都需在停机情况下进行。

## 五、通风机的联合工作

单台通风机不能满足通风要求时，可以采用多台通风机联合工作。联合工作的形式很多，最基本的是简单串联和并联，复杂的联合运转都是以此为基础的。

1. 通风机的串联工作

通风机串联工作的主要任务是增加风压，但网路中的流量也有所增加。图 10-18 为两台相同通风机在同一地点串联工作的示意图和曲线图。

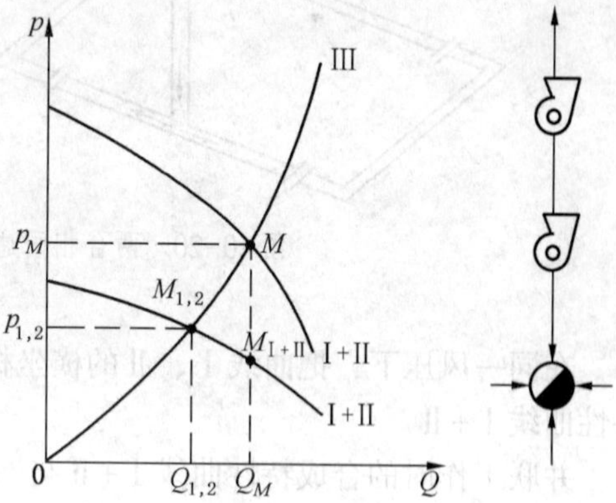


图 10-18　两台相同通风机在同一地点的串联工作

通风机串联工作时，每台通风机的风量是相等的，但总风压为每台通风机产生的风压之和。所以，若已知两台通风机的特性曲线Ⅰ、Ⅱ，将两曲线在相同流量下的风压相加，即得串联后的合成特性曲线Ⅰ+Ⅱ。

网路特性曲线Ⅲ与串联后的合成特性曲线Ⅰ+Ⅱ的交点 $M$ 即为串联工作时的工况点。此时，通风机的合成流量为 $Q_M$，风压为 $p_M$。

由图 10-18 可以看出，当每台通风机在同一网路Ⅲ上单独工作时，其工况点为 $M_{1,2}$，每台通风机所产生的风量为 $Q_{1,2}$，风压为 $p_{1,2}$。显然，两台通风机串联工作时的合成流量和风压，比每台通风机单独工作时的流量和风压都有所增加，即 $Q_M>Q_{1,2}$，$p_M>p_{1,2}$。过 $M$ 点作 $Q$ 轴的垂线分别交曲线Ⅰ和Ⅱ于 $M_{\text{I}}$ 和 $M_{\text{II}}$ 点，则 $M_{\text{I}}$ 和 $M_{\text{II}}$ 分别是联合工作时风机Ⅰ和Ⅱ的工况点。显然，合成风压 $p_{\text{I+II}}=p_{\text{I}}+p_{\text{II}}$，合成流量 $Q_{\text{I+II}}=Q_{\text{I}}=Q_{\text{II}}$。在网路阻力较小时，其风压增加不显著，串联效果较差。

如图 10-19 所示，若通风机Ⅰ的风压特性高于通风机Ⅱ的风压特性，它们串联后的合成特性曲线Ⅰ+Ⅱ与风压较高的通风机Ⅰ的特性曲线必有一交点 $C$。如果合成工况点 $M$ 在 $C$ 点左侧，串联有效；合成工况点 $M$ 在 $C$ 点右侧，风压较低的通风机Ⅱ不仅不产生风压，

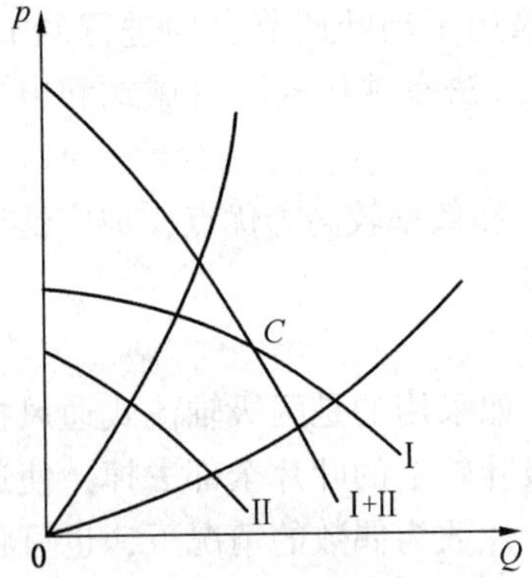


图 10-19　不同特性通风机的串联

而且还要消耗通风机Ⅰ产生的风压，使串联失效。因此，$C$ 点为不同特性通风机串联工作的临界点。

串联可分两种情况，串联风机首尾紧密相接的称为紧密串联；串联风机之间有一段管道或其他设备的称为间隔串联。

锅炉的送、引风系统就属于两风机间隔串联系统。矿井生产中，串联通风一般只用在掘进通风中，主通风机很少采用。

2. 通风机的并联工作

通风机并联工作的主要任务是增加网路中的风量。当网路阻力不大时，其风量增加最为显著。图 10-20 所示为两台相同通风机安装在风井附近同一机房中并联工作的示意图和曲线图。

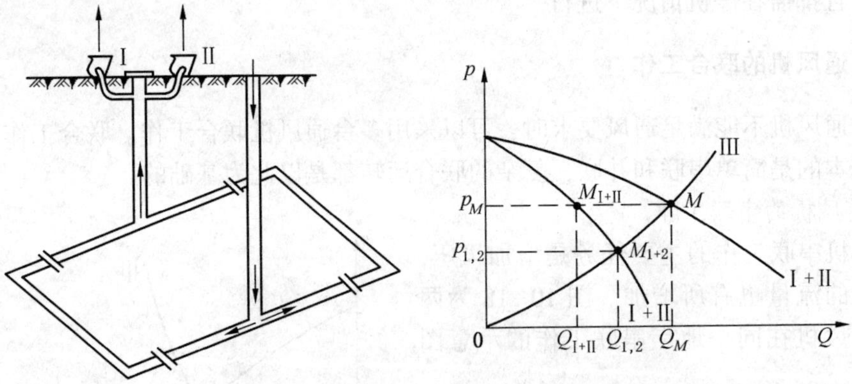


图 10-20　两台相同通风机在同一机房的并联工作

在同一风压下，把曲线Ⅰ、Ⅱ的横坐标相加，即得Ⅰ、Ⅱ号通风机并联工作时的合成特性曲线Ⅰ+Ⅱ。

并联工作时的合成特性曲线Ⅰ+Ⅱ与网路特性曲线Ⅲ的交点 $M$，即为并联工作时的工况点。此时，通风机的合成流量为 $Q_M$，风压为 $p_M$。

过 $M$ 点作 $Q$ 轴的平行线分别与曲线Ⅰ和Ⅱ相交就确定出风机Ⅰ和Ⅱ的工况点 $M_{\text{I}}$ 和 $M_{\text{II}}$，工况参数为 $p_{\text{I}}=p_{\text{II}}=p_M$，$Q_{\text{I}}+Q_{\text{II}}=Q_M$。由图可知，两台相同通风机并联工作时，每台通风机的流量 $Q_{\text{I}}=Q_{\text{II}}=Q_M/2$，风压为 $p_{\text{I}}=p_{\text{II}}=p_M$。当一台通风机在此网路中单独工作时，其工况点为 $M_{1,2}$，流量为 $Q_1=Q_2$，风压为 $p_{1,2}$，显然 $Q_{1,2}<Q_M<2Q_{1,2}$，$p_M>p_{1,2}$。即并联后，通风机的总流量增加了，因而达到了并联工作的目的。

从图 10-20 还可看出，通风机并联工作的效果与网路阻力的大小有关。当网路阻力过大时，并联后的流量与单机运转时的流量相差不大。显然，这样的并联工作意义不大。

通风机并联工作时需注意运转的稳定性问题。并联工作的不稳定是由于通风机特性有马鞍形起伏、网路阻力突变、通风机转速下降和自然风压等因素的影响，使通风机特性曲线与网路特性曲线交点不唯一而引起的。如果并联工作的通风机选择合理，各区段的风量分配和风压损失计算正确，且无转速和阻力突变，则通风机不会产生不稳定工作状态。由于4-72型和G4-73型离心式通风机的叶片是强后倾的，其特性曲线呈单调下降，这对通风机并联工作的稳定性是有利的；而轴流式通风机的特性曲线，一般均呈马鞍形，当叶片安装角大于25°后，马鞍形更显著，这对通风机并联工作的稳定性是极为不利的。

3. 对角通风系统中通风机的联合工作

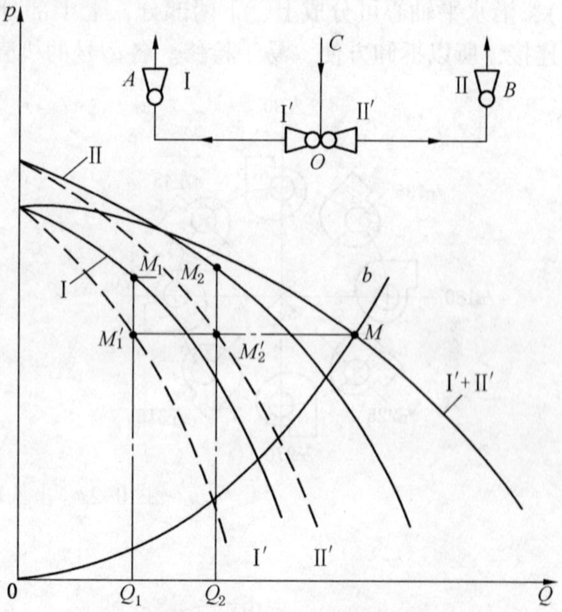

图10-21　风机两翼并联工作

图10-21所示为两台风机在矿井对角式通风系统中联合工作（亦称两翼并联工作）。风机Ⅰ和Ⅱ除分别有各自的网路 $OA$ 和 $OB$ 外，还共有一条网路 $OC$。为求得各风机的工况点，设想将风机Ⅰ和Ⅱ变位到 $O$ 点得变位风机Ⅰ′和Ⅱ′。按并联工作求出Ⅰ′和Ⅱ′的工况点后，再反向求取原风机Ⅰ和Ⅱ的工况点。具体步骤如下：

（1）先求变位风机的风压曲线。将风机Ⅰ变位到 $O$ 点后，变位风机Ⅰ′的压力比风机Ⅰ降低了 $R_1Q^2$（即网路 $OA$ 的压力损失）。所以风机Ⅰ′的压力应为 $p'=p_1-R_1Q^2$。先作出网路 $OA$ 的特性曲线 $OA$，再按“流量相等，压力相减”的办法就可作出变位机Ⅰ′的风压曲线Ⅰ′，如图10-21所示。

同理可作出变位风机Ⅱ′的风压曲线Ⅱ′。

（2）按“风压相等，风量相加”的办法，作出变位风机Ⅰ′和Ⅱ′的并联“等效风机”风压特性曲线Ⅰ′+Ⅱ′。再作公共网路特性曲线 $b$ 与曲线Ⅰ′+Ⅱ′相交可得等效单机工况点 $M$。过 $M$ 点作 $Q$ 轴的平行线分别交曲线Ⅰ′和Ⅱ′于 $M_1'$ 和 $M_2'$ 点，再过这两点作 $Q$ 轴的垂线，分别与曲线Ⅰ和Ⅱ相交，交点 $M_1$ 和 $M_2$ 就是原风机Ⅰ和Ⅱ的工况点。

## 第二节　矿用通风机及辅助装置

### 一、矿用通风机

（一）离心式通风机

1. 4-72-11离心式风机

4-72-11离心式风机主要由叶轮、机壳、进风口和传动部分等组成。叶轮用优质锰钢制成，并经过动、静平衡校正，所以它坚固耐用，运转平稳，噪声低。叶轮由10个后弯机翼形叶片、双曲线型前盘和平板型后盘组成，其空气动力性能良好，效率高，最高全效率达91%。该类型风机风量范围为1710~204000 $m^3/h$，风压范围为290~2550 Pa，适合小型煤矿通风。

4-72-11型离心式风机根据使用的条件不同，风机出风口方向有“左”或“右”两种回转方向，各有8种不同的基本出风口位置，如图10-22所示，如基本角度位置不够，还可补充15°、30°、60°、75°、105°、120°等。机号从№2.8~20共有11种，机壳做成两种形式。№2.8~12的机壳做成整体，不能拆开。№16~20的机壳做成可拆式（图10-23），沿水平轴心可分成上、下两部分，上半部分又可分成左右两部分，各部分之间用螺栓连接，所以拆卸方便，易于检修。各型号的机壳断面均为矩形。

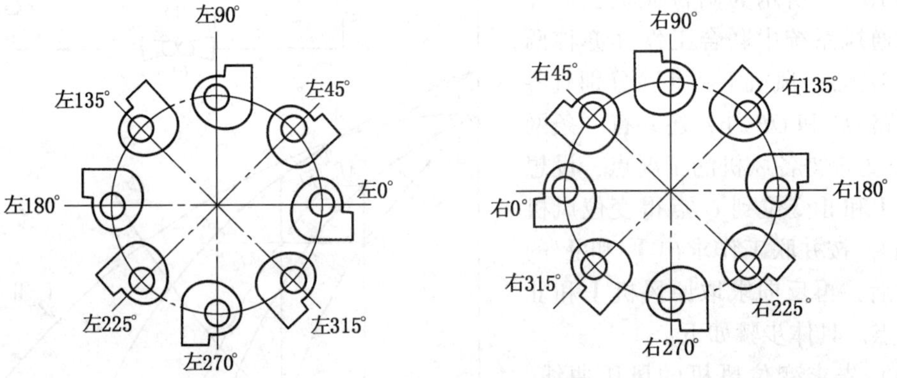


图10-22　出风口位置

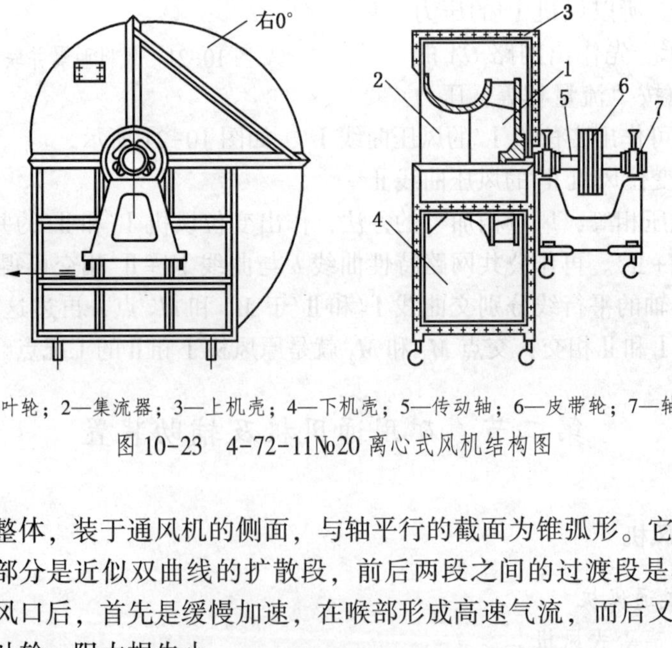


1—叶轮；2—集流器；3—上机壳；4—下机壳；5—传动轴；6—皮带轮；7—轴承

图10-23　4-72-11№20离心式风机结构图

进风口制成整体，装于通风机的侧面，与轴平行的截面为锥弧形。它的前部分是圆锥形的收敛段，后部分是近似双曲线的扩散段，前后两段之间的过渡段是收敛度较大的喉部。气流进入进风口后，首先是缓慢加速，在喉部形成高速气流，而后又均匀扩散，气流得以顺利进入口叶轮，阻力损失小。

传动方式采用*A*、*B*、*C*、*D*四种，№16~20为*B*式传动方式。

以4-72-11№16左90°风机为例说明其型号的意义，4表示该类型风机最高效率点的压力系数乘10后取整值；72表示该类型风机的比转速（风压单位用$kg/m^2$计算的值，用Pa计算时对应比转速为13）；1表示通风机为单侧进气方式（双侧进气为0）；1表示设计序号；№16表示机号，叶轮直径为1.6 m；左表示从电动机一端看风机叶轮为逆时针旋转（顺时针方向用“右”表示）；90°表示风机出口位置为90°。

4-72-11 型离心风机的类型曲线如图 10-24 所示，其中标有 1 的各条曲线用于№5、6、8 风机，标有 2 的各条曲线用于№10、12、16、20 风机。

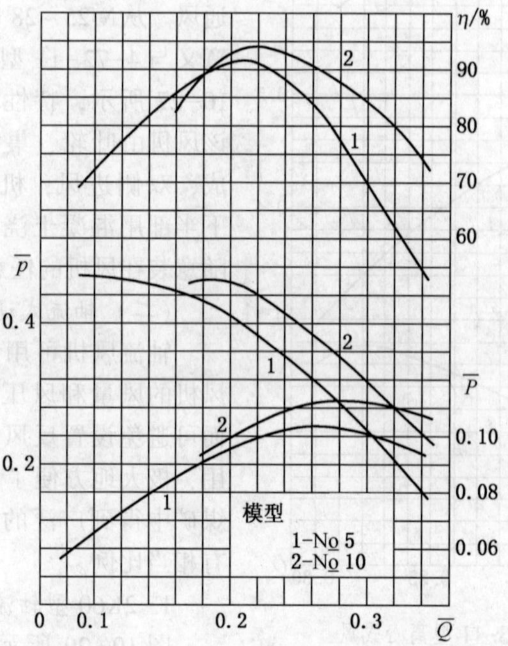


图 10-24　4-72-11 离心式风机的类型曲线

2. G4-73-11 型离心风机的结构

G4-73-11 型离心风机为锅炉用风机，也可用于矿井通风。从№0.8~28 共有 12 种机号，其型号意义与 4-72-11 型风机相同，其结构和类型特性曲线如图 10-25 和图 10-26 所示。与 4-72-11 型风机相比，最大不同点是在风机叶轮进口前装有径向导流器；导流叶片可在 0°~60°范围内转动，控制进气大小和方向。G4-73-11 型风机的风压和风量比 4-72-11 型风机大，适用于中、小型矿井通风。

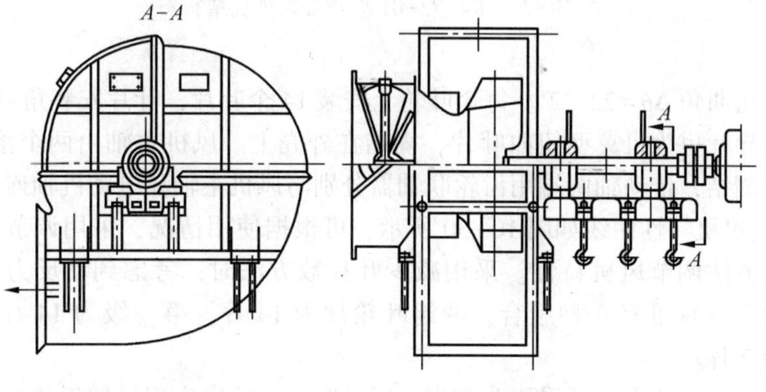


图 10-25　G4-73-11 型离心式风机结构图

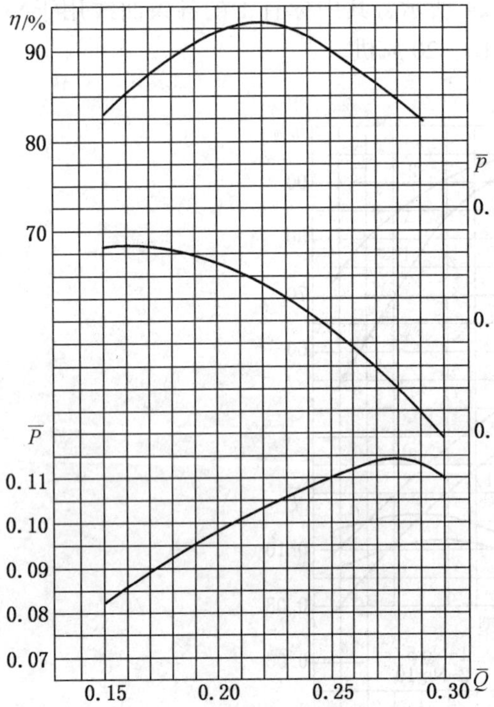


图 10-26　G4-73-11 型离心式风机类型曲线

3. K4-73-01 型离心风机的结构

K4-73-01 型离心式风机是专门为矿井通风而设计的风机，可适用大、中型矿井通风。从№25～28 共有 4 种机号，其型号意义与 4-72-11 型风机相同，其结构如图 10-27 所示，特性曲线如图 10-28 所示。该风机由叶轮、集流器、进气箱和机壳组成，双侧进风，机壳上半部用钢板焊接，下半部用混凝土浇筑而成。驱动电机可以随意装在风机的任意一侧。

（二）轴流式通风机

轴流风机可用调整叶片安装角来调节风机的风量和风压，同时可反转反风，因而可避免设置反风道和反风门等工程和费用，极大地方便了风机的安装和运行，在煤矿中得到广泛的应用，在矿用风机中占有相当比例。

1. 2K60 型轴流式风机

图 10-29 所示为国产 2K60 风机结构图，两级叶轮，轮毂比为 0.6，叶片为机翼

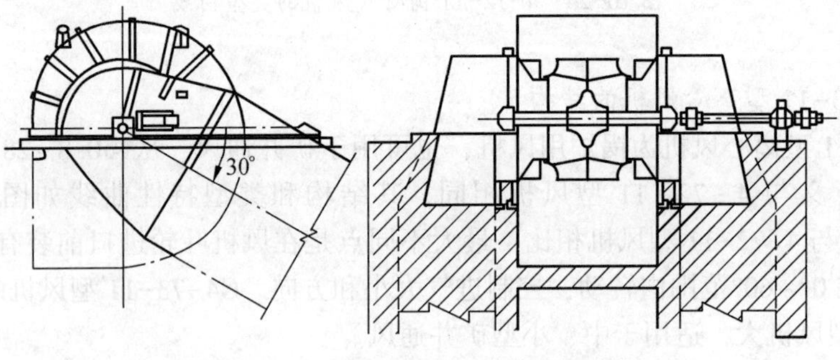


图 10-27　K4-73-01 型离心式风机结构图

形扭曲叶片，扭曲角 $\Delta\theta=22°22'$。每个叶轮上安装 14 个叶片，叶片安装角可在 15°～45°范围内调节。后导叶也为机翼型扭曲叶片，固结在外壳上。风机主轴由两个滚动轴承支承，叶轮与轴用键固结，传动轴两端用齿轮联轴器分别与风机主轴和电动机轴连接。

2K60 轴流风机特性曲线如图 10-30 所示，可根据使用情况，采用调节叶片安装角或减少叶片数的方法调节风机特性。采用减少叶片数方法时，考虑到动反力，只装 7 个叶片。因此，两个叶轮可有 3 种组合，两组叶轮均为 14 片；第一级为 14 片，第二级为 7 片；两级均为 7 片。

这类风机的另一特点是可采用改变中、后导叶安装角来实现反转返风，且反风量可超过正常风量的 60%。

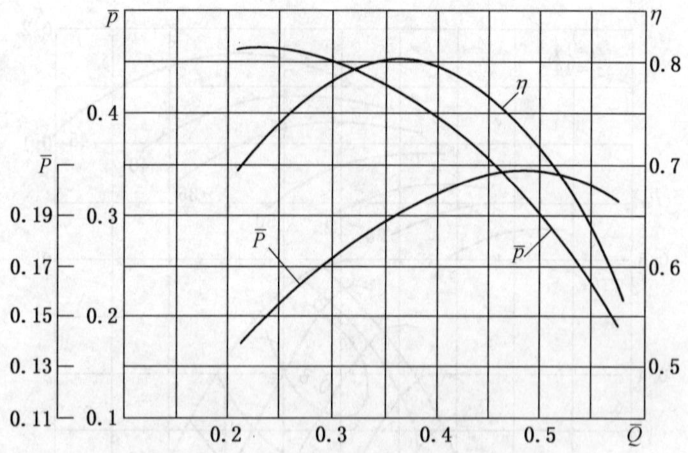


图 10-28　K4-73-01 型离心式风机类型特性曲线

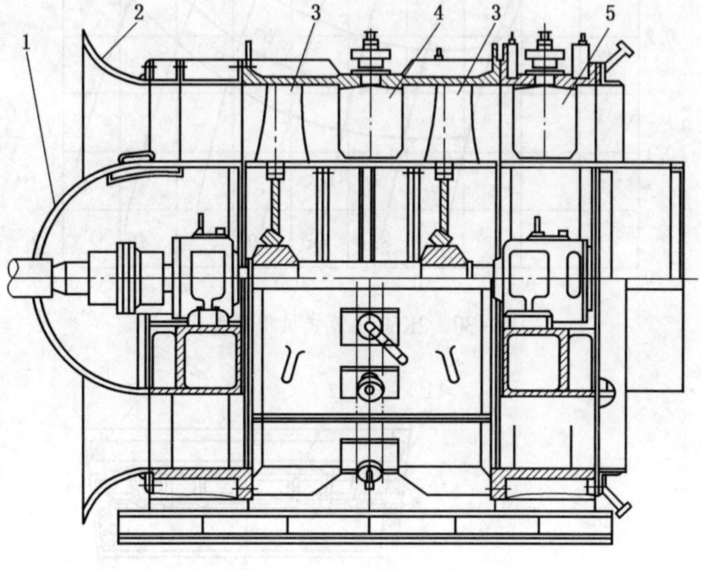


1—疏流罩；2—集流器；3—叶轮；4—中导叶；5—后导叶

图 10-29　2K60 轴流式风机结构图

2K60 轴流风机有№18、№24、№28 三种型号，最大静压可达 4905 Pa，风量范围 20~25 $m^3/s$，最大轴功率为 430~960 kW，风机主轴转速有 1000、750、650 r/min 三种。

2. GAF 型轴流式风机

GAF 型轴流式风机是上海鼓风机厂引进透平通风技术公司（TLT）的技术制造而成的。其叶轮直径 1000~6300 mm，按优先系数分为 32 档；每一叶轮直径对应有 7 种轮毂直径，叶轮有单级、双级两种，形式有卧式和立式；基本型号分 4 个系列 896 种规格，叶片数目 6~24 片，叶片调节分不停车调节和停车调节两种，图 10-31 所示为 GAF 型轴流通风机的结构示意图。该机的特点：①传动轴是用钢板弯焊的空轴，传动轴由风机的出风侧伸出壁外与电机相连；②可实现在不停机情况下调整叶片安装角，以适应不断变化的工况。

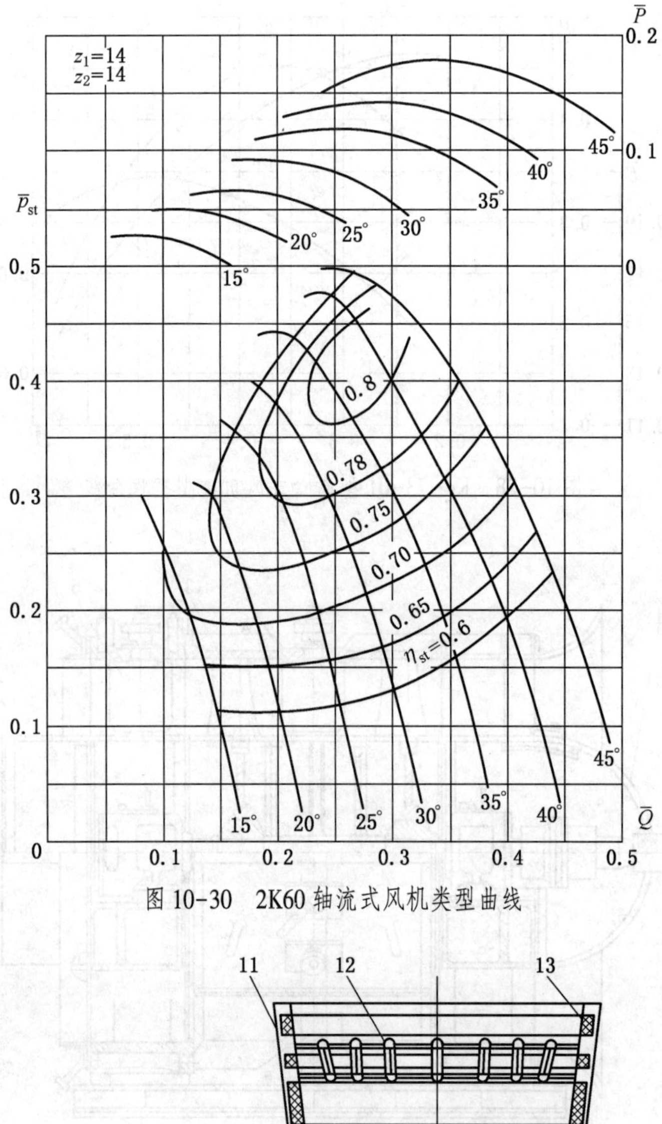


图 10-30　2K60 轴流式风机类型曲线

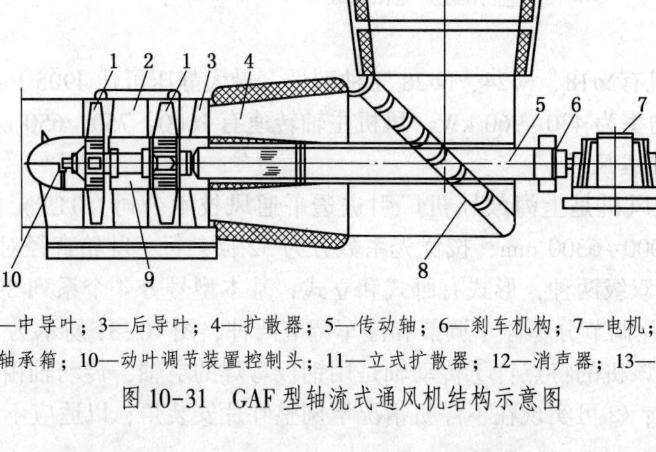


1—叶轮；2—中导叶；3—后导叶；4—扩散器；5—传动轴；6—刹车机构；7—电机；8—整流叶栅；9—轴承箱；10—动叶调节装置控制头；11—立式扩散器；12—消声器；13—消声板

图 10-31　GAF 型轴流式通风机结构示意图

GAF 型轴流通风机的性能适用范围广，流量 30～800 $m^3/s$，静压 300～8000 Pa，最高静效率可达到 85% 以上。

近年来，为适应煤矿、金属矿等老风机节能改造的需要，上海鼓风机厂对 GAF 型矿井轴流风机标准装置结构进行改型设计，简称节能改造用轴流风机 GAF（GZ）。

GAF（GZ）型风机的动叶片安装角的调节装置有 3 种：机械式停车集中同步可调装置、液压动叶可调装置以及主要用于老矿改造的机械式单个叶片调节装置。风机反风时，只要将动叶片调节到反风位置，就可实现反风，不需要反风道，也无须改变转子的旋转方向，可节省反风道投资。对于单个叶片可调风机，可利用原有的反风道进行反转反风。

该型风机的叶片为机翼型扭曲叶片，用高强度铸铝合金制成，效率高、安全可靠、使用寿命长、风机噪声低、振动小。风机设有防喘振报警、油位报警、油温报警等完善的监测装置。可按用户提供的参数，技术和使用要求，选择最为合理的风机型号。

GAF 型轴流通风机型号表示方法，以 GAF25-12.5-1（GZ）为例进行说明，G 表示矿井风机，A 表示轴流式，F 表示动叶可调，25 表示叶轮外径名义值（机壳内径）（$d_m$），12.5 表示叶轮内径（轮毂直径）（$d_m$），1 表示单级（2 表示双级），GZ 表示节能改造型。图 10-32 为 GAF25-12.5-1（GZ）型风机在转速 $n=1000$ r/min 时的性能曲线。

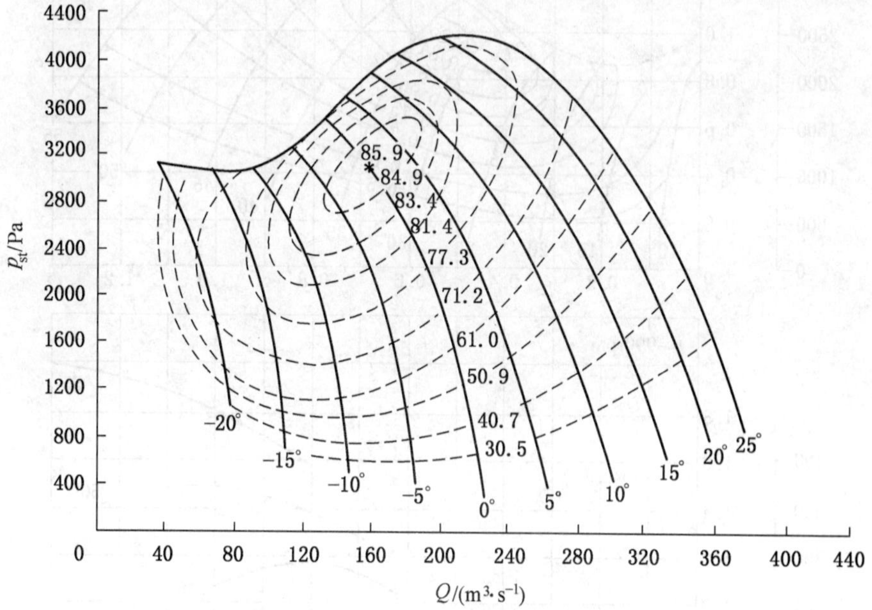


图 10-32　GAF25-12.5-1（GZ）型风机的性能曲线

3. K66、K55、K50 型轴流式风机

沈阳鼓风机厂从丹麦诺文科公司引进了大型轴流风机专有技术，设计制造了适合我国矿井通风的新型轴流风机 K66、K55 和 K50。这 3 种风机叶轮外径分别为 1.875 m、2.25 m、2.5 m，而轮毂直径均为 1.25 m，焊接结构，单级叶轮，叶片为机翼形，叶片安装角可在 10°～55°范围内调整。该风机的特点为高效区域宽广，最大静压效率可达 85%。图 10-33 所示为 K66-1№18.75 矿用轴流风机结构简图，其特性曲线如图 10-34 所示。该机能实现直接反转反风，反风量达 60% 以上。

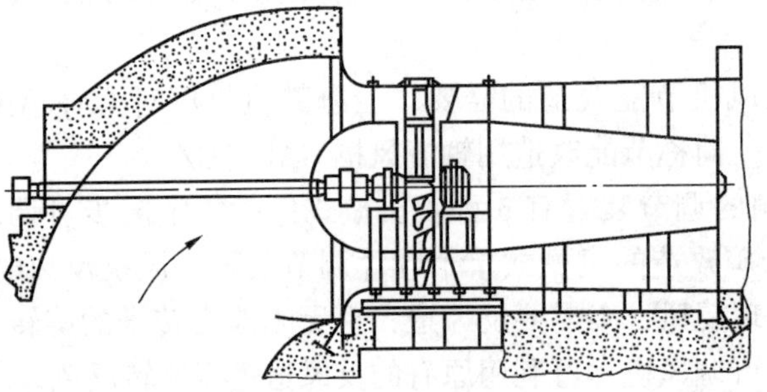

图 10-33　K66-1№18.75 矿用轴流式风机结构简图

4. FBCZ、FBCDZ 型轴流式风机

FBCZ、FBCDZ 系列防爆抽出式轴流式通风机，属于 BK、BDK 的升级产品。FBCZ 系列为单级叶轮，轮毂比有 40% 和 54% 两种，电动机直联，转速有 1450 r/min 和 980 r/min 两种，风量范围 $Q=3.6\sim138\ m^3/s$，静压范围 $p_{st}=300\sim2000$ Pa，适用于中、小型矿井。FBCDZ 系列为两级叶轮，电动机直联对旋设置，轮毂比有 40%、54%、60% 和 65% 四种，转速有 980 r/min、740 r/min、580 r/min 和 490 r/min 四

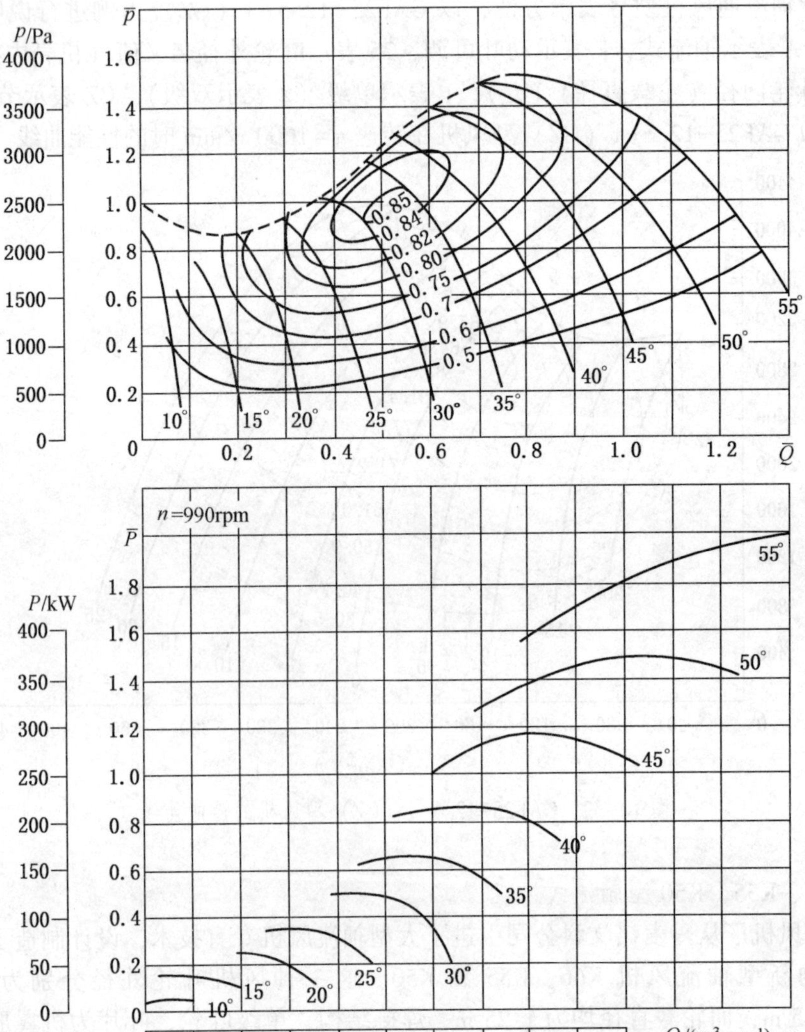


图 10-34　K66-1№18.75 型轴流式风机特性曲线

种，风量范围 $Q=12\sim800\ m^3/s$，静压范围 $p_{st}=400\sim5950$ Pa，适用于大、中型矿井。

FBCDZ 系列对旋风机设置两台电动机，在每台电动机轴的伸出端安装叶轮，两叶轮相对互为反向旋转，组成对旋结构。两级叶轮既是工作轮又互为导叶，它避免了普通轴流式风机的中、后导叶的能量损失和电动机与叶轮之间传动装置的能量损失。因此，对旋风机与其他类型风机相比，静效率和全效率较高，节能效果显著。

该机可配套 YBF 系列（dI）专用隔爆电机，电压等级为 380 V/660 V 或 6 kV。电动机置于主机筒体内的密闭罩中，采用高强度的外循环风冷散热，使电动机在无沼气的新鲜空气中运行，确保了整机防爆性能，并可省去主要机房（只需电控值班室）和 85% 的主要通风机基础；同时该机反转反风，不必设置反风道，节约大量的土建工程及基建费用。反转反风时，只开一级风机的反风率 55%，两级全开反风率为 75%。

FBCDZ 型风机采用机翼扭曲叶片，叶片用螺栓或锥体固定在轮毂上，叶片安装角度为停机人工调节。小于№20 风机可推开两级主机调节，№20 以上风机打开主机手孔用特制扳手调节。№20 以上风机可沿水平中心线剖分，利于检修。FBCDZ 风机系统组成如图 10-35 所示。

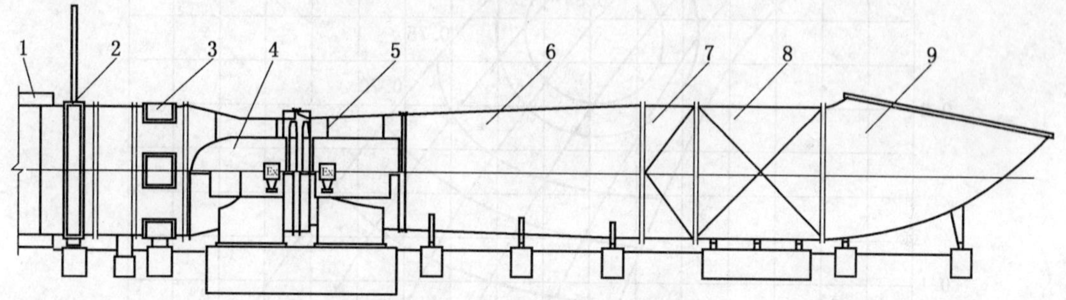


1—风道；2—风门；3—检查孔接头；4—Ⅰ级主机；5—Ⅱ级主机；6—扩散器；7—方圆接头；8—消声器；9—扩散塔

图 10-35　FBCDZ 型轴流式风机系统图

FBCDZ 系列风机的机号范围为№12~№46（即叶轮直径 1200~4600 mm）。以 FBCDZ-6-№18A 型风机为例说明其型号意义，F 表示风机，B 表示防爆型，C 表示抽出式，D 表示两级叶轮对旋式设置，Z 表示主要风机，6 表示配套 6 级电动机（转速 980 r/min），18 表示叶轮直径 18 dm。FBCDZ54 系列风机无因次性能曲线如图 10-36 所示。

## 二、扩散器

通风机出口的气流速度很大，动压很高。扩散器就是装于风机出口的一个断面逐渐扩大的流道，其作用是回收部分动压，以提高风机装置的静压。小型风机一般自带扩散器，大中型风机的扩散器可由厂家提供，也可由用户根据实际使用条件和安装地点自行设计。

1. 扩散器性能分析

设风机的全压为 $p$，出口面积为 $F_d$，则风机的静压为

$$p_{st}=p-\frac{\rho}{2F_d^2}Q^2 \tag{10-10}$$

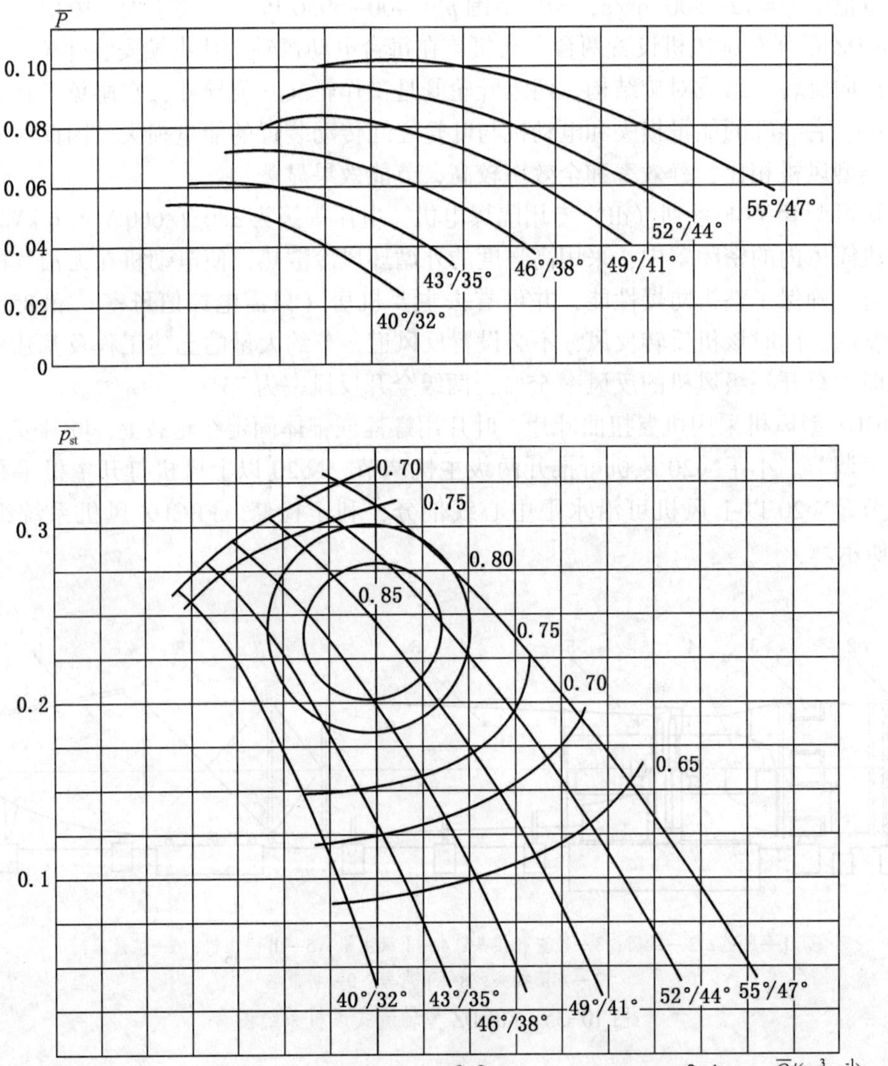


图 10-36　FBCDZ54 系列风机无因次性能曲线

对抽出式通风系统，若不装扩散器，动压$\frac{\rho}{2F_d^2}Q^2$将损失在大气中，风机装置的有效压力仅为 $p_{st}$。为提高装置的有效压力，需降低出口动压，当 $p$、$Q$ 一定时，唯一的办法就是在风机出口上装置扩散器，使系统的出口面积增大，以降低装置出口动压。但是，并非扩散器出口面积 $F_k$ 越大就越好，$F_k$ 越大，扩散器结构尺寸越大，且气流在扩散器中扩散损失越大。所以，结构合理的扩散器是能以最小的损失达到最好的扩压效果。通常，扩散器出口速度小于 10~12 m/s。

扩散器的扩压效果可用损失比 $\varepsilon_k$ 来表示，即装置扩散器后的总损失与装置扩散器前的动能损失之比为

$$\varepsilon_k=\frac{\Delta p_k+\rho Q^2/(2F_k^2)}{\rho Q^2/(2F_d^2)} \tag{10-11}$$

$$\Delta p_k=\xi_k\frac{\rho Q^2}{2F_d^2}$$

式中　$\varepsilon_k$——扩散器损失比，它是标志扩散器经济效果好坏的重要指标。$\varepsilon_k$ 值越小，说明扩散器的结构越合理。对于一个结构合理的扩散器，可使 $\varepsilon_k\approx 0.25\sim0.4$；

$F_d$、$F_k$——扩散器进口（通风机出口）和出口的面积；

$\Delta p_k$——扩散器内的压力损失。

式（10-11）可改写为

$$\varepsilon_k=\xi_k+\frac{F_d^2}{F_k^2}=\xi_k+\frac{1}{n^2} \tag{10-12}$$

式中　$\xi_k$——扩散器的阻力系数；

$n$——扩散器面积比，$n=\frac{F_k}{F_d}$，通常取 $n=2.5\sim3$。

1）装置扩散器后，风机的静压

如果通风机的全压仍为 $p$，则风机装置扩散器后的静压为

$$p_{st\cdot z}=p-\left(\Delta p_k+\frac{\rho Q^2}{2F_k^2}\right)=p-\varepsilon_k\frac{\rho Q^2}{2F_d^2} \tag{10-13}$$

因 $\varepsilon_k<1$，比较式（10-10）可知，装置扩散器后风机的静压提高了。静压的增量为

$$\Delta p_{st}=\frac{\rho Q^2}{2F_d^2}-\varepsilon_k\frac{\rho Q^2}{2F_d^2}=(1-\varepsilon_k)\frac{\rho Q^2}{2F_d^2} \tag{10-14}$$

也就是说，在风机输送给空气的总能量 $p$ 中，用于克服阻力的有效能量增加了 $\Delta p_{st}$。若通风网路阻力不变，通风网路所需的能量就会减少，从而达到了节能的目的。

2）装置扩散器后，通风系统所需的全压

$$p_z=p_{st\cdot z}+\frac{\rho Q^2}{2F_k^2} \tag{10-15}$$

将式（10-13）代入式（10-15）中，并利用式（10-12），可得

$$p_z=p-\xi_k\frac{\rho Q^2}{2F_d^2} \tag{10-16}$$

由此可见，装扩散器后风机装置的全压 $p_z$ 小于原风机的全压 $p$。

2. 扩散器结构

一般离心式风机配置的扩散器和轴流式风机配置的扩散器是不同的。

离心式风机扩散器通常用钢板焊接而成。常用的有两侧面平行断面形状为矩形的平面扩散器（图 10-37）和断面为正方形的塔形扩散器（图 10-38）。

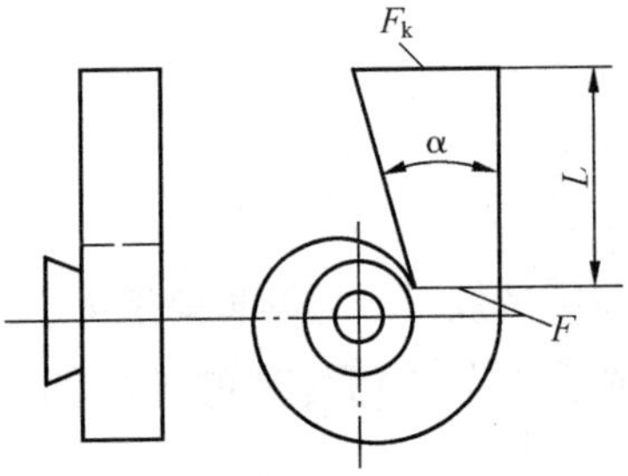


图 10-37 平面扩散器

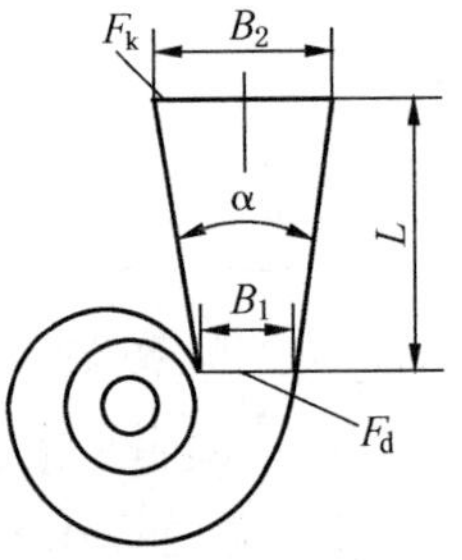


图 10-38 塔形扩散器

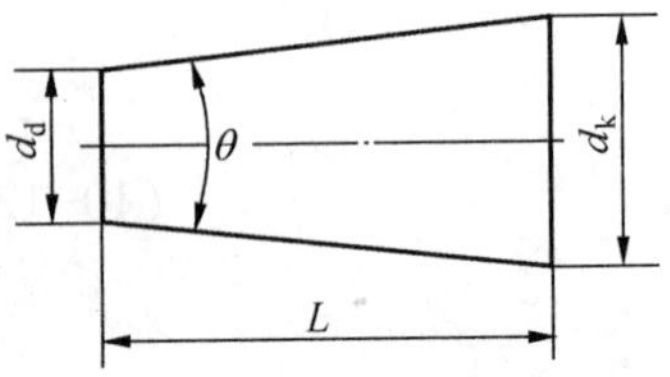


图 10-39 当量扩散器

轴流风机扩散器由芯筒和外筒组成，结构形式随芯筒和外筒的形状不同而异。采用流线型芯筒的效率较高，但制造不及圆柱或圆锥形的简单。一般情况下，大型轴流风机扩散器的芯筒用钢板制成，多由厂家提供；外筒则由用户在安装时用混凝土浇筑而成。

为减少损失，扩散器的扩压度不宜过大。若将扩散器的过流通道换算成图 10-39 所示的当量圆锥，则当量扩散角为

$$\tan\frac{\theta}{2}=\frac{d_k-d_d}{2L} \tag{10-17a}$$

式中 $d_d$、$d_k$——当量锥形扩散器进、出口直径，即

$$d_d=\sqrt{\frac{4F_d}{\pi}} \qquad d_k=\sqrt{\frac{4F_k}{\pi}} \tag{10-17b}$$

$\theta$——当量扩散角，通常取 $\theta=10°\sim20°$。

扩散器的阻力系数 $\xi_k$ 一般由实验确定。当资料不全时，也可按渐扩流道近似计算。由流体学知，以进口速度为特征速度时，突然扩大流道的局部阻力系数为 $\xi=(1-F_1/F_2)^2$，乘以小于 1 的系数 $K$ 可得到扩散器的阻力系数为

$$\xi_k=K\left(1-\frac{F_d}{F_k}\right)^2 \tag{10-18}$$

系数 $K$ 与当量扩散角 $\theta$ 的关系见表 10-1。

表 10-1 系数 $K$ 与当量扩散角 $\theta$ 的关系

| $\theta$/(°) | 8 | 10 | 15 | 20 | 30 |
|---|---|---|---|---|---|
| $K$ | 0.15 | 0.16 | 0.27 | 0.43 | 0.81 |

【例 10-2】塔形扩散器进口面积 $F_d=2.4\ \mathrm{m}^2$，扩散面积比 $n=3$，长度 $L=4.5$ m，试计算阻力系数 $\xi_k$ 和损失比 $\varepsilon_k$。

**解** 当量圆锥形扩散器进、出口直径分别为

$$d_d=\sqrt{4F/\pi}=\sqrt{4\times2.4/\pi}=1.745(\mathrm{m})$$

$$d_k=\sqrt{4F_k/\pi}=\sqrt{4\times3\times2.4/\pi}=3.03(\mathrm{m})$$

当量扩散角 $$\theta=2\arctan\frac{d_k-d_d}{2L}=2\arctan\frac{3.03-1.748}{2\times4.5}=16.2°$$

由表 10-1 按插值法求得 $K\approx0.308$，代入式（10-18）得

$$\xi_k=K(1-F_d/F_k)^2=0.308\times(1-1/3)^2=0.137$$

另有 $$\varepsilon_k=\xi_k+1/n^2=0.137+1/3^2=0.248$$

## 三、消声装置

矿井通风设备，特别是大型轴流式通风机，在运转时产生很强的噪声，波及工业广场和生活区，影响人们的工作、休息和身体健康。为了保护环境，需要采取有效措施，把噪声降到人们感觉正常的程度。

1. 风机的噪声

风机噪声包括气动噪声、机械噪声和电磁性噪声。

1）气动噪声

气动噪声是风机噪声的主要部分，它又包括旋转噪声和涡流噪声。

旋转噪声是由于叶轮高速旋转时，叶片作周期性运动，引起空气压力脉动而产生的。对于轴流式通风机，当叶轮顶部与外壳之间的间隙不能保持常数时，此间隙中的涡流层厚度的周期性变化，也要产生噪声；当叶轮叶片与导叶片相等时，可能发生干扰，从而使旋转噪声加强。高压风机以旋转噪声为主。

旋转噪声的基本频率（基频）为

$$f=Zn/60 \tag{10-19}$$

式中 $Z$——叶片数；

$n$——叶轮的转速，r/min。

涡流噪声主要是因叶轮叶片与空气互相作用时，在叶片周围的气流引起涡流，这种涡流在黏性力作用下又分裂成一系列小涡流，使气流压力脉动而产生的。低压风机以涡流噪声为主。

2）机械噪声

机械噪声包括通风机轴承、皮带及传动的噪声，转子不平衡引起的振动噪声。

3）电磁性噪声

电磁性噪声主要产生于电动机。

2. 噪声的度量及计算

声音的强弱常用声功率 $L_W$ 表示。一般来说，风机的风量越大，风压越高，噪声的声功率就越大，噪声也就越严重。轴流式风机与离心式风机比较，当叶片数和圆周速度相同时，两者的低频噪声相差不大，但前者的高频成分大于后者。一般说来，离心式风机噪声的主要成分是中、低频，轴流式风机的则为中、高频。

根据《通风机噪声限值》标准，通风机噪声的声功率大小可按下式估算，即

$$L_{WA}=L_{W0A}+10\lg(Qp^2) \tag{10-20}$$

式中 $L_{WA}$——A 级声功率（简称 A 声级），dB；

$L_{W0A}$——A 级比声功率（简称比 A 声级），dB，即同系列通风机单位风量（1 m³/h）和单位风压（9.81 Pa）下产生的声功率级。其数值取决于通风机的类型和

系列，一般在 20~45 dB 之间。参见表 10-2；

$Q$——风机的风量，$m^3/s$；

$p$——风机的全压，9.81 Pa。

根据流量系数 $\bar{Q}$ 和全压系数 $\bar{p}$ 的定义可得

表 10-2 各类风机 $L_{W0A}$ 上限值 dB

| 离心式 | | | | 轴流式 |
|---|---|---|---|---|
| 前弯叶片 | 后弯叶片 | 机翼叶片 | 径向叶片 | |
| 25 | 28 | 23 | 23 | 36 |

$$Q=\frac{\pi^2}{240}D_2^3 n\bar{Q} \qquad p=\frac{\rho\pi^2}{3600}D_2^2 n^2\bar{p}$$

将以上两式代入式（10-20），并取 $\rho=1.2\ kg/m^3$，整理得

$$L_{WA}=L_{W0A}+10\lg(\bar{Q}\bar{p}^2 D_2^7 n^5)-63.5\ dB \tag{10-21}$$

此式更能清楚地说明同类风机的噪声与叶轮直径 $D_2$ 和转速 $n$ 之间的关系。

3. 通风机的消声措施

1）吸声

吸声就是使用吸声材料饰面，使噪声被吸收而降低。吸声材料种类很多，依吸声效果的顺序为玻璃棉、矿渣棉、海草、石棉、工业毛毡、加气微孔耐火砖、吸声砖、加气混凝土、木屑、木丝板和甘蔗板等。把吸声材料固定在通风机进风口和出风口（如扩散器）的内壁上，可达到吸声目的。但应注意吸声材料不能散落在气流中，以免污染空气。

2）消声

消声是利用消声器将声源产生的部分声能吸收，使向外辐射的声能减少。消声器是一种阻止、减弱声音传播而允许气流通过的装置。将消声器安装在通风机出口的扩散通道中，可使通风机的噪声得到降低。使用消声器的缺点是增大通风阻力。

消声器的种类很多，但用于通风机的大都是阻性（即利用声阻进行消声的）消声器，对高、中频噪声具有较好的消声效果。消声器是用消声板按一定方式排列构成的，按通道的形状可分为排列式、蜂窝式和管式等，如图 10-40 所示。管式消声器一般只用于小型轴流式风机中。

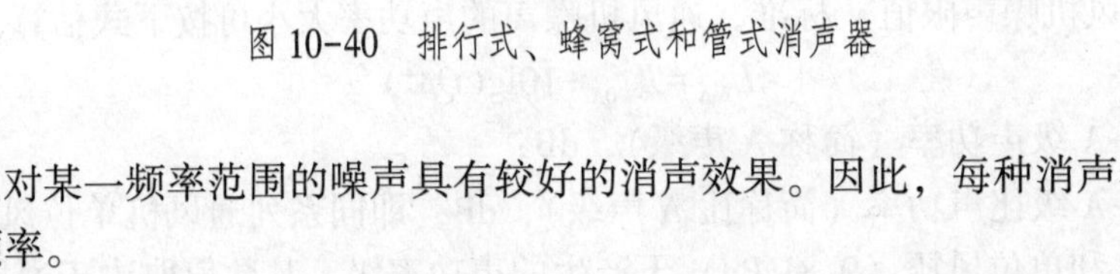


图 10-40 排行式、蜂窝式和管式消声器

消声器只对某一频率范围的噪声具有较好的消声效果。因此，每种消声器都有其上限频率和下限频率。

上限频率
$$f_2=1.85c/b_2 \tag{10-22}$$
下限频率
$$f_1=\beta c/b_1 \tag{10-23}$$
式中　$c$——声速，常温下可取 $c=340$ m/s；

$b_2$——消声通道直径或有效宽度，m；

$b_1$——吸声材料厚度，m；

$\beta$——系数，与吸声材料性质有关，由表 10-3 查取。

表 10-3　几种吸声材料的 $\alpha_t$ 和 $\beta$ 值

| 吸声材料 | 密度 $\rho$/(kg·m$^{-3}$) | 吸声系数 $\alpha_t$ | $\beta$ |
|---|---|---|---|
| 超细玻璃棉 | 25~30 | 0.8 | 0.04 |
| 粗玻璃纤维 | 0~100 | 0.9 | 0.065 |
| 毛毡 | 100~400 | 0.87 | 0.04 |
| 微孔吸声砖 | 340~450 | 0.8 | 0.017 |
| | 620~830 | 0.6 | 0.023 |

对超过上限频率的噪声，可在风机扩散器出口加装消声弯头，使声能经过多次反射衰减下来。消声弯头一般可降噪 5~10 dB。为吸收低频噪声，可选用密度大的吸声材料，也可增加吸声材料的厚度。

消声器的消声量 $\Delta L_{WA}$ 可用下式计算，即
$$\Delta L_{WA}=0.815KSL/A \tag{10-24}$$
式中　$S$——消声通道断面周长。对排行式 $S=2b$，对蜂窝式 $S=4a$；

$A$——消声通道断面积。排行式 $A=b_2b$，蜂窝式 $A=a^2$；

$L$——消声通道长度；

$K$——系数，与吸声系数 $\alpha_t$ 有关，见表 10-4。

表 10-4　$K$ 与 $\alpha_t$ 的关系

| $\alpha_t$ | 0.15 | 0.30 | 0.48 | 0.60 | 0.74 | 0.83 | 0.92 | 0.98 |
|---|---|---|---|---|---|---|---|---|
| $K$ | 0.11 | 0.22 | 0.40 | 0.60 | 0.74 | 0.90 | 1.2 | 1.3 |

式（10-24）计算得到的值是各种频率噪声消声量的平均值。频率不同时消声量是不等的。图 10-41 所示为消声器和消声弯头的降噪频谱。从图中可以看出，消声装置对不同频率噪声的消声量不等。

矿井主通风机的消声器通常安装在扩散器之后，在出口拐弯处的周围安放由消声板构成的消声弯头，如图 10-42 所示。

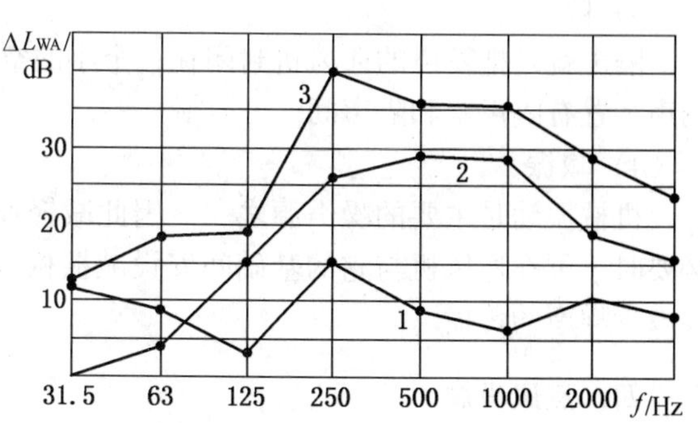


1—消声器；2—消声弯头；3—1 和 2 之和

图 10-41　消声装置和消声弯头的降噪频谱

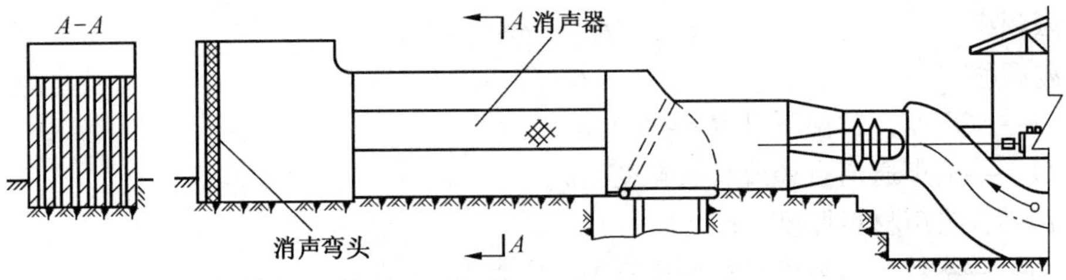


图 10-42　矿井轴流式通风机消声装置

消声板的制造也很简单，在两穿孔的薄钢板间填充吸声材料即可。穿孔的排列多为正方形和三角形，如图 10-43 所示。穿孔率 $\Psi$ 一般为 20%～30%。$\Psi$ 与孔径 $d$、孔间距 $l$ 的关系为

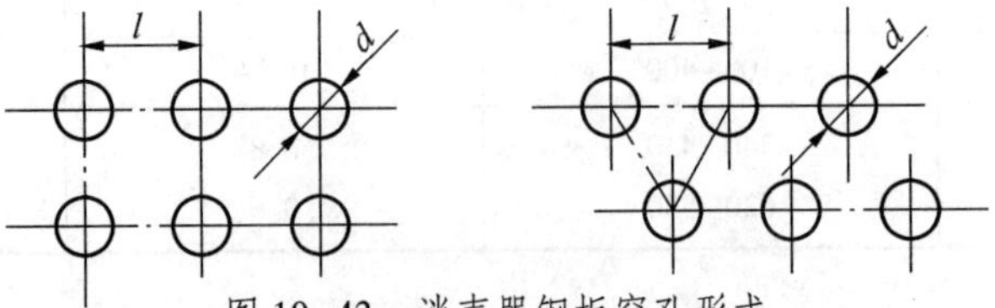


图 10-43　消声器钢板穿孔形式

正方形排列
$$\Psi=\frac{\pi}{4}\left(\frac{d}{l}\right)^2 \tag{10-25}$$

三角形排列
$$\Psi=\frac{\pi}{2\sqrt{3}}\frac{d}{l} \tag{10-26}$$

为获得较好的消声效果，对消声通道的尺寸应有所限制。对排行式消声器，消声板的间距 $b_2=100\sim200$ mm；对蜂窝式消声器，通道尺寸为 $a\times a=200$ mm×200 mm 左右；管式消声器的通道内径 $D\leqslant400$ mm。

气流经过消声器的压力损失 $\Delta p_x$ 可按下式计算

$$\Delta p_x=\xi_x\frac{\rho v^2}{2} \tag{10-27}$$

式中　$v$——通道中气流的速度，一般为 10～20 m/s；

$\xi_x$——消声器的阻力系数，$\xi_x$ 与面积比 $F/F_0$（$F_0$ 和 $F$ 分别为装消声器前、后的通流面积）有关，当 $F/F_0=0.6\sim0.9$ 时，$\xi_x=0.45\sim0.12$。

3）隔声

隔声就是把发声的通风机封闭在一个小的空间中，使之与周围环境隔绝开来。典型的隔声装置有隔声罩和隔声间。

4）减振

机械振动是主要的噪声源之一。因此减轻通风机振动是控制通风机噪声的重要方法。必要时，可在通风机与它的基础间安设减振构件，或者在通风机与风道间采取隔振措施，以减少噪声的传播。

## 四、反风设施

### 1. 反风的意义及要求

矿井通风有时需要改变风流的方向，如将抽出式通风临时改为压入式通风。例如，当

采用抽出式通风时，在进风口附近、井筒或井底车场等处发生火灾或瓦斯、煤尘爆炸时，必须立即改为压入式通风，以防灾害的蔓延。人为地临时改变通风系统中的风流方向，称为反风。用于反风的各种装置，叫做反风设施。

《煤矿安全规程》规定：主要通风机必须装有反风设施，且必须能在10 min内改变巷道中的风流方向。当风流方向改变后，主要通风机的供给风量不应小于正常风流的40%。当通风机不能反转反风时，必须采用反风道反风；当通风机能反转反风时，可采用反转反风，但供给风量必须满足《规程》要求。反风风门的起重力大于1 t时，应采用电动、手摇两用绞车，并集中操作；起重力小于1 t时，可用手摇绞车，风门绞车应集中布置。

近年来，国产矿用轴流式风机（如2K60、GAF以及KZ系列等）都具有叶轮反转反风的功能，且反风量不低于正常风量的40%。

2. 离心式通风机反风道反风

图10-44为两台离心式通风机作矿井主要通风设备及反风系统布置图。两台对称布置，一台左旋，一台右旋，扩散器由屋顶穿出。正常通风时，电动机驱动叶轮旋转，使井下风流由回风井经进风道进入通风机入口，然后由通风机经扩散器排出，风流按实线箭头方向流动。

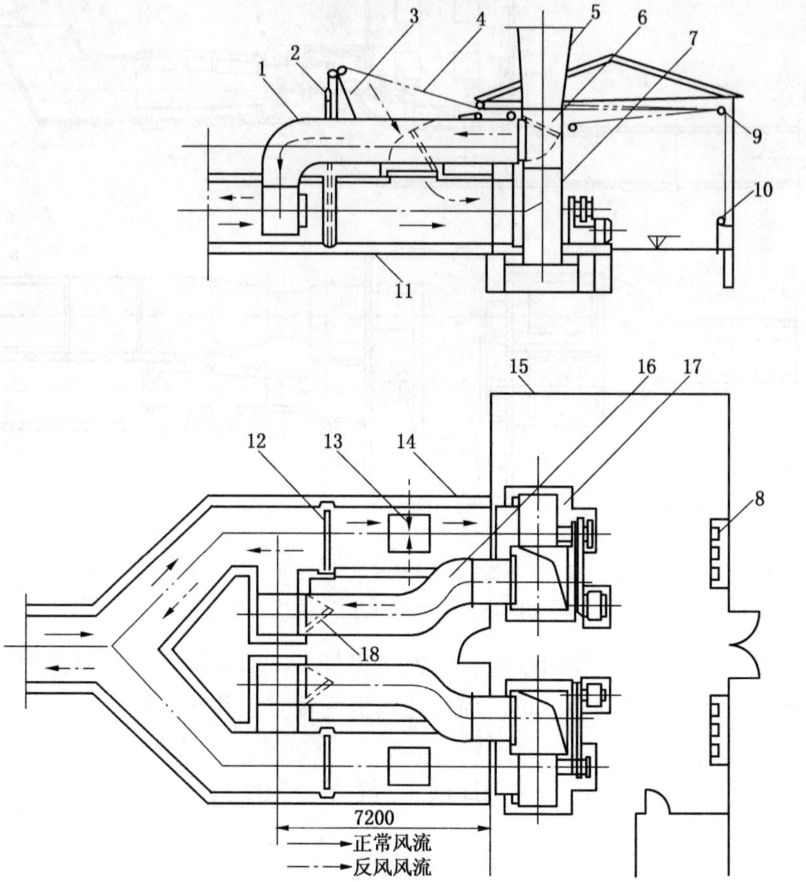


1、16—反风道；2、12—垂直风门；3—闸门架；4—钢丝绳；5—扩散器；6—反风门；7、17—通风机；8、10—手摇绞车；9—滑轮组；11、14—进风道；13—水平风门；15—通风机房；18—检查门

图10-44　两台离心式通风机布置图

当矿井需要反风时，首先用手摇绞车或电动绞车，通过钢丝绳关闭垂直闸门，打开水平风门，并将扩散器中的反风门提起，堵住扩散器出口，使通风机与反风道相通。此时，大气由水平风门进入进风道和通风机入口，再由通风机出口进入反风道，然后下行压入风井，达到反风目的。风流在此过程中按虚线箭头方向流动。

3. 轴流式通风机的反风

目前国产矿用轴流式主通风机反转运行时风量都能满足反风的要求。反转反风是通过改变叶轮的旋转方向来改变风流方向的。但仅仅改变叶轮的旋转方向，一般不能保证反风后的风量要求，因而还需同时改变导叶的安装角。如 2K60 型通风机反转反风时，需将中、后导叶转动 150°。

图 10-45 为两台同型号轴流式通风机并排安装的机房布置图。风机一台工作，一台备用。风机可采用反转反风。正常通风时，轮换风机风门提到上方位置，使通风机与风硐连通，通风机出口与扩散器连通。这样来自井下的风流经风硐、通风机、扩散器排至大气；气流按实线箭头方向流动。

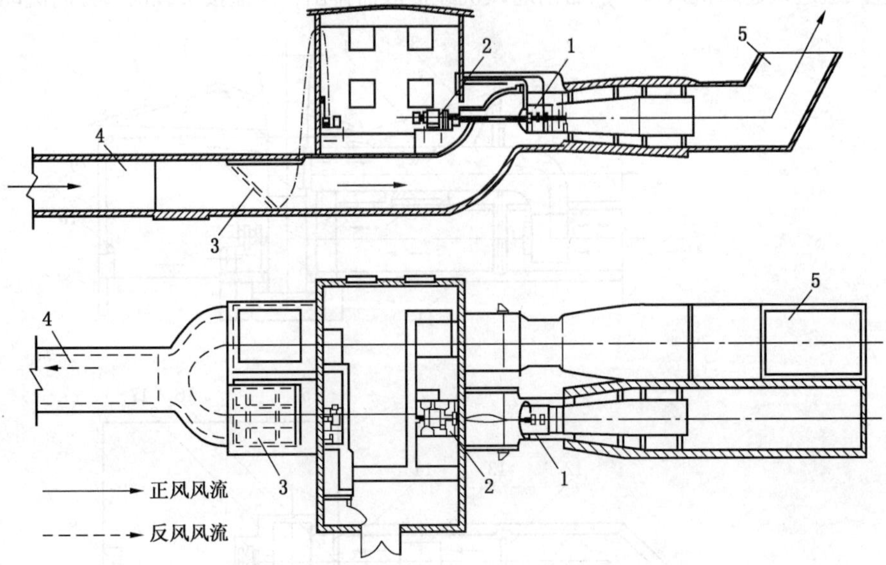


1—通风机；2—电动机；3—轮换风机风门；4—风硐；5—扩散出口

图 10-45　两台轴流式通风机布置图

用反转反风法不需构筑反风绕道，土建工程量小，基建费用低。但这种方法只适用于反转风量能满足反风要求的通风机，而且通风机反转时，其性能将发生一定的变化。

## 第三节　矿山通风设备的运行与维护

### 一、通风机的运转

通风机在安装和检修后要进行调整和试运转。运转前要对通风机作详细的检查，如皮带或联轴器的连接情况，各部螺丝的紧固程度，自动控制轴承温度装置是否良好，润滑油是否够用等；运转过程中，应注意机器的响声和振动，检查轴承的温度，观察和记录各种仪表的读数；如发现有撞击声、叶轮与机壳内壁的摩擦声、不正常的振动及其他故障时，应立即停止运转，经修理后再重新启动。

在选择通风机的启动工况（即选择启动方式）时，应尽量选在功率最低处并尽量避免出现不稳定现象。为此，对于风压特性曲线没有不稳定段的离心式通风机，因流量为零时功率最小，故应在闸门完全关闭的情况下进行启动。对于风压特性曲线上有不稳定段的轴流式通风机，若由于不稳定而产生的风压波动量不大时，也可选择功率最低点为启动工况，此时闸门应半开，流量为正常流量的30%~40%；若不稳定时风压波动太大，也允许在全开闸门情况下启动，启动工况应落在稳定区域内。

离心式通风机试运转时，在运转了8~10 min后，即便未发现什么问题，也应暂时停运，然后进行第二次启动。此时要将闸门逐渐开启，让通风机带负荷运转约半小时，再将闸门完全打开，使其在额定负荷下运转45 min，然后停机。待将所有零件重新检查一遍后，重新投入运转8 h，再停机检查。确认无问题后，即可正式投入运转。

轴流式通风机在试运转时应先将叶片安装角调整为零度，试运转2 h后，如一切正常，将叶片安装角调整到需要的角度上，再试运转两小时，如情况良好，即可正式投入运转。

## 二、通风机日常维护注意事项

（1）只有在设备完全正常的情况下才能运转。

（2）加强机器在运转期间的外部检查，注意机体有无漏风和不正常振动。

（3）每隔10~20 min检查一次电动机和通风机的轴承温度，电动机和励磁机的温度，以及U型压差计、电流表、功率因数表的读数。

（4）定期检查轴承内的润滑油量，轴承的磨损情况，叶片有无弯曲和断裂以及叶片的紧固程度。

（5）机壳内部和叶轮上的灰尘，应每季清扫一次，以防锈蚀。对轴流式通风机，为了防止支撑叶片的螺杆日久锈蚀，在螺帽四周应涂石墨油脂。

（6）在检查机壳内部时，应严防工具和杂物掉入。

（7）注意检查皮带的松紧程度或联轴器的连接螺丝，必要时应进行调整或更换。

（8）按规定时间检查风门及其传动装置是否灵活。

（9）在处理电气设备的故障时，必须首先断开检查地点的电源；清扫电动机，尤其是绕组时更应注意。

（10）露在外面的机械传动部分和电气裸露部分，要加装保护罩或遮栏。

（11）备用通风机和电动机必须经常处于完好状态，并保证能在10 min内进行启动。

## 三、通风机的常见故障及处理方法

在通风机运转过程中，可能发生某些故障，对于所发生的故障，必须迅速查明原因，及时处理，避免事故的扩大。在运转中的常见故障、产生原因及排除方法参见表10-5。

表 10-5　通风机常见故障、产生原因及排除方法

| 故障现象 | 产生原因 | 排除方法 |
|---|---|---|
| 叶轮变形或损坏 | 叶片表面或铆钉头磨损或腐蚀 | 只是个别损坏时可个别更换，损坏过半应更换叶轮 |
| | 叶片和铆钉松动 | 重新将铆钉拧紧或更换新铆钉 |
| | 叶轮变形或歪斜，使叶轮径跳和端跳过大 | 卸下叶轮，用铁锤或其他方法将叶轮矫正 |
| 机壳过热 | 在风门或阀门关闭情况下运转时间过长 | 停机，待冷却后再开动 |
| 密封圈磨损或损坏 | 密封圈与轴套不同心，在正常运转中磨损 | 调整或更换轴套或密封圈 |
| | 机壳变形，使密封圈一侧磨损 | 整平机壳 |
| | 转子振动过大，其径向振幅大于密封径向间隙 | 先将转子修整平衡再调整或更换密封圈 |
| | 密封齿槽内进入硬质杂物 | 清除杂物 |
| | 推力轴衬熔化，使密封圈与密封齿接触而磨损 | 更换轴衬 |
| 皮带轮滑下或皮带跳动 | 两皮带轮位置未找正，彼此不在一条中心线上 | 重新找正皮带轮 |
| | 两皮带中心距较小或皮带过长 | 调整皮带轮中心距或更换合适的皮带 |
| 转子不平衡，风机与电动机发生同样的振动，振动频率与转速相符合 | 轴与密封圈发生强烈的摩擦，产生局部高热，使轮轴弯曲 | 更换新轮轴，并同时复密封圈 |
| | 叶片重量不对称，或一部分叶片腐蚀或严重磨损 | 更换坏损叶片或调换叶轮，并找平找正 |
| | 叶片附有不均匀的附着物，如铁锈、积灰等 | 清除叶片上的附着物 |
| | 平稳块重量与位置不对，或位置移动，或检修后没找平稳 | 重找平稳，并将平稳固定 |
| | 检修后叶片与轮毂上的插孔不对号 | 将叶片与轮毂上的插孔重新对号 |
| 轴的安装不良，振动为不定性的，空转时轻，满载时大 | 联轴器安装不正，通风机轴和电动机轴中心未对正，或基础下沉 | 进行调整，重新找正 |
| | 皮带轮安装不正或两轮不平行 | 进行调整，重新找正 |
| | 减速机轴与风机和电机轴在找正时未考虑位移和补偿量，或虽考虑过但不符合要求 | 进行调整，留出适当的位移补偿量 |
| 转子固定部分松动，或活动部分间隙过大，发生局部振动现象 | 轴衬或轴颈磨损使间隙过大，轴衬与轴承箱之间的紧力过小或有间隙而松动 | 补焊轴衬合金，调整垫片，或刮研轴承箱中分面 |
| | 转子的叶轮、联轴器或皮带轮与轴的配合松动 | 修理轴和叶轮、重新配键 |
| | 联轴器的螺栓松动，滚动轴承的固定圆螺母松动 | 拧紧圆螺母 |

表 10-5（续）

| 故障现象 | 产 生 原 因 | 排 除 方 法 |
| --- | --- | --- |
| 基础或机座的刚度不够，产生机房邻近的共振现象；电机和风机整体振动，而且在各种负荷情形时都一样 | 基础灌浆不良，地脚螺母松动，垫片松动，机座连续不牢，连接螺母松动 | 查明原因后适当补修和加固，拧紧螺母，填充间隙 |
| | 基础或机座刚度不够，促使转子的不平稳，引起剧烈的强制共振 | 查明原因，施以适当的补修和加固，拧紧螺母，填充间隙 |
| | 管道未留膨胀余地，与风机连接处的管道未加支撑或安装固定不良 | 进行调整和修理，加装支撑装置 |
| 通风机内部有摩擦声，发生的振动不规则，在启动和停车时可以听到金属碰撞声 | 叶轮歪斜后与机壳内壁相碰或机壳刚度不够，左右晃动 | 检修叶轮或推力轴衬 |
| | 叶轮歪斜与进气口圈相碰 | 修理叶轮机进气口圈 |
| | 推力轴衬歪斜、不平或磨损 | 修理或更换推力轴衬 |
| | 密封圈与密封齿相碰 | 更换或调整密封圈 |
| 风机运转中带有噪声，且振动频率与转速不相符合 | 油膜不良，供油不足或完全停止，轴承密封不良 | 查明原因，进行清洗机修理，加润滑油 |
| | 润滑油的温度太高 | 停机或更换新的润滑油 |
| | 润滑油质量不良，或不适合转速的要求 | 调换优质润滑油，并定期化验 |
| 轴衬磨损和损坏过快 | 轴与轴承歪斜，主轴与电机轴不同心，推力轴承与支承轴承不垂直使磨损过多，顶隙、侧隙和端隙过大 | 进行焊补或重新浇铸 |
| | 轴衬刮研不良，使接触弧度过小或接触不良，上方及两侧有接触痕迹，下半轴衬中分面处的存油沟斜度太小 | 重新刮研并找正 |
| | 表面出现裂纹、破损、损伤、剥落、溶化、磨纹及脱壳等缺陷 | 重新浇铸或进行焊补 |
| | 合金成分质量不良或浇铸不良 | 重新浇铸 |
| | 轴承中残留或进入杂物 | 清除杂物 |
| 轴承温升过高 | 润滑油（脂）质量低劣或变质（如黏度不适、杂物过多抗乳化能力差） | 更换润滑油（脂） |
| | 轴承与轴的安装位置不正 | 重新调整、找正 |
| | 轴承与轴承箱孔之间的间隙过大或轴承箱螺栓过紧或过松，使轴衬与轴的间隙过小或过大 | 调整轴承与轴承箱孔间的垫片和轴承箱盖与座之间的垫片 |
| | 滚动轴承损坏，轴承保护架与其他机件碰撞 | 修理或更换轴承 |
| | 机壳内密封间隙增大使轴间推力增大 | 修复或更换密封片 |

表10-5（续）

| 故障现象 | 产 生 原 因 | 排 除 方 法 |
| --- | --- | --- |
| 转速相符，压力偏低，流量增大 | 气体温度过高，重度减小 | 降低气体温度 |
| | 进、出风管道破裂或法兰不严，造成风流短路 | 修补管道、紧固法兰 |
| 转速符合，压力过高，流量减小 | 风机转向错误 | 改变风机旋转方向 |
| | 气体温度过低或含有杂质，使气体重度增大 | 提高气体温度，减少气体杂质 |
| | 进风管或出风管堵塞 | 清除堵塞物 |
| | 叶轮入口间隙过大或叶片严重磨损 | 清除堵塞物 |
| | 风机轴上的叶轮松动 | 紧固叶轮 |
| | 导向器装反 | 卸下并重新安装 |
| | 风机选择时压力不足 | 改变风机转速或叶片安装角，若仍达不到要求应另选风机 |
| 风机压力降低 | 网路阻力增大使工况点落在不稳定工作区 | 设法减小网路阻力 |
| | 风机制造质量不良或风机严重磨损 | 检修通风机 |
| | 风机转速降低 | 提高转速 |
| 噪声大 | 无消声装置或隔声设施 | 加消声装置或隔声设施 |
| | 管道或其上附件松动 | 紧固 |
| | 消声板上的小孔严重堵塞 | 拆下消声器清理，或更换 |
| 通风系统调节失误 | 测压仪表失准，阀门或风门失灵或卡死，以致调节失误或不能调节 | 修理或更换测压仪表，修复阀门或风门 |
| | 由于需要小流量而将风门关得过小，或管道堵塞使风机不稳定工作而发生喘振现象 | 如需要小流量，应打开旁路阀门，或降低转速。如堵塞应清理 |

## 四、通风机的性能测定

通风机出厂时，生产厂都提供相应的特性曲线或性能表。但它们都是在实验室条件下通过对模型风机试验得到的。实际运行中，风机要配置一些辅助装置（如扩散器、消声器等），而且受安装质量和运转后的磨损等原因影响，风机的实际特性与厂家提供的不再相符。因此，为准确掌握实际运行状况，有必要对新安装风机、大修后的风机以及在服务期限内定期地进行在矿井实际条件下性能测定，获得通风机的实际运转性能曲线。

矿井通风机的性能测定，主要是测定通风机在不同工况点时的风量 $Q$、风压 $p$ 和轴功率 $P$ 等参数，再通过计算，整理绘制出反映在标准大气压下，$p=f(Q)$、$P=f(Q)$、$\eta=f(Q)$ 函数关系的性能曲线。性能测定中需要测定或计算的参数有空气密度、风机的风压、流量、转速、功率和效率等。

### （一）通风机性能参数测定方法

1. 风压的测定

由式（10-2）可知，在抽出式通风系统中，通风机的静压等于通风机入口断面的负压（$p_a-p_2$）与该断面的速度能 $\rho v_2^2/2$ 之差，即

$$p_{st}=\Delta p_x=(p_a-p_2)-\frac{\rho}{2}v_2^2 \tag{10-28}$$

式中　$p_a-p_2$——风机入口断面气流的负压，可用 U 型管测压计或微压计测出；

$\frac{\rho}{2}v_2^2$——风机入口断面气流的速度能，可用皮托管直接测出。

通风机的全压等于通风机静压与出口断面的速度能 $\rho v_d^2/2$ 之和，即

$$p=p_{st}+\frac{\rho}{2}v_d^2=p_{st}+p_d \tag{10-29}$$

风机出口断面的速度能 $p_d$ 可在风量 $Q$ 测出后，按下式计算，即

$$p_d=\frac{\rho}{2}\left(\frac{Q}{F_d}\right)^2 \tag{10-30}$$

2. 风量的测定

1）风速表测量法

在进风道中选择一风流平稳的断面，按一定线路用风速表测出风流的平均速度 $v_p$，则通风机的风量为

$$Q=Fv_p \tag{10-31}$$

式中　$F$——测风处巷道断面面积，$m^2$。

用上述方法测量时，占用时间较长，人在风道内不仅影响测量的准确性，而且劳动条件差，尤其在冬季测量更不方便。为了缩短测量时间，一般仅测量巷道断面中某一固定点 $g$ 的风速，然后按下式换算出该断面的平均风速 $v_p$，即

$$v_p=kv_g \tag{10-32}$$

式中　$v_g$——某固定点 $g$ 的风速，m/s；

$k$——风速场系数。

风速场系数 $k$ 是在对通风机的性能进行全面测量之前，将测量风速的风道断面用细绳分隔成若干小方格，小方格面积≤0.5 $m^2$，如图 10-46 所示。在同一风量条件下，用风速表在各小方格对角线的交点上分别测量出风速 $v_i$，然后按下式求得，即

$$k=\left(\frac{1}{n}\sum_{1}^{n}v_i\right)\Big/v_g \tag{10-33}$$

式中　$v_i$——所测得的第 $i$ 个小方格的风速，m/s；

$n$——小方格的个数。

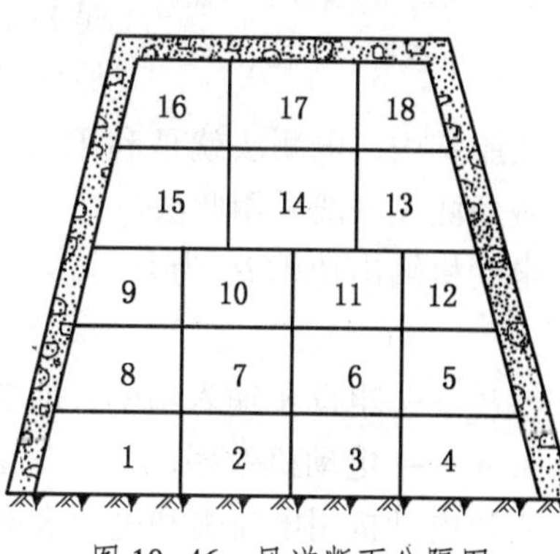


图 10-46　风道断面分隔图

2）皮托管测量法

若风道断面内某一点气流的动压为 $p_{di}=\rho v_i^2/2$，则该点气流速度 $v_i=(2p_d/\rho)^{\frac{1}{2}}$，故用皮托管测得气流动压 $p_{di}$ 后，即可算得测点处的气流速度 $v_i$。使用皮托管时，要注意使皮托管管嘴与风流平行（偏角不大于10°）且面对气流方向。

在测风道断面上，尽管各点风流速度不一致，但仍只需测量出某一固定点 $g$ 的动压 $p_{dg}$，然后按下式计算出风道断面上的平均风速，即

$$v_p = kv_g = k\sqrt{\frac{2p_{dg}}{\rho}} \tag{10-34}$$

式中　$p_{dg}$——固定点 $g$ 处的动压，Pa。

上式中的风速场系数 $k$ 可按下式计算，即

$$k = \left(\frac{1}{n}\sum_{1}^{n} v_i\right)/v_g = \left(\frac{1}{n}\sum_{1}^{n}\sqrt{\frac{2p_{di}}{\rho}}\right)\Bigg/\sqrt{\frac{2p_{dg}}{\rho}} = \sum_{1}^{n}\sqrt{p_{di}}/(n\sqrt{p_{dg}}) \tag{10-35}$$

对于矩形断面的风道，$p_{di}$ 的测定方法与前述测定 $v_i$ 的方法相同。对于圆形断面的风道，应将其分成若干个相等面积的圆环，在每一圆环中选择一个测点位置，测点所在半径的圆又将圆环分成面积相等的两半，则各测点所在半径为

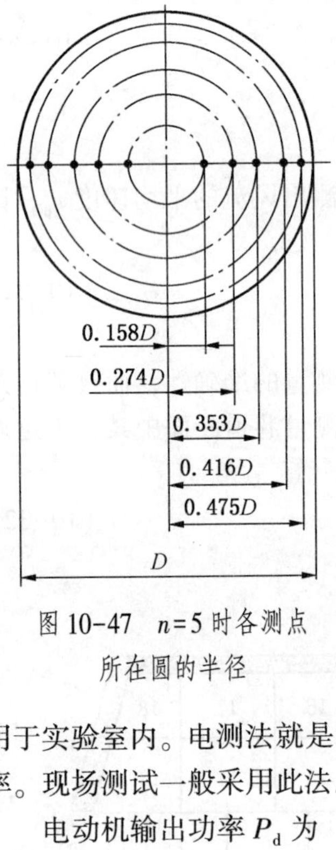

图 10-47　$n$=5 时各测点所在圆的半径

$$R_i = R\sqrt{\frac{2i-1}{2n}} \tag{10-36}$$

式中　$R$——圆形风道断面半径，m；

$i$——自风道中心算起的圆环序号；

$n$——包括中心圆在内的分割的圆环数。

图 10-47 所示为 $n=5$ 时，各测点所在圆的半径。为使测量准确，一般应在断面上对称地设置 $2n$ 或 $4n$ 个测点。

用皮托管测流量无须专门加工风筒，安装简便，测量精度较高。但测量时间长、计算工作量大，当速度低于 3 m/s 时，测量准确性降低。

3. 功率的测量

通风机的轴功率一般是通过测量电动机的输出功率来间接确定的。测量电动机的功率有扭矩法和电测法。扭矩法就是利用扭矩测功器直接测出电动机的输出扭矩，乘以角速度后便得到功率。这种方法精度高，但需将电动机悬空，故只用于实验室内。电测法就是利用功率表或电流、电压及功率因数表测定电动机的输入功率。现场测试一般采用此法。

电动机输出功率 $P_d$ 为

$$P_d = P_w \eta_d \tag{10-37}$$

式中　$P_w$——电动机输入功率，即功率表的读数，W；

$\eta_d$——电动机效率。

直流电动机用电流表和电压表测量时，电动机输出功率为

$$P_d = IV\eta_d \tag{10-38}$$

式中　$I$——电流，A；

$V$——电压，V。

将输出电功率 $P_d$ 乘以传动效率 $\eta_c$，得到风机的轴功率，即

$$P = \eta_c P_d \tag{10-39}$$

采用电测法时，关键是要获得准确的电动机效率曲线 $\eta_d = f(P_d)$。为此，一般要做电动机空载试验，以得出其效率曲线。但测试精度要求不很高时，也可按 $\eta_d$ 为常数来计算。

4. 转速的测定

为提高性能测定的准确性，每个工况下都要测量转速。目前常用的有光电法、转速表法。

光电法是利用光电传感器和数字显示仪，把机械转速通过光电传感器变成电脉冲信号并利用数字显示仪显示出来。这种方法精度高（误差约±0.5%），而且不需要与转轴接触，故应用较广。

用转速表测量时，需将其与转轴直接接触。又因它的精度较低（误差约±1%），近年来已被非接触式所取代。

5. 空气密度的测定

进风道内空气的密度，主要取决于空气的温度和绝对压力。经过通风机的空气压力是不断变化的，对于抽出式通风系统中的通风机，一般取进风口绝对压力的平均值来确定通风机的空气密度。现场测定中，其密度可用下式计算，即

$$\rho = 3.524 \times 10^{-4} \frac{p_a - (p_{2st}/2)}{T} \tag{10-40}$$

式中 $p_a$——大气压力，Pa；

$p_{2st}$——通风机进口侧静压，Pa；

$T$——通风机进风侧气流的绝对温度，K。

（二）通风机性能测定的布置方案

现场测定情况复杂，条件较差，还受到生产进度、安全保障等因素的制约。在选择方案时，不仅要考虑测量精度，还要顾及上述因素。因此，现场测试方案可分为完备方案和简易方案。一般说来，完备方案用于新风机安装完毕或大修之后的测定，简易方案则用于定期检验性测定。

1. 完备方案

图 10-48 所示表示轴流式矿井主通风机性能测定的完备方案。在距风机进口约 5~10 倍叶轮直径处设置一隔离墙将出风井与试验风道隔开，其漏风量应控制在工业利用区内最

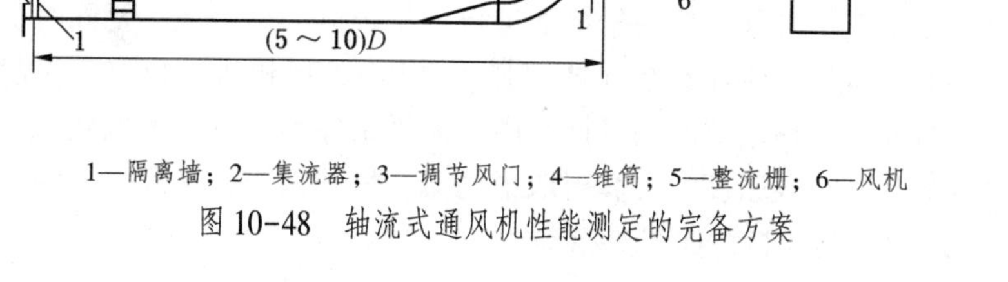


1—隔离墙；2—集流器；3—调节风门；4—锥筒；5—整流栅；6—风机

图 10-48 轴流式通风机性能测定的完备方案

大风量的3%~5%。在靠近隔离墙的风硐顶部预先留孔，测试时打开并装上测风管。测风管上部是集流器，下部是扩散角约10°的锥筒。在集流器与锥筒的连接处装有调节风门，它由两块带孔的圆块组成，转动其一就可改变通流面积，从而可调节工况。通流面积的可调度应为0~80%。为增大集流器中的速度，集流器直径 $D \leqslant 365\sqrt{Q_e}$ mm（$Q_e$ 为额定流量，$m^3/s$）。测风管与风硐相接的拐弯处装有整流栅，它是用宽约1 m的板料做成的间隔为200~300 mm的网格。气流经过整流栅后变得均匀平直，以减少对其后气流参数的测量误差，在风机前方约0.5~0.7 m的1-1断面上开有若干个静压测孔，用来测量风机进口处气流静压。出口断面取在扩散器的出口处，与大气相通。按此选定的进出口断面，所测得的是整个风机装置（包括风机、扩散器和消声器）的特性。

如果需要了解扩散器和消声器的阻力特性，应分别在它们的进出口断面上设置测点，然后根据测量结果再利用相应的公式计算或分析得出。

2. 简易方案

无条件进行完备方案测定时，可采用图10-49所示的简易方案。该方案不必把风机与出风井隔开，而是在风机工作时进行。为了获得大风量的工况点，可逐渐开启防爆井盖。为得到小风量工况，可利用风量调节装置来增加网路阻力。对于离心风机，一般可利用风硐中原有的风门进行调节。

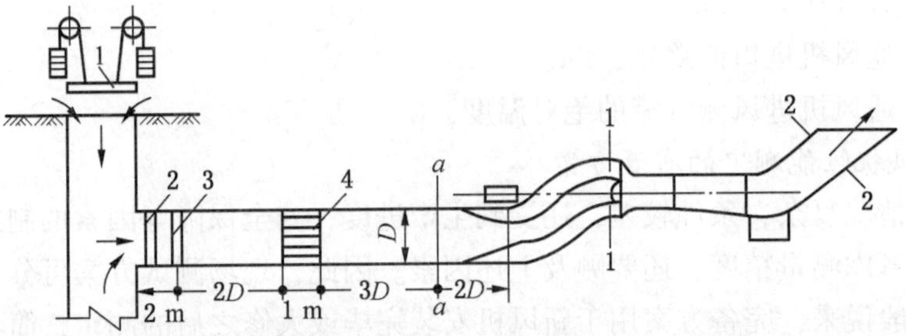


1—防爆井盖；2—防护栏杆；3—风量调节装置；4—整流栅

图10-49 轴流风机性能测定的简易方案

风量的测量一般是在图中 $a$-$a$ 断面上进行的。利用风速表或皮托管测出平均速度后乘以该断面积即得。如果扩散器出口气流速度分布较均匀，也可在该断面上用风表测量。此外，对轴流风机，还可在其扩散器的环形通道中用皮托管测量。

当风机装置出口条件较好（有较长的平直段、无涡流等）时，也可采用多头电子风速表在出口测定平均速度 $v_2$，乘以该断面面积后得风机的流量。

功率和转速测量方法与前面所述相同。空气的密度一般应在测风断面上测取，确实不便时，也可在地面阴凉处进行。

最后指出，测试工作必须在统一指挥下进行。每调节一个工况，要同时测取上述有关可直接测得的参数，譬如集流器真空（或皮托管动压），风机进、出口气流静压，转速和电功率等。一般情况下，在连续的测试期间内，大气条件不会有很大的变化，只需在测试开始和结束时各测一次空气密度，计算时取平均值。另外，测试工况点不能少于5个，一般为8~10个，以便绘制的特性曲线更精确。

（三）通风机测定参数的换算及特性曲线绘制

1. 参数的换算

为使不同时期和不同地点的测试结果具有可比性，通风机的特性参数均应换算到标准状态（密度$\rho_0=1.2\ \text{kg/m}^3$）和额定转速下的值。换算公式为

$$\begin{cases} Q_e=\dfrac{n_e}{n}Q \\ p_e=\left(\dfrac{n_e}{n}\right)^2\dfrac{\rho_0}{\rho}p \quad 或 \quad p_{est}=\left(\dfrac{n_e}{n}\right)^2\dfrac{\rho_0}{\rho}p_{st} \\ P_e=\left(\dfrac{n_e}{n}\right)^3\dfrac{\rho_0}{\rho}P \end{cases} \tag{10-41}$$

式中，下标“$e$”代表在标准状态和额定转速下的参数。不带下标“$e$”的为实测参数，它们可用前述有关公式计算。

2. 效率计算

$$\eta_e=\frac{Q_e p_e}{P_e} \quad 或 \quad \eta_{est}=\frac{Q_e p_{est}}{P_e} \tag{10-42}$$

3. 性能曲线绘制

用式（10-41）和式（10-42）换算后的参数，以风量为横轴，风压、轴功率和效率为纵轴在图中标出各工况下的对应点，将同类参数的点依次光滑连接，得到风机的个体特性曲线。

## 第四节　矿山通风设备的选型设计

为了使矿井有足够新鲜的气流通过，新建矿井都需要装设通风设备。而改建或延深的矿井，一般需要更换或增设通风机。根据矿井的具体条件，选择合适的通风机，对于矿井的正常通风和保证通风机的经济合理运转，有着十分重要的意义。

### 一、通风设备选型设计的任务和要求

（一）选型设计的任务

根据提供的矿井通风方式、瓦斯等级、所需风量和矿井最大、最小负压等资料，确定选用合适的矿井通风设备、通风机台数及反风方式等，并绘制出设备布置图。

（二）选型设计的要求

（1）矿井主要通风系统必须装置两套同等能力的通风机（包括电动机），其中一套工作，一套备用。备用通风机必须能在 10 min 内开动。

（2）在一个井筒中应尽量采用单一通风机工作制。如因规格限制，设备供应困难，或在所需风量较大，网路阻力较小的矿井，可考虑两台同等能力的通风机（包括电动机）并联运转。另备有一台相同规格的通风机，但必须校验通风机工作的稳定性且作出并联运转的特性曲线。

（3）所选通风机应满足第一水平各个时期的负压变化，并适当照顾下一水平的通风要求。当负压变比较大时，可考虑分期选择电动机，但初装电动机的使用年限不宜少于 10 年。

（4）所选用的通风机在整个服务年限内，不但能供给矿井所需风量，还应使其在较高效率下经济运转，并有一定的余量。轴流式通风机在最大设计负压和风量时，叶片安装角一般至少比允许范围小5°；离心式通风机的设计转速一般应小于允许最大转速的90%。

（5）通风设备（包括风道、风门）的漏风损失，当风井不作提升用途时，按需风量的10%~15%计算；以箕斗井回风时，按15%~20%计算；以罐笼井回风时，按25%~30%计算。通风设备各部阻力之和一般取100~200 Pa。采用无风机式空气加热装置时，应计入该装置的负压损失。轴流式通风机采用消声装置后，应将风阻值增加50~80 Pa。

（6）电动机的备用能力依轴功率的大小而异。当轴功率在150 kW以下时，宜采用1.2倍计；当轴功率在150 kW以上时，宜采用1.1倍计。在计算电动机容量时，还需计入机械传动效率（2K60型通风机例外），当用联轴器直联时，$\eta_c=0.98$。用三角皮带传动时，$\eta_c=0.95$。

## 二、选型设计的方法和步骤

选型设计的方法和步骤与通风机的性能曲线有关。因轴流式通风机随机已配置扩散器，厂家主要提供的静压特性曲线（新型轴流式风机也提供相应类型特性曲线）；而对离心式通风机，扩散器一般由用户自行配置，厂家只提供全压特性曲线或相应类型特性曲线。因此，根据通风机不同特性曲线，其选型设计的方法和步骤也不完全相同。离心式通风机一般按全压进行计算，而轴流式通风机一般按静压计算。

### （一）按个体特性曲线选择通风机

1. 通风机风量的计算

若已知矿井所需风量为$Q_k$，则通风机必须产生的风量为

$$Q_b=KQ_k \tag{10-43}$$

式中 $K$——通风设备的漏风系数。当风井不作提升井时，$K=1.1\sim1.15$；兼作箕斗井时，$K=1.15\sim1.20$；作罐笼井时，$K=1.25\sim1.30$。

2. 通风机风压的计算

当已知风机的静压特性时，通风机必须产生的静压为

开采初期
$$p_{st1}=h_{min}+\sum\Delta p \tag{10-44a}$$

开采末期
$$p_{st2}=h_{max}+\sum\Delta p \tag{10-44b}$$

当已知风机的全压特性时，通风机必须产生的全压为

开采初期
$$p_1=h_{min}+\sum\Delta p+p_d \tag{10-45a}$$

开采末期
$$p_2=h_{max}+\sum\Delta p+p_d \tag{10-45b}$$

式中 $p_{st1}$、$p_{st2}$——通风机必须产生的最小静压和最大静压，Pa；

$p_1$、$p_2$——通风机必须产生的最小全压和最大全压，Pa；

$h_{min}$、$h_{max}$——矿井最小负压和最大负压，Pa；

$\sum\Delta p$——通风设备各辅助装置的阻力损失之和，一般取100~200 Pa；若井筒保暖采用无风机式空气加热装置，还应计入该装置的阻力；若装置有消声器，还应另加50~80 Pa；

$p_d$——通风系统出口动能，Pa。一般为离心式风机扩散器总损失。

3. 预选通风机

（1）对于提供静压特性曲线的轴流式风机，根据 $p_{st1}$、$p_{st2}$ 和 $Q_b$，从通风机产品样本中预选出较为合适的通风机。如同时有几种通风机都能满足要求，则应作方案比较。

（2）对于提供全压特性曲线的离心式风机，因国内离心式通风机的制造厂不供应扩散器，且产品样本上提供的是全压特性曲线，所以在选型设计中应先进行扩散器设计，确定扩散器出口面积，并计算扩散器的阻力损失。因此，离心式通风机必须产生的最小全压和最大全压为

$$p_1 = h_{min} + \sum \Delta p + p_{qz} \tag{10-46a}$$

$$p_2 = h_{max} + \sum \Delta p + p_{qz} \tag{10-46b}$$

一个设计合理的离心式通风机的扩散器，其总损失 $p_{qz}$ 一般不大于通风机全压的 10%。根据 $1.1\left(h_{max} + \sum \Delta p\right)$ 和 $1.1\left(h_{min} + \sum \Delta p\right)$，可初步确定通风机的类型和机号，查出该通风机的出口面积 $F_d$（即扩散器的入口面积），根据式（10-11）可知，扩散器的总损失为

$$p_{qz} = \varepsilon_k \frac{\rho}{2}\left(\frac{Q_b}{F_d}\right)^2 \tag{10-47}$$

式中，$\varepsilon_k$ 为扩散器损失比，即扩散器总损失与风机出口动压损失的比值。由式（10-12）和式（10-18）可知，当扩散角 $\theta$ 和扩散器出口与进口面积比 $n$ 值一定时，$\varepsilon_k$ 为定值。因此，设计时要使扩散器各部尺寸配合恰当，以获得最小的 $p_{qz}$ 值。

当确定出 $p_{qz}$ 后，按式（10-46a）和式（10-46b），即可求得 $p_1$ 和 $p_2$。

4. 确定通风机的工况点

（1）按 $p_{st1}$、$p_{st2}$ 和 $Q_b$ 求出网路阻力系数 $R_1$ 和 $R_2$ 为

$$R_1 = \frac{p_{st1}}{Q_b^2} \quad （初期） \tag{10-48a}$$

$$R_2 = \frac{p_{st2}}{Q_b^2} \quad （末期） \tag{10-48b}$$

由 $R_1$ 和 $R_2$ 可以确定相应的通风网路静阻力特性方程式

$$p_{st1} = R_1 Q^2 \quad （初期） \tag{10-49a}$$

$$p_{st2} = R_2 Q^2 \quad （末期） \tag{10-49b}$$

（2）按 $p_1$、$p_2$ 和 $Q_b$ 求出网路比例系数 $b_1$ 和 $b_2$ 为

$$b_1 = \frac{p_1}{Q_b^2} \quad （初期） \tag{10-50a}$$

$$b_2 = \frac{p_2}{Q_b^2} \quad （末期） \tag{10-50b}$$

由 $b_1$ 和 $b_2$ 可以确定网路全阻力特性方程式

$$p_1 = b_1 Q^2 \quad （初期） \tag{10-51a}$$

$$p_2 = b_2 Q^2 \quad （末期） \tag{10-51b}$$

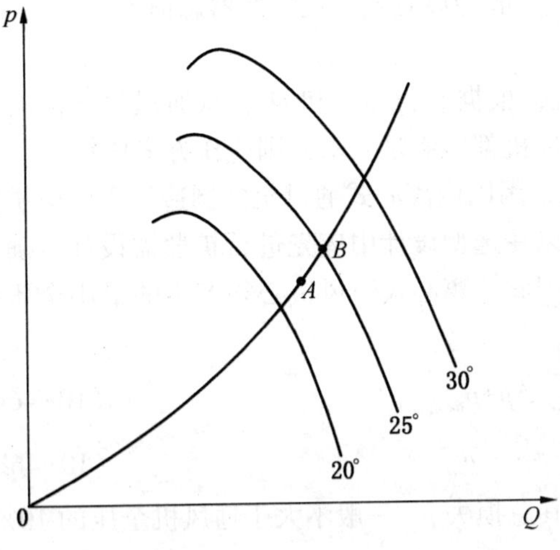


图 10-50　叶片安装角的确定

按式（9-6）和式（9-7），用描点作图法在所预选的通风机特性曲线图上，绘出末期和初期网路特性曲线，即得初期和末期的工况点。工况参数应满足矿井风量和负压的要求。选择得当，工况点应在通风机的高效区内。

由于轴流式通风机的叶片安装角度的间隔为5°，因此当工况点不在5°的整数倍角度上时，应偏大取与5°成倍数的安装角。如图10-50所示，若根据矿井条件工况点应为$A$点，其安装角在20°~25°之间，按上述规定，应取安装角为25°的工况点$B$。

5. 功率的计算

1）通风机的轴功率

$$P_1=\frac{p_1Q_1}{1000\eta_1}\quad 或\quad P_1=\frac{p_{st1}Q_1}{1000\eta_{st1}} \tag{10-52a}$$

$$P_2=\frac{p_2Q_2}{1000\eta_2}\quad 或\quad P_2=\frac{p_{st2}Q_2}{1000\eta_{st2}} \tag{10-52b}$$

式中，下标“1”和“2”分别表示初期和末期的工况点参数。

2）电动机的输出功率

$$P_{d1}=\frac{P_1}{\eta_c} \tag{10-53a}$$

$$P_{d2}=\frac{P_2}{\eta_c} \tag{10-53b}$$

式中　$\eta_c$——传动效率，$\eta_c=0.98$。

3）电动机容量及台数确定

当$P_{d1}/P_{d2}\geqslant 0.6$时，说明通风机在整个服务年限内的轴功率变化不大，选用一台电动机。其容量为

$$P_d=(1.1\sim1.2)P_{d2} \tag{10-54a}$$

式中　1.1~1.2——容量备用系数。

当$P_{d1}/P_{d2}<0.6$时，说明在通风机的整个服务年限内，轴功率变化较大，若采用一台大容量的电动机，则长期不能满载运行。为了改善功率因数，可选取两台容量不同的电动机，但初装电动机的服务年限不得少于10年。其初期和末期的电动机容量可分别为

$$P'_d=(1.1\sim1.2)\sqrt{P_{d1}P_{d2}} \tag{10-54b}$$

$$P''_d=(1.1\sim1.2)P_{d2} \tag{10-54c}$$

当选用同步电动机时，无论何种情况，电动机容量都按式（10-54a）确定。

6. 年耗电量的计算

通风机的年电耗一般按平均值计算。其估算式为

$$E=\frac{P_{d1}+P_{d2}}{2\eta_d\eta_w}rT \tag{10-55}$$

式中　$E$——年耗电量，kW · h/a；

$\eta_d$——电动机的效率，$\eta_d=0.85\sim0.9$，或从电动机产品样本上查取；

$\eta_w$——电网效率，$\eta_w=0.9\sim0.95$；

$r$——每天工作时数，一般取 24 h；

$T$——每年工作昼夜数，一般取 365 d。

7. 吨煤通风电耗量计算

$$E_{tm}=\frac{E}{A} \tag{10-56}$$

式中　$E_{tm}$——吨煤通风电耗量，kW · h/t；

$A$——矿井年产量，t/a。

（二）按类型特性曲线选型计算

1. 通风机风量的计算

与按个体特性曲线选型计算中风量计算式相同。

2. 通风机风压的计算

与按个体特性曲线选型计算中风压计算式相同。

3. 预选通风机

与按个体特性曲线选型计算中的预选通风机相同。

4. 确定叶轮的外圆周速度

由式（8-48）可知，通风机叶轮的外圆周速度

$$u=\sqrt{\frac{p_2}{\rho\bar{p}_M}} \tag{10-57}$$

式中　$p_2$——通风网路阻力最大时风机必须产生的风压，Pa；

$\rho$——空气密度，可取 $\rho=1.2\ kg/m^3$；

$\bar{p}_M$——所选类型通风机在最高效率时的风压系数，可由类型特性曲线查取。

5. 确定通风机叶轮直径

由式（8-47）可知，通风机叶轮的直径为

$$D'=\sqrt{\frac{4Q_b}{\pi\cdot u\bar{Q}_M}} \tag{10-58}$$

式中　$\bar{Q}_M$——所选类型通风机在最高效率时的风量系数，可由类型特性曲线查得；

$Q_b$——风机必须产生的风量，$m^3/s$。

由上式计算得到叶轮直径 $D'$后，再根据通风机性能规格表选取标准通风机的叶轮直径 $D$，但必须注意所选的通风机应与前面预选的机号一致。如不一致，则通风机的出口面积 $F_d$ 与前述不同，因而使通风机的出口速度和扩散器的损失均有所变化。

若通风机给出的是静压类型特性曲线，只需将上式中的 $\bar{p}$ 换成 $\bar{p}_{st}$，$p$ 换成 $p_{st}$ 即可。

6. 确定通风机的工况点

由于使用的是通风机的类型特性曲线，故需先求得无因次网路特性曲线，然后才能求得工况点。

按通风网路特性曲线方程式有

$$p_1 = b_1 Q^2$$

$$\frac{p_1}{\rho u^2}\rho u^2 = b_1 \frac{Q^2}{\left(\frac{\pi}{4}D^2 u\right)^2}\left(\frac{\pi}{4}D^2 u\right)^2$$

$$\bar{p}_1 = b_1\left(\frac{\pi}{4}\right)^2\frac{D^4}{\rho}\bar{Q}^2$$

令

$$\bar{b}_1 = b_1\left(\frac{\pi}{4}\right)^2\frac{D^4}{\rho} \qquad (10-59)$$

则

$$\bar{p}_1 = \bar{b}_1\bar{Q}^2 \qquad (10-60)$$

式中 $\bar{p}_1$——对应于通风机必须产生的最小全压 $p_1$ 下的风压系数；

$\bar{b}_1$——对应于最小网路比例系数 $b_1$ 下的无因次比例系数；

$\bar{Q}$——通风机的风量系数。

同理可得

$$\bar{p}_2 = \bar{b}_2\bar{Q}^2 \qquad (10-61)$$

$$\bar{b}_2 = b_2\left(\frac{\pi}{4}\right)^2\frac{D^4}{\rho} \qquad (10-62)$$

式中 $\bar{p}_2$——对应于通风机必须产生的最大全压 $p_2$ 下的风压系数；

$\bar{b}_2$——对应于最大网路比例系数 $b_2$ 下的无因次比例系数。

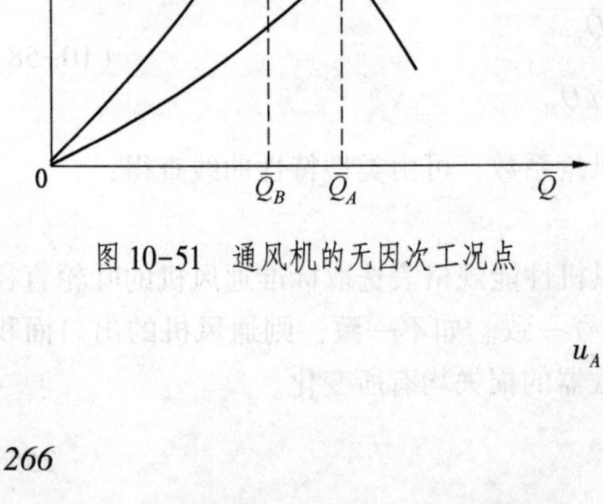


图 10-51 通风机的无因次工况点

式（10-60）和式（10-61）为对应于最小网路阻力和最大网路阻力的无因次网路特性曲线方程式。用描点作图法将它们绘于通风机的类型特性曲线图上，所得的两交点 A、B（图 10-50），为通风机的无因次工况点。

7. 通风机转速的计算

为了提高离心式通风机运转的经济性，应尽可能使用改变转速法来调节通风机的工况点。因此，必须计算出对应于最小全压与最大全压的工况点时的转速。

在图 10-51 中，对应于工况点 A 的叶轮外圆周速度为

$$u_A = \sqrt{\frac{p_1}{\rho\bar{p}_A}} \qquad (10-63)$$

式中　$\bar{p}_A$——最小全压 $p_1$ 时，通风机无因次工况点 $A$ 的风压系数。

对应于工况点 $A$ 的通风机转速为

$$n_A = \frac{60u_A}{\pi D} \tag{10-64}$$

对应于工况点 $B$ 的叶轮外圆周速度为

$$u_B = \sqrt{\frac{p_2}{\rho \bar{p}_B}} \tag{10-65}$$

式中　$\bar{p}_B$——最大全压 $p_2$ 时，通风机无因次工况点 $B$ 的风压系数。

按式（10-65）所求得的叶轮外圆周速度 $u_A$ 应小于所选通风机最大允许速度 $u_y$ 的0.9倍。对4-72-11型离心式通风机，当叶轮用的是锰钢材料时，$u_y$ 为110 m/s。

对应于工况点 $B$ 的通风机转速为

$$n_B = \frac{60u_B}{\pi D} \tag{10-66}$$

8. 功率的计算

1）通风机轴功率

A点
$$P_A = \frac{p_A Q_A}{1000\eta_A} \tag{10-67}$$

B点
$$P_B = \frac{p_B Q_B}{1000\eta_B} \tag{10-68}$$

式中　$p_A$、$p_B$——开采初期和末期工况点 $A$ 和 $B$ 所对应的全压，Pa；

$Q_A$、$Q_B$——开采初期和末期工况点 $A$ 和 $B$ 所对应的风量，$m^3/s$；

$\eta_A$、$\eta_B$——开采初期和末期工况点 $A$ 和 $B$ 所对应的效率。

2）电动机输出功率

A点
$$P_{d1} = \frac{P_A}{\eta_c} \tag{10-69}$$

B点
$$P_{d2} = \frac{P_B}{\eta_c} \tag{10-70}$$

式中　$\eta_c$——传动效率。用联轴器直联时，$\eta_c = 0.98$；用三角皮带传动时，$\eta_c = 0.95$。

3）电动机容量

按前述原则确定，即按式（10-54a）、式（10-54b）和式（10-54c）进行计算。

9. 年电耗量的计算

通风机的平均年电耗量按式（10-55）计算。

10. 吨煤通风电耗量计算

吨煤通风电耗量按式（10-56）计算。

【例10-3】某矿井为低沼气矿井，采用中央式通风系统。矿井年产量为1.5 Mt，服务年限为45 a。矿井所需风量为95 $m^3/s$，矿井最大负压为2100 Pa，最小负压为1750 Pa，试按个体特性曲线选择通风机。

**解**

1. 通风机风量的计算

$$Q_b = K\,Q_k = 1.1\times95 = 104.5(\text{m}^3/\text{s})$$

2. 通风机风压的计算

$$p_{st1} = h_{min} + \Delta p = 1750+150 = 1900(\text{Pa})$$

$$p_{st2} = h_{max} + \Delta p = 2100+150 = 2250(\text{Pa})$$

3. 预选通风机

根据$p_{st1}=1900$ Pa、$p_{st2}=2250$ Pa 和$Q_b=104.5\ \text{m}^3/\text{s}$，预选两台 FBCDZ-8-NO24B 型轴流式通风机，一台工作，一台备用，转速$n=740$ r/min。

4. 确定通风机的工况点

$$R_1 = \frac{p_{st1}}{Q_b^2} = \frac{1900}{104.5^2} = 0.174$$

$$R_2 = \frac{p_{st2}}{Q_b^2} = \frac{2250}{104.5^2} = 0.206$$

则矿井在开采初期和末期的网路特性曲线方程式分别为

初期 $$p_{st1} = R_1Q^2 = 0.174Q^2$$

末期 $$p_{st2} = R_2Q^2 = 0.206Q^2$$

根据上述两方程式，用描点作图法在所选的 FBCDZ-8-NO24B 的性能曲线图上，绘出初期与末期的网路特性曲线，即得两工况点 $A$、$B$，如图 10-52 所示。

*A* 点 $\theta=46°$　$Q_A=109\ \text{m}^3/\text{s}$　$p_{stA}=2067\text{Pa}$　$\eta_A=0.81$

*B* 点 $\theta=49°$　$Q_B=110.5\ \text{m}^3/\text{s}$　$p_{stB}=2515\text{Pa}$　$\eta_B=0.86$

5. 功率计算

(1) 电动机输出功率

*A* 点 $$P_{dA} = \frac{p_{stA}Q_A}{1000\eta_c\eta_A} = \frac{2067\times109}{1000\times1.0\times0.81} = 278.2\ (\text{kW})$$

*B* 点 $$P_{dB} = \frac{p_{stB}Q_B}{1000\eta_c\eta_B} = \frac{2515\times110.5}{1000\times1.0\times0.75} = 323.1\ (\text{kW})$$

(2) 电动机容量确定

因$P_{dA}=278.2\ \text{kW}>0.6P_{dB}=0.6\times323.1\ \text{kW}=194\ \text{kW}$，故在整个服务年限内选用一台电动机，其容量为

$$P_d = (1.1\sim1.2)P_{dB} = (1.1\sim1.2)\times323.1 = 355.4\sim387.7\ (\text{kW})$$

根据$P_d=355.4\sim387.7$kW 和$n=740$r/min，确定选用 YBFh450S3-8 型电动机，其功率为 250×2 kW，转速为 740 r/min。

6. 年电耗平均值计算

$$E = \frac{P_{dA}+P_{dB}}{2\eta_d\eta_w}rT = \frac{278.2+323.1}{2\times0.9\times0.95}\times24\times365 = 3080344\ (\text{kW}\cdot\text{h/a})$$

7. 吨煤通风电耗平均值计算

$$E_{tm} = \frac{E}{A} = \frac{3080344}{15\times10^5} = 2.054\ (\text{kW}\cdot\text{h/t})$$

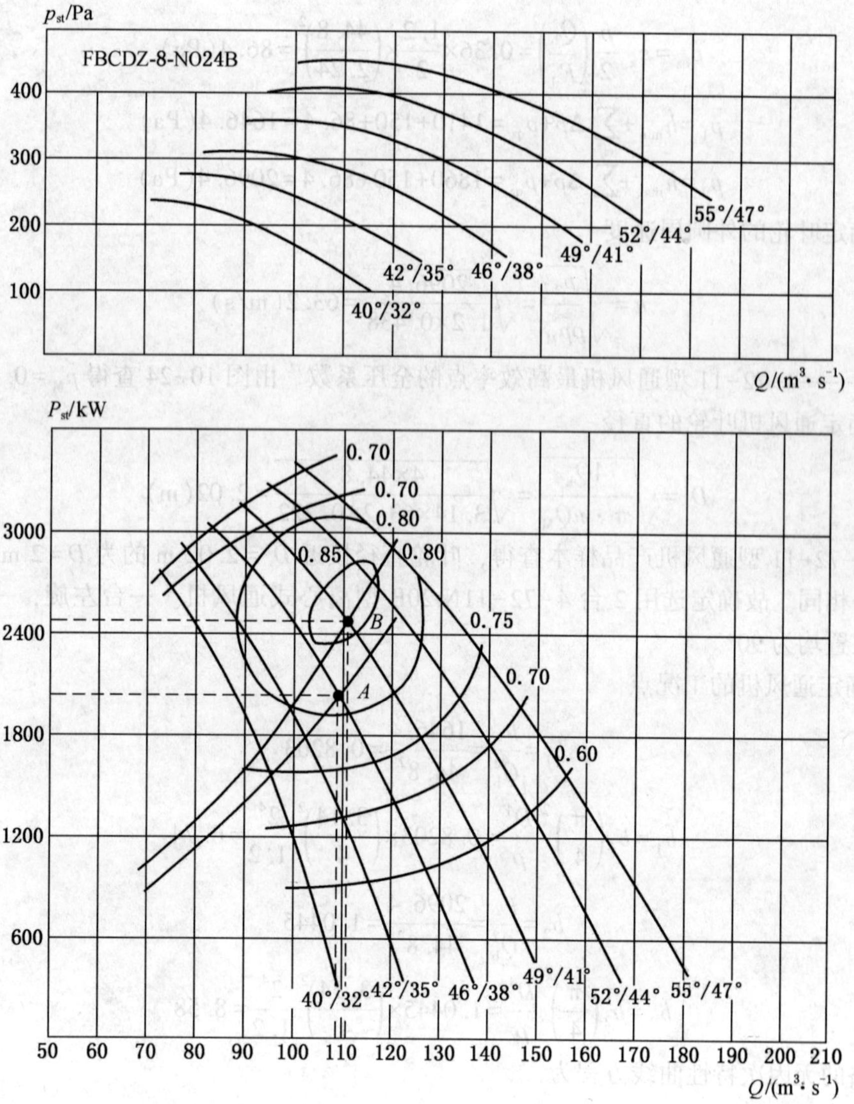


图 10-52　通风机的工况点

【例 10-4】某低沼气矿井，其年产量为 0.45 Mt。矿井所需风量为 2442 m³/min，矿井最大负压为 1860 Pa，最小负压为 1410 Pa，试按类型特性曲线选择通风机。

**解**

1. 通风机风量的计算

$$Q_b = KQ_k = 1.1 \times 2442/60 = 44.8(\mathrm{m^3/s})$$

2. 通风机风压的计算

按通风机的风量 $Q_b = 44.8\ \mathrm{m^3/s}$ 及 $1.1\times(h_{min}+\Delta p) = 1.1\times(1860+150) = 2211$ 和 $1.1\ (h_{max}+\Delta p)\ = 1.1(1410+150)\ = 1716$ Pa，查表 7-1，初步确定选用 4-72-11№20B 型离心式通风机，并查得该机号通风机出口面积 $S = B_1 \times B_4 = 1.4\times1.6 = 2.24\ \mathrm{m^2}$，若取扩散面

积比 $n=3$，长度 $L=3$ m，按式（10-12）求得扩散器损失系数$\varepsilon_k=0.36$，则

$$p_{qz}=\varepsilon_k\frac{\rho}{2}\left(\frac{Q_b}{F_d}\right)^2=0.36\times\frac{1.2}{2}\times\left(\frac{44.8}{2.24}\right)^2=86.4(\text{Pa})$$

$$p_1=h_{min}+\sum\Delta p+p_{qz}=1410+150+86.4=1646.4(\text{Pa})$$

$$p_2=h_{max}+\sum\Delta p+p_{qz}=1860+150+86.4=2096.4(\text{Pa})$$

3. 确定叶轮的外圆周速度

$$u=\sqrt{\frac{p_2}{\rho\bar{p}_M}}=\sqrt{\frac{2096.4}{1.2\times0.438}}=63.2(\text{m/s})$$

式中 $\bar{p}_M$——4-72-11 型通风机最高效率点的全压系数。由图 10-24 查得 $\bar{p}_M=0.438$。

4. 确定通风机叶轮的直径

$$D'=\sqrt{\frac{4Q_b}{\pi\cdot uQ_M}}=\sqrt{\frac{4\times44.8}{3.14\times63.2\times0.222}}=2.02(\text{m})$$

由 4-72-11 型通风机产品样本查得，叶轮直径接近 $D'=2.02$ m 的为 $D=2$ m，与前面预选机号相同。故确定选用 2 台 4-72-11№20B 型离心式通风机。一台左旋，一台右旋，出风口位置均为 90°。

5. 确定通风机的工况点

因
$$b_1=\frac{p_1}{Q_b^2}=\frac{1646.4}{44.8^2}=0.8203$$

所以
$$\bar{b}_1=b_1\left(\frac{\pi}{4}\right)^2\frac{D^4}{\rho}=0.8203\times\left(\frac{3.14}{4}\right)^2\frac{2^4}{1.2}=6.74$$

同理
$$b_2=\frac{p_2}{Q_b^2}=\frac{2096.4}{44.8^2}=1.0445$$

$$\bar{b}_2=b_2\left(\frac{\pi}{4}\right)^2\frac{D^4}{\rho}=1.0445\times\left(\frac{3.14}{4}\right)^2\frac{2^4}{1.2}=8.58$$

网路的无因次特性曲线方程为

初期
$$\bar{p}_1=\bar{b}_1\bar{Q}^2=6.74\bar{Q}^2$$

末期
$$\bar{p}_2=\bar{b}_2\bar{Q}^2=8.58\bar{Q}^2$$

在 4-72-11 型离心式通风机的类型特性曲线上，画出上述两条无因次网路特性曲线，即得初期和末期的无因次工况点 $A$ 和 $B$，如图 10-53 所示。

A 点　$\bar{Q}_A=0.245$　$\bar{p}_A=0.41$　$\eta_A=0.925$

B 点　$\bar{Q}_B=0.225$　$\bar{p}_B=0.43$　$\eta_B=0.935$

6. 通风机转速的计算

对应于 $A$ 点的叶轮外圆周速度和转速为

$$u_A=\sqrt{\frac{p_1}{\rho\bar{p}_A}}=\sqrt{\frac{1646.4}{1.2\times0.41}}=57.8(\text{m/s})$$

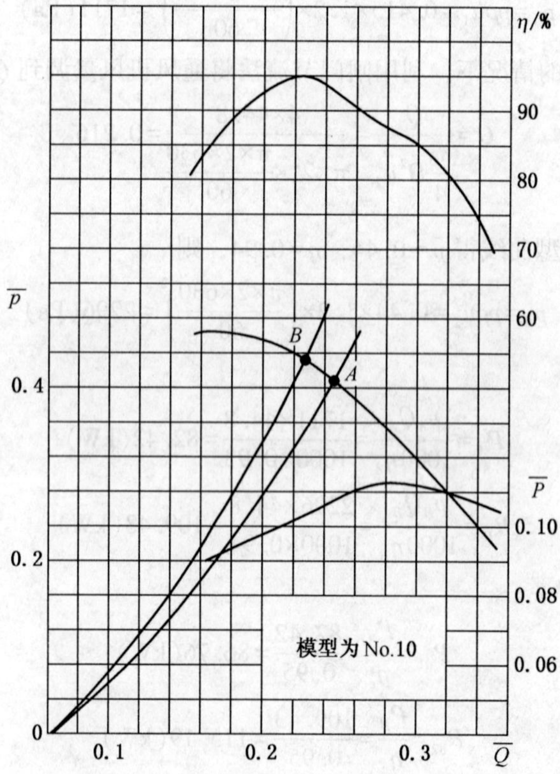


图 10-53　4-72-11 离心式风机无因次工况点

$$n_A=\frac{60u_A}{\pi D}=\frac{60\times 57.8}{3.14\times 2}=552(\mathrm{r/min})$$

对应于 $B$ 点的叶轮外圆周速度和转速为

$$u_B=\sqrt{\frac{p_2}{\rho\bar{p}_B}}=\sqrt{\frac{2096.4}{1.2\times 0.43}}=63.7(\mathrm{m/s})$$

$$n_B=\frac{60u_B}{\pi D}=\frac{60\times 63.7}{3.14\times 2}=609(\mathrm{r/min})$$

根据 $n_A=552$ r/min 和 $n_B=609$ r/min，查风机产品目录，可决定开始通风机采用 $n=560$ r/min 的转速，工作一定时期后再采用 $n=630$ r/min 的转速。可采用皮带轮调速或其他调速方法。

7. 功率的计算

在 $n_1=560$ r/min 的情况下，利用闸门节流法将通风机风量调到 $Q=44.8\ \mathrm{m^3/s}$，于是

$$\bar{Q}=\frac{Q}{\frac{\pi}{4}D^2u_1}=\frac{4\times 44.8}{\pi\times 2^2\times\frac{\pi\times 2\times 560}{60}}=0.243$$

按 $\bar{Q}=0.243$ 查类型曲线得 $\bar{p}\approx 0.415$，$\eta=0.93$，则

$$p_A=\bar{p}\rho u_1^2=0.415\times1.2\times\left(\frac{\pi\times2\times560}{60}\right)^2=1711(\text{Pa})$$

在 $n_2=630$ r/min 的情况下，利用闸门节流法将通风机风量调到 $Q=44.8$ m³/s，于是

$$\bar{Q}=\frac{Q}{\frac{\pi}{4}D^2u_2}=\frac{4\times44.8}{\pi\times2^2\times\frac{\pi\times2\times630}{60}}=0.216$$

按 $\bar{Q}=0.216$ 查类型曲线得 $\bar{p}\approx0.44$，$\eta=0.94$，则

$$p_B=\bar{p}\rho u_2^2=0.44\times1.2\times\left(\frac{\pi\times2\times630}{60}\right)^2=2296(\text{Pa})$$

1）通风机轴功率

初期 $$P_A=\frac{p_AQ_A}{1000\eta_A}=\frac{1711\times44.8}{1000\times0.93}=82.42(\text{kW})$$

末期 $$P_B=\frac{p_BQ_B}{1000\eta_B}=\frac{2296\times44.8}{1000\times0.94}=109.43(\text{kW})$$

2）电动机输出功率

$$P_{d1}=\frac{P_A}{\eta_c}=\frac{82.42}{0.95}=86.76(\text{kW})$$

$$P_{d2}=\frac{P_B}{\eta_c}=\frac{109.43}{0.95}=115.19(\text{kW})$$

3）电动机容量的确定

因 $P_A=86.76$ kW $>0.6P_B=0.6\times115.19$ kW $=69.11$ kW，故在整个服务年限内选用一台电动机，其容量为

$$P_d=(1.1\sim1.2)P_{d2}=(1.1\sim1.2)\times115.19=126.7\sim138.2(\text{kW})$$

根据 $P_d=126.7\sim138.2$ kW 和 $n_{max}=630$ r/min，确定选用 JS-127-8 型绕线式电动机，其功率为 130 kW，转速为 750 r/min。

8. 年电耗的计算

$$E=\frac{P_{d1}+P_{d2}}{2\eta_d\eta_w}rT=\frac{86.76+115.19}{2\times0.9\times0.95}\times24\times365=1034550(\text{kW}\cdot\text{h/a})$$

9. 吨煤通风电耗的计算

$$E_{tm}=\frac{E}{A}=\frac{1034550}{45\times10^4}=2.3(\text{kW}\cdot\text{h/t})$$

## 复习思考题

1. 什么叫通风机的全压、静压和动压？它们之间有何关系？
2. 为什么我国煤矿常用抽出式通风？
3. 通风网路特性方程的物理意义是什么？
4. 通风机在网路中工作时的全压与其位置有无关系？为什么？
5. 为什么水泵的网路特性曲线不通过坐标原点，而通风机的网路特性曲线通过坐标

原点？当网路阻力损失系数 $R$（或 $b$）发生变化时，其特性曲线如何变化？

6. 什么是网路等积孔？等积孔与网路阻力的大小有何关系？

7. 如何确保通风机工作的稳定性和经济性？通风机的工业利用区是怎样划定的？

8. 通风机串联和并联工作各有何特点？通风机串联工作一定能提高风压吗？试用图示说明两台风机两翼并联时工况点的求法。

9. 试比较通风机各种工况调节方法的特点和适用情况。

10. 4-72-11 型离心式通风机由哪几部分组成？这种通风机效率较高的原因是什么？

11. 2K60 型和 K66 型轴流式通风机的结构、性能有何异同？

12. 通风机辅助装置有哪些？各有何作用？

13. 如何选取离心式通风机的扩散器参数？

14. 通风机的噪声是如何产生的？常见的消声措施有哪几种？

15. 为什么要进行反风？试用简图说明离心式通风机和轴流式通风机反风道反风的过程。

16. 最有利的叶轮直径是怎样确定的？对轴流风机和离心风机计算最有利的叶轮直径有何不同？

17. 已知某矿井初期通风网路的等积孔 $A_{c1}=2\ m^2$，末期等积孔 $A_{c2}=1.2\ m^2$，试计算不同时期的网路静阻力损失常数 $R$，并绘制出该矿井的初期及末期通风网路特性曲线。

18. 2K60-4-№24 型轴流式通风机，若 $K=0.3$，试求当流量 $Q=120\ m^3/h$ 时，在不加装扩散器时，通风机中流体带走的动压和加装扩散器后通风机的静压增量。

19. 某通风机入口断面的负压为 900 MPa，风速为 25 m/s，出口断面的风速为 13 m/s，求该通风机产生的全压、静压和动压。

20. 某矿为低瓦斯矿井，采用中央式通风系统，矿井年产量为 0.45 Mt，服务年限为 40 年，矿井所需风量为 36.4 $m^3/s$，矿井最大负压为 1300 Pa，最小负压为 800 Pa，风井不作提升用。试选择满足通风要求的通风机和电动机。

21. 已知某矿井通风所需最大风压为 1962 Pa，最小风压为 1569.6 Pa，矿井所需风量为 28 $m^3/s$，试选用离心通风机的型号，确定通风机的转速，计算电动机的功率。

22. 某矿井通风所需最大负压为 3433.5 Pa，最小负压为 2452.5 Pa，所需风量为 120 $m^3/s$，试选合适的通风机。

# 第三篇　空气压缩机

# 第十一章　概　　述

## 第一节　空气压缩机的用途及类型

### 一、压缩空气的应用

自然界的空气是可以被压缩的，经压缩后压力升高的空气称为压缩空气。空气经压缩机压缩后，体积缩小，压力增高，消耗外界的功。一经膨胀，体积增大，压力降低，并对外做功。可以利用压缩空气膨胀对外做功的性质驱动各种风动工具和机械，从事生产活动，因此压缩空气被作为动力源得到广泛的应用。

在工业生产和建设中，压缩空气是一种重要的动力源，用于驱动各种风动机械和风动工具，如风钻、风动砂轮机、空气锤、喷砂、喷漆、溶液搅拌、粉状物料输送等；压缩空气可用于控制仪表及自动化装置、科研试验、产品及零部件的气密性试验；压缩空气还可分离生产氧、氮、氩及其他稀有气体等。上述应用，都是以不同压力的压缩空气作为动力或作为原料。

### 二、空气压缩机

给气体提供能量，使气体的压力升高成为压缩气体的机器，称为压缩机。工业上，应用最广泛的压缩机按作用原理不同可分为容积式和速度式两大类。

1. 容积式压缩机

容积式压缩机的原理是用可以移动的容器壁来减小气体所占据的封闭工作空间的容积，以达到使气体分子接近的目的，使气体压力升高。容积型压缩机在结构上又分往复式和回转式。

往复式压缩机主要有活塞式，它是靠活塞在汽缸中作往复运动，通过吸、排气阀的控制，实现吸气、压缩、排气的周期变化。实现活塞往复运动的机构是曲柄连杆机构。

回转式压缩机主要有单螺杆式压缩机和螺杆式压缩机等。

2. 速度式压缩机

速度式压缩机的原理是使气体分子在机械高速转动中得到一个很高的速度，然后又让它减速运动，使动能转化为压力能。速度式压缩机又分为离心式和轴流式两种。它们都是靠高速旋转的叶片对气体的动力作用，使气体获得较高的速度和压力，然后在蜗壳或导叶中扩压，得到高压气体。

生产并输送压缩空气的机器，称为空气压缩机（简称空压机）。国产空压机有活塞式、滑片式、螺杆式、单螺杆式、轴流式和离心式（或透平式）。目前，在一般空气压缩机站中，最广泛采用的是活塞式、螺杆式和单螺杆式空压机；在大型空气压缩机站中，较多采用了离心式和轴流式空压机。

## 三、空压机在矿山生产中的作用

在矿山生产中，除电能外，压缩空气是比较重要的动力源之一。目前矿山使用着各种风动机械，如凿岩机、风镐、锚喷机及气锤等，都是利用空压机产生的压缩空气来驱动机器做功。利用压缩空气作动力源比用电能有如下优点：

(1) 在有沼气的矿井中，使用压缩空气作动力源可避免产生电火花引起爆炸，比电力源安全。

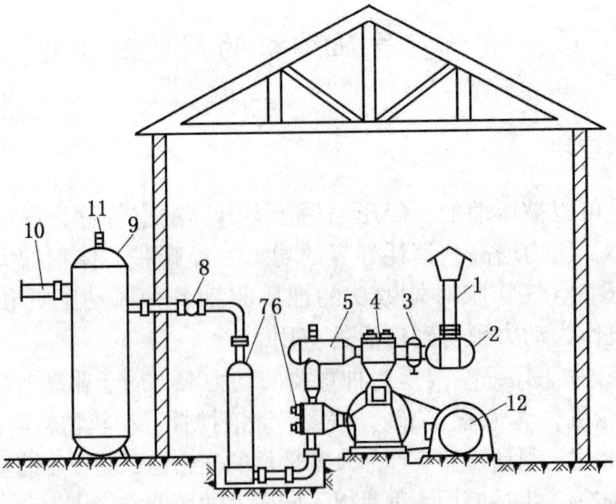


1—进气管；2—空气过滤器；3—调节阀片；4—低压缸；5—中间冷却器；6—高压缸；
7—后冷却器；8—逆止阀；9—风包；10—压气管路；11—安全阀；12—电动机

图 11-1 活塞式空压机压气系统示意图

(2) 矿山使用的风动机械，如凿岩机、风镐等大部分是冲击式机械，往复速度高、冲击强，适宜切削尖硬的岩石。

(3) 压缩空气本身具有良好的弹性和冲击性能，适应于变负载条件下作动力源，比电力有更大的过负荷能力。

(4) 风动机械排出的废气可帮助通风和降温，改善工作环境。

压缩空气为动力源的缺点是压气设备本身的效率较低，而压缩空气又是二次能源，所以运行费用较高。但由于矿山生产的特殊条件，如温度高、湿度大、粉尘多，还有沼气等有害气体，为确保矿山安全生产，目前和将来压缩空气仍是矿山不可缺少的动力。

## 四、压气设备的组成

压气设备主要由空压机、拖动电机、附属装置（滤风器，风包、冷却装置等）和输气管路等组成。

图 11-1 是活塞式空压机压气系统示意图。空气由进气管吸入，经空气过滤器进入低压缸，进行第一级压缩。此时气体体积缩小，压力增高，然后进入中间冷却器使气体的温度下降。此后再进入高压缸进行第二级压缩。当达到额定压力时，压缩空气经后冷却器、逆止阀和管路送入风包中。最后通过压气管路送到井下各用气地点。

图 11-2 为喷油式螺杆空压机工作系统示意图，主要由气管路、油管路和控制管路

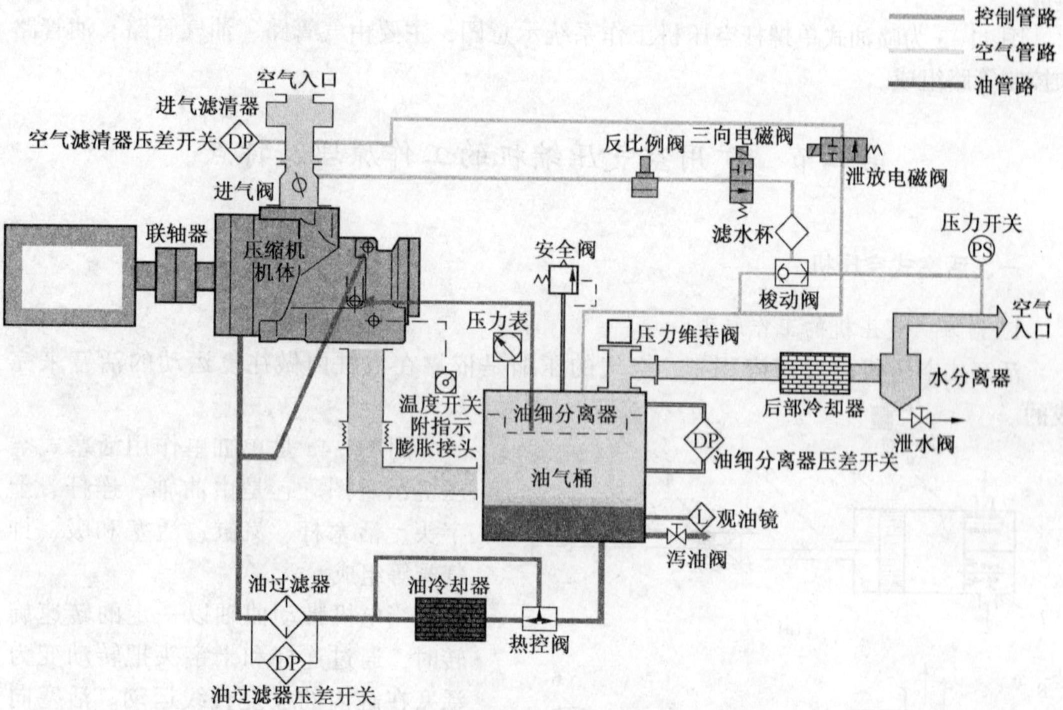


图 11-2　喷油式螺杆空压机工作系统示意图

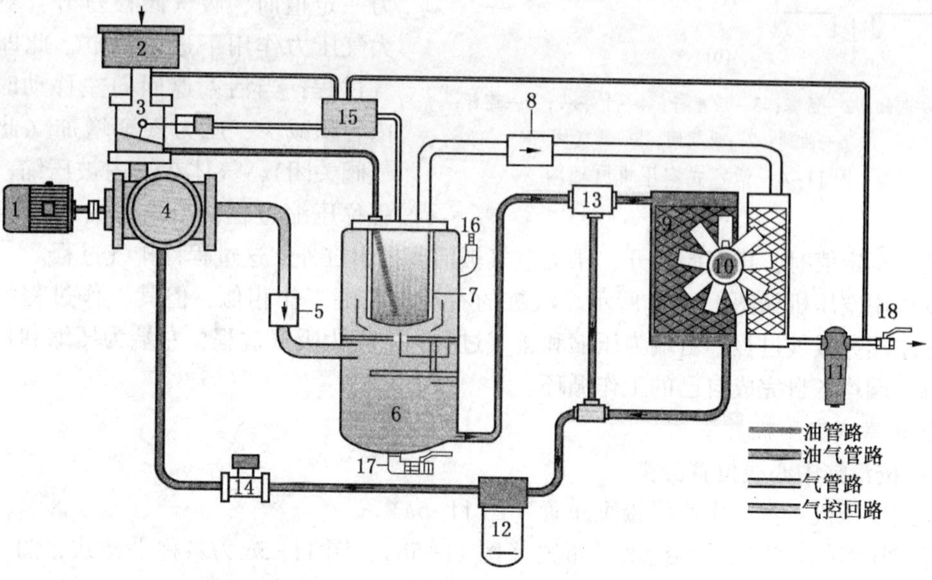


1—电机；2—空气滤清器；3—卸荷阀；4—主机；5—单向阀；6—油气分离器；
7—滤芯；8—最小压力阀；9—冷却器；10—风机；11—气水分离器；12—机油滤清器；
13—温控阀；14—断油阀；15—气控组件；16—安全阀；17—排污阀；18—排气阀

图 11-3　喷油式单螺杆空压机工作系统示意图

组成。

图 11-3 为喷油式单螺杆空压机工作系统示意图，主要由气管路、油气管路、油管路和控制管路组成。

## 第二节　矿用空气压缩机的工作原理及特点

### 一、活塞式空压机

1. 活塞式空压机的工作原理

活塞式空压机是属于容积型，空气的压缩是依靠在汽缸内做往复运动的活塞来完成的。

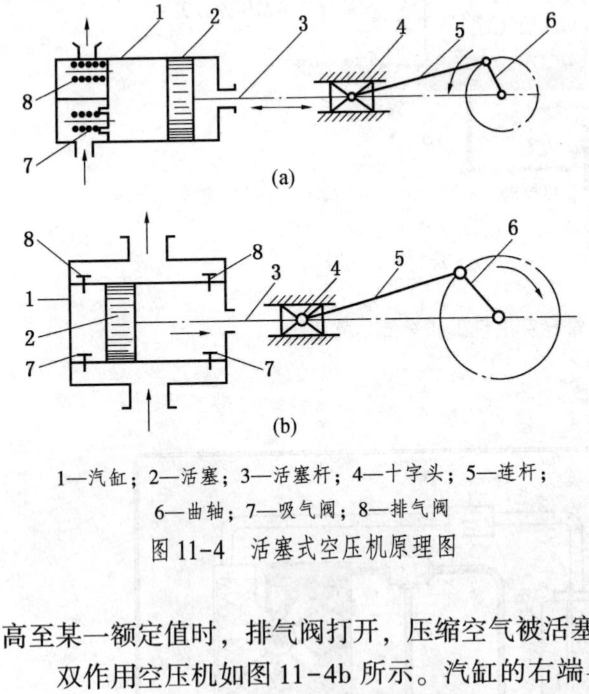


1—汽缸；2—活塞；3—活塞杆；4—十字头；5—连杆；6—曲轴；7—吸气阀；8—排气阀

图 11-4　活塞式空压机原理图

图 11-4a 是单缸单作用活塞式空压机示意图。它是由曲轴、连杆、十字头、活塞杆、汽缸、活塞和吸、排气阀等组成。

当电机带动曲轴以一定的转速旋转时，通过连杆和十字头把转动变为活塞在缸内的往复直线运动。活塞向右运动时，汽缸内容积增大，压力降低。若汽缸左侧的压力略低于大气压力一定值时，吸气阀被打开，空气在大气压力作用下进入汽缸，此即为吸气过程；当活塞返回向左移动时，缸内容积减少，压力逐渐增加（此时吸气阀关闭），气体在缸内被压缩，此过程称压缩过程；当汽缸内气体压力升高至某一额定值时，排气阀打开，压缩空气被活塞排出缸外，这过程称排气过程。

双作用空压机如图 11-4b 所示。汽缸的右端与左端工作相似，但其工作过程恰好相反。即左端为吸气过程，右端为压缩和排气过程；右端为吸气过程，左端为压缩和排气过程，每一端均各自完成自己的工作循环。

2. 活塞式空压机类型

1）按汽缸中心线位置分类

立式空压机：汽缸中心线铅垂布置（图 11-5a）。

卧式压缩机：汽缸中心线水平布置（图 11-5b），图 11-5c 为对称平衡式，图 11-5d 为对置式。

角度式压缩机：汽缸中心线与水平线成一定角度布置，按汽缸排列所呈形状又分为 L 型、V 型、W 型、S 型等，分别见图 11-5e、图 11-5f、图 11-5g、图 11-5h。

2）按活塞在汽缸中的作用分类

单作用式（单动式）：汽缸内只有活塞一侧进行压缩循环（图 11-4a）。

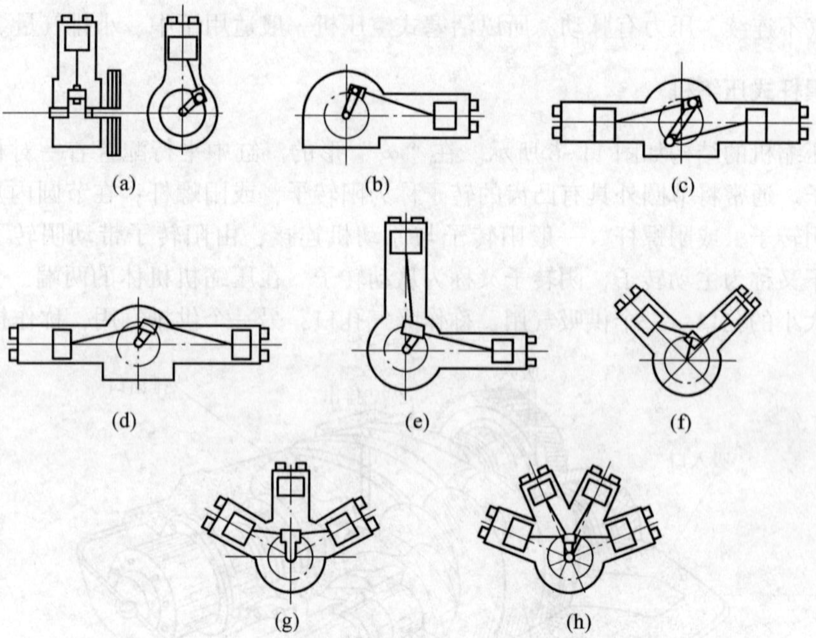


图 11-5　汽缸中心线相对地平面不同位置的各种配置

双作用式（双动式）：汽缸内活塞两侧同时进行压缩循环（图 11-4b）。

3）按气体达到终了压力压缩级数分类

单级空压机：气体经一级压缩到达终了压力。

两级空压机：气体经两级压缩到达终了压力。

多级空压机：气体经两级以上压缩到达终了压力。

4）按汽缸的冷却方式分类

水冷式空压机：用水对空压机各部分进行冷却，多用于大型空压机上。

风冷式空压机：用大气对空压机自然冷却，多用于小型空压机上。

5）按汽缸内有无润滑油分类

有润滑空气压缩机：汽缸内注入润滑油对汽缸和活塞环间润滑。

无润滑空气压缩机：汽缸内不注入润滑油对汽缸和活塞环间进行润滑，采用充填聚四氟乙烯这种自润滑材料制作密封元件——活塞环和密封环。

无油润滑空气压缩机与有油润滑空气压缩机相比，可节省大量的润滑油；由于充填聚四氟乙烯材料的摩擦系数小，改善了汽缸相关件的磨损情况，延长了使用寿命；净化了压缩空气，保证了风动机械的安全使用，并且改善了环境卫生；汽缸实现了无油润滑，避免了由于汽缸过热引起润滑油燃烧、汽缸爆炸的危险，有利于安全运转；取消了注油器润滑系统，避免了跑油、漏油事故，减少了维修量。

3. 活塞式空压机的特点

活塞式空压机具有背压稳定、压力范围广泛、在一般压力范围内空压机对材料的要求低，多用普通钢材和铸铁材料的特点。但由于采用曲柄滑块传动机构，转速不高；单机排气量大于 500 $m^3$/min 时，机器显得大而重；结构复杂、易损件多、维修量大；运转时有振动；输气不连续，压力有脉动，所以活塞式空压机一般适用于中、小排气量。

## 二、螺杆式压缩机

螺杆压缩机的结构如图 11-6 所示。在“∞”形的汽缸中平行配置着一对相互啮合的螺旋形转子。通常将节圆外具有凸齿的转子称为阳转子，或阳螺杆；在节圆内具有凹齿的转子称为阴转子，或阴螺杆。一般阳转子与原动机连接，由阳转子带动阴转子转动。因此，阳转子又称为主动转子，阴转子又称为从动转子。在压缩机机体的两端，分别开设一定形状和大小的孔口。一个供吸气用，称作吸气孔口；另一个供排气用，称作排气孔口。

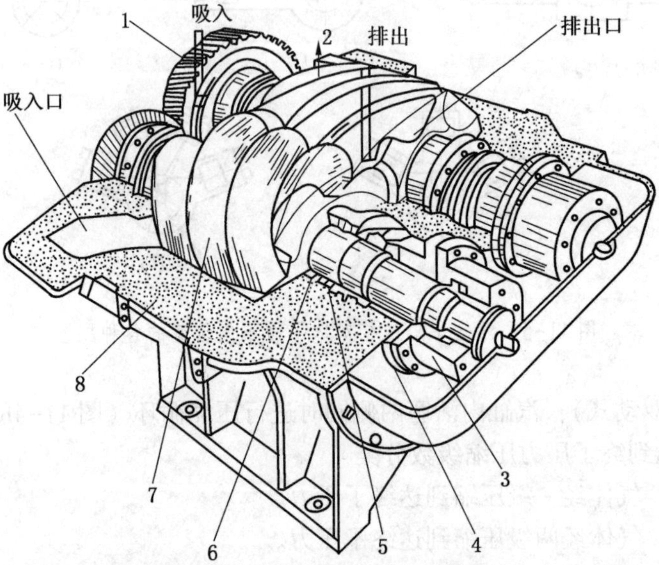


1—同步齿轮；2—阴转子；3—推力轴承；4—轴承；5—挡油环；6—轴封；7—阳转子；8—汽缸

图 11-6 螺杆压缩机结构示意图

### 1. 螺杆式压缩机的工作原理

螺杆压缩机的基元容积是由阳、阴转子和汽缸内壁面之间形成的一对齿间容积，随着转子的旋转，基元容积的大小和空间位置都在不断变化。螺杆压缩机的工作过程如图 11-7 所示。

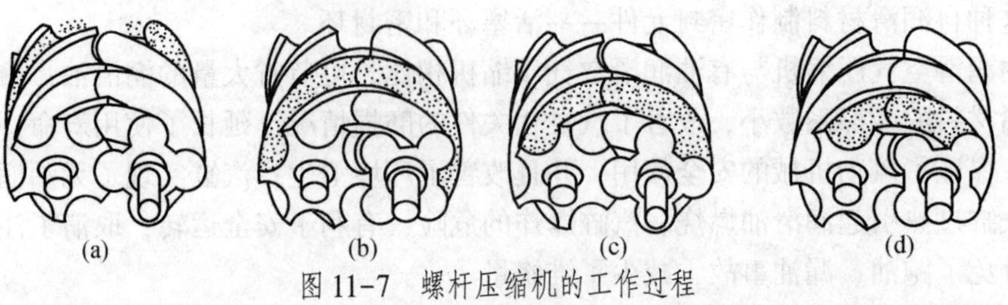


图 11-7 螺杆压缩机的工作过程

吸气过程开始时，气体经吸气孔口分别进入阳、阴转子的齿间容积，随着转子的旋转，这两个齿间容积不断扩大。当这两个容积达到最大值时，齿间容积与吸气孔口断开，吸气过程结束。随着转子继续旋转，因转子齿的相互挤入，呈“V”字形的基元容积的容积值逐渐减少，从而实现气体的压缩过程，直到该基元容积与排气孔口相连通时为止。在基元容积与排气孔口连通后，即开始排气过程。随着基元容积的不断缩小，具有排气压力的气体逐渐通过排气孔口被完全排出，螺杆压缩机中不存在穿通容积。

从图 11-7 中还可看出，螺杆压缩机中，阳、阴转子转向互相迎合的一侧，基元容积在缩小，气体受到压缩，是高压力区。转子转向彼此相背离的一侧，基元容积在扩大，处在吸气过程，是低压力区。为了在机器中实现内压缩过程，螺杆压缩机的吸、排气孔口应呈对角线布置。

2. 螺杆式压缩机的类型

按其运行方式的不同，螺杆压缩机可分为无油螺杆压缩机和喷油螺杆压缩机两类。

无油螺杆压缩机又称为干式螺杆压缩机，在这类机器的吸气、压缩和排气过程中，被压缩的气体介质不与润滑油相接触，两者之间有着可靠的密封。另外，无油机器的转子并不直接接触，相互间存在一定的间隙。阳转子通过同步齿轮带动阴转子高速旋转，同步齿轮在传输动力的同时，还确保了转子间的间隙。

在喷油螺杆压缩机中，大量的润滑油被喷入所压缩的气体介质中，起着润滑、密封、冷却和降低噪声的作用。喷油机器中不设同步齿轮，一对转子就像一对齿轮一样，由阳转子直接带动阴转子。所以，喷油机器的结构更为简单。

3. 螺杆式压缩机的特点

(1) 可靠性高。螺杆压缩机零部件少，没有易损件，因而它运转可靠，寿命长，无故障运行时间可高达（4~8）万小时。

(2) 动力平衡好。螺杆压缩机没有往复运动零部件，不存在不平衡惯性力，可使机器平稳地高速工作，实现无基础运转，从而可与原动机直联，并且体积小、重量轻、占地面积少，特别适合用作移动式压缩机。

(3) 适应性强。螺杆压缩机有强制输气的特点，排气量几乎不受排气压力的影响，不会发生喘振现象，可在多方面适应工况的要求，在宽广的范围内，能保持较高的效率。

(4) 多相混输。螺杆压缩机的转子齿面间实际上留有间隙，因而能耐液体冲击，可压送含液气体、含粉尘气体、易聚合气体等。

(5) 可实现无油压缩。无油螺杆压缩机可实现绝对无油地压缩气体，能保持气体洁净，可用于输送不能被油污染的气体。

由于螺杆压缩机造价高、系统复杂、不能用于高压场合、噪声大等缺点，制约了它的应用，有待于不断改进。

4. 螺杆式压缩机发展和应用

螺杆式压缩机是由瑞典 Alf Lysholm 在 1934 年发明的，由于制造上的困难，早期的螺杆压缩机仅用作低压比、大流量的无油压缩机。1960 年后，随着喷油技术的逐渐成熟、转子型线的不断改进和专用转子加工设备的成功开发，螺杆压缩机得到了广泛的应用。

目前，螺杆压缩机广泛应用于矿山、化工、动力、冶金、建筑、机械、制冷等工业部门。无油螺杆压缩机的排气量范围为 3~1000 $m^3/min$，单级压比为 1.5~3.5。喷油螺杆压缩机的排气量范围为 0.2~100 $m^3/min$，单级压比可达 14，排气压力可达 $2.5\times10^6$ Pa。

## 三、单螺杆式空压机

单螺杆式空压机也是一种容积回转式压缩机，它是由法国人辛麦恩在1960年根据蜗杆传动理论发明的，我国于1976年生产出了第一台单螺杆式压缩机。但由于单螺杆式压缩机啮合副的加工工艺比较特殊，限制了单螺杆式压缩机的生产和应用，直到20世纪80年代，随着包括“浮动星轮”在内的新技术的不断成熟，使单螺杆式压缩机的制造与加工工艺逐步成熟，形成了规模化的生产。

1. 单螺杆式空压机的工作原理

单螺杆式空压机的构造如图11-8所示，它主要由汽缸、单螺杆转子和一副星轮组成。在单螺杆转子两侧的同一水平内对称配置与螺杆齿槽相啮合的星轮。单螺杆转子、星轮分别在汽缸和机壳内作旋转运动。螺杆轴与星轮轴在空间上是互相垂直的。气体由吸气腔进入螺杆齿槽空间，经压缩后，由开设在汽缸的排气孔口引出。在排气端，螺杆主轴外伸端通过弹性联轴节与原动机相连。

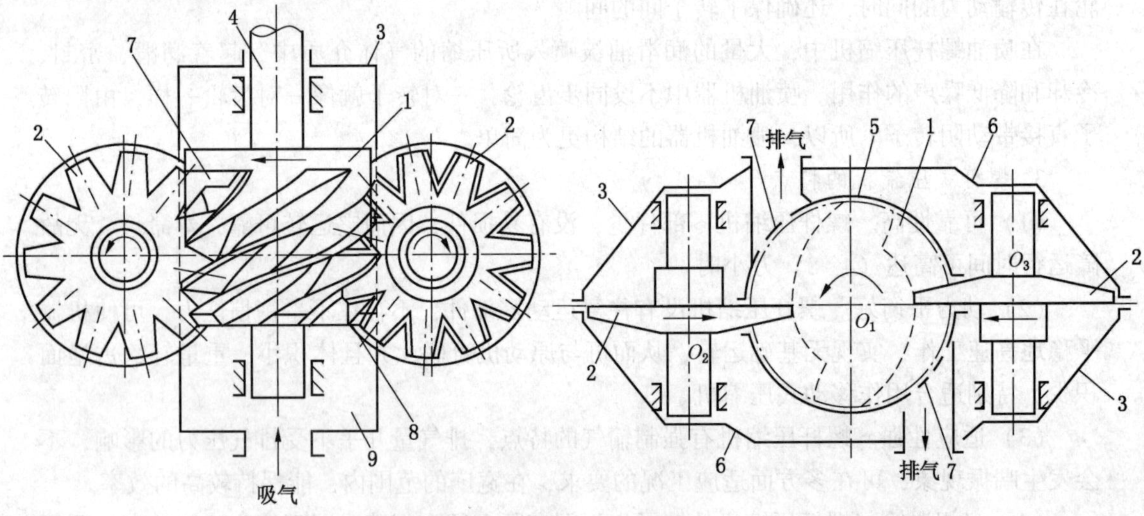


1—单螺杆转子；2—星轮；3—机壳；4—主轴轴封；5—汽缸；6—机壳孔槽；
7—排气孔口；8—螺杆转子吸气齿槽；9—吸气腔

图11-8 单螺杆式空压机构造

螺杆在高压端留有一段整圆柱段，上有螺纹齿，以密封螺杆齿槽内的高压气体。流经该圆柱段与汽缸之间的泄漏气体，能通过汽缸上适当位置处的一些通道引回吸气腔，这就使作用在螺杆两端上的气体轴向力得以平衡。

单螺杆式压缩机都是喷液的，通常在汽缸上钻有喷液孔，将液体喷入压缩腔，以起密封、冷却气体及润滑螺杆-星轮摩擦副的作用。

单螺杆式压缩机按螺杆与星轮的外部形状可分为CP型单螺杆式压缩机、PP型单螺杆式压缩机、CC型单螺杆式压缩机和PC型单螺杆式压缩机，目前国内主要采用CP型单螺杆式压缩机，即螺杆为圆柱形，星轮为平面形。

单螺杆式空压机的工作原理与螺杆式空压机相似，其基元容积是由螺杆转子齿槽外壁、星轮凸齿端面和汽缸内壁所组成的容积。原动机通过主轴带动螺杆转子旋转，螺杆转子再通过啮合副带动星轮旋转，使其基元容积周期性缩小与扩大，实现对气体的压缩、排气与吸气这 3 个基本过程，如图 11-9 所示。

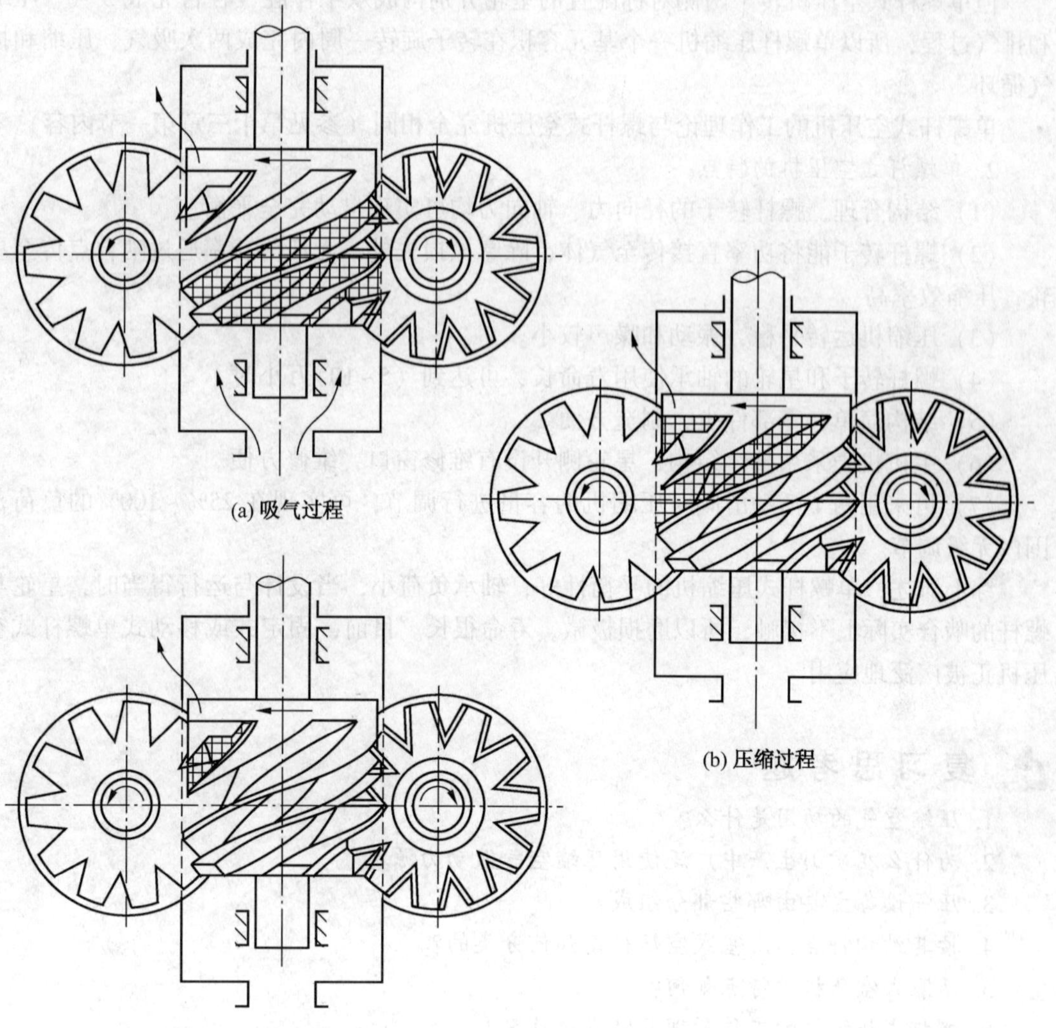

(a) 吸气过程

(b) 压缩过程

(c) 排气过程

图 11-9　单螺杆压缩机的工作过程

1）吸气过程

如图 11-9a 所示，螺杆吸气端的齿槽与吸气腔相通，此时螺杆的各个齿槽全部处于吸气状态。当螺杆旋转到一定位置时，螺杆齿槽空间被与之相啮合的星轮凸齿遮住，与吸气腔隔开，吸气过程结束。

2）压缩过程

随着螺杆的旋转，星轮凸齿沿螺杆齿槽不断推进，基元容积开始不断缩小，以实现对气体的压缩过程（图 11-9b）。压缩状态一直持续到基元容积与排气孔相连通为止。

3）排气过程

当基元容积与排气孔连通后，由于螺杆继续旋转，气体被排出基元容积，并将压缩后具有一定压力的气体送往排气管路，由此排气过程结束，如图 11-9c 所示。

但单螺杆式空压机转子两侧对称配置的星轮分别构成双工作腔，各自完成吸气、压缩和排气过程，所以单螺杆压缩机一个基元容积在转子旋转一周内完成两次吸气、压缩和排气循环。

单螺杆式空压机的工作理论与螺杆式空压机完全相同（参见第十三章第一节内容）。

2. 单螺杆式空压机的特点

（1）结构合理，螺杆转子的径向力、轴向力均可实现自动完全平衡。

（2）螺杆转子能将功率直接传至气体，除摩擦损失外，无任何功率通过啮合点传至星轮，压缩效率高。

（3）压缩机运转平稳，振动和噪声较小。

（4）螺杆转子和星轮的轴承使用寿命长，可达到（5~10)万小时。

（5）结构简单，零部件少，制造方便。

（6）主机机壳采用整体结构，星轮侧开设有维修窗口，维修方便。

（7）可采用两个活动滑阀对压缩机的容量进行调节，可实现在 25%~100% 的负荷范围内无级调节。

综上所述，单螺杆式压缩机的平衡性好，轴承负荷小，当设计与运行得当时，星轮与螺杆的啮合实际上不接触，所以磨损极微，寿命很长。目前，固定式或移动式单螺杆式空压机正被广泛地应用。

## 复习思考题

1. 压缩空气的功用是什么？
2. 为什么在矿山生产中广泛使用压缩空气做动力源？
3. 压气设备主要由哪些部分组成？
4. 按其结构特点，活塞式空压机是如何分类的？
5. 活塞式空压机的特点如何？
6. 螺杆式压缩机的工作原理及特点是什么？
7. 单螺杆空压机的特点是什么？

# 第十二章　活塞式空压机工作理论及构造

## 第一节　活塞式空压机理论工作循环

活塞式空压机是靠活塞在汽缸中往复运动进行工作的。活塞在汽缸中往复运动一次，汽缸对空气即完成一个工作循环。

活塞式空压机在完成每一个工作循环时，汽缸内气体的变化过程是很复杂的。为便于问题研究，简化次要因素的影响，从理论上提出几个假定条件，在假定条件下活塞式空压机完成的工作循环，称为理论工作循环。

### 一、假定条件

（1）汽缸没有余隙容积。汽缸在排气终了时，即活塞移动到端点位置时，汽缸内没有残留的气体。

（2）吸、排气通道及气阀没有阻力。吸气和排气过程没有压力损失。

（3）汽缸与各壁面间不存在温差。进入汽缸的空气与各壁面间没有热量交换，压缩过程中的压缩指数不变。

（4）汽缸绝对密封，没有气体泄漏。

### 二、理论工作循环

按上述假定，活塞式空压机在工作时，其理论工作循环如图 12-1 所示，曲轴转一周，活塞在汽缸中往复一次，完成吸气、压缩和排气 3 个基本过程。当活塞自左向右移动时，气体以压力 $p_1$ 进入汽缸，线 4—1 表示吸气过程；当活塞自右向左移动时，气体被压缩，线 1—2 表示压缩过程；当气体压力达到排气压力 $p_2$ 后，气体被活塞推出汽缸，线 2—3 为排气过程。

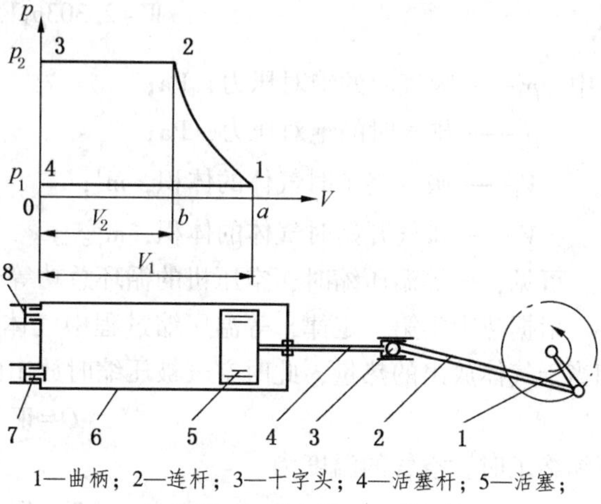


1—曲柄；2—连杆；3—十字头；4—活塞杆；5—活塞；6—汽缸；7—进气阀；8—排气阀

图 12-1　活塞式空压机理论工作循环示功图

图 12-1 又称为空压机理论工作循环示功图（$p-V$ 图）。值得注意的是，在空压机示功图上，其横坐标用汽缸的容积 $V$，而不能用比体积 $v$。因为在吸气和排气过程中，气体的容积是变

化的，但压力和温度不变，比体积也不变化。即在吸气和排气两个过程中，气体的状态并未改变，不是真正的热力过程，因此用比体积做横坐标无法表示这两个过程。

空压机把空气从低压压缩至高压，需要消耗能量。空压机完成一个理论工作循环所消耗的理论循环总功 $W$ 等于吸气过程的功 $W_x$、压缩过程功 $W_y$ 和排气过程功 $W_p$ 的总和。

在研究空压机工作循环时，通常规定活塞对空气做功为正值，空气对活塞做功为负值。按此规定，压缩过程和排气过程的功为正，吸气过程的功为负。各功的大小为：

（1）吸气功。$W_x=-p_1V_1$，相当于图中线 4—1 下面所包围的面积 41$a$04。

（2）压缩功。$W_y=-\int_{V_1}^{V_2}p\mathrm{d}V=\int_{V_2}^{V_1}p\mathrm{d}V$（因 $\mathrm{d}V$ 在压缩时为负增时，为使其为正，故在积分号前加负号），相当于图中线 1—2 下面所包围的面积 12$ba$1。

（3）排气功。$W_p=p_2V_2$，相当于图中线 2—3 下面所包围的面积 230$b$2。

（4）理论循环总功。$W=W_x+W_y+W_p=-p_1V_1+\int_{V_{21}}^{V_1}p\mathrm{d}V+p_2V_2$，相当于吸气、压缩和排气三个过程线所包围的面积 41234。

### 三、不同压缩过程的空压机理论工作循环

在空压机理论工作循环中，只有压缩过程是真正的热力过程。气体在压缩时，可按等温、绝热和多变过程进行。按不同的压缩过程压缩时，空压机的循环总功、空气被压缩时放出的热量以及压缩终了时空气的温度也不相同。

1. 等温压缩

在等温压缩过程中，气体的温度始终保持不变，$T=C$，其过程方程式为 $pV=C$，故有 $p_1V_1=p_2V_2$，循环总功为

$$W=-p_1V_1+\int_{V_2}^{V_1}p\mathrm{d}V+p_2V_2=p_1V_1\ln\frac{V_1}{V_2}=p_1V_1\ln\frac{p_2}{p_1} \tag{12-1}$$

或

$$W=2.303p_1V_1\lg\frac{p_2}{p_1} \tag{12-2}$$

式中 $p_1$——吸气时的绝对压力，Pa；

$p_2$——排气时的绝对压力，Pa；

$V_1$——吸气终了时气体的体积，$m^3$；

$V_2$——排气开始时气体的体积，$m^3$。

可见，按等温压缩时，空压机的循环总功等于压缩过程功。

根据热力学第一定律，等温压缩过程中气体的内能 $\Delta U=0$，则对气体所作的压缩功，相当于气体放出的热量，此时空气被压缩时放出的热量为

$$Q=W \tag{12-3}$$

压缩终了时，空气的温度为

$$T_1=T_2 \tag{12-4}$$

2. 绝热压缩

绝热压缩过程是不与外界进行热交换的过程。根据过程方程式 $pV^k=C$，故 $\frac{p_1}{p_2}=\left(\frac{V_2}{V_1}\right)^k$

循环总功为

$$W=-p_1V_1+\int_{V_2}^{V_1}p\mathrm{d}V+p_2V_2=-p_1V_1+\frac{1}{k-1}(p_2V_2-p_1V_1)+p_2V=\frac{k}{k-1}(p_2V_2-p_1V_1) \quad (12-5)$$

或

$$W=\frac{k}{k-1}p_1V_1\left[\left(\frac{p_2}{p_1}\right)^{\frac{k-1}{k}}-1\right] \quad (12-6)$$

可见，按绝热压缩时，空压机的循环总功等于绝热压缩过程功的 $k$ 倍。

空气被压缩时放出的热量为

$$Q=0 \quad (12-7)$$

压缩终了时，空气的温度为

$$T_2=T_1\left(\frac{p_2}{p_1}\right)^{\frac{k-1}{k}} \quad (12-8)$$

3. 多变压缩

多变压缩过程，其方程式 $pV^n=C$，故 $\frac{p_1}{p_2}=\left(\frac{V_2}{V_1}\right)^n$，循环总功为

$$W=-p_1V_1+\int_{V_2}^{V_1}p\mathrm{d}V+p_2V_2=-p_1V_1+\frac{1}{n-1}(p_2V_2-p_1V_1)+p_2V=\frac{n}{n-1}(p_2V_2-p_1V_1) \quad (12-9)$$

或

$$W=\frac{n}{n-1}p_1V_1\left[\left(\frac{p_2}{p_1}\right)^{\frac{n-1}{n}}-1\right] \quad (12-10)$$

可见，多变压缩时，空压机的循环总功等于绝热压缩过程功的 $n$ 倍。

空气被压缩时放出的热量为

$$Q=Mc_V\frac{k-n}{n-1}(T_2-T_1)=Mc_n(T_2-T_1) \quad (12-11)$$

压缩终了时，空气的温度为

$$T_2=T_1\left(\frac{p_2}{p_1}\right)^{\frac{n-1}{n}}=T_1\varepsilon^{\frac{n-1}{n}} \quad (12-12)$$

4. 3 种压缩过程的理论工作循环比较

1）循环总功的比较

把相同进气温度和进气压力下的容积 $V_1$ 的空气，按不同的压缩过程压缩到相同终了压力 $p_2$ 时的理论工作循环示功图画在一起，即如图 12-2 所示。1-2 是等温压缩线，1-2′是多变压缩线，1-2″是绝热压缩线。由图示可知，等温压缩时所消耗的循环总功最小（面积 1234），绝热压缩时所消耗的循环总功最大（面积 12″34），多变压缩时介于二者之间（面积 12′34）。因此，等温的循环总功最小。

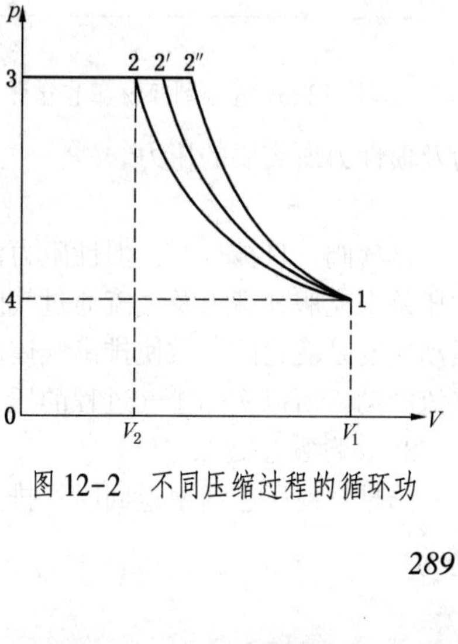

图 12-2 不同压缩过程的循环功

2）压缩终了温度的比较

在空压机循环中，压缩过程所消耗的外功全部变成热量。如采用等温压缩，这些热量全部传给外界，空气的内能和温度没有改变；如采用绝热压缩，这些热量全部转换为空气的内能，使空气温度升高；如采用多变压缩过程时，这些热量的一部分传给了外界，一部分变成空气的内能，所以多变压缩终了的温度低于绝热压缩终了的温度，但高于等温压缩终了的温度。因此，等温压缩的终了温度最低，其安全性也最高。

从以上比较可知，等温压缩是最有利的压缩过程。所以，在空压机的工作中，应最大可能地提高冷却效果，使实际压缩过程接近等温压缩过程，即使多变压缩指数接近 1。

## 第二节　活塞式空压机实际工作循环

### 一、实际工作循环示功图

空压机实际工作中的示功图（$p-V$ 图）是用专门的示功仪（机械式和压电式）测绘出来的。图 12-3 是用示功仪测出的空压机实际工作循环示功图。该图反映出空压机在实际工作循环中，空气压力和容积变化情况。

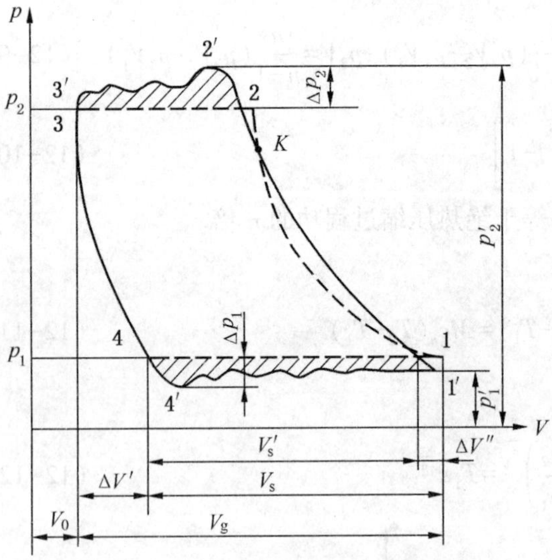


图 12-3　空压机实际工作循环示功图

从实际工作循环示功图可看出，实际工作循环和理论工作循环的区别。

1. 实际压缩过程

当活塞由内止点向外止点移动时，空气被压缩，容积逐渐缩小，压力不断升高，此时空气状态沿 1′—2′曲线变化，而不是沿 1—2 曲线变化，这是受到在汽缸内压缩时温度升高而产生热交换的影响造成的。当压力升至排气压力 $p_2$ 时，由于阀本身具有一定的惯性阻力和弹簧力，排气阀还不能被顶开，活塞还要继续压缩到 2′点，当汽缸内压力达到 $p_2'$ 时，排气阀才被顶开。显然，图中压差 $p'_2-p_2=\Delta p_2$（即压缩终了缸内空气压力与排气腔压力之差）用以克服排气阀上弹簧力及惯性力所需要的压力。

2. 实际排气过程

排气阀一旦被打开，惯性阻力消失，故汽缸内压缩空气压力下降，但仍须保持有一定的压差来克服弹簧力及气流通过气阀缝隙的阻力，以维持排气阀处于开启状态。由于活塞运动速度是变化的，致使排出气体的流速也不均匀，另外弹簧也有振动，因而造成排气腔气流脉动，所以实际排气过程的压力是波动的。

3. 实际膨胀过程

当排气终了、活塞返回时，排气阀立即关闭。由于缸内残留的空气压力比吸气腔中的空气压力高，故吸气阀暂不打开。这部分高压空气随着活塞运动而膨胀，直至压力降到低于吸气腔的压力时，造成了一个压差 $\Delta p_1 = p_1 - p_1'$，用来克服吸气阀惯性力及弹簧力，此时吸气阀才打开，开始进行吸气。

4. 实际吸气过程

吸气阀打开后，惯性力便消失，压力差很快减少，但是吸气过程线始终低于大气压力线，原因是需保持一定的压差以克服弹簧力和吸气管、滤风器、减荷阀、吸气阀的阻力。吸气过程末期，由于活塞线速度减慢，气流速度也随之降低，于是缸内空气压力回升，直到压差减小到不能克服弹簧力时，吸气阀就立即关闭，吸气过程结束，下一个循环又重复进行。

## 二、影响空压机实际工作循环的因素分析

1. 余隙容积的影响

余隙容积是汽缸排气终了时，剩余在汽缸中的压缩空气所占有的容积。它是活塞处于汽缸端部时，活塞与汽缸盖之间的容积和汽缸与气阀连接通道的容积所构成的。值得注意的是汽缸中必须留有余隙容积，以避免曲轴连杆机构工作中热膨胀伸长时，活塞撞击汽缸盖而造成的汽缸损坏事故。

如果不考虑其他因素的影响，并假定吸气压力等于理论吸气压力（即大气压力），排气压力等于理论排气压力（风包压力），余隙容积对空压机实际工作循环的影响如图 12-4 所示。

由于余隙容积的存在，排气终止于点 4 时，仍有体积等于余隙容积 $V_0$ 的压缩空气存留于汽缸中。当活塞由端点向回移动时，因汽缸内剩余的高压气体压力大于吸气管中的空气压力，汽缸不能立即进气，而是汽缸内压力降低，即活塞从起点 4 点移动到 1 点时，才开始吸气。这样，活塞由点 4 至点 1 之间，余隙容积中的气体 $V_0$ 经过一个膨胀过程。因此，吸入汽缸的空气体积不是汽缸的工作容积 $V_g$ 而是 $V_s$。显然，余隙容积的存在，减少了空压机的排气量。

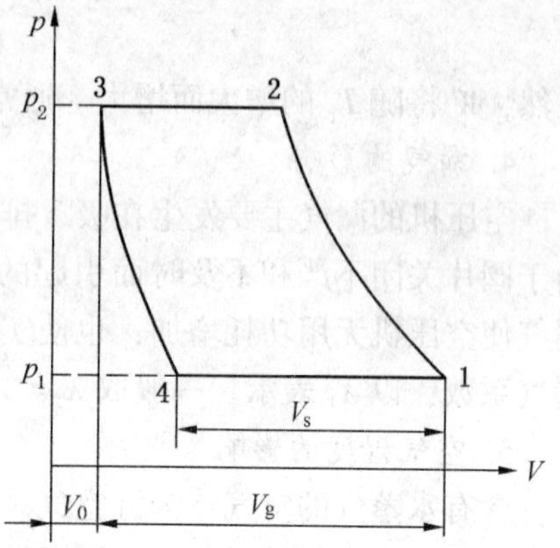


图 12-4　有余隙容积的示功图

余隙容积对空压机排气量的影响，常用汽缸的容积系数 $\lambda_V$ 表示。它等于汽缸的吸气容积 $V_s$ 与汽缸工作容积 $V_g$ 之比，即 $\lambda_V = V_s / V_g$。一般二级空压机的 $\lambda_V = 0.82 \sim 0.92$。

余隙容积的存在，使空压机实际的吸入容积 $V_s$，小于活塞行程容积 $V_g$，但因压缩余隙容积中残留气体所消耗的功，在膨胀时可以收回来，所以在理论上余隙容积不影响空压机的耗功量。

2. 吸、排气阻力的影响

在吸气过程中，外界大气需要克服滤风器、进气管道及吸气阀通道内的阻力后才能进入汽缸内，所以实际吸气压力低于理论吸气压力；而在排气过程中，压气需克服排气阀通道、排气管道和排气管道上阀门等处的阻力后才能向风包排气，所以实际排气压力高于理论排气压力。

由于气阀阀片和弹簧的惯性作用，使得实际吸、排气线的起点出现尖峰；又由于吸、

排气的周期性，气体流经吸、排气阀及通道时，所受阻力为脉动变化，因而实际吸、排气线呈波浪状。

如前所述，吸气终了压力 $p_1'$ 低于理论吸气压力 $p_1$（如图 12-3 中的点 1），所以欲使缸内压力由 $p_1'$ 上升到 $p_1$，必须经过一段使吸气容积 $V_s$ 缩小为 $V_s'$ 的预压缩。因而使实际的吸气能力和排气能力下降。一般用压力系数 $\lambda_p$ 来考虑吸气阻力对排气能力的影响，$\lambda_p = p'_1/p_1$ 其值为 $\lambda_p = 0.95 \sim 0.98$。

吸气压力的降低和排气压力的升高，使压缩相同质量空气的循环功增加，其增加部分等于图 12-3 中的阴影面积。

3. 吸气温度的影响

在吸气过程中，由于吸入汽缸的空气与缸内残留压气相混合，高温的缸壁和活塞对空气加热，以及克服流动阻力而损失的能量转换为热能等原因，使得吸气终了的空气温度 $T_1$ 高于理论吸气温度 $T_s$（相当于吸气管外的空气温度），从而降低吸入空气的密度，减少了空压机以质量计算的排气量。吸气温度对排气量的影响，常以温度系数 $t$ 来考虑，$\lambda_t = T_s/T_1$，一般 $\lambda_t = 0.92 \sim 0.98$。

吸气温度的升高，对压缩质量为 $M$kg 的空气所需的循环功也有影响。现将 $p_1V_1 = MRT_1$ 代入式（12-10），则有

$$W = \frac{n}{n-1}MRT_1\left[\left(\frac{p_2}{p_1}\right)^{\frac{n-1}{n}} - 1\right] \tag{12-13}$$

显然，$W$ 将随 $T_1$ 的增大而增大。通常温度升高 3 ℃，功耗约增加 1%。

4. 漏气的影响

空压机的漏气主要发生在吸、排气阀，填料箱及汽缸与活塞之间。气阀的漏气主要是由于阀片关闭不严和不及时而引起的，其余地方的漏气，则大部分是由于机械磨损所致。漏气使空压机无用功耗增加，也使实际排气量减少。考虑漏气使排气量减少的系数，叫做漏气系数，以 $\lambda_l$ 表示。一般取 $\lambda_l = 0.90 \sim 0.98$。

5. 空气湿度的影响

含有水蒸气的空气称为湿空气。自然界中的空气实质上都是湿空气，只是湿度大小不同而已。由湿空气性质知，在同温同压下，湿空气的密度小于干空气，且湿度越大，密度越小。和吸入干空气相比，空压机吸入空气的湿度越大，以质量计的排气量就越小。而且吸入空气中所含的水蒸气，有一部分在冷却器、风包和管道中被冷却成凝结水而析出，这既减少了空压机的实际排气量，又浪费了功耗。考虑空气湿度使空压机排气量减少的系数，叫做湿度系数，以 $\lambda_\varphi$ 表示，一般 $\lambda_\varphi$ 为 0.98 左右。

综上所述，空压机实际工作循环要受余隙容积，吸、排气阻力，吸气温度，漏气和空气湿度等因素的影响。除余隙容积外，其余因素都将使空压机的循环功增加，且所有因素都使排气量减少。它们对排气量的影响可用排气系数 $\lambda$ 表示，显然 $\lambda = \lambda_V\lambda_p\lambda_t\lambda_l\lambda_\varphi$。

另外，在空压机工作过程中，因气体与汽缸壁面间始终存在着温差，使气体在压缩初期，从高温缸壁获得热量，成为吸热压缩；待空气被压缩到一定程度后又向缸壁放热，成为放热压缩，故在压缩过程中，多变指数为一变数。实际压缩过程线与绝热压缩线有相交点 $K$，1—$K$ 比绝热线陡，$K$—2 比绝热线缓。

## 第三节　活塞式空压机的两级压缩

### 一、采用两级压缩的原因

1. 压缩比受余隙容积的限制

如图 12-5 所示，由于余隙容积的存在，随着排气压力的提高，吸气量将不断减少。当排气压力增大到某一值时，吸气过程就完全被残留在余隙容积中的压气的膨胀过程所代替，使吸气量为零。因此，为保证有一定的排气量，压缩比不能过大，即终了压力不宜过高。否则，空压机的工作效率就会过低。

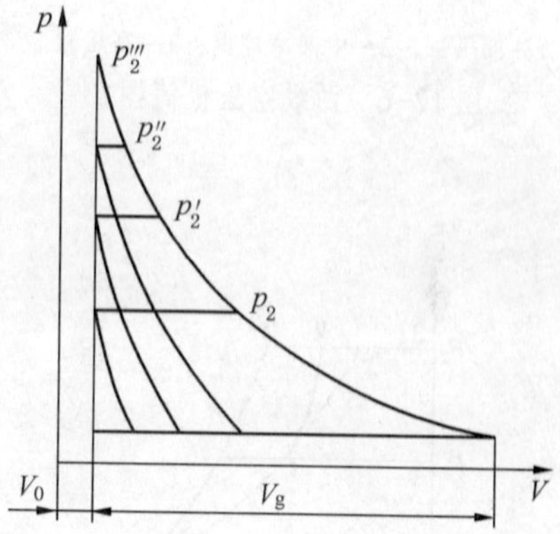

图 12-5　压缩比对汽缸工作容积的影响

2. 压缩比受汽缸润滑油温的限制

为保证活塞在汽缸内的快速往复运动和减少机械摩擦损失，就必须向缸内注油。但随着压缩比的增加，压缩终了时的空气温度也将增加，若增高到润滑油燃点温度（一般为 215~240 ℃）时，便有发生爆炸的危险。为了避免此类事故发生，单级空气压缩机的排气温度一般不允许超过 190 ℃。依此为条件，可求得在最不利条件下（即压缩过程为绝热压缩时），单级压缩的极限压缩比。

根据式（12-8），压缩终了时空气温度为

$$T_2=T_1\left(\frac{p_2}{p_1}\right)^{\frac{k-1}{k}}=T_1\varepsilon^{\frac{k-1}{k}}$$

于是，压缩比$\left(\varepsilon=\dfrac{p_2}{p_1}\right)$为

$$\varepsilon=\left(\frac{T_2}{T_1}\right)^{\frac{k}{k-1}} \tag{12-14}$$

取 $T_1=20+273=293\text{K}$，$T_2=190+273=463\text{K}$ 并代入上式，即得受油温限制的极限压缩比为

$$\varepsilon=\left(\frac{463}{293}\right)^{\frac{1.4}{1.4-1}}=4.96$$

由此可见，欲得到较高的终压力 $p_2$，并具有较高的排气量和较低的排气温度，只能采用两级或多级压缩。

### 二、两级活塞式空压机的工作循环

两级压缩一般是在两个汽缸中完成的。

两级压缩的工作原理与单级压缩的工作原理相同，只是在高低压汽缸之间加一个中间冷却器，如图 12-6 所示。空气经低压吸气阀进入低压汽缸内，被压缩至中间压力 $p_z$，再经低压排气阀进入中间冷却器进行冷却，同时分离出油和水。在中间冷却器内冷却后的压气，经高压吸气阀进入高压汽缸内继续压缩至额定排气压力后，经高压排气阀排出。

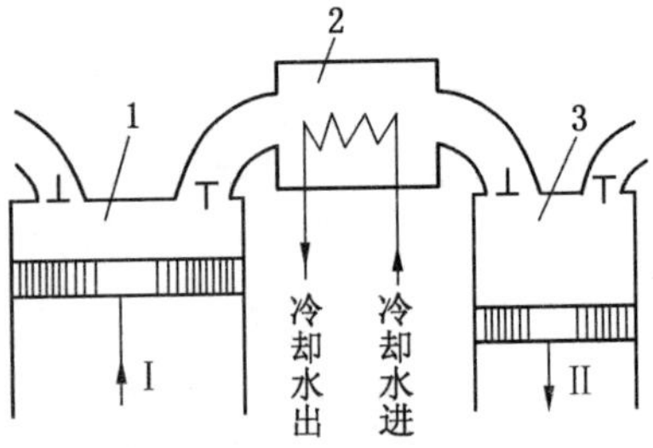


1—低压缸；2—中间冷却器；3—高压缸

图 12-6　两级空压机简图

两级空压机的理论工作循环除遵循单级压缩时的假定条件外，还假定有：

（1）各级压缩过程相同，即压缩指数 $n$ 相等。

（2）在中间冷却器内把空气冷却至低压汽缸的吸气温度，即 $T_1=T_2$。

（3）压气在中间冷却器内按定压条件进行冷却。

图 12-7 为在上述假定条件下得出的两级空压机理论工作循环图。图 12-8 为考虑各种因素后的两级空压机实际工作循环图。

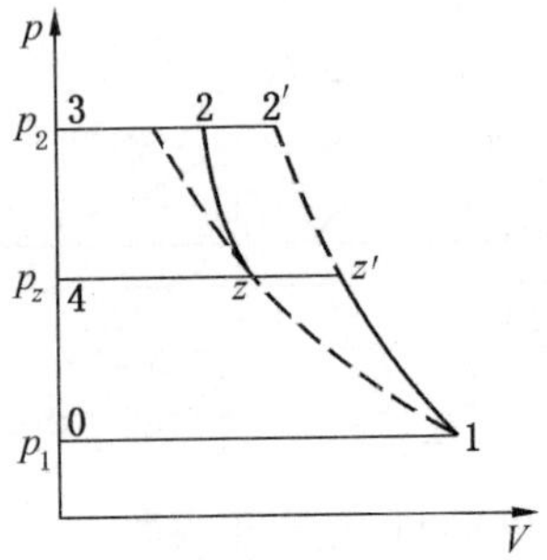


图 12-7　两级空压机理论工作循环图

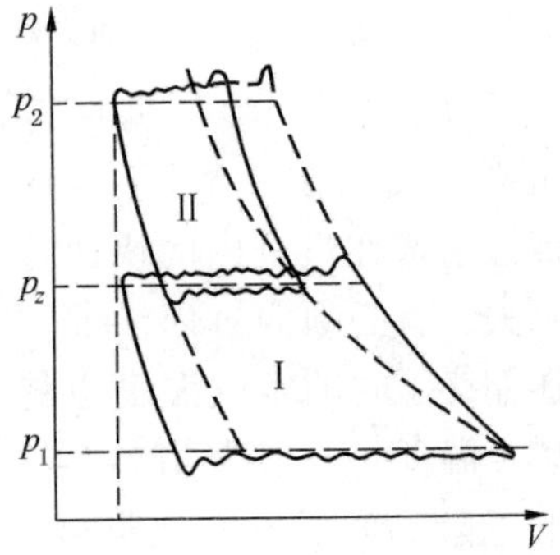


图 12-8　两级空压机实际工作循环图

具有中间冷却器的两级压缩，与在同样条件下获得相同终压力的单级压缩相比，有如下优点：

（1）节省功耗。从图 12-7 可以看出，当压力由 $p_1$ 直接压缩到 $p_2$ 时，其示功图面积为 012′3。而采用两级压缩时，第Ⅰ级压缩到某一中间压力 $p_z$ 后，排入中间冷却器进行冷却，故第Ⅰ级的示功图面积为 01z′4。在中间冷却器内冷却至初始温度 $T_1$ 时，气体体积也就由 $V_z{}'$ 减小至 $V_z$，然后再进入第Ⅱ级汽缸压缩至终压力 $p_2$。图中点 $z$ 表示第Ⅱ级汽缸的进气终了状态，它与点 1 在同一等温线上（图中虚线）。第Ⅱ级气缸示功图面积为 4z23，两级压缩总功为（01z′4+4z23），它比单级压缩节省面积为 zz′2′2 的功耗。

实现两级压缩之所以省功，主要是进行了中间冷却。从图 12-7 还可看出，若不进行中间冷却，从第Ⅰ级汽缸排出的压气体积，就不会由 $V_z{}'$ 减小为 $V_z$，并仍以 $V_z{}'$ 的体积进入第Ⅱ级汽缸，这样，两级压缩与单级压缩的功耗相同。

（2）降低排气温度。由式（12-12）可知，压气的终温不仅与初始温度成正比，而且和压缩比有关，即与 $\varepsilon^{[(n-1)/n]}$ 成正比。显然，在初始状态和终压相同的条件下，两级压缩比单级压缩的终温有明显下降。

（3）提高容积系数。随着压缩比的上升，余隙容积中压气膨胀所占的容积增大，使得汽缸的进气条件恶化。采用两级压缩后，降低了每一级的压缩比，从而提高了汽缸的容积系数，增大了空压机的排气量。

（4）降低活塞上的作用力。在转速、行程和气体初始状态及终压力相同的条件下，采用两级压缩时，低压缸活塞面积 $A_1$ 虽与单级压缩时的活塞面积相等，但高压缸活塞面积

$A_2$ 比 $A_1$ 要小很多（一般 $A_2 \approx A_1/2$）；又因每一级汽缸的压缩比均小于单级压缩的压缩比，故两级压缩时，两个活塞所受到的总作用力小于单级压缩时一个活塞上的作用力。

## 三、压缩比的分配

压缩比的分配是按最省功的原则进行的。使空压机循环总功最小的中间压力，称为最有利的中间压力。

设有一台两级空压机，被压缩空气的初始压力为 $p_1$，容积为 $V_1$，温度为 $T_1$；中间压力为 $p_z$，容积为 $V_z$，终了压力为 $p_2$。由式（12-10）可求出各级汽缸所需的循环功。

1）低压缸所需循环功为

$$W_1=\frac{n}{n-1}p_1V_1\left[\left(\frac{p_z}{p_1}\right)^{\frac{n-1}{n}}-1\right]$$

2）高压缸所需循环功为

$$W_2=\frac{n}{n-1}p_zV_z\left[\left(\frac{p_2}{p_z}\right)^{\frac{n-1}{n}}-1\right]$$

3）两级空压机的总循环功为各级循环功之和，即

$$W=W_1+W_2=\frac{n}{n-1}p_1V_1\left[\left(\frac{p_z}{p_1}\right)^{\frac{n-1}{n}}-1\right]+\frac{n}{n-1}p_zV_z\left[\left(\frac{p_2}{p_z}\right)^{\frac{n-1}{n}}-1\right]$$

若中间冷却器冷却完善，空气进入高压缸时的温度与进入低压缸的初始温度相同，即 $T_1=T_2$，则有

$$p_1V_1=p_zV_z$$

$$W=\frac{n}{n-1}p_1V_1\left[\left(\frac{p_z}{p_1}\right)^{\frac{n-1}{n}}+\left(\frac{p_2}{p_z}\right)^{\frac{n-1}{n}}-2\right] \tag{12-15}$$

为确定最有利的中间压力，取 $W$ 对 $p_z$ 的一阶导数，并令其为零，即

$$\frac{\mathrm{d}W}{\mathrm{d}p_z}=\frac{n}{n-1}p_1V_1\left[\frac{n-1}{n}p_1^{-\frac{n-1}{n}}p_z^{-\frac{1}{n}}-\frac{n-1}{n}p_2^{\frac{n-1}{n}}p_z^{-\frac{2n-1}{n}}\right]=0$$

则有

$$p_1^{-\frac{n-1}{n}}p_z^{-\frac{1}{n}}=p_2^{\frac{n-1}{n}}p_z^{-\frac{2n-1}{n}}$$

$$p_z^{2\frac{n-1}{n}}=(p_1p_2)^{\frac{n-1}{n}}$$

$$p_z^2=p_1p_2$$

或

$$\frac{p_z}{p_1}=\frac{p_2}{p_z}$$

即

$$\varepsilon_1=\varepsilon_2$$

设空压机的总压缩比 $\varepsilon=\dfrac{p_2}{p_1}$，则

$$\varepsilon=\frac{p_2}{p_1}=\frac{p_2}{p_z}\frac{p_z}{p_1}=\varepsilon_1\varepsilon_2=\varepsilon_1^2=\varepsilon_2^2$$

即

$$\varepsilon_1=\varepsilon_2=\sqrt{\varepsilon}=\sqrt{\frac{p_2}{p_1}} \tag{12-16}$$

该式说明，在两级压缩的空压机中，为获得最小的功耗，两级压缩比应相等，并等于总压缩比的平方根。

实际压缩比的分配，可通过空压机的结构实现。在冷却器冷却完善的条件下，$T_1=T_z$，$p_1V_1=p_zV_z$，则

$$\sqrt{\varepsilon}=\varepsilon_1=\frac{p_z}{p_1}=\frac{V_1}{V_z}=\frac{S_1A_1}{S_2A_2}$$

当一、二级气压缸中的活塞行程 $S_1$ 和 $S_2$ 相等时，则有

$$\sqrt{\varepsilon}=\frac{V_1}{V_z}=\frac{A_1}{A_2}=\frac{D_1^2}{D_2^2} \tag{12-17}$$

式中 $A_1$、$A_2$——一、二级汽缸的面积，$m^2$；

$D_1$、$D_2$——一、二级汽缸直径，m。

实际设计中，在确定空压机各级压缩比时，除了要考虑耗功量的大小，还要根据空压机的排气量和温度等因素对压缩比做适当调整。通常，为了增加排气量而又不使汽缸尺寸过大，往往将一级压缩比适当降低，一般比最有利压缩比低 5%~10%，即

$$\varepsilon_1'=(0.9\sim0.95)\sqrt{\varepsilon} \tag{12-18}$$

如 4L-20/8 型空压机的一级汽压缸和二级汽压缸的直径分别为 $D_1=420$ mm，$D_2=250$ mm。若额定吸、排气压力为 $0.981\times10^5$ Pa 和 $8.83\times10^5$ Pa，则最有利压缩比为

$$\varepsilon_1=\varepsilon_2=\sqrt{\varepsilon}=\sqrt{\frac{8.83\times10^5}{0.981\times10^5}}=3$$

而实际上，按设计的结构尺寸计算，该空压机的压缩比为

$$\varepsilon_1'=\frac{D_1^2}{D_2^2}=\left(\frac{420}{250}\right)^2=2.83$$

它只有最有利压缩比的 94%。

## 第四节　活塞式空压机排气量、功率和效率

### 一、排气量

空压机的排气量是指每分钟内空压机最末一级排出的气体体积，换算到第一级额定吸气状态下的气体体积量，常用单位为 $m^3/min$。

1. 理论排气量

活塞式空压机理论排气量是指空压机按理论工作循环工作时的排气量，即每分钟内活塞的行程容积。它可由汽缸的尺寸和曲轴的转速确定。

对于单作用空压机

$$Q_T=nV_g=\frac{\pi}{4}D^2Sn \tag{12-19}$$

对于双作用空压机

$$Q_T=\frac{\pi}{4}(2D^2-d^2)Sn \tag{12-20}$$

式中 $D$——一级汽缸直径，m；

$d$——活塞杆直径，m；

$S$——活塞行程，m；

$n$——空压机曲轴转速，r/min。

对于多级压缩的空压机，上式中的结构参数应按第一级汽缸的结构尺寸计算。

2. 实际排气量

实际排气量是指空压机按实际工作循环工作时的排气量。由于影响空压机排气量的主要因素有余隙容积，吸，排气阻力，吸气温度，漏气和空气湿度等，实际排气量比理论排气量要小，其大小为

$$Q=\lambda Q_T=\lambda_V\lambda_p\lambda_t\lambda_l\lambda_\varphi Q_T \tag{12-21}$$

式中 $\lambda$——排气系数，它等于实际排气量和理论排气量之比。国产动力用空压机的排气系数见表 12-1。

表 12-1 国产空压机的排气系数 λ

| 类型 | 排气量/($m^3\cdot min^{-1}$) | 排气压力/$1\times10^{-5}$ Pa | 级数 | 排气系数 λ |
|---|---|---|---|---|
| 微型 | <1 | 6.87 | 1 | 0.58~0.60 |
| 小型 | 1~3 | 6.87 | 2 | 0.60~0.70 |
| V、W型 | 3~12 | 6.87 | 2 | 0.76~0.85 |
| L型 | 10~100 | 6.87 | 2 | 0.72~0.82 |

## 二、功率和效率

空压机的功率和效率是评价空压机经济性能的指标之一。

空压机消耗的功率，一部分直接用于压缩空气，另一部分用于克服机械摩擦。前者称为指示功率，后者称为机械功率，两者之和为主轴所消耗的总功率，称为轴功率。

1. 理论功率

空压机按理论工作循环压缩气体所消耗的功率称为理论功率，用 $P_T$ 表示。可由下式求得

$$P_T=\sum P_{Ti}=\sum\frac{W_{Vi}Q}{10^3\times60} \tag{12-22}$$

式中 $W_{Vi}$——第 $i$ 级汽缸按一定压缩过程（等温、绝热或多变过程）压缩 1 $m^3$ 空气所消耗的循环功，$J/m^3$。可按式（12-2）、式（12-6）和式（12-10）计算。

2. 指示功率

空压机按实际工作循环压缩气体所消耗的功率称为指示功率，用 $P_j$ 表示。由于影响空压机指示功率的主要因素有吸、排气阻力，吸气温度，漏气和空气湿度等，这些因素使指示功率比理论功率要大。

理论功率与指示功率的比值，称为指示效率，用 $\eta_j$ 表示，即

$$\eta_j=\frac{P_T}{P_j} \tag{12-23}$$

式中　$\eta_j$——指示效率。考虑吸、排气阻力，吸气温度，漏气和空气湿度等因素引起的功率损失，当 $P_T$ 为等温压缩时的功率时，$\eta_j$ 为 0.72~0.8；当 $P_T$ 为绝热压缩时的功率时，$\eta_j$ 为 0.9~0.94。

3. 轴功率

原动机传递给空压机主轴的功率，称为轴功率，用 $P$ 表示。

$$P=\frac{P_j}{\eta_m} \tag{12-24}$$

式中　$\eta_m$——机械效率。它考虑了传动机构各摩擦部位所引起的摩擦损失和曲轴带动的附属机构所消耗的功率，对于小型空压机，$\eta_m=0.85\sim0.9$；对于大、中型空压机 $\eta_m=0.9\sim0.95$。

理论功率与轴功率的比值，称为空压机的工作效率或总效率，即

$$\eta=\frac{P_T}{P}=\frac{P_T}{P_j}\frac{P_j}{P}=\eta_j\eta_m \tag{12-25}$$

空压机的总效率是用来衡量空压机本身经济性的一个重要指标，根据理论功率的计算方法，又分为等温总效率和绝热总效率。一般水冷式空压机的经济性常用等温总效率衡量；而风冷式空压机则用绝热总效率来衡量。表 12-2 列出了空压机不同排气量时的等温全效率，供计算参考。

表 12-2　空压机的等温全效率

| 介质 | 主要参数 | | | 等温全效率 |
|---|---|---|---|---|
| | 排气量/($m^3\cdot min^{-1}$) | 排气压力/$1\times10^5$ Pa | 级数 | |
| 空气 | <3 | 7.85 | 1 | 0.35~0.42 |
| | 3~12 | 7.85 | 2 | 0.53~0.60 |
| | 10~100 | 7.85 | 2 | 0.65~0.70 |

4. 电动机（驱动）功率

电动机与空压机之间若有传动装置，则电动机的输出功率为

$$P_d=K\frac{P}{\eta_c} \tag{12-26}$$

式中　$K$——功率备用系数，$K=1.10\sim1.15$；

$\eta_c$——传动效率。对于皮带轮传动，$\eta_c=0.96\sim0.99$。

5. 比功率

在一定排气压力下，单位排气量所消耗的功率，称为比功率，用 $P_b$ 表示，单位为 kW/($m^3$/min)

$$P_b=\frac{P}{Q} \tag{12-27}$$

比功率是评价工作条件相同，介质相同的空压机经济性好坏的重要指标。据统计，国产空压机排气量小于 10 $m^3$/min 时，$P_b=5.8\sim6.3$ kW/($m^3$/min)；排气量大于 10 $m^3$/min 而小于 100 $m^3$/min 时，$P_b=5.0\sim5.3$ kW/($m^3$/min)。

【例 12-1】设有一台单级双作用活塞式空压机，已知直径 $D=420$ mm，活塞杆直径=45 mm，活塞行程=240 mm，曲轴转速 $n=400$ r/min，吸气绝对压力 $p_1=0.981\times10^5$ Pa，排气绝对压力 $p_2=7.85\times10^5$ Pa，排气系数 $\lambda=0.6$。试计算空压机的排气量、轴功率及比功率。

**解** （1）排气量 $Q$

$$Q=\lambda Q_T=\lambda\ \frac{\pi}{4}(2D^2-d^2)Sn=0.6\times\frac{\pi}{4}\times(2\times0.42^2-0.045^2)\times 0.24\times400=15.87(m^3/min)$$

（2）轴功率 $P$

$$P=\frac{P_T}{\eta_j\eta_m}=\frac{W_VQ}{1000\times60\eta_j\eta_m}$$

按绝热压缩过程计算循环功 $W_V$，即

$$W_V=\frac{k}{k-1}p_1\left[\left(\frac{p_2}{p_1}\right)^{\frac{k-1}{k}}-1\right]=\frac{1.4}{1.4-1}\times0.981\times10^5\times\left[\left(\frac{7.85\times10^5}{0.981\times10^5}\right)^{\frac{1.4-1}{1.4}}-1\right]=2.79\times10^5(J/m^3)$$

取 $\eta_i=0.92$，$\eta_m=0.90$，则有

$$P=\frac{2.79\times10^5\times15.87}{1000\times60\times0.92\times0.9}=89.125(kW)$$

（3）比功率 $P_b$

$$P_b=\frac{P}{Q}=\frac{89.125}{15.87}=5.62\ kW/(m^3\cdot min^{-1})$$

## 第五节 活塞式空压机的构造

我国煤矿使用的活塞式空压机多数为大型固定式空气压缩机，L 型空压机最为常见，如 4L-20/8 和 5L-40/8 等。

以 4L-20/8 和 L5.5-40/8L 为例说明 L 系列活塞式空压机的型号意义。4 表示 L 系列产品序号；L 表示高、低压汽缸为直角形布置（低压缸立置、高压缸卧置）；5.5 表示新 L 系列产品活塞力为 5.5 t；20、40 表示额定排气量；8 表示额定排气压力（表压力）。

图 12-9 所示为 4L-20/8 型空压机的结构图。L 型空压机是两级、双缸、双作用、水冷、固定式空压机，它主要由动力传动系统，压缩空气系统，冷却系统，润滑系统，调节系统和安全保护系统六大部分组成。

（1）动力传动系统。动力传动系统主要由曲轴、连杆、十字头、飞轮及机架等组成，其作用是传递动力，把电机的旋转运动转变成活塞的往复运动。

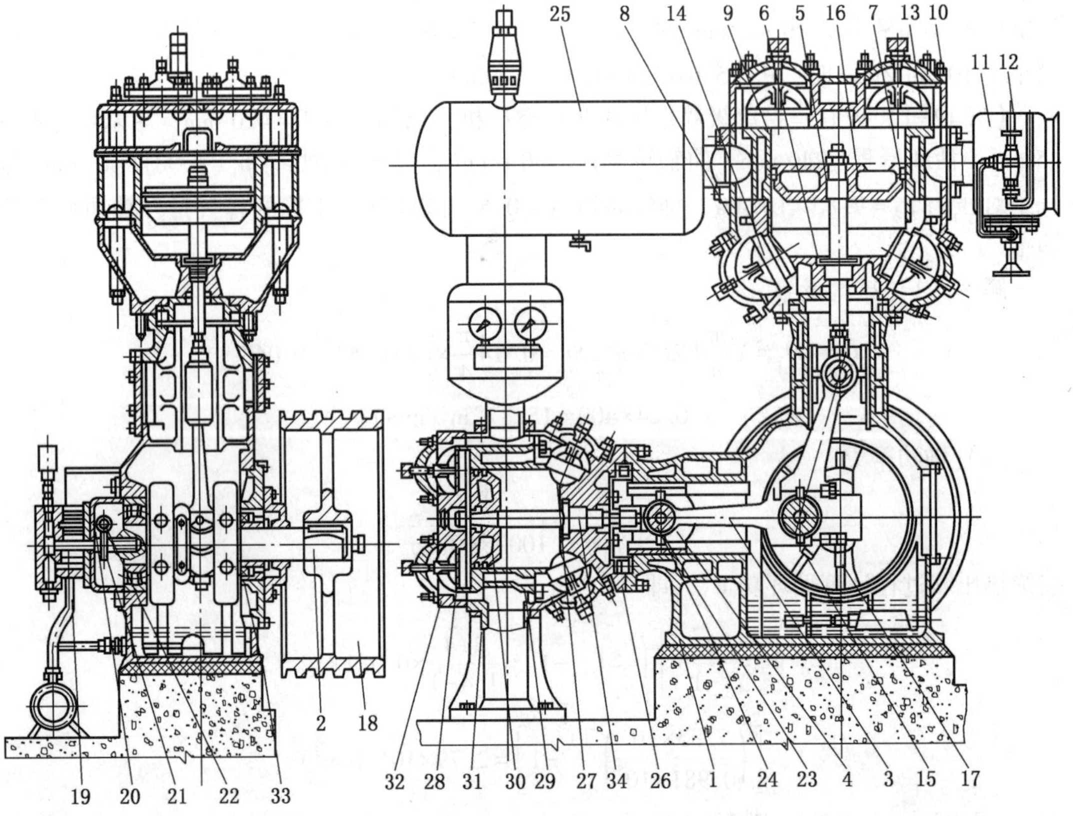


1—机身；2—曲轴；3—连杆；4—十字头；5—活塞杆；6——级填料函；7——级活塞环；8——级汽缸座；9——级汽缸；10——级汽缸盖；11—减荷阀组件；12—负荷调节器；13——级吸气阀；14——级排气阀；15—连杆轴瓦；16——级活塞；17—螺钉；18—三角皮带轮；19—齿轮泵组件；20—注轴器；21、22—蜗轮及蜗杆；23—十字头销铜套；24—十字头销；25—中间冷却器；26—二级汽缸座；27—二级吸气阀组；28—二级排气阀组；29—二级汽缸；30—二级活塞；31—二级活塞环；32—二级汽缸盖；33—滚动轴承组；34—二级填料函

图 12-9　4L-20/8 型空压机的结构图

(2) 压缩空气系统。压缩空气系统由空气过滤器、吸气阀、排气阀、汽缸、活塞组件、密封装置和风包等组成。

(3) 润滑系统。润滑系统由齿轮油泵、注油器和滤油器等组成。

(4) 冷却系统。冷却系统由中间冷却器、汽缸冷却水套、冷却水管、后冷却器和润滑油冷却器等组成。

(5) 调节系统。调节系统主要由减荷阀、压力调节器等组成。

(6) 安全保护系统。安全保护系统主要由安全阀、油压继电器、断水开关和释压阀等组成。

由 L 型空压机构造图可看出，其主要系统的压气流程为：外界大气→滤风器→减荷阀→一级吸气阀→一级汽缸→一级排气阀→中间冷却器→二级吸气阀→二级汽缸→二级排气阀→（后冷却器）→风包。动力传递流程为：电动机→三角皮带轮→曲轴→连杆→十字头→活塞杆→活塞。

## 一、活塞式空压机的主要部件

1. 机身

机身起连接、支承、定位和导向等作用，图 12-10 为机身剖面图。机身与曲轴箱用灰铸铁铸成整体，外形为正置的直角“L”形，在垂直和水于颈部装有可拆的十字头滑道，颈部端面以法兰与一、二级汽缸组件相连，机身相对的两个侧壁上，开有安装曲轴轴承的大小两孔，机身的底部是润滑油的油池。

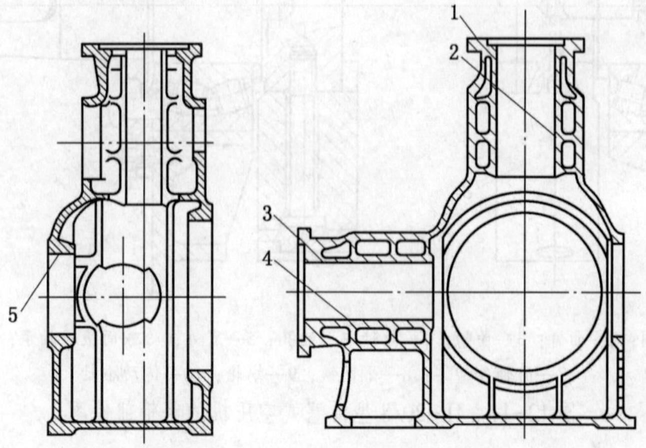


1—立列贴合面；2—立列十字头导轨；3—卧列黏合面；4—卧列十字头导轨；5—滚动轴承孔

图 12-10　机身剖视图

为了观察和控制油池的油面，在机身侧壁上装有安放测油尺的短管。为了便于拆装连杆和十字头等部件，在机身后和十字头滑道旁，分别开有方形窗口和圆形孔，均用有机玻璃盖密封。整个机身用地脚螺栓固定在地基上。

2. 曲轴

曲轴是活塞式空压机的重要运动部件，它接收电动机以扭矩形式输入的动力，并把它转变为活塞的往复作用力以此压缩空气而做功。图 12-11 为 4L-20/8 型活塞式空压机曲轴部件图，曲轴的材料一般为球墨铸铁，它由两段轴颈、两个曲臂和一个并列装置两个连杆的曲拐组成。曲轴两端的轴颈上各装有双列向心球面滚珠轴承，支承在机身侧壁孔上。曲轴的两个曲臂上分别连接一端的曲拐和轴颈，并各装有一块平衡铁，以平衡旋转运动和往复运动时，不平衡质量产生的惯性力。曲轴上钻有中心油孔，通过此油孔使齿轮油泵排出的润滑油能流动到各润滑部位。

3. 连杆

连杆是将作用在活塞上的推力传递给曲轴，并且将曲轴的旋转运动转换为活塞的往复运动的部件。由图 12-12 可知，连杆由大头、大头盖、杆体、小头等部分组成。杆体呈圆锥形，内有贯穿大小头的油孔，从曲轴流来的润滑油由大头通过油孔到小头润滑十字头销。连杆材料为球墨铸铁。

连杆大头采用剖分结构，大头盖与大头用螺栓连接，安装于曲拐上，螺栓上有防松装置。大头孔内嵌有巴氏合金衬层的大头瓦，其间有两组铜垫，借助铜垫可调整大头瓦和曲

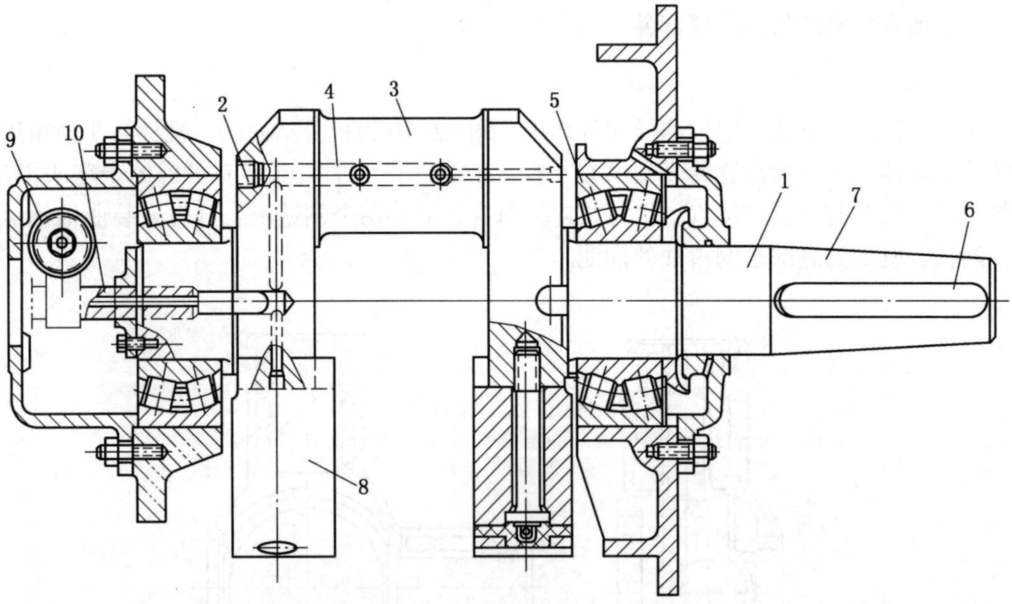


1—主轴颈；2—曲臂；3—曲拐；4—曲轴中心油孔；5—双列向心球面滚子轴承；6—键槽；
7—曲轴外伸端；8—平衡铁；9—蜗轮；10—传动小轴

图 12-11 4L-20/8 型活塞式空压机的曲轴部件图

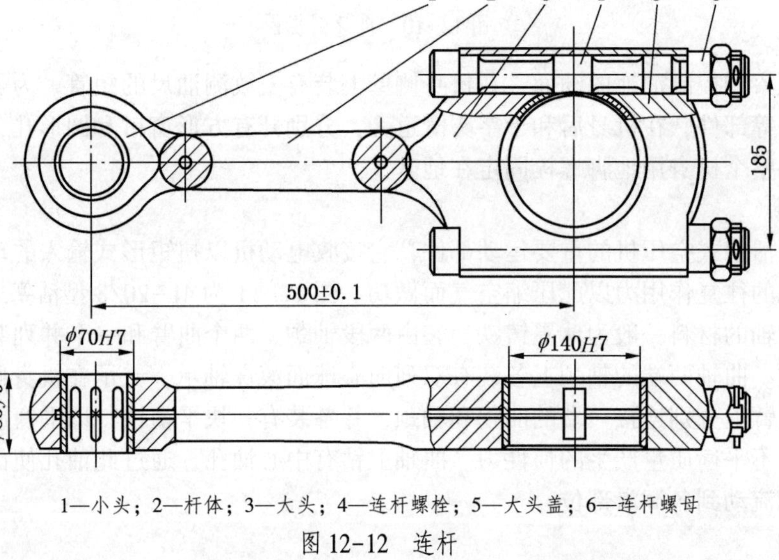


1—小头；2—杆体；3—大头；4—连杆螺栓；5—大头盖；6—连杆螺母

图 12-12 连杆

拐的径向间隙。连杆小头孔内衬一铜套以减少摩擦，磨损后可以更换。连杆小头瓦内穿入十字头销与十字头相连，可从机身侧面圆形窗口拆卸。

4. 十字头

十字头部件如图 12-13 所示。它是连接活塞杆与连杆的运动机件，在十字头滑道上作往复运动，具有导向作用。

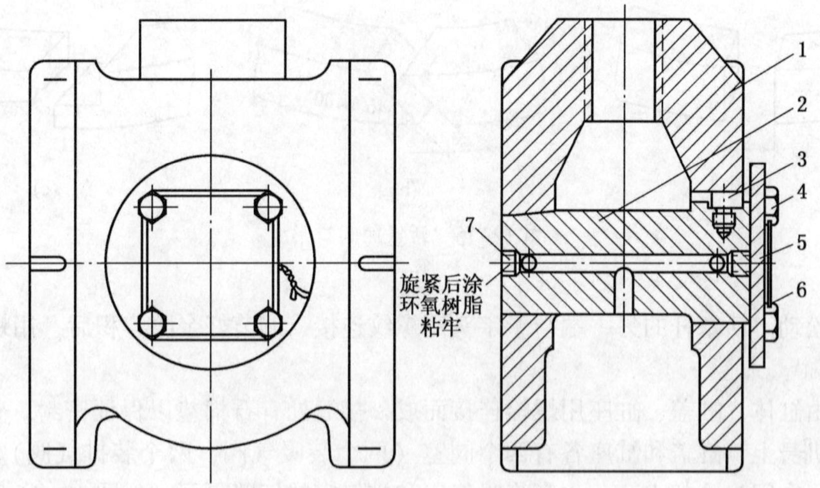


1—十字头体；2—十字头销；3—螺钉键；4—螺钉；5—盖；6—止动垫片；7—螺塞

图 12-13　十字头部件

十字头主要有十字头体和十字头销两部分。十字头体的一端有内螺纹孔与活塞杆连接，借助于调节螺纹的拧入深度，可以调节汽缸的余隙容积大小。两侧装有十字头销的锥形孔，十字头销用键固定在十字头上，并与连杆小头相配合。十字头销和十字头摩擦面上分别有油孔和油槽，由连杆流来的润滑油经油孔和油槽，润滑连杆小头瓦与十字头的摩擦面。

5. 活塞组件

活塞组件包括活塞、活塞环和活塞杆，如图 12-14 所示。

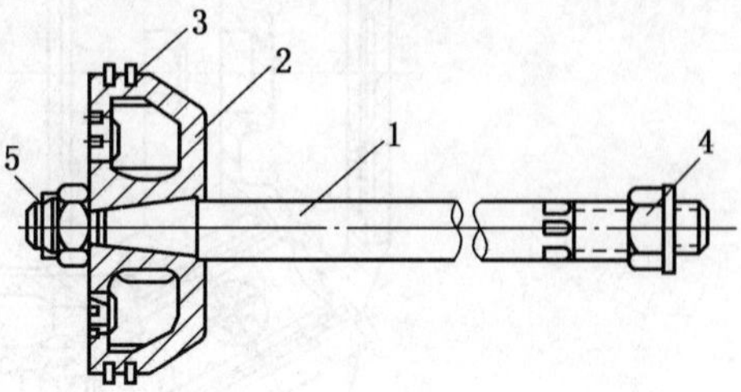


1—活塞杆；2—活塞；3—活塞环；
4—螺母；5—冠形螺母

图 12-14　活塞组件

（1）活塞。活塞是活塞式空压机中压缩系统的主要部件，曲轴的旋转运动，经连杆、十字头、活塞杆变为活塞在汽缸中的往复运动，从而对空气进行压缩做功。

常见的活塞形状有筒形和圆盘形两种。有十字头的空压机均采用圆盘形活塞，如图 12-14 中的 2。为了减小质量，往往铸成空心的，两个端面用加强筋连接，以增加刚度。活塞材质为灰铸铁。

（2）活塞环。活塞圆柱表面上有两个环槽，装有矩形断面的活塞环（又称涨圈），活塞环一般用铸铁材料制成开口，具有一定的弹力。在自由状态时，外径大于汽缸内径。活塞环的开口形式有直切口、斜切口（斜角为 45°或 60°）和搭切口，如图 12-15 所示。

活塞环的作用是利用本身张紧力使环的外表面紧贴在汽缸镜面上，以防止气体泄漏。为避免气体从切口处窜流，各活塞环的开口应互相错开，错开角度不小于 120°。由于活塞环和气缸壁之间有摩擦，故汽缸壁内使用润滑油，一般用压缩机油，活塞环同时也起布油和导热作用。无油润滑空压机活塞环采用自润滑的聚四氟乙烯。

（3）活塞杆。活塞杆一般用 45 号钢锻造而成。杆身摩擦部分经表面硬化处理，具有良好的耐磨性。活塞杆的一端制成锥形体，插入活塞的锥形孔内，用螺母固结，并插有开

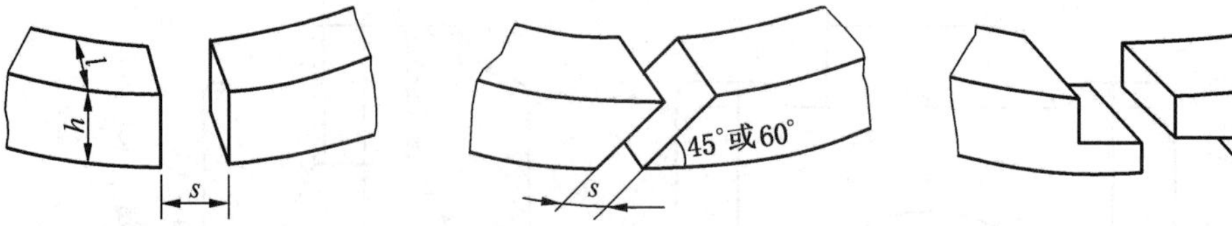


图 12-15 活塞的切口形式

口销以防松动。活塞杆的另一端与十字头用螺纹连接，调节好余隙容积后，用螺母锁紧。

6. 汽缸

汽缸由缸体、缸盖、缸座用螺栓连接而成，接缝处有石棉垫以保证密封。整个汽缸组件连接在机身上，缸盖和缸座各有四个阀室（两个装吸气阀，两个装排气阀）。汽缸为双层壁结构，中间为冷却水套，水套将吸气室和排气室的气路隔开，如图 12-16 所示。

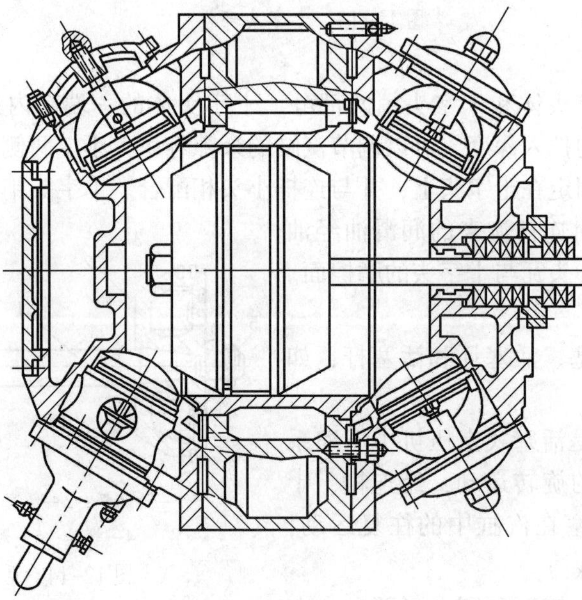

图 12-16 双层壁汽缸

7. 气阀

气阀包括吸气阀和排气阀，它是空压机最关键也是最容易发生故障的部件。

图 12-17 所示是 4L-20/8 型空压机低压汽缸的吸气和排气阀，两阀均为单层环状阀。它由阀座、阀片、阀盖、弹簧、连接螺栓和螺帽等组成。阀座是由一组直径不同的同心圆环所组成的，各环间用筋连成一体（图 12-18）。阀座与阀片贴合面制有凸台，以便阀片与阀座保持密封，考虑到阀片启闭频繁，阀片制成圆环状的薄片。

环状阀在工作时，阀盖上布置的小弹簧将阀片紧压在阀座的通气孔道上，吸气阀上部与进气管连接，下部装入汽缸内。气体在膨胀过程中，活塞继续运动，缸内压力进一步降低，当缸内压力与进气管内的压力差超过弹簧的预压力时，阀片向汽缸内移动，空气通过

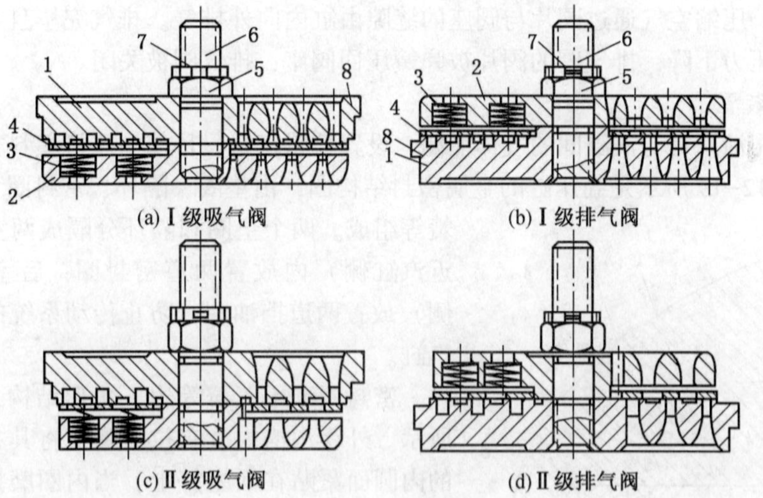


1—阀座；2—阀盖；3—弹簧；4—阀片；5—螺帽；6—螺栓；7—开口销；8—石棉垫

图 12-17　4L-20/8 型空压机低压汽缸的吸气和排气阀

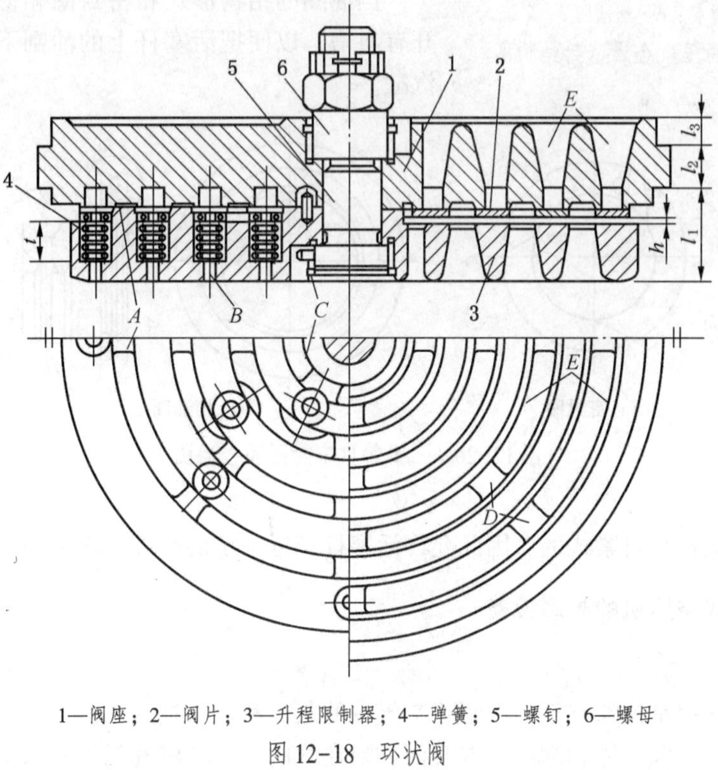


1—阀座；2—阀片；3—升程限制器；4—弹簧；5—螺钉；6—螺母

图 12-18　环状阀

阀片和阀座的间隙进入汽缸。吸气终了缸内压力上升，当缸内压力与弹簧一起能将阀片抬起压回阀座上时，吸气阀关闭。排气阀的作用和吸气阀相似，但阀座和阀盖的位置正好和吸气阀相反，阀座下部通缸内，上部通缸外排气管，阀盖上的弹簧将阀片向下压在阀座的通气孔道上。当汽缸内压力高于排气管的压力，并且两者的压力差大于弹簧的压力时，阀片向上运动，压缩空气通过阀片与阀座的缝隙由缸内向外排气。排气完毕且当活塞向回运动时，缸内压力下降，排气阀的阀片被弹簧压回阀座，排气阀被关闭。

8. 填料装置

为了阻止活塞杆与汽缸间的气体泄漏，设置填料密封。目前空压机填料密封多使用金属密封。图 12-19 所示是高压缸的金属密封结构图，由垫圈、隔环、密封圈、挡油圈、弹簧等组成。两个垫圈和隔环分隔成两室，前室（靠近汽缸侧）内放置两道密封圈；后室（靠近机架侧）放置两道挡油圈，防止传动系统的润滑油进入汽缸。

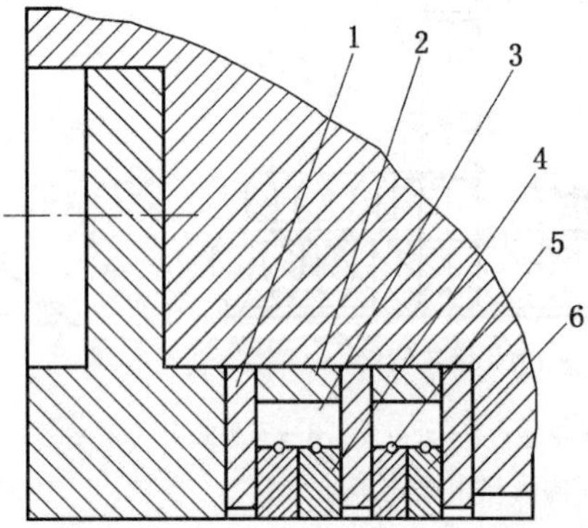


1—垫圈；2—隔环；3—小室；4—密封圈；5—弹簧；6—挡油圈

图 12-19　高压缸金属密封结构图

密封圈采用三瓣等边三角形结构，如图 12-20 所示。外缘沟槽内放有拉力弹簧将其扣紧，使它们的内圆面紧贴在活塞杆上，当内圈磨损后，借助弹簧的力量，使密封圈自动收紧，确保密封。密封室内的两个密封圈，其切口方向相反，放置时切口互相错开。

挡油圈的结构形式和密封圈相似，只是内圆处开有斜槽，以便把活塞杆上的油刮下来不使其进入汽缸。

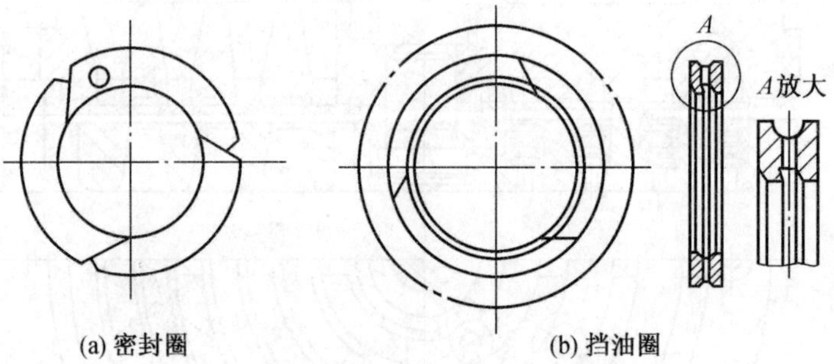


(a) 密封圈　　(b) 挡油圈

图 12-20　三瓣斜口密封圈和挡油圈

由于这种填料是自紧式的，因此允许活塞杆产生一定的绕度，而不会影响密封性能。

## 二、活塞式空压机的附属设备

1. 滤风器

滤风器的作用是过滤空气，以阻止空气中的灰尘和杂质进入汽缸。因为灰尘和杂质吸入汽缸后，将与高温气体和润滑油混合而黏附在气阀、汽缸壁和活塞环等处，从而使气阀不严密；加快汽缸镜面和活塞组件的磨损；增大吸、排气阻力和排气温度，增加功耗和降低效率。

滤风器的结构主要由外壳和滤芯组成。4L-20/8 型空压机的金属网滤风器如图 12-21 所示，其外壳由筒体和封头组成，筒体内装有圆筒形滤芯，它是由多层波纹状金属网组成，其上涂有黏性油（一般用 60% 的汽缸油和 40% 的柴油混合而成），黏性油的黏度为

3.3~3.7 °$E$。当污浊空气通过时，灰尘和杂质便黏附在金属网上，使空气得以过滤。

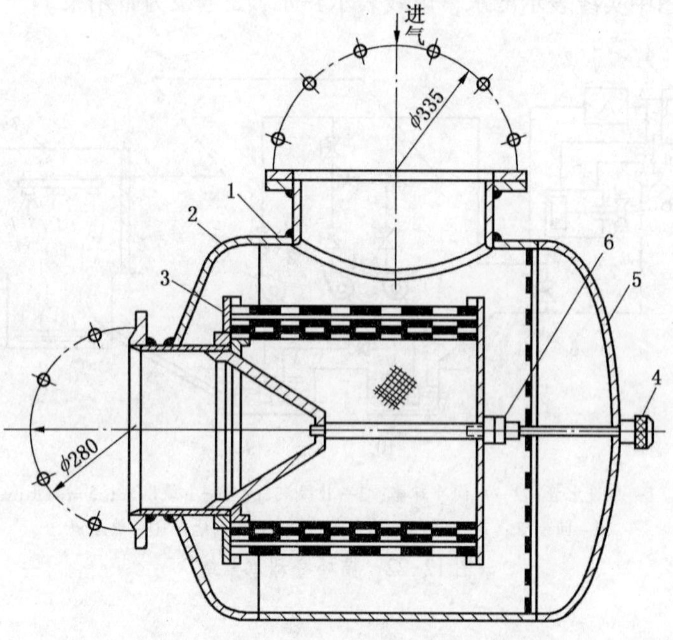


1—筒体；2、5—封头；3—金属网；4、6—螺母

图 12-21　4L-20/8 型空压机的金属网滤风器

滤风器应安装在室外进风管道上，与空压机的距离应不超过 10 m，并处于清洁、干燥、通风良好的阴凉处为宜。滤风器的吸气口向下布置，以免掉进杂物，并设防雨设施。

2. 风包

风包是大、中型活塞式空压机必须配置的设备，一般竖立装在室外距机房 1.2~1.5 m 处。空压机排出的压缩气体通过排气管输入风包。风包有三个作用，一是稳压作用，作往复运动的活塞，排出的气体量是脉动的，风包能减缓其压力脉动，从而达到稳压的目的；二是储存一定量压气，对风动机械用气的不均衡性起一定的调节作用；三是风包可分离压缩空气中的油、水，提高气体质量。

3. 冷却系统

冷却系统的主要作用是降低压气的温度，从而节省功率消耗，提高空压机工作的经济性和安全性。

空压机内起冷却作用的主要部位是汽缸水套和中间冷却器两大部分。汽缸用水套进行冷却，由于接触散热面小，对缸内气体冷却效果不显著，主要目的是限制汽缸和压气的温度不要太高，使得汽缸内压缩机油维持一定黏度，保证活塞与汽缸间的润滑效果。

中间冷却器主要由外壳和一束水管组成，冷却水在管内流，压气在管外流，压气的热量通过管壁传递给冷却水。由于接触面积较大，散热较快，冷却效果较好。

为节约用水，大型空压机站都采用循环冷却水系统，如图 12-22 所示。经冷却塔冷却后的水顺水沟流入冷水池，由图中的 3 号冷水泵经进水管将冷水首先打入中间冷却器，从中间冷却器流出的水再分两路分别引入Ⅰ、Ⅱ级汽缸水套，从中流出的热水经漏斗及回水管流回热水池。图中实线表示冷水，虚线表示热水，2号泵为备用泵。

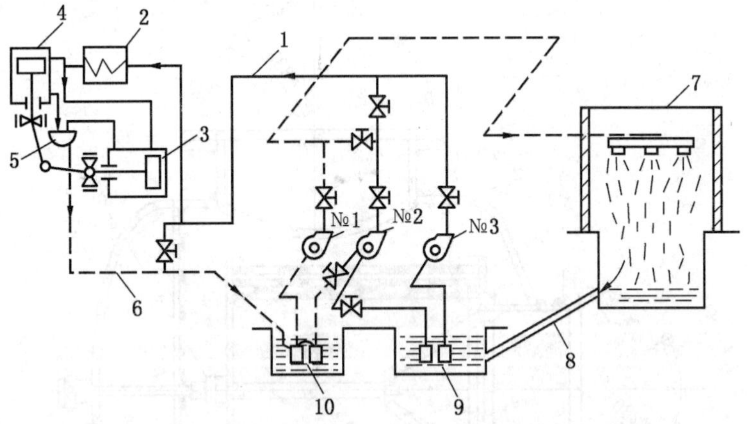


1—总进水管；2—中间冷却器；3—Ⅱ级汽缸；4—Ⅰ级汽缸；5—漏斗；
6—回水管；7—冷却塔；8—水沟；9—冷水池；10—热水池

图 12-22　循环冷却水系统

4. 润滑系统

空压机需要润滑的部位有汽缸、曲轴、连杆、十字头等。由于汽缸内部润滑禁止使用一般机械油，一定要使用黏度高，热稳定性好，闪点较高的压缩机油。天热时多采用19号压缩机油，天冷时采用13号压缩机油。曲轴、连杆、十字头传动机构只要用机油润滑即可，一般采用30号、40号、50号机油。因此润滑可分汽缸内润滑系统和传动机构润滑系统（图12-23）。

汽缸内润滑系统，由曲轴上的蜗杆带动蜗轮及凸轮，驱动注油器的柱塞上、下运动，将油箱中的压缩机油定量注入汽缸壁上的小孔，润滑汽缸及活塞。

传动机构的润滑系统，装在曲轴上的空心轴带动齿轮泵，经过滤器、油管、冷却器从油池中吸油进齿轮泵，加压后，再经过过滤器，注入曲轴中心油孔，润滑连杆大头轴瓦，再经连杆中心油孔进入连杆小头轴瓦及十字头销油孔，最后经十字头滑道流回油池。

5. 调节系统

由于电动机的转速一定，则空压机产生的压气量是一定的，而使用的风动工具和风动机械台数是经常变化的，因此耗气量也是变化的。当耗气量大于运转着的空压机的总排气量时，则输气管中的压力就降低，这时可启动备用空压机。当耗气量小于空压机的排气量时，多余的压气使输气管中的压力增高，压力增高太多，容易产生危险。这种情况持续时间较长时，可以暂停部分运转着的空压机；时间较短时，空压机启、停太频繁，因此必须采取措施，调节空压机的排气量。

1）关闭进气管调节

关闭进气管调节简单地说是关闭空压机的进气通道，使空压机没有低压空气吸入，从而也就没有高压空气排出。用这种方法调节空压机的排气量简便、经济。

关闭进气管调节装置主要由压力调节器和卸荷阀两个部件组成，其结构如图12-24和

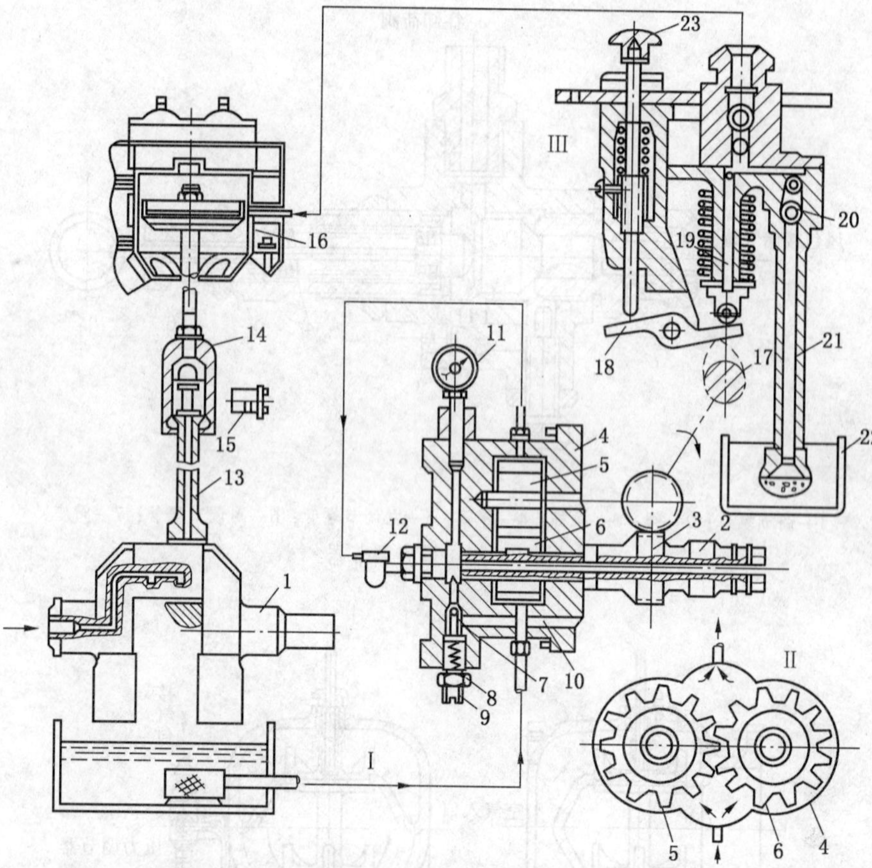


1—曲轴；2—传动空心轴；3—蜗轮、蜗杆；4—外壳；5—从动轮；6—主动轮；7—油压调节阀；8—螺帽；9—调节螺钉；10—回油管；11—压力表；12—滤油器；13—连杆；14—十字头；15—十字头销；16—汽缸；17—凸轮；18—杠杆；19—柱塞泵；20—球阀；21—吸油管；22—油槽；23—顶杆

图 12-23 空压机润滑系统原理图

图 12-25 所示。压力调节器有两个接口，一个接风包，另一个接卸荷阀。在正常情况下两接口不相通，当风包中的气体压力超过压力调节器的设定压力时，压缩空气顶开压力调节器的阀，进入卸荷阀的活塞缸中，推动活塞向上移动关闭蝶形阀，把进气管路堵塞，从而使空压机不能吸气，进入空转状态。当风包中的压力降低到某一值时，压力调节器中的阀在弹簧力的作用下，切断风包与卸荷阀的通道，卸荷阀活塞缸下部没有压缩空气供给，同时上部有弹簧的作用，蝶形阀向下运动，使阀处于开启状态，空压机恢复正常运转。

为了使空压机不带负荷启动，启动前转动卸荷阀上的手轮，顶起活塞向上移动，使蝶形阀关闭，空压机可以空载启动。启动完毕，再转动手轮退回，利用弹簧，使蝶形阀恢复原位，进入正常运行。

2）压开吸气阀调节

压开吸气阀调节是目前普遍采用的方法，实现其动作的结构形式较多，它既可使空压机在空载状态下启动，又可以使空压机在工作状态下卸荷。

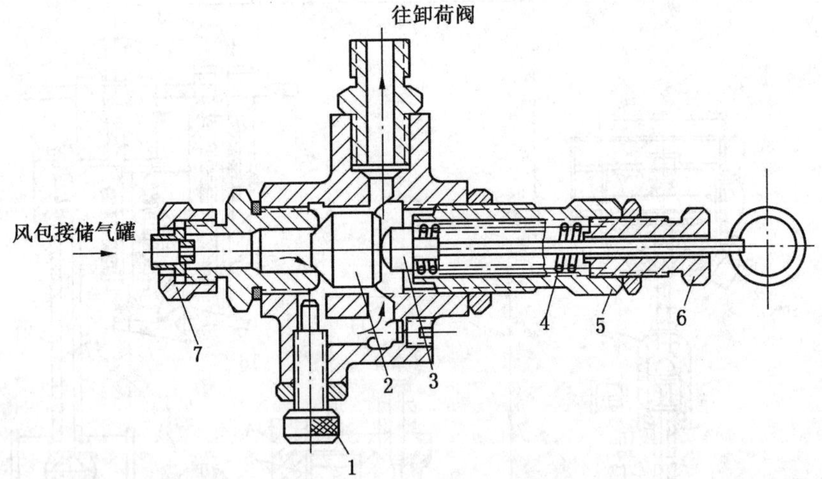


1—调节螺钉；2—阀；3—拉杆；4—弹簧；5—主调节螺管；6—副调节螺管；7—阀座

图 12-24　压力调节器

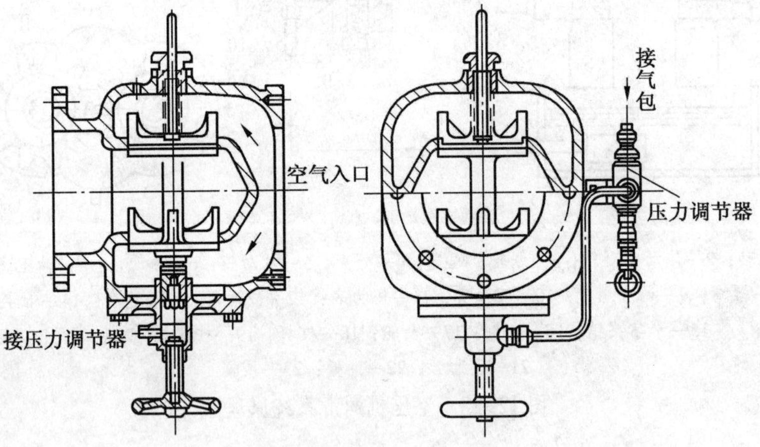


图 12-25　卸荷阀结构图

压开吸气阀调节装置由制动垫圈、小弹簧、压叉、导轴、大弹簧、销、弹簧座、指针、手轮等组成。图 12-26 所示为其结构图，其中导轴替代吸气阀上的连接螺钉，压叉在导轴上作轴向滑动。当空压机吸气终了时，吸气阀借助弹簧的弹簧力，通过压叉压开吸气阀的阀片，保持一定的开度，使吸气阀处于开启状态；当活塞返行时，汽缸内的部分气体又经吸气阀返回吸气管内，活塞继续运行，汽缸内的压力上升；当作用于阀片上的气流压力的合力超过弹簧的作用力时，阀片开始向阀座运动，最终吸气阀关闭，从而起到调节排气量的作用。指针与手轮固结，给出手轮的旋转角度，旋转手轮就可调节大弹簧的预压力，从而调节吸气阀的开启程度，这样改变了气体经吸气阀返回进气管的空气量，从而达到连续调节排气量的目的。

3）改变余隙容积调节

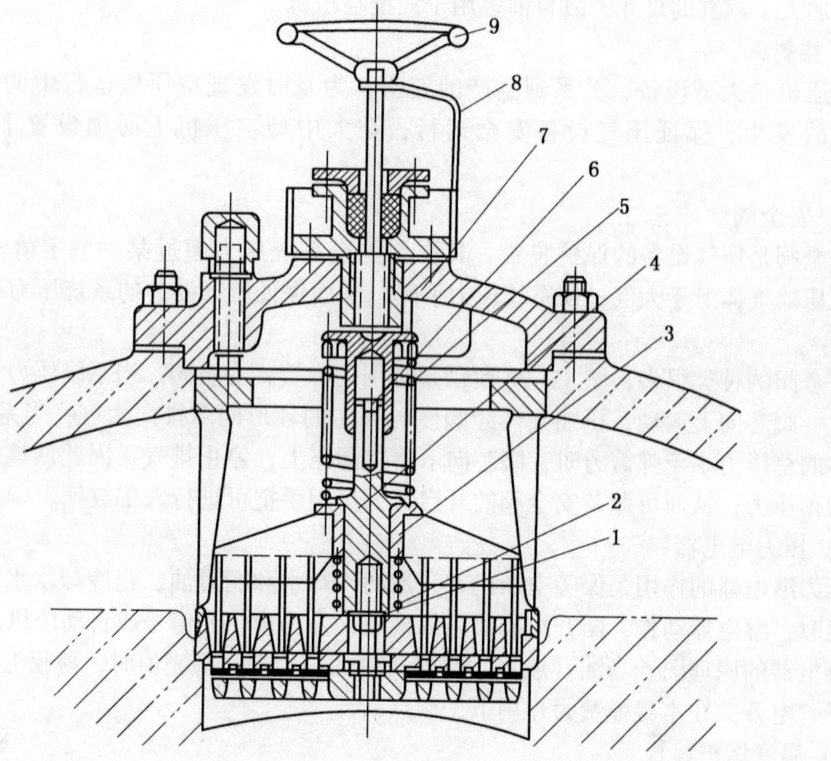


1—制动垫圈；2—小弹簧；3—压叉；4—导轴；5—大弹簧；6—销；7—弹簧座；8—指针；9—手轮

图 12-26　压开吸气阀调节装置

改变余隙容积的调节原理是在主汽缸上设置余隙缸，当需要减少排气量时，通过加大余隙容积，使汽缸容积系数减小，则排气量也相应减小。

图 12-27 所示是其原理图，汽缸上安装余隙缸，其中缸内部分为附加的余隙容积，平常附加余隙容积由阀与汽缸隔开。活塞腔经压力调节器（图中未画出）与风包相通，当风包中的压力增大，超过整定值时，压力调节器打开，压缩空气通过压力调节器后，沿风管进入减荷汽缸内，推动活塞克服弹簧力向上移动，将阀打开使附加余隙容积与汽缸相通；排气时部分气体进入附加容积，吸气时汽缸中的剩余气体与留在附加余隙容积中的气体一起膨胀，使吸入汽缸的气体量减少，从而使空压机的排气量减小。

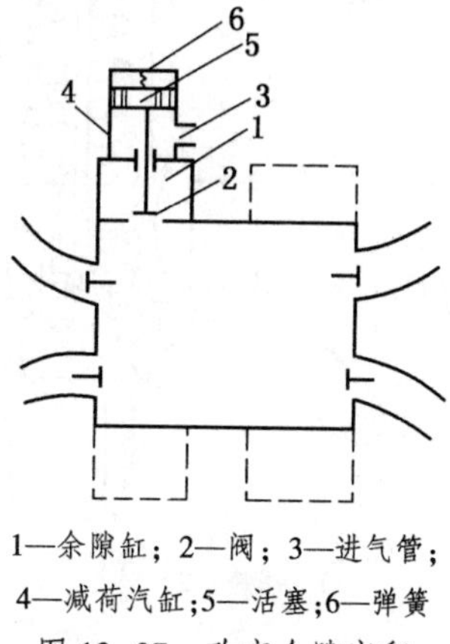


1—余隙缸；2—阀；3—进气管；4—减荷汽缸；5—活塞；6—弹簧

图 12-27　改变余隙容积调节原理图

采用改变余隙容积调节法，汽缸上装有四个附加余隙缸和一个五位压力调节器。压力调节器的每个位置整定成不同的动作压力，调节器的四个位置分别控制一个余隙容积，当每个余隙容积依次和汽缸连通时，空压机的排气量将逐步减少 25% 左右，于是能进行五级调节，分别给出 100%、75%、50%、25%、0 的排气量。

这种调节法能实现多级调节，但其冷却效果差，结构较复杂，加大了汽缸的尺寸，故目前多用于大型空压机。

6. 控制保护装置

空压机是大型设备，关系到生产的安全，为及时发现空压机运行中的不正常现象，防止事故发生，保证压气设备安全运行，在大中型空压机上必须设置下列安全保护装置。

1）安全阀

安全阀是压气设备的保护装置。其作用是当系统压力超过某一整定值时，安全阀动作，把压缩气体泄于大气，使系统压力下降，从而保证压气设备的系统压力在整定值以下运行。

安全阀的种类很多，图 12-28 所示是常用的弹簧式安全阀。当系统压力大于弹簧的预压力时，阀芯向上运动，压缩气体经阀座与阀芯的环形间隙排向大气；当系统压力下降，对阀芯的总压力小于弹簧力时，阀芯向下落在阀座上，停止排气。因此调整螺丝，可调整弹簧的预压力，从而可调节安全阀的开启压力。用手把可进行人工放气。

2）压力继电器

压力继电器的作用是保障空压机有充足的冷却水和润滑油，当冷却水水压或润滑油油压不足时，继电器动作，断开控制线路的接点，发出声、光信号或自动停机。图 12-29 为压力继电器的原理图。当油（或水）管接头中的压力低于某一值时，薄膜上部的弹簧使推杆下降，电开关在本身弹簧力作用下，接点断开。

3）温度保护装置

温度保护装置的作用是保障空压机的排气温度及润滑油的温度不致超过设定值。此类

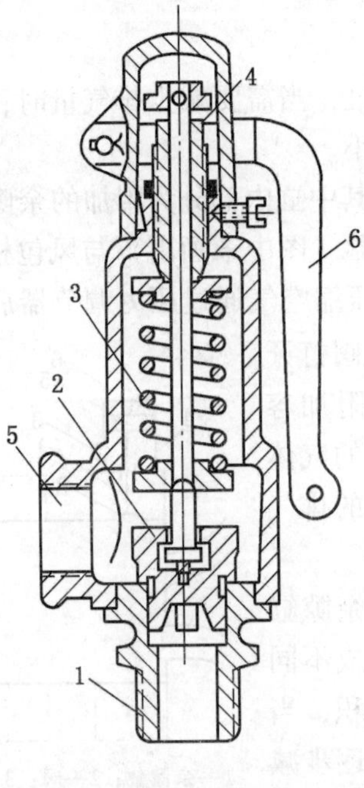


1—阀座；2—阀芯；3—弹簧；4—调整螺丝；5—排气口；6—手把

图 12-28 弹簧式安全阀

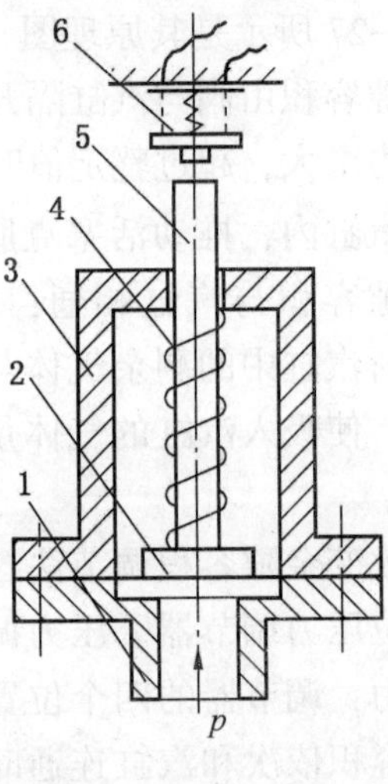


1—管接头；2—薄膜；3—继电器外壳；4—弹簧；5—推杆；6—电接点

图 12-29 压力继电器原理图

装置有带电接点的水银温度计或压力表式温度计，当温度超限时，电接点接通，发出报警信号或切断电源。

4）释压阀

释压阀的作用是防止压气设备爆炸而装设的保护装置。当压缩空气温度或压力突然升高时，安全阀因流通面积小，不能迅速把压缩气体释放。而释压阀流通面积很大，可以迅速释压，对人身和设备起到保护作用。

释压阀的种类较多，图 12-30a 是常用的一种活塞式释压阀，主要由汽缸、活塞、保险螺杆和保护罩等部件组成。释压阀装在风包排气管正对气流方向上，如图 12-30b 所示，当压气设备由于某种原因，压缩空气压力上升到（1.05±0.05）MPa 时，保险螺杆立即被拉断，活塞冲向右端，使管路内的高压气体迅速释放。

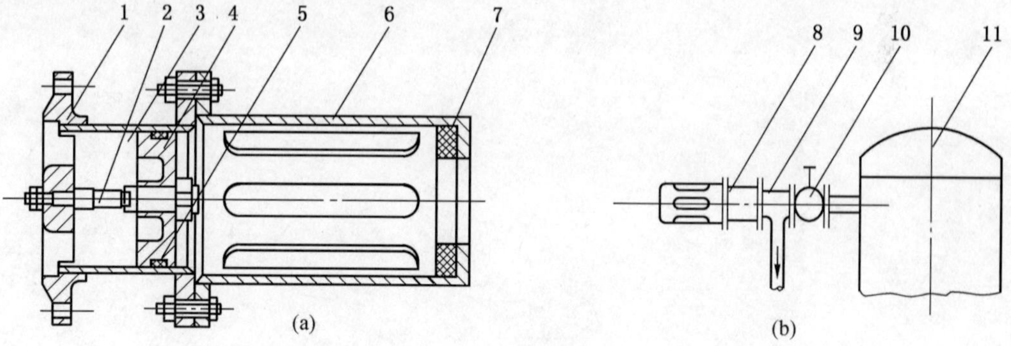


1—卡盘；2—保险螺杆；3—汽缸；4—活塞；5—密封圈；6—保护罩；
7—缓冲垫；8—释压阀；9—排气管；10—闸阀；11—风包

图 12-30　释压阀的构造和安装位置

## 复习思考题

1. 理论工作循环与实际工作循环有哪些区别？用 $p$-$V$ 图说明。

2. 从 3 种不同压缩过程的理论循环功分析，为什么等温压缩时最省功？

3. 空压机的排量受哪些因素的影响？提高空压机供气效率的途径有哪些？

4. 为何矿用空压机均采用两级压缩？比较一级压缩和两级压缩空压机的优缺点。

5. 某单级空压机吸入的自由空气量为 20 m³/min，温度为 20 ℃，压力为 0.1 MPa，若 $n=1.25$，使其最终压力提高到 $p_2=0.4$ MPa（表压），求最终温度、最终容积及消耗的理论功。

6. 某单级压缩机吸入的自由空气量为 6 m³/min，初温为 85 ℃，压力为 0.1 MPa，绝热压缩，终压 $p_2=0.4$ MPa（表压），求最终温度、最终容积及消耗的理论功。

7. 某两级空压机，吸气温度为 20 ℃，吸气量为 4 m³，由初压 $p_1=0.1$ MPa，压缩到终压 0.8 MPa（表压），若 $n=1.3$。试求最佳中间压力 $p_z$ 和理论循环功。

8. 某单级双作用空压机，缸径 $D=360$ mm，活塞行程 $S=280$ mm，活塞杆径 $d=40$ mm，曲轴转速 $n=290$ r/min，空压机排气量 $Q=10$ m³/min。求空压机的排气量系数 $\lambda$。

9. 空压机由哪几部分机构组成？各机构又包括哪些部件？试述 4L 空压机的压气流程、动力传递流程、润滑系统和冷却系统。

10. 如何调节汽缸的余隙容积？

11. 活塞环的作用是什么？各活塞环的切口位置为什么要相互错开？

12. 对空压机气阀的要求是什么？为何气阀是空压机中最易损失的零件？

13. 滤风器和风包各有什么作用？它们应设置在何处？为什么？

14. 空压机润滑的目的是什么？为什么要分汽缸和传动机构两套润滑系统？

15. 空压机设置冷却装置有哪些作用？空压机的冷却水循环系统是如何工作的？

16. 空压机排气量调节的目的是什么？常用的调节方法和装置有哪几种？各种调节方法有何优缺点？

17. 空压机的保护机构主要包括哪些部件？各部件起什么作用？

# 第十三章　螺杆式空压机工作理论及构造

螺杆式空压机是一种工作容积作回转运动的容积式气体压缩机。气体的压缩依靠容积的变化来实现，而容积的变化又以压缩机的一个或几个转子在汽缸里作回转运动来达到的。区别于活塞压缩机，它的工作容积在周期性扩大和缩小的同时，其空间位置也在变化。

## 第一节　螺杆式空压机的工作理论

### 一、理论工作过程

理论工作过程是指在下述假定条件下完成的工作过程，即：

（1）气体在流动过程中没有摩擦，吸、排气过程无压力损失。

（2）在整个工作过程中无热量交换。

（3）工作容积完全密封，无泄漏。

螺杆式压缩机转子的每个运动周期内，分别有若干个工作容积依次进行相同的工作过程。因此，在研究螺杆式压缩机的工作过程时，只需讨论其中某一个工作容积的全部过程，就能完全了解整个机器的工作，这一工作容积，称为基元容积。

设转子回转一周，基元容积完成压缩机的一个工作过程。因此，基元容积的容积变化是转子转角参数的函数（图 13-1）。图中 $V_m$ 表示基元容积所能达到的最大容积。

1. 理想工作过程

按容积式压缩机压缩气体的原理，为了充分利用工作容积实现气体的压缩，应在基元容积扩大时，与吸气孔口连通，开始吸气过程，在基元容积达到最大容积时，结束吸气过程；然后，基元容积在封闭状态下减少容积，并在与排气孔口连通前，压力升高到排气压力，完成压缩过程；最后，随着基元容积的进一步减少，所有高压气体逐渐从排气孔口排出。图 13-2 所示为这种理想工作过程图。

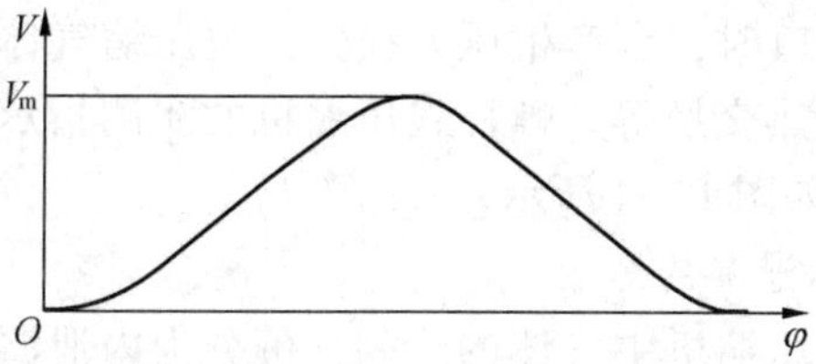


图 13-1　基元容积的容积随转子转角的变化

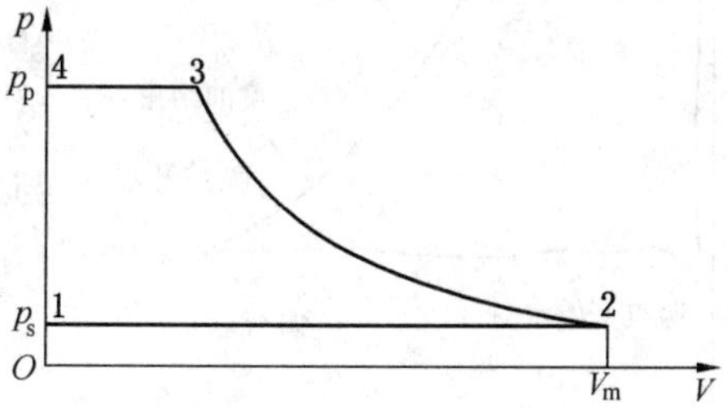


图 13-2　理想工作过程

由于吸、排气孔口位置等压缩机结构参数的影响，会使压缩机的工作过程与上述的理想工作过程有所不同。

2. 内、外压力比不相等的工作过程

设压缩机的基元容积与排气孔口即将连通之前，基元容积内的气体压力 $p_i$ 为内压缩终了压力。内压缩终了压力与吸气压力之比，称为内压力比；而排气管内的气体压力 $p_p$ 称为外压力或背压力，它与吸气压力的比值称为外压力比。

螺杆式压缩机吸、排气孔口的位置和形状决定了内压力比；运行工况或工艺流程中所要求的吸、排气压力，决定了外压力比。与一般活塞压缩机不同，螺杆式压缩机的内、外压力比彼此可以不相等。

在排气压力大于内压缩终了压力的情况下，基元容积与排气孔口连通的瞬时，排气孔口中的气体将迅速倒流入基元容积中，使其中的压力从 $p_i$ 突然上升至 $p_p$，然后再随着基元容积的不断缩小，排出气体，如图 13-3a 所示。

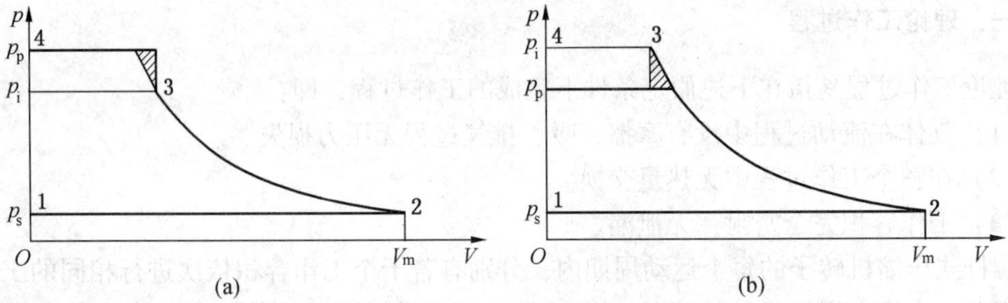


图 13-3 内、外压力比不相等的工作过程

在排气压力低于内压缩终了压力的情况下，基元容积与排气孔口连通的瞬时，基元容积中的气体会迅速流入排气孔口中，使基元容积中的气体压力突然降至 $p_p$。然后，再随着基元容积的继续缩小，将其余的气体排出，如图 13-3b 所示。

由此可见，内、外压力比不相等时，总是造成附加能量损失，如图 13-3 中的阴影面积所示。另外，由于内、外压力不相等，还会伴随着强烈的周期性排气噪声。

## 二、实际工作过程

螺杆式压缩机的实际工作过程，与上述的理论工作过程有很大差别。这是因为在实际工作过程中，基元容积内的气体要通过间隙发生泄漏，气体流经吸、排气孔口时，会产生压力损失，被压缩气体要与外界发生热交换等。螺杆式压缩机的实测指示图(示功图) 如图 13-4 所示。

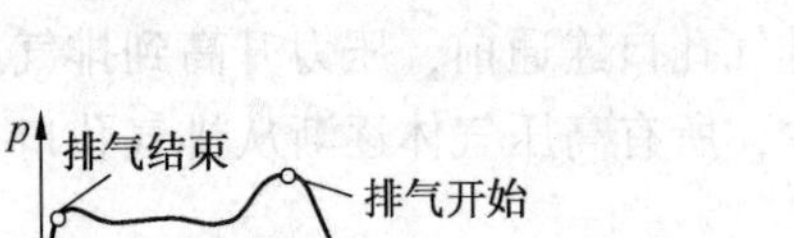


图 13-4 螺杆式压缩机的实测指示图

1. 气体泄漏的影响

螺杆式压缩机中气体的泄漏，可分为内泄漏及外泄漏两类。泄漏使压缩机的排气量和效率都有所降低，在低转速压缩机中，泄漏损失是影响压缩机

性能的主要因素。

泄漏的气体不会直接影响压缩机的排气量时，称为内泄漏。气体从具有较高压力处泄漏至不处于吸气过程的基元容积，即属于内泄漏。内泄漏使基元容积中的气体温度升高，导致压缩过程功耗增加。另外，由于内泄漏的加热作用，也会间接降低压缩机的排气量。

直接影响排气量的气体泄漏，称为外泄漏。泄漏到处于吸气过程的基元容积中的气体，或直接泄漏到吸气孔口的气体，均属外泄漏。显然，外泄漏直接使排气量减少、轴功率增加。

2. 气体流动损失的影响

实际气体流动时，不可避免地存在沿程阻力损失和局部阻力损失。当气流具有脉动时，这种损失将会更大。

沿程阻力损失是由气体黏性引起的，它的大小与流速平方成正比，并与流动状态、表面粗糙度以及流动距离等因素有关。局部阻力损失是因截面突变引起的，它的大小与截面突变的情况有关，并与流速平方成正比。由此可见，提高转速将使气流速度增加，因而导致流动损失显著增加。

3. 流体动力损失的影响

螺杆式压缩机中的流体动力损失，主要指转子扰动气体的摩擦鼓风损失、喷液机器转子对液体的扰动损失等。流体动力损失也随转子转速的增加而明显增大，在高转速压缩机中，流体动力损失对效率起主要影响。

4. 热交换的影响

气体进入压缩机时，会与机体发生热交换，使吸气结束时温度升高。这样，换算到吸气状态的排气量就减少了。

由于螺杆式压缩机的实际工作过程受多种因素的影响，无法用较简单的公式对其进行描述。在现代的螺杆式压缩机研究和设计中，均广泛采用计算机模拟的方法。

螺杆式压缩机工作过程的计算机模拟，是以基元容积为研究对象，对其吸气、压缩和排气过程进行详细的分析，有效地考虑泄漏、喷油及换热等因素对工作过程的影响，并在此基础上，建立描述这些过程的一组偏微分方程。利用计算机数值解法，联立求解上述方程，即可求出各过程中基元容积内气体的压力、温度等微观特性，并以这些数据为基础，求出压缩机的排气量、轴功率等宏观性能。

## 第二节　螺杆式空压机的排气量、功率和效率

### 一、螺杆式空压机排气量及容积效率

1. 理论排气量

螺杆式压缩机的理论排气量 $Q_T$，是指单位时间内转子转过的齿间容积之和，它只取决于压缩机的几何尺寸和转速。

1）螺杆式压缩机基元容积的最大值 $V_m$

$$V_m = A_{01}L + A_{02}L \tag{13-1}$$

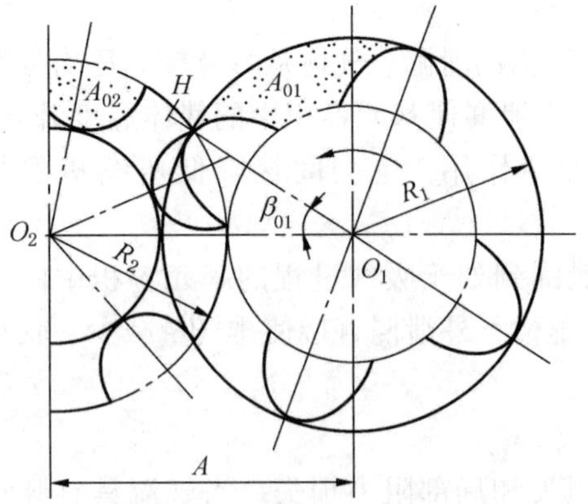

图 13-5　端面齿间面积

式中　$A_{01}$、$A_{02}$——分别为阳、阴转子的端面齿间面积，如图 13-5 所示。可根据转子型线方程或转子型线坐标点，用解析法或数值积分法求出；

$L$——转子轴向长度。

在螺杆式压缩机中，通常转子的扭转角较大。在这种情况下，相互啮合的齿在排气端尚未完全解脱啮合，在吸气端就已开始投入啮合，即转子齿间容积的解脱与啮合在同一齿间容积内同时进行。在这种情况下，基元容积不能完全充气，无法达到最大值。其影响用实际基元容积 $V_0$ 与最大值 $V_m$ 的比值来表征，称为扭角系数，用 $C_\varphi$ 表示，即

$$C_\varphi = V_0/V_m \tag{13-2}$$

扭角系数值一般 $C_\varphi=0.97\sim1.0$，扭转角大的转子，扭角系数取较小值；而扭转角小的转子，扭角系数取较大值。

2）螺杆式压缩机的理论排气量 $Q_T$

$$Q_T = C_\varphi V_m z_1 n = C_\varphi(A_{01}+A_{02})Lz_1 n \tag{13-3}$$

式中　$z_1$——阳转子的齿数；

$n$——阳转子的转速。

若令 $C_{n1}=z_1(A_{01}+A_{02})/D_1^2$ 及 $\lambda=L/D_1$，则理论排气量 $Q_T$ 可写为

$$Q_T = C_\varphi C_{n1} n\lambda D_1^3 \tag{13-4}$$

式中　$C_{n1}$——面积利用系数，取决于转子型线参数，表 13-1 中列出一些常用型线的面积利用系数，可参考使用。一般可取 0.4~0.5；

$\lambda$——转子长径比；

$D_1$——阳转子的直径。

表 13-1　常用型线的面积利用系数

| 转子型线 | 对称圆弧型线 | 国家标准型线 | SRM-A 型线 | SRM-D 型线 | GHH 型线 | Hitachi 型线 |
|---|---|---|---|---|---|---|
| 面积利用系数 | 0.4889 | 0.4696 | 0.5009 | 0.4979 | 0.4495 | 0.4013 |

2. 实际排气量

螺杆式压缩机的实际排气量，是指折算到吸气状态的实际排气量。考虑容积效率 $\eta_V$，则

$$Q = \eta_V Q_T = \eta_V C_\varphi C_{n1} n\lambda D_1^3 \tag{13-5}$$

3. 容积效率

螺杆式压缩机的容积效率 $\eta_V$ 是实际排气量与理论排气量的比值，即

$$\eta_V = Q/Q_T \tag{13-6}$$

由上式可以看出，容积效率 $\eta_V$ 反映了压缩机几何尺寸利用的完善程度。$Q_T$ 与 $Q$ 的差

值，对于螺杆式压缩机主要是由于气体的泄漏所致。

螺杆式压缩机的容积效率 $\eta_V$ 受型线种类、喷油与否、压差、转速、气体性质等众多因素的影响。在实际计算中，可参照类似机器的试验数值选取，或通过对螺杆式压缩机工作过程数学模拟的方法进行计算。

各种螺杆式压缩机容积效率的变化范围有所差别，通常 $\eta_V=0.75\sim0.95$。一般转速低、排气量小、压力比高、不喷油的压缩机，容积效率较低；转速高、排气量大、压力比低的喷油压缩机，容积效率较高。

图 13-6 给出了干式螺杆压缩机的容积效率与压力比和转速之间的关系曲线。从图中可以看出，随着压比的上升，容积效率变化较小，但转速对容积效率的影响却较大。

图 13-7 为中型喷油螺杆空气压缩机典型的容积效率曲线。压缩机的内压比为 7.5，额定排气压力为 0.8 MPa。从图中可以看出，在不同的排气压力下，容积效率曲线比较平坦，因而该压缩机也可以用于更高压力的场合。

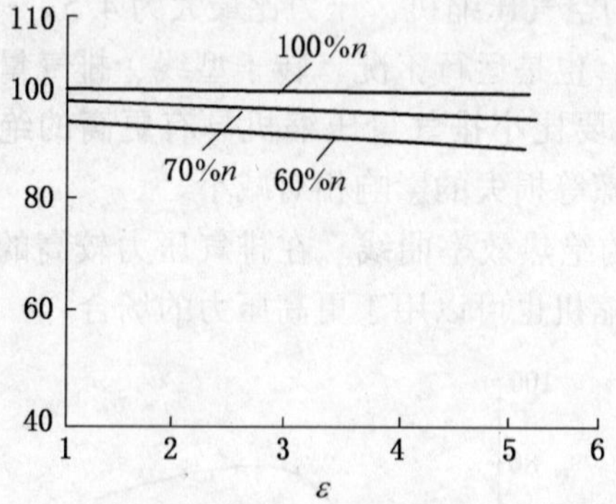


图 13-6 干式螺杆压缩机的容积效率与压力比和转速的关系曲线

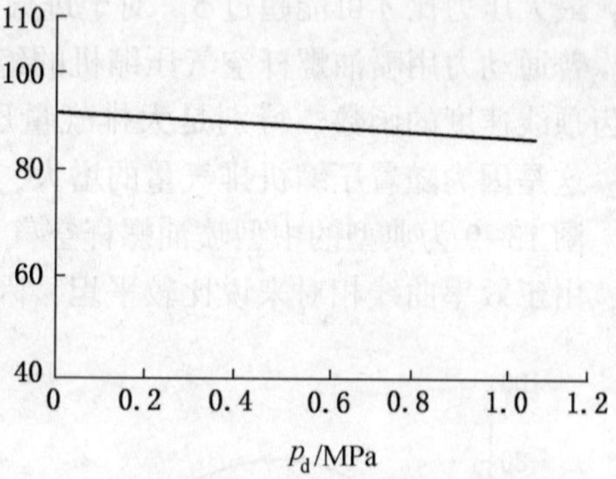


图 13-7 中型喷油螺杆空气压缩机典型的容积效率曲线

## 二、轴功率及绝热效率

1. 等熵绝热压缩功率

1）理想气体

$$P_{ad}=\frac{k}{k-1}p_sQ\left[\left(\frac{p_p}{p_s}\right)^{\frac{k-1}{k}}-1\right] \tag{13-7}$$

式中 $P_{ad}$——压缩机的等熵绝热功率；

$p_s$——压缩机的吸气压力；

$p_p$——压缩机的排气压力；

$k$——被压缩气体的等熵指数；

$Q$——压缩机的排气量。

2）非理想气体

$$P_{ad}=Q_m(h_{ps}-h_s) \tag{13-8}$$

式中 $h_s$——吸气状态下气体比焓；

$h_{ps}$——排气压力下、与吸气状态熵相等的状态下气体比焓；

$Q_m$——压缩机的质量流量。

2. 绝热效率

等熵绝热压缩所需的功率 $P_{ad}$ 与压缩机实际轴功率 $P$ 的比值，称为绝热效率 $\eta_{ad}$，即

$$\eta_{ad}=\frac{P_{ad}}{P} \tag{13-9}$$

螺杆式压缩机的绝热效率 $\eta_{ad}$ 反映了压缩机能量利用的完善程度，其数值依机型和工况不同而有明显的差别。低压力比、大中排气量时，$\eta_{ad}=0.75\sim0.85$；高压力比、小排气量时，$\eta_{ad}=0.65\sim0.75$。

干式螺杆压缩机的绝热效率取决于压缩机的容积流量和具体的结构设计。大排气量的干式螺杆压缩机绝热效率可以超过80%，而小排气量的绝热效率可能低于70%。图13-8为干式螺杆压缩机绝热效率的典型曲线。由于排气温度的限制，只有等熵指数较小的气体，最大压力比才可能超过5。对于进气是大气的空气压缩机，压力比最大为4.5。

普通动力用喷油螺杆空气压缩机的绝热效率，也是运行工况、转子型线、排气量和转子齿顶线速度的函数。特别是大排气量压缩机，要比小排气量压缩机具有更高的绝热效率。这是因为随着压缩机排气量的增大，机械摩擦等损失的影响相对减小。

图13-9为典型的中型喷油螺杆空气压缩机的绝热效率曲线。在排气压力较高的范围内，由于效率曲线相对来说比较平坦，因而该压缩机也可以用于更高压力的场合。

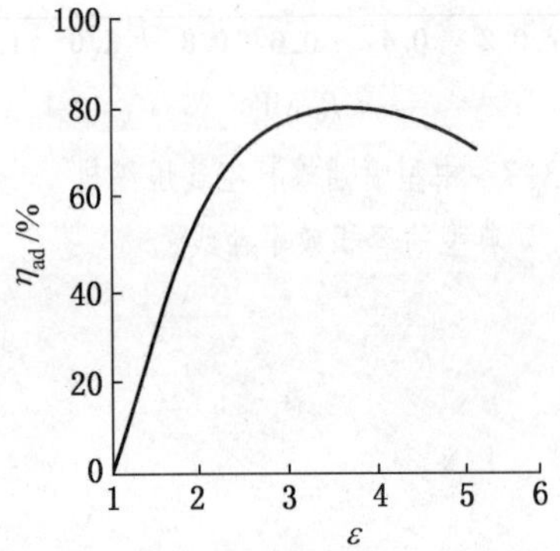


图13-8　干式螺杆压缩机绝热效率的典型曲线

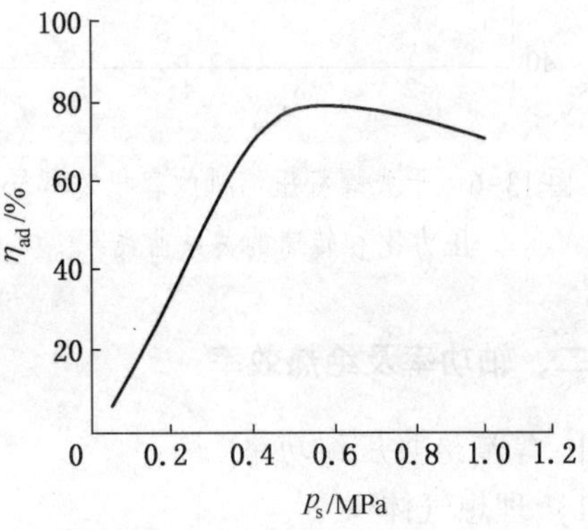


图13-9　中型喷油螺杆空气压缩机的绝热效率曲线

螺杆式压缩机工作时，伴随着两转子的啮合过程及齿顶和端面扫过机壳的过程。在喷油螺杆压缩机中，所有这些表面都有润滑油，且油也充满了它们之间的间隙，这些油在起到密封作用的同时，随着转子旋转也不断受到剪切作用，从而要吸收一定量的功。吸收功的多少，取决于所用油的黏度，黏度越高，吸收的功越多。但另一方面，黏度越高，密封的效果也越好。因而，需要权衡功耗和密封这两方面的因素来确定所用油的黏度。对于空气压缩机，供油温度一般为50~60 ℃。

## 三、指示效率和机械效率

为了进一步改善螺杆式压缩机的性能，常要考虑内部因素对压缩机的影响。为此，常

用指示效率（内效率）和机械效率表示螺杆式压缩机的性能。

指示效率 $\eta_i$ 为等熵绝热压缩的理论功率 $P_{ad}$ 与实际压缩指示功率 $P_i$ 的比值，即

$$\eta_i = \frac{P_{ad}}{P_i} \tag{13-10}$$

指示效率 $\eta_i$ 也称内效率，它反映了压缩机内部工作过程的完善程度。螺杆式压缩机的指示功率 $P_i$ 与机械摩擦损失功率 $P_m$ 之和，即为压缩机轴功率。当螺杆压缩机的内、外压力比不相等时，指示效率较低，这是因其热力过程不完善所致。

压缩机的指示效率 $\eta_i$ 与绝热效率之间的关系为

$$\eta_{ad} = \eta_i \eta_m \tag{13-11}$$

式中　$\eta_m$——螺杆压缩机的机械效率，其定义为螺杆压缩机指示功率与轴功率之比值，一般 $\eta_m = 0.90 \sim 0.98$。

## 第三节　螺杆式空压机的构造

### 一、主机结构

#### （一）喷油螺杆空气压缩机

喷油螺杆空气压缩机分为固定式和移动式两类，其主机的结构设计基本相同。喷油螺杆空气压缩机的机体不设冷却水套，转子为整体结构，内部不需冷却，压缩气体所产生的径向力和轴向力都由滚动轴承来承受。排气端的转子工作段与轴承之间有一个简单的轴封，通过在机壳或轴上开出凹槽，并向里边供入一定压力的密封油，即可很好地起到密封作用。另外，在喷油螺杆空气压缩机中没有同步齿轮，通常也不设容积流量调节滑阀和内容积比调节滑阀。

通常喷油螺杆空气压缩机，小齿轮直接安装在转子轴上，大齿轮可以安装在两端用轴承支承的另外一根轴上，也可以直接装在原动机轴的末端。

图 13-10 示出 LGY-12/7 型及 LGY-17/7 型喷油螺杆空气压缩机的主机结构。这两种压缩机采用内置的增速齿轮驱动阳转子。通过采用不同的增速齿轮，就可方便地得到具有不同容积流量的压缩机。在转子的排气端采用面对面配对安装的单列圆锥滚子轴承，同时承受压缩机中的径向力和轴向力，并使转子双向定位。机体由吸气端盖、汽缸和排气端盖三部分组成，在吸气端盖上设有轴向吸气孔口，而在汽缸上的径向吸气孔口部位，则设计了缓冲空间。同时采用轴向和径向排气孔口，分别开设在排气端盖和汽缸上。另外，在外伸轴处设有可靠的油润滑机械密封。

LGY-17/7 型喷油螺杆空气压缩机的主要技术参数，阳转子直径 262.5 mm，阴转子直径 210 mm；转子长度 375 mm，转速 1800 r/min；吸气压力 0.1 MPa，排气压力 0.8 MPa；排气温度 < 100 ℃，排气量 17 $m^3$/min；轴功率 100 kW；冷却方式为风冷；驱动方式为原动机通过压缩机内藏增速齿轮直联驱动。

#### （二）无油螺杆空气压缩机

LGW-40/7 型无油螺杆空气压缩机结构如图 13-11 所示。该压缩机的转子之间不能直接接触，所以阳转子是通过高精度的同步齿轮驱动阴转子的。并且阴转子上的同步齿轮是

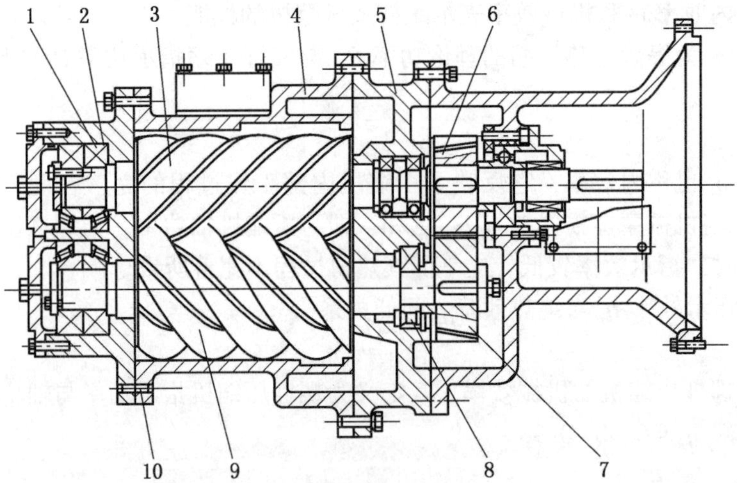


1—圆锥滚子轴承；2—排气端盖；3—阴转子；4—汽缸体；5—吸气端盖；
6、7—增速齿轮；8—圆柱滚子轴承；9—阳转子；10—定位销

图 13-10　中型喷油螺杆空气压缩机主机结构

可调的，以确保转子间的啮合间隙处于理想范围。为了减小转子由于热膨胀而产生的不均匀变形，向转子的中心通入循环油冷却。考虑到一般空气压缩机的负荷较小，径向轴承和推力轴承都采用滚动轴承，以便对转子进行精确定位。在吸排气侧均采用波纹弹簧压紧的石墨环式轴封，以隔离压缩腔和轴承部位。另外，为了防止压缩空气吹进轴承和影响润滑，在最后一个密封单元之间的机体上开有通气孔，以导出泄漏的空气。

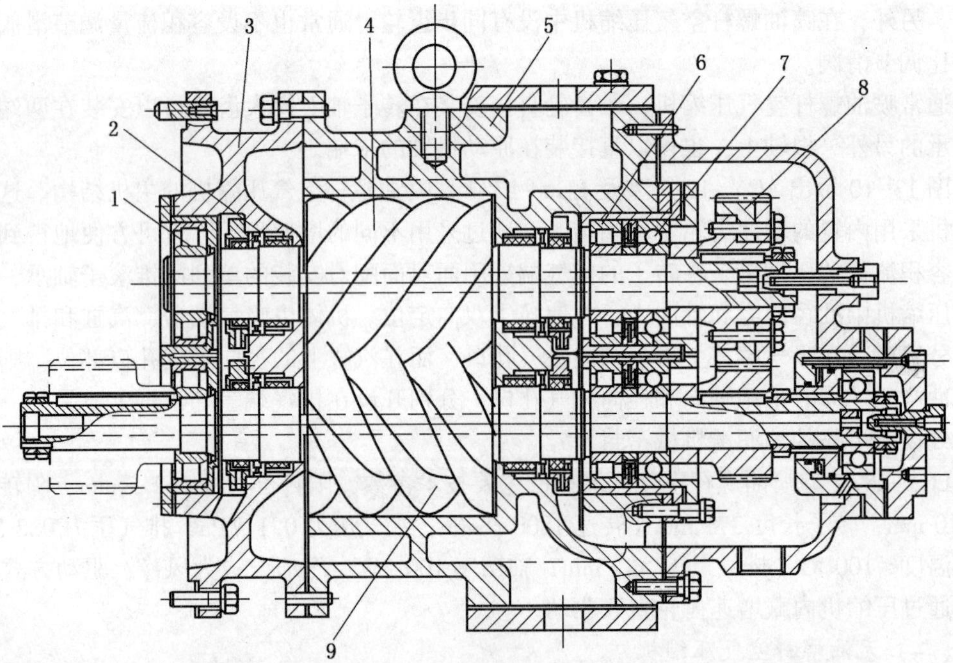


1、6—圆柱滚子轴承；2—轴封装置；3—吸气端盖；4—阴转子；5—机体；7—球轴承；8—同步齿轮；9—阳转子

图 13-11　LGW-40/7 型无油螺杆空气压缩机结构

LGW-40/7 型无油螺杆空气压缩机的主要技术参数，吸气压力 0.1 MPa，排气压力 0.8 MPa；吸气温度< 40 ℃，排气量 40 $m^3$/min；轴功率 260 kW，驱动电动机功率 280 kW。

## 二、主要零部件

### （一）机体

机体是螺杆压缩机的主要部件，它由中间部分的汽缸及两端的端盖组成。在转子直径较小的机器中，常将排气侧端盖或吸气侧端盖与汽缸铸成一体，制成带端盖的整体结构，转子顺轴向装入汽缸。在转子直径较大的机器中，汽缸与吸气和排气端盖是分开的，大型螺杆压缩机为了便于机器的拆装和间隙的调整，机体还可在转子轴线平面设水平剖分面。

如图 13-12 所示，机体可以设计成气体从顶部或底部进入，沿径向或轴向吸入机体。与吸气类似，排气也可设计在机体的顶部或底部，采用轴向或径向排气。

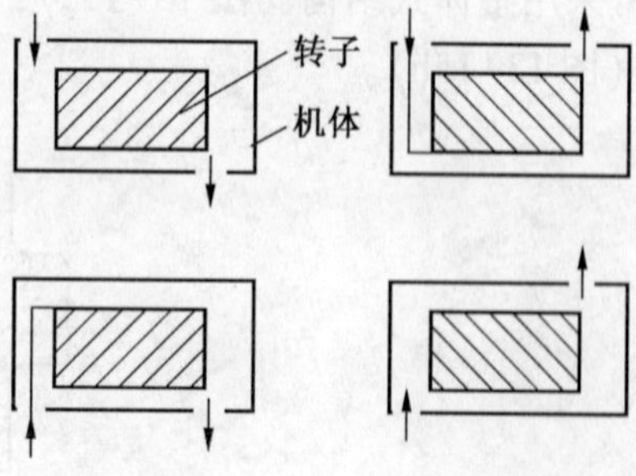

图 13-12　机体上吸排气通道的布置方案

1. 端盖

具有吸气通道或排气通道的端盖，有整体式结构和中分式结构两种。通常端盖内置有轴封、轴承，有的端盖同时还兼作增速齿轮或同步齿轮的箱体。

2. 汽缸

螺杆压缩机的汽缸有双层壁结构和单层壁结构两种型式。

无油螺杆压缩机的汽缸及排气侧端盖通常制成双层壁结构，夹层内通以冷却水或其他冷却液体，以保证汽缸的形状不发生改变。如果排气温度小于 100 ℃，也可采用单层壁结构，但为了增强自然对流冷却效果，要在外壁上顺气流方向设有冷却翅片。

喷油螺杆压缩机的机体多采用单层壁结构汽缸如图 13-13 所示，其转子包含在机体中，机体的外侧即为大气。双层壁结构汽缸如图 13-14 所示，其外壁为承受全部压力的密闭壳，由于它是圆柱形的，因而并不会因压力而产生变形，也就不需要特别的加强措施。双层壁结构机体优点明显，外壁承受着连接法兰的负荷，改善内部转子的受力状况，而且第二层壁是一个隔声板，有降低噪声的作用。所以，双层壁结构汽缸的压缩机多用于高压力的场合。

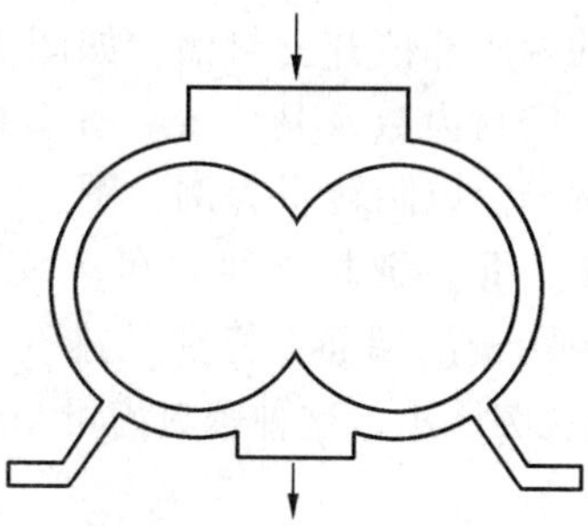
图 13-13　单层壁结构汽缸

图 13-14　双层壁结构汽缸

3. 机体的材料

机体的材料主要取决于所要达到的排气压力和被压缩气体的性质。当排气压力小于2.5 MPa时，可采用普通灰铸铁；当排气压力大于2.5 MPa时，就应采用铸钢或球墨铸铁。另外，普通灰铸铁可用于空气等惰性气体，铸钢或球墨铸铁可用于碳氢化合物和一些轻微腐蚀性气体。对于腐蚀性气体、酸性气体和含水气体，就要采用高合金钢或不锈钢。对于腐蚀性气体介质，也可采用在普通铸铁材料上喷涂或刷镀一层防腐材料的方法。

（二）转子

转子是螺杆压缩机的主要零件，其结构有整体式和组合式两类。当转子直径较小时，通常采用整体式结构（图13-15a）；而当转子直径大于350 mm时，转子常采用组合式结构（图13-15b）。

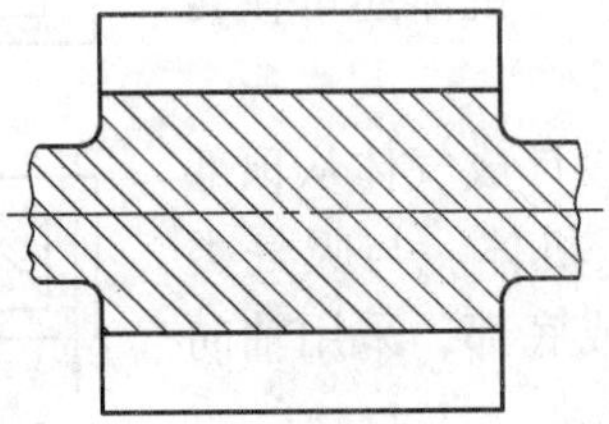

(a) 整体式

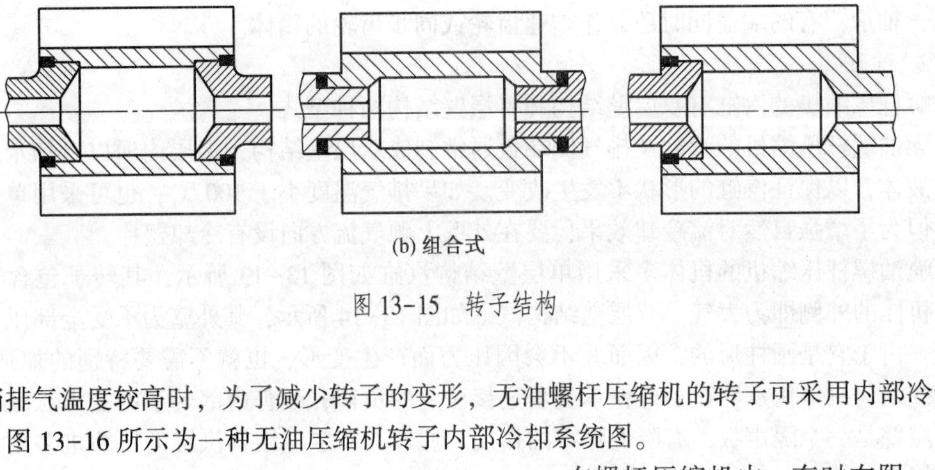

(b) 组合式

图13-15　转子结构

当排气温度较高时，为了减少转子的变形，无油螺杆压缩机的转子可采用内部冷却的结构。图13-16所示为一种无油压缩机转子内部冷却系统图。

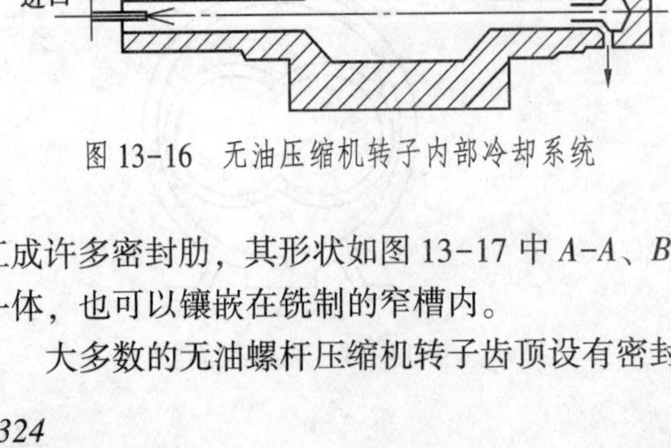


图13-16　无油压缩机转子内部冷却系统

在螺杆压缩机中，有时在阴、阳转子的齿顶设有密封齿，并在阳转子齿根圆的相应部位开密封槽，如图13-17所示。密封齿数及其位置，有多种方案可供选择。以阴转子为例，图13-18中示出Ⅰ、Ⅱ、Ⅲ共3种方案。另外，有时还在转子的端面，特别是排气端面，加工成许多密封肋，其形状如图13-17中*A*-*A*、*B*-*B*剖视图所示。这种密封齿可与转子作为一体，也可以镶嵌在铣制的窄槽内。

大多数的无油螺杆压缩机转子齿顶设有密封齿，其目的是使压缩机在实际运行工况下

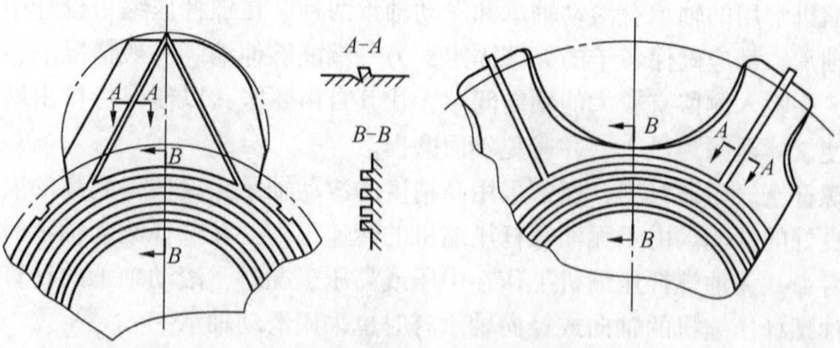


图 13-17　转子密封齿

的间隙尽可能小。在刚开始运行后的一段时间内，密封齿能对加工误差、转子变形和热膨胀进行补偿。从而使压缩机在工作时，能保持非常小的均匀间隙，使泄漏量尽量减少。当压缩机被逐步加载到额定的运行工况和相应的排气温度时，可以得到压缩机在该工况下的最高效率。但当压缩机在更高排气温度下运行一段时间后，再回到低排气温度工况下运行时，压缩机的效率将降低一些。这是因为密封齿在过高的温度下会产生更多的磨损，从而导致运行在较低温度工况时，泄漏量增大。另外，在非正常情况下，密封齿还能起到应急保护作用。如当转子振动、轴承损坏，致使转子与汽缸接触时，密封齿可防止引起大面积的咬伤，避免出现严重事故。

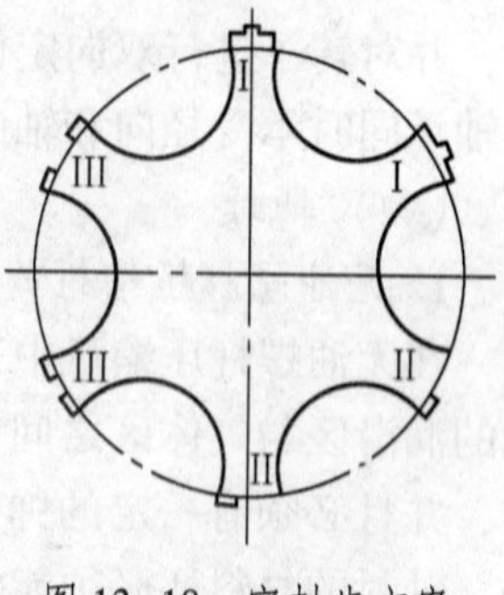


图 13-18　密封齿方案

在喷油螺杆压缩机中，由于排气温度较低，转子热胀较小，一般不设置密封齿。因为设置齿顶密封齿，会导致螺杆压缩机的泄漏三角形面积增大，而且还给加工带来了困难，加大了制造费用。另外，当螺杆压缩机转子型线的齿顶圆附近截面足够小时，型线本身就可以起到齿顶密封齿的作用。

螺杆压缩机转子的毛坯常为锻件，一般多采用中碳钢（如 45 号钢等）。有特殊要求时，也有用 40 Cr 等合金钢或铝合金的。为了便于加工，降低成本，目前也有采用 QT600-3球墨铸铁。

（三）轴承

在螺杆压缩机的转子上，作用有轴向力和径向力。径向力是由于转子两侧所受压力不同而产生的，其大小与转子直径、长径比、内压比及运行工况有关。轴向力是由于转子一端是吸气压力，另一端是排气压力，再加上内压缩过程的影响，以及一个转子驱动另一转子等因素而产生的，轴向力的大小是转子直径、内压比及运行工况的函数。

由于内压缩的存在，排气端的径向力要比吸气端大。由于转子的形状及压力作用面积不同，两转子所受的径向力大小也不一样，实际上阴转子的径向力较大。因此承受径向力的轴承负荷由大到小依次是：阴转子排气端轴承、阳转子排气端轴承、阴转子吸气端轴承和阳转子吸气端轴承。同样，两转子所受轴向力大小也不同，阳转子受力较大。轴向力之间的差别比径向力的差别大得多，阳转子所受轴向力大约是阴转子的四倍。

螺杆压缩机常用的轴承有滚动轴承和滑动轴承两种。在螺杆压缩机设计中，无论采用何种形式的轴承，都应确保转子的一端固定，另一端能够伸缩。一般情况下，转子在排出侧轴向定位，在吸入侧留有较大的轴向间隙，让其自由膨胀，以便保持排出端有不变的最小间隙值，使气体泄漏为最小，并避免端面磨损。

在无油螺杆空气压缩机中，通常采用高精度的滚动轴承，以便得到高的安装精度，使压缩机获得良好的性能。由于无油螺杆压缩机的转速很高，在选择滚动轴承时，应保证其有足够长的寿命。无油螺杆压缩机工作在中压或高压工况时，滚动轴承的计算寿命往往较低，因此无油螺杆压缩机的轴向或径向轴承有时也采用滑动轴承。

在喷油螺杆空气压缩机中，由于轴向力及径向力都不大，故都采用滚动轴承。承受轴向力的轴承总是放在排气端，以获得最小的排气端面间隙。通常，用分别安装在转子两端的圆柱滚子轴承承受转子的径向载荷，用安装在排气端的一个角接触球轴承承受轴向载荷，并对转子进行双向定位。在一些机器中，用一对背靠背安装的圆锥滚子轴承或角接触球轴承同时承受径向和轴向载荷。

### （四）轴封

#### 1. 无油螺杆压缩机的轴封

在无油螺杆压缩机中，压缩过程是在一个完全无油的环境中进行的，这就要求在压缩机的润滑区与气体区之间设置可靠的轴封。轴封不仅需要能在高圆周速度之下有效的工作，并且必须有一定的弹性，以适应采用滑动推力轴承时转子可能产生的轴向移动。另外，轴封的材料还必须能耐压缩机所压缩气体的化学腐蚀。目前，无油螺杆压缩机的轴封主要有石墨环式、迷宫式和机械式3种。

图13-19所示为最常用的石墨环式轴封，这种轴封包括一组密封盒。密封盒的数量随密封压力的不同而不同，一般为4~5个，且排气侧的密封盒数多于吸气侧的密封盒数。石墨环在轴向靠波纹弹簧压紧在密封盒和保护圈的侧面上，以防止气体经石墨环的两侧面泄漏。

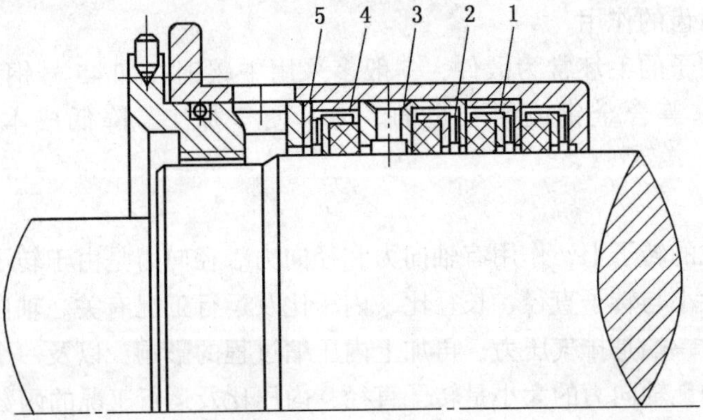


1—保护圈；2—波纹弹簧；3—引气环；4—整圈石墨环；5—密封盒

图13-19 石墨环式轴封

石墨环式轴封的密封环由摩擦系数较低的石墨制成，且石墨具有良好的自润滑性，可使石墨环与轴颈接触。为了保证强度和使环孔的热膨胀率与转子轴材料的热膨胀率相同，在密封环上装有钢制支承环。

石墨环式轴封采用环状波纹弹簧，把密封环压向密封表面，以防止气体经石墨环的两侧面泄漏。当轴的旋转中心发生变化时，借助于环孔和弹簧的作用，密封环也移动到新的位置并保持在这一位置，从而防止了磨损现象的产生。

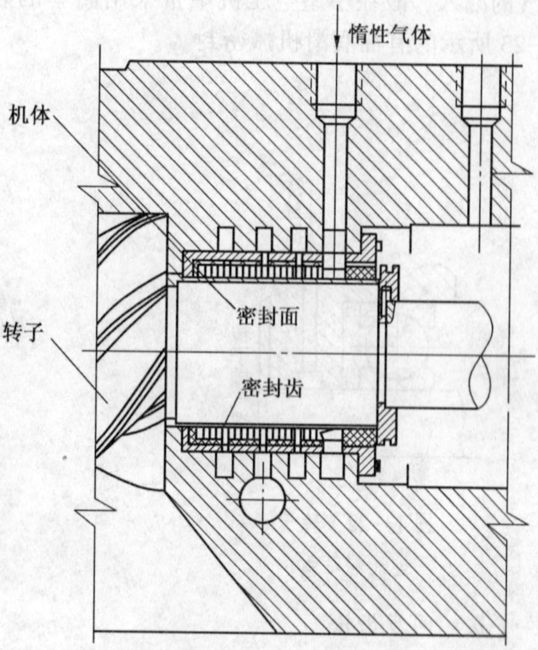

图 13-20　迷宫式轴封

图 13-20 所示为无油螺杆压缩机中采用的迷宫式轴封。在这种轴封中，密封齿和密封面之间有很小的间隙，并形成曲折的流道，使气体从高压侧向低压侧流动产生很大的阻力，以阻止气体的泄漏。密封齿可以放在轴上，与轴一起转动，也可以做成具有内密封齿的密封环，固定在机体上。多数情况下，密封齿是加工在与轴固定的一个轴套上，当密封齿损坏时便于更换。

在无油螺杆压缩机中，无论采用石墨式轴封，还是迷宫式轴封，都可用压力稍高于压缩机内气体压力的惰性气体充入轴封内，以阻止高压气体向外界泄漏。

当无油螺杆压缩机的转速较低时，还可以采用如图 13-21 所示的有油润滑的机械密封，这种轴封工作可靠，密封性好。但这种轴封需要少量的润滑油流过密封表面，这些润滑油可能会混入所压缩的气体中。如果所压缩气体不允许有这种少量的污染，则需在轴封和压缩机腔之间开一个排油槽。在无油螺杆压缩机的工作转速下，采用有油润滑的机械密封时，所消耗的功是比较大的。

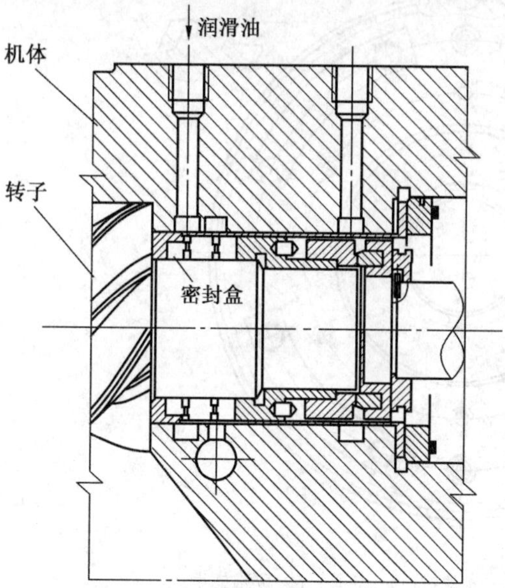

图 13-21　有油螺杆压缩机的机械式轴封

2. 喷油螺杆空气压缩机的轴封

这类压缩机都采用滚动轴承，为了防止压缩腔的气体通过转子轴向外泄漏，在排气端的转子工作段与轴承之间加一个轴封。这种轴封可以做得非常简单，如图 13-22 所示，只要在与轴颈相应的机体处开设特定的油槽，通入具有一定压力的密封油，即可达到有效的轴向密封。

喷油螺杆空气压缩机转子的外伸轴通常都设计在吸气侧，只有在利用吸气节流的方式调节压缩机的气量时，外伸轴上的轴封两侧才可能会有一个大气压力的压差。但由于此处的轴封必须防止润滑油的漏出和未过滤空气的漏入，故在小型空压机中常采用简单的唇形密封。在大中型空压机中，采用如图 13-23 所示的有油润滑机械密封。

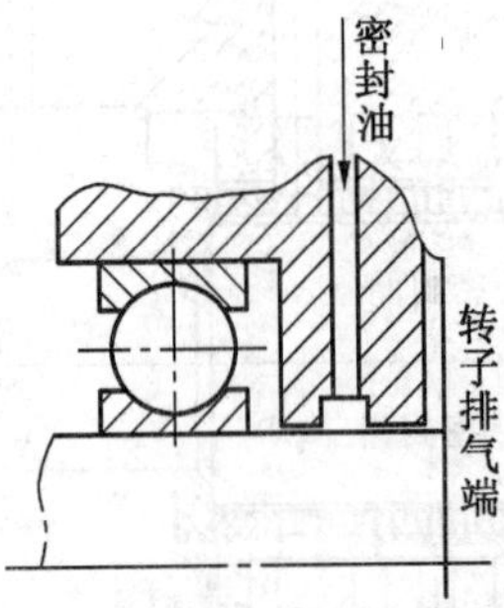


图 13-22　转子排气端轴封

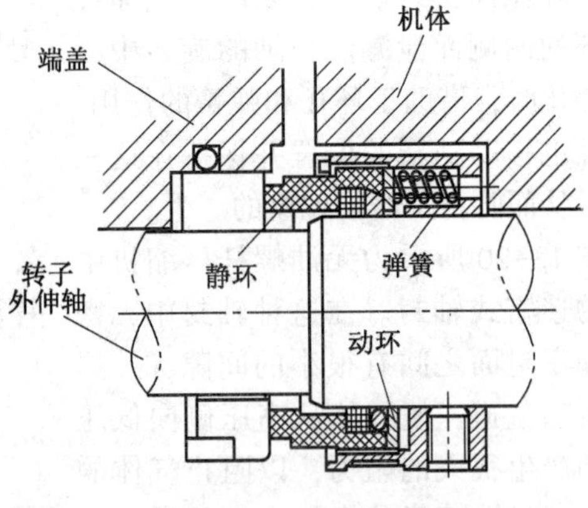


图 13-23　螺杆空气压缩机转子外伸轴处的轴封

（五）同步齿轮

在无油螺杆压缩机中，转子间的间隙和驱动靠同步齿轮来实现。同步齿轮有可调式和不可调式两种结构，通常多采用可调式结构。如图 13-24 所示，小齿圈及大齿圈都套在轮毂上，调整小齿圈，使之与大齿圈错开一个微小角度，就可减少与主动齿轮之间的啮合间隙。间隙调整适当以后，将小齿圈、大齿圈与轮毂用圆锥销定位，再用螺栓将大小齿圈及轮毂固定。为防止螺母松动，螺母之间用防松垫片连接。

螺杆压缩机同步齿轮的齿圈材料可用 40CrMo 钢，轮毂材料通常为 40 中碳钢。大小齿

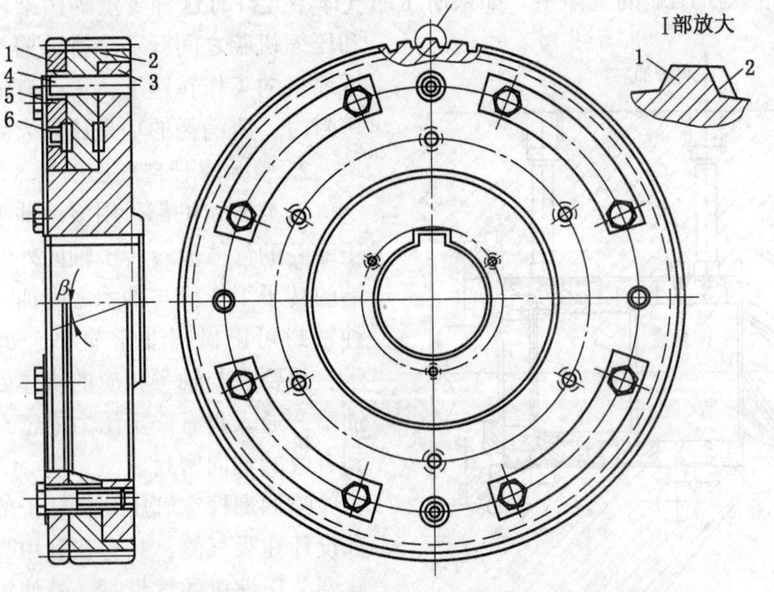


1—小齿圈；2—大齿圈；3—轮毂；4—圆锥销；5—螺母；6—防松垫片

图 13-24　可调式同步齿轮

圈应组合在一起加工，齿面须经调质处理，硬度为230~270 HB为宜。

（六）内容积比调节滑阀

螺杆压缩机工作过程的重要特点之一是具有内压缩过程，压缩机的最佳工况是内压比等于外压比。若二者不等，无论是欠压缩还是过压缩，经济性都会降低。显然，增大或减小排气孔口的尺寸，将改变齿间容积内气体同排气孔口连通的位置，从而改变内压比。如图13-25所示，通过一种滑阀调节方案，就可以获得变化的排气孔口，从而实现内容积比和内压比的调节。

在实际使用中，还有另外一种较简单的内容积比调节方法，即采用若干个与滑阀完全独立的旁通阀来调节排气孔口的大小。旁通阀可以是轴向的，也可以是径向的。有时还可把旁通阀设计为自动调节，以便对内压缩终了压力与压缩机排气压力之间的压差做出最快的反应。旁通阀不仅可以在压缩机满负荷时使用，也可在任何载荷情况下使用。

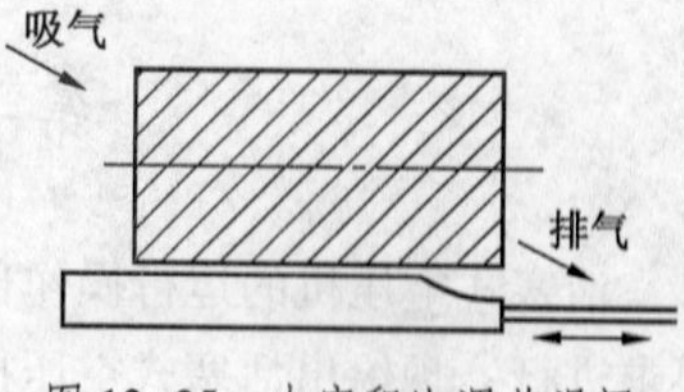

图13-25 内容积比调节滑阀

## 复习思考题

1. 螺杆式压缩机与活塞式压缩机的示功图的特征有什么异同点？
2. 影响螺杆式压缩机容积效率和绝热效率的主要因素有哪些？
3. 评价螺杆式压缩机转子型线的主要指标是什么？
4. 螺杆式压缩机吸、排气孔口的设计原则是什么？
5. 螺杆式压缩机阴、阳转子受力情况如何？
6. 螺杆式压缩机主要设计参数有哪些？对螺杆式压缩机性能的影响如何？
7. 说明LGY-17/7型和LGW-40/7型空气压缩机型号意义，并分析两种压缩机的结构特点。
8. 为什么要把喷油螺杆空气压缩机的排气温度控制在一定的区间范围？
9. 润滑油黏度对压缩机的性能有何影响？
10. 无油螺杆式压缩机转子齿顶设有密封齿的原因是什么？
11. 螺杆式压缩机阳转子和阴转子轴承受力大小有什么区别？如何选择？
12. 无油螺杆式压缩机的轴封主要有哪几种？密封特点如何？
13. 同步齿轮有什么作用？如何工作？
14. 为什么要调节内容积比？调节方法有哪些？

# 第十四章　空压机的运行及维护

## 第一节　空压机的运行操作

活塞式空压机的运行操作比较复杂，而螺杆式空压机的运行操作相对简单，可按产品要求进行。现给出活塞式空压机运行操作的方法和要求。

### 一、启动前的准备

（1）进行外部检查，特别要注意各部螺栓的紧固情况。

（2）人工盘车 2~3 转，检查运动部分有无卡阻现象。

（3）开动冷却水泵向冷却系统供水，并在漏斗处检查冷却水量是否充足。

（4）检查润滑油量是否足够，并在开车前转动注油器手轮，以向汽缸内注入润滑油。

（5）关闭减荷阀（或打开吸气阀），把空压机调至空载启动位置，以减少电动机的启动负荷。

### 二、启动

（1）启动电动机，并注意电动机的转向是否正确。

（2）待电动机运转正常后，逐渐打开减荷阀，使空压机投入正常运转。

### 三、运转中注意事项

（1）注意各部声响和震动情况。

（2）注意检查注油器油室的油量是否足够，机身油池内的油面是否在油标尺规定的范围内，各部供油情况是否良好。

（3）注意检查电气仪表的读数和电动机的温度。

（4）空压机每工作两小时，将中间冷却器、后冷却器内的油水排放一次；每班将风包内的油水排放一次。

（5）注意检查各部温度和压力表的读数：润滑油压力为 $(1.47\sim2.45)\times10^5$ Pa，但不低于 $0.981\times10^5$ Pa；冷却水最高排水温度不超过 40 ℃；机身内油温不超过 60 ℃；各级排气温度不超过 160 ℃；一级压力表和二级压力表读数在规定范围内。

（6）当发现润滑油、冷却水中断，排气压力突然上升，安全阀失灵，声音不正常和出现异常情况时，应立即停车处理。

### 四、停车

（1）逐渐关闭减荷阀，使空压机进入空载运转（紧急停车时可不进行此步骤）。

（2）切断电源，使机器停止运转。

（3）逐渐关闭冷却水的进水阀门，使冷却水泵停止运转。在冬季应将各级水套、中间冷却器和后冷却器内的存水全部放出，以免冻裂机器。

（4）放出末级排气管处的压气。

（5）停机十天以上时，应向各摩擦面注入足够的润滑油。

## 第二节　空压机的常见故障及排除方法

矿用活塞式空压机在运转中可能发生的故障及排除方法见表14-1。

表14-1　活塞式空压机的故障及排除方法

| 故障现象 | 产生原因 | 排除方法 |
|---|---|---|
| 空压机发生不正常声响 | 汽缸的余隙太小 | 调整余隙大小 |
| | 活塞杆与活塞连接螺母松动 | 锁紧螺母 |
| | 汽缸内掉进阀片、弹簧等碎体或其他异物 | 立即停机，取出异物 |
| | 活塞端面螺堵松扣、顶在汽缸盖上 | 拧紧螺堵，必要时进行修理或更换 |
| | 活塞杆与十字头连接不牢，活塞撞击汽缸盖 | 调整活塞端面死点间隙，拧紧螺母 |
| | 气阀松动或损坏 | 上紧气阀部件或更换 |
| | 阀座装入阀室时没放正，阀室上的压盖螺栓没拧紧 | 检查阀是否装正确，拧紧阀室上的压盖螺栓 |
| | 活塞环松动 | 更换活塞 |
| 汽缸过热 | 冷却水中断或供水量不足 | 停机检查，增大供水量 |
| | 冷却水进水管路堵塞 | 检查疏通 |
| | 水套、中间冷却器内水垢太厚 | 清除水垢 |
| | 注油器的供油量不足 | 检修注油器，增大供油量 |
| 轴承及十字头滑道过热 | 润滑油过脏，油压过低 | 清洗油池，换油，检查油泵，调整油压 |
| | 轴承配合不符要求 | 检查、调整轴承的装配状况 |
| | 曲轴弯曲或扭曲 | 更换或修理曲轴 |
| | 润滑油或润滑脂过多 | 减少供油量或装脂量 |
| 排气量不够 | 转速不够 | 查找原因，提高转速 |
| | 滤风器阻力过大或堵塞 | 清洗滤风器 |
| | 气阀不严密 | 检查修理 |
| | 活塞环或活塞杆磨损、气体内泄 | 检查修理或更换 |
| | 填料箱，安全阀不严密，气体外泄 | 检查修理 |

表 14-1（续）

| 故障现象 | 产 生 原 因 | 排 除 方 法 |
| --- | --- | --- |
| 排气量不够 | 气阀积垢太多，阻力过大 | 清洗气阀 |
| | 汽缸水套和中间冷却器的水垢太厚，气体进入汽缸有预热 | 清除水垢 |
| | 余隙容积过大 | 调整余隙 |
| | 气虹盖与汽缸体结合不严 | 刮研汽缸盖与汽缸体结合面或换汽缸垫 |
| 填料漏气 | 密封圈内径磨损严重，与活塞杆密封不严 | 检修或更换密封圈 |
| | 密封圈上的弹簧损坏或弹力不够 | 更换弹簧 |
| | 活塞杆磨损 | 进行修磨或更换 |
| | 油管堵塞或供油不足 | 清洗疏通油管，增加供油量 |
| | 密封元件间垫有脏物 | 检查清洗 |
| 齿轮油泵压力不够或不上油 | 油池内油量不够 | 添加润滑油 |
| | 滤油器、滤油盒堵塞 | 进行清洗 |
| | 油管不严密或堵塞 | 检查紧固、清洗疏通 |
| | 油泵盖板不严 | 检查紧固 |
| | 齿轮啮合间隙磨损过大 | 更换齿轮 |
| | 齿轮与泵体磨损间隙过大 | 更换齿轮油泵 |
| | 油压调节阀调得不合适，或调节弹簧太软 | 重新调整，更换弹簧 |
| | 润滑油质量不符合规定，黏度过小 | 更换润滑油 |
| | 油压表失灵 | 更换 |
| 注油器供油不良 | 柱塞与泵体磨损过大 | 更换柱塞或泵体 |
| | 管路堵塞或漏油 | 清洗疏通或紧螺母、加垫，更换油管 |
| | 逆止阀不严密 | 进行研磨修理 |
| 各级压力分配失调 | 当二级达到额定压力时，一级排气压力过低（低于 $2\times10^5$ Pa），一级吸、排气阀损坏漏气 | 研磨一级吸、排气阀阀座、阀盖、阀片，或更换阀片与弹簧 |
| | 一级排气压力过高（高于 $2.25\times10^5$ Pa），二级吸、排气阀损坏漏气 | 研磨二级吸、排气阀阀座，阀盖、阀片，或更换阀片与弹簧 |
| 排气温度过高 | 一级进气温度过高 | 降低进气温度 |
| | 冷却水量不足，水管破裂，水泵出故障 | 更换水管，检修水泵 |
| | 水垢过厚，影响冷却效果 | 清除水套、中间冷却器中的水垢 |
| | 气阀漏气，压出的高温气体又流回汽缸，再经压缩而使排气温度增高 | 研磨阀座、阀盖、阀片，或更换阀片与弹簧 |
| | 活塞环破损或精度不够，使活塞两侧互相窜气 | 更换活塞环 |
| 汽缸中有水 | 水腔或缸体垫片漏水 | 拧紧汽缸连接螺栓，更换垫片 |
| | 中间冷却器密封不严或水路破裂 | 拆下检修，必要时更换水管 |

## 第三节　活塞式空压机的拆卸与装配

### 一、拆卸须知

（1）放出机器内残存的压气、润滑油和水。

（2）拆卸后的零件应妥善保存，不得碰伤或丢失。

（3）重要零件拆卸时应注意装配位置，必要时应做上记号。

（4）拆卸大件需用起重设备时，应注意其重心，保证安全。

（5）如果必须拆卸机器与基础的连接时，应放在最后进行，以免机器倾倒造成事故。

### 二、拆卸顺序

（1）先拆去进、排气管、油管、冷却水管、滤风器和注油器等。

（2）拆去中间冷却器。

（3）拆去各级吸、排气阀。

（4）拆下各级汽缸盖。

（5）拆下十字头螺母，将活塞与活塞杆一起取下。

（6）吊住汽缸，拧下汽缸与机身的连接螺母，将汽缸体连同汽缸座一起取下。

（7）卸下十字头销，取出十字头。

（8）拧下螺栓及螺母，取出连杆，并注意将轴瓦及垫片组按原来位置放好。

（9）拆下齿轮油泵及大皮带轮。

（10）拆下轴承盖，取出曲轴（或不拆大皮带轮，将大皮带轮连同曲轴一起取下）。

### 三、装配

（1）装配前应将所有零件清洗或擦拭干净。当以煤油清洗时，必须待煤油挥发后才可装配并在配合面上涂以机油。

（2）各配合零件若发现有拉毛现象或边缘毛刺，则应研磨光滑。

（3）装配时要检查各主要部件的配合间隙及活塞内外止点间隙。

（4）连杆大小头瓦在装配前应用涂色法检验与配合零件的贴合情况，其接触面积一般应保持在75%左右，两个连杆螺栓的紧固程度应一致。

（5）装配顺序与拆卸顺序相反。

### 四、装配间隙

空压机的型式和大小不同，装配间隙亦不相同。4L、5L、7L和2D3.5型空压机的装配间隙见表14-2。

表 14-2　空压机主要零件装配间隙

| 间隙名称 | | 规格间隙 | | | |
|---|---|---|---|---|---|
| | | 4L-20/8 | 5L-40/8 | 7L-100/8 | 2D3.5(3)-20/7 |
| 汽缸与活塞径向间隙 | 一级 | 0.25~0.46 | 0.78~0.99 | 1.15~1.41 | 1.0~1.1 |
| | 二级 | 0.18~0.34 | 0.40~0.65 | 1.10~1.315 | 0.18~0.295 |
| 十字头与导轨径向间隙（一、二级） | | 0.15~0.25 | 0.21~0.34 | 0.41~0.627 | 0.15~0.24 |
| 十字头销与连杆小头瓦径向间隙 | | 0.03~0.08 | 0.05~0.11 | 0.05~0.13 | 0.06~0.09 |
| 曲拐颈与连杆大头瓦径向间隙 | | 0.04~0.11 | 0.07~0.167 | 0.15~0.21 | 0.08~0.12 |
| 活塞行程间隙（一、二级） | 外止点 | 2.0~3.0 | | | 2.5±1 |
| | 内止点 | 1.2~2.2 | | | 2.5±1 |
| 活塞行程间隙 | 一级内外止点 | | 2.5~3.5 | 3.0~5.0 | |
| | 二级内外止点 | | 2.0~5.0 | 2.5~4.5 | |
| 活塞环与活塞槽间隙（一、二级） | | 0.015~0.085 | 0.035~0.09 | | |
| 吸、排气阀阀片行程 | 一级 | 2.7 | 2.5 | 2.5 | |
| | 二级 | 2.2 | 2.0 | 2.0 | |
| 主轴颈与主轴承轴瓦间隙 | 一级 | | | | 0.25~0.1 |
| | 二级 | | | | 0.08~0.12 |
| 十字头销与十字头铜套径向间隙 | | | | | 0.02~0.05 |

## 第四节　空压机性能的测定

空压机的性能测定，一般是在额定（铭牌上）排气压力下进行，以便进行分析比较。测定的参数主要有空气压缩前后的压力和温度、空压机的排气量、转速和驱动电动机的技术特性等，同时还应测定管网的漏气量。

### 一、空压机排气量的测定

在空压机的技术测定中，最主要的问题是准确地测得排气量，以便正确分析空压机的工作状态。测定空压机排气量的常用方法有低压箱法和风包测定法两种。

（一）低压箱测定法

低压箱测定法是较为准确的一种测定方法。测定范围是排气量在 0.03~516 $m^3$/min，喷嘴前后压力差在（2.45~9.81）$\times 10^3$ Pa 之间。

低压箱测定法的主要设备及布置如图 14-1 所示。在风包的排气管上接一低压箱，自风包送入低压箱的压气到达低压箱出口（即喷嘴的一端）时，其压力已降到与外界大气压相近的程度，故称低压箱。低压箱内装有导流的隔板和导板，隔板上钻有很多小孔，导板用板条把箱中空间分成井字形。它们的作用是使空气均匀流动，以保证测量的准确性。在低压箱的另一端有喷嘴，空气由喷嘴直接喷入大气，同时在喷嘴入口端装有测压管和 U 型管相接，由 U 型管测量压差。通过喷嘴的流量越大，压差就越大。只要测出压差的大小，就可以计算出空压机的排气量。低压箱法是一种间接测定法。

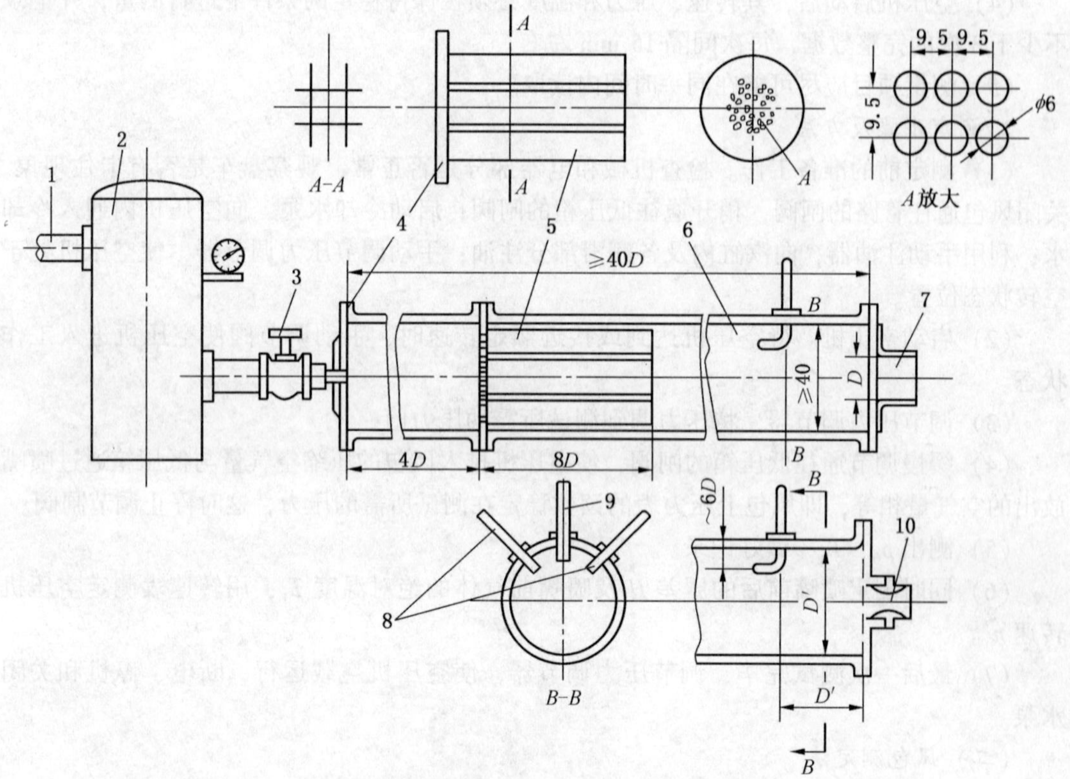


1—排气管；2—储气罐（风包）；3—压力调节阀；4—隔板；5—导板；

6—低压箱；7、10—喷嘴；8—温度计；9—U型管差压计

图14-1 低压箱测试装置

排气量的大小可按化工通用机械专业标准中提出的公式进行计算，即

$$Q_p = 1128.53CD^2T_0\sqrt{\frac{H}{p_0T_1}} \tag{14-1}$$

式中 $Q_p$——吸气状态下空压机的排气量，$m^3/min$；

$D$——喷嘴直径，m；

$H$——喷嘴前后的压力差，Pa；

$p_0$——空压机吸入空气的绝对压力，Pa；

$T_0$——空压机吸入空气的绝对温度，K；

$T_1$——喷嘴前空气的绝对温度，K；

$C$——喷嘴系数。

1. 测定中应注意的事项

（1）测定前，应正确选用仪表的量程范围，校验其精确度。

（2）喷嘴内表面应保持清洁，对连接管道及各接头部分进行检查，若有松动漏气现象，应予清除。

（3）在空压机启动前，应先将通向压气管网的阀门关闭，少量打开压力调节阀，在进行风包压力调整时，应缓慢开动压力调节阀，防止压差计中的水被冲出。

（4）空压机启动后，其转速、压力和温度必须在保持稳定的条件下进行测量，并记录不少于 3 次的完整数据，每次间隔 15 min 左右。

（5）测量项目应尽可能在同一时间内读取。

2. 测定步骤及方法

（1）测定前的准备工作。检查机械和电器部分是否正常，观察盘车是否有卡住现象。关闭风包通往管路的闸阀，稍开通往低压箱的闸阀；启动冷却水泵，向空压机内通入冷却水；利用手动注油器，向汽缸内及各润滑部分注油；手动调节压力调节器，使空压机处于空转状态位置。

（2）启动空压机。待空压机达到或接近额定转速时，手动调节阀使空压机进入工作状态。

（3）调节压力调节器，将压力调到测试所需的压力值。

（4）缓慢调节通往低压箱的闸阀，使空压机排入风包的压缩空气量与低压箱通过喷嘴放出的空气量相等，即风包上压力表的读数稳定在测试所需的压力，这时停止调节闸阀。

（5）测出 $p_0$、$T_0$，做好记录。

（6）同时测定喷嘴前后的压差 $H$ 及喷嘴前气体的绝对温度 $T_1$，用转速表测定空压机转速 $n'$。

（7）最后一次测试完毕，调节压力调节器，使空压机空载运行，断电、停机和关闭水泵。

（二）风包测定法

风包测定法是通过测定某一时间间隔内流进风包的压缩空气量，再由此推算出空压机排气量的直接测定法。这种方法适用于小型空压机排气量的测定。由于风包内空气温度变化很快，温度计不能及时反映出实际温度，造成测量误差，所以这种方法不够精确。然而因测量方法简单，所用仪器少，故较为实用。

1. 单风包测定法

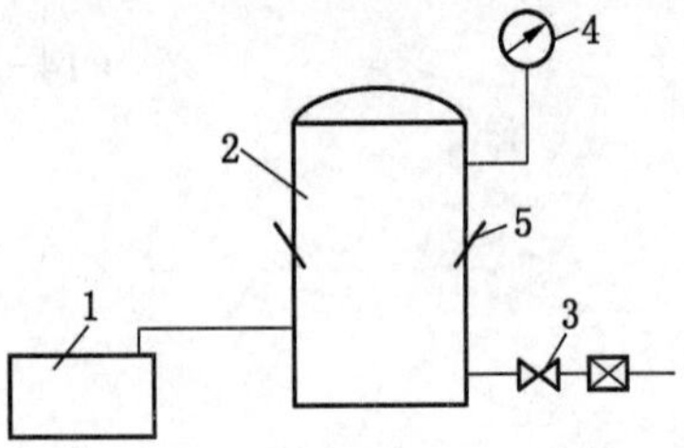


1—空压机；2—风包；3—闸阀；4—压力表；5—温度计

图 14-2　单风包测定法布置图

图 14-2 为单风包测定法的布置图。测试前应认真检验各种仪表的精确性，检查管道和容器的连接部位是否有漏气，并在确认安全阀动作可靠以后才能进行测定。

测定时，首先将风包内的压气放尽，然后关闭风包和管路间的闸阀，并启动空压机，待空压机转速达到额定转速后即向风包充气。当风包中空气压力升至 $(1.962\sim2.943)\times10^5$ Pa 时，用秒表开始计时，同时记下风包内空气的压力 $p_1$ 和温度 $T_1$，当风包内的压力达到工作压力 $p_2$ 时，立即停止秒表和空压机，并迅速记下压力由 $p_1$ 升至 $p_2$ 的时间 $t$、压力 $p_2$ 和对应于 $p_2$ 时的空气温度 $T_2$。

若风包的容积为 $V$，则第一次记录和第二次记录时风包内空气的质量分别为

$$m_1=\frac{p_1 V}{RT_1}\qquad m_2=\frac{p_2 V}{RT_2}$$

在时间 $t$ 内，空压机排出的压缩空气量，即充入风包内的压缩空气量为

$$m=m_2-m_1=\frac{V}{R}\left(\frac{p_2}{T_2}-\frac{p_1}{T_1}\right)$$

换算到吸气状态下的空压机排气量为

$$Q_p=\frac{60\ m}{t\rho_0}=\frac{60V}{t\rho_0 R}\left(\frac{p_2}{T_2}-\frac{p_1}{T_1}\right)$$

式中 $\rho_0$——吸气条件下的空气密度，$\rho_0=\frac{p_0}{RT_0}$

代入上式有

$$Q_p=\frac{60T_0V}{tp_0}\left(\frac{p_2}{T_2}-\frac{p_1}{T_1}\right) \tag{14-2}$$

式中 $Q_p$——吸气状态下空压机的排气量，$m^3/min$；

$V$——风包容积（包括阀 3 以前一段管子的容积），$m^3$；

$p_1$、$T_1$——第一次记录时，风包内的绝对压力（Pa）和绝对温度（K）；

$p_2$、$T_2$——第二次记录时，风包内的绝对压力（Pa）和绝对温度（K）；

$p_0$、$T_0$——空压机吸气状态下空气的绝对压力（Pa）和绝对温度（K）；

$t$——从第一次到第二次记录的充气时间，s。

若风包和管子接头处非常严密，无漏气现象，可不必测定充气后风包中空气的温度 $T_2$，而是让风包内空气冷却至充气前的温度 $T_1$，压力由 $p_2$ 降为 $p_3$。于是空压机的排气量为

$$Q_p=\frac{60T_0V}{tp_0}\frac{p_3-p_1}{T_1} \tag{14-3}$$

用此法测得的排气量，通常略大于实际排气量。

2. 双风包测定法

图 14-3 为双风包测定法的布置图，其测定步骤如下。

（1）关闭阀门 3，启动空压机，使压气进入风包 5 内，直到压力表 6 的读数为工作压力 $p_2$ 时为止。

（2）打开阀 4，使风包 8 与大气相通，并以阀门 3 调节风包 5 的空气输出量，使压力表 6 的读数保持不变且等于 $p_2$。

（3）当风包 8 内的空气压力达到稳定状态后，记录温度计 7 的读数 $T_1$（若为多只温度计时取平均值）和压力表 9 的数 $p_1$。

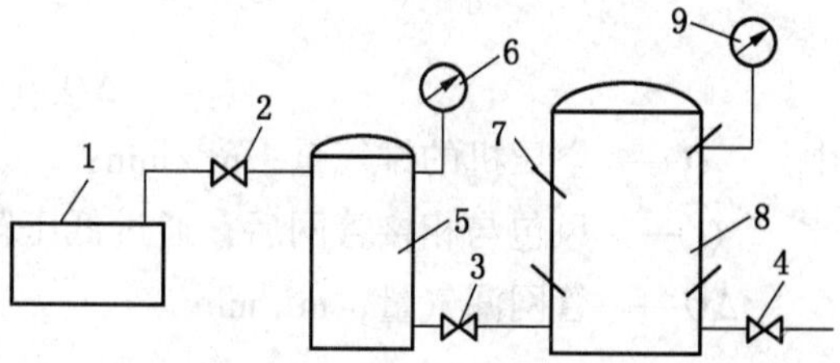

1—空压机；2、3、4—阀门；5、8—风包；6、9—压力表；7—温度计

图 14-3 双风包测定法布置图

（4）迅速关闭阀 4，使之向风包 8 充气，并同时用秒表开始计时，此时仍利用阀 3 调节，使压力表 6 所指示的压力 $p_2$ 保持不变。

（5）当风包 8 和 5 内的压力相等时，立即停止空压机运转，同时关闭阀门 3，并记录由 $p_4$ 升至 $p_2$ 的时间 $t$ 和对应于压力 $p_2$ 的温度 $T_2$，然后用式（14-2）求出空压机的排气量 $Q_p$，这时的充气容积 $V$ 应为阀门 3 至阀门 4 的全部充气容积。

因温度计 7 难于反映出温度的迅速变化，所以读取的温度值不准确。为此，可在关闭阀 3 和阀 4 后，待风包 8 内空气冷却到先前所测得的温度 $T_1$ 时，读取与之对应的压力值 $p_3$，代入式（14-3）中计算出空压机的排气量 $Q_p$。

此测定法的测量精度高于单风包测定法。

（三）排气量的换算

按上述几种方法测得的排气量，若被测空压机的实际转速与额定（铭牌）转速不同时，必须对测得的排气量 $Q_p$ 进行换算，即

$$Q_e = Q_p \frac{n_e}{n} \tag{14-4}$$

式中 $Q_e$——换算到额定转速下的排气量，$m^3/min$；

$Q_p$——实测转速下的排气量，$m^3/min$；

$n_e$——空压机额定转速，r/min；

$n$——实测转速，r/min。

## 二、输气管网漏气量的测定

图 14-4 是测定管网漏气量的装置。测定前，停止风动工具工作，关闭阀门，使风包与输气管网断开，用低压箱测定排气量的方法，测出空压机的排气量 $Q$；然后打开阀门，测出风包与管网相通后通过低压箱的排气量 $Q'$，则管网漏气量 $\Delta Q$ 为

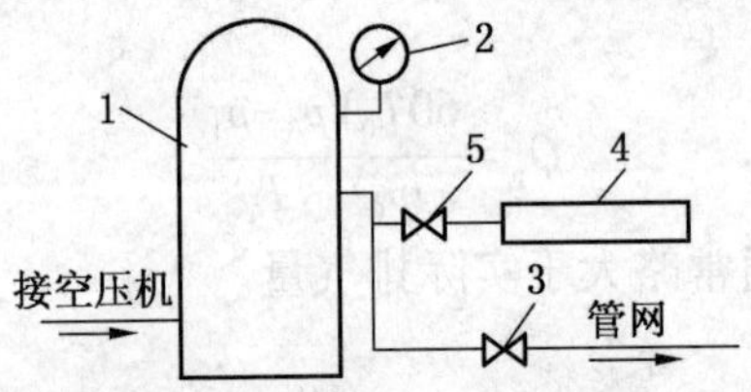


1—风包；2—压力表；3、5—阀门；4—低压箱

图 14-4 管网漏气量测定装置

$$\Delta Q = Q - Q' \tag{14-5}$$

式中 $Q$——空压机的排气量，$m^3/min$；

$Q'$——风包与相接管网后，通过低压箱的压气量，$m^3/min$；

$\Delta Q$——管网漏气量，$m^3/min$。

## 三、空压机轴功率的测定

矿山常用的方法是测出的电动机输入功率，来计算空压机的轴功率，即

$$P = P_d \eta_d \eta_c \tag{14-6}$$

式中 $P_d$——电动机输入侧的功率，kW；

$\eta_d$——电动机效率，一般可选取 0.90~0.94；

$\eta_c$——传动效率，对皮带传动 $\eta_c = 0.95 \sim 0.98$，直联 $\eta_c = 1$。

## 复习思考题

1. 活塞式空压机为什么要空载启动？怎样实现空载启动？

2. 活塞式空压机的启动和停止顺序如何？

3. 活塞式空压机在运转时常发生什么故障？应如何排除？

4. 活塞式空压机的拆卸、装配顺序如何？

5. 简述用低压箱（喷嘴）法，测定空压机排气量的方法。

6. 试述矿井输气管网漏气量的测定法。

7. 空压机性能测定时，如何求得空压机的效率？

8. 用风包法测定 7L-100/8 型空压机的排气量。其中大气压力 $p_a = 0.8891\times10^5$ Pa，大气温度 $t_0 = 19$ ℃（一级吸气温度）；风包及与之相连的管道容积 $V = 15.89$ m$^3$；第一次记录时风包内压力（表压）$p_1 = 2.8\times10^5$ Pa，温度 $t_1 = 50$ ℃；第二次记录时风包内压力（表压）$p_2 = 6\times10^5$ Pa，温度 $t_2 = 107$ ℃，两计测阶段的时间间隔 $t = 18.6$ s。

# 第十五章　矿山压气设备的选型设计

## 第一节　压气设备选型设计计算

压气设备选型的原则是压气设备在整个矿井服务年限内，在用风量最多、输送距离最远的条件下，能供给足够数量和压力的压缩空气；且要求在确保安全生产的同时，初期投资费用和运转费用之和最少。

### 一、设计的原始资料

（1）地面工业广场的平面图、巷道开拓系统图，地面及各水平标高。
（2）采掘作业和风动机械配置图表，同时使用的风动机械型号、规格和数量。
（3）机修厂、井口及井底车场等处，同时使用的风动机械的型号和数量。
（4）矿井服务年限和年产量。

### 二、设计的主要任务

（1）供气方案的选择。
（2）选择空压机的型号和台数。
（3）选择输气管路系统。
（4）计算经济指标。
（5）绘制空压机站布置图。

### 三、选型设计的步骤和方法

（一）供气方案的选择

1. 地面集中供气

这种方案是在地面工业广场内集中设置一个空压机站，负责所有用气机械的供气。

地面集中供气的优点是供电方便，空气干燥，设备的布置、搬运、安装、维护和管理等都方便，冷却水可循环使用；缺点是离用气地点远，需铺设的供气管道长，因而管材用量多，投资高。另外沿路气体压力损失大，可能使远距离工作面供气不及时。一般用于用气量较集中的系统中。

2. 分区供气

这种方案是在地面分区或在井下设置空压机站。若供气范围较大而又分散，可采用在地面设分区站房；对低沼气矿井空压机也可设在井下。其优点是离用气地点较近，铺设压气管道短，压力损失小，供气及时；缺点是供电费用高，空气湿度大，使空压机的排气量减少，另外冷却水不能循环使用等。

3. 移动式供气

适合于用气量较小而又分散的供气情况。

在选择供气方案时，要根据每一矿井的具体条件权衡利弊后决定。新矿的工作面通常离井底车场较近，空压机站一般设在地面。对于老矿改造，当供气地点较远时，可考虑将空压机站设在井下。

（二）空压机型号和台数确定

空压机的型号和台数的选择，主要依据是全矿所需的供气量和供气压力。由于矿井服务年限较空压机的使用寿命长得多，因此空压机站中设备选择无须按矿井整个服务年限中各阶段的用气要求进行设计，而只考虑空压机站满足一定时期的矿井生产的需要即可。一般对新矿井，空压机的型号和台数的选择，依据是全矿达产时所需的供气量和供气压力，并适当考虑矿井开采后期空压机站有扩建的余地。

1. 空压机站必须供气量的确定

空压机站必需的供气量与所用的风动工具的耗气量有关。常用风动工具的耗气量见表15-1。但风动工具长期使用磨损后，产生漏气会增加耗气量；同时风动工具一般都是间歇性工作，因此在确定风动工具的总耗气量时，必须考虑到各种风动工具的间歇工作使总用气量减少；另外，压缩空气输送过程中管路泄漏也使总耗气量增加。

空压机站必需的供气量可按下式计算

$$Q'=\alpha_1\alpha_2\alpha_3\sum n_iq_ik_i \tag{15-1}$$

式中　$\alpha_1$——沿管路全长的漏气系数，见表15-2；

$\alpha_2$——风动机械磨损后，耗气量增加的系数，一般选取 $\alpha_2=1.10\sim1.15$，对风动工具取较大值；

$\alpha_3$——海拔高度修正系数，见表15-3；

$n_i$——用气量最大工作时间内同型号风动工具的台数；

$q_i$——某类型风动工具的耗气量，$m^3/min$，见表15-1；

$k_i$——同型号风动工具的同时使用系数，见表15-4。

表15-1　煤矿常用风动工具型号规格表

| 名称及型号 | 工作压力/$10^5$ Pa | 耗气量/($m^3\cdot min^{-1}$) | 接管内径/mm |
|---|---|---|---|
| GJ-1型风镐 | 3.92 | 1 | 16 |
| G-7型风镐 | 4.9 | 1 | 16 |
| 03-11型风镐 | 3.92 | 1 | 16 |
| YT-18型凿岩机 | 4.9 | 2.5 | |
| YT-25型凿岩机 | 4.9 | 2.6 | |
| YT-23型气腿式凿岩机 | 5.88 | 2.8 | |
| ZF-1型气腿式凿岩机 | 4.9 | <3.5 | |
| 7655型气腿式凿岩机 | 4.9 | 3.6 | 25 |

表 15-1（续）

| 名 称 及 型 号 | 工作压力/$10^5$ Pa | 耗气量/($m^3 \cdot min^{-1}$) | 接管内径/mm |
|---|---|---|---|
| 东方红 70 型气腿式凿岩机 | 4.9 | 2.8 | 19~22 |
| YT-30 型气腿式凿岩机 | 4.9 | 2.9 | 19 |
| 红旗牌气腿式凿岩机 | 3.43~6.86 | 3.3 | 25 |
| 东风-1 型风动装岩机 | 3.43~4.9 | 4.8~9.5 | |
| 东风-4 型风动装岩机 | 4.41~6.86 | 12~8 | |
| IR-50 型锻纤机 | 4.9~6.86 | 3~4 | |
| M28 型锻纤机 | 4.9~5.88 | 0.9 | |
| $HP_2$-5 型混凝土喷射机 | 2.94~3.92 | 6 | |
| ZHP-2 型混凝土喷射机 | 2.94 | 5~10 | |
| WG-25 型混凝土喷射机 | 1.17~5.88 | 8 | |

表 15-2 沿管路全长漏气系数表

| 管路全长/km | <1 | 1~2 | >2 |
|---|---|---|---|
| $\alpha_1$ | 1.10 | 1.15 | 1.20 |

表 15-3 海拔高度修正系数

| 海拔高度/m | 400 | 500 | 600 | 700 | 800 | 900 | 1000 | 1100 | 1200 | 1300 | 1400 | 1500 |
|---|---|---|---|---|---|---|---|---|---|---|---|---|
| $\alpha_3$ | 1.04 | 1.05 | 1.06 | 1.07 | 1.08 | 1.09 | 1.10 | 1.11 | 1.12 | 1.13 | 1.14 | 1.15 |

表 15-4 风动工具的同时使用系数

| 同型号风动工具使用台数 | ≤10 | 11~30 | 31~60 | >60 |
|---|---|---|---|---|
| 同时使用系数 $k_i$ | 1.00~0.85 | 0.84~0.75 | 0.75~0.65 | 0.65 |

2. 估算空压机必需的出口压力

空压机的出口压力，除了应保证工作地点的压力要比风动机械的额定压力高一个大气压外，同时还要考虑输气管路和工作面软管的最大压力损失。因此，空压机必需的出口压力应按下式计算（单位为 MPa），即

$$p' = p_e + \sum \Delta p_i' + 0.1 \tag{15-2}$$

式中 $p_e$——所用风动机具中最大的额定工作压力，MPa；

$\sum \Delta p_i'$——估算的输气管道中最远一路的所有压力损失之和，MPa，可按 1 km 管长损失 0.03~0.04 MPa 进行估算；

0.1——考虑到橡胶软管、旧管和上下山的影响而增加的压力损失，MPa。

3. 确定空压机的型号和台数

根据计算的空压机站必需供气量和必需的出口压力，从空压机技术规格表中选择合适型号的空压机和台数。在选用时应进行技术经济比较。

在地面空压机站，选择台数时，一般所选空压机的总供气能力大于但尽可能接近矿井所需的供气量，空压机的台数一般不超过 5 台，同时还要考虑其中有一台备用空压机。在低沼气矿井井下的空压机站，可将其设在井下主要运输大巷中有新鲜风流通过的地方，但站内每台空压机的能力一般不大于 20 $m^3$/min，台数不超过 3 台，空压机和风包必须分别装设在两个硐室内。

为了便于维修和管理，应尽可能选用同一型号、同一厂家的空压机。备用空压机一般为一台，备用供气量为总供气量的 20%～50%。如果选用不同型号的空压机，其备用量应按最大一台检修时，其余各台空压机的总供气量仍能满足所需用气量的原则确定。

（三）输气管道的选择

选择输气管道主要是选择管径和管材。

1. 管材的选择

输气管道从空压机站到采掘工作面，管路固定不动，一般选用焊接钢管或无缝钢管；工作面由于风动工具经常要移动，采用橡胶软管，由于胶管压力损失大，其长度一般不大于 15 m。

2. 管径的选择

（1）根据输气管路布置和各用气点的耗气量，确定出每一管段的流量 $Q_i$（$m^3$/min）。

（2）根据每一管段的流量 $Q_i$，计算各管段的直径 $d_i'$，即

$$d_i' = 20\sqrt{Q_i} \tag{15-3}$$

（3）根据计算的各管段直径 $d_i'$，由钢管规格表 9-5 和表 9-6 选取标准管径。

（四）计算管路的压力损失

在确定空压机型号时，空压机的供气压力已经按估算的管路系统的压力损失选择确定，但管路系统确定后，空压机的供气压力能否满足实际所需压力，要根据管路系统的实际压力损失验算。

1. 计算各管段的压力损失

$$\Delta p_i = 10^{-12}\frac{L_i}{d_i^5}Q_i^{1.85} \tag{15-4}$$

式中 $\Delta p_i$——各管段的压力损失，MPa；

$d_i$——计算管段的内径，m；

$L_i$——计算管段的计算管长，$L_i = 1.15L$，m；

$L$——计算管段的实际长度，m；

$Q_i$——通过该计算管段的压气量，$m^3$/min。

2. 确定最不利管路及其总压力损失 $\sum\Delta p_i$ 计算

压缩空气管路系统一般为枝状管网，各分支管路具有并联管路计算的特点。在枝状管网中，空压机的供气压力要根据管网中所需能量最大的分支来确定。一般情况下，把管路压力损失与所在用气点风动机械额定工作压力之和最大的分支称为最不利管路，其所需能量也最多。

3. 计算实际所需的空压机出口压力

$$p=p_e+\sum \Delta p_i+0.1 \tag{15-5}$$

若计算得出的压力值大于所选空压机的额定排气压力，应适当调整管路各管段管径。

（五）耗电量的计算

1. 空压机的年耗电量

$$E=K_f\frac{zPtb}{\eta_c\eta_d\eta_w}+0.2(1-K_f)\frac{zPtb}{\eta_c\eta_d\eta_w}=(0.8K_f+0.2)\frac{zPtb}{\eta_c\eta_d\eta_w} \tag{15-6}$$

式中 $E$——空压机年耗电量，kW·h/a；

$K_f$——空压机的负荷系数，等于空压机的实际排气量与额定排气量之比，一般 $K_f=0.75\sim0.85$；

0.2——空压机的空载功率系数；

$z$——同时工作的空压机台数；

$t$——空压机站一昼夜工作小时数，三班工作制取 $t=12$ h；

$b$——空压机站一年内工作天数；

$\eta_c$——传动效率，三角皮带传动时 $\eta_c=0.95$，直接传动 $\eta_c=1$；

$\eta_d$——电动机效率，可查电动机产品目录或取 $\eta_d=0.85\sim0.9$；

$\eta_w$——电网效率，$\eta_w=0.95\sim0.98$；

$P$——空压机的轴功率，kW。

2. 吨煤压气耗电量

$$E_{dm}=\frac{E}{A} \tag{15-7}$$

式中 $E_{dm}$——吨煤压气耗电量，kW·h/t；

$A$——矿井年产量，t。

【例 15-1】某矿年产量 0.9 Mt，共有 8 个采掘工作面，其采掘工作面布置图如图 15-1 所示，其风动机械配置见表 15-5，试选择空压机的型号、台数和输气管径。

表 15-5 风动机械配置表

| 班次 | 一班 | | | 二班 | | | 三班 | | |
|---|---|---|---|---|---|---|---|---|---|
| 工作面 | G-7 | YT-30 | $HP_2$-5 | G-7 | YT-30 | $HP_2$-5 | G-7 | YT-30 | $HP_2$-5 |
| $N_1$ | 2 | 4 | | | | | 2 | 4 | |
| $N_2$ | | | | 2 | 4 | | | | |
| $N_3$ | 2 | | 1 | 2 | 4 | | 2 | 4 | |
| $N_4$ | 2 | 4 | | | | | 2 | 4 | |
| $N_5$ | 3 | 4 | | 3 | 4 | | | | |

表 15-5（续）

| 班次 | 一班 | | | 二班 | | | 三班 | | |
|---|---|---|---|---|---|---|---|---|---|
| 工作面 | G-7 | YT-30 | $HP_2$-5 | G-7 | YT-30 | $HP_2$-5 | G-7 | YT-30 | $HP_2$-5 |
| $N_6$ | | | | 2 | 4 | | 2 | 4 | |
| $N_7$ | 3 | 4 | | 3 | 4 | | | | |
| $N_8$ | 2 | 4 | | 2 | | 1 | 2 | 4 | |
| 合计 | 2 | 20 | 1 | 2 | 20 | 1 | 0 | 20 | 0 |

注：同一工作面中风镐和凿岩机不同时工作。

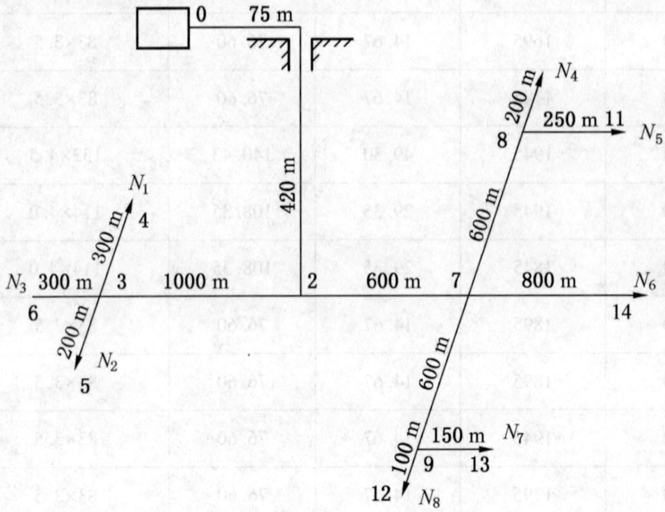


图 15-1　采掘工作面布置图

**解**　（1）计算矿井所需的供气量 $Q$。根据表 15-5 统计的每班同时工作台数，由于同一工作面中风镐和凿岩机不会同时工作，同时凿岩机的耗气量比风镐多，故可能出现的最大用气量班次为一班或二班。最多同时使用风动机械的台数为风镐 2 台，凿岩机 20 台，喷浆机 1 台。根据图 15-1，查表 15-1，每台 G-7 风镐耗气量为 1 $m^3$/min；每台 TY-30 凿岩机耗气量为 2.9 $m^3$/min，每台喷浆机耗气量为 6 $m^3$/min。由式（15-1）得

$$Q'=\alpha_1\alpha_2\alpha_3\sum n_i q_i k_i=1.15\times1.1\times1\times(2\times1\times1+20\times2.9\times0.84+1\times6\times1)$$
$$=71.75(m^3/min)$$

（2）估算空压机必需的出口压力。由图 15-1 可知，空压机站到最远工作面的距离为 1945 m，每千米管长力损失为 0.035 MPa，三种风动机械中，最高额定工作压力为 0.49 MPa。

由式（15-2）得

$$p'=p_e+\sum\Delta p_i'+0.1=0.49+1.945\times0.035+0.1=0.658(MPa)$$

（3）选择空压机的型号和台数。依据 $Q'$ 和 $p'$ 的估算值，查表 15-5，选择 5L-40/8 空压机 3 台，其中 2 台工作，1 台备用。

（4）选择输气管段的规格。利用式（15-1）确定通过各管段的压气量，结果列于表 15-6。

表 15-6 各管段参数计算表

| 管段代号 | 实际长度 $l$/m | 供气管长 $l$/m | 压气量 $Q$/($m^3\cdot min^{-1}$) | 计算管径 $d$/mm | 标准钢管规格 $d\times\delta$/(mm×mm) | 压力损失 $\Delta p$/MPa |
|---|---|---|---|---|---|---|
| 1-2 | 495 | 1945 | 71.75 | 169.4 | 180×5.0 | 0.016 |
| 2-3 | 1000 | 1795 | 24.79 | 99.58 | 108×3.5 | 0.042 |
| 3-4 | 300 | 1795 | 14.67 | 76.60 | 83×3.5 | 0.020 |
| 3-5 | 200 | 1695 | 14.67 | 76.60 | 83×3.5 | 0.013 |
| 3-6 | 300 | 1795 | 14.67 | 76.60 | 83×3.5 | 0.020 |
| 2-7 | 600 | 1945 | 49.30 | 140.43 | 152×4.5 | 0.016 |
| 7-8 | 600 | 1945 | 29.35 | 108.35 | 114×4.0 | 0.027 |
| 7-9 | 600 | 1845 | 29.35 | 108.35 | 114×4.0 | 0.027 |
| 7-14 | 800 | 1895 | 14.67 | 76.60 | 83×3.5 | 0.052 |
| 8-10 | 200 | 1895 | 14.67 | 76.60 | 83×3.5 | 0.013 |
| 8-11 | 250 | 1945 | 14.67 | 76.60 | 83×3.5 | 0.016 |
| 9-12 | 100 | 1795 | 14.67 | 76.60 | 83×3.5 | 0.007 |
| 9-13 | 150 | 1845 | 14.67 | 76.60 | 83×3.5 | 0.010 |

利用式（15-3）计算各管段的直径，从表 9-5 中选出标准管直径，确定管子规格。计算结果列于表 15-6。

（5）计算各管段的压力损失和最不利管路总压力损失。利用式（15-4）计算各管段的压力损失，计算结果列于表 15-6。

由图 15-1 和表 15-6 可看出 1-2-7-8-11 为最不利管路。该管路总压力损失为

$$\sum \Delta p_i = \Delta p_{1-2} + \Delta p_{2-7} + \Delta p_{7-8} + \Delta p_{8-11}$$

$$= 0.016 + 0.016 + 0.027 + 0.016 = 0.075(\text{MPa})$$

（6）计算实际所需的空压机出口压力。利用式（15-5）计算得

$$p = p_e + \sum \Delta p_i + 0.1 = 0.49 + 0.075 + 0.1 = 0.665(\text{MPa})$$

因所选用 5L-40/8 型空压机的额定排气压力为 0.784 MPa，满足实际要求，故所选管路系统各管子规格合适。

## 第二节　空压机站位置及机房设备布置

### 一、空压机站位置选择

空压机站房应尽量选在空气干燥清洁、通风良好的地方。矿用空压机站大多数布置在矿井地面工业广场内，一般为集中设置，并尽可能靠近用气点和负荷中心，保证供电、供水合理，有扩建的余地。

在低沼气矿井，若输气距离较远，而且用气量较少时，可在井下主要运输巷道附近有新鲜风流通过的地方设置空压机站。但站内每台空压机的能力一般不大于 20 $m^3/min$，台数不超过 3 台，空压机和风包必须分别装设在两个硐室内。

### 二、空压机站设备布置

空压机站房一般分为机器间和辅助间两大部分，布置相应设备。

1. 机器间

机器间内布置空压机和电动机。空压机一般为单列布置，台数不超过 5 台。机器间的通道宽度应满足运输、设备运行操作和检修的需要，通道净距离一般不小于设计规范的规定，见表 15-7。

表 15-7　机器间通道的净距

| 名　称 | 空压机排气量/($m^3 \cdot min^{-1}$) | |
|---|---|---|
| | 10~40 | >40 |
| | 净距/m | |
| 机器间的主要通道 | 1.50 | 2.00 |
| 空压机组之间或机组与其他设备之间通道 | 1.50 | 2.00 |
| 空压机组与墙之间的通道 | 1.20 | 1.50 |

机房的高度应满足起吊设备和通风的要求，对单机容量在 20 kW 以上，且总容量不小于 60 kW 的机房，应装设手动单薄梁起重机，小于该容量的宜设起重梁。起重设备应保证最重部件起吊的需要。对炎热地区，机房的面积和高度要适当增大，同时还要加设天窗。

风包应设在机房外的阴凉干燥处，与机房外墙中心的净距，按设计规范要求确定，见表 15-8。

表 15-8　风包与墙中心之间距离

| 空压机排气量/($m^3 \cdot min^{-1}$) | 10 | 20 | 40 | 60 | 100 |
|---|---|---|---|---|---|
| 风包与墙中心之间距离/m | 2.0 | 2.6 | 3.0 | 3.5 | 3.8 |

机器的基础不应与机房墙壁相连，之间距离不小于 1 m。进、排气管不应与建筑物相连，进气口应设在室外，并安装防雨设施。进气管应尽量直设，其长度一般小于 12 m。

空压机至风包的排气管路上，应设止回阀，以防止风包中的压缩空气在停机或调节时返回空压机。在止回阀与空压机之间宜装设放散管。风包与输气总管道之间应设置闸阀，风包至压力调节器的管子上装设截止阀。

机房内的噪声值应小于 85 dB，如果采取措施后仍超过标准时，应设置隔音值班室。此外，还要考虑配电设备的位置及冷却水泵的位置。

2. 辅助间

辅助间是用来放置备品、工具和钳工台的地方，辅助间的面积一般可按机器间的 20% 考虑。另外，还要设置隔声电话间等。

图 15-2 为 5L-40/8 型 4 台空压机站的布置图，图 15-3 为 4L-20/8 型 3 台空压机站的布置图。

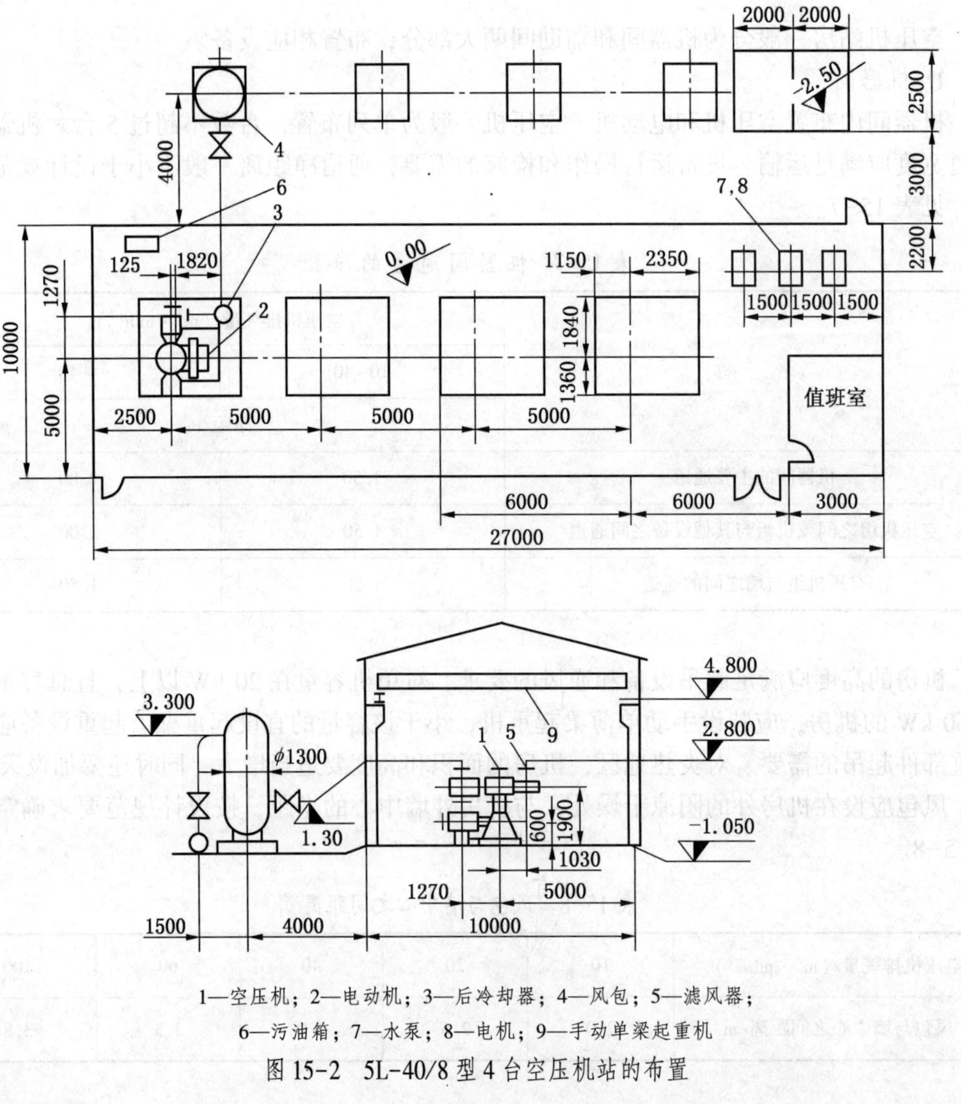


1—空压机；2—电动机；3—后冷却器；4—风包；5—滤风器；
6—污油箱；7—水泵；8—电机；9—手动单梁起重机

图 15-2　5L-40/8 型 4 台空压机站的布置

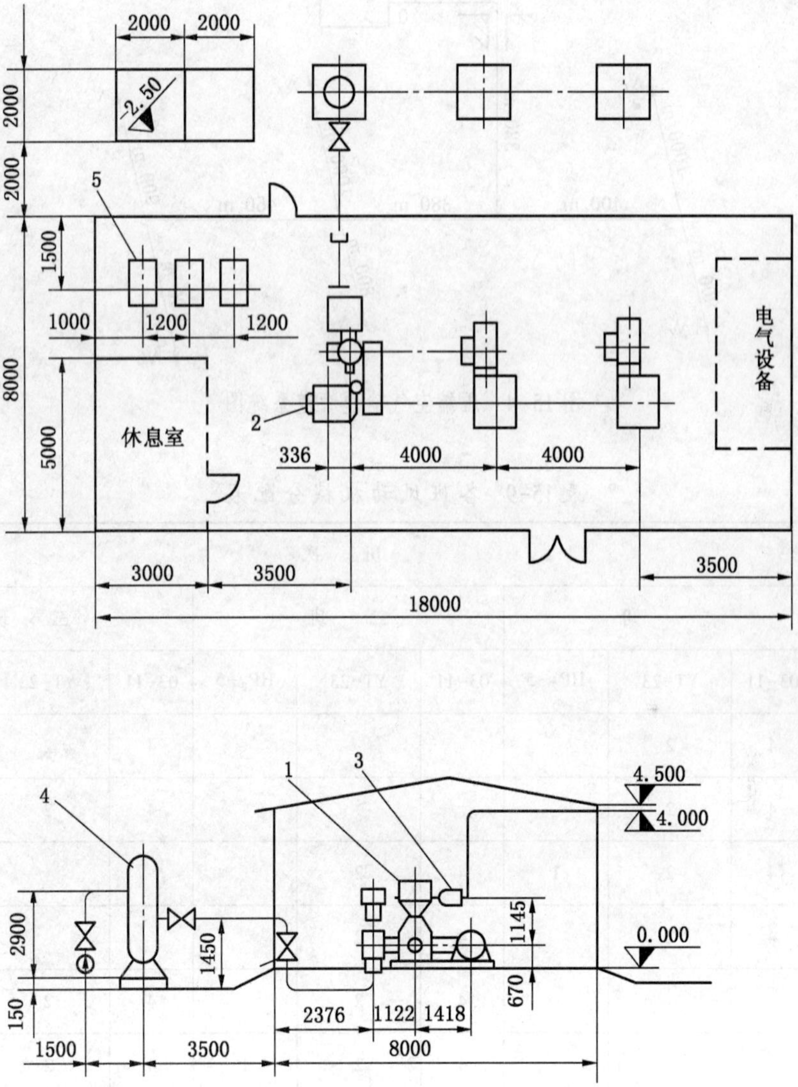


1—空压机；2—电动机；3—滤风器；4—风包；5—水泵

图 15-3　4L-20/8 型 3 台空压机站的布置

## 复习思考题

1. 选择压气设备的原则是什么?

2. 影响空压机站排气能力的因素有哪些?

3. 确定空压机的型式和台数的原则是什么?

4. 如何确定最不利管路?

5. 某矿年产量为 0.6 Mt，矿井海拔高度为 500 m。压缩空气输送管道系统如图 15-4 所示，各班风动机械见表 15-9，试选择空压机形式、台数及各段输气管规格。

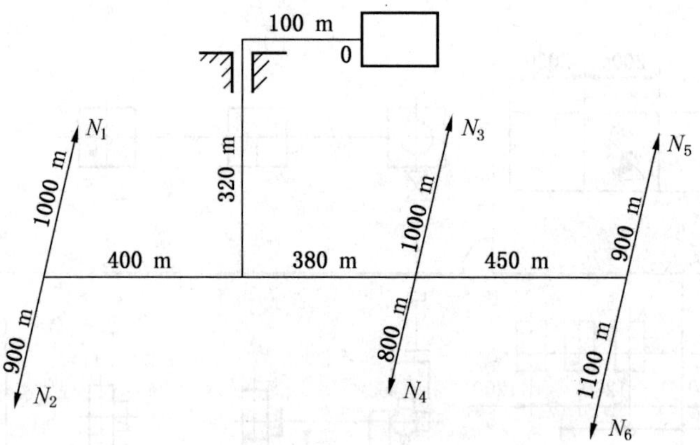


图 15-4　压缩空气输送管道系统图

表 15-9　各班风动机械分配表

| 工作面 | 班次 | | | | | | | | |
|---|---|---|---|---|---|---|---|---|---|
| | 一班 | | | 二班 | | | 三班 | | |
| | 03-11 | YT-23 | $HP_2$-5 | 03-11 | YT-23 | $HP_2$-5 | 03-11 | YT-23 | $HP_2$-5 |
| $N_1$ | 4 | 2 | | | | | 4 | 2 | |
| $N_2$ | 4 | 2 | | | | | 4 | 2 | |
| $N_3$ | 4 | 2 | 1 | 4 | 2 | | | | |
| $N_4$ | 4 | 2 | | 4 | 2 | | | | |
| $N_5$ | | | | 4 | 2 | | 4 | 2 | |
| $N_6$ | | | | 4 | 2 | 1 | 4 | 2 | |

# 参 考 文 献


[1] 王维新．流体力学［M］．北京：煤炭工业出版社，1986.
[2] 周谟仁．流体力学泵与风机［M］．北京：中国建筑出版社，1994.
[3] 许维德．流体力学［M］．北京：国防工业出版社，1989.
[4] 孔珑．流体力学［M］．北京：高等教育出版社，2003.
[5] 张克危．流体机械原理［M］．北京：机械工业出版社，2001.
[6] 张景松．流体机械［M］．徐州：中国矿业大学出版社，2001.
[7] 白铭声．流体力学和流体机械［M］．北京：煤炭工业出版社，1980.
[8] Douglas J F，Gasiorek J M，Swaffield J A. FLUID MECHANICS. 4th ed. England：2001.
[9]［英］L·M·米尔恩—汤姆森．理论流体动力学［M］．李裕立，译．北京：机械工业出版社，1984.
[10] G·K·巴切勒．流体运动学引论［M］．沈青，译．北京：科学出版社，1997.
[11] 王松岭．流体力学［M］．北京：中国电力出版社，2004.
[12] 蔡增基．流体力学泵与风机［M］．北京：中国建筑工业出版社，1999.
[13] 屠大燕．流体力学与流体机械［M］．北京：中国建筑工业出版社，1994.
[14] 张兆顺．流体力学［M］．北京：清华大学出版社，1999.
[15] 姜兴华．流体力学［M］．成都：西南交通大学出版社，1999.
[16] 孙尚勇．流体力学与流体机械［M］．北京：煤炭工业出版社，1991.

**图书在版编目（CIP）数据**

流体力学与流体机械／孟凡英，薛华主编．--3版．--北京：煤炭工业出版社，2018

普通高等教育“十三五”规划教材

ISBN 978-7-5020-7047-2

Ⅰ．①流… Ⅱ．①孟… ②薛… Ⅲ．①流体力学—高等学校—教材 ②流体机械—高等学校—教材 Ⅳ．①O35 ②TH3

中国版本图书馆 CIP 数据核字(2018)第 259988 号

**流体力学与流体机械　第3版**

**（普通高等教育“十三五”规划教材）**

---

**主　　编**　孟凡英　薛　华
**责任编辑**　彭　竹
**编　　辑**　刘晓天
**责任校对**　邢蕾严
**封面设计**　王　滨

**出版发行**　煤炭工业出版社（北京市朝阳区芍药居35号　100029）
**电　　话**　010-84657898（总编室）　010-84657880（读者服务部）
**网　　址**　www.cciph.com.cn
**印　　刷**　北京玥实印刷有限公司
**经　　销**　全国新华书店

**开　　本**　787mm×1092mm $^{1}/_{16}$　**印张**　$22^{3}/_{4}$　**字数**　534千字
**版　　次**　2019年1月第3版　2019年1月第1次印刷
**社内编号**　20180223　　**定价**　58.00元

---